U0525223

国家社科基金项目
"中世纪自然逻辑语义学及其现代重建研究"（14BZX079）
"优秀"结项成果

承蒙
中央高校基本科研业务费专项资金资助
浙江大学文科精品力作出版资助计划资助
浙江大学一流骨干基础学科建设支持计划（哲学）资助

西方中世纪
逻辑 及其
现代性

胡龙彪 著

Western
Medieval Logic and
Its Modernity

中国社会科学出版社

图书在版编目（CIP）数据

西方中世纪逻辑及其现代性／胡龙彪著．—北京：中国社会科学出版社，2023.4

ISBN 978-7-5227-1672-5

Ⅰ.①西⋯　Ⅱ.①胡⋯　Ⅲ.①逻辑史—西方国家　Ⅳ.①B81-095

中国国家版本馆 CIP 数据核字（2023）第 051157 号

出 版 人	赵剑英
责任编辑	朱华彬
责任校对	谢　静
责任印制	张雪娇

出　　版	中国社会科学出版社
社　　址	北京鼓楼西大街甲 158 号
邮　　编	100720
网　　址	http://www.csspw.cn
发 行 部	010-84083685
门 市 部	010-84029450
经　　销	新华书店及其他书店
印　　刷	北京明恒达印务有限公司
装　　订	廊坊市广阳区广增装订厂
版　　次	2023 年 4 月第 1 版
印　　次	2023 年 4 月第 1 次印刷
开　　本	710×1000　1/16
印　　张	38
插　　页	2
字　　数	602 千字
定　　价	228.00 元

凡购买中国社会科学出版社图书,如有质量问题请与本社营销中心联系调换
电话：010-84083683
版权所有　侵权必究

目　录

导　论 …………………………………………………………… (1)

第一章　西方中世纪逻辑的渊源
　　　　——从亚里士多德到波爱修斯 ………………………… (16)
　第一节　古代与中世纪的逻辑观 ……………………………… (17)
　　一　逻辑与逻辑学 …………………………………………… (17)
　　二　逻辑学的创立 …………………………………………… (21)
　　三　古希腊罗马的逻辑观 …………………………………… (28)
　　四　中世纪的逻辑观与逻辑传统 …………………………… (33)
　第二节　亚里士多德的词项逻辑 ……………………………… (41)
　　一　对范畴(词项)的讨论 …………………………………… (41)
　　二　命题及对当关系 ………………………………………… (44)
　　三　三段论与论证 …………………………………………… (49)
　第三节　德奥弗拉斯特与麦加拉—斯多亚学派的命题逻辑 …… (53)
　　一　德奥弗拉斯特的命题逻辑 ……………………………… (53)
　　二　麦加拉—斯多亚学派的命题逻辑 ……………………… (55)
　第四节　波爱修斯之前的古代拉丁逻辑传统 ………………… (60)
　　一　西塞罗 …………………………………………………… (61)
　　二　阿普列乌斯 ……………………………………………… (63)
　　三　盖伦 ……………………………………………………… (66)
　　四　阿弗罗迪西亚斯的亚历山大 …………………………… (67)
　　五　波菲利 …………………………………………………… (69)
　　六　维克多里努斯 …………………………………………… (73)

　　　　七　奥古斯丁 …………………………………………………… (74)
　　　　八　卡培拉 ……………………………………………………… (76)
　第五节　波爱修斯的逻辑学说 ………………………………………… (81)
　　　　一　波爱修斯对古代逻辑著作的翻译、注释以及相关
　　　　　　逻辑论文 …………………………………………………… (82)
　　　　二　范畴理论（词项理论）………………………………………… (85)
　　　　三　直言命题理论 …………………………………………… (102)
　　　　四　模态逻辑 ………………………………………………… (107)
　　　　五　复合命题推理理论 ……………………………………… (111)

第二章　词项区分与助范畴词理论 ……………………………………… (115)
　第一节　加罗林文化时期对语词的语法区分 ……………………… (116)
　　　　一　加罗林文化时期对语法学与逻辑学的区分 …………… (116)
　　　　二　对语词的语法区分 ……………………………………… (117)
　第二节　单称词项与普遍词项 ……………………………………… (120)
　　　　一　单称词项 ………………………………………………… (121)
　　　　二　普遍词项（概念）的本体论基础——共相论 ……………… (130)
　　　　三　普遍词项的语义 ………………………………………… (134)
　第三节　绝对词项与内涵词项 ……………………………………… (145)
　　　　一　内涵词理论的历史考察 ………………………………… (145)
　　　　二　奥卡姆的内涵词理论 …………………………………… (151)
　　　　三　布里丹基于复合概念的内涵词理论 …………………… (158)
　第四节　定义理论 …………………………………………………… (171)
　　　　一　中世纪之前的定义理论 ………………………………… (172)
　　　　二　布里丹的定义理论 ……………………………………… (177)
　第五节　助范畴词理论 ……………………………………………… (190)
　　　　一　助范畴词的早期研究 …………………………………… (190)
　　　　二　助范畴词理论的建立 …………………………………… (192)
　　　　三　柏力与奥卡姆对助范畴词的一般论述 ………………… (199)
　　　　四　布里丹的助范畴词理论 ………………………………… (202)

第三章　词项属性与指代理论 ……………………………………（212）
第一节　词项的各种属性 ……………………………………（212）
一　词项属性理论研究什么 …………………………………（212）
二　意义或意谓 ………………………………………………（214）
三　命名 ………………………………………………………（217）
四　称呼 ………………………………………………………（218）
五　指代与联结 ………………………………………………（220）
六　限制与扩张 ………………………………………………（221）
七　关系 ………………………………………………………（222）
第二节　指代理论的建立 ……………………………………（223）
一　指代理论的第一个较完整版本——舍伍德的威廉的
　　指代理论 …………………………………………………（224）
二　西班牙的彼得的指代理论 ………………………………（227）
三　中世纪指代理论的分歧与一致 …………………………（230）
第三节　奥卡姆对指代理论的完善 …………………………（233）
一　指代的三种基本类型 ……………………………………（234）
二　指代的通用规则 …………………………………………（237）
三　奥卡姆对指代通用规则误用的反驳 ……………………（240）
四　人称指代的进一步划分与指代规则 ……………………（245）
第四节　心灵语言中的指代 …………………………………（248）
一　心灵语言也有不同类型的指代 …………………………（248）
二　心灵语言的指代问题所面临的困难 ……………………（248）
三　心灵语言中指代问题的可能解决方法 …………………（252）
四　心灵语言的指代理论在哲学史上的影响 ………………（256）
第五节　词项属性理论与现代意义理论的关联 ……………（258）
一　指代理论预示了现代自然语言逻辑的萌芽 ……………（259）
二　从中世纪词项属性理论到现代指称理论的过渡
　　——穆勒的名称理论 ……………………………………（260）
三　中世纪词项属性理论在现代指称理论中的修正与转型 ……（263）

第四章　不可解命题及其破解
——从中世纪到克里普克 …………………………………（276）
第一节　说谎者悖论的产生及语义分析 ……………………（276）
　　一　说谎者悖论的产生 ………………………………………（276）
　　二　说谎者悖论的语义分析 …………………………………（278）
第二节　中世纪早、中期对不可解命题的应对策略 …………（280）
　　一　对不可解命题的拒斥 ……………………………………（280）
　　二　真值迁移与限制策略 ……………………………………（282）
　　三　布拉德沃丁关于真之严格定义理念的首次提出 ………（285）
第三节　布里丹对不可解命题的终极破解 …………………（288）
　　一　预备理论——布里丹基于指号的联合指代与虚拟
　　　　蕴涵语义学 ………………………………………………（289）
　　二　对相互说谎者悖论的破解 ………………………………（295）
　　三　对经典说谎者悖论的破解 ………………………………（299）
　　四　基于语境的不可解命题破解案例 ………………………（301）
　　五　布里丹不可解命题破解方案的实质与重要意义 ………（302）
第四节　中世纪晚期的不可解命题理论 ……………………（304）
　　一　威克利夫 …………………………………………………（304）
　　二　威尼斯的保罗 ……………………………………………（305）
第五节　不可解命题相关理论及理念在现代逻辑中的延伸 ……（311）
　　一　罗素对自我指称命题的解决方案是中世纪限制策略的
　　　　现代模式 …………………………………………………（311）
　　二　塔尔斯基的(T)约定及其与中世纪真之理论的关联 ……（313）
　　三　塔尔斯基对说谎者类型悖论的解决方案 ………………（316）
　　四　克里普克的"真值间隙论"——"回归自然"的方案 ……（320）
　　五　对中世纪与现代关于悖论的两类破解方案的反思 ……（322）

第五章　推论与有效性理论 ……………………………………（326）
第一节　推论及其发展概览 …………………………………（326）
　　一　推论研究什么 ……………………………………………（326）
　　二　推论理论发展概览 ………………………………………（327）

第二节　推论理论的发端——波爱修斯与阿伯拉尔的推论理论 (329)

　　一　波爱修斯的两种推论说 (329)
　　二　波爱修斯论假言三段论 (333)
　　三　阿伯拉尔论完美的推论 (338)

第三节　13世纪的推论思想与形式推论的首次提出 (345)

　　一　13世纪推论思想概况 (345)
　　二　形式推论概念的首次提及 (350)
　　三　13世纪与14世纪推论理论的相关性 (351)

第四节　奥卡姆与柏力的形式推论 (353)

　　一　奥卡姆对推论的分类与定义 (353)
　　二　奥卡姆的形式推论规则 (358)
　　三　柏力的推论规则 (368)

第五节　布里丹的有效推论理论 (374)

　　一　有效推论的语义基础 (375)
　　二　推论的定义与分类 (377)
　　三　布里丹对经典有效性定义的质疑 (380)
　　四　布里丹对有效推论的最终定义 (385)
　　五　布里丹的有效性定义所涉及的其他逻辑问题 (390)

第六节　布里丹的推论规则 (393)

　　一　直言命题直接推论 (393)
　　二　模态命题的直接推论 (397)
　　三　直言三段论 (402)
　　四　包含间接词项的三段论 (406)
　　五　模态三段论 (409)
　　六　复合命题推论 (415)

第七节　布里丹之后的推论思想及中世纪推论理论的现代性 (419)

　　一　布里丹之后的推论思想 (419)
　　二　中世纪推论理论的现代性 (424)

第六章 唯名论语义学的形式建构
——NLS 系统 …………………………………………（432）

第一节 两种语义学的区分与融合 ……………………………（432）
一 实在论语义学对词项与命题意谓的解释 ……………（432）
二 实在论语义学向唯名论语义学融合的可能性与可行性 ……（437）
三 唯名论语义学及其对实在论语义学的改造 …………（438）

第二节 形式化的唯名论语义学——NLS 系统 ………………（444）
一 编制化方法：中世纪的形式句法概念 ………………（445）
二 NLS 系统 ………………………………………………（452）
三 NLS 系统与现代逻辑形式化语义系统的区别 ………（461）

第七章 中世纪神学研究中的逻辑 …………………………………（463）

第一节 逻辑在神学研究中的地位之争 ………………………（463）
一 论辩术与反论辩术的最初较量 ………………………（464）
二 圣餐引发的逻辑地位之争 ……………………………（468）
三 哲学是神学的婢女 ……………………………………（469）
四 阿伯拉尔对逻辑学的坚定护卫 ………………………（473）

第二节 基于逻辑证明的基督论与三一论 ……………………（476）
一 波爱修斯再论三位一体的原因 ………………………（477）
二 对基督论的逻辑证明 …………………………………（479）
三 基于关系范畴意义理论的三一论 ……………………（484）

第三节 必然模态与上帝的预知 ………………………………（487）
一 上帝的预知与人的自由意志的奥古斯丁式解释 ……（487）
二 波爱修斯证明的逻辑基础——模态逻辑 ……………（492）
三 波爱修斯对上帝预知与人的自由意志一致性的
终极论证 ………………………………………………（499）
四 基于超时间性的上帝预知理论的历史影响及其
面临的挑战 ……………………………………………（506）

第四节 上帝造物的逻辑 ………………………………………（517）
一 阿尔琴论上帝话语的意谓 ……………………………（518）
二 弗雷德基修斯论语词"无" ……………………………（522）

三　加罗林文化时期的语言逻辑与奥古斯丁主义传统的
　　　　矛盾性与一致性 ………………………………………… (525)
第五节　上帝存在本体论证明中的逻辑问题 ……………………… (526)
　　一　波爱修斯类似于本体论的证明 ……………………………… (527)
　　二　安瑟伦对上帝存在的本体论证明的两种方式 …………… (530)
　　三　笛卡尔对上帝存在的本体论证明 …………………………… (537)
　　四　伽森狄对本体论证明的批判 ………………………………… (541)
　　五　康德对本体论证明的质疑 …………………………………… (544)
　　六　现代逻辑对"上帝存在"这一表达式的否定 ……………… (547)
　　七　当代分析哲学对本体论证明的辩护 ………………………… (549)
　　八　本体论证明的宗旨 …………………………………………… (552)
第六节　阿奎那对上帝存在的范畴论证明 ………………………… (554)
　　一　阿奎那上帝存在证明的逻辑基础 …………………………… (554)
　　二　阿奎那对上帝存在的五种证明 ……………………………… (558)
　　三　范畴论证明的逻辑统一性与历史影响 ……………………… (561)

参考文献 ……………………………………………………………… (565)

人名、术语索引 ……………………………………………………… (579)

后　记 ………………………………………………………………… (595)

导　论

一

　　人们在讨论一门古老科学的发展史时，通常都冠以"古代""中世纪""近代""现代"等字样，这种情况尤其发生在对西方科学与文化史的研究之中。虽然还没有达成广泛共识，但对于西方历史（特别是欧洲历史），一般都以公元476年西罗马帝国灭亡为界，此前称为古代或者古典时代，包括古希腊、罗马时期。此后历经上千年，直到文艺复兴时期（1453年前后），称为中世纪时期。文艺复兴之后称为近现代时期。这一断代标准被无限延伸到其他各门科学。例如，西方哲学由此被分为古代哲学、中世纪哲学、近代哲学、现代哲学。同样可以对包括自然科学在内的其他科学做类似的划分。

　　但基于理论形态、研究内容及研究方法的不同，各门科学史的时间轴还是存在不小差异。例如在逻辑学领域，并没有明显的所谓近代逻辑，学者们一般只把逻辑史划分为古代逻辑、中世纪逻辑（由于中国逻辑与印度逻辑并没有明确的中世纪概念，因此若非特别说明，本书所谓中世纪逻辑均指西方中世纪逻辑）、现代逻辑。这是基于如下考虑：西罗马帝国的灭亡，宣告了古代逻辑的终结。主要原因是以亚里士多德为代表的古代逻辑，在西罗马帝国灭亡之后，不仅绝大部分逻辑文献、典籍随着战争而消失（部分文献被一些有条件的人带至东方阿拉伯世界而得以保留，本书将有关于该事件的详述），而且此后很长一段时间，人们不再讨论逻辑。直到中世纪亚里士多德主义的复兴，基于新的文化思潮以及以神学为核心的意识形态占据统治地位，逻辑学的研究内容也发生了很大改变，形成了极富中世纪特色的逻辑理论。随着近代自然科学的兴起，数学以及数学方法在各门科学中的广泛应用，使逻辑学的研究（特别是研究方法）发生了革命性的变化，此后的逻辑学就称为现代逻辑。

然而也有学者认为，对于像逻辑学这种只讨论思维方法，与意识形态基本无关的科学而言，除了考虑其本身的理论形态（这一点对于人们的思维方式无疑影响巨大），根据其他标准对逻辑学进行断代研究的意义显然不大。这样一来，逻辑学实际上只有古代逻辑与现代逻辑之分。其原因最简单地说就是，古代逻辑与中世纪逻辑基本上研究了相同的内容，且都以自然语言为描述工具，基于此的研究方法是比较直观甚至模糊的；而现代逻辑主要以符号语言为研究工具，研究方法也是与精确的数学方法类似的形式化方法，同时也因为数学方法的广泛介入，逻辑学的理论形态以及研究范围发生了根本变化，呈现出与古代和中世纪逻辑完全不同的特色。因此与现代逻辑比较，古代逻辑与中世纪逻辑可以合二为一而统称为古代逻辑。

但我不太认可这一划分及其理由。因为若如此，严格地说甚至都可能没有古代逻辑与现代逻辑之分。首先，我们承认现代逻辑使用了以往逻辑学从来没有使用过的精确的数学语言或者人工符号语言，但在一定意义上，一门科学的研究方法或者理论描述工具只是表象，对科学本身而言不是根本性的，而重要的是新方法的使用，能否带来理论内容的更新或升级。但当我们对中世纪逻辑进行细究之后会发现，现代逻辑所讨论的绝大多数问题，都可以在古代以及中世纪逻辑中找到渊源，它们所讨论的绝大多数内容都是一致的；虽然现代逻辑由于使用了符号语言也扩充了一些逻辑学的研究内容，但是对于整个逻辑体系来说，这点变化是非常有限的。另一方面，现代逻辑中涉及的很多东西，其实并非逻辑学的真正研究对象，或者说，已经超出了逻辑学的范围，人们不能把这些东西拿来作为现代逻辑对古代逻辑与中世纪逻辑的革命性突破。逻辑学创始人亚里士多德认为，逻辑不是独立的知识；相反，逻辑是获取知识的工具，即思维的工具。不同时代的人们，其逻辑思维并没有本质上的不同，甚至大同小异。亚里士多德早已定义了逻辑的研究对象就是有效推理（甚至只是必然地得出的推理），或者说有效推理的标准与规则，这一逻辑观念也为不同时代的逻辑学家普遍接受并付诸实践。从这个意义上看，古代逻辑、中世纪逻辑与现代逻辑并没有什么区别。近年来国内外学界一直讨论与争议的什么是逻辑、什么才是逻辑学的真正研究对象，也在一定程度上反映了这一问题。我赞同王路教授的看法，严格地说，逻辑学就是研究"必然地得出"的科学，[①]凡是超出这一范围的，可以不视为逻辑。

其次，既然划分不同时期逻辑的主要依据是研究内容上的区别以及由此呈现出的时代特色，那么，虽然中世纪逻辑与古代逻辑在研究方法上类似，但这并不意味着中世纪逻辑理论就没有建设性的成果，就没有对人类思维有着重要影响而与古代逻辑完全不同的新理论和新方法。中世纪逻辑除了完整地保留并研究了古代逻辑学所研究的所有问题之外，也因为神学在中世纪的主导地位，使逻辑首次被充分应用于神学问题的论证与解读，由此产生了对后世影响巨大的语言逻辑。中世纪还从逻辑的角度研究了在哲学中占据重要地位的共相问题。特别是指代理论，更是前无古人的新理论。这一理论与包括弗雷格、罗素、斯特劳森在内的现代逻辑学家的指称理论遥相呼应，且有异曲同工之妙。中世纪逻辑学家还基于指代理论，对几乎所有的古代悖论进行充分探讨，后者对于现代逻辑同类问题研究产生了直接或间接的影响。在某种意义上，中世纪基于自然语言对悖论以及其他语义理论的研究，并不逊色于现代逻辑。而当人们提到中世纪逻辑时，上述问题就成为中世纪逻辑的标志，对这些问题的研究成果也必定成为中世纪逻辑研究的标志性成果。这也是本书把中世纪逻辑置于与古代逻辑和现代逻辑相提并论的地位，并深入探讨中世纪逻辑的原因。

最后，中世纪对古代逻辑的研究并非简单地重复，而是对其全部理论进行了系统化的梳理，并对绝大多数问题进行了富有中世纪特色的扩充研究，提出了很多新的概念，使用了新的方法，使得中世纪逻辑在诸多方面具有现代特色，这也是本书题为"中世纪逻辑及其现代性"的根本原因。鉴于此，我们在讨论中世纪各种逻辑理论时，将合理地分析这些理论与现代逻辑的关联，试图找出它们之间的共同之处——这些共同之处或是理论内容，或是逻辑方法，也可能只是一种逻辑理念。这样做的原因在于暗示这样一种想法：当今对于中世纪逻辑的研究并不只是具有逻辑史的意义，同时也具有现实意义，并且这种现实意义不是停留在

[①] 参阅王路《论"必然地得出"》，《哲学研究》1999年第6期。

思辨、想象的范围内，也不是一般所谓对任何东西的历史研究都自然具有现实意义这样的泛泛而谈。

中世纪逻辑研究的显著特色是以在形式句法方面有着天然优势的拉丁语作为理论研究和理论描述的工具，由此产生了一些新的研究方法。古代逻辑的成熟理论是亚里士多德以三段论为核心的词项逻辑，这一理论在中世纪（特别是中世纪繁荣时期）以类似于形式的方法得到了近乎完美的技术性处理，而新的研究方法也产生了新的逻辑理论。此外，学界所谓古代逻辑中那些并不完整或者并不成熟的理论，主要是指由斯多亚学派创立的命题逻辑、开始于第奥多鲁斯的模态逻辑、亚里士多德初步涉入的语言逻辑，以及麦加拉学派的悖论，但这些逻辑理论或者学说在中世纪得到了长足的进步。正如我们反复强调的，悖论——在中世纪被称为不可解命题——更是被充分地研究，成为中世纪逻辑的一大特色。亚里士多德初步探讨的语言逻辑问题在加罗林文化复兴时期被重新纳入（语言）哲学的研究对象，在中世纪中、晚期被创造性地发展成指代理论，后者是整个中世纪逻辑学说的最高成就。由于拉丁语具有清晰的句法结构，使得基于拉丁语的命题更能通过对其句法结构的标准编制化处理而发现命题的逻辑特征，布里丹等逻辑学家就充分利用了这一点。这一优势是同时期其他语言所没有的，也是中世纪逻辑能够在古代逻辑的基础上，向着更具合理性的形式逻辑迈进的主要原因之一。

然而，无论这种语言在形式化方面具有多大的优势，拉丁语终究还是自然语言。自然语言与作为现代逻辑主要工具的人工语言的根本区别在于，前者很难被额外强加某种超越人们约定俗成的定义，比如像现代逻辑那样，把语言区分为对象语言与元语言。对语言的这种定义不可能发生在自然语言身上，即使拉丁语也不可能。人们不能强制定义或者规定拉丁语还有什么不同类型、不同层次。拉丁语就是拉丁语，它只有一种语法规则，描述任何逻辑问题、表达任何命题的拉丁语没有任何不同。

但自然语言有其优势是毫无疑问的。在人们的日常思维中，使用的都是原本已经熟悉并且意义确切的自然语言，而逻辑学的主要功能与目的就是理性地指导人们的日常思维。西方逻辑史家普遍呼吁，逻辑学如果旨在人们的日常思维中发挥更大作用，应该像中世纪那样回归"自然"，这就是很多逻辑学家倡导自然语言、提出"回归自然逻辑"这一口号的背景与原因。推广自然逻辑其实也是现代逻辑研究中提出的重要课题之一。例如，克里普克在批判塔尔斯基的悖论解决方案并提出"真值间隙"理论时，就明确指出，悖论是这个世界自然的存在，是由于人们使用的自然语言存在某种"缺陷"而起。相应地，这种真值间隙也就是自然语言中的本真存在。因此，不添加任何人为的规则，而把悖论置于这个缝隙中是再自然不过的事。从本真态的自然语言中寻找悖论的解决方案乃是一个趋势。因此，我们今天重拾并重视中世纪逻辑研究，正是基于这些现成理念，并在加入某些新思路、新理论的基础上实现推广自然逻辑的一种有效尝试。

二

为了讨论的方便，本书采用西方逻辑学界对中世纪逻辑的惯用划分，即根据不同时期逻辑研究的状况、理论的批判与延续、研究侧重点的变化，把中世纪逻辑的发展分为三个时期：（1）从 5 世纪初波爱修斯开始，至 12 世纪阿伯拉尔，是古代逻辑向中世纪逻辑的过渡，简称中世纪逻辑的过渡时期，或者中世纪逻辑的早期；（2）从 12 世纪末至 13 世纪末，称为中世纪逻辑的创造时期，或者中世纪逻辑的中期；（3）从 14 世纪初沃尔特·柏力、奥卡姆，至文艺复兴开始时期，称为中世纪逻辑的繁荣时期或高峰时期，亦称中世纪逻辑的晚期。

中世纪（特别是繁荣时期）逻辑学家人数众多，理论涉及范围极其广泛。任何一本著作，如果试图包罗万象地讨论中世纪全部逻辑学家或者全部逻辑理论既是徒劳的，更是不必要的。主要原因在于中世纪几乎每位逻辑学家都研究了当时逻辑学所研究的全部问题，且他们所研究的问题基本相同，大多数逻辑学家把他们的研究成果汇编为一部叫作《逻辑大全》的著作。虽然部分逻辑学家由于其唯名论与实在论的哲学基础不同而在逻辑学上有所分歧，但总体上，由于逻辑学相对独立于本体论，他们的逻辑思想并没有根本的不同，这是中世纪逻辑研究同现代逻辑研究最大的不同。鉴于此，本书在援引中世纪逻辑原始文献时，将以中世纪中、晚期实在论者舍伍德的威廉、西班牙的彼得，唯名论者沃尔特·柏力（柏力的主要逻辑著作称为《论纯粹性逻辑》）、奥卡姆与约翰·布里丹的《逻辑大全》为核心参考文献。其中西班牙的彼得、奥卡姆与布里丹各自的《逻辑大全》，是三部流传最广的中世纪逻辑著作。本书将着重考察以奥卡姆和布里丹为代表的中世纪繁荣时期唯名论逻辑学，同时兼顾西班牙的彼得等实在论逻辑学（并对两种语义学进行对比），以及他们逻辑思想的古代渊源——主要是亚里士多德的逻辑思想，以及亚里士多德著作的早期翻译者与注释者（主要是波爱修斯）的逻辑思想。至于相对于唯名论，本书为什么较少考察实在论这一阵容的逻辑学家，一是因为唯名论与实在论逻辑学在逻辑理论上并没有根本分歧，只是对某些问题的处理方式有别，比如在词项与命题的意谓方式上存在技术性区别；二是相比较于实在论，唯名论似乎是一种更科学的理论，基于其上的唯名论语义学与现代逻辑思想更为接近。此外，本书除了集中讨论中世纪逻辑核心理论本身，还要探讨中世纪逻辑的现代性。基于这一考虑，主要讨论唯名论逻辑（虽然逻辑并不根据唯名论与实在论的分歧而一分为二）更切合本书的宗旨，也更具有现实意义。

三

有必要对本书讨论的内容以及各部分之间的逻辑关系做一个简单介绍。尽管基于前述的原因，本书也不可能讨论中世纪的全部逻辑思想，但还是力图把那些最具有中世纪特色的逻辑理论展现给读者。

首先考察亚里士多德到波爱修斯时期的逻辑，厘清西方中世纪逻辑理论的历史渊源及其走向。中世纪逻辑素材有四个来源：一是亚里士多德的词项逻辑，包括古希腊、罗马时期亚里士多德的追随者对亚氏著作的注释与相关著作，以及中世纪早期从阿拉伯世界传入西方拉丁世界的那些基于亚里士多德逻辑的注释、著作与理论；二是古代的悖论理论；三是斯多亚学派的命题逻辑；四是同时继承了亚里士多德与斯多亚学派的波爱修斯的逻辑。波爱修斯的逻辑理论被完整地传入中世纪，特别是对于中世纪早期阿伯拉尔的逻辑思想产生了重要的影响。在这个意义上，古代逻辑与中世纪逻辑没有明显的断代，或者说，从古代逻辑到中世纪逻辑，乃是一脉相传。因此，只有首先了解古代逻辑，才能理解中世纪逻辑所研究的问题。此外，古代与中世纪关于逻辑的首要问题都是逻辑究竟是什么，以及逻辑学在各门科学中的位置，也就是逻辑观的问题。在这个问题上，中世纪与古代存在一定的分歧，这种分歧直接决定了他们的逻辑理论的研究内容，也决定了中世纪逻辑学家会选取哪些古代文本作为他们研究的依据，这就是我们在本书第一章中所要讨论的问题。

我们今天称亚里士多德的逻辑学为词项逻辑，乃是因为亚氏逻辑的核心是三段论，而三段论主要就是研究词项的。但是"词项逻辑"这一概念也被逻辑史家用来定义中世纪早期与中期逻辑，他们认为这一时期的逻辑理论保持着词项逻辑传统（terminist logic tradition），因此，大部分逻辑学家都被称为词项逻辑学家。虽然所研究的都是词项，但中世纪词项逻辑与亚氏逻辑讨论的内容存在非常明显的差异。中世纪词项逻辑包括两个部分，一是词项的区分理论，二是词项的属性理论，两者既相互联系，又有较大的差别。中世纪逻辑学家根据不同标准把词项分为单称词项与普遍词项，绝对词项与内涵词项，简单词项与复合词项，范畴词项与助范畴词项。其中最具特色也最重要的是助范畴词理论和内涵词意义理论。此外，词项区分理论还包括划分与定义，这也是区分词项的重要逻辑方法。词项属性理论关注的是语言（语词）、思想（概念）与现实（具体事物）之间的关系。具体地说，主要是研究一个词项表示（指称）什么，具有何种语义，以及它们对于命题的真假与推论的有效性产生何种影响。为了讨论这些问题，中世纪逻辑学家提出了一系列术语，包括意义或意谓、指代、联结、称呼或命名，以及当它们出现在命题中时，词项的扩张与限制、关系等。对这些问题的讨论形成了中世纪的词项属性理论。词项属性理论的核心是词项在命题中的指代问题，而词项区分虽然最终要应用于命题与推论，但作为一种理论，对它的研究整体上是独立于命题的。此外，词项的区分既是一般逻辑理论的研究对象，也是语言逻辑甚至语法学研究的对象（特别是加罗林文化复兴时期）。

考虑到词项理论主要研究的是构成推理的质料部分，即范畴、词项及各种解释，这些理论除了助范畴词理论、指代理论之外，大部分都有古代逻辑的渊源，包括来自亚里士多德、波菲利以及波爱修斯等逻辑学家的词项理论，逻辑史家因此称这种逻辑为"旧逻辑"或者"旧的词项逻辑传统"，而把研究推理及其有效性、论证及其论证力的逻辑称为"新逻辑"。但要注意的是，这两种逻辑主要不是从时间上划分的，不是说以前的就是旧逻辑，以后的就是新逻辑。然而从逻辑史看，中世纪早期和中期逻辑研究的侧重点确实是旧逻辑的那些内容，这也是这一时期被称为词项逻辑阶段的原因，而中世纪繁荣时期则完全是把旧逻辑与新逻辑讨论的东西作为逻辑学不可分割的两个部分，并且把对旧逻辑所涉及对象的研究作为推论这一主要研究对象的理论基础。

本书的第二章与第三章就是分别讨论中世纪的词项区分理论与词项属性理论，同时讨论它们与现代逻辑的关联。罗素等现代逻辑学家也讨论了专名与摹状词，形成了著名的摹状词理论，其观点与布里丹等中世纪逻辑学家的词项区分理论既有相似之处，也有明显的区别。词项属性理论是最具有中世纪特色的逻辑理论之一。但这一理论所研究的所有问题几乎都被近现代逻辑学家以不同的方式重新讨论：或者被修正，或者以新的方式再现于现代逻辑的意义理论之中，代表人物有穆勒、弗雷格、罗素与斯特劳森等。意义理论的核心是指称理论，其中某些概念、术语和理念同中世纪指代理论有着极大的相似性，甚至在本质上没有根本区别：指代和指称理论讨论的都是词项的属性或词项与命题的语义问题。具体地说，其目标对象都是命题或具有真值的语言表达式，用以确立语言表达式与对象世界之间的关系，而目的都是澄清语言表达式的真值，特别是在具体语境下的真值。因此，中世纪指代理论与现代逻辑的指称理论只是意义理论发展的不同阶段。不严格地说，我们可以把指代理论看作指称理论的中世纪形式，或者其前身，也可以反过来说，现代指称理论正是中世纪指代理论的延续，是对后者的现代转型。我将在这两章中，就中世纪的词项理论的现代性做深入的探讨。

第四章讨论说谎者类型悖论或称不可解命题。一般认为，麦加拉学派代表人物米利都的欧布利德首先发现了经典说谎者悖论，即"我正在说的这句话是假话"，但是这些资料在中世纪早期并没有流传，因此中世纪对这种悖论的研究与古代并没有直接关联。

12世纪初，中世纪逻辑学家也发现了说谎者悖论，他们称所有这种类型的悖论及其变种为不可解命题或者困难命题。由于这类命题难于理解，并且没有现成的理论，中世纪早期逻辑学家对不可解命题或者持"无视"或"拒斥"的态度，或者把对于不可解命题的分析建立在亚里士多德经典符合论的基础之上，这就决定了他们不可能提出恰当的解决方案。直到14世纪托马斯·布拉德沃丁，才第一次提出了破解不可解命题的一些"有价值的东西"——逻辑学家们初步意识到，消除不可解命题的最终策略必须依赖于对"真"之定义,这种定义必须有别于经典符合论。布拉德沃丁写于 1320 年的著作《论不可解命题》被认为是研究不可解命题的分水岭——不仅是中世纪研究这一问题的分水岭,也是逻辑史上研究说谎者类型悖论的分水岭。因为把不可解命题的消解策略建立在对"真"之语义分析以及严格定义之上,不仅之前从来没有过,而且这一策略一直沿用至今,所不同的只是关于真之定义的区别。此后不断有以"论不可解命题"为名的相关著作,以及相应的"真之理论"。中世纪高峰时期著名逻辑学家布里丹基于其语义封闭理论和虚拟蕴涵真之理论,对说谎者类型悖论提供了一种无须附加太多人为规则的自然破解方案:一个命题是真的,不仅要求命题形式上意谓的如所意谓的那样,而且要求命题虚拟蕴涵的命题同时如它所意谓的那样;基于这一定义,所有不可解命题都是假的,并不存在什么悖论。这一解决方案使得布拉德沃丁的真之理念,最终发展成完整的真之语义定义,并产生了极大的影响,成为中世纪后期解决不可解命题的基本策略。

悖论问题也是现代逻辑讨论的热点问题之一。中世纪的不可解命题理论,为后世(包括现代逻辑)对此类悖论的研究留下了可供借鉴的理念、思路与方法。虽然说谎者类型悖论的现代解决方案与中世纪方案在理论形态上显得很不相同,但这只是表面性的,两类方法就其实质来说并没有根本区别,只是表述上的不同;实际上,现代逻辑学家提出的悖论解决方案几乎都可以在中世纪找到渊源(威尼斯的保罗把中世纪不可解命题解决方案总结为 15 种),两者之间存在千丝万缕的联系。本章还将讨论罗素、塔尔斯基和克里普克的现代解决方案,特别关注他们理论中的中世纪逻辑元素,最后讨论中世纪与现代两类悖论消解方案的不同方法论意义。

第五章讨论推论。推论学说是中世纪逻辑的主要成就之一。中世纪逻辑学家对推论理解不尽相同,推论学说所研究的东西涵盖直言命题直接推理、直言三段论、模态三段论、条件句或假言命题、假言三段论,以及论证甚至谬误等。但从总体上看,推论主要讨论的还是命题之间的直接推理,即如何从一个命题有效地得出另一个命题,也就是有效性问题。从这个意义上看,推论理论的目的与现代逻辑的推理理论并无二致。但与现代逻辑仅考虑命题的真假与推理形式对于推理有效性的影响不同,中世纪的推论还涉及一些其他东西，例如一个推论成立与否与命题语境有无关联，推论的前提与结论（前件与后件）之间具有相关性的基础是什么，一个推论是否有效，与前后件本身的意谓方式、命题句法结构甚至词项的意义有无关系以及有何关系，是否应该有不同类型的有效推论，有效推论是否具有时效性，等等。基于此，我们在讨论中世纪的推论时，不可能完全撇开逻辑形式之外的其他因素，反而其中有些内容正是中世纪推论学说的特色。

中世纪推论理论有两个来源，一是亚里士多德逻辑学中所讨论的推理，特别是三段论，另一个是斯多亚学派的假言逻辑。这些内容首先通过波爱修斯传到中世纪，波爱修斯是最早使用"推论"这一术语的逻辑学家之一。在之后长达500多年的时间里，人们对于推论的讨论，仅限于波爱修斯的假言三段论，直到12世纪后半叶亚里士多德著作全面复兴以及阿伯拉尔的出现。推论理论是阿伯拉尔在中世纪逻辑史上的主要成就之一。

推论理论在13世纪并没有什么真正的发展。西班牙的彼得、舍伍德的威廉和拉尼的兰伯特虽然提出了一些新的东西，但他们都没有把推论看作一项独立的逻辑学说，对推论的处理与词项属性、谬误和助范畴词等混杂在一起，同时也把词项的实质或质料因素考虑在内，也有逻辑学家仍然视推论为因果联系。推论学说到了14世纪终于获得其独立的地位，诸多以《论推论》为名的著作问世，"推论"这一名字成为常态。这得益于以语义学为基础的指代理论的发展。沃尔特·柏力、奥卡姆与布里丹成为14世纪推论学说的代表人物。

总体上，中世纪逻辑把推论分为两大类，即形式推论和实质推论。"形式推论"概念首见于13世纪法弗舍姆的西蒙的《反驳诡辩》，但把"形式推论"这一概念发展为系统理论的首推14世纪著名逻辑学家沃尔特·柏力与奥卡姆。柏力写了两篇以"论纯粹逻辑"为题的论文，其中较短的一篇被认为是最早关于形式推论的著作，稍早于奥卡姆的《逻辑大全》，而详细的推论理论见于其后较长的一篇。两位逻辑学家不仅对形式推论进行了严格的定义，还列出了极其丰富的形式推论规则。从此形式推论成为中世纪推论学说的主流。

约翰·布里丹的推论学说代表了这一理论的最高成就。他不仅重新思考并修正了包括奥卡姆形式推论理论在内的前人的理论（例如模态理论），还提出了非常有创造性的有效推论定义：一个推论是有效的，当且仅当，不论前件以何种方式意谓事物是它所意谓的那样，都不可能事物是前件所意谓的那样，而不在后件中以与前件同样的方式意谓事物是它所意谓的那样。这一定义对经典逻辑仅仅根据前提与结论的真假去定义推论有效性的传统提出了严重疑问，并体现了其合理性，这可能是布里丹对推论理论的最大贡献。而他对于直言三段论和模态三段论的处理，使这一传统的推论理论达到了前所未有的高度。

此外，在中世纪逻辑学家的推论学说中，还包括一部分模态命题推理，例如布里丹、萨克森的阿尔伯特、威尼斯的保罗等对模态三段论的研究。对推论规则的研究成为中世纪逻辑的传统，他们陈述了包括模态词在内的60多条推论规则。

中世纪的推论理论具有深刻的现代性，在诸多方面与现代逻辑或者我们现在所讨论的逻辑具有一致性或者相关性。例如，推论理论中所讨论的诸多推论规则已经成为现代逻辑的重要定理或者公理，现代逻辑所谓实质蕴涵怪论和严格蕴涵怪论也在中世纪得到了充分的研究。中世纪建立在"模态标准"与"替换标准"下的有效推论思想，也是现代逻辑讨论的重要问题。当代逻辑学家斯图尔特·夏皮罗对形式的（逻辑的）推论的定义（如果在对命题中非逻辑术语的每个解释下，当Γ是真的时，Φ也在所有可能情况下是真的，Φ就是Γ的逻辑后承），正是布里丹的有效推论定义的形式描述。逻辑史家C. D. 诺瓦斯甚至认为，当中世纪逻辑学家把命题词项的意谓扩张到过去、现在和未来以及一切可能事物，从而建立起从必然命题到实然命题，再到可能命题之间的推论时，他们已经有了现代模态逻辑可能世界语义学的概念，或者可能世界语义学的中世纪模式。他还用可能世界语义学，重建了布里丹对于有效推论循序渐进的三个不同层次的定义，以展现这些定义与可能世界语义学的一致性。此外，中世纪对推论进行了各种分类，认为不同推论应该有不同的规则（例如形式推论使用形式规则，实质推论除了考虑推论形式，更考虑词项的意义及其意谓方式，绝对推论与当下推论也有各自不同的应用语境），这在我们今天也是经常讨论的问题。中世纪对推论详细区分的主要目的是构造正确的论证，从根本上看，推论的目的就是构造论证。相反，现代逻辑的形式推理（各种逻辑演算）热衷于去构造一个庞大的语法体系，除了一个抽象的语义模型，对其中的公理或者定理不做过多的语义解释，不考虑它们的实用性，这使得它们的适应范围具有较大的局限性，甚至远离日常思维。

然而现代逻辑基于符号语言的形式化系统可以为我们提供一些方法，实现对中世纪自然逻辑语义理论的现代形式重建，这就是第六章讨论的问题。

直观地说，自然逻辑就是以自然语言作为理论描述工具与思维介质的逻辑理论，基于自然语言的语义学就是自然逻辑语义学。以西班牙的彼得为代表的实在论语义学，以及以约翰·布里丹为代表的唯名论语义学，是中世纪最具代表性的两种自然逻辑语义学。虽然它们具有不同的本体论基础，然而它们的不同主要不在于其本体论，而在于建构语义学的不同方法与思路。我们可以通过不同的逻辑策略，消除实在论语义学中不必要的本体论承诺，从而在逻辑学领域，实现两者的部分融合。副词化手段就是其中最主要的逻辑策略之一，对唯名论语义学的形式建构可以更清晰地反映这一问题。我们称形式建构的唯名论语义系统为自然逻辑语义系统，即 NLS 系统。

NLS 系统的构想有两个来源，一是现代逻辑形式化方法，二是布里丹等唯名论逻辑学家对命题的"编制化"处理。自然语言具有多变性、丰富性与复杂性，在某种意义上，这也是自然语言的弱点，因为它使得基于数学方法的语法定义无法覆盖自然语言中语法或者句法的所有可能结构及其变化。基于此，布里丹使用了一种"编制化"方法，把具有不同句法形式的拉丁语句子，编制成一种标准化的逻辑句法，使得任意的直言命题都具有"主词—联词—谓词"语序的标准结构，从而最大限度地使句法结构直接反映逻辑语法规则。NLS 系统正是在编制过的命题的基础上，应用现代逻辑符号，分析这些命题的语义。因此，NLS 系统既是形式化的，也是编制化的，它是对以指代理论为核心的命题语义进行形式的编制处理，与现代逻辑形式化的语义学还是存在根本区别的：在现代逻辑的人工语言中，我们有一套明确有效的构造规则，可以制定适用于该语言下所有可能的合式公式的逻辑法则，而 NLS 系统无论怎样制定规则，都难以用公式表达一切可能的命题，因此，这一系统不可避免具有不确定性,甚至在一定程度上具有随意性。虽然我们使用一些现代逻辑的工具去重建这一系统在很多方面仍然显得比较粗糙,但至少能够在一定层面上弥补上述不足,并尽可能去克服其固有的不确定性。这就是中世纪自然逻辑语义学现代重建的必要性。

第六章首先讨论布里丹所创造的形式句法概念体系。他通过编制化方法而得到的标准拉丁语命题可以视为中世纪对命题的"形式化",当引入现代逻辑相关符号与概念,我们无须做太多分析就可以对基于自然语言的命题语义进行形式重组,从而建立起 NLS 系统。

NLS 系统包括如下内容:

(1) NLS 的语法。包括如下四个部分:初始符号;变元的定义,含简单变元,约束变元;项的形成规则,含简单变项,个体常项,绝对约束变项,内涵约束变项;公式的形成规则,包括不含量词的直言命题的一般形式,含有量词的直言命题的一般形式,以及中世纪统称为假言命题的各种复合命题形式。

(2) NLS 的语义。包括词项的意谓模型;词项与命题的指代,即 NLS 的真值赋值。

在此基础上,我们对直言命题进行 NLS 形式化,并分析其语义。唯名论语义学把关系命题处理为直言命题,而所有复合命题都是由直言命题或关系命题组合而成,因此,本书不再单独讨论复合命题的语义。

此外,由于自然语言的开放性并且具有无限更新变化的可能性,对于 NLS 这样的系统,也不可能具有像现代逻辑形式系统那样的元逻辑性质,比如可靠性、一致性与完全性,因此,我们显然也无法像讨论现代逻辑那样,在 NLS 中讨论其元逻辑性质。

需要明确的是,NLS 系统并不依赖或者受制于现代逻辑的那些基础理论以及由于加入符号语言所带来的新的问题。这种重建与解释,只是用另一种语言工具,去表达中世纪的自然逻辑语义学。重新解释的语义理论仍然是自然逻辑理论,却可以为现代逻辑某些没有很好解决的问题(比如悖论等问题)提供一种"新"的解决思路。

本书最后一章讨论中世纪神学研究中的逻辑,这也是西方中世纪逻辑的显著特色。

逻辑学在中世纪早期获得它在各门科学中的应有地位经历了一番挣

扎，这就是中世纪早期所谓论辩术与反论辩术之争，或者逻辑与反逻辑之争，结果是逻辑学在神学的庇护下继续发展。因此，逻辑学不可避免也要讨论神学问题，诸多逻辑理论既在神学研究中得到了发展，也是逻辑理论在神学中的应用。而中世纪晚期，这种情况发生了变化，逻辑学在某些思想家那里彻底从神学中独立出来，甚至很多著名逻辑学家本身就不是神学家。因此，本章所讨论的问题大部分发生在中世纪早期与中期。

　　神学与逻辑的第一次完美结合开始于中世纪过渡时期的波爱修斯，后者因此被称为"经院哲学的第一人"。波爱修斯写了五篇论述基督教基本教义的神学论文，在这些论文中，他第一次应用亚里士多德及其注释者的形式逻辑理论为基督教神学服务，充分证明了以"三位一体"为核心的基督教正统教义，开创了中世纪理性神学的先河。其中最具有逻辑性的证明包括对基督本性与位格的证明，对三位一体（三一论）的证明，对上帝的预知与人的自由意志一致性的证明等。这些证明有的是直接根据亚里士多德的逻辑理论，有些同时使用了斯多亚学派的命题逻辑方法，有些则是基于古代的模态逻辑理论。

　　波爱修斯之后的神学家继承了理性神学的传统。首先是加罗林文化复兴时期阿尔琴及其学生弗雷德基修斯分别对上帝话语的意谓以及"无物"（nihilo 或 nothing）的解释，这种解释体现了语法学、逻辑学与形而上学的一致性。随后是神学家对上帝存在的证明。关于上帝存在的证明有多种方式，安瑟伦的本体论证明就是其中最有影响的论证方式之一。安瑟伦从上帝的性质是一种完全的必然存在这一定义，推出了上帝存在的结论。近代哲学家笛卡尔也以类似的方式证明了上帝的存在。但是本体论证明面临诸多问题而广受质疑。本章除了讨论这种证明，还将分析近代哲学家伽森狄与康德、现代逻辑学家与分析哲学家对这种证明的质疑及其合理性问题，基本结论就是，本体论证明在逻辑上是失败的。

　　托马斯·阿奎那对上帝存在的证明也是中世纪神学与逻辑领域的大事。这种证明总体上是根据一些范畴及其意谓推出上帝的存在，因此本书称这种证明为范畴论或范畴逻辑证明。而阿奎那通过上帝的创造物来证明上帝存在的思维进程，相当于逻辑学中的溯因推理，也就是结果到原因的推理。

对上帝存在的证明体现古代逻辑理论在中世纪神学研究中的具体应用与影响。从思维和学术研究角度看，它极大地丰富了逻辑本身，开拓了中世纪逻辑研究的新领域，也为中世纪哲学甚至神学研究提供了新的视角。这也是这一问题在今天仍然值得我们关注的原因。

第一章

西方中世纪逻辑的渊源

——从亚里士多德到波爱修斯

西方中世纪逻辑是西方传统自由艺术（liberal arts）的"三科"（trivium）之一，它以中世纪的方式讨论了几乎所有的古代逻辑问题。同样作为逻辑学的发源地，中国与印度的古代逻辑在西方中世纪时期并没有被后代继承，或者没有发展出新的理论，因此，都没有明确的中国中世纪逻辑与印度中世纪逻辑的概念。基于此，除非特别说明，本书后续一律把"西方中世纪逻辑"直接称为"中世纪逻辑"。

中世纪逻辑素材有四个来源。一是亚里士多德的词项逻辑，包括古希腊、罗马时期亚里士多德的追随者对亚氏著作的注释与相关著作，以及中世纪早期从阿拉伯世界传入西方拉丁世界的那些基于亚里士多德逻辑的注释、著作与理论；二是古希腊、罗马时期的悖论理论；三是斯多亚学派的命题逻辑；四是被称为罗马最后一位哲学家、中世纪哲学第一人的波爱修斯的逻辑。波爱修斯的逻辑学说同时继承了亚里士多德与斯多亚学派，并被完整地传入中世纪，特别是对于中世纪早期阿伯拉尔的逻辑思想产生了重要的影响。在这个意义上，古代逻辑与中世纪逻辑没有明显的断代，或者说，从古代逻辑到中世纪逻辑，乃是一脉相传。因此，我们只有首先了解古代逻辑，才能理解中世纪逻辑所研究的问题。

此外，古代与中世纪关于逻辑的首要问题就是逻辑究竟是什么，以及逻辑学在各门科学中处于怎样的位置，也就是逻辑观的问题。这一问题直接决定了他们的逻辑理论的研究内容，也决定了逻辑学家会选取哪些文本作为他们的理论来源，因此，我们在本章将首要讨论这一问题，然后讨论那些对中世纪逻辑产生直接影响的逻辑思想。

第一节　古代与中世纪的逻辑观

一　逻辑与逻辑学

在各门成型学科中，对于这门学科的研究对象究竟是什么，逻辑学应该属于最复杂，或者最没有达成广泛共识的学科之一。对于逻辑的定义，直接关系到逻辑学的研究对象及讨论的范围，也关系到这门学科的发展轨迹。

例如，与逻辑学一起，作为联合国教科文组织确定的七大基本学科[①]之列的数学与物理学，便不存在这样的问题。一般认为，数学是关于"数"的科学，而这里的数包括数量、结构、变化、空间以及信息等概念。而物理学是关于物质及其运动的科学，它研究物质运动的最一般规律和物质的基本结构。尽管也有不同的定义，但是上述界定基本被学界广泛接受，没有多少争议。然而，什么是逻辑以及逻辑学研究什么，却存在种种争议。下面这几种定义方式大概可以反映当今人们对这门学科的界定：

> "逻辑"一词是由英文 logic 音译过来的，它导源于希腊文 λογοσ（逻各斯），原意指思想、言辞、理性、规律性等。古代西方学者用"逻辑"来指称研究推理的学问。我国古代和近代学者曾用"形名之学""名学""辩学""名理""理则学"和"论理学"等表示"逻辑"，到二十世纪二十年代才逐渐通用"逻辑"这一译名。在现代汉语里，"逻辑"是个多义词……[②]

"逻辑"一词我们经常见到、用到，但要确切地回答什么是逻辑却不那么容易。实际上，即使是逻辑学家，对此也有一些不同的看法。不过，正是因为它是个常用词，我们又可以从它的日常使用出

[①] 指数学、逻辑学、天文学和天体物理学、地球科学和空间科学、物理学、化学以及生命科学。

[②] 吴家国等：《普通逻辑》，上海人民出版社1993年版，第1页。

发，来逐步说明什么是逻辑。……逻辑大体上相当于规律。逻辑即规律，这是"逻辑"一词的最初涵义，也可以说，是其最基本的涵义。……在今天，"逻辑"所指的规律已不是思维的全部规律，而是专指以上所说的思想之间的必然联系这个意义下的规律，……简称逻辑规律。逻辑学以逻辑规律为对象，是关于逻辑规律的学说和理论。①

人们一般认为，逻辑是研究推理的，或者比较严格地说，逻辑是研究推理的有效性的，或逻辑是研究有效推理的。②

逻辑学是研究区分正确推理与不正确推理的方法和原理的学问。③

从上述比较具有代表性的定义或者描述，我们至少可以得出两个结论。

第一，逻辑学的确是一个比较难以界定的学科（科学），所以学者们往往从日常生活中关于逻辑的广泛但不精确的使用，来说明什么是逻辑学。而基本结论就是，逻辑学是研究思维规律或者规则的科学，或者更准确地说，逻辑学是研究有效推理及其有效性标准的科学。后者并没有得到逻辑学界普遍认同。

第二，这些定义或者描述性说明，实际上都没有严格区分逻辑与逻辑学这两个概念。而问题就出在这里：当我们没有强烈意识到必须对这两个概念做出非常明确的区分，并进而对各自进行仔细分析的情况下，很难说清楚到底什么是逻辑，什么是逻辑学。这一状态的消极后果早已显现，例如，至今不断有人争论这样的问题：辩证逻辑是不是逻辑？归纳逻辑是不是逻辑？批判性思维是否应该是逻辑学的研究对象？有没有法律逻辑学的概念？在逻辑学界，这种相互排斥、相互否定的现象在国内外都是存在的。这种分歧在某种程度上影响了逻辑学的发展。

---

① 宋文坚主编：《逻辑学》，人民出版社1998年版，第5—6页。
② 王路：《逻辑基础》（修订版），人民出版社2004年版，第3页。
③ ［美］欧文·M. 柯匹、卡尔·科恩：《逻辑学导论》（第11版），张建军、潘天群等译，中国人民大学出版社2007年版，第5页。

有人认为，问题的根源出在作为逻辑学创始人的亚里士多德（Aristotle，前384—前322）本人并没有使用"逻辑"这个词，而是使用"推理"（syllogism，或者译为三段论），而与推理相关的问题可以无限扩展。但这显然不是一个合理的解释。例如与逻辑学有着极大相似性的数学在古希腊早期似乎也是包罗万象，只是后来才逐步分离出来并走上了形式化的道路；而在中世纪，数学甚至是算术、几何学、音乐学与天文学的总称。① 然而，这种情况在今天已经不再存在，没有人再去争议哪些东西属于数学，哪些东西不属于数学。

那么逻辑学为什么还一直处在争议之中？我认为，全部问题在于，我们应该首先搞清楚逻辑是什么，明确逻辑与逻辑学是两个密切相连但又有所区分的概念，并且它们之间的区分也绝不能用"作为一门科学的研究对象（逻辑）与这门科学本身（逻辑学）"而一言以蔽之。②

首先，"什么是逻辑"是一个关于逻辑的本体论问题。逻辑不是客观存在于自然中的东西，更不是人们从自然中挖掘出来的某种现成的规律，逻辑只存在于思维领域，与人的理性思维密切相关。更直接地说，逻辑就是一种理性思维法则，或者说，就是思维中的理性法则部分。同时，作为理性思维法则的逻辑显然也不可能是先天的，而是一种后天习得的思维方式与技巧。

其次，不同人有着不同的理性思维，而逻辑应该是各种不同理性思维中共同的东西，即各种不同理性思维中相对不变的具有规律性的东西，由它保证不同的人、不同的思维方式之间可以进行正确且无争议的沟通与交流。从根本上看，逻辑是通过人们的共同习惯或者约定俗成固定下来的通用思维规律或规则。仅就这一点而言，逻辑甚至与语言的产生类似。

再次，在现代语言中，"逻辑"是个多义词，有时表示客观事物的规律，如"事物发展有其内在的逻辑""我们要遵循市场经济的逻辑"。有时则指称一种谬论、歪理，或者某人自身对于事物的一种歪曲的思维原则，如"这只是你自己的逻辑"等。

---

① 参阅胡龙彪《拉丁教父波爱修斯》，商务印书馆2006年版，第131—157页。
② 参阅胡龙彪、黄华新《逻辑学教程》（第三版），浙江大学出版社2014年版，第1—3页。

最后，逻辑学与逻辑不同。逻辑学的建立是基于如下信念——这种信念也被重视逻辑形式的古代和中世纪逻辑学家所普遍认同：逻辑规则需要通过语言表达出来，但即使人类语言存在巨大的差异性，它仍然具有某种相同特征，使得通用逻辑规则适用于任何语言。这些规则基于自然语言，但不依赖于某种特定的自然语言。在古代或中世纪，逻辑学家是使用自然语言去表达这样的思想，而现代逻辑通过建构人工语言，表达由不同自然语言所表达的相同概念体系。此外，中世纪逻辑学家还创造了基于纯粹拉丁语、具有与现代逻辑人工语言功能类似的形式句法概念体系。因此，我们可以得出结论：逻辑学是构造科学，它是对不同理性思维中相对不变的具有规律性的东西的一种基于语言的描述与抽象，这种语言可以是自然语言，也可以是人工语言。逻辑学理论可以不断变化，虽然相对而言人们日常思维中约定俗成的逻辑规则并没有发生什么重大的变化，但是从古代到现代，逻辑学理论一直在不断发展之中，逻辑学家为解决各种逻辑问题，制定了更多的人工逻辑规则，并尝试促使其用于科学或者日常思维之中，并希望最终在人们的思想交流之中达到"约定俗成"。

基于此，我们把逻辑学一般定义为：逻辑学是研究思维的形式结构及其规律的科学。这里讲的"思维的形式结构"也就是通常所谓"逻辑形式"。而在逻辑学所研究的各种逻辑规律或规则中，其核心乃是推理及其有效性标准，逻辑学的主要任务就是提供鉴别推理有效与否的模式与准则。推理作为一种思维形式同样也是通过语言来表达的，语言外化、凝聚着思维。因此，逻辑学要研究思维的形式结构及其规律或规则，首先就要研究表达思维的语言，要研究语言表达式的意义。

我们对逻辑与逻辑学所做的区分以及对它们的定义，与逻辑学的创立背景与过程有着密切的关联，不仅影响到界定谁才是逻辑学的真正创始人，也决定了逻辑学将沿怎样的方向发展。如前所述，逻辑其实就是一种理性思维，不严格地说，只要有人的存在，就有逻辑。因此，当我们一般地讨论"逻辑"的起源时，准确地说应该是讨论逻辑学的起源，因为讨论逻辑何时产生或者何时出现，无异于讨论人类何时出现（至少是人类的文明史何时开始），对于逻辑学本身来说，意义并不大。同时，讨论逻辑学的创立，也容易让我们了解逻辑学最初被怎样定位。

二 逻辑学的创立

我以为,确定一门学科(科学)的正式创立,至少需要具备以下三个条件:

(1) 对这门学科所涉理论进行分门别类的研究。
(2) 有成熟或比较成熟的理论体系。
(3) 一般而言,还应该有表明这门学科创立的标志性著作。

首先,一门学科创立的最重要标志就是其所研究的理论与其他学科迥然不同。也就是说,是这门学科的创立者自主地、自觉地把其所涉理论从其他理论中分离出来,对之进行分门别类的研究,并为该学科建立一个名字,而不是后人把这些理论从别的领域或者学科中抽象出来的,对之进行各种解释,概括出一些理论,并给出一个学科名,标注谁是其创始人。

其次,作为一门学科正式创立的重要依据是,其理论已经成熟或者比较成熟,否则凭什么认为它与众不同?凭什么把它与其他学科区分开来?所谓成熟或者比较成熟,一般都是把它与其他相关科目进行比较,或者把它与其以前的理论状态进行比较,在如此比较下大致确定它是否已经相对成型。

最后,虽然从理论上看,表明某一学科是否创立并非一定需要标志性著作,但从各门学科的历史情况看,这个条件基本都得到了满足,而我们往往也是从这些历史文献中知晓谁是某学科的创始人。当然,有几种情况例外,一是某学科的创始人本人未必把其创立的某种理论编纂成书,而是由其学生或者后人完成这项工作,二是有些古代学者并没有本人的理论文本,其理论往往包含在别人的著作或者理论之中,并由一代代人转传下来。

根据以上标准,学界比较一致的看法是,古希腊是逻辑学的主要发源地,亚里士多德是西方逻辑学的真正创始人。但逻辑学绝非在亚里士多德那里一蹴而就,而是有一个漫长的发展过程,其中,以下哲学家或者哲学学派值得特别关注。

爱利亚学派的奠基人、古希腊哲学家巴门尼德(Parmenides of Elea,约前515—前5世纪中叶以后)在谈到人们探寻真理之路(巴门尼德残篇之第二）时说："一条路乃是是，且不可能不是，这是确信的道路，由它得出真；另一条路乃是不是，且必然不是，我告诉你，这是完全走不通的路，因为你认识不了不是的东西，这是不可行的，也是不可说的。"①

王路认为，尽管巴门尼德的话存在着各种争议，但至少有两点是比较清楚的：其一，巴门尼德指出的探求之路乃是"是"；其二，从是可以得出真。而从这两点出发，我们还可以非常清楚地看出第三点：既然从是可以得出真，因此是与真一定是相互联系的。而所谓"是"，乃是一种句子框架，准确地说，是一种逻辑框架或者逻辑结构（例如"什么是什么"），由它可以保证得到真。巴门尼德没有对这一框架进行具体说明，但这很自然让我们联想到后来亚里士多德的逻辑规则。巴门尼德所谓"不是"，应该就是那些与是不一样或者不符合是之逻辑结构的东西，沿着这种"不是"的道路，是无法达到真的。

显然，虽然巴门尼德这里肯定涉及了逻辑的东西，但他自己并没有对此做出逻辑所要求的精确的解释。这导致了学者们对它反反复复的争议，很多引申出来的思想带有极大的猜测性，包括我们这里对他的思想的解释，也难说完全符合其本意。同时也说明，巴门尼德及其同时代的人，并没有明确意识到求真过程中需要某种相对固定的、具有普遍性的规则的重要性（相对于亚里士多德的观念而言），否则他们一定会把这些问题单独提出来，并把它说得清清楚楚。不要怀疑一个思想如此深邃的哲学家不具有这样的能力，问题的关键是他是否具有强调逻辑的强烈意识。

智者学派把亚里士多德之前的逻辑思想（方法）推向了西方逻辑思想史的第一个高潮。智者学派的创始人是普罗泰戈拉（Protagoras，约前490或480—前420或410），另一位重要代表是高尔吉亚（Gorgias，约前483—前375）。智者学派是西方文化发展史上最早教人们演讲与写作艺术（修辞学与论辩术）的哲学流派，他们重视论辩与论证。普罗泰戈拉著有《论相反论证》一书，指出一切理论都有其对立的命题。罗马哲学家第欧根尼·拉尔修认为，普罗泰戈拉甚至是第一个采用苏格拉底式讨论方法的人，而且他首先提出如何攻击与辩驳人们所提出的任何命题，通过逻

---

① 转引自王路《巴门尼德思想研究》，《哲学门》第 1 卷 2000 年第 1 册。

辑推论揭露对方论点中的矛盾。

高尔吉亚在其代表作《论非存在或论自然》一书中，针对巴门尼德的存在论，提出了三个相反的命题，并进行了所谓严密论证。① 我们可以从中发现其熟练运用的逻辑方法，当然也包括各种逻辑错误（中世纪逻辑学家布里丹就认为，这一证明是无效的）。

第一，无物存在。

如果有某物，那么它或者是存在，或者是非存在，或者是既存在又非存在。首先，该物是非存在是不可能的。因为若该物是非存在，那就意味它既存在又不存在。也就是说，从它是非存在而言，它不（是）存在的（这里显然把非存在之"非"当作否定联词"不是"，使用词项逻辑的换质法，即 s 是非 p，等值于 s 不是 p）；但从它是非存在而言，又说明它（指"非存在"本身）是存在的（很明显，这里预设了词项逻辑的存在输出规则，即当有一个 s 是 p 的命题，就预设了 s 与 p 都是存在的）。但说同一个东西既存在又非存在是荒谬的。因此，该物是非存在是不可能的；因此，非存在并不存在。更进一步，如果非存在存在，那么存在就不存在，因为二者彼此相反；如果非存在拥有存在这一属性，那么存在就拥有非存在这一属性，但事实上存在不可能拥有不存在这一性质，所以非存在是不存在的。

其次，若该物是存在，那么它或者是永恒的或者是生成的，或者既是永恒的又是生成的。然而，假如它（存在）是永恒的，它便没有开端，因而是无限的；如果它是无限的，那就不在任何地方。因为如果它在某个地方，它就为某物所包围，而包围存在的东西必定大于被包围的东西（即存在），因而被包围的存在便不再是无限的了。存在也不能被自身所包围，若如此，包围存在的东西与被包围的存在二者就是重叠的，这样存在的东西就变成两个——处所与物体，但这是荒谬的。所以，若它（存在）是永恒，它就是无限，若它是无限，它就没有处所，如果它没有处所，它就是不存在。假如它（存在）是生成的，那么它要么从存在中生成，要么从非存在中生成。它不可能从存在中生成，因为既然假定它是存在的，它就不是生成的，而是已经存在的；它也不可能从非存在中

---

① 参阅汪子嵩等《希腊哲学史》(2)，人民出版社 1993 年版，第 264—274 页。

生成，因为凡生成的东西只能分有真实的存在，因此从非存在中不可能生成任何东西，当然也不可能生成存在。既然存在不是永恒的也不是生成的，更不是既永恒又生成的，而存在只有这三种情况，所以若该物是存在，那么它就是不存在的。

最后，前面两种论证也证明了第三种可能（某物是既存在又非存在）也不成立。既然某物存在只有上述三种可能，而它们无一成立，结论就只能是：无物存在。

第二，即使有物存在，也不可被思想（或者被想象）、被认识。

高尔吉亚是通过证明"被思想的东西的是不存在的"，来证明其逆否命题"存的东西的是不能被思想的"，从而证明了第二个命题。

首先，我们所思想的东西并不因此而存在。假如我们所思想的东西都是真实的存在，那么凡是我们所想的就都存在了，但这是荒谬的。因为我们想到有一个飞行的人或一辆在海上奔驰的马车，但并不真有一个人在飞，真有一辆马车在海上奔驰。其次，如果我们所想的东西是真实的存在，那么，不存在的东西就思想不到了。然而，这是不成立的。因为女妖、狮头蛇尾羊身的吐火怪兽以及其他许多非存在物都被思想到了。所以，即使有物存在，也不可认识，不能被思想。最后，诸如飞人、海上马车、女妖、吐火怪兽等人们想到的存在都是一或多，是生成的或者永恒的，而后者已经被证明都是不存在的，因此，人们所想到的都是不存在的。

第三，即使能认识存在，也无法把它说出来告诉别人。

认识存在要靠各种感觉，而告诉别人则要靠语言。感觉不能互相替换，语言更不能和存在替换。语言不是主体和存在物，所以我们告诉别人的不是存在而是语言。语言是跟主体相异的东西。既然可见物不可能变成可听物，可听物也不能变成可见物，那么作为外间主体的存在物就不可能变成我们的语言。既然存在不能变成语言，即使我们认识了存在，也不能告诉别人。

高尔吉亚的证明从过程上看十分牵强，且逻辑混乱，比如偷换概念或者混淆概念伴随证明过程始终；同时某些推论在逻辑上完全不成立。

他的第一个证明主要是把"存在"（希腊文 einai，拉丁文 esse，英文 being）作为某种抽象且神秘的实体之物，但是证明中有时又把存在作为量词，比如存在某物，或者不存在某物。有时存在又以动词的形式出现，比如某物存在，或者某物是存在的，这种情况下的存在相当于现代逻辑的谓词。但是根据经典现代逻辑，"存在"只是一个量词，它不能作为谓词。实际上，即使"存在"是某种具有本体论意义的实体，也不过就是这个词本身，就是说，"存在"的本体论意义无非就是这个词本身，绝不是某种神秘的本体论实体。

这一证明也混淆了作为联词的"不是"与作为负概念的前缀"非"。命题中作为谓词的负概念前面的否定词"非"，并不是无条件地可以通过换质法变为"不是"，当把非存在看作某种神秘之物，某物是非存在，并不总是等值于某物不存在。这一点在中世纪逻辑助范畴词理论中就被明确地否定。

退一步说，即使按照高尔吉亚对"存在"的理解去审视他的第一个证明，也有很大问题。第一个证明中，对存在物不可能是非存在的证明没有问题，对存在物不可能是永恒的证明过程虽有一些错误，但是结论似乎也没有问题，即任何东西都不可能是永恒的。同时，对于存在物不可能来自非存在的证明也是恰当的，因为无物能从无中生。但是认为已经存在的东西不可能从存在中生成的理由是荒唐的，因为任何存在物当然来自另一个已经存在的东西，任何事物的存在都是有原因的，都是处在相应的因果链中。

高尔吉亚的第二个证明则干脆在逻辑上不成立。他试图通过反驳"被思想的东西都是存在的"，去证明"被思想的东西都不存在"，这在逻辑上是无效的。因为这两个命题是相互反对的命题，可以同时是假的。也就是说，证明了"被思想的东西都是存在的"是假的，不能由此证明"被思想的东西都不存在"是真的，而只能证明"某些被思想的东西是不存在的"。再者，证明了人们既已想到的那些东西（比如海上马车）是一或者多，因而不存在，不等于证明了人们能够想到或者能够想象的东西都是不存在的。也就是说，高尔吉亚的全部证明只是证明了"某些被思想的东西是不存在的"，或者最多"既已被思想的所有东西都是不存在的"，这一结论甚至都不能推出"某些存在的东西不能被思想"（因为该命题并不能从"某些被思想的东西是不存在的"推出），更不必说推出"所有存在的东西都不能被思想、被认识"这一最后的结论。当然，高尔吉亚的第二个命题的实质只是思想和存在不同一，目的在于批判巴门尼德的"作为思想和作为存在是一回事"这一命题。从这个意义上看，他的目的达到了。

抛开高尔吉亚证明中的逻辑错误，他的这一系列证明本身的意义仍然是显而易见的。从后世对于存在问题的讨论可以看出，这种证明方式对中世纪理性神学关于上帝存在的本体论证明等都产生了深刻的影响。特别是这种方式强调了论辩对于哲学的重要性和必要性，这种情况可以说正是逻辑学创立的前兆。此外，第三个命题及其证明似乎正确地涉及语言（符号）、思想（命题）与世界（对象）之间的三元关系，这些问题至今仍然是语言学、逻辑学、哲学与心理学等学科讨论的话题。

另一方面，包括高尔吉亚在内的智者学派的行为（史称"智者运动"），似乎也使哲学论辩朝着玩弄技巧，热衷诡辩的方向发展。有人认为诡辩阻碍了人们对于哲学真理与真正智慧的追求，但是在我看来，早期诡辩至少对于逻辑学的发展并没有坏处，相反，却催化了合理逻辑规则与真正的逻辑学的建立。

半费之讼（The Paradoxical Fee）就是记于智者学派名下最著名的"诡辩"。[①]

据说有一位名叫欧提勒士（Euathlus）的年轻人，希望向当时名气大噪的智者普罗泰戈拉学习成为律师，但是他交不起高昂的学费。于是师生约定，欧提勒士先给老师交一半学费，剩下的一半学费等欧氏毕业后打赢第一场官司之后支付。但是欧氏毕业后一直没有打官司，老师于是把学生告上了法庭。在法庭上，老师首先发难：

如果欧氏打赢了这场官司，那么按照当初我和他签订的合同，他应该给我另一半学费。如果欧氏打输了这场官司，按照法庭的裁决，他也应该给我另一半学费。欧氏或者打赢这场官司，或者打输这场官司。总之，他应该付给我另一半学费。

学生欧提勒士立即反驳老师：

---

① 有人认为，这个故事是后人杜撰的。因为据考证，首次提及这个故事的人是古罗马作家、法学家、拉丁语法权威奥卢斯·革利乌斯（Aulus Gellius，约125—180），他在其名著《阿提卡之夜》（*Attic Nights*）中谈到了这个故事。

如果这场官司我打赢了，那么按照法庭的裁决，我不应该给您另一半学费。如果这场官司我打输了，那么按照当初我们签订的合同，我也不应该给您另一半学费。我或者打赢这场官司，或者打输这场官司。总之，我不应该付另一半学费。

这是两个看起来无懈可击的绝对的二难推理，即任何选择都会导致相同的结果，没有第三种选择。我们无意对半费之讼做深度解析，这本身是一个难题，但有三点是很清楚的：

第一，两个人应用完全相同的证据（法庭的判决、当初的合同），推出了两个截然相反的结论。如果他们的推理是正确的，那么只有一种可能性，就是他们的前提（证据）中隐藏了矛盾，而且很可能是一种不易被发现或者难以解决的特殊矛盾，比如悖论。因为只有矛盾的前提才可以推出矛盾的结论。

第二，如果他们推理的前提中没有隐藏着矛盾，那么一定是他们的推理前提（其中之一或者两者）是错误的。因为二难推理与一般推理不同，真正的二难推理要求前提（一般都是充分条件假言命题）都是真实的，也就是说，前提中的充分假言命题的前件的确是后件的充分条件。

第三，关于半费之讼，国内外学界一直在讨论，几乎应用了所有可能的解决方案试图去解决它，甚至有试图跳出逻辑学领域（比如从纯粹的法律领域）去解决的尝试。然而至今都没有令人满意的解决方案，这正是这一思维案例之诡异之处，甚至也是其高明之处，当然也是在其发生两千多年之后仍然具有极大吸引力的原因。

关于智者学派，还有两点需要特别说明。首先，所谓诡辩，就是明知违反了逻辑规则或者某种约定俗成的规则而故意去违反。这首先说明，他们熟知这些规则，并且有意识地使用它，尽管是一种错误的歪曲的使用。就半费之讼而言，这一情况尤其明显。也就是说，可能他们明知其前提组合隐藏着（某种不易被人发现的）矛盾，但由于这样的矛盾对他们都有利，所以就故意去构造这样的推理，以达到各自的目的。其次，虽然一般人难以立即辨明他们是由于违反何种规则而达到他们的目的，但是"有理智的"人们是能够通过对这些案例的分析，而从中明白某些道理，比如需要怎么样的思维规则才不会造成明显有悖常理的论辩。这很自然地引导他们学习、理解正确的逻辑规则。这种情况往往是重视逻辑的一个前奏，甚至是必要的过程。同时，从这些案例，我们也很自然地联想到后来柏拉图学园所谓"不懂逻辑者不得入内"的深刻意义，以及亚里士多德为什么如此重视在哲学对话中遵守正确的逻辑规则。这就是我所谓诡辩对于哲学与逻辑学的发展而言未必是坏事的原因。

除了巴门尼德与智者学派，在亚里士多德之前，在逻辑领域值得提及的人并不多。

我认为，无论巴门尼德还是智者学派，抑或其他人，他们已经涉及诸多逻辑学中经常讨论的问题，并能熟练使用一些逻辑方法。然而，虽然他们已经在逻辑上有所成就，但都不符合创立逻辑学的三个条件，仅仅是比同时代的其他人更具有一些逻辑或者类似于逻辑的思想。但即使普通人，即使没有受过专门的训练，在他们的日常交流中，也会不自觉地应用正确的逻辑规则，或者一般也不太容易犯一些低级的逻辑错误，因为逻辑规则本来就是人与人之间约定俗成的交流法则。而区别只在于，这些哲学家从日常交流与思维中抽取某些规则，指导人们有意识地正确思维。但这些规则缺乏系统性，甚至都没有上升到理论的程度，更谈不上是一种成熟的理论。

只有到了亚里士多德那里，才有了对逻辑的专门研究。亚氏不仅明确定义了什么是逻辑，而且发表了《范畴篇》《解释篇》《前分析篇》《后分析篇》《论题篇》《辩谬篇》等六篇逻辑论文（合称《工具论》），建立了以三段论为基础的成熟的推理与证明体系。亚里士多德正是在一个诡辩盛行、哲学证明与论辩中思维混乱的背景下创立了逻辑学。

三 古希腊罗马的逻辑观

作为逻辑学的创始人，亚里士多德并没有使用"逻辑"一词，而是使用"分析"或"分析学"表示关于推理的理论。西塞罗最早使用"逻辑"（logica）一词，但"其意义与其说是逻辑的，不如说是论辩的"[①]。"'逻辑'一词直到阿弗罗迪西亚斯的亚历山大使用它为止大约五百年的时间内并没有获得它的现代意义（即研究推理及其有效性标准的科学——引者注）。但是以后称为逻辑的这个研究领域是由《工具论》的内

---

① ［英］罗斯：《亚里士多德》，王路译，商务印书馆1997年版，第23页。

容决定了的。"①

在《工具论》中，亚里士多德首先对逻辑学的研究对象进行了界定。他在《工具论》第一篇论文《论题篇》中开宗明义地指出：这部著作的目的在于"发现一系列探究方法，依据这些方法，我们将能够就人们向我们提出的每一个问题从一般所接受的意见出发进行推理，而且我们在提出一个论证的时候，也将避免说出自相矛盾的东西"②。"一个推理是一个论证，在这个论证中，有些东西被规定下来，由此必然地得出一些与此不同的东西"③。在《前分析篇》中，亚里士多德指出："一个三段论是一种论证，其中只要确定某些论断，某些异于它们的事物便可以必然地从如此确定的论断中推出。所谓'如此确定的论断'，我的意思是指结论通过它们而得出的东西，就是说，不需要其他任何词项就可以得出必然的结论。"④ 在这些论述中，一个共同的东西就是"必然地得出"。也就是说，"必然地得出"是亚里士多德的核心逻辑观念，只有必然地得出的东西才是合乎逻辑的东西，才是逻辑学的研究对象。他还把逻辑学同修辞学区分开来，因为修辞学所研究的东西并不是"必然地得出"的东西。以"必然地得出"为核心的逻辑观念，几乎决定了整个逻辑学的发展线索与拓展思路。

所谓必然地得出，即借助某种逻辑规则，可以保证从一些已知命题合乎逻辑地推导出新命题。或者说，借助某种逻辑规则，可以保证从已知的真命题得出新的真命题。而从已知命题得出新的命题，这一过程也是自然的，并且合乎人们的约定俗成的思维习惯。这一定义同时说明了逻辑主要研究"必然地得出"的推理，即既强调推理是逻辑学的主要研究对象，又突出推理的必然地得出的性质——排斥那种似是而非的推论，排斥一切思辨的东西。正是由于亚里士多德强调了这条主线，才使他有

---

① ［英］威廉·涅尔、玛莎·涅尔：《逻辑学的发展》，张家龙、洪汉鼎译，商务印书馆1985年版，第31页。

② Aristotle, *The Works of Aristotle*, Vol. 1, 100a, 18－22. W. D. Ross（ed.）. Oxford：Oxford University Press, 1928.

③ Aristotle, *The Works of Aristotle*, Vol. 1, 100a, 25. W. D. Ross（ed.）. Oxford：Oxford University Press, 1928.

④ ［古希腊］亚里士多德：《前分析篇》，24b19—22，《亚里士多德全集》第一卷，苗力田主编，中国人民大学出版社1990年版，第84—85页。

可能创建逻辑学这门科学。也由于后世逻辑学家把握了这条主线，逻辑学才可以在旧理论的基础上发展出新的创造性理论，乃至达到以演绎为核心的现代逻辑。实际上，从逻辑学创立至今，推理（特别是必然性推理）一直都是逻辑学的核心研究对象。

更为重要的是，亚氏讨论的逻辑规则，特别是对推理形式的描述为后世（特别是中世纪）对这些理论进行"形式研究"提供了各种可行性，而形式研究是逻辑发展的根本立足点。波兰著名逻辑学家卢卡西维茨在其《亚里士多德的三段论》一书中深刻地说明了亚氏逻辑的这一优势，他引用了科普勒斯顿神父的《哲学史》中的一段话来说明这一点："亚里士多德的逻辑通常名为形式逻辑。因为亚里士多德的逻辑是对思想形式的一种分析——这是一个适宜的描述。"[1] 他还说，"亚里士多德以一种直观的确信知道什么属于逻辑，并且他所处理的逻辑问题中，没有像思维之类与心理现象相联系的问题。"[2] 总之，亚氏逻辑所关注的就是形式，严格地说，只有基于形式研究的古希腊逻辑，才有一脉相传的从古代到现代的完整逻辑发展史。

如果说，什么是逻辑学的研究对象是逻辑观念的首要问题，那么与这一问题直接相关的另一个问题就是逻辑学的性质，或者说逻辑学属于什么科学。哲学史上，关于逻辑学的性质以及逻辑学在各门学科中的地位（特别是逻辑学与哲学的关系）一直存有争议，这种争议在古代集中体现在亚里士多德学派和斯多亚学派所持的不同观点。

亚里士多德及其追随者（例如逍遥学派）认为，逻辑学是一种求真的工具。这一工具独立于任何一门具体科学，但对任何具体科学而言都是必不可少的。因为任何科学说到底都是为了寻求真理，去除谬误，而逻辑为寻求真理、去除谬误提供了一种普遍有效的方法。人们追寻真理所使用的最主要的逻辑工具就是推理与论证，因此，亚里士多德《工具论》的绝大部分内容都是关于推理与论证的。

---

[1] ［波兰］卢卡西维茨：《亚里士多德的三段论》，李真、李先焜译，商务印书馆1981年版，第21页。

[2] ［波兰］卢卡西维茨：《亚里士多德的三段论》，李真、李先焜译，商务印书馆1981年版，第22页。

斯多亚学派则认为，逻辑不仅是一种寻求真理的工具，也是哲学的一个组成部分。他们认为哲学是为了产生关于人和神的知识的艺术实践："哲学也有三部分，就是：物理学、伦理学与逻辑学。当我们考察宇宙同它所包含的东西时，便是物理学；从事考虑人的生活时，便是伦理学；当考虑到理性时，便是逻辑学，或者也叫作辩证法。"① 并认为对哲学的这种分类可以在亚里士多德的《论题篇》中找到依据。② 斯多亚学派还特别指出了逻辑学同物理学、伦理学等其他哲学分支之间的关系。对此，传记作家第欧根尼·拉尔修（Diogenes Laertius，3 世纪初）是这样记载的："斯多亚学派把哲学比作一个动物，把逻辑学比作骨骼与腱，把自然哲学比作有肉的部分，把伦理哲学比作灵魂。他们还把哲学比作鸡蛋，称逻辑学为蛋壳，伦理学为蛋白，自然哲学为蛋黄。也拿肥沃的田地作比，逻辑学是围绕田地的篱笆，伦理学是果实，自然哲学则是土壤或果树。他们还把哲学比作有城墙防守的城市，为理性所管理；并且，像他们之中一些人所说，任何一部分也不被认为比别一部分优越，它们乃是联结着并且不可分地统一在一起，因此他们把这三部分全都结合起来讨论。但是另外一些人则把逻辑学放在第一位，自然哲学第二位，伦理学第三位。"③ 可见，逻辑学是哲学各分支中一个极其重要的组成部分。斯多亚学派的这种逻辑观对波爱修斯产生了直接的影响，后者在逻辑学上所取得的伟大成就，在相当大程度上正是在这一思路下取得的。

特别值得注意的是，虽然斯多亚学派认为逻辑学属于哲学，但他们并不认为逻辑学的研究对象也像其他哲学分支那样宽泛。第欧根尼·拉尔修指出："（斯多亚学派）有些人又说逻辑的部分正好可以再分成两门学科，即修辞学与辩证法。有些人还加上研究定义的部分以及关于规则或标准的部分；可是有些人却不要关于定义的那部分。他们认为研究规则或标准的部分是发现真理的一种方法，因为他们在那里面解释了我们

---

① 北京大学哲学系外国哲学史教研室编译：《古希腊罗马哲学》，商务印书馆 2021 年版，第 359 页。

② 参阅 [古希腊] 亚里士多德《论题篇》，105b19—25，《亚里士多德全集》第一卷，苗力田主编，中国人民大学出版社 1990 年版，第 368 页。

③ 北京大学哲学系外国哲学史教研室编译：《古希腊罗马哲学》，商务印书馆 2021 年版，第 359—360 页。

所有的各种不同的知觉。同样，关于定义的那部分被认为是认识真理的方法，因为我们是用一般概念来认知事物的。还有，他们认为修辞学是把平铺直叙的记事中的事情讲得佳妙的科学，辩证法是以问答来正确地讨论课题的科学；于是就有了他们关于辩证法的另外一个不能并行的定义，即：关于真、伪与既不真又不伪的论断的科学。"① 这就是说，除了包括修辞学外，斯多亚学派与亚里士多德学派所定义的逻辑学的研究对象是完全一样的，特别是斯多亚学派也强调逻辑是关于真的科学，是发现真理的一种方法。因此，斯多亚学派的逻辑与亚里士多德学派的逻辑的基本精神是一致的，"……斯多亚学派的逻辑思想体现了亚里士多德说的'必然地得出'，他们提供的推理模式也满足了'必然地得出'这个要求"②。实际上，斯多亚学派逻辑（甚至整个逻辑学史）所取得的成就正是因为遵循了亚里士多德所指出的"必然地得出"的正确方向才取得的。

新柏拉图主义者与斯多亚学派持类似的立场。例如，阿莫纽斯（Ammonius，435 或 445—517 或 526）在其《前分析篇注释》中（10.36）说："根据柏拉图的意见并且真的说来，它（即指逻辑）不是哲学的一部分，斯多亚学派与某些柏拉图主义者认为它不仅是工具（如逍遥学派所认为的那样），而且同时既是哲学的一部分，又是哲学的工具。如果你们采用带有与具体对象相联系的词项，那么它就是哲学的一部分，而如果你们采用与对象无关的纯规则，那么它就是哲学的工具。逍遥学派追随亚里士多德认为它是工具。他们提出纯规则，他们不采用对象作主语，而使规则与字母协调。例如'A 表述所有的 B，B 表述所有的 C，所以 A 表述所有的 C'。论题'灵魂是不死的'的三段论证明，是在下面几行提出的（11.10）：'灵魂是某种自动的东西，后者（指某种自动的东西。——原译者注）是某种永恒运动的东西，后者（指某种永恒运动的东西。——原译者注）就是某种不死的东西，所以灵魂是某种不死的东西。'"③ 也就是说，所谓逻辑是哲学的一部分，主要是指把词项本身的意

---

① 北京大学哲学系外国哲学史教研室编译：《古希腊罗马哲学》，商务印书馆 2021 年版，第 360 页。
② 王路：《逻辑的观念》，商务印书馆 2000 年版，第 90 页。
③ [波兰] 卢卡西维茨：《亚里士多德的三段论》，李真、李先焜译，商务印书馆 1981 年版，第 23 页（注释1）。

义作为逻辑研究的对象，而当只考虑独立于词项与命题内容的形式规则时，逻辑就是哲学的工具，同时也是一切科学的工具。

同样作为新柏拉图主义者，波爱修斯也表达了相似的逻辑观念，并通过他而影响了中世纪的逻辑研究走向。实际上，中世纪前期对于逻辑的研究既是哲学的，又是形式的，表现在推理上，就是既研究实质推论，又研究形式推论，而到了中世纪繁荣时期，把逻辑学作为获取知识的工具而主要对它进行形式研究逐渐占据主导地位。

四 中世纪的逻辑观与逻辑传统

中世纪逻辑学家对逻辑学在各门科学中的地位以及逻辑学性质的看法大多与波爱修斯有关。波爱修斯首次把逻辑学、语法学和修辞学称为"三科"（trivium），认为三科是用于处理语言问题，是关于语言的科学，为精确阐述和论证已有知识提供方法。"三科"中逻辑居首，掌握了逻辑等于拥有了必需的理性。但掌握逻辑本身不是目的，重要的是应用逻辑，即应用理性，因此逻辑同时也是实践科学。[1] 波爱修斯对逻辑学性质的这一界定从加罗林文化复兴时期一直延续到中世纪。

例如，12 世纪的一位无名氏逻辑学家根据波爱修斯的解释，把逻辑学置于对科学的分类之中："当我们着手处理论辩术（它原本就是通往所有其他艺术之路）时，在这篇论文的开头，需要对科学做一个区分。……科学被分为理性科学、自然哲学与道德哲学……理性科学又可以分为三个部分：语法学、修辞学与逻辑学。语法学教给人们如何恰当地由字母形成音节、音节形成语词，语词形成表达式。修辞学处理三种类型的诉讼，即论证的、审议的和司法的。论辩术则处理三段论的正确建构。"[2]

中世纪晚期著名逻辑学家约翰·布里丹（John Buridan，约 1295—1361）在其《逻辑大全》（*Summulae de Dialectica*）一开始就对逻辑学的性质进行了定义，用以评价西班牙的彼得把逻辑作为"艺术的艺术"

---

[1] 参阅胡龙彪《中世纪逻辑、语言与意义理论》，光明日报出版社 2009 年版，第 81 页。
[2] Anonymous, DialecticaMonacensis, in G. Klima, F. Allhoff, A. J. Vaidya (ed.), *Medieval Philosophy: Essential Readings with Commentary*, Oxford: Blackwell, 2007, p. 43.

(the art of arts)。① 他说:"关于第一部分（指把逻辑定义为艺术的艺术，并用于关于一切问题的原理——引者注），我们应该注意到某些（我们的其他版本）文本有（这样的公式化表述）：'逻辑是艺术的艺术，科学的科学……等等'，但是更准确地说，只有从这个意义上才能说逻辑是艺术的艺术；因为'艺术'与'科学'这两个名词有时是从广义上去理解，有时是从严格或本来的意义上理解。如果取其广义，那么它们可以互换使用，因为它们是同义词；因此，按照这个意义，在上面的表述中，只能使用这两个名词中的一个（即使用两个就是重复——引者注）。实际上，逻辑甚至也不能说成是科学的科学，因为这样说意味着逻辑相对于（所有）其他科学都具有某种优势，但是，逻辑对于形而上学并不具有优势；形而上学（而不是逻辑）更应该正确地被说成是科学的科学，因为形而上学进入到了关于所有探索的原理之中。但是当'艺术'与'科学'这两个名词取其严格的意义，那么，（根据亚里士多德）《伦理学》的第六章（1139a，15—17——引者注），共有五种理智习惯或德性，它们互有区分，也即理解、智慧、审慎、科学（或者知识：scientia）与艺术。因此，按照这个意义，没有一种理智习惯同时既是艺术又是科学；实际上，按照如此理解的逻辑只是一种艺术，而不是科学。其次，我们应该知道，逻辑学可以被合理地说成是艺术的艺术，因为它相对于其他艺术具有一定的优势，表现在它应用于其他任何艺术与科学时的实用性与一般性。正是由于这种一般性（形而上学也同样具有），它才不仅进入到与所有科学结论相关的论辩中，而且进入到与所有科学原理相关的论辩中。尽管如此，逻辑和形而上学的能力仍然存在差异（modo potestatis differant），正如《形而上学》第4卷（1004b，18—28——引者注）所详细解释的那样。"②

所谓严格地说逻辑学不能被说成是科学的科学，是因为逻辑学至少并不比形而上学更具有优势，也不能提供诸如形而上学、物理学那样的

---

① 参阅 Peter of Spain, *Tractatus called afterwards SummuleLogicales*, first critical edition from the manuscripts, with an Introduction by L. M. De Rijk. Assen：Van Gorcum & Co.，1972，p. 1。

② John Buridan, *Summulae de Dialectica*, An annotated translation with a philosophical introduction by Gyula Klima. New Haven：Yale University Press，2001，p. 6. 后续引用该著仅注明书名与页码。

知识。而所谓逻辑学也可以合理地说是艺术的艺术，表现在它可以一般地、无差别地应用于其他一切艺术或科学，为这些艺术或者科学原理与结论的证明或者论辩提供实用性的推理方法。从这个意义上看，逻辑学是一门实践科学（practicalscience）。布里丹还区分了两个重要概念，即逻辑的应用（logicautens）与逻辑原理（logicadocens），前者包含了由后者所阐述的操作原理，但只有后者才可以说是艺术或实践科学，因为只有后者才可以教会我们如何建构与评价我们使用的论证，以达到我们希望的目的。[①]

  逻辑学的这些性质决定了它的研究对象与研究范围。多米尼克派哲学家罗伯特·基尔沃比（Robert Kilwardby，约 1215—1279）是最早对亚里士多德的《前分析篇》进行研究的中世纪逻辑学家之一。他在讨论推论时指出，一定存在一门科学，其目的是发现和教导我们一种方法，通过这一方法，知道如何通过正确的推论，从已知事物考察未知事物。这种科学不可能是形而上学，因为形而上学将事物与行为区分开来。而三段论是一种（推理）行为，其中属性是从主体（的质料）推导出来的，结论是从前提推导出来的。关于三段论的科学就是逻辑学。由于逻辑学的任务是发现一种认知方法，它可以应用于所有科学，逻辑学因此被认为是关于方法的科学（modus scientiarum）。熟练掌握推理方法可以在每一个探究领域中发现真理，而为了完成这项任务，逻辑学需要教导我们如何将一个词项与另一个词项进行组合，或将一个词项与另一个词项分离。逻辑学还通过三段论中的中项将事物彼此联系起来，这就是逻辑学的主题。[②] 也就是说，逻辑学主要研究的是推理（三段论）的方法，通过推理，可以帮助我们发现各门科学的真理，并最终使得事物彼此相联。

  前述的 12 世纪那位无名氏逻辑学家则具体解释了逻辑学是如何研究推理的。他说：“逻辑学处理三段论的正确建构，就像亚里士多德在《前分析篇》中所做的那样，以及处理它的主体部分，如同在《后分析篇》《论题篇》以及《辩谬篇》中所做的那样，而它的构成部分则在《范畴

[①] 参阅 G. Klima, *John Buridan*, New York: Oxford University Press, 2009, pp. 13–14。
[②] 参阅斯坦福百科全书：罗伯特·基尔沃比。见 https://plato.stanford.edu/entries/robert-kilwardby/。

篇》与《解释篇》中被处理。"①

逻辑学与推理有着怎样的关系在布里丹那里得到了更详细的解释。布里丹在对波菲利的《亚里士多德〈范畴篇〉导论》所做的注释中指出："逻辑学从总体上看是研究论证（推理）的（与古代逻辑类似，中世纪逻辑对于论证、推理、推论，甚至三段论这些术语的使用经常不做严格的区分——引者注），研究论证（推理）的原理、每个部分以及属性；因此，我们必须考虑逻辑学中的任何东西同论证（推理）的关系。对逻辑的划分也来自于论证（推理）。逻辑被分为旧逻辑（Ars Vetus）与新逻辑（Ars Nova）。旧逻辑在考虑论证时，不是把它作为一个整体，而是从它的构成部分上考虑，这些构成部分都是非复合的词项、表达式或者解释（enunciation）。非复合词项是论证的偏远部分（remote part），而解释则是最邻近部分（proximate part）。偏远部分，也即非复合的词项，是在亚里士多德的《范畴篇》中讨论的，而最邻近部分，也即解释，是在他的《解释篇》中讨论的。但是你应该知道，波菲利写了一篇《论五谓词》（On the Five Predicables）的书，它可以作为一个导论，为理解亚里士多德的《范畴篇》提供很大的帮助。此外，考虑到亚里士多德在其《范畴篇》中对后六个范畴一带而过，波瓦捷的吉尔伯特（Gilbert of Poitiers）于是写了一本研究这六个范畴的名为《论六原理》（The Book of Six Principles）的很特别的书，作为亚里士多德《范畴篇》的补充。因此，这两本书，即波菲利的《论五谓词》和波瓦捷的吉尔伯特《论六原理》被视为旧逻辑；它们不被认为是最重要的（principal）著作，而是被看作与《范畴篇》有关联并且相连接的著作。为什么它被称为旧逻辑，而其他被称为新逻辑？有些人可能会理所当然地认为，它们是在时间上前后相继的东西，即在时间上早的那个被称为旧的东西。然而，《范畴篇》与《解释篇》所处理的词项与解释是构成论证的质料部分。因此，它们相对于整个论证来说不可以被说成是'旧的'，这也是为什么处理这些材料部分的逻辑称为旧逻辑的原因。新逻辑又被进一步划分，因为既然论证可以从前提推出结论，也可以用前提去证明结论，那么就不可以把论证本身看

---

① Anonymous, Dialectica Monacensis, in G. Klima, F. Allhoff, A. J. Vaidya, (ed.) *Medieval Philosophy: Essential Readings with Commentary*, Oxford: Blackwell, 2007, p. 43.

作只有一种方式。第一种方式的论证是在《前分析篇》中讨论的，第二种方式的论证是在其他篇目中讨论的。但是（在不同篇目中的）讨论也是不同的。既然对结论的证明需要来自更加确定的前提，因此，一个证明有时来自不证自明的（命题）或者被证明是不证自明的，并且由此它就被称为是一个证明，为该结论提供知识；这种（类型的证明）是在《后分析篇》中讨论的。但是，有时一个证明来自既不是必然的，也不是不证自明的，而仅仅是可能的前提，这样的论证称为论辩，它产生的不是知识，而仅仅是意见；这种（类型的证明）是在《论题篇》中讨论的。有时一个论证是诡辩，看起来得到证明了，实际上却没有；这种（类型的证明）是在《辩谬篇》中讨论的。"①

布里丹的这段论述也代表了中世纪绝大多数逻辑学家对于逻辑学研究对象的界定，实际上也是对中世纪逻辑学研究内容的全面总结。

首先，逻辑学关注的核心是推理，并且逻辑学所关注的任何其他东西都应该与推理有关，否则都不是逻辑学的研究对象。实际上，中世纪从早期的阿伯拉尔（Peter Abelard, 1079—1142）开始，对于逻辑的研究就是沿着这一思路展开的：所有的东西都是为构造有效推理服务。这也为我们今天对于某些东西是否属于逻辑学提供了参考：逻辑学所研究的东西不是可以无限扩张，任何与推理无关的东西原则上都应该被排除在逻辑之外。

其次，推理以及所有与之关联的东西都包含在亚里士多德的逻辑著作之中，也就是说，《工具论》已经涉及逻辑学的全部核心内容。其中《范畴篇》与《解释篇》两部著作处理与研究推理的"构成部分"，即命题、命题成分以及词项。其他各部著作处理推理的"主体部分"，也就是各种类型的推理，讨论推理的有效性或论证的论证力。当今有逻辑学家正确地指出，当我们在争论哪些东西属于或不属于逻辑时，完全可以从逻辑学创始人亚里士多德的著作中寻找答案，就逻辑本身而言，亚里士多德的核心逻辑观念永远不会"过时"。

再次，自亚里士多德之后，人们对于逻辑的研究可以分为两种类型，

---

① John Buridan, Quaestiones in PorphyriiIsagogen, in *Przeglad Tomistyczyny*, Vol. 2, 1986, pp. 122 – 124.

即所谓旧逻辑与新逻辑。旧逻辑是指主要研究构成推理的质料部分，即范畴、词项及其各种解释的逻辑，比如词项区分、词项属性、定义、划分这些词项逻辑问题就是旧逻辑的主要研究对象。而新逻辑主要是研究推理及其有效性、论证及其论证力的逻辑。这两种逻辑主要不是从时间上划分的，并不是说以前的就是旧逻辑，以后的就是新逻辑。但从逻辑史上看，古罗马时期（从西塞罗到波菲利，再到波爱修斯）的逻辑理论基本属于旧逻辑的范围，几乎没有讨论推理，而中世纪早期（例如 12 世纪的波瓦捷的吉尔伯特）逻辑研究的侧重点也是旧逻辑的那些内容，因而也被称为词项逻辑阶段（13 世纪之前）。但是中世纪繁荣时期对逻辑的研究则完全是把旧逻辑与新逻辑讨论的东西作为逻辑学不可分割的两个部分，并且把对旧逻辑所涉及对象的研究作为推论这一主要研究对象的理论基础。

最后，布里丹的论述同时表明，他并不认为亚里士多德的逻辑著作包含了与逻辑相关的一切东西。例如，除了亚氏的逻辑著作，布里丹还提到了两部"补充"著作，其中波菲利的《亚里士多德〈范畴篇〉导论》（*Isagoge*）尤其有着重要影响，因为它是中世纪讨论共相问题的起点。而西塞罗的《论题篇》（*Topics*）注释，提米斯修斯（Themistius，约317—约385）、阿莫纽斯以及波爱修斯对亚里士多德的注释，也都增加了一些亚氏逻辑没有涉及，但在中世纪是重要逻辑问题的内容，特别是波爱修斯论假言三段论以及划分的逻辑论文，在中世纪都十分有影响。

此外，中世纪逻辑还研究了一系列在亚氏逻辑中没有涉及或者没有充分讨论的问题，这些问题形成了逻辑学的中世纪特色。例如指代理论、助范畴词理论、不可解命题、道义以及（复合）推论等。关于这一点，15 世纪晚期一位无名氏逻辑学家指出："如果前面提到的那些论文［指所有涉及指代理论、助范畴词理论、不可解命题、道义以及（复合）推论等等的逻辑论文——引者注］属于逻辑，那就意味着亚里士多德没有完整地充分地把逻辑传给我们，因而他要求我们为他提供了一个完整的逻辑而歌功颂德就是没有依据的。这一可以根据他并没有为我们提供那些论文（所涉及）的知识这一事实而得到证实。（如果关于这一点有反对意见，那么）我们可以从两个方面回答：一方面，就逻辑是什么（esse）而言，亚里士多德的确建立了完整的逻辑。但是增加其他一些小论文可以使逻辑变得完善（bene esse），即解释了（关于）逻辑的最重要的论文，并作为它们的补充。另一方面我们必须说，即使亚里士多德没有创立这里所说的逻辑本身，并且没有以恰当形式创立这些论文，但他从原理上创立了这些论文，因为他铺垫了一些原理，从中可以引申出这些论文。因此，可以认为亚里士多德从方法上，也就是说，实际上是从根本上创立了这些逻辑论文。因此，很明显我们应该感谢亚里士多德而不是西班牙的彼得，因为创立原理是一个更加伟大的成就；而当你拥有了这些原理，补充、扩大剩下的都是比较容易的事，正如亚里士多德在《辩谬篇》的第二章所说的那样。"[1]

也就是说，亚里士多德建立了关于逻辑的正确的观念，并讨论了逻辑学的核心原理，创立了逻辑学最重要的著作，而所有其他逻辑问题可以从这些原理推出，所有其他逻辑著作也不过是这些最重要的逻辑著作的衍生物。对于逻辑学而言，前者才是最伟大、最重要的。这正是中世纪逻辑学家的逻辑观，也是亚里士多德在整个中世纪逻辑学中有着至高无上地位的原因。但这并不意味着中世纪逻辑学家不会对亚氏的逻辑思想提出异议或者批判。实际上，从亚氏著作在 12 世纪后半期重新传入西方拉丁世界开始，逻辑学家在对它们的注释中，不断提出新的看法，这在中世纪晚期唯名论逻辑学家那里体现得尤其明显（我将在后续各章讨论具体逻辑问题时详解这一问题）。

附：中世纪对科学的分类以及对逻辑学的定位。[2]

---

[1] 转引自 G. Klima, *John Buridan*, New York: Oxford University Press, 2009, pp. 11-12.

[2] Anonymous, DialecticaMonacensis, in G. Klima, F. Allhoff, A. J. Vaidya, (ed.) *Medieval Philosophy: Essential Readings with Commentary*, Oxford: Blackwell, 2007, p. 4. 其中虚框内的波菲利《〈范畴篇〉导论注释》表示补充的内容，并非最主要的著作。

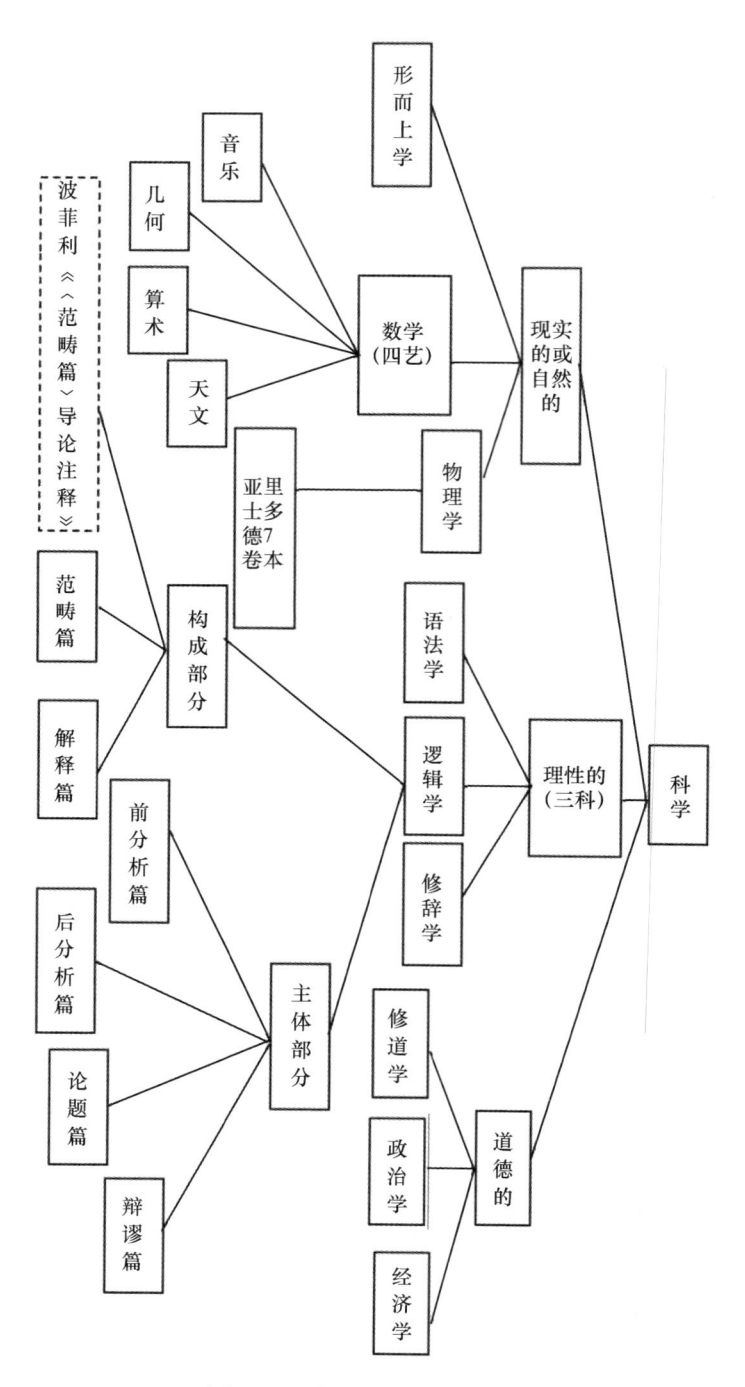

图 1-1 中世纪对科学的分类

第二节 亚里士多德的词项逻辑

亚里士多德的词项逻辑（或称范畴逻辑）是整个中世纪逻辑学最深刻的渊源，而其逻辑方法则深入到了包括哲学、神学、修辞学、语法学、诗学等在内的几乎所有学科领域。因此在某种意义上，研究亚里士多德的词项逻辑可以认为是研究中世纪逻辑的起点。本节我们将粗略地介绍亚里士多德逻辑中那些对中世纪逻辑产生重要影响的理论。

一 对范畴（词项）的讨论

亚里士多德的逻辑集中讨论范畴或词项，称为范畴逻辑或词项逻辑。其思想主要体现在他的标志性著作《工具论》（*Organon*）中。此外，他在《形而上学》等著作中也论述了逻辑问题。

《工具论》研究的并不全是逻辑问题，确切地说，除纯粹的逻辑问题外，它还研究哲学（形而上学）问题，这主要表现在《范畴篇》中。一般认为，《范畴篇》是《工具论》各篇中最具有"哲学性"的一篇，人们把它作为逻辑（中世纪称之为旧逻辑）著作，主要在于它对词项的逻辑分析。词项是命题的构成部分，并进而也是推理的构成部分。因此，《范畴篇》也是亚里士多德逻辑理论的起点，有必要对它的内容做一个简要介绍与述评。

《范畴篇》开始于对名称的研究，而这就是纯逻辑的东西。亚里士多德指出，"当若干事物有一个共通的名称，但与这个名称相应的定义却各不相同时，则这些事物就是同名而异义的东西；……反之，当若干事物有一个共通的名称，而相应于此名称的定义也相同时，则这些事物就是同名同义的东西"[①]。这里讨论了三个问题。首先，普遍名称是可以谓述若干事物的名称，这区别于谓述单个事物的单称名称。其次，同一个普遍名称可能有不同的意谓，因而具有不同的意义，这一论述在中世纪被发展为同一词项（无论是普遍的还是单称的）在不同语境下具有不同指

[①] ［古希腊］亚里士多德：《范畴篇 解释篇》，1a1—8，方书春译，商务印书馆1986年版，第9页。

代。最后，可以同时谓述同类若干事物的普遍名称就是这些事物的属概念，并且是对这些事物的无差别的谓述，也是对它们下定义的逻辑依据，而被同一普遍名称谓述的事物也具有相同的定义（当然在进行本质定义时还需要加上相应的种差）。

亚里士多德接着讨论了不同的语言形式，即复合的，例如"人奔跑""人获胜"；简单地，例如"人""牛""奔跑""获胜"等。[①] 中世纪逻辑在其词项区分理论中，把亚里士多德的这一区分发展为"复合词项"与"简单词项"，相应地，"复合概念"与"简单概念"。亚氏认为，每个不是复合的用语（即简单用语或者简单词项）可以表示不同的范畴，于是提出了著名的十范畴理论。这十大范畴是：实体（substance），数量（quantity），性质（quality），关系（relation），活动（action），遭受（passion），时间（time），地点（place），位置（position）和习惯（habit）。他认为用这十类范畴足以表述一切事物，人类的语言尽管丰富多彩，但也逃不出这十类范畴。

亚里士多德对这些范畴做了区分，这一区分具有浓厚的形而上学色彩，但同时也具有重要的逻辑意义。他认为，实体是最核心和最基本的范畴，其他范畴都是对它的属性的描述。他又区分了第一实体和第二实体："实体，在其最严格、最原始、最根本的意义上说，是既不述说一个主体，也不存在于一个主体之中，如'个别的人''个别的马'。而人们所说的第二实体，是指作为种（species）而包含第一实体的东西，就像属（genera）包含种一样，如某个具体的人被包含在'人'这个种之中，而'人'这个种又被包含在'动物'这个属之中。所以，这些就称为第二实体，如'人'这个种，'动物'这个属。"[②]

这就是说，作为种的"人"和作为属的"动物"，尽管能述说某一个主体——例如"苏格拉底是人"，但并不存在于主体之中，因此，它们不是真正的实体。再如"语法知识"，尽管并不述说一个主体，但存在于心

[①] 参阅［古希腊］亚里士多德《范畴篇 解释篇》，1a17—19，方书春译，商务印书馆1986年版，第9—10页。

[②] ［古希腊］亚里士多德：《范畴篇》，2a10—15，《亚里士多德全集》第一卷，苗力田主编，中国人民大学出版社1990年版，第5页。

灵这种主体之中，也不是实体。"知识"不但存在于心灵这一主体之中，且述说"语法"这一主体，因而也不是实体。只有诸如个别的人、个别的马这类实体，既不可以用于述说主体，也不存在于主体之中，它们才是真正的实体，即第一实体。因此，第一实体就是个别的具体事物，第二实体就是个别的具体事物的属和种。只有第一实体才是独立存在的，而属于其他范畴的东西都不是能独立存在的，即第二实体都是不能独立存在的。第一实体和第二实体的区分实质上就是个别与一般的区分、殊相（particulars）与共相（universals）的区分。在这个问题上，亚里士多德明确反对柏拉图把共相说成是可以分离的独立存在的实体的观点。他认为，没有个别的实体，就没有它们的属和种，"如果第一实体不存在，那么其他一切都不可能存在"①。学者们普遍认为，从这个意义上看，按照中世纪的术语，亚里士多德属于"实在论者"。中世纪的托马斯·阿奎那（Thomas Aquinas，1224—1274）则基本上继承了亚里士多德在这个问题上的看法。亚里士多德关于个别与一般的关系，是以后的注释家在逻辑与哲学上都着重关注的问题之一，也就是著名的共相本质问题。波菲利首先把这一问题明确地提了出来，而后波爱修斯首次明确地解释与回答了这一问题。

　　值得一提的是，在除"实体"之外的其他范畴中，关系范畴是最具有逻辑意义的范畴，与逻辑学中讨论的表达关系的词项直接相关。亚里士多德主张被关系范畴约束的事物是相对而存在，并且双方是互相依赖的。中世纪逻辑学家特别重视这一范畴，并对亚氏的定义进行了种种精确化的研究。例如，波爱修斯根据亚里士多德对关系范畴的定义，对上帝之三位一体进行了首次逻辑论证，认为圣父、圣子与圣灵三者就是具有相关性的关系范畴，任何一方都不能离开其他两者而单独存在。而在布里丹的唯名论逻辑中，亚氏关于关系范畴的定义直接影响到布里丹对包含有内涵词项的命题的逻辑解读，最基本的就是，诸如"父亲"这样的关系范畴，指代的仅仅是一个与子女具有相关性的男人，即关系范畴指代的同样只是亚里士多德所谓第一实体。所有对关系范畴的讨论都体

---

　　① ［古希腊］亚里士多德：《范畴篇》，2b5，《亚里士多德全集》第一卷，苗力田主编，中国人民大学出版社1990年版，第7页。

现在中世纪的内涵词理论中。

《范畴篇》还特别讨论了诸如"先于""同时的""有"等语词，这些后来都被纳入中世纪助范畴词理论的研究对象。

但亚里士多德的《范畴篇》有两个引起较大争议的地方。一是他是否区分了用语和用语所表达的东西，或语词和一般的事物之间的差别；二是他是否只研究了谓词，还是研究了包括主词在内的一般词项。这些都是不清楚的。[①] 我们这里所关心的是第一个问题：亚里士多德似乎注意到了两者的区别，即某一个符号究竟是指称一个语词，还是指称某个实体，所以他有时在某个记号的前面加上中性冠词（现代逻辑学家一般通过对语词加引号的方式对两种不同用法做出区分），来说明该记号仅代表这个语词，但他没有一贯这么做，没有明确指出两者的区别及其必要性。例如，他用同一个记号 άνθρωπος（anthropos）去指称人、"人"这个字和人性，实际上，表达作为第二实体的属和种的那些记号，究竟是指称某个语词、某个概念还是某个事物，亚里士多德基本上都没有说明。这种含糊给中世纪共相理论的研究造成了极大的困难，但也有积极意义，例如，这可以被看作中世纪著名的指代理论产生的根源，指代理论就是从确定一个词意谓何种东西开始的。

《范畴篇》是亚里士多德《工具论》中最流行的一篇，波菲利写了著名的《〈范畴篇〉导论》，波爱修斯翻译了《范畴篇》，对它进行了注释，并两次注释了波菲利所写的导论。

二　命题及对当关系

《解释篇》也是逻辑学家们普遍关注的一篇论文，主要研究命题及其命题之间的对当关系。必须指出，亚里士多德对命题的理解经历了一个过程。开始他认为，命题并非对外在世界联系的反映，而是心灵中概念之间的联系，即概念之间的结合；概念在心灵中是松散的，把它们联系起来就构成判断（命题只是判断的语言表述）。因此，只要判断被理解为概念的结合与分离，那么其真假的基本依据就是，当判断把与现实中两

[①] 参阅［英］威廉·涅尔、玛莎·涅尔《逻辑学的发展》，张家龙、洪汉鼎译，商务印书馆1985年版，第34页。

个相互联系的因素 A、B 相类似的概念 A′、B′结合起来时，或当判断把与现实中两个无关的因素相类似的概念分离时，它就是真的，否则就是假的。① 这是关于真之符合论的最早的粗略表述。但是对于命题的真假而言，这里显然掺杂了太多的无关因素以及模糊的表述（例如，认为存在一种作为现实结构实际摹本的思想结构），根本无法清晰地判断命题的真假。作为总是希望把逻辑问题说得清清楚楚的亚里士多德来说，他后来完全抛开了概念在心灵中结合或者分开这一说法，而是把表达思想或者某种判定的命题直接与实际相结合，这为他阐明其成熟的真之符合论定义做好了铺垫。

亚里士多德首先考察了命题、语句、语词与声音之间的关系。他认为，一个语句可以分析为名词和动词。"名词是因约定俗成而具有某种意义的与时间无关的声音。……（但）声音本身并非名词，只是在它作为一种符号时，才成为名词。"② 动词与名词不同，"动词是不仅具有某种特殊意义而且还与时间有关的词"③。因为"动词表示的只是由其他事物所述说的某种情况，例如，由主词所述说的某种情况，或在主词中被述说的某种情况"④。至于语句和命题之间的关系，亚里士多德认为，语句是一连串有意义的声音，即语句都是有意义的，但"并非任何语句都是命题，只有那些自身或者是真实的或者是虚假的语句才是命题"⑤。也就是说，一个语句要成为命题，必须具有真假，而且二者只居其一。然后，他对命题进行了两种分类。第一类是肯定命题和否定命题，第二类是全称命题、特称命题和单称命题。前者是按命题的质所做的划分，后者是按命题的量所做的划分。亚里士多德对命题的真假以及命题之间的真假关系进行了分析。特别是他在《形而上学》中，根据前述的命题与现实

---

① 参阅［英］罗斯《亚里士多德》，王路译，商务印书馆1997年版，第29—30页。
② ［古希腊］亚里士多德：《解释篇》，16a20—30，《亚里士多德全集》第一卷，苗力田主编，中国人民大学出版社1990年版，第49—50页。
③ ［古希腊］亚里士多德：《解释篇》，16b6，《亚里士多德全集》第一卷，苗力田主编，中国人民大学出版社1990年版，第50页。
④ ［古希腊］亚里士多德：《解释篇》，16b11—12，《亚里士多德全集》第一卷，苗力田主编，中国人民大学出版社1990年版，第51页。
⑤ ［古希腊］亚里士多德：《解释篇》，17a1—5，《亚里士多德全集》第一卷，苗力田主编，中国人民大学出版社1990年版，第52页。

之间的关系，对命题的真假做了"符合论"的定义，这对逻辑学的真之理论产生了重要的影响。他认为，如果一个命题断定是者是或不是者不是，那么，这一命题就是真的；如果一个命题断定是者不是或不是者是，那么，这一命题就是假的。① 他又指出，如果一个命题所断定的相结合的东西实际上也是结合的，或相分开的东西实际上也是分开的，那么，该命题就是真的；如果一个命题所断定的对象与实际情况是相反的，那么，这一命题就是假的。②

然后，亚里士多德对肯定命题、否定命题，以及全称命题、特称命题之间的对当关系进行了讨论。他列出了三个对当关系图，并对每一个图的命题之间的真假进行了说明，给出了恰当的逻辑规则；认为依照这些图，足以把直言命题之间的真假关系（即对当关系与换质换位关系）说清楚。③ 特别值得一提的是，当他对这些逻辑规则进行说明时，是完全基于句子的形式结构，而撇开了命题的具体内容（亚氏所举的具体例子只是为了直观地说明某种逻辑规则，命题的真假关系无须考虑其具体内容）。这正是形式逻辑所唯一需要的东西。

亚里士多德首先给出了最基本的命题，即由名词和动词构成的命题，包括肯定命题与否定命题：

"人是"（有人译为"人存在"，或者"人是存在的"，但对中世纪逻辑学家而言，"人是"就是最简单的命题）与"人不是"，这是最基本的肯定命题与否定命题。其次是"非人是"与"非人不是"。最后是"所有人是"与"所有人不是"。

亚里士多德随后认为，动词"是"可以被用来作为句子中的第三者因素，例如在句子"人是公正的"中。这样便可以产生四种命题

---

① 参阅［古希腊］亚里士多德《形而上学》，1011b25—30，《亚里士多德全集》第七卷，苗力田主编，中国人民大学出版社1993年版，第106—107页。哲学界更多的是把这段话翻译为：如果一个命题断定存在者存在或不存在者不存在，那么，这一命题就是真的；如果一个命题断定存在者不存在或不存在者存在，那么，这一命题就是假的。我认为两种翻译表达的思想是一致的，但在逻辑讨论中，我们有时更习惯于使用"是"与"不是"这样的逻辑术语。

② 参阅［古希腊］亚里士多德《形而上学》，1051b1—5，《亚里士多德全集》第七卷，苗力田主编，中国人民大学出版社1993年版，第118页。

③ 参阅［古希腊］亚里士多德《解释篇》，19b—21b，《亚里士多德全集》第一卷，苗力田主编，中国人民大学出版社1990年版，第61—71页。

（图1-2），其中对角线表示其两端的命题之间是对立的（并非一定是矛盾关系，也可能是反对关系）：

A. 肯定命题：人是公正的。　　B. 否定命题：人不是公正的。
D. 否定命题：人不是非公正的。　C. 肯定命题：人是非公正的。

图1-2　亚里士多德关于基本直言命题的对当关系图

这里有一个问题需要特别说明。亚里士多德注意到了"人是"与"人是公正的"这两个命题中"是"的区别。简单地说，就是表示存在的"是"与仅仅作为联系动词的"是"是有区别的。说"人是"或者"人存在"时，我们能够通过这一命题断定人的真实存在（to estin），但是在"人是公正的"或者"荷马是某物"中，这个"是"只是偶然地被用来述说人或者荷马，"是"并不是以人或者荷马的真实存在这一意义去述说。如果一个东西不存在，那么不存在的东西不能因为被人们所思维而说它也存在，那是不真实的。[①] 此外，像"荷马是诗人"这样的命题，亚里士多德在《前分析篇》中干脆以"A是B"或者"B属于A"这样的形式来表达，以表明"是"仅仅是表达了断定一种联系的行为。按照中世纪的说法，前者表明"是"是一个范畴词，后者表示"是"是一个助范畴词。

关于上述"人是"这一命题应该被译为"人存在"抑或"人是存在的"，这个问题已经是老生常谈了。我认为，希腊哲学中 eimi（estin, einai）的意义是多样化的，有时表示"存在"，有时表示"是"。按照我们对希腊哲学的理解（而不是词源考证）去确定 eimi（estin, einai）到底表示的是"存在"还是"是"，到底应译为"存在"还是"是"（"存在"与"是"的意义只能按照现代汉语的意义去理解，不能说"是"还可以表示其他的什么意义），不可生硬地全盘译为"存在"或全盘地译为"是"（国内有学者有所谓"一'是'到底论"）。在形而上学著作中，很多地方都表示"存在"，此时不必也不能译为"是"；而在逻辑著作或带有逻辑意义的著作中，很多地方都只表示"是"，此时当然只能译为

[①] 参阅［古希腊］亚里士多德《解释篇》，21a24—33，《亚里士多德全集》第一卷，苗力田主编，中国人民大学出版社1990年版，第68—69页。

"是"。就上述命题而言，亚里士多德既然表达了想区分两类命题中是的不同，所以，我们当然应该译为"人是"，或者按照汉语习惯增加一些附加说明，译为"人是（存在）"。

亚里士多德的这一看法对人们批判中世纪对上帝存在的本体论证明产生了一定影响。比如"上帝是"或者"上帝存在"这样的命题，从逻辑上看，对"上帝"意谓什么等。此处先不讨论，后续章节将会详述。

亚里士多德把上述命题加上全称量词后形成了以下四种命题（图1-3）：

A'肯定命题：所有人是公正的。　　B'否定命题：并非所有人是公正的。
D'否定命题：并非所有人是非公正的。　　C'肯定命题：所有人是非公正的。

图1-3　亚里士多德关于带全称量词的直言命题的对当关系图

在上述图中，由于引入了全称量词，位于对角线的命题，不可能像图1-2中的命题（不定命题，即量词不确定）那样两者都是真实的。

此外，诸如"非人""非公正"这样的名词也被用来作为命题的词项，由此产生下图（图1-4）：

A''肯定命题：非人是公正的。　　B''否定命题：非人不是公正的。
D''否定命题：非人不是非公正的。　　C''肯定命题：非人是非公正的。

图1-4　亚里士多德关于带否定词项的直言命题的对当关系图

在上述命题中，以"非人"为主词的命题并非就是否定命题，以"非公正"为谓词的命题也并非就是否定命题。因为否定命题必定是非真即假，而上述命题（表达式）难以判定真假，原因就在于"非人"与"非公正"这样的表达没有确定的指称。亚里士多德认为"A是非B"是一种带有奇特而无关重要的谓词的肯定命题。[①] 他进而说，"如使用'非人'这个词，若不再（额外）增加什么，那就一点不比使用'人'这个词更真实或者虚假，而是真实或虚假的成分更少"[②]。中世纪逻辑学家

---

① 参阅［英］罗斯《亚里士多德》，王路译，商务印书馆1997年版，第33页。
② ［古希腊］亚里士多德：《解释篇》，20a33—35，《亚里士多德全集》第一卷，苗力田主编，中国人民大学出版社1990年版，第64—65页。

（例如布里丹等）认为，这类否定词项与其对应的肯定词项有着相同的指称，只不过指代方式不同，即"非人"是以否定的方式指代"人"这个肯定词项指代的对象，其指代方式的不同正是由于助范畴词"非"的功能。虽然包含有这类词项的命题本身难以确定真假，然而这类命题之间却有类似于前述命题之间的真假关系，即对角线命题之间仍然是对立的。

亚里士多德还讨论了直言命题的换位推理，比如不定命题"人是白的"，通过主谓词换位而得到命题"白的是人"（忽略其中词项的严格周延性）。

关于肯定与否定，还有一点需要特别说明。亚里士多德避免了后来逻辑学家经常犯的错误，即把"A 不是 B"的意义理解为"A 是非 B"，从而将否定化为肯定。[1] 这一澄清的确具有意义。有些人（如阿尔琴的学生弗雷德基修斯）对"无物也是某物"或者"非存在也是一种存在"的证明其实就是误解了亚里士多德的意思。

在《解释篇》中，亚里士多德还特别分析了模态（可能性、不可能性、偶然性、必然性）命题的真假，并且在《前分析篇》中继续讨论了模态命题之间的推理。[2] 模态命题及其真假不仅是逻辑问题，而且是形而上学问题。这一问题激起了后世哲学家和逻辑学家的深入研究，特别是对中世纪神学家论证上帝的预知与人的自由意志的一致性产生了重要的影响。

三　三段论与论证

除《范畴篇》《解释篇》外，《工具论》的其他篇目属于纯逻辑研究。其中《后分析篇》的大部分研究证明（论证）理论。亚里士多德指出，并非所有有效的三段论都是证明："我们知道，我们无论如何都是通过证明获得知识的。我所谓的证明是指产生科学知识的三段论。所谓科学知识，是指只要我们掌握了它，就能据此知道事物的东西。如若知识

---

[1]　参阅［英］罗斯《亚里士多德》，王路译，商务印书馆 1997 年版，第 33 页。
[2]　参阅［古希腊］亚里士多德《解释篇》，21b—23a；《前分析篇》第一卷，32a17—40b18 章，《亚里士多德全集》第一卷，苗力田主编，中国人民大学出版社 1990 年版，第 69—76 页，第 112—140 页。

就是我们所规定的那样，那么，作为证明知识出发点的前提必须是真实的、首要的、直接的，是先于结果、比结果更容易了解的，并且是结果的原因。只有具备这样的条件，本原才能适当地应用于有待证明的事实。没有它们，可能会有三段论，但绝不可能有证明，因为其结果不是知识。"① 亚氏对于证明的讨论都是始终围绕这一理念进行的。此外，《后分析篇》还研究了定义、演绎方法等问题，其中关于定义的理论也在《形而上学》中被讨论。

《论题篇》研究论辩性推理，以"寻求一种方法，通过它，我们就能从普遍接受所提出的任何问题来进行推理；并且，当我们自己提出论证时，不至于说出自相矛盾的话"②。亚里士多德在《论题篇》中提出了著名的"四谓词理论"（即关于定义、固有属性、属和偶性四谓词的性质、特征和用法的理论），该理论对亚氏之后的哲学家和逻辑学家研究共相问题产生了巨大的影响。

《辩谬篇》分析谬误和诡辩，并提出反驳的方法。《前分析篇》集中研究三段论。中世纪早期，只有波爱修斯翻译和注释了《工具论》后四篇论文，但这些译本和注释均已佚失，直到12世纪才被人们发现，因而亚里士多德的这四篇论文对中世纪早期的哲学和逻辑学并无直接影响。

《前分析篇》是亚里士多德在逻辑史上最具有影响性的著作，至今仍是传统逻辑的主要内容。罗斯指出："公正地说，三段论学说可以全部归功于亚里士多德。"③ 此前柏拉图使用过 συλλογισμός（类似于英文的 syllogisms 或中文"思考"的意思）一词，但是罗斯认为，柏拉图所谓 συλλογισμός，并非亚里士多德的"推理"的那种意思，而且也根本没有人在亚氏之前试图描述过一般的推理过程。而最近似推理的研究大概是柏拉图对逻辑划分过程的表述方式，亚里士多德仅仅称之为"弱三段论"，但是这一般也不是推理过程的逻辑框架。④

---

① ［古希腊］亚里士多德：《后分析篇》，71b18—26，《亚里士多德全集》第一卷，苗力田主编，中国人民大学出版社1990年版，第247—248页。
② ［古希腊］亚里士多德：《论题篇》，100a20—22，《亚里士多德全集》第一卷，苗力田主编，中国人民大学出版社1990年版，第353页。
③ ［英］罗斯：《亚里士多德》，王路译，商务印书馆1997年版，第36页。
④ 参阅［英］罗斯《亚里士多德》，王路译，商务印书馆1997年版，第36页。

亚里士多德对三段论做了类似当代逻辑教科书般的研究，甚至我们都可以直接把他的理论拿来使用而无须任何技术性的处理。在逻辑学刚刚创立的古代，对三段论进行如此细致而精深的形式研究，这是一件令人叹为观止的事。不仅说明亚里士多德完全把握了逻辑学的真谛（形式研究），而且反映了他把逻辑的核心研究对象确定为"推理"的思想。正是这一点把亚里士多德与逻辑学发源时期所有其他逻辑学家（包括中国与印度的）区分开来。

鉴于我们对三段论是如此熟悉，本书仅仅讨论亚里士多德三段论中那些值得我们再次深入思考的问题，特别是那些中世纪逻辑学家做了改进的东西。

"我们首先要说明我们研究的对象以及这种研究属于什么科学：它所研究的对象是证明，它属于证明的科学。其次，我们要给'前提''词项'和'三段论'下定义，要说明什么样的三段论是完满的，什么样的三段论是不完满的。此后，我们将解释在什么意义上一个词项可以说是或不是被整个地包括在另一个词项之中，我们还要说明一个词项完全指称或不指称另一个词项指的是什么意思。"①

这是典型的教科书式论述。亚里士多德开宗明义地说明了三个问题：首要问题就是搞清楚三段论（亚里士多德的"三段论"基本与"逻辑"是同义词）这一研究的对象是什么；其次是三段论中将会出现哪些基本概念；最后是正确而完满的三段论应该注意什么问题。第一个问题说明亚里士多德明确认识到了逻辑学是一门独立的学科，必须对之进行有别于其他学科的分门别类的研究。第二个问题说明了亚里士多德明确意识到了一种推理理论首先明确定义其中的基本概念，才不至于在后续的研究中以一种概念含混模糊的方式进行，这是精通逻辑且习惯于精确思维的亚里士多德一贯的研究与讨论方式。最后一个问题正是三段论的规则问题，这说明亚氏判断一个推理有效的根据是逻辑规则，而不是其他。这三点，在其他一切我们很多人认为所谓同样独立地创立了逻辑学的"逻辑学家"中，没有第二个人明确地意识并表述了这样的思想。

---

① ［古希腊］亚里士多德：《前分析篇》，24a10—15，《亚里士多德全集》第一卷，苗力田主编，中国人民大学出版社1990年版，第83页。

纵览整个《前分析篇》，我们发现亚里士多德使用了很多符号（如 A、B、C、E、F、G、H 等）去表达命题中的词项，从而通过这些表达词项的符号去指称任何具体内容。这就是对三段论的形式（尚不是形式化）研究。因此，总体来说，亚氏是把三段论的有效性建立在命题的形式结构而不是命题具体内容之上，这正是现代逻辑对推理有效性的基本要求。这虽然与西方语言的特点有关，但更主要的是亚里士多德意识到了推理有效性的根源是命题之间在形式结构上的相关性，而不是命题之间在具体内容上的相关性。这种"形式的倾向"在中世纪被无限扩大。

亚里士多德以三段论为核心的词项逻辑理论在中世纪被广泛地研究。中世纪几乎每位逻辑学家都有一部以类似"逻辑大全"命名的著作，著作中几乎都是用至少一个章节专门讨论以三段论为核心的词项逻辑理论。在这些讨论三段论的著作中，以西班牙的彼得的《逻辑大全》和约翰·布里丹的《逻辑大全》最为有名。两部著作都对亚里士多德的全部逻辑学说进行了讨论。值得一提的是，前者之所以有名，原因之一是完整记载并重新讨论了三段论各有效式的记法口诀，即用一种押韵易记的拉丁文词组，描述三段论各格的有效式及其转换规律。而布里丹则几乎脱离具体实例，对词项命题之间的对当关系以及三段论各格的有效推理形式，进行了不厌其烦的详细解读；这种解读从过程上看可以说是为了规则而规则，为了逻辑而逻辑。也就是说，布里丹等中世纪逻辑学家已经充分认识到，处理具体问题之前必须要有一致的逻辑法则，这是逻辑作为应用工具之前就要解决的问题，而不必考虑逻辑将要解决什么问题。

应该说，虽然亚里士多德也做了类似的事情，即对逻辑规则的详细探讨，但中世纪对逻辑规则的态度与处理方式，与亚里士多德还是有所区别的。亚里士多德更多的是为了解决一些业已存在的具体问题，这也是他创立逻辑的动因与目的，总体上还是先有对象，后有处理对象的逻辑规则。而中世纪则相反，逻辑学家是首先固定逻辑规则，然后应用逻辑去处理具体哲学、神学问题。这在亚里士多德时代是不多见的。

这说明，一方面亚氏逻辑在中世纪有着重要地位，是诸多哲学和神学问题研究的逻辑工具。如果说，亚氏逻辑之应用在其所处时代尚未得到充分开发与实现的话（这是事实），那么在中世纪，这一情况发生了根本转变。如前所述，几乎所有问题的研究都离不开逻辑，这就是为什么包括托马斯·阿奎那在内的哲学家在讨论哲学与神学问题之前，都首先讨论亚氏逻辑理论的原因。另一方面，形式句法特征非常明显的拉丁语，对于亚里士多德逻辑研究有着天然的优势。拉丁语不仅可以比较完美地处理基于希腊语的亚氏逻辑理论，而且易于以符号的方式，表现命题与推理的逻辑结构。基于此，读者对这些规则的理解也更加简洁直观。这种情况不仅使得古代逻辑理论得以完整地继承与发扬光大，而且更加深刻地凸现了逻辑形式研究的重要性，表明具有形式研究的条件乃是逻辑能够发展的基本立足点。当现代逻辑产生，学者们（比如卢卡西维茨及其著作《亚里士多德的三段论》）以形式化的方式重新处理亚氏逻辑理论，就是顺理成章的事了。

第三节　德奥弗拉斯特与麦加拉—斯多亚学派的命题逻辑

亚里士多德的逻辑学主要研究简单命题（直言命题）及其推理，属于词项逻辑，而缺乏对复合命题的研究，即没有对命题逻辑进行研究，这使得他的逻辑学具有很大的局限性。亚里士多德的学生德奥弗拉斯特（Theophrastus，前371—前287）似乎最早对假言命题及其推理进行了研究，但对传统命题逻辑做全面而深入的研究是从斯多亚学派（Stoics）开始的。

一　德奥弗拉斯特的命题逻辑

作为亚里士多德的直传弟子，德奥弗拉斯特收集、继承与整理了亚氏的逻辑著作，使得后者的三段论体系更趋完善。但是关于他有没有讨论假言命题及其推理，学界存在诸多争议。这主要是由于德氏并没有留下完整的逻辑文本，人们只能根据留存下来的几十个片段以及后人对亚氏逻辑的注释中对德氏的提及做出推测。目前比较一致的看法是，德奥弗拉斯特与亚里士多德一样，并没有讨论如下类型的推理：

(1) 如果 p，那么 q；
　　　p；
　　所以 q。

（2）如果 p，那么 q；
　　非 q；
　　所以非 p。

（3）或者 p，或者 q；
　　p；
　　所以非 q。

（4）或者 p，或者 q；
　　非 q；
　　所以 p。

其中 p 与 q 是一个完整的命题。但是他受直言三段论的启发，确实讨论了如下类型的推理：①

（5）如果某物是 A，那么它是 B；
　　a 是 A；
　　所以，a 是 B。

（6）如果某物是 A，那么它是 B；
　　a 不是 A；
　　所以，a 不是 B。

（7）或者某物是 A，或者它是 B；
　　a 是 A；
　　所以，a 不是 B。

（8）或者某物是 A，或者它是 B；
　　a 不是 A；
　　所以，a 是 B。

这类推理形式的特点是，它是以假言推理的方式表达的三段论推理模式，因而推理中的部分命题是以假言命题形式出现，另一部分命题是以直言命题形式出现，但最终可以划归为（1）—（4）这种类型的纯粹

---

① 参阅 W. Fortenbaugh, P. Huby, R. Sharples, and D. Gutas（ed. and trans.）, Theophrastus of Eresus: Sources for His Life, Writings, Thought and Influence, in J. Mansfeld, D. T. Runia, W. J. Verdenius and J. C. Van Winden（ed.）, *Philosophia Antiqua: A Series of Studies on Ancient Philosophy*, Volume 54, 111A–112C. Leiden: Brill, 1992. pp. 236–248。

的假言推理（古代与中世纪逻辑也把我们现在所说的选言推理与联言推理看作假言推理的一种形式）。

此外，德奥弗拉斯特可能还讨论了如下形式的假言三段论：①

(9) 如果（某物是）A，那么（它是）B；
　　如果（它是）B，那么（它是）C；
　　所以，如果（某物是）A，那么（它是）C。

(10) 如果（某物是）A，那么（它是）B；
　　 如果（它是）B，那么（它是）C；
　　 所以，如果（某物）不是C，那么（它）不是A。

(11) 如果（某物是）A，那么（它是）B；
　　 如果（它）不是A，那么（它是）C；
　　 所以，如果（某物）不是B，那么（它）是C。

(12) 如果（某物是）A，那么（它是）B；
　　 如果（某物）不是A，那么（它是）C；
　　 所以，如果（某物）不是C，那么（它是）B。

(13) 如果（某物是）A，那么（它是）C；
　　 如果（某物是）B，那么（它）不是C；
　　 所以，如果（某物是）A，那么（它）不是B。

这些推理也都并非纯粹的假言推理，依然属于词项逻辑范围，而不是命题逻辑。

二　麦加拉—斯多亚学派的命题逻辑

虽然斯多亚学派被主流逻辑史认定为命题逻辑的创始者或主要创始者，但是命题逻辑理论更应该认为是由麦加拉（Megarians）和斯多亚两个学派共同建立起来的。

麦加拉学派在斯多亚学派之前，其最早的学术活动甚至比亚里士多

---

① 参阅 W. Fortenbaugh, P. Huby, R. Sharples, and D. Gutas (ed. and trans.), Theophrastus of Eresus: Sources for His Life, Writings, Thought and Influence, in J. Mansfeld, D. T. Runia, W. J. Verdenius and J. C. Van Windened (ed.), Philosophia Antiqua: A Series of Studies on Ancient Philosophy, Volume 54, 113A–113D. Leiden: Brill, 1992, pp. 249–253；同时参阅马玉珂《西方逻辑史》，中国人民大学出版社1985年版，第93页。

德还早100年左右。该学派代表人物中，与逻辑学相关的有欧布利德（Eubulides，欧几里得的学生）、第奥多鲁斯（Diodorus Cronus，前330—275）及他的学生菲洛（Philo of Megara，活跃于前300年）。与亚里士多德着重关注论证不同，麦加拉学派对谬误有着更浓厚的兴趣，他们对逻辑学的最大贡献就是发现和研究了悖论（本书将在讨论中世纪不可解命题理论的章节中讨论古代悖论）。在命题逻辑方面，他们讨论了条件句（蕴涵式）的性质，主要有四种蕴涵式：①

（1）菲洛蕴涵式：一个条件句是真的，只要不是前件真，后件假；

（2）第奥多鲁斯蕴涵式：当且仅当任何时刻t，都并不是在t时刻p真并且在t时刻q假，则如果p那么q；

（3）联结蕴涵式：一个条件命题是真的，如果它的后件的否定与前件不相容；

（4）包含蕴涵式：如果被蕴涵命题是潜在地被包含在第一个命题中，那么这个蕴涵是真的。

学界认为，德奥弗拉斯特对三段论类似于假言逻辑的研究很可能受到了麦加拉学派的影响。对条件句的研究是命题逻辑的一个必不可少的环节，但命题逻辑的实质和核心理论从斯多亚学派开始才有了专门的研究。该学派是从麦加拉学派直接发展过来的，其创始人季迪昂的芝诺（Zeno of Chition，约前336—前265）是麦加拉学者斯蒂波（Stilpo，前370—前290）的学生，主要代表还有克林塞斯（Cleanthes，前313—前232）、克里西普（Chrysippus，约前279—前206）等。

斯多亚学派写了大量逻辑著作，但原本已全部佚失。我们现今对其逻辑的研究资料主要来自3世纪的第欧根尼·拉尔修以及赛克斯都·恩皮里可（SextusEmpiricus）的记载。

斯多亚学派不仅延续了亚里士多德逻辑学的研究思路，而且把握了亚氏逻辑的研究方法。他们还"研究了亚里士多德所没有研究的内容，因此在逻辑领域取得了既符合亚里士多德的精神，又与亚里士多德的三段论不同的杰出成就"②。

---

① 参阅马玉珂《西方逻辑史》，中国人民大学出版社1985年版，第98—100页。
② 王路：《逻辑的观念》，商务印书馆2000年版，第91页。

斯多亚学派在逻辑学上所取得的最大成就是他们以类似于形式化的方法研究了复合命题推理,即命题逻辑。这一工作主要由克里西普完成。这是逻辑史上的第一次,具有划时代的意义。斯多亚学派逻辑的形式化研究始于他们所提出的五条基本推理模式:①

(1) 如果第一,那么第二;第一;所以第二。

(2) 如果第一,那么第二;并非第二;所以并非第一。

(3) 并非既是第一,又第二;第一;所以并非第二。

(4) 或者第一,或者第二;第一;所以并非第二。

(5) 或者第一,或者第二;并非第一;所以第二。

他们认为,这五条基本推理模式是完美的,因而称为无须证明的($αναποδεικτοιτροποι$/indemonstrable)推理模式,② 相当于我们现在所说的公理。任何具体的有效的推理或者论证都可以借助于这些完美推理模式而得到证明,并且,这些推理模式的自明性也可以通过具体的实例而得到说明(并非证明)。例如:

"如果这是白天,那么这是明亮的;这是白天;所以,这是明亮的。"对应推理模式(1)。

"如果这是白天,那么这是明亮的;但是这并非明亮的;所以,这并非白天。"对应推理模式(2)。

"并非这既是白天,又是黑夜;这是白天;所以并非这是黑夜。"对应推理模式(3)。

"或者这是白天,或者这是黑夜;这是白天;所以并非这是黑夜。"对应推理模式(4)。

"或者这是白天,或者这是黑夜;并非这是白天;所以这是黑夜。"对应推理模式(5)。

---

① 参阅 Sextus Empiricus, *Against the Logicians*, Book 2 (227), R. Bett (trans. and ed.), Cambridge: Cambridge University Press, 2005, p. 133;同时参阅 Diogenes Laertius, *Lives of the Eminent Philosophers*, Book Ⅶ – The Stoics /Zeno, 79. R. D. Hicks (trans.),维基在线电子书见: https://en.wikisource.org/wiki/Lives_of_the_Eminent_Philosophers/Book_Ⅶ。

② 参阅 Sextus Empiricus, *Against the Logicians*, Book 2 (226 – 228), R. Bett (trans. and ed.), Cambridge: Cambridge University Press, 2005, p. 133;同时参阅[英]威廉·涅尔、玛莎·涅尔《逻辑学的发展》,张家龙、洪汉鼎译,商务印书馆1985年版,第211、213页。

斯多亚学派又认为，三段论是形式有效的论证，而上述推理模式实际上也是由一个以非简单直言命题与一个直言命题作为前提，以直言命题作为结论的有效论证，虽然它们不是三段论，但是可以划归为三段论，反之亦然。考虑到三段论以及其他形式论证的多样性，他们在五条基本推理模式的基础上，又增加了四个主题论证（themata），其中完整保存下来的只有第一个与第三个：

第一主题论证（保存于 2 世纪罗马注释家卢西乌斯·阿普列乌斯的著作）："如果从两个（直言）命题（前提）可以推出第三个命题（结论），那么从这两个作为前提命题中的一个，加上结论的矛盾命题，可以推出另一个的矛盾命题。"[1]

这实际上就是亚里士多德的反三段论。可以转换为斯多亚学派的标准的推理模式："如果第一并且第二，那么第三；并非第三，但是第一；所以，并非第二。"

可以形式化为：

$p \wedge q \rightarrow r$

$\neg r \wedge p$

$\neg q$

这可以通过划归为推理模式（2）和（3）而得到证明：[2]

首先划归为推理模式（2），即从"如果第一并且第二，那么第三；并非第三"这两个前提，得出"并非第一并且第二"；后者加上前提"但是第一"，即可以划归为推理模式（3），从而最终得出"所以，并非第二"。

第三主题论证［保存于 6 世纪西姆普里修斯（Simplicius of Cilicia，约 490—约 560）的著作中］："如果从两个（直言）命题（前提）可以推出第三个命题（结论），那么，从这一结论附加一个外部假设命题而推出的命题，也可以从两个前提附加这一外部假设而

---

[1] Apuleius, Peri Hermeneias, in D. Londey, C. Johanson, *Philosophia Antiqua 47*: *The Logic of Apuleius* (Including a Complete Latin Text and English Translation of the Peri Hermeneias of Apuleius of Madaura), Leiden: Brill, 1987, p.101.

[2] 参阅 Sextus Empiricus, Against the Logicians, Book 2（235 – 236）. R. Bett（trans. and ed.）, Cambridge: Cambridge University Press, 2005, p.135。

推出。"① 转换为斯多亚学派的标准的推理模式就是："如果第一并且第二，那么第三；如果第三并且第四，那么第五；所以，如果第一并且第二并且第四，那么第五。"

可以形式化为：

$p \wedge q \rightarrow r$

$\underline{r \wedge s \rightarrow t}$

$p \wedge q \wedge s \rightarrow t$

这实际上就是假言连锁推理，同样也可以转换为连锁直言三段论。它可以通过划归为推理模式（1）而得到证明。

根据第三个主题论证，我们推测第二主题论证应该是一个较为简单直接的假言连锁推理：如果从两个（直言）命题（前提）可以推出第三个命题（结论），那么，从这一结论推出的命题，也可以从两个前提推出。按照斯多亚学派的标准推理模式就是：如果第一并且第二，那么第三；如果第三，那么第四；所以，如果第一并且第二，那么第四。可以形式化为：

$p \wedge q \rightarrow r$

$\underline{r \rightarrow s}$

$p \wedge q \rightarrow s$

在此基础上，逻辑史家建构了可能的第四个主题论证："如果从两个（直言）命题（前提）可以推出第三个命题（结论），那么从这第三个命题附加一个或两个前提，再附加一个或多个外部直言命题可以推出的命题，也可以从这一个或两个前提附加一个或多个外部直言命题推出。"② 转换为斯多亚学派标准的推理模式就是："如果第一并且第二，那么第三；如果第三，并且第一或第二，并且第四或者第五，那么第六；所以，如果第一或第二，并且第四或者第五，那么第六。"

可以形式化为：

---

① Simplicius, In Aristotelis de Caelo, 237.2 – 4, in B. Inwood (ed.), *The Cambridge Companion to the Stoics*, Cambridge: Cambridge University Press, 2003, p. 116.

② S. Bobzien, "Stoic Logic: Syllogistic", in B. Inwood (ed.), *The Cambridge Companion to the Stoics*, Cambridge: Cambridge University Press, 2003, p. 117.

$$p \wedge q \rightarrow r$$
$$r \wedge (p \vee q) \wedge (s \vee t) \rightarrow u$$
$$(p \vee q) \wedge (s \vee t) \rightarrow u$$

因此，这五条推理模式既可以看作相应的推理或者论证的缩略，也可以看作它们的标准形式。其主要意义在于它提供了一种形式化的方法，使推理的有效性不依赖于任何具体内容，这正是"必然地得出"的核心要求。卢卡西维茨指出，这一点正是斯多亚学派逻辑比亚里士多德逻辑更具"现代性"的地方，即"亚里士多德的逻辑是形式的但不是形式化的，然而斯多亚学派的逻辑既是形式的又是形式化的"[1]。

斯多亚学派还研究了命题联结词之间的相互定义性和实质蕴涵。

斯多亚学派在逻辑学上所取得的巨大成就令人叹为观止，这使得他们在公元前最后两个世纪和公元后一个世纪之间处于统治地位，其势头盖过了亚里士多德。同时，其命题逻辑理论被波爱修斯完整地继承，并做出了极大的发展。例如，根据克里西普的五条推理规则，波爱修斯发展出 38 条推理规则（详见中世纪推论理论），有人甚至认为，波爱修斯的命题逻辑理论是斯多亚命题逻辑的最终成果。这些理论都是中世纪推论学说的重要文本与理论来源。

第四节　波爱修斯之前的古代拉丁逻辑传统

对亚里士多德逻辑学的发掘、发展与注释，是自亚氏创立逻辑学之后逻辑学研究的主要课题，在罗马中晚期更是如此。学界一般称从西塞罗到波爱修斯时期对古代逻辑的注释与著述为逻辑学的古代拉丁传统，或者古代拉丁逻辑学。

古代拉丁逻辑学亦称古罗马逻辑学。但与古希腊逻辑相比，古罗马逻辑在纯逻辑理论上并无多少创新，主要是翻译、注释和传播古希腊逻辑，特别是对亚里士多德和斯多亚学派的逻辑学进行了细化、补充。在这一过程中，波爱修斯是一位划时代的人物。波爱修斯之前，在逻辑学

---

[1] ［波兰］卢卡西维茨：《亚里士多德的三段论》，李真、李先焜译，商务印书馆 1981 年版，第 25 页。

领域占据重要地位并对中世纪逻辑产生一定影响的拉丁逻辑学家主要有西塞罗、阿普列乌斯、盖伦、亚历山大、波菲利、维克多里努斯、奥古斯丁、卡培拉等。但严格地说，大部分拉丁逻辑学家似乎更应该称为论辩学家，相应地，他们的思想更应该称为论辩术（dialectica），而不是逻辑学。中世纪对于论辩术与逻辑学这两个术语并没有做出严格区分，很多现代译为《逻辑大全》的著作其实拉丁原名都是"dialectica"，但在古代，从两者研究的内容与研究方式而言，还是存在一定区别的。以推理为例，论辩术主要讨论论辩性的或具有说服力的推理（dialectical/persuasive reasoning），这种推理论只能提供意见，因为其前提不具有必然性，而只有可能性，中项可以是任意词项，因此，对"论题"的研究只是一种艺术，而非科学。而逻辑学主要讨论证明性推理，特别是证明性三段论（demonstrative syllogism），它要求必然的前提，且中项必须是作为结论中词项的定义或者原因。

一　西塞罗

西塞罗（Marcus Tullius Cicero，前106—前43）是公认的对希腊哲学拉丁化做出最大贡献的哲学家，也是第一位致力于把古希腊逻辑翻译成拉丁文的罗马逻辑学家。他创造了大量的对应于古希腊逻辑术语的拉丁文术语，例如，分别用拉丁文"definitio""genus""species"翻译亚里士多德的希腊文术语"定义""属""种"，用"negans""oppositum"翻译希腊文"否定""反对"等。[1] 这被认为是西塞罗对逻辑学所做出的最主要的贡献。

从逻辑思想发展史上看，制定确切的逻辑术语起着至关重要甚至是决定性的作用。特别是在当时，拉丁语占统治地位，是唯一的典范语言，其他语言都被认为是脱离规范的。人们也很自然要求把拉丁语作为研究和表述逻辑的唯一合法语言。而拉丁语作为逻辑术语，具有丰富的确定和区分各种细微的逻辑含义的语词，而其他语言只能通过描述来表达这些细微的逻辑含义，这是相当困难的，甚至是做不到的。[2] 因此，西塞罗

---

[1] 马玉珂：《西方逻辑史》，中国人民大学出版社1985年版，第137页。
[2] 参阅［苏联］波波夫、斯佳日金《逻辑思想发展史——从古希腊罗马到文艺复兴时期》，宋文坚、李金山译，上海译文出版社1984年版，第183页。

对逻辑的拉丁化就显得尤为迫切和重要,正是通过他的工作,才使得在拉丁世界谈论逻辑问题成为可能,不仅极大地促进了逻辑学的发展,也有助于传承逻辑学文本。

西塞罗最有影响的逻辑著作是写于公元前44年的《论题篇》(Topica)。这是一部为他的朋友——法学家特雷巴提乌斯(Trebatius)而作的著作。特雷巴提乌斯对亚里士多德《论题篇》一书很感兴趣,但与同时代的其他学者一样,因亚里士多德的著作极其简洁抽象并晦涩难懂而对其思想内容一知半解,于是求助于西塞罗。据说西塞罗在赴希腊的旅途中想起了这件事,但手边又无亚里士多德的原著,只好凭记忆记下了这本书。因此从内容上看,西塞罗的《论题篇》并不是亚里士多德《论题篇》的翻版,而有很大的差异。亚里士多德所讨论的"论题"(指可以在论证中作为论据或者依据,保证论证成立的原理性命题以及构成它们的相关元素,例如属、种、种差、定义、大于、小于、相似、内在的、外在的、中间的,等等)是作为论证的策略,与他的范畴理论相关联,而西塞罗的"论题"所考虑的是那些可以帮助演说者发现论证的东西,例如属、种、相似性、原因、结果与类比等。

论证的关键与目的在于它的说服效果,即使人们相信某些有疑问的东西(参阅《论题篇》第8章)。因此,西塞罗的《论题篇》既强调论题,又强调修辞。也就是说,他的《论题篇》更主要的是一部旨在用于法庭论辩与演讲的著作,这从他举的例子就可以看出。例如,如果演说者需要证明破旧房屋的继承人不一定要修理它,他可以说这个案子类似于奴隶的继承人,如果奴隶死了,继承人不一定要再找一个去替换他(参阅《论题篇》第15章)。"西塞罗的《论题篇》这一非常实用、强调修辞的论文在逻辑上的重要性在于,它给出了一个证据,以说明亚里士多德的论题理论在其后的几个世纪中发生了怎样的变化,以及波爱修斯将如何使用这些论题理论。"[1]

西塞罗还研究了斯多亚学派的命题逻辑。他提出了七条推理模式,

---

[1] J. Marenbon, "The Latin Tradition of Logic to 1100", in M. Gabbay, J. Woods (ed.), *Handbook of the History of Logic* (Vol. 2): *Mediaeval and Renaissance Logic*, Amsterdam: Elsevier, 2008, p. 3.

前五条与斯多亚学派的五条基本推理模式大致相同，在此基础上，增加了第六、第七条推理模式（参阅《论题篇》第 57 章）。在这两条推理中，他把斯多亚学派推理模式中的"第一""第二"改成了"这个"（this）"那个"（that），似乎仅仅是以作区别：

（6）并非这个并且那个；
　　是这个；
　　所以，不是那个。
（7）并非这个并且那个；
　　不是这个；
　　所以，是那个。

推理（6）实际上与斯多亚学派的推理模式（3）在形式上完全相同，而推理（7）明显是无效的。这充分说明，即使到了西塞罗时代，人们都没有正确理解斯多亚学派的命题逻辑，① 也没有对其形式化的性质与意义有充分的认识。

二　阿普列乌斯

卢西乌斯·阿普列乌斯（Lucius Apuleius，约 127—170）是罗马时期北非的逻辑学家，他对于希腊著作的拉丁化作出了贡献，所使用的拉丁术语在拉丁文化与逻辑传统中占据重要地位，这些术语有时候是希腊文的拉丁版本。

著有《解释篇》（标题就是拉丁化的希腊文 Peri Hermeneias，而不是后来通用的拉丁名字 De Interpretatione）。Peri Hermeneias 是一部广为流传的著作，但关于阿普列乌斯是不是 Peri Hermeneias 的作者曾长期受到质疑，但当今逻辑史家普遍倾向于认可它。② 与西塞罗的《论题篇》侧重于

---

① 参阅 J. Marenbon, "The Latin Tradition of Logic to 1100", in M. Gabbay, J. Woods (ed.), *Handbook of the History of Logic* (Vol. 2): *Mediaeval and Renaissance Logic*, Amsterdam: Elsevier, 2008, p. 4。

② 参阅 W. M. Sullivan, *Apuleian Logic: The Nature, Sources and Influences of Apuleius' Peri Hermeneias*, Amsterdam: North - Holland Publishing Co., 1967, pp. 9 - 14；同时参阅 D. Londey, C. Johanson (trans.), *The Logic of Apuleius*, Leiden: Brill (Philosophia Antiqua 47), 1987, pp. 11 - 15。

修辞不同的是，阿普列乌斯的 Peri Hermeneias 是一篇纯粹的逻辑论文，主要是对亚里士多德三段论的阐述。该论文涵盖了亚里士多德《解释篇》1—8 章的内容和《前分析篇》除模态逻辑之外的大部分内容，还包括逍遥学派对亚氏逻辑的补充以及斯多亚学派的逻辑。

亚里士多德之后，那些研究亚氏范畴逻辑的拉丁逻辑学家对命题之间的对当关系进行了不断的研究。阿普列乌斯把命题分为四种，即：

（1）所有 A 是 B；

（2）没有 A 是 B；

（3）有些 A 是 B；

（4）有些 A 不是 B。

并把（1）和（2）称为反对或不一致的关系，（3）和（4）称为下反对或几乎等值的关系，（1）和（4）以及（2）和（3）称为矛盾关系。

他举例并绘出图形如下：[①]

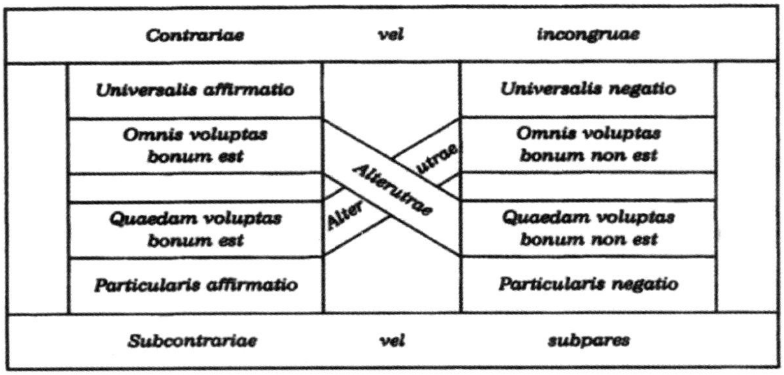

图 1-5 阿普列乌斯的对当关系（拉丁文）

对应的英文版：

[①] Apuleius, Peri Hermeneias, in D. Londey, C. Johanson, *Philosophia Antiqua 47: The Logic of Apuleius* (Including a Complete Latin Text and English Translation of the Peri Hermeneias of Apuleius of Madaura), Leiden: Brill, 1987, p. 109. 原译者在图中添加了全称命题与特称命题之间的差等关系（subalternae/subalterns），考虑到阿普列乌斯本人并没有为这两种命题之间的关系给出特别的名称，因此，本书引用此图时，删除了差等关系。

Contraries		or	inconsistents
Universal affirmation			Universal denial
Every pleasure is a good	Contradictories / Con-tra		No pleasure is a good
Some pleasure is a good			Some pleasure is not a good
Particular affirmation			Particular denial
Subcontraries		or	nearly-equals

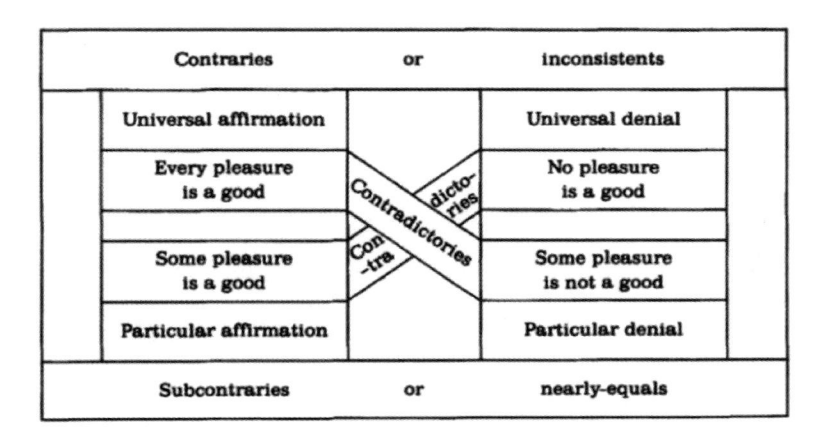

图 1-6　阿普列乌斯的对当关系（英文）

这个图形的意思是：

所有愉快是美好的—反对的—所有愉快不是美好的

有些愉快是美好的—下反对的—有些愉快不是美好的

所有愉快是美好的—矛盾的—有些愉快不是美好的

有些愉快是美好的—矛盾的—所有愉快不是美好的

这实际上是对亚里士多德关于直言命题间关系的图解，又是后来波爱修斯所构造的标准逻辑方阵图的原始形式。

在处理完命题的性质和对当关系之后，阿普列乌斯开始解释三段论的原理。他给出三段论的不同的式，以及第二、第三格如何通过划归为第一格来证明它们的有效性。阿普列乌斯也讨论了斯多亚学派的逻辑，但他在并不理解后者的情况下对它提出了反对（Peri Hermeneias，Ⅶ）。例如，他拒绝了斯多亚学派这样的推理"如果这是白天，这是明亮的；但这是白天，所以这是明亮的"（If it is day, it is light; but it is day, therefore it is light），认为结论"这是明亮的"意味着现在是明亮的，而在前提中，"这是明亮的"具有不同的含义，即它只是断言如果这是白天，这是明亮的。这一方面说明，阿普列乌斯并没有真正理解斯多亚学派逻辑所讨论的"如果……那么……"这类命题算子所表达的逻辑意义,① 同时说明他似乎意识到了联结词"是"(is)在不同语境下可能表达不同的逻辑意义。虽然我们不能肯定这一点,但至少在中世纪逻辑的助范畴词理论中,对于"是"的确有着这样的看法;中世纪同时也指出由"是"的不同时态所带来的词项意谓的扩张与限制。

三 盖伦

盖伦(Galen,129—199 或 200)在古罗马历史上首先以外科医生而著名。他同时对逍遥学派的命题逻辑以及斯多亚学派的命题逻辑感兴趣,并自称为逍遥学派。盖伦把逻辑学作为科学证明的工具而推介给罗马人。后人的著述显示,他注释过亚里士多德、德奥弗拉斯特、尤德慕(Eudemus,约前 350—前 290)与克里西普的著作,还著有诸多逻辑论文,包括一部讨论证明的著作《论证明》(*On Demonstration*),但所有这些原始文献已佚失,流传下来的只有他的另一部著作《逻辑学导论》(*Introduction Logic*)。

在《论证明》中,盖伦讨论了第四格三段论以及由超过三个词项组成的复合三段论,后者可以划归为三段论的四个格。关于这一点学界存有争议。② 有人认为盖伦并没有讨论第四格三段论,后者只是到了 13 世纪才被明确提出,而盖伦所谓第四格三段论无非就是那些复合三段论。例如:③

　　所有美的是公正的,
　　所有好的是美的,
　　所有好的是公正的,
　　所有有用的不是公正的,
　　所有有用的不是好的。

---

① 参阅 J. Marenbon, "The Latin Tradition of Logic to 1100", in M. Gabbay, J. Woods (ed.), *Handbook of the History of Logic* (Vol. 2):*Mediaeval and Renaissance Logic*, Amsterdam:Elsevier, 2008, p. 4.
② 参阅[波兰]卢卡西维茨《亚里士多德的三段论》,李真、李先焜译,商务印书馆 1981 年版,第 51—53 页。同时参阅[英]威廉·涅尔、玛莎·涅尔《逻辑学的发展》,张家龙、洪汉鼎译,商务印书馆 1985 年版,第 238—239 页。
③ 参阅马玉珂《西方逻辑史》,中国人民大学出版社 1985 年版,第 140—141 页。

盖伦还讨论了关系推理，他称之为关系三段论，这种推理与亚里士多德的直言三段论以及斯多亚学派的假言三段论都是不同的。例如：①

戴昂占有的只有帝奥的一半，

帝奥占有的只有菲罗的一半，

所以，戴昂占有的只有菲罗的四分之一。

类似的还有：

A 等于 B，

B 等于 C，

所以，A 等于 C。

盖伦对于斯多亚学派的命题逻辑的解释带有强烈的逍遥学派的特色，认为真值保持不是一个论证有效的充分条件，知识的引入与扩展也是其必要条件。这是基于其关于论证的理念。它认为，最高的最可靠的知识来自"科学论证"（epistēmonikē apodeixis），科学证明的前提要么是不证自明的，要么是来自事物的本质或者是一个（本质）定义，而不是关于事物偶性的命题。例如，他用三段论的方式证明理性（hēgemonikon）存在的位置：②

理性是感知与自主动作的来源，

哪里有神经源，哪里就有理性，

但是神经源位于大脑之中，

所以，理性存在于大脑之中。

四 阿弗罗迪西亚斯的亚历山大

如前所述，由于亚里士多德著作的艰涩直接影响了人们对古希腊哲学的理解，因而古罗马时期（特别是从 2 世纪开始）注释亚里士多德的著作成为学术活动的常规任务之一。但这些注释有些背离了亚里士多德

---

① Galen, *Institutio Logica*, in A. Malpass, M. A. Marfori (eds), *The History of Philosophical and Formal Logic: From Aristotle to Tarski*, London: Bloomsbury Publishing Plc, 2017, p. 68.

② 参阅 Galen, The Doctrines of Hippocrates and Plato (De placitis Hippocratis et Platonis), Ⅶ. 1, Ⅷ. 1, P. de Lacy (ed. and English trans.), in *Corpus Medicorum Graecorum*, V4.1.2, 1978 – 1984, second edition. Leipzig and Berlin: Teubner, Akademie Verlag and de Gruyter, 2005, p. 430; pp. 484 – 486.

的初衷，或者远离了逻辑，有些带有浓厚的斯多亚学派色彩。2 世纪末 3 世纪初，在普罗提诺学园系统学习过亚里士多德著作的阿弗罗迪西亚斯的亚历山大（Alexander of Aphrodisias，活跃于 200 年前后）成为注释亚里士多德逻辑著作的最权威、最准确的逻辑学家之一。他注释了亚里士多德的《前分析篇》第一卷、《论题篇》第八卷和《辩谬篇》，重新阐述了亚氏的三段论，特别是认为亚里士多德的三段论之所以有效，并不是因为推理的实际内容，而是因为推理的形式结构。他还注释了《形而上学》等亚氏的其他著作。

亚历山大在注释中试图使亚氏著作成为一个整体，因而在回答他那个时代所有关于亚里士多德思想的问题时，尽量在这些回答之间建立系统性的关联。而在那些难以联结的地方，他指出问题所在或者提出自己的解释。虽然并不总是令人信服，但它提供了有用的信息，以帮助人们理解亚氏的本意。由于亚历山大是使用希腊文写作，所以他的注释在罗马时期影响并没有那么大，但正因此而被后世逻辑学家作为研究亚里士多德逻辑的原始资料。波爱修斯在其著作中介绍并引述了亚历山大的思想，从而使后者的逻辑著作在中世纪产生了较大的影响。同时，亚历山大对亚里士多德注释的系统化与整体化，在某种意义上成为中世纪"亚里士多德主义"的古代渊源。

与同时代其他逻辑学家一样，除了亚里士多德的逻辑，亚历山大也了解并研究了斯多亚学派的逻辑。他区分了两种逻辑分别所讨论的直言命题与假言命题的区别："这些（直言）前提的定义不是对所有的命题而言，而仅仅是对简单的或所谓的直言前提而言。它的特点在于：某物包含于某物之中，或者包含于其全部之中，或包含于其部分之中，或包含于不加限定的某物之中。对于假言命题来说，不能断言其中某物包含于某物之中，而它的内容乃是一命题由另一命题而得出或者它们矛盾，从而或是真的或是假的。"[①] 但是，总的来说，亚历山大将亚里士多德式的逻辑视为正确的逻辑，而否定斯多亚学派的逻辑。

---

① 转引自［波兰］卢卡西维茨《亚里士多德的三段论》，李真、李先焜译，商务印书馆 1981 年版，第 164 页注释 1。

五　波菲利

波菲利（Porphyry，约232—约304）是本节需要着重介绍的古罗马哲学家，因为他的著作对中世纪哲学（例如以"共相"为基础的所有哲学问题）产生了重要影响，也对波爱修斯研究亚里士多德的逻辑学以及他本人哲学思想的形成产生了重要影响。

在波菲利时代，由于新柏拉图主义者日益重视对亚里士多德逻辑著作的研究，特别是在新柏拉图主义思想研究的集中地普罗提诺学园更是成为必修课，因而亚氏逻辑的地位在拉丁世界得到了空前的提升。但由于亚里士多德不承认柏拉图思想最核心的东西——"相论"，即不承认共相是客观实存的东西，而仅仅认为共相即属和种是对事物的一种划分，他的思想和柏拉图的思想被认为是两种不同甚至是对立的体系，因而在新柏拉图学园学习和研究亚里士多德的思想就很自然地存在困难和障碍。鉴于柏拉图与亚里士多德在思想史上同样崇高的地位，调和两大体系就成为新柏拉图主义者学术研究的重要任务之一。他们的方法之一就是忽略亚里士多德范畴论的形而上学成分，把它限制在逻辑的层面，并把亚氏逻辑学从他的形而上学思想体系中分离出来。但由于亚氏在其《范畴篇》和《解释篇》中所论述的逻辑思想很难与其形而上学思想完全分割开来，新柏拉图主义者不得不在其逻辑研究中，不断加入对亚里士多德在上述两篇著作中所涉及的形而上学思想的讨论。基于其特殊的出发点，这种研究不可避免会造成对亚氏理论的误解和前后矛盾的解释。波菲利便是这些新柏拉图主义者中对亚里士多德逻辑学研究得最深入的哲学家。

波菲利对亚氏逻辑有着浓厚的兴趣，对《范畴篇》和《解释篇》都进行了注释，并且著有著名的《亚里士多德〈范畴篇〉导论》（*Isagoge*，以下简称《导论》），作为研究亚氏逻辑学的导言。波菲利撰写这一著作的直接原因来自他的友人克里绍里奥斯（Chrysaorios）的求助，后者因难于理解《范畴篇》而请求波菲利给他提供解释。

波菲利在《导论》中，提出了关于共相的三个最根本的问题，被认为是第一个明确提出共相需要解决哪些问题的哲学家。他在《导论》的开首就指出："对（克里绍里奥斯）讲授亚里士多德的范畴论来说，必须了解属和种差是什么，以及种、属性和偶性是什么。既然对这些问题的回答对于下定义、划分和逻辑论证是很有帮助的，那么我将以导论的方式，给你一个简要的述评，并用几句话概括一下我们的前辈是如何述说这些问题的。我将避免更深入的问答，尽量使问题恰当而简单化。例如，我避免讨论以下这些问题：

(1) 属和种是真实存在的，还是它们仅仅存在于赤裸裸的思想（bare thoughts）之中？

(2) 或者如果是真实存在的，那么它们到底是有形体，还是无形体？

(3) 它们是否可以从可感事物之中分离出来，或者它们仅仅存在于可感事物之中，并依赖于可感事物？

这些问题都是很深奥的问题，需要有其他更详尽的研究。而现在我将以一种更加具有逻辑性的方式，试图展示我们的前辈（特别是逍遥学派）是如何解释属、种以及我们所面临的其他相关问题的。①

波菲利没有对共相的本质给出他自己的看法，这是因为其新柏拉图主义的折中态度。在他看来，对这一问题的回答无论如何都必须在柏拉图主义和亚里士多德主义之间做出选择，这显然与他调和二者之间的矛盾相违背。他说，"我放过这些比较高级的问题，以免由于无节制地将它们灌输到读者的心中，而搅乱了读者的开端和最初的努力。但是，……为了不致使读者完全忽视，或使读者以为在他所说的东西之外再也没有隐藏着更多的东西，因此就把……（这些）搁置不论的问题提出来。这样，……（我）就不会以含糊的、完成的方式来处理这些问题，从而在读者面前散布混乱；而随着知识的增进，读者就可能理解那些应当加以深入研究的东西"②。

波菲利还从外延的角度详细地论述了属、种、种差、固有属性和偶性，其中增加了不在亚里士多德"四谓词"之列的"种"（亚氏是把"种"作为主词）。波菲利论述了以上五个基本概念在定义、划分、证明

---

① Porphyry, Isagoge, in P. V. Spade (trans.), *Five Texts on the Mediaeval Problem of Universals: Porphyry, Boethius, Abelard, Duns Scotus, Ockham.* Indianapolis: Hackett Publishing Company, Inc., 1994, p. 1.

② Boethius, The Second Edition of the Commentaries on the Isagoge of Porphyry, in R. Mckeon (ed., and trans.), *Selections From Medieval Philosophers* (Ⅰ): *Agustine to Albert the Great*, New York: Charles Scribner's Sons, 1929, p. 91. 后续引用该著仅注明书名与页码。

过程中的应用，成为中世纪著名的"五旌学说"的直接来源。而他的《导论》也因而被中世纪哲学家称为《论五旌》（*De QuinqueVocibus*）。

为了明确概念之间的关系，波菲利还提出了关于概念二分法的树形图，对亚里士多德的共相问题做了纯逻辑的分析，这就是著名的"波菲利树"（Porphyrian Tree）。波菲利树以亚里士多德范畴论的最基本的范畴"实体"作为划分对象："实体本身是一个属，属的下面是有形体，有形体之下是有生命的形体，其下是动物。动物之下是有理性动物，有理性的动物之下是人。而位于人之下的是苏格拉底、柏拉图和其他单个的人。实体是最一般的（the most generic）属，它也仅仅是属（即没有比其更高的属——引者注）。人是最特殊的（the most specific）种，它也仅仅是种（即没有比其更低的种——引者注）。而有形体既是实体的种，又是有生命的形体的属。"① 杜米特留（Anton Dumitriu，1905—1992）根据上述思想，把波菲利树通过下图表示出来:②

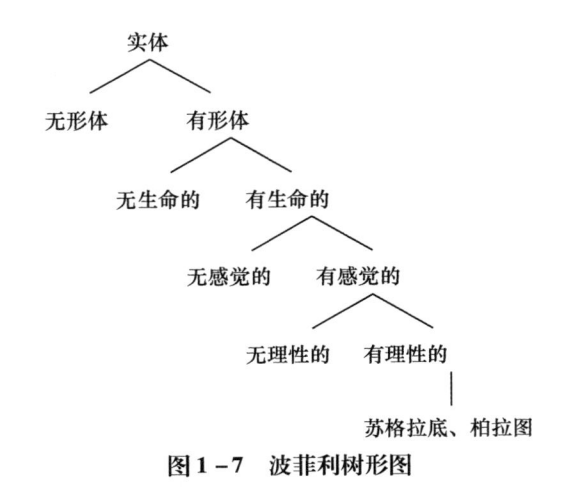

图1-7 波菲利树形图

波菲利树可以在柏拉图的著作中找到渊源。柏拉图在其《智者篇》（*Sophist*）中，就是使用概念的二分法，对钓鱼者进行定义的。他认为钓鱼者绝不是没有技艺的人，而是有技艺的人。技艺又有两种，即生产的

---

① 转引自 I. M. Bochenski, *A History of Formal Logic*, Ivo Thomas（trans. and ed.）. Indiana：University of Notre Dame Press, 1961, p. 135。

② 参阅 A. Dumitriu, *History of Logic*（English edition）, Vol. 1. Kent：Abacus Press, 1977, p. 298。

或创造的技艺和获取的技艺。获取的技艺又可再分为两部分：自愿交换和征服。征服也要分两类，明的称为争斗，暗的称为猎取。而猎取又分为猎取无生命的东西和猎取有生命的东西，即猎取动物。猎取动物不外乎猎取陆地动物，以及猎取会游泳的动物，或称为猎取水栖动物。后者分为打野禽（如鸟类）和打鱼。打鱼又可根据是用筐、网、陷阱、鱼篮或其他类似的东西进行捕捉，还是用鱼钩或三齿鱼叉来打击分为围捕和钩捕。而在夜间火把下钩捕鱼称为火渔或夜渔，在白天捕鱼称为钩鱼。钩鱼中，用三齿鱼叉钩取的，称为叉鱼，而在使用鱼钩的时候，鱼钩并没有像鱼叉那样打到鱼身体的任何部分，而只有鱼头和鱼嘴触及鱼钩，然后就用鱼竿把鱼从下往上拉起来，这种捕鱼方式的正确名称就是钓鱼（aspalieutikei），或者称之为把鱼拉上来（avaspasthai）。① 这一划分过程也可以用波菲利树表示出来。

波菲利树是柏拉图的概念二分法在逻辑学领域的第一次明确的应用，这可以认为是波菲利对逻辑学的最大贡献之一。他指出："属和种是不同的，因为属包含着它的种，种是包含在其属之中，而不是包含它的属。因为属比种指称更多的事物。"② 就是说，属和种之间的关系应从外延上严格地区分开来。显然，"波菲利树已经包含了外延的观点，在逻辑史上这是第一次明确的表述，它有十分重要的意义，因为它使概念可以进入演算，可以说，这是类演算和逻辑形式化的开端。……波菲利借属、种以及在此基础上的类包含关系建立起其概念分类体系，这是它接受斯多亚的一个观点。相反，亚氏以及经院学派的观点则大为逊色了，因为他们的思想总是离不开内涵的问题，而且多少带有形而上学的倾向"③。

从内涵向外延过渡是逻辑学发展的关键所在。波菲利树有着重要的实用价值，它可以把概念之间的复杂关系直观地显示出来，中世纪和近现代仍有不少学者应用这一方法去明晰概念的种属关系。波爱修斯就是按波菲利树的分析方法，沿着外延逻辑的道路对实体进行了分类，以说

---

① 参阅［古希腊］柏拉图《智者篇》，219A—221C，《柏拉图全集》第三卷，王晓朝译，人民出版社2003年版，第6—9页。

② 转引自 I. M. Bochenski, *A History of Formal Logic*, Ivo Thomas (trans. and ed.), Indiana: University of Notre Dame Press, 1961, p. 135.

③ 郑文辉：《欧美逻辑学说史》，中山大学出版社1994年版，第157页。

明并非所有实体都有位格,而只有有理性的单个实体才有位格,这是波菲利树的一次十分著名的应用。

六 维克多里努斯

公元4世纪,亚里士多德的《范畴篇》、《解释篇》和波菲利的《亚里士多德〈范畴篇〉导论》被来自北非的修辞学家马里乌斯·维克多里努斯(Marius Victorinus,300—363)翻译成拉丁文。维克多里努斯实际上是第一位真正用拉丁文翻译古代逻辑著作的哲学家。他还注释了西塞罗的《论发明》(*De Inventione*)、《论题篇》和亚氏的《范畴篇》等著作。此外,他还著有《语法知识》(*Ars Grammatica*),以及《论定义》(*De Definitione*)和《论假言三段论》(*De Hypotheticis Syllogismis*)两篇独立的逻辑著作。

维克多里努斯对波爱修斯有着特殊的影响。波爱修斯在翻译和注释亚里士多德的逻辑学时,曾希望维克多里努斯的译本和注释能给他一些帮助,例如,他在第一次注释波菲利的《导论》时就参照了维克多里努斯的拉丁文译本。但后来他发现该著大多是对波菲利思想和亚氏逻辑的曲解。因此,在研究亚里士多德的逻辑学时,他也不再过多地关注维克多里努斯的拉丁文译本和注释。

维克多里努斯在逻辑学上的主要成就来自他的《论定义》,这一著作通过波爱修斯而保存下来。但波爱修斯对该著作与对维氏的其他著作一样评价很低,他认为文中所论述的15种定义方法过于注重修辞、论辩,而不是逻辑。中世纪的人们大多也不把它作为逻辑著作,而是把它作为培训演说家的必修著作。但从逻辑史看,这一著作是有其积极的意义。

作为新柏拉图主义者,维克多里努斯对奥古斯丁的著述也产生了影响。355年前后,他正式皈依了基督教,这在罗马社会引起了轰动。奥古斯丁就曾在其《忏悔录》(第八卷,第二章—第四章)中描述过该事件。维克多里努斯还写过一些神学论文,但都已失传。"这些事实使他后来被公认为古代世界学问的权威。正是由于这些事实,而不是由于学说的新奇，使他在逻辑史上占有地位。"①

七　奥古斯丁

由于没有成型的逻辑思想，奥古斯丁（St. Augustine，354—430）显然不属于泛指的古罗马逻辑学家，在逻辑史上也不被经常提到。但奥古斯丁对于中世纪逻辑的发展仍然有着不可忽略的贡献，表现在以下两个方面。

第一，奥古斯丁重视逻辑，特别是重视逻辑在神学研究中的地位。虽然奥古斯丁被称为信仰主义神学的典型代表，但他并没有把信仰同逻辑与理性对立起来。他只不过认为，信仰应该"以赞同的态度思想"②，也就是说，信仰的东西仍然要借助于理性和逻辑，只不过理性和逻辑证明不是用来反驳信仰，而是用来支持信仰。因为人的理性来自上帝的恩典，而人之所以能用理性去认识真理，也是因为上帝对人们心灵"光照"的结果，上帝的光照带给人们进行理性认识活动的规则与方法。奥古斯丁认为，信仰的东西不可离开理性，因为在信仰之前，必须有一定的理解，否则，将不会"赞同"，而信仰之后，亦需要理性加深这种信仰。他自称他的这一立场来自维克多里努斯。这说明，他已开始调和哲学与神学、逻辑与神学的关系，尽管在其神学著作中并没有像波爱修斯那样大量使用逻辑技术。奥古斯丁的《论三位一体》就是一篇典型的借助于逻辑去思考上帝本性的巨著。其后著名逻辑学家阿尔琴（Alcuin，约735—804）在评价奥古斯丁的这部著作时指出："圣奥古斯丁在其论三位一体的著作中，认为逻辑方法具有第一重要性：他向我们显示，关于三位一体的最基本的问题，只有通过亚里士多德的精妙的范畴理论才能得到解决。"③

作为史上最伟大的思想家之一，奥古斯丁在古代拉丁时期更有着至

---

① ［英］威廉·涅尔、玛莎·涅尔：《逻辑学的发展》，张家龙、洪汉鼎译，商务印书馆1985年版，第242页。

② ［古罗马］奥古斯丁：《论圣徒的归宿》，第5章。转引自赵敦华《基督教哲学1500年》，人民出版社1994年版，第143页。

③ 转引自 M. Gibson（ed.），*Boethius, His Life, Thought and Influence*, Oxford: Basil Blackwell Publisher Limited, 1981, p.215。

高无上的地位，他对逻辑学的这一表态及其所体现出来的逻辑理念对于逻辑学的发展具有极其重要的作用。或许正是由于奥古斯丁的这一倡议，诸如波爱修斯、安瑟伦、托马斯·阿奎那等中世纪最著名的神学家们，才主张逻辑是神学研究的必备工具，逻辑能够、应该而且必须用来澄清神学教义。结果逻辑研究在神学的"庇护"下非但没有中断，反而得到了发展。

第二，有两部逻辑著作在中世纪被归于奥古斯丁的名下，一部是一本小册子《论辩术原理》（De Dialectica），另一部是《论十范畴》（De Decem Categoriis）。其中后一部著作的作者据考证可能不是奥古斯丁，而是4世纪一位信奉注释家提米斯修斯（Themistius，317—388）的拉丁学者、逍遥学派的最后代表。不过中世纪的人们一直把它当作奥古斯丁的著作，成为那些作为神学家的逻辑学家们研究亚里士多德哲学和神学的关系重要理论与资料来源，也是学习亚里士多德逻辑学的极好的入门著作。对于一直困扰《范畴篇》的读者与注释家的传统问题——亚氏的这篇论文到底是关于事物还是词项或范畴词，《论十范畴》也讨论了这一问题，认为按照提米斯修斯的说法，亚里士多德是从我们所能感知的东西开始讨论的，但为了讨论这些东西，就必须既谈论存在的东西（即具体事物），又谈论说出来的那些东西（即语词）。这是因为我们所感知的东西是由存在的东西而产生的，并且只有借助于说出来的那些东西才能得到证明。因此，《范畴篇》必须遵循的就是"混合的讨论"（mixed disputation）。[①] 也就是说，既是关于事物的，也是关于范畴词的。

《论辩术原理》已被确定为奥古斯丁的作品。这是一部研究语义学的著作。奥古斯丁把语词分为简单语词和复合语词，主要研究简单语词，如这类语词如何获得其意义，如何避免歧义等。此外，他还研究了命题的真与假。他的这种研究沿袭了斯多亚学派语义学研究的传统，也印证了斯多亚学派逻辑学在古代晚期的影响力。涅尔认为该著"可以推动中

[①] 参阅 J. Marenbon, "The Latin Tradition of Logic to 1100", in M. Gabbay, J. Woods（ed.）, *Handbook of the History of Logic*（Vol. 2）: *Mediaeval and Renaissance Logic*, Amsterdam: Elsevier, 2008, p. 6。

世纪逻辑学家再一次为自己拟定斯多亚学派关于命题内容的理论"①。

八　卡培拉

马提亚努斯·卡培拉（Martianus Capella，活跃于410—420）是一位异教徒，生活于北非（今阿尔及利亚），是古罗马后期修辞学家，也是波爱修斯之前古罗马最重要的逻辑学家之一。他的《论七艺》（*De Septem-Disciplinis*）或称《撒底里贡》（*Satyricon*）是一部百科全书式的著作。其中第Ⅰ和第Ⅱ卷讲述墨丘利（Mercurii，指神圣理性）和语文学（Philologiae，代表人类灵魂）的结合，以寓言的方式讲述灵魂向智慧的上升。因此，这部著作有时被直接称为《论墨丘利与语文学的结合》（*De Nuptiis-Mercurii et Philologiae*）。②

第Ⅲ—Ⅸ卷分别讨论语法、逻辑、修辞、几何、算术、天文、和谐（音乐）等"七艺"。他也是最早系统讨论"自由艺术"（liberal arts）的逻辑学家之一。自由艺术的讨论开始于柏拉图，经过西塞罗、瓦罗（Varro，前1世纪）、奥古斯丁和卡培拉等人，到了波爱修斯那里最终被固定为"三科"（包括逻辑学、修辞学与语法学）与"四艺"（包括算术、音乐学、几何学与天文学）。③

著作的第Ⅳ卷讨论逻辑。卡培拉按照从词项、句子到命题与推理的顺序，依次讨论了属、种（卡培拉有时称为"形式"）、种差、偶性、属性、定义、整体与部分、划分与分解、语词的多义、单义与转义、十大范畴（词）、名词与动词、句子、命题的质与量、命题的换质换位、对当关系、直言三段论与假言三段论，等等。卡培拉继承了阿普列乌斯逻辑理论的研究模式，他们所研究的内容与研究次序代表了古罗马逻辑学的一般情况，但是与中世纪的词项逻辑还是存在明显区别，主要是对词项

---

① ［英］威廉·涅尔、玛莎·涅尔：《逻辑学的发展》，张家龙、洪汉鼎译，商务印书馆1985年版，第243页。

② 关于这部著作的名字，参阅 *Martianus Capella and the Seven Liberal Arts*（Vol. 1）：*The Quadrivium of Martianus Capella: Latin Traditions in the Mathematical Sciences*，W. H. Stahl，R. Johnson，and E. L. Burge（trans.），New York：Columbia University Press，1992，pp. 21 – 22。

③ 参阅胡龙彪《中世纪逻辑、语言与意义理论》，光明日报出版社2009年版，第78—80页。

的意谓、词项在命题中的不同指称等词项属性理论缺少研究。

在卡培拉的逻辑理论中，有几点值得特别重视。首先，他认为属与种既是词项（名字），又是事物的形式。他说："属通过单个名字而包含许多形式，例如'动物'，其形式是'人''马'与'狮子'等等……而'人'是'野蛮人'与'罗马人'的属。……种附属于属，属的定义或者名字可以真正得谓述种。"① 也就是说，人、马以及狮子的形式都是"动物"，"动物"就是它们的属，而"人"、"马"与"狮子"也是"动物"这一属下的种，但"动物"这个名字或其定义（"肉身的活的东西"）都可以谓述它们。卡培拉没有讨论语词定义，他认为定义的对象都是概念，是对概念"清晰而简洁的解释"。他还讨论了定义规则，认为不能犯定义过宽或者过窄的错误。例如，如果把"人"定义为"人是有死的动物"，就是定义过宽，定义为"人是懂得语法的动物"，就是定义过窄；对"人"这一概念的完整定义是"人是有理性的、有死的动物"，通过种差"有理性"，把人与牲畜区分开来，通过种差"有死的"，把人与上帝区分开来。②

其次，卡培拉把整体（whole）看作仅与个体事物相关的东西。"整体是那种有时借其名字（但不是定义）给其自身的两个或多个部分的东西，只有个体事物才有整体。……例如，某个特定的人，关于人的定义或者'人'这个名字就不能下降到这个人的某个部分自身。因为我们不能说这个人的胳膊或者头自身就是人，也不能拿人的定义去定义他的腿。"③ 卡培拉还区分了"整体"与"所有"（all），例如当说"人"意谓西塞罗，西塞罗就是作为整体，当说"人"意谓有技能的人或无技能的人、男人或者女人，人更适合"所有"这个词。对"整体""部分""所有"的区分是中世纪助范畴词理论的重要内容。

---

① *Martianus Capella and the Seven Liberal Arts*（Vol. 2）: *The Marriage of Philology and Mercury*, W. H. Stahl, R. Johnson, and E. L. Burge (trans.), New York: Columbia University Press, 1992, p. 112. 后续引用该著仅注明书名与页码。

② 参阅 *Martianus Capella and the Seven Liberal Arts*（Vol. 2）: *The Marriage of Philology and Mercury*, p. 114。

③ *Martianus Capella and the Seven Liberal Arts*（Vol. 2）: *The Marriage of Philology and Mercury*, p. 114。

78　/　西方中世纪逻辑及其现代性

最后，也是最重要的，关于命题理论，卡培拉首次使用阿普列乌斯用于描述直言命题之间对当关系的术语，构造如下对当关系图（图1-8），并就命题之间的具体关系做了详细说明：

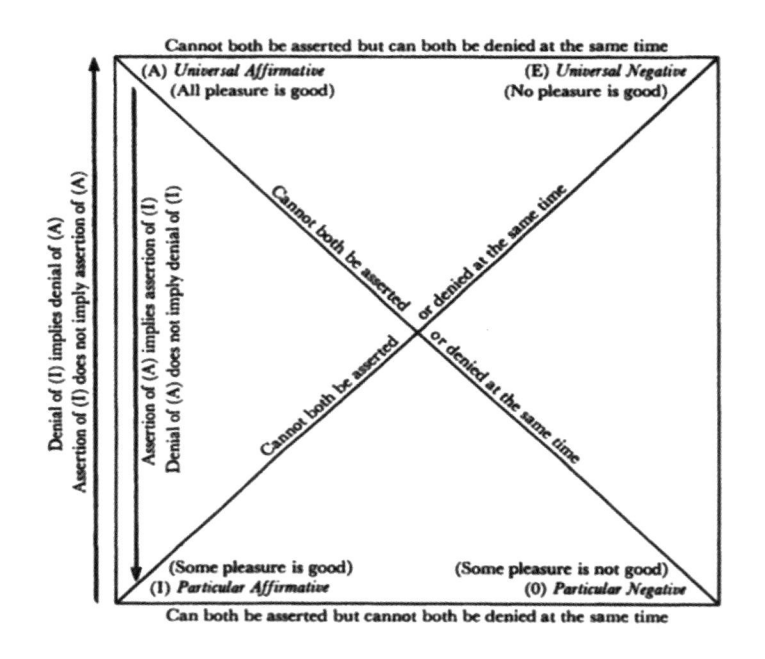

图 1-8　卡培拉的对当关系图①

"这些命题之间的相互关系可以通过如下方式更清晰地显示出来。用四条线构造如下对当关系图。在上线的第一角写下'全称肯定'，在这同一条线的另一角写下'全称否定'。在下线的第一角写下'特称肯定'，在这同一条线的另一角写下'特称否定'。从全称肯定到特称否定，从全称否定到特称肯定，我们绘制对角线。上面两个命题不能同时肯定，但可以同时否定，因为'每个愉快是好的'与'没有愉快是好的'不可能同时是真的，但可能'每个愉快是好的'不是真的，并且同时'没有愉快是好的'也不是真的。下面的两个命题可以同时肯定，但不能同时否

---

① *Martianus Capella and the Seven Liberal Arts*（Vol. 2）：*The Marriage of Philology and Mercury*, p. 142.

定。因为显然不可能'有些愉快是好的'不是真的,同时'有些愉快不是好的'也不是真的。但可能同时肯定'有些愉快是好的'和'有些愉快不是好的'。那些通过对角线联结起来的命题不可以同时肯定,也不可以同时否定。因为'每个愉快是好的'是真的,'有些愉快不是好的'就是假的,'每个愉快是好的'是假的,'有些愉快不是好的'就是真的;而如果首先提及特称命题,情况也是如此。如果'没有愉快是好的'是真的,那么'有些愉快是好的'就是假的,如果'没有愉快是好的'是假的,那么'有些愉快是好的'就是真的。再者,肯定全称命题,就必然可以推出肯定相应的特称命题,但是否定全称命题,不能必然推出否定相应的特称命题。因为如果'每个愉快是好的'是真的,'有些愉快是好的'必然是真的,但如果否定前者,说并非每个愉快都是好的,有些愉快是好的仍然可能是真的。并且,肯定特称肯定命题,并不必然推出肯定相应的全称肯定命题,但是否定特称肯定命题,必然推出否定相应的全称肯定命题。因为如果'有些愉快是好的'是真的,并不必然推出每个愉快是好的,而如果有些愉快不是好的,那么'每个愉快是好的'就是假的。"①

从这个图与波爱修斯所讨论的对当关系的唯一区别就是没有为命题之间的关系给出相应的拉丁术语,但是这些拉丁术语的部分可见于阿普列乌斯。可以看出,在卡培拉时代,已经有了直言命题之间对当关系规则的详细解释。

卡培拉把三段论分为直言三段论(categorical syllogism)与假言三段论(conditional syllogism),② 并把后者作为他讨论逻辑问题的结束。他列出了七种假言推理(古代或者中世纪逻辑学家所谓假言推理或者条件推理与我们现在所说的假言推理不完全相同,他们也把选言推理与联言推理视为假言推理)模式,这些推理与西塞罗的推理具有相同的模式,但他使用了斯多亚学派传统的逻辑术语,即"第一""第二"等。这些推理

---

① *Martianus Capella and the Seven Liberal Arts* (Vol. 2): *The Marriage of Philology and Mercury*, pp. 141 – 143.

② *Martianus Capella and the Seven Liberal Arts* (Vol. 2): *The Marriage of Philology and Mercury*, p. 144.

模式包括（M1 表示卡培拉的第一个推理模式，其余类推）：①

　　M1. 如果第一，那么第二；但是第一；所以第二。
　　M2. 如果并非第一，那么并非第二；但是第二；所以第一。
　　M3. 并非既是第一，又不是第二；但是第一；所以第二。
　　M4. 或者第一，或者第二；但是第一；所以并非第二。
　　M5. 或者第一，或者第二；但是并非第一；所以第二。
　　M6. 并非既是第一，又是第二；但是第一；所以并非第二。
　　M7. 并非既是第一，又是第二；但是并非第一；所以第二。

　　卡培拉对于这些推理模式都给出了示例，从这些例子也可以看出他的推理主要用于修辞（论辩）或者应用于日常生活中的实例。以下例子依次对应上述推理 M1—M7：②

　　M1′. 如果修辞学是有用的（advantageous），那么它是恰当说话的科学（the science of speaking well），

　　<u>修辞学是有用的，</u>

　　所以，修辞学是恰当说话的科学。

　　M2′. 如果修辞学不是恰当说话的科学，那么它不是有用的，

　　<u>修辞学是有用的，</u>

　　所以，修辞学是恰当说话的科学。

　　M3′. 并非修辞学是恰当说话的科学，并且它不是有用的，

　　<u>但是修辞学是恰当说话的科学，</u>

　　所以，修辞学是有用的。

　　M4′. 他或是健康的，或是有病的，

　　<u>他是健康的，</u>

　　所以，他不是有病的。

　　M5′. 他或是健康的，或是有病的，

　　<u>他不是健康的，</u>

---

① *Martianus Capella and the Seven Liberal Arts*（Vol. 2）：*The Marriage of Philology and Mercury*, p. 151.

② 参阅 *Martianus Capella and the Seven Liberal Arts*（Vol. 2）：*The Marriage of Philology and Mercury*, pp. 149 – 151。

所以，他是有病的。
M6′. 并非他既是健康的，又是有病的，
<u>他是健康的，</u>
所以，他不是有病的。
M7′. 并非他既是健康的，又是有病的，
<u>他不是健康的，</u>
所以，他是有病的。

在上述例子中，M3′与M1′的第一个前提在形式上（不考虑具体内容）是相互否定的，这说明卡培拉已经明确提出了否定一个假言命题，可以得出相应的联言命题（即肯定假言命题的前件，而否定其后件），从而使他能把联言命题与选言命题都归为条件（假言）命题。

著作的第V卷讨论修辞。卡培拉在这一卷中，以维克多里努斯的方式全面研究了"论题"，这也说明古罗马逻辑学家把亚里士多德的《论题篇》定位为更多地与修辞相关，而不是与逻辑相关。

第五节 波爱修斯的逻辑学说

波爱修斯（Anicius M. S. Boethius，480—524）被15世纪意大利人文主义者洛伦佐·巴拉（Lorenzo Valla，1406—1457）称为"罗马的最后一位哲学家，经院哲学的第一人"[1]。因为从哲学上看，他的思想与中世纪哲学一脉相传，并且他所讨论的共相问题正是中世纪经院哲学的首要问题。而在逻辑学领域，尽管波爱修斯生活在罗马帝国晚期，像所有逍遥学派的弟子以及斯多亚学派门徒那样，自然地延续了古罗马逻辑传统，对古代逻辑进行了充分研究，但很多逻辑史家更主要的是把波爱修斯作为中世纪逻辑的开端。这是基于三个原因：一是他翻译和注释了亚里士多德、波菲利与西塞罗等逻辑学家的著作，使得他的逻辑文本成为中世纪（特别是12世纪亚里士多德著作复兴之前）逻辑的直接来源之一；二是他撰写了多部关于词项逻辑的论文，全面研究了斯多亚学派的命题逻辑，特别是假言推理，他的逻辑理论大致决定了中世纪早期逻辑研究的

---

[1] H. V. Campenhausen, *The Fathers of Latin Church*, London: A&C Black, 1964, p. 279.

框架，包括研究内容与方法都有着极大的相似性，都属于"旧逻辑"的范围；三是他把逻辑广泛应用于哲学与神学领域，开创了中世纪以逻辑证明神学原理的先河。

一　波爱修斯对古代逻辑著作的翻译、注释以及相关逻辑论文

波爱修斯曾在《解释篇》第二篇注释的一开始，宣布要翻译和注释他所能找到的柏拉图的全部对话和亚里士多德的全部著作，借以向人们证明这两位哲学家在基本概念和其他关键问题上是一致的。但这一宏愿并未实现，他最终只翻译了亚里士多德的逻辑著作《工具论》以及波菲利的《亚里士多德〈范畴篇〉导论》，这就是他的全部译作。

关于这些译作的先后次序，波爱修斯问题研究专家萨穆埃尔·布兰得（Samuel Brandt）和阿瑟·迈金雷（Arthur P. McKinlay）用不同方法和标准，得出了相同的结论。他们认为波爱修斯是按如下的次序翻译并注释古代逻辑著作的：首先是波菲利的《导论》（509或510），然后是亚里士多德的《范畴篇》《解释篇》（510），与《前分析篇》《后分析篇》《论题篇》《辩谬篇》（513—514）。[①] 从现存波爱修斯著作手稿标示的年代以及著作的上下文看，布兰得和迈金雷的结论无疑是正确的。

波爱修斯翻译亚里士多德逻辑著作的次序恰好与普遍认同的亚氏《工具论》的标准篇目及各篇的次序一致，这不能简单说是一种巧合，说明波爱修斯在翻译亚氏逻辑著作之前已对它的内容有了充分的了解。虽然亚里士多德的弟子安得罗尼库斯（Andronicus，约前1世纪）在公元前40年左右就已编订《工具论》的篇目及其次序，但他的编辑本后来失传了，连2世纪的传记作家第欧根尼·拉尔修都没有见到该文本，波爱修斯在其著作中也没有提到安得罗尼库斯的名字。而作为亚里士多德的注释家，"波菲利论辩的措辞显示出他不仅不知道，而且也没有思考过《工具论》的固定次序"[②]。波菲利之后，虽然扬布利科（Iamblichus，约

[①] M. Fuhrmann, J. Gruber (ed.), *Boethius*, Darmstadt: *Wissenschaftliche Buchgesell*-schaft, 1984, p. 128. 但是关于波爱修斯是否翻译过《后分析篇》，学界存有争议。

[②] M. Fuhrmann, J. Gruber (ed.), *Boethius*, Darmstadt: *Wissenschaftliche Buchgesell*-schaft, 1984, p. 130.

250—325)、西里亚努(Syrianus,?—437)、普罗克洛(Proclus,410—485)以及阿莫纽斯等新柏拉图主义者都注释过《工具论》的部分篇目，但他们更关心的是形而上学问题，对亚氏逻辑缺乏系统的了解。实际上，"公元500年前，《工具论》是否真有其文(或者这些著作的固定的篇目次序)从未得到证实"①。罗斯甚至认为，"工具"一词直到6世纪才用于亚里士多德逻辑著作的汇编。②而《工具论》各篇以及《工具论》和其他著作之间在内容上也多有重复现象，决定翻译亚氏逻辑著作的波爱修斯是知道这一点的。至于他把最受争议的《范畴篇》(因为该文在相当大的程度上是一篇哲学论文)归为逻辑著作，恐怕与他主张逻辑既是工具又是哲学的一部分有关。

我认为，波爱修斯按照上述次序全文翻译亚氏的六篇逻辑著作是基于以下考虑：亚里士多德主张逻辑是工具，特别是哲学研究的工具，而逻辑问题主要来自哲学问题，许多逻辑问题是人们在哲学研究中发现的。因此，亚里士多德在撰写逻辑著作时力图体现逻辑学的这一特征，即首先从哲学(形而上学)研究中引申出逻辑问题，开始的研究就会既是逻辑的，又是形而上学的，并且应作为逻辑研究的序言；而著作的开始阶段就既像逻辑著作，又像哲学著作。由此看来，把《范畴篇》与《解释篇》作为逻辑著作，并把它们(特别是前者)作为《工具论》的绪论就是理所当然的。波爱修斯认为，"任何想学习逻辑的人都必须首先阅读《范畴篇》，因为整个逻辑都是关于由命题组成的三段论的本质的，而命题由语词构成，这就是为什么知道语词意味着什么对于科学研究具有第一重要性"③。逻辑研究的第二阶段主要是纯逻辑的研究，这就是《前分析篇》和《后分析篇》。最后应是对逻辑的应用研究，这就是研究论辩、证明、辩谬和反驳等问题的《论题篇》与《辩谬篇》。波爱修斯明确指出，"对逻辑推理而言，《前分析篇》必须既在《后分析篇》之前，又在《论题篇》之前，《解释篇》必须在《前分析篇》之前，而《范畴篇》逻

---

① M. Fuhrmann, J. Gruber (ed.), *Boethius*, Darmstadt: *Wissenschaftliche Buchgesell-schaft*, 1984, p. 127.

② 参阅[英]罗斯《亚里士多德》，王路译，商务印书馆1997年版，第23页，注释6。

③ Boethius, On the Categories (I), in R. McInerny, *Boethius and Aquinas*, Washington D. C.: The Catholic University of America Press, 1990, p. 41.

辑地位于《解释篇》之前"①。波菲利的《导论》则是整部《工具论》的导论。

波爱修斯对古代逻辑著作的翻译极其注重原作者的本意，因此他的译本基本上是逐字逐句的，这是因为他对于此前的译本不满意。例如，他在对波菲利《导论》的第一篇注释中，肯定了维克多里努斯极富修辞性的华丽文本，但认为这对发展亚里士多德逻辑学没有起到积极作用，因为其译本有许多错误，特别是对"种"与"属"这一对重要范畴的解释也是错误的。这表明维克多里努斯没有真正理解波菲利的注释，也没有理解亚里士多德的逻辑。他不满意这个译本，于是重新翻译了波菲利的《导论》。

除了翻译这些著作外，波爱修斯还对它们进行了注释，其注释基本上是与翻译同时进行的。这些注释是：波菲利的《导论》注释两篇；《范畴篇》注释一篇，《解释篇》注释两篇，《前分析篇》《后分析篇》《论题篇》《辩谬篇》注释各一篇；西塞罗《论题篇》注释一篇。考虑到亚里士多德逻辑著作行文简洁且晦涩难懂，波爱修斯曾计划将它们的每一篇都注释两遍：第一遍注释仅限于展现其基本思想，是为初学者而作；第二遍注释则要发掘其深层思想和隐含意义，主要针对高级读者。但后来只有《解释篇》注释实现了这一点。

除了这些注释，他还撰写了一些独立的逻辑论文，主要有：《论划分》（*De Divisione*）；《论直言三段论》（*De Syllogismis Categoricis*）；《直言三段论导论》（*Introductioad Syllogismos Categoricos*），《论假言三段论》（*De Hypotheticis Syllogismis*）；《论论题区分》（*De Topicis Differentiis*）等。这些论文除了《论假言三段论》属于命题逻辑，其他都属于词项逻辑。

所有这些注释与论文所研究的东西都属于"旧逻辑"的范围，它们几乎是中世纪初期人们了解亚里士多德思想的唯一材料来源。② 而中世纪早期逻辑学家所讨论的问题全部包含在波爱修斯的著作之中。

---

① M. Fuhrmann, J. Gruber (ed.), *Boethius*, Darmstadt: Wissenschaftliche Buchgesell-schaft, 1984, pp. 128 – 129.

② 参阅 W. C. 丹皮尔《科学史及其与哲学和宗教的关系》（上册），李珩译，商务印书馆1989年版，第117页。

二　范畴理论（词项理论）

虽然很多逻辑史家把波爱修斯关于范畴的理论称为词项理论，但需要了解的是，词项理论与词项逻辑并非完全相同的概念，后者有着特别的意义，主要是指中世纪（特别是 13 世纪及之后）以词项为研究对象的逻辑理论，属于纯粹的逻辑理论。而在波爱修斯时代，范畴理论仍然没有明确区分范畴的本体论意义与纯粹的逻辑意义，这与亚里士多德的词项逻辑类似，并且 12 世纪及之前的词项逻辑依然保持着这一习惯。

波爱修斯的范畴理论集中体现在他的《论划分》《亚里士多德〈范畴篇〉导论》的第二篇注释与《范畴篇》注释三部著作中。《论划分》是作为他的范畴理论的导论和预备理论，而两篇注释主要用来回答波菲利在《导论》中所提出的三个问题。

1. 论划分与五谓词

波爱修斯的范畴理论首先表现在他对划分问题的研究。他自称其《论划分》一书的目的在于让读者学到一些关于属、种、种差、固有属性与偶性等五谓词的实用知识，特别是如何把属划分为种，从而更加深入地理解亚里士多德和波菲利的范畴逻辑。

波爱修斯首先界定了什么是划分。他认为划分是一个多义词，具有四种类型：

（1）把一个属划分为不同的种。
（2）把一个整体划分为不同的部分。
（3）把一个语词划分为不同的意义。
（4）关于偶性的划分。

然后他对这些不同类型的划分一一做了分析。

划分（1）如把动物分为有理性的和无理性的，有理性的动物又可分为有死的和不朽的。再如，可把颜色分为白色的、黑色的和不白不黑的。这种划分具有一个明显的特征，即一个属划分后所得的种必须至少有两个，或者更多，但不能无限多。这种划分显然既是逻辑的，又是形而上学的。

划分（2）如把房子分为屋顶、墙和地基，或把人分为灵魂和肉体，或由加图、维吉尔、西塞罗组成"人"这一整体。这种划分的特点是被划分的整体由划分后的部分组成。需要注意的是，个体事物在古代和中世纪逻辑中都不是作为种。

划分（1）与划分（2）就是中世纪助范畴词理论中严格区分的对整体的两种不同划分。

划分（3）如同一语词"狗"既可指称会叫的四足动物狗，又可指称笨重的海狗。这种划分还发生在一个同一语句有多重含义的时候。波爱修斯这里表达了同一语词可以表达不同概念，这是中世纪意义理论所讨论的内容。

划分（4）都与偶性有关。它又分为三种：（1）把一个实体（或作为主体的东西）划分为不同的偶性；（2）把一个偶性划分为不同的实体（或作为主体的东西）；（3）把一个偶性划分为不同的偶性。

（1）是说，当我们说有些人是白色的，有些人是黑色的，有些人是适中色的时，白色、黑色、适中色并不是人的种，而只是人的偶性，"人"也不是这些颜色的属，而只是它们的主体。这就是按实体的偶性对它们进行区分。

（2）属于这样一种划分：当我们追寻事物时，这些事物或者存在于灵魂中，或者存在于肉体中，而我们所追寻的实际上只是灵魂或肉体的偶性，而不是其属，灵魂和肉体也不是这些事物的种，而是它们的主体。这就是把一个偶性分为不同的实体，即按偶性所处的不同主体对它们进行划分。

（3）是将偶性按其更低一层次的偶性对它进行分类。例如，在白色的事物中，有些很坚硬，比如珍珠，有些是液体的，比如牛奶。而液体、白色和坚硬都是偶性，因此，当把白色分为坚硬的和液体的时，即把偶性划分为偶性。

波爱修斯认为，前三种划分都是对固有属性的划分，而第四种划分只是对偶性的划分，即前者的划分标准是固有属性，后者的划分标准是偶性。但前三种划分之间也存在着差别。波爱修斯主要考察了划分（1）与划分（2）的区别：属是从性质上被划分为种，整体是从数量上被划分为部分；从本质上看，属在种之前，而整体在其部分之后；属是种的质料（matter），而部分是整体的质料；种都与属相同，而部分并不总与整体相同。

波爱修斯认为属是种的质料，这一点对于他论证三位一体问题是十分重要的。既然一个属的所有种都有相同的质料，而这些种之间显然是存在差别的，因此，其差别肯定不是因为质料，而是因为形式，因为一切事物都只由形式和质料构成。这就是说，一事物之所以成其为该事物而不是别的什么东西，不是因为构成它的质料，而是因为其与众不同的形式，"种差是形式"①，形式上相同的事物就是本质相同的事物，实际上就是同一事物，质料的差别不会给事物带来什么。因此，既然上帝是纯形式的实体，而纯形式只有一个，因而，只有一个上帝，而不可能是三个上帝。上帝没有任何质料，即使有，也不会影响上帝只有一个这一本质。

波爱修斯的这一观点具有重要的逻辑意义，这实际上是真正逻辑意义上的"划分"与一般的"分解"之区别。把属分为若干种，这种划分是真正逻辑意义上的划分，即划分的母项是一个属，子项是一个种，母项与子项是属种关系，类与分子的关系，凡母项所具有的性质都必然为子项所具有。这就是波爱修斯所说的种都与属相同的逻辑含义。而由加图、维吉尔、西塞罗组成一个整体的"人"，实际上是一个集合概念，即由所有人构成的一个集合体，而不是一个"类"，因而"人"不是作为属的普遍概念，加图、维吉尔、西塞罗也不是它的种。这种"划分"并不是真正逻辑意义上的划分，而是"分解"，即整体分为部分，集合体分为个体。整体或集合体所具有的性质并不必然为部分或个体所具有，整体与部分之间的差别也正在于各部分相结合而形成的那些东西，并不必然为每一部分所具有。例如，当说人是由古猿进化而来时，并不能说加图、维吉尔、西塞罗是由古猿进化而来，他们并不具有作为集合体的"人"的这种意义上的性质。再如，把人分为头、手、躯干和脚，把一本书分为若干行，把一行分为若干语词，把语词分为若干音节，把音节分为字母等，也都属于这种类型的划分。这就是他所说的部分并不总与整体相同的逻辑含义。必须把"分解"同逻辑意义上的"划分"区别开来。否

---

① Boethius, De Divisione, 3a, in N. Kretzmann, E. Stump (ed.), *The Cambridge Translations of Medieval Philosophical Texts* (Vol.1): *Logic and the Philosophy of Language*, Cambridge: Cambridge University Press, 1989, p.19.

则在进行定义时，就很难避免逻辑错误。

划分（2）与划分（3）的区别是比较简单的：整体由部分构成，而语词并不由它指称的事物构成。这就是为什么一个整体在它的部分被拿走后将不复存在，而语词在它所指称的事物的一部分被拿走后依然存在。

而划分（1）与划分（3）的区别则在于是根据语词所代表的东西去划分，还是根据一个属概念的本质去划分。语词自然地有意谓，它指称的就是它所意谓的东西。对语词的划分是不定的，因为不同地区有不同的语言习俗，对语词的划分就是基于不同习俗、传统以及命名，而且同一个语词也可能被不同的人用来指称不同的东西。语词划分的子项只是从母项那里得到相同的名字。而把属分为不同的种是确定的，因为它是根据所意谓的事物的本质，并且从本质上看，属相对于种更加普遍。属划分的子项不仅从母项那里得到相同的名字，而且得到相同的定义，即相同的固有属性（但非其自身的偶性，自身的偶性就是所谓种差）。因此，它可以撇开对语词本身的研究，把它留给语法学家。这一点显然有助于波爱修斯理解为何亚里士多德在《范畴篇》中着重讨论的是作为最高的属的范畴如何指称具体事物，而不是对范畴本身进行语言学研究。

在以上的四种划分中，波爱修斯强调的就是第一种类型的划分，即把属分为种，他认为这是真正的划分。

要理解如何对属进行正确的划分，就必须首先理解何为属、种、种差、固有属性和偶性，以及它们之间的关系，这就是五谓词理论。

波爱修斯在其整个逻辑理论中，都十分重视对五谓词的研究。在后来对波菲利的《导论》所作的两篇注释中，他还特别提到了研究这一问题的重要性。他说，亚里士多德试图用十个属（即十范畴）去指称一切事物，但由于这些属都是最高的属，即没有任何其他的属可以置于其上，因此，纷繁复杂的事物都是这十个属的种；这些属是通过种差来区分的；由种差区分的事物必然具有其固有属性，而固有属性显然与偶性是不同的。因此，对十范畴的理解实质上转向了对属、种、种差、固有属性和偶性五谓词的理解。"的确，我们必须首先理解何为属，才能理解亚里士多德置于其他事物之前的十个范畴；而关于种的知识对于理解任何属的种是什么是极有价值的。因为如果我们懂得种是什么，就不会被错误所牵累，就不会引起混乱。事实上，由于缺乏关于种的知识，我们常常把数量的种置于关系之中，并把某些第一属的种置于其他的属之下。为避免这种现象发生，必须事先知道种的本质是什么。……毫无疑问，关于种差的知识是最重要的。因为如果看不到种差，我们谁能把性质从实体中区分出来，或者对其他的属做出区分？如果不知种差为何物，那么又怎能区分它们的种差？……并且由于种差预示着种，因此，如果不知道种差，也就不知道种。"①

固有属性和偶性同样也是重要的。固有属性对于定义有特别重要的作用，要定义一种事物，首先得说出它的固有属性；而在十个范畴中，除实体外，其他九个都是关于偶性的。此外，五谓词理论对于划分和证明也是极其重要的。他还认为，对五谓词的研究并不仅仅具有逻辑意义，"关于这五种东西（指上述五谓词——引者注）的知识对我们来说是根本性的，也是流向哲学各个部分的多方面的源泉"②。因此，研究属、种、种差、固有属性和偶性这五种谓词的本质及其相互关系，不仅具有"必要性"，而且具有"实用性"。

他首先对属、种、种差进行了定义。"属就是指称一个以上具有不同种（这些种是从它们是什么的角度进行区分）的事物的东西。而种则是那些我们收集起来置于属之下的东西。（通过或者因为）种差，我们把一个事物同另一个事物区别开来。"③ 属是用于回答一个事物是什么的问题的，如"人是什么？"，正确的回答是"人是动物"，"动物"就是人的属。种差是用于回答一个事物属何种类型的，如"人是动物中的哪种类型？"，正确的回答是"有理性的"，"有理性"就是人与其他动物区别开来的种差。他认为，对一个属的划分有两种情况，既可把它划分为种差，也可划分为种，前者如把"动物"划分为"有理性的"和"无理性的"，后者如把"动物"划分为"有理性的动物"和"无理性的动物"，而正确的划分应是把属划分为种。属、种、种差三者之间的关系是，种差与

---

① Boethius, *The Second Edition of the Commentaries on the Isagoge of Porphyry*, pp. 78–79.
② [美] A. 弗里曼特勒：《信仰的时代》，程志民等译，光明日报出版社1989年版，第66页。
③ Boethius, De Divisione, 3a, in N. Kretzmann, E. Stump（ed.）, *The Cambridge Translations of Medieval Philosophical Texts*（Vol.1）: *Logic and the Philosophy of Language*, Cambridge: Cambridge University Press, 1989, p. 19.

适当的属相结合，形成种。

应当看到，尽管波爱修斯对属、种、种差之间的关系的论述是正确的，但对各自的定义是不恰当的，或者说是不严格的。从逻辑上看，犯了用种去定义属，又用属去定义种的循环定义的错误。但作为一般说明则是没有问题的。当然，他的定义恰恰说明，属与种处在互为依存的关系之中，属是相对于种的，种也是相对于属的。这一结论显然有利于去说明定义。

在属、种与种差三者中，波爱修斯最看重种差。因为种差既是定义的重要环节，又是对属进行划分的重要环节。种差有两种情形，有些是涉及本性的（per se），有些是涉及偶性的（per accidens）。涉及偶性的种差既不适合于对属的划分，也不适合于定义。因为"既然定义是由若干划分结合而成（他举了一个定义的例子："人是有死且有理性的动物"——引者注），那么划分和定义本质上就可能是处理相同的问题"①。对属的划分必须基于其本性（如前所述），只有涉及本性的种差才适用于它，因此，只有涉及本性的种差才适用于定义。这样，波爱修斯就从对属的划分应根据其本性，进到了对事物的定义也应体现其本性。因此，首要任务就是把涉及本性的种差从涉及偶性的种差中区别开来：如果一个种差可以实际上或者在思想中从任何主体中分离出来，那么，这一种差就是涉及偶性的种差，前者如"某人坐着"，后者如"某人有一双明亮的眼睛"，因为即使是同一个人，也完全可以有时坐着，有时站着，而一个没有明亮的眼睛的人，他也仍然是人，即仍然具有人的本质属性。反之，如果一个种差即使只在思想中从某个种中分离出来，这个种都将被破坏，那么，这一种差就是涉及本性的种差。如"有理性"对于人来说，就是涉及本性的种差，一个没有理性的东西就不能称为人。波爱修斯还给对属进行划分的标准做了规定：划分一个属的种差必须是对立的，如对动物的划分标准应是"有理性"和"无理性"，而不能是"有理性"和"四足的"。这里实际上是说，划分子项应当互不相容，划分标准应当

---

① Boethius, De Divisione, 3a, in N. Kretzmann, E. Stump (ed.), *The Cambridge Translations of Medieval Philosophical Texts* (Vol. 1)：*Logic and the Philosophy of Language*, Cambridge：Cambridge University Press, 1989, p. 19.

同一。

波爱修斯还研究了一些互相对立的范畴在对属的划分和定义中的应用。如肯定与否定、占有与缺乏。他说，必须用肯定的形式述说一个种，因为种标志着存在，而否定意味着不存在。只有在不能给出一个种的名字时，才能使用否定，如"不白不黑"与"非质数"。而且，在使用否定时，必须先说出肯定，因为如果不先说出肯定的东西，人们就无法理解否定的东西，例如，如果不知道有限，就不知道无限，不知道相等，就不知道不相等，不知道善，就不知道恶（恶在他看来是善的缺乏），不知道确定，就不知道不确定，等等。波爱修斯这里涉及的实质上是定义的规则问题。标明一个种或对一个范畴（负范畴除外）进行定义，必须使用肯定的形式，这是一条重要的逻辑规则。亚里士多德也认为，为了通过划分去建立定义，首先要记住的一点就是"选择说明'是什么'的各种属性"①，即必须把种"是什么"（而非"不是什么"）或种的本质的属性作为种的标志，去对事物下定义。

波爱修斯还从多个方面说明了划分属时的注意事项。例如，不可以把一个属划分为处于相互关系中的互相对立的种，因为处于相互关系中的东西不可离开对方而独立存在，需要依赖对方才能认清自身的本质。要构造正确的划分，还必须注意属的层次。例如，"实体"是最高的属，不可能有更高的属置于其上；"形体"是中间的属；"动物"是最低的属，在它的下面没有任何其他的属；"人"只是一个种，而不是属。因此，可以把"实体"划分为"有形体的"和"无形体的"，而不能直接划分为"有生命的"和"无生命的"，因为后者只是"形体"的种差，而不是"实体"的种差。这正如亚里士多德所说的对一个属进行划分时，要把属及其种按先后顺序排列，而不能跳跃进行。② 从逻辑划分的角度上看，亚里士多德和波爱修斯所论述的就是"不能越级划分"的规则：划分应按照概念间的属种关系，逐级进行，使子项是母项最邻近的种，子项之间

---

① ［古希腊］亚里士多德：《后分析篇》，97a25，《亚里士多德全集》第一卷，苗力田主编，中国人民大学出版社1990年版，第338页。

② 参阅［古希腊］亚里士多德《后分析篇》，第二卷，96a20—97b40，《亚里士多德全集》第一卷，苗力田主编，中国人民大学出版社1990年版，第334—340页。

是互不相容的关系。波爱修斯还认为,划分所得到的种既不能比属多,又不能比属少,以免各个种互相转化。这就是划分规则所规定的不能犯"划分不全"(种之和小于属)或"多出子项"(种之和大于属)的错误,否则就容易导致"子项相容"。他还简要介绍了多级划分和连续划分。

波爱修斯对划分的论述尽管保持着亚里士多德逻辑的传统,但对划分作出精细的逻辑分析则是他的功劳,这对传统逻辑理论体系的发展和定型具有重要意义,对于中世纪人们理解亚里士多德的范畴逻辑学说更有着不可替代的作用。

2. 论定义

与同时代其他哲学家相比,波爱修斯最大的不同在于他特别重视对逻辑规则的研究。这也是为何人们认为波爱修斯是他所处时代乃至前后几百年间,真正称得上是逻辑学家的人。

对于定义,波爱修斯同样重视对其规则与方法的研究。他说:"我们不仅要学会在定义中应用种差,而且要对定义本身的艺术有深入的理解。我不打算考虑是否一切定义都是可以证明的,或者一个定义是怎样通过证明而得到的,也不打算研究亚里士多德在《后分析篇》(Ⅱ.10, 93b29—94a19)中精确处理的关于定义的任何问题。我只想对定义的规则做详细的分析。"[①]

这些定义规则和方法如下:

(1)定义只可用于"中间事物"。波爱修斯这里所说的定义是指"属加种差定义",即被定义项等于其邻近的属加上种差。所谓只可用于中间事物,是指这种定义既不适合于最高属的事物,因为没有比它更高的属,也不适合于个体事物,因为没有特定的种差。只有那些既有比它更高的属,又可以指称其他属或其他种或个体事物的事物,才可运用属加种差定义。

(2)种差加上被定义项(即付诸定义的那个种)的属必须恰好等于被定义项。当对一个种进行定义时,首先找到它的属,然后找出这个属

[①] Boethius, De Divisione, 4a, in N. Kretzmann, E. Stump (ed.), *The Cambridge Translations of Medieval Philosophical Texts* (Vol.1): *Logic and the Philosophy of Language*, Cambridge: Cambridge University Press, 1989, p.28.

的种差，再把种差和属结合起来，看种差加上属是否等于要定义的那个种。如果不相等，就要对原来的种差进行调整，或者找出一个范围更大的种差，或者找出一个范围更小的种差，直到新的种差加上属正好等于被定义的种。这一规则是为了避免犯逻辑规则所说的"定义过宽"或"定义过窄"的错误。

波爱修斯并没有专门讨论其他定义形式，但他的第（3）种划分（即把一个语词划分为不同的意义）已经涉及语词定义的问题，后者在亚里士多德的定义理论中也只是做了简单说明，对语词定义的详细研究主要是中世纪逻辑学家在他们的内涵词理论中进行的。

在从划分和定义的角度对属与种进行了一般的逻辑分析之后，波爱修斯转而研究属与种即共相的本质问题。

3. 论共相

波爱修斯把对共相本质问题（关于共相的哲学问题）的研究作为他自己哲学研究和逻辑研究的首要问题。他说："尽管这些问题是有难度的，以至于波菲利当初都拒绝解答它们，我却要把它们捡起来，我既不会给读者的心灵留下困惑，也不会在那些与我承担的任务无关的事情上耗费时间和精力。"[1] 他在对波菲利的《导论》注释中，从本体论和认识论的双重角度研究了共相的本质，以及共相同个体事物之间的关系。

针对波菲利关于共相的三个问题，波爱修斯首先证明了属与种并非独立自存的，也并非仅存于理智和思想之中。他构造了如下推理：[2]

（1）属与种或者是作为实体而存在，或者仅仅存于思想之中，或者不仅存在于思想之中，而且存在于事物的实际之中。（公理）

（2）属与种不可能作为实体而存在。（待证明）

（3）属与种不可能仅仅存于思想之中。（待证明）

（4）每一观念或者是照事物本身构成，或者不是照事物本身构成。（公理）

（5）如果属与种这一观念不是照事物本身而构成，那么，这一观念就是虚假的。（待证明）

---

[1] Boethius, *The Second Edition of the Commentaries on the Isagoge of Porphyry*, p. 93.
[2] Boethius, *The Second Edition of the Commentaries on the Isagoge of Porphyry*, pp. 90–95.

（6）属与种这一观念并非绝对的虚假。（待证明）

（7）如果属与种这一观念与大家所理解的事物一样（即是照事物本身而构成），那么，它们就不仅存在于理智之中，而且存在于事物的实际之中。（待证明）

从上述推理看，有两个命题序列可以推出其结论。第一序列：

假定上述7个命题都是真的。那么，由（1）和（2）可知（选言推理的否定肯定式）：

（8）属与种或者仅仅存在于思想之中，或者不仅存在于思想之中，而且存在于事物的实际之中。

由（5）和（6）可知（假言推理的否定后件式）：

（9）属与种的观念并非不是照事物本身构成的。

由（4）和（9）可以推出（选言推理的否定肯定式）：

（10）属与种的观念是照事物本身构成的。

由（7）和（10）可以推出（假言推理的肯定前件式）：

（11）属与种的观念不仅存在于理智之中，而且存在于事物的实际之中。

命题（11）就是波爱修斯所得出的最后结论。

第二命题序列是由命题（1）（2）（3）直接推出结论（选言推理的否定肯定式）：

属与种的观念不仅存在于理智之中，而且存在于事物的实际之中。

在以上推理过程中，波爱修斯把（1）和（4）作为不证自明的公理，而其他命题都是经过严格证明为真的命题。因此，他的结论是完全有效的。他首先证明了命题（2）：

"属和种都不可能是一。这是基于以下考虑。因为当任何事物同时为许多事物所共有时，它就不可能是一；事实上，那为许多事物所共有的事物必定是多，尤其是当一个相同的事物同时完全存在于许多事物之中时（更是这样）。事实上，无论有多少种，在它们的全部之中，都只有一个属，并非单个的种分有属的某个部分，而是每一种都同时分有属的全部。由此可以推出，整个属同时处于许多个体事物之中，因此，它就不可能是一；事实上也不可能发生这种情况：它同时完整地处于许多事物之中，而它自己在数量上仍然是一。"① 波爱修斯的意思是说，由于多个种同时完整而非部分地分有一个属，因此，处在每一个种中的属都是一个完整的属，而且这些属都是同一个属，因为每一种分有的都是这同一个属。因此，同一个属同时存在于不同的事物之中，这样的属要作为实体存在显然是不可能的。因为，"一切事物之所以是存在的，就是因为它是一"②。属不是一，因而它就是不存在的，"就是绝对的无"③。同理可证，种也是不存在的，也是绝对的无。他进一步指出："如果有属与种，但它们在数量上是多，而不是一，那么，它们就不会是终极的属，会有另外一个（更高层次的）属凌驾于其上，而该属用它单个的名字的那个语词包含那些属与种的多样性。"④ 但这个属仍然不是最高层次的属，在其上仍然有更高层次的属，这一过程是没有穷尽的，必须无限地进行下去，因此，也不存在终极的、最高的、单纯的属。因此，只要属与种是多而不是一，它们就是"绝对的不存在"⑤。

需要指出的是，波爱修斯所谓属与种"绝对的无"或"绝对的不存在"，只是否定它们作为实体的客观存在，也就是否定它们在本体论意义上的存在，但不是否定它们在思想或观念中的存在，即没有否定它们在认识论意义上的存在。他接下来就证明了属与种的这种存在。

首先，并非每一依照事物而构成的观念都是虚假的，只有那些仅凭理智，把为自然所不容许连接的东西组合连接起来的观念才是虚假的，例如，将马与人连接起来的半人半马的怪物的观念就是典型的虚假观念。其次，心灵可以分析、抽象有形体或无形体的事物，发现它们的相似性，从而形成属与种的观念。"既然属和种都是思想，因而，其相似性是从它们处于其中的个体事物中收集起来的，正如人类的相似性是从互不相同的个别人中收集起来，而这一相似性被心灵思考并且确已感知出来，从而形成属；进而，当这些各有差别的种的相似性被思考，并且这一相似性不能在这些种之外，或者在这些个别种之外存在时，就形成了属。因

---

① Boethius, *The Second Edition of the Commentaries on the Isagoge of Porphyry*, p. 93.
② Boethius, *The Second Edition of the Commentaries on the Isagoge of Porphyry*, p. 93.
③ Boethius, *The Second Edition of the Commentaries on the Isagoge of Porphyry*, p. 93.
④ Boethius, *The Second Edition of the Commentaries on the Isagoge of Porphyry*, p. 93.
⑤ Boethius, *The Second Edition of the Commentaries on the Isagoge of Porphyry*, p. 94.

此，属和种是在个体事物之中，但它们被思考为共相；并且，种必须被看作不外是个体事物的诸多实质性的相似性集合而成的思想，而属必须被看作是种的相似性集合而成的思想。"① 波爱修斯认为，属和种的观念是用区分、抽象、假设的方法，从存在的事物中逻辑地得出的观念，这种观念的原型就是客观存在于事物间的相似性。从这个意义上看，属和种的观念就不仅存在于思想之中，也存在于个体事物之中。因此，它们不仅不是虚假的，而且只有这种观念，才能揭示事物的真正特性。这样，波爱修斯就证明了上述命题（3）（5）（他通过证明命题"每一非虚假的关于事物的属与种的观念都是照事物本身而构成的"，来证明命题"如果属与种这一观念不是照事物本身而构成，那么，这一观念就是虚假的"，这两个命题是等值的）（6）（7），从而逻辑地推出了他希望得到的结论。

波爱修斯最后论述了属与种两种存在形式的不同之处：属与种是心灵从个体事物中发现的无形的东西，但一旦心灵发现了这些东西，它就会把它们从个体事物中分离出来，把它们看作独立存在的东西，并对它们加以注视和思考。这就是说，从个体事物中发现的属与种的观念可以离开事物而存在于思想之中，并成为思想理解和思考的对象，这就是属与种的观念存在形式。但这属与种仅仅是作为观念才独立存在的，一旦离开了思想领域，就只能在个体事物之中去寻找它们的原型，也就是说，离开了思想领域，它们就不是独立存在的，而仅仅是"与形体混杂在一起"。因此，属与种这类共相是靠散布在众多具体事物之中才得以存在，并被人的感官所感知。这就是属与种的客观存在形式。

波爱修斯用一段标志性的语句，概括了他对共相问题的看法："这种相似性（指属和种——引者注），当它是在个体事物中时，它是可感的，当它是在共相中时，它是可理解的；同样地，当它被感知时，它是留在个体事物之中，当它被理解时，它就成为共相。因此，它们潜存在于可感事物之中，但不依其形体就可被理解。"②

中世纪的人们理解共相问题大多是通过波爱修斯的这篇注释。由于波爱修斯在中世纪早期和中期的权威地位，也由于他在该注释中没有从

---

① Boethius, *The Second Edition of the Commentaries on the Isagoge of Porphyry*, p. 97.
② Boethius, *The Second Edition of the Commentaries on the Isagoge of Porphyry*, p. 97.

根本上或本体论上对共相的存在方式做出取舍，对于共相本质的争论就不可避免地产生分歧，并最终导致唯名论和唯实论的分野。两派长期共存，延续了古代哲学和逻辑学在该问题上的论争。

波爱修斯还从逻辑的角度讨论了共相的意义。他说，人们对属与种有不同的解释。例如，当说"柏拉图是一个人"时，不是说"人（homo）本质上存在于柏拉图里"，而是说"人性（humanitas）本质上存在于柏拉图里"。也就是说，作为柏拉图的种的"人"，并不能像一般人那样，根据其表面意义把它理解为"人"，而应理解为"人性"。正如亚里士多德在《解释篇》里所说的："'全称的'（即共相——引者注）一词，我意思是指那具有如此的性质，它可以用来述说许多主体的；'单称的'一词，我意思是指那不被这样用来述说许多主体的。例如，'人'是一个全称的，'卡里亚斯'是一个单称的。"① 波爱修斯指出，亚里士多德的这段话暗示了这样一种解释："正如 homo（人）这个词在他的拉丁文译本里可以认为起着哲学习惯语里 humanitas（人性）这个词所起的作用一样，柏拉图（用以代替生疏的卡里亚斯）这个词也可以认为起着 Platonitas（柏拉图性）这个词的作用，也就是作为正确述说柏拉图的性质的名称，而不是述说其他事物的性质的名称。"②

但波爱修斯对属和种的这一正确解释并没有保持一贯性。涅尔对他的这一创新是这样评价的："值得注意的是，在对共相所作的说明中，波爱修斯正确地把'人性'（humanitas），而不是把'人'（homo）作为种名。但是由于波爱修斯在许多地方所采取的其他用法的影响相当大，以致在人们用拉丁文讨论哲学时，Homo est species（人是种）一直被滥用。"③

4. 论十范畴

波爱修斯研究共相性质的主要目的是更好地理解亚里士多德的范畴

---

① ［古希腊］亚里士多德：《范畴篇 解释篇》，17a36—38，方书春译，商务印书馆 1986 年版，第 60 页。

② ［英］威廉·涅尔、玛莎·涅尔：《逻辑学的发展》，张家龙、洪汉鼎译，商务印书馆 1985 年版，第 255 页。

③ ［英］威廉·涅尔、玛莎·涅尔：《逻辑学的发展》，张家龙、洪汉鼎译，商务印书馆 1985 年版，第 254 页。

学说。在《范畴篇》注释的一开始，他就分析了亚氏的范畴学说对于理解他的其他理论特别是逻辑学说的重要性，解释了为什么亚氏把他的主要注意力放在对范畴本身的研究上："任何想学习逻辑的人都必须首先阅读《范畴篇》，因为整个逻辑都是关于由命题组成的三段论的本质的，而命题由语词构成，这就是为什么知道语词意谓什么对于科学的意义具有第一重要性。"① 因而，把《范畴篇》作为《工具论》的绪论就是理所当然的事情。

波爱修斯注意到亚里士多德在《范畴篇》中讨论了名字、范畴以及它们所意谓的事物，那么他的范畴区分到底是名字的区分，还是范畴的区分还是事物之间的区分，亚氏本人并没有做这种严格的区分，这是自古以来注释家们一直在探索的一个问题。② 波爱修斯在《范畴篇》注释的一开始就试图解决这一问题。他说：只有人类才能给关于我们的事物指派以名字，这些名字主要是对事物本质的适当合成。因而就发生了这种情况：他对心灵所能把握的每一事物都指派一个名字。例如，他把这个物体叫"人"，那个物体叫"石头"，这个东西叫"树木"，那个东西叫"颜色"。一旦有了名字，他就把注意力转到这些（表示名字的）语词的属性和变格上。这样，首先就是第一指派名字（the first imposition of the name），即通过它指派给理性和感觉的对象，因此，第一指派名字是事物的名字。第二指派名字要考虑的不是语词的意谓，而是其变格，也就是说，它可以根据情况而变形，以此来考察名字的属性和形式。因此，第一指派名字是根据（表示这一名字的）语词的意谓，而第二指派名字是由另一些名字来表示这个（第一指派的）名字。③

按照波爱修斯的意思，名字作为一种记号有两种意义：一是用来意谓一个事物，即对一个事物进行命名；二是用来指称另一个名字，即名字的名字。波爱修斯认为后者实际上是语法学家所关心的问题，而逻辑

---

① Boethius, On the Categories (I), in R. McInerny, *Boethius and Aquinas*, Washington D. C.: The Catholic University of America Press, 1990, p. 41.

② 参阅［英］威廉·涅尔、玛莎·涅尔《逻辑学的发展》，张家龙、洪汉鼎译，商务印书馆1985年版，第34页。

③ 参阅 Boethius, On the Categories (I), in R. McInerny, *Boethius and Aquinas*, Washington D. C.: The Catholic University of America Press, 1990, pp. 43 – 44。

学家应关心的是第一个问题。基于此，波爱修斯认为《范畴篇》所关心的显然就是范畴词与它们所指称的事物之间的关系。他说："这本书（指《范畴篇》——引者注）是讨论事物的第一指派名字和意谓事物的语词，这些名字或语词的形成不是根据某种属性和变格，而是因为它们是有意义（意谓）的。"① 也就是说，我们是在表达十范畴的那些名字用于指称真实事物的层面上去讨论它们，而不是根据这些名字的属性去讨论它们。"因此，我们称之为十范畴的东西，就是被语词所意谓的无限事物的属，但既然所有语词都意谓事物——这些事物作为语词的意谓对象被语词所意谓，那么，语词也必然意谓事物的属。因此，在结束对这本书的意图的讨论时，我们应该说，这本书是探讨第一语词（the first words）就其意谓事物而言（如何）意谓事物的最高的属（the first genera）。"②

所谓第一语词是指范畴词，而最高的属是指范畴本身。因此，亚里士多德对范畴词的区分，也就是对范畴本身的区分，同时也是对它们所意谓的事物之间的区分。正如亚氏本人所说："'人'能述说作为主体的某个具体的人（指记号'人'能表述具体事物——引者注），也能表述其名称（指记号'人'能表述一个名字——引者注）。"③ 但《范畴篇》是一篇逻辑著作或哲学著作，不是语法著作，所关心的不是十范畴在语词上的特征和区分，不是研究这些语词的形式和变格，而是去研究这些范畴怎样对它们所意谓的具体事物进行分类。但由于具体事物是无限的，因此，也不可能直接去研究范畴所意谓的事物，而只能研究这些无限事物的有限的属，即作为共相的十大范畴。

然后，波爱修斯逐一探讨了十范畴的属性。他首先把一切"是（或存在）的东西"（Things-that-are）按不同的标准分为两大类，一般性的东西（共相）和特殊性的东西（殊相）；实体与偶性。然后建立了一个范畴

---

① Boethius, On the Categories（I）, in R. McInerny, *Boethius and Aquinas*, Washington D. C.: The Catholic University of America Press, 1990, p. 44.
② Boethius, On the Categories（I）, in R. McInerny, *Boethius and Aquinas*, Washington D. C.: The Catholic University of America Press, 1990, p. 45.
③ [古希腊] 亚里士多德：《范畴篇》2a20—21，《亚里士多德全集》第一卷，苗力田主编，中国人民大学出版社1990年版，第6页。

对当关系表:[1]

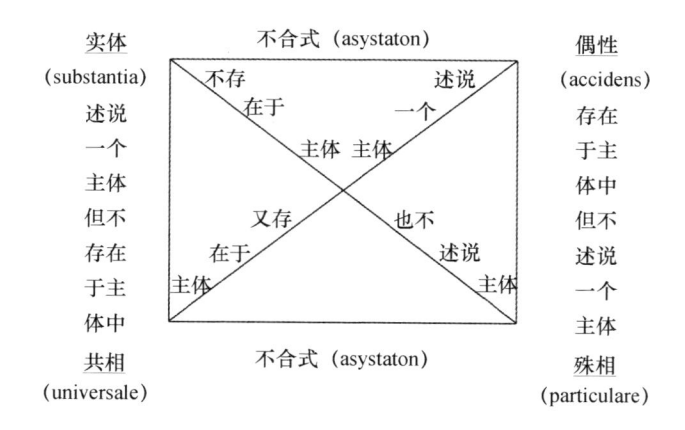

```
实体                不合式 (asystaton)              偶性
(substantia)    不存        述说                    (accidens)
 述说              在于       一个                    存在
 一个                主体  主体                       于主
 主体                                              体中
 但不            又存        也不                     但不
 存在              在于       述说                    述说
 于主            主体            主体                 一个
 体中                                              主体
 共相                不合式 (asystaton)              殊相
(universale)                                   (particulare)
```

图 1-9　波爱修斯的范畴对当关系

具体地说：

（1）实体与共相之间的对当关系是：实体能述说一个（作为共相的）主体，但不存在于（任何）主体之中。

（2）偶性与殊相之间的对当关系是：偶性不能述说一个（作为殊相的）主体，但可存在于（这样的）主体之中。

（3）实体与殊相之间的对当关系是：实体既不述说一个（作为殊相的）主体，也不存在于（任何）主体之中。

（4）偶性与共相之间的对当关系是：偶性既可述说一个（作为共相的）主体，又存在于（这样的）主体之中。

波爱修斯所谓"述说一个主体"，是指共相与殊相的关系；所谓"存在于主体之中"，是指属性与其占有者的关系。实体与共相之间的对当关系如："个别人"（实体）能述说人（作为共相）这一主体，但不存在于人之中，因为个别人并不是人的属性。偶性与殊相之间的对当关系如："白"（偶性）不能述说某一个别的人，但可存在于这一个别的人（殊相）之中，因为"白"这一颜色必存在于某些人的身体表面。实体与殊相之间的对当关系如：某一个别的人或马（实体），既不可述说另一个别

---

[1] 参阅 P. Courcelle, *Late Latin Writers and Their Greek Source*, E. Harry (trans.), Boston：Harvard University Press, 1969, p. 290.

的人（殊相），也不存在于这一个别的人之中。偶性与共相之间的对当关系如："知识"（偶性）既可述说语法（共相）这一主体，也存在于心灵（共相）这个主体之中。以上对当关系的共同之处是：第一实体和第二实体都不会存在于一个主体之中，因为它们都不会被任何主体所占有；第一实体不可述说任何主体。波爱修斯实际上是用逻辑的方法来进一步明确亚里士多德对实体的逻辑性质的论述。① 这与他的划分和定义理论遥相呼应。

《范畴篇》注释的第二卷研究"数量"和"关系"。关于数量，波爱修斯认为，多与少并不真正对立，"多"有时比"少"更少，"少"有时比"多"更多。他接着讨论了"关系"。真正的关系是"可变换的"，即关系的双方是相互依存、相互推出的。按照亚里士多德的说法，就是"它们或者通过别的事物，或者与别的事物相关而被述说"②。例如，父亲和儿子，主人与奴仆，父亲是相对于儿子的，反之亦然，主人是相对于奴仆的，反之亦然。

《范畴篇》注释第三卷讨论亚里士多德在《范畴篇》第八、第九章中所讨论的"性质"、"活动"与"遭受"。对于亚里士多德所谓"也许还有其他性质，但主要意义上的性质我们都已经说到了"③，波爱修斯认为，亚里士多德之所以没有把所有性质说出来，是因为他的《范畴篇》只是为初学者学习较深的哲学问题提供一个"入门和桥梁"④ 的作用，至于其他性质，他在《形而上学》中再讨论。特别值得一提的是，波爱修斯还提出了一个对他的基督论极其重要的概念——"位格"或"人格"（persona），并把人的性质定义为他们的位格。他说，属加种差就形成了种，苏格拉底和柏拉图作为"人性"（humanitas）的两个种并没有区别，因为他们有相同的属，所不同的只是他们具有不同的"人格"，这不同的人格

---

① 参阅［古希腊］亚里士多德《范畴篇》，1a19—1b8，《亚里士多德全集》第一卷，苗力田主编，中国人民大学出版社1990年版，第3—4页。
② ［古希腊］亚里士多德：《范畴篇》，6a37—38，《亚里士多德全集》第一卷，苗力田主编，中国人民大学出版社1990年版，第18页。
③ ［古希腊］亚里士多德：《范畴篇》，10a25，《亚里士多德全集》第一卷，苗力田主编，中国人民大学出版社1990年版，第29—30页。
④ 转引自 H. Chadwick，*Boethius*：*the Consolation of Music*，*Logic*，*Theology*，*and Philosophy*，Oxford：Oxford University Press，1981，p. 150。

就是他们相互区别开来的种差，也就是他们的性质。他在《反尤提克斯派和聂斯托利派》一文中，创造性地把位格定义为"具有理性本性的单个实体"，即只有有理性的实体（如个别的人）才具有位格，以此来证明耶稣基督只有一个位格，而不是有双重位格。

在注释的余下部分，波爱修斯研究了"对立"、"时间"、"同时""变化"和"所有"等范畴。在研究"对立"时，他明确区分了矛盾范畴和反对范畴。所谓矛盾范畴，就是不存在中间范畴的范畴，如奇数与偶数之间没有任何中间物。反对范畴就是存在中间范畴的范畴，如白色与黑色就是反对范畴，它们之间有灰色、红色等中间物。对矛盾关系和反对关系的区分有助于波爱修斯建构其直言命题及其推理学说。

三 直言命题理论

波爱修斯的直言命题理论，包括直言命题的分类以及它们之间的对当关系、谓词的分类等。他对这些问题的论述体现在对亚里士多德《解释篇》所作的两篇注释——《论直言三段论》和《直言三段论导论》中。

1. 命题的分类与直言命题之间的对当关系

波爱修斯首先根据不同的划分标准对命题进行了分类。根据命题的复杂度，可以分为直言命题（简单命题）和复合命题。直言命题就是不包含其他命题，而只由谓词（范畴）构成的命题，例如，"这是白天"。他像亚里士多德一样，对谓词进行了详细的分类，来考察直言命题的真假。所谓复合命题，就是包含两个或两个以上命题的命题，例如，"如果这是白天，这就是亮的"。对于复合命题，波爱修斯着重研究了假言命题，下文将详论。

直言命题又可分为不同类型。根据命题的质，有肯定命题和否定命题；根据命题的量，有全称命题、特称命题、单称命题与不定命题。肯定和否定命题，与全称和特称命题结合在一起，就可以构成全称肯定命题，全称否定命题，特称肯定命题，特称否定命题。波爱修斯于是构造了这四种命题之间的对当关系。

直言命题之间的对当关系是由亚里士多德首先建立起来的（《解释篇》17b，17—26），但他没有论述从属关系。阿普列乌斯则提出了用于描述命题之间的对当关系的部分术语，后经过卡培拉、阿莫纽斯（希腊文版本）的图表化使之逐渐趋于完善。波爱修斯在《解释篇》第二篇注释（BookⅡ，Liber 7）中，引用了亚里士多德在《解释篇》（19b）中使用的四个主词和谓词都相同的命题（逻辑上所说的同一素材的直言命题）：全称肯定命题"所有人都是公正的"，全称否定命题"没有人是公正的"（或"所有人不是公正的"），特称肯定命题"有些人是公正的"，特称否定命题"有些人不是公正的"，首次使用拉丁术语完整表述了这四个命题之间的所有关系：矛盾关系（contradictoriae）、反对关系（contrariae）、下反对关系（subcontrariae）与从属关系（subalternae），[①] 从此被固定下来，一直沿用至今。波爱修斯同时也在《论直言三段论》（i，800A）和《直言三段论导论》（775A）中，对命题之间的这些关系作了详细的说明。[②] 这样亚里士多德所描述的对当关系，结合波爱修斯之前逻辑学家（例如阿普列乌斯、卡培拉等）的对当关系图，以及波爱修斯本人使用的拉丁术语，直言命题之间的对当关系就可以用下图表示出来：

```
UniversalisAffirmatio(A)        Contrariae         (E)Universalis Negatio
[Omnis homo iustus est]                            [Nullus homo iustus est]

          Subalternae      contradictoriae      Subalternae
                           contradictoriae

Particularis Negatio(I)        Subcontrariae     (O)Particularis Affirmatio
[Quidam homo iustus est]                          [Quidam homo iustus non est]
```

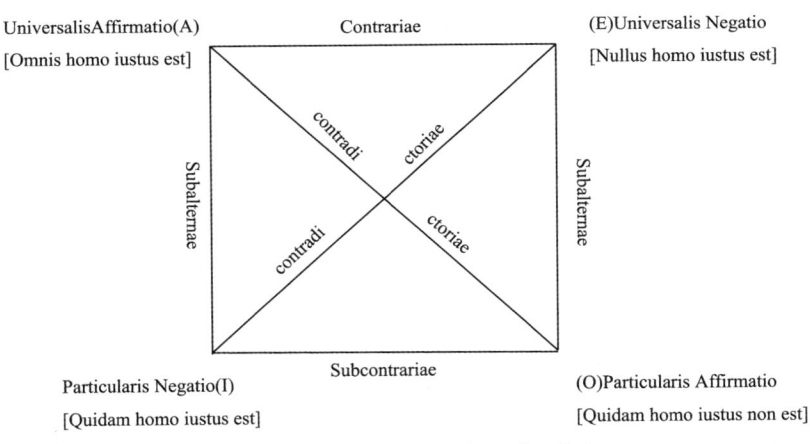

图 1-10　标准逻辑对当关系图（英文）

对应的标准中文版如下，这就是我们现在逻辑学教科书中的标准对

[①] Boethius, *Second Commentary on the Periherme*, Book Ⅱ, Liber 7. 在线拉丁文原版电子书见：http://www.logicmuseum.com/wiki/Authors/Boethius/Periherm/CPerPost/L2。

[②] 参阅 H. Chadwick, *Boethius: the Consolation of Music, Logic, Theology, and Philosophy*, Oxford: Oxford University Press, 1981, p. 156。

当关系图：

```
全称肯定命题（A）      反对关系      （E）全称否定命题
（所有人是公正的）                    （没有人是公正的）

        ┌─────────────────────────┐
        │╲         矛盾         ╱│
      从│ ╲    矛      盾      ╱ │从
      属│  ╲                  ╱  │属
      关│   ╲                ╱   │关
      系│    ╲              ╱    │系
        │     ╲            ╱     │
        └─────────────────────────┘

特称肯定命题（I）     下反对关系     （O）特称否定命题
（有些人是公正的）                   （有些人不是公正的）
```

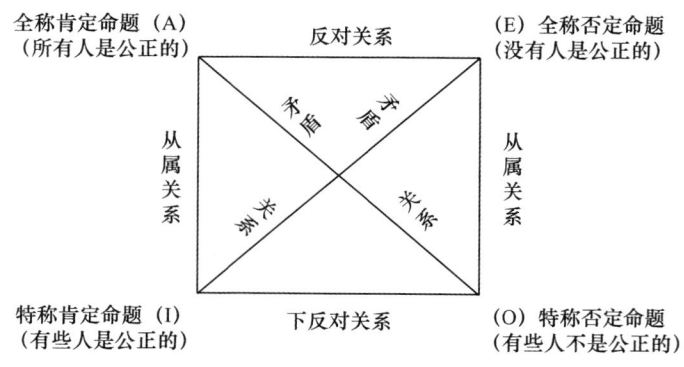

图 1-11　标准逻辑对当关系图（中文）

波爱修斯还研究了直言命题的换质换位推理。他提出三种换质换位法：第一，简单换位，即不改变命题的量，而只改变命题的质，由肯定命题换为否定命题，或由否定命题换为肯定命题。这其实是换质。第二，对当换位，即改变主词和谓词的位置，并通过否定主词或谓词来完成。这实际上是换质换位并用法。第三，换质位的换位，即换质换位的连续应用。以上换质换位都是直言命题之间的等值转化。此外，他还论述了直言命题之间的其他等值转化，特别是根据矛盾关系所作的转化，如"所有人都有理性"等值于"没有人无理性"，"所有人都无理性"等值于"没有人有理性"。

波爱修斯还研究了不定（indefinita）命题，即不带量词的命题，如"人是（或不是）公正的"（Homo iustusest/non est）。他采纳了亚历山大的观点，认为不定命题既可以分析成全称命题，也可以分析成特称命题，这种命题可以产生相反的意义。他还说，这类命题实际上起着特称命题的作用。[1] 我们可以把他的意思理解为，像"人是公正的"这一命题，既可分析成全称命题"所有人都是公正的"，又可分析成特称命题"有些人是公正的"，也就是起到特称命题"有些人是公正的"的作用，即"有些人是公正的"既可能意味着"有些人是公正的"并且"有些人不是公正

---

[1] 参阅 H. Chadwick, *Boethius*: *the Consolation of Music*, *Logic*, *Theology*, *and Philosophy*, Oxford: Oxford University Press, 1981, p.156。

的"，也可能意味着"所有人都是公正的"，因此，"人是公正的"这一命题可以分析出"有些人不是公正的"和"所有人都是公正的"两个相互矛盾的命题。波爱修斯否定了西里亚努的观点，后者认为否定的不定命题起着全称否定命题的作用，例如"并非人是公正的"等值于"所有人都不是公正的"。波爱修斯指出，"人是公正的"可能意味着"所有人都是公正的"，而按对当关系，"并非所有人都是公正的"只等值于"有些人不是公正的"。他还认为，任何两个不定命题都无法构成三段论，这与他所说的不定命题起着特称命题的作用是一致的，因为任何两个特称命题都不能构成一个有效的三段论。

波爱修斯也讨论了单称（singulare）命题，认为同一素材肯定的与否定的单称命题是矛盾关系，例如"苏格拉底是公正的"与"苏格拉底不是公正的"就是矛盾关系。因此，矛盾关系存在于两类命题之中，即全称命题与特称命题之间，单称命题与单称命题之间。[1]

三段论是亚里士多德逻辑学说的核心，波爱修斯同样也把它作为自己逻辑研究的主要内容，《论直言三段论》和《直言三段论导论》是专门研究《后分析篇》的。他在这两部著作中，对亚氏的三段论做了极其精细的说明和处理，但他的主要贡献在于对亚里士多德把三段论符号化加以充分肯定。在他之前，亚历山大也特别注意过亚氏逻辑的这一特征，波爱修斯把这一传统发扬光大。他说，在形式逻辑中，我们使用字母去指代词项，并作为变项，部分是为了简洁实用，但主要还是为了显示，当用形式的东西去代替实质的内容时，三段论中所证明的东西就具有普遍应用性。[2] 这就是我们现在所说的真值保持原则。从逻辑史上看，推理的符号化和形式化对于逻辑的发展和应用是多么重要。斯多亚学派是古希腊罗马逻辑中把命题和推理符合化做得最好的学派，波爱修斯显然继承了这一传统。应该说，亚里士多德的三段论"本质上"已没有什么可补充的了（列宁语），经过德奥弗拉斯特、尤德慕和后期亚里士多德学派

---

[1] 参阅 Boethius, *Second Commentary on the Periherme*, Book Ⅱ, Liber 7. 在线拉丁文原版电子书见：http://www.logicmuseum.com/wiki/Authors/Boethius/Periherm/CPerPost/L2。

[2] 参阅 H. Chadwick, *Boethius: the Consolation of Music, Logic, Theology, and Philosophy*, Oxford: Oxford University Press, 1981, p. 165。

代表亚历山大等人的发展，到波爱修斯那里，已难有进步就不足为奇了。不过这也给中世纪逻辑学家研究三段论提出了挑战，我们将在中世纪推论学说中讨论中世纪逻辑学家在三段论上的创新。

2. 对谓词的分类

波爱修斯在《直言三段论导论》中还探讨了谓词的性质，并对谓词进行了分类。他对谓词与主词的关系作了如下定义："凡主词比谓词大的时候，无法加以精确表述：因为谓词的性质不允许比主词小。"① 因为直言命题实际上就是性质命题，就是通过谓词对主词的性质进行断定，就是确定主词的性质属于谓词所断定的性质的哪一部分，如果主词的性质比谓词所断定的性质还要大，那么，大出来的这部分性质就是一个不确定的东西，就是谓词没有断定了的东西，谓词也就失去了对主词的性质进行"精确表述"的意义。

谓词可分为如下五种类型：

（1）与主词不可分离的谓词，例如理性与人的关系；

（2）不可与主词分离，但与主词的性质不能等同的谓词，例如文法家与人的关系；

（3）与主词完全不相容的谓词，例如石头与人；

（4）可以同主词分离，但比主词大而又更加普遍的谓词，例如公正与人；

（5）永远与主词相连，但从不比主词更大的谓词，例如会笑与人。②

第一种谓词反映的是主体的本质，就是对主词的定义，如理性就是人的本质，人可以定义为具有理性的东西。第二种谓词只涉及主体的偶性，例如文法家对人的关系，尽管只有人才可能是文法家，但文法家与人的本性没有任何内在联系，某人是文法学家纯粹是一种偶性。第三种谓词与主词要么是同一属下的不同种，如动物属下的不同种：人与狼，要么处在与主词完全不同的属种关系之中，如人与石头。第四种谓词说

---

① Boethius, *Introductioad Syllogismos Categoricos*. 中译文引自 [英] 威廉·涅尔、玛莎·涅尔《逻辑学的发展》，张家龙、洪汉鼎译，商务印书馆1985年版，第245页。

② 参阅 Boethius, *Introductioad Syllogismos Categoricos*, in H. Chadwick, *Boethius: the Consolation of Music, Logic, Theology, and Philosophy*, Oxford: Oxford University Press, 1981, p.165。

明的是作为主词的种的种差，它本身要比主词大或更普遍。他举例说，"所有的人是公正的，这是一个假命题，下面的命题也是假的：所有的非人是不公正的。因为对神圣实体来说，永远是公正的，而人类则不然"①。就是说，"公正"只是人的种差，有些人是公正的，有些人则不是，亦即并非所有的人都是公正的。"公正"又是一个比人更大更普遍的谓词，因为并非只有人才是公正的，亦即所有的非人都是不公正的论断是错误的。第五种谓词用来说明主词的固有属性，如会笑是只有人才具有的属性，在人之外没有别的事物具有这种属性，因此，既可以说人是一种会笑的东西，又可以说会笑的东西是人。这五种谓词都可以用来说明主词的性质，除了第三种是从否定的角度说明外，其他的都是正面述说主词的性质。波爱修斯对为谓词的分类很明显是受到了亚里士多德"四谓词理论"② 的影响：第一种谓词就是亚氏的"定义"，第二种谓词就是"偶性"，第四种谓词可以比作亚氏没有严格区分的属或种差，第五种谓词就是"固有属性"。

四 模态逻辑

波爱修斯的模态逻辑理论首先关注关于未来偶然（contingent）事件命题的看法。

关于未来事件的模态命题的性质，由亚里士多德首先提出："关于过去或现在所发生事情的命题，无论是肯定的还是否定的，必然或者是真实的，或者是虚假的。无论是关于普遍的全称命题，还是关于个别的单称命题，正如我们所说的那样，总要或者真实，或者虚假。……但关于将来事件的单称命题则有所不同。因为，如果所有的肯定命题以及否定命题或者真实，或者虚假……那么就不会有什么东西是偶然的或碰巧发生的，而且将来也不会有。"③

---

① Boethius, *Introductioad Syllogismos Categoricos*, in H. Chadwick, *Boethius: the Consolation of Music, Logic, Theology, and Philosophy*, Oxford: Oxford University Press, 1981, p. 165.
② 参阅［古希腊］亚里士多德《论题篇》，103b6—19，《亚里士多德全集》第一卷，苗力田主编，中国人民大学出版社1990年版，第361—362页。
③ ［古希腊］亚里士多德：《解释篇》，18a29—18b9。《亚里士多德全集》第一卷，苗力田主编，中国人民大学出版社1990年版，第57—58页。

但是有些哲学家对亚氏的这段话做如下推理：如果所有关于将来事件的互相矛盾的命题或者真实或者虚假，那么，就不存在偶然事件，就意味着人没有选择的自由；但未来事件取决于人的意志和行为，因此，关于将来事件的互相矛盾的命题并非或者真或者假，即都是既不真，又不假。波爱修斯认为，斯多亚学派就是这样推论的，但他们是错误的。[①]因为亚里士多德并没有说，关于将来事件的互相矛盾的命题都是既不真又不假的，而是说它们之间必然有一个是真的或假的，但并非像关于过去和现在的命题那样。[②] 也就是说，关于将来事件的两个互相矛盾的命题虽然必然一真一假，但它们中的任何一个都并非确定无疑（definite）真或者确定无疑假（只有关于过去和现在的命题才这样），而是存在偶然性。

波爱修斯重新定义了偶然。他认为，必须把偶然同可能但非常罕见区别开来，与寻常但并非不变区别开来。偶然的可能性分为三种情况：第一，可能性相当小，只有九十九分之一，但理论上还是有可能的；第二，具有同等可能性，五十比五十；第三，可能性相当大，是九十九比一。

波爱修斯对偶然的定义或述说是基于"可能"这一模态词的，为此，他考察了前人对"可能"的几种定义。麦加拉学派的第奥多鲁斯认为，"可能"只是在理论上与"必然"有区别，因为世间只有必然的事件才会真正发生，任何可能的事件如果真的发生了，它就不是可能。因此，就其现实性来说，可能与必然是同一的，不必然就是不可能。唯一"可能"的是，何者现在存在或将来存在，或者何者现在真或者将来真。第奥多鲁斯基于时间函子，对模态词进行了逻辑定义：可能指现在真或者将来真；必然指现在真并且将来也真；不可能指现在假，将来也假；不必然指现在假，或者将来假。菲洛认为，可能是就其本性而言容许是真的东西，必然是就其本性而言是真的而不可能是假的东西，不可能是就其本

[①] 参阅 J. Marenbon, *Early Medieval Philosophy* (480 – 1150): *An Introduction*, London: Routledge & Kegan Paul, 1983, p. 34。

[②] 参阅 Boethius, On de Interpretatione (Second Commentary), 208, I – II, in M. Frede, G. Striker (ed.), *Rationality in Greek Thought*, Oxford: Oxford University Press, 1996, p. 283。

性而言不容许是真的东西，不必然是就其本性而言容许是假的东西。对于可能，他举例说，我今天要再读狄奥克里特的田园诗，如果没有外在因素阻止的话，这件事就是可能的。显然，菲洛对模态词的定义是一种结合"本性"和"现实"的定义。波爱修斯还对斯多亚学派的模态词定义进行了评价，认为，斯多亚学派与菲洛不同，前者把外界干扰完全排除在外。他接着批评了斯多亚学派对命题的分类。为此，他设计了下图：

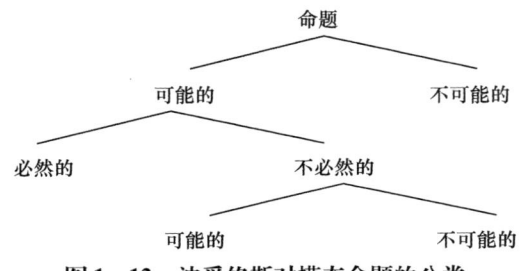

```
                    命题
                  /      \
             可能的        不可能的
            /      \
        必然的    不必然的
                 /      \
             可能的    不可能的
```

图 1 – 12　波爱修斯对模态命题的分类

　　认为他们同时把可能既作为一个大的属概念，又作为一个小的种概念，是不合适的。据我们对斯多亚学派的了解，他们其实并没有对命题作过这样的划分，这是波爱修斯对他们的误解。① 从他接受斯多亚学派对模态词的如下定义也可得出这一点。他说："斯多亚认为'可能的'是一个能够成为真的论断……；而'不可能'是绝不包含真的（论断），另外的事物妨碍它发生。'必然的'是真的，而不以任何方式容许假。"② 不必然就是容许假的论断。他还认为，他们把可能命题定义为"一个命题是可能的，当且仅当其否定是不必然的"，把不可能命题定义为"一个命题是不可能的，当且仅当其否定是必然的"，却是正确的。他对斯多亚学派的肯定之处基本代表了他自己对模态词的定义。

　　波爱修斯宣布在模态逻辑上信奉德奥弗拉斯特的观点。③ 后者坚持"模态从弱"原则，即可能命题推不出实然命题，实然命题推不出必然命题，反之则是可以推出的。按照这一原则，波爱修斯定义了四种基本模

---

　① 参阅马玉珂《西方逻辑史》，中国人民大学出版社 1985 年版，第 122 页。
　② 转引自马玉珂《西方逻辑史》，中国人民大学出版社 1985 年版，第 122 页。
　③ 参阅［英］威廉·涅尔、玛莎·涅尔《逻辑学的发展》，张家龙、洪汉鼎译，商务印书馆 1985 年版，第 246 页。

态算子之间的对当关系。我们用 α，β，γ，δ 分别表示"必然""可能""不必然"和"不可能"，则：①

(1) 如果 α 真，则 β 真，γ 假，δ 假。

(2) 如果 β 真，则 α 真假不定，γ 真假不定，δ 假。

(3) 如果 γ 真，则 α 假，β 真假不定，δ 真假不定。

(4) 如果 δ 真，则 α 假，则 β 假，γ 真。

(5) 如果 α 假，则 β 真假不定，γ 真，δ 真假不定。

(6) 如果 β 假，则 α 假，γ 真，δ 真。

(7) 如果 γ 假，则 α 真，β 真，δ 假。

(8) 如果 δ 假，则 α 真假不定，则 β 真，γ 真假不定。

我们用常见的逻辑方阵图表示如下：

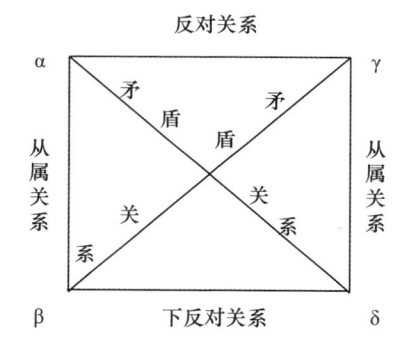

图 1-13 波爱修斯的模态命题对当关系

在《解释篇》的第二篇注释中，波爱修斯基本上是从纯逻辑的角度研究模态命题的。他还认为，上帝预知与人的自由意志的一致性等问题，已经超出了纯逻辑的范围，或者说，这只是由模态逻辑所引发的一个问题，却不能在模态逻辑范围内解决。因此，他只是在《哲学的安慰》中才着手研究上帝预知与人的自由意志的一致性。我们将在中世纪神学研究中的逻辑章节中，讨论这一问题。

---

① 参阅［苏联］波波夫、斯佳日金《逻辑思想发展史——从古希腊罗马到文艺复兴时期》，宋文坚、李金山译，上海译文出版社 1984 年版，第 188 页。

五　复合命题推理理论

应该说，波爱修斯对假言命题及假言推理的论述，是他的全部逻辑思想中最精彩最具逻辑性的部分，也是他留给逻辑史最宝贵的财富之一。他在《论假言三段论》、对西塞罗《论题篇》的注释和《论论题区分》三部著作中，对假言命题的逻辑性质和假言三段论（即假言推理）进行了十分精细而深入的研究。他所列出的推理规则在世纪被反复提及于研究，为求一贯性，我们将在中世纪的推论学说中讨论波爱修斯的复合命题推理，并作为中世纪推论理论的一部分。

波爱修斯的逻辑学既可以认为是中世纪逻辑的开端，也可以认为是古代逻辑到中世纪逻辑的最重要的传承者，或者中世纪逻辑学的最重要的来源之一。前面已较为充分地展现和论述了波爱修斯的各种逻辑学说。作为本章的结束，我们简单概括他对逻辑学的贡献以及在逻辑史中的地位：

（1）波爱修斯为拉丁世界翻译了亚里士多德的逻辑著作，并通过他的深厚的希腊语言功底，向不懂希腊语的罗马人诠释了这位伟大哲学家的基本思想。在他所处的时代，如果没有波爱修斯对《工具论》的介绍，人们对亚里士多德的了解只能停留在阿普列乌斯和马里乌斯·维克多里努斯的一些简单介绍上。而波爱修斯之后，除了8至10世纪法兰克王国的加罗林文化复兴时期（Carolingian Renaissance）倡导自由艺术教育，关注语言问题，在逻辑学领域并没有发生什么值得逻辑史家关注的事情。一直到12世纪后半期亚里士多德著作与思想全面复兴之前，除了传统亚氏的《范畴篇》、《解释篇》与波菲利的《导论》，波爱修斯的注释与其他逻辑著作都是人们了解古代逻辑的最主要的资料来源。必须指出，波爱修斯原本翻译了亚氏《工具论》的全部论文，但是《前分析篇》、《后分析篇》、《论题篇》与《辩谬篇》这些拉丁文译本在他之后并没有广泛流传，并逐渐不为人所知。

（2）波爱修斯极其重视逻辑学，特别是树立逻辑在学术界的地位，这对逻辑学的发展是至关重要的。他竭力证明逻辑学既是工具，也是哲学的一部分，人们在哲学研究中不可以把逻辑学排除在外。他曾说，那些拒绝逻辑的人必定会犯错误，只有理性才能发现永恒的真理。他还说，

"西方教育再没有比否定逻辑更危险的事"①，在这方面神学家更有着特别的责任，逻辑必须为神学服务。他的训诫使得从 11、12 世纪开始，不仅出现了一批深受其思想影响的逻辑学家（如阿伯拉尔、萨里斯堡的约翰），而且涌现了安瑟伦、托马斯·阿奎那等善于运用逻辑的伟大神学家。例如，安瑟伦就热衷于在神学争论中使用论辩术或者逻辑，他本人也写过一些与逻辑相关的读物，如《论语法》（*De Grammatica*）等。正是他们的工作激起了神学家对逻辑学的兴趣，使得逻辑学在神学的庇护下在中世纪得以延续和发展，而阿伯拉尔正是这一新的开始的第一人。

（3）波爱修斯对范畴逻辑的研究达到了他所处时代的顶峰，特别是他应用亚里士多德逻辑学提供的方法研究基督教神学的最基本范畴，更是开创了理性神学的先河，为中世纪神学论证指引了一个极其有效的方向。

（4）他应用拉丁文，创造了许多意义明确的逻辑术语，有些一直沿用至今，为我们今天准确理解古代逻辑作出了重要贡献。

（5）波爱修斯在一个亚里士多德逻辑盛行的时代，对命题逻辑进行了深入和细致的研究，在斯多亚学派之后重新奠定了命题逻辑在整个逻辑学说中的应有地位，并主要由于他的原因，使得命题逻辑在中世纪得到了继承和极大的发展，产生了推论理论。

亚里士多德研究者、古代哲学史家乔纳森·巴恩斯（Jonathan Barnes）指出："波爱修斯的辛劳给了逻辑学五百年的生命：哪一位逻辑学家能说他的工作达到了如此高的成就？哪一位逻辑学家还能指望得到比这更高的评价？"②

附：亚里士多德有关逻辑的著作（含《工具论》各篇与《形而上学》）及其希腊文和阿拉伯文注释本的中世纪（13 世纪之前）拉丁文译本统计（统计数字标 * 的表明翻译自阿拉伯语）：③

---

① 参阅 H. Chadwick, *Boethius: the Consolation of Music, Logic, Theology, and Philosophy*, Oxford: Oxford University Press, 1981, p. 173。

② J. Barnes, "Boethius and the Study of Logic", in M. Gibson (ed.), *Boethius, His Life, Thought and Influence*, Oxford: Basil Blackwell Publisher Limited, 1981, p. 85.

③ N. Kretzmann, A. Kenny, J. Pinborg (ed.), *The Cambridge History of Later Medieval Philosophy*, Cambridge: Cambridge University Press, 1982, pp. 74 – 75, p. 77. 其中波爱修斯翻译的《后分析篇》因为没有留存下任何版本而没有被列入，这也是为什么学界有些人认为波爱修斯并没有翻译《后分析篇》的原因。

著作名　拉丁文译者　翻译时间　现存文本数量

范畴篇（原著）波爱修斯约510—522年　306

范畴篇（原著）莫比克的威廉（William of Moerbeke）约1266年　10

范畴篇（西姆普里修斯注）莫比克的威廉约1266年　10

范畴篇（阿威罗伊中评）卢纳的威廉（William of Luna）13世纪　4*

解释篇（原著）波爱修斯约510—522年　297

解释篇（原著）莫比克的威廉1268年　4

解释篇（阿莫纽斯注）莫比克的威廉1268年　4

解释篇（阿威罗伊中评）卢纳的威廉13世纪　3*

前分析篇（原著）波爱修斯约510—522年　275

前分析篇（原著）无名氏　12世纪　2

前分析篇（阿威罗伊中评）卢纳的威廉13世纪　1*

后分析篇（原著）威尼斯的詹姆斯（James of Venice）约1125—1150年　275

后分析篇（原著）约安尼斯（Ioannes）1159年之前　1

后分析篇（原著）克雷蒙那的杰拉德（Gerard of Cremona）1187年之前　3*

后分析篇（原著）莫比克的威廉约1269年或更早　4

后分析篇（亚历山大注）威尼斯的詹姆斯约1125—1150年片段

后分析篇（提米斯修斯注）克雷蒙那的杰拉德1187年之前　3*

后分析篇（阿威罗伊中评）卢纳的威廉13世纪　1*

论题篇（原著）波爱修斯约510—522年　268

论题篇（原著）无名氏　12世纪　1

辩谬篇（原著）波爱修斯约510—522年　271

辩谬篇（原著）威尼斯的詹姆斯约1125—1150年片段

辩谬篇（原著）莫比克的威廉约1269年或更早　1

辩谬篇（亚历山大注）威尼斯的詹姆斯约1125—1150年片段

形而上学（原著）威尼斯的詹姆斯约1125—1150年　5

形而上学（原著）无名氏　12世纪　24

形而上学（原著）米切尔·斯科特（Michael Scot）约1220—1235年　126*

形而上学（原著）无名氏（修改自威尼斯的詹姆斯版本）约 1220—1230 年　41

形而上学（原著）莫比克的威廉 1272 年之前　217

形而上学（阿威罗伊长评）米切尔·斯科特约 1220—1235 年　59*

第二章

词项区分与助范畴词理论

与现代逻辑一样，中世纪逻辑的核心理论也是命题理论与推论理论，但是中世纪在词项方面投入了更多的研究。词项研究是命题理论和推论理论的逻辑基础，包括两个部分，一是词项的区分理论，二是词项的属性理论，两者既相互联系，又有较大的差别。词项属性理论主要考察词项在命题中的指代等问题，而词项区分虽然最终要应用于命题与推论，但作为一种理论，对它的研究整体上是独立于命题的。此外，词项的区分既是一般逻辑理论的研究对象，也是语言逻辑甚至语法学研究的对象。我们将在本章讨论词项区分理论，而在下一章讨论词项属性理论。

中世纪的词项区分理论包括把词项根据不同标准分为：单称词项与普遍词项，绝对词项与内涵词项，简单词项与复合词项，范畴词项与助范畴词项。这些不同类型的区分当然是交叉的，或者有些本身就是逻辑学家混在一起讨论的。其中最具特色也最重要的是助范畴词理论，所以，我们在本章的标题中特别标出，实际上助范畴词也不过是词项区分的一种类型。此外，词项区分理论还包括划分与定义，这也是区分词项的重要逻辑方法。

中世纪的词项区分理论除了助范畴词理论之外，绝大部分都有古代逻辑的渊源，包括来自亚里士多德、波菲利以及波爱修斯等逻辑学家的词项理论。我们将在本章首先简要讨论加罗林文化时期语法学家对语词的区分，因为从中我们可以看到词项区分是如何从语法学领域转向逻辑学领域的。

第一节　加罗林文化时期对语词的语法区分

一　加罗林文化时期对语法学与逻辑学的区分

波爱修斯之后，逻辑学陷入了长期的沉寂。300多年后，终于在法兰克王国查理曼大帝（Charlemagne，742—814年在位）时期迎来了一丝光明。自此，柏拉图、卡培拉、波爱修斯等倡导的自由艺术教育在加罗林王朝时期（Carolingian era，指自公元751年至10世纪统治法兰克王国的王朝）得到推广。这一时期的逻辑理论更多的是关注与语言相关的问题，亦即语言逻辑问题。我们在本节中仅仅探讨这一时期对语法与逻辑的区分，包括他们对语词的语法区分。

对语言逻辑作出主要贡献的是约克的阿尔琴和他的学生们。782年，应法兰克王国查理曼大帝之邀，英格兰人阿尔琴率三名助手前去主持宫廷学校，并亲自讲授修辞学、辩证法、神学、算术、天文学等课程。查理曼本人也亲聆其课。阿尔琴及其学生具有价值的工作表现在以下两个方面：

首先，阿尔琴的语言逻辑是他建立起来的完整教育课程的一部分，说明他把语言逻辑教育摆到了相当重要的地位。他著有关于论辩（逻辑）、修辞与语法的著作。在其《论语法》（De Grammatica）和《论论辩术》（De Dialectica）中，阿尔琴对语词意义以及语言的本质进行了研究，并把这两部著作作为学习自由艺术的教科书。

其次，阿尔琴对语法学与论辩术（逻辑学）之间的区别与一致性做了探讨。波爱修斯早就指出，论辩术、语法学与修辞学对同样问题的研究既有区别，也有相似性，论辩术中所涉及的名词、动词与语句同样是语法学中的主题，因此，当学生开始学习论辩术时，他们会发现这些问题都是在语法学中已经学习过的。阿尔琴基本上赞同波爱修斯的看法。他首先指出了两者的区别：论辩术中讨论这些问题是非常细致的，包括像亚里士多德那样讨论它们的逻辑问题和哲学问题，而在语法学中则很简单，处理的仅仅是语法规则问题。同时两者在理论本质上是一致的，都是为了正确论辩或论证。在《论论辩术》中，阿尔琴还对论辩术的某些概念的定义做了适合于语法研究的修改。

古代和中世纪早期很多逻辑学家都著有以《论论辩术》为名的著作，这些著作几乎讨论了所有与语法和逻辑相关的问题。但 13 世纪之后，以《论论辩术》为名的著作比较少见，更多的是《逻辑大全》或者《逻辑纲要》。这一现象是基于两个原因：一是学者们意识到了逻辑学不仅仅是一种论辩方法与技术，更主要的是一门分门别类的系统知识，所涉及的问题要比论辩术广泛和深刻得多。二是他们更主要的是强调语法与逻辑之间的差别，这是他们与波爱修斯与阿尔琴不一样的地方。这不是说他们不讨论语法问题，而只是把两者分开。当然也有逻辑学家（例如布里丹）本身也是语法学家，但他们也是把语法学置于逻辑学之前，首先研究语法问题（例如拉丁语语句的形式编织），然后再讨论逻辑问题。这一处理显然更符合以拉丁语为学术语言的人们的知识结构与学习习惯，对于逻辑学的发展也是非常重要的。

二　对语词的语法区分

总体上，阿尔琴的《论论辩术》是基于伊西多尔（Isidore of Seville，约 560—636）的《语源学》（*Etymologiae*），后者则来自卡西奥多鲁斯（Cassiodorus，约 485—约 585）《论神圣文学与世俗文学》（*Institutiones Divinarum et Humanarum Lectionum*）中关于论辩术的理论。阿尔琴在该著中，对于名词、动词、句子、命题以及句子的结构问题都从语法的意义上做了详细的解释。[①] 我们主要讨论他对名词与动词的区分。

1. 名词

出于教学的方便，阿尔琴对于很多问题的解释都是以对话的方式进行的。对于什么是名词（nomen，在阿尔琴那里，名词、名字、名称基本是同义的）也同样如此。下面是阿尔琴假托与查理曼大帝关于什么是名词的对话。

查理大帝：什么是名词？

阿尔琴："名词就是由于习惯而有意义的声音，它没有时间性，对名词的定义就是给出名词的意谓（意义），而名词的意谓就是通过与'是'

[①] 这部分内容在我之前的著作中也有论及，此处引用不再一一注释。参阅胡龙彪《中世纪逻辑、语言与意义理论》，光明日报出版社 2009 年版，第 110—114 页。

或者（并且）'不是'相结合而形成的句子显示出来。变格下的名称不是名词，任何一部分如果与其他部分分开都没有意义。"①

这一定义总体上来自亚里士多德在《解释篇》中对名词的定义："名词是因约定俗成而具有某种意义的与时间无关的声音。名词的任何部分一旦与整体分离，便不再表示什么意义。"② 以及他对于"非人"这个语词的解释所体现出来的观念："非人"不是一个名词，因为这样的词我们无法用一个确定的名称来表示，它既不是句子，也不表达否定，既可以用来表示存在的事物，也可以用来表示不存在的事物，因此最多称之为不确定名词（nomen infinitum）。③ 阿尔琴正是通过亚氏对"非人"的解释，认为名词的意谓就是通过命题显示出来。

从阿尔琴的定义可以看出，他还同时引用了波爱修斯的相关论述。波爱修斯在《解释篇》的第一篇注释中，也是按照亚里士多德的意思对名词进行定义。他首先指出，名词的意谓是逻辑学着重研究的，而名词的用法或者变格则是语法学着重研究的。对于名词的定义需要从两个方面进行研究。他说，"名字就是有意义的声音，其次，它没有时间限制，任何一部分如果与其他部分分开都没有意义"④。对名词的定义就是给出名词的意谓（definitum aliquid significans），但是诸如"非人"这样的词无法给出确定的意谓，因此，这类不确定的名词应该被排除在名词之外。关于名词的使用，波爱修斯认为，名词可以通过与"是"或者"不是"等词结合在一起而形成句子形式，而名词的变格（例如亚里士多德所说的"菲罗所有的""给予菲罗"）却做不到这一点，这又把名词的变格排除在名词之外，正如亚里士多德所说的那样。⑤

但奇怪的是，阿尔琴在随后的讨论中，并没有坚定地坚持他对于名

---

① Alcuin, De Grammatica, in *Didascalia*, Vol. 2, 1996, p. 4.
② 亚里士多德：《解释篇》16a19—20，《亚里士多德全集》第一卷，苗力田主编，中国人民大学出版社1990年版，第49页。
③ 参阅亚里士多德《解释篇》16a30—32，《亚里士多德全集》第一卷，苗力田主编，中国人民大学出版社1990年版，第50页。
④ Boethius, Commentary on "On Interpretation", I, in Shimizu Tetsuro, "Alcuin's Theory of Signification and System of Philosophy", in *Didascalia*, Vol. 2, 1996, p. 4.
⑤ 亚里士多德：《解释篇》16b1—5，《亚里士多德全集》第一卷，苗力田主编，中国人民大学出版社1990年版，第50页。

词的定义，或者是没有完全明白亚里士多德和波爱修斯的意思。首先，他没有把不确定的名词排除在名词之外。他认为名词就是有意义的声音，每个名词（包括诸如"非人"这样的语词）都有一个意义，指称看得见的或者看不见的东西，例如实体或者偶性（偶性如一般事物的形式或者上帝的纯形式）等。也就是说，当有意义的声音被用于指称（阿伯拉尔后来把这种指称行为称为"强加"）某一事物，这个有意义的声音就是被命名的名词。一个名词的意义就是通过表达这个名词的声音与具体事物之间的关联体现出来，这一关联又是名词与"是"或者"不是"相结合形成句子而实现。因此，名词的意义就是它具有指称某个具体事物的功能。

其次，虽然阿尔琴说一个间接格（oblique case，亦称斜格，是拉丁语的一种名词格，一般用在名词是动词或前置词的宾语时）下的名称并不是一个真正的名词，而是一个与名词相关的变格，但是他并没有把名词的变格真正排除在名词之外；相反，却把名词的不同变格作为名词的一部分，或者说，把名词的变格作为名词的次级种（subspecies of a name）。结果，阿尔琴对名词的定义与亚里士多德、波爱修斯在语法学中关于名词的解释是一致的，而抛弃了后者在逻辑学中对名词定义的某些要素——这些要素同语法学中的相关概念是矛盾的（早期不对语法与逻辑做区分，这种情况是常见的），并且修改了名词的定义，以便使之同语法学中的定义一致。

2. 动词

阿尔琴对动词的定义直接继承了波爱修斯，但在某些方面做了一些修改，从而波爱修斯在《解释篇》注释中的描述与他自己在语法学中的解释保持一致。

阿尔琴说，动词也是由于习惯而有其意义的声音，本身也是名词，但在其意义之外还带有时间性和偶性。每一动词意味着一个动作或者遭受，比如我看到（video）和我被看到（videor）。与名词的意义是指称某个确定的事物不同，当动词被用于一个语句中时，充当的就是指称某个具体动作，因此，动词的功能在于指称一个具体的动作或遭受一个动作。①

阿尔琴把动作和遭受作为实体的偶性。由于实体本身不是偶性，而动作和遭受离不开实体，因此，动词所指称的确定的动作或遭受就如同实体固有的偶性。正如名词一样，动词的意义也是通过表示这个动词的声音与具体偶性之间的关系显示出来。就是说，对应于一个动词的声音与它所指称的具体偶性之间的二元函数关系确定了一个动词的意义。通过一种类似于函数的关系，表示一个语词（名词或者动词）的含义，这是阿尔琴值得关注的另一个地方。

3. 范畴词也是名词与动词

在其《论语法》一书中，阿尔琴把亚里士多德的十大范畴词分成名词和动词两大类。姿态、状况、活动、遭受属于动词，时间、地点也与动词相关，即表示动作发生的时间和地点，而实体、数量、关系、性质属于名词。

阿尔琴特别谈到了为什么"关系"这个范畴词可以作为名词指称实体。他根据亚里士多德的范畴理论，举例说，有些范畴是表示关系的，例如儿子、奴仆，当我们说到"儿子"时，我们同时说到了"父亲"。当说到"奴仆"时，同时说到了"主人"。就是说，像"儿子""奴仆"这种表示关系的名词，同时指称处在相互关系中的两个实体。这也是波爱修斯论证三位一体的主要理论基础，在中世纪唯名论语义学中也十分流行。而像"更大"指称的是数量，"更红"指称的是性质，也属于名词的范围。因此，表示关系的范畴指称的是实体、数量或性质，属于名词。

值得注意的是，阿尔琴涉及了名词在指称实体的同时，是否也指称实体的性质，这是安瑟伦时代被语法学家和逻辑学家广泛关注的问题。

第二节　单称词项与普遍词项

开始于加罗林文化时期的语言逻辑，更多是从语法学的角度关注语词的意义。到了中世纪繁荣时期，逻辑学家们把语法学与逻辑学分开，

---

① 参阅 Shimizu Tetsuro, "Alcuin's Theory of Signification and System of Philosophy", in *Didascalia*, Vol. 2, 1996, p. 7。

认为前者是语法学家的研究任务，他们更主要的是从逻辑语义学的角度考察语词，对词项进行了各种不同标准的分类。

单称词项与普遍词项的区分是处理词项不同意谓最重要的区分。换句话说，一个命题之所以意谓不同，产生不同的语义，获得不同的真值，最主要的就是看它所包含的词项是单称词项还是普遍词项，以及在此基础上，两种不同词项各自意谓什么。

这种词项区分也是最古老的区分，我们首先对它做历史考察，然后讨论中世纪对于单称词项与普遍词项的基本理论（中世纪逻辑学家的单称词项理论基本一致，在考察单称词项的定义和分类时，我们将主要引用布里丹的文本，因为布里丹对于这个问题的论述最为系统），以及这些理论与现代逻辑的关联。

一　单称词项

单称（singular）词项简单地说，就是意谓单个具体事物的词项。逻辑学家很早就注意到了单称词项可以由专有名词（简称专名）或者指示代词充当，并且由此讨论了很多问题，例如专名是否有意义或者其意义是什么；如果有意义，那么其意义是如何在说者与听者之间传递的；专名意谓的东西是如何获得的；指示代词除了具有意谓功能，是否还具有其他与专名不同的属性；单词词项在命题中具有怎样的语义属性；等等。

亚里士多德在其《范畴篇》中从本体论意义上谈到了第一实体，例如个别的马、个别的人。当波菲利对《范畴篇》进行注释（这一注释著作名为 *Isagoge*，即《亚里士多德〈范畴篇〉导论》）时，他对第一实体进行了分类："个体单独述说某个特殊的东西。苏格拉底就被认为是个体，这个白色的东西，这个走近的人，索弗洛尼斯科的儿子（如果苏格拉底是索弗洛尼斯科的唯一儿子）也被认为是个体。这些东西之所以被说成是个体，是因为它们每个都包含这样的属性——这些属性集合在一起，不可能同样出现在其他事物之中。"[1]

---

[1] Porphyry, Isagoge, in R. L. Friedman, S. Ebbesen (ed.), *John Buridan and Beyond: Topics in the Language Sciences*, 1300 – 1700, Copenhagen: The Royal Danish Academy of Sciences and Letters, 2004, p. 126.

波菲利把对个体的定义与事物的属性关联起来，认为每个个体都包含不与其他事物相同的属性集（所有属性的相加）。但中世纪逻辑学家普遍认为，这种对个体的本体论描述无法为单称词项的定义提供帮助，因为一个单称词项所意谓的也不是个体事物的属性，而是个体本身，个体的属性集显然不等于个体本身。阿伯拉尔指出，与"人"这个普遍词项是强加（impose）给每个单个人一样，单称语词"苏格拉底"也是通过强加给苏格拉底本人而使之意谓某个具体的单个个体（苏格拉底）。① 但是苏格拉底的任何属性（偶性）都无法应用于对名字意谓的强加，否则名字就会在不同时间中产生歧义。布里丹也认为，这种类型的属性集不能被恰当地称作个体名字或者单称词项，因为根据这种意谓方式，它们指代多个事物也不是不可能的。②

但是波菲利对个体的本体论定义为中世纪逻辑学家从逻辑上对单称词项的分类提供了依据，而这对于中世纪逻辑来说，才是最关键的。例如奥卡姆（William of Ockham，1285—1349）在其《逻辑大全》（Summa Logicae）中列出了三种不同的单称词项：专有名词（简称专名），比如"苏格拉底"和"柏拉图"；指示代词，比如"这（个）"；以及带有某种普遍词项的指示代词，比如"这个人""这个动物""那头驴"。③

布里丹则把奥卡姆两种以指示代词标明的单称词项合并在一起，并在此基础上，增加了类似于现代逻辑的摹状词。他认为，根据波菲利的定义，可以把单称词项分为三种："波菲利提到了三种不同类型的个体，也就是说，三种单称词项。第一种是由诸如'苏格拉底'或'柏拉图'这样的词项所例示的（并且你必须始终把这些区分解释为实质指代）；第二种，通过诸如'这个人''这个走近的人'这种词项表示的；第三种，通过'索弗洛尼斯科的儿子'所表示的，如果索弗洛尼

---

① 参阅 P. V. Spade (trans.), *Five Texts on the Mediaeval Problem of Universals: Porphyry, Boethius, Abelard, Duns Scotus, Ockham*. Indianapolis: Hackett Publishing Company, Inc, 1994, pp. 41-44。
② 参阅 John Buridan, Quaestiones in PorphyriiIsagogen, 9, in *Przeglad Tomistyczyny*, Vol. 2, 1986, pp. 159-162。
③ ［英］奥卡姆：《逻辑大全》，王路译，商务印书馆2006年版，第57页。

斯科只有唯一儿子。"① 布里丹所谓"必须始终把这些区分解释为实质指代",是说"苏格拉底""这个人""索弗洛尼斯科的儿子"等,并非取人称指代,即并非指代它们所意谓的个体事物,而是取实质指代,即指代这些个体词本身。

布里丹对这三种类型的单称词项做了详细解释。

第一种类型,单称词项可以是专名,也被称为确定的单称词项,因为它意谓的是确定的个体事物,例如"苏格拉底"这个专名意谓苏格拉底这个确定的人。专名是中世纪逻辑学家讨论的最主要的单称词项,他们认为专名是真正的单称词项。

关于专名的意义,中世纪逻辑学家大体上继承了阿伯拉尔的理论,即专名是通过词项强加给意谓的方式获得意义的。但是对于专名的意义(即意谓),有两种情况需要考虑:一是同一个专名,可能被强加给不同的个体对象;二是对于同一个体对象,可能有多种不同的名字。对于前一种情况,逻辑学家认为这就是语词歧义的一种表现,因此必须有一个特定的语义约定,使专名与其对应的事物相关联,从而使得专名没有歧义。例如布里丹说:"对于词项'苏格拉底''柏拉图',我说它们是真正的和恰当的单称词项,是因为'苏格拉底'这个名字是通过指向(他)而被强加给(苏格拉底)这个人的,例如,通过说让这个男孩用'苏格拉底'这个专有名字吧,而这个名字不能再以同样的方式强加给其他人,否则就会产生歧义。"② 类似地,"那些知道单称词项'约翰'(就它意谓我自己而言)的意谓与强加方式的人,不能认为按照这种强加行为,'约翰'这个词项还会意谓其他人;并且如果恰好有一千个人与我完全相似,那么他们中任何人也不能通过这一强加而被称为'约翰';因为它与单称词项的(意谓和强加方式)不相容,根据后者,单称词项'约翰'不能指代另一个(人),除非通过另一个强加"③。也就是说专名之所以被认为是真正的单称词项,不是由于其自身可以自然地形成一个指称某一单

---

① John Buridan, Quaestiones in PorphyriiIsagogen, 9, in *Przeglad Tomistyczny*, Vol. 2, 1986, p. 159.

② John Buridan, Quaestiones in PorphyriiIsagogen, 9, in *Przeglad Tomistyczny*, Vol. 2, 1986, p. 160.

③ John Buridan, *Summulae de Dialectica*, pp. 120 – 121.

个事物的概念，而是人们的一种语义约定，只有首先有了这一约定，才能知道专名意谓什么。

当我们了解了专名的意谓是一种语义上的约定，那么就会问另一个问题，也就是我们前面提出的问题：专名的意谓是如何在说者与听者或者不同人之间一致性地传递的？对于这个问题，布里丹指出，"任何东西都不能被认为是单称的，除非它在认知者的预知之中（in the prospect of cognizer）。因此，如果我不能预知苏格拉底，那么你就不能告诉我通过'苏格拉底'这个词我应该理解什么，除非通过一些普遍的词项，这些普遍词项加在一起可以像应用于苏格拉底一样应用于其他东西。但如果建立起了在所有外部特征上类似于苏格拉底的另一个东西，那么这些普遍词项加在一起就不再是对'苏格拉底'的定义，因为它不再适合于这个词，也不能与之换位（一个正确的定义，其定义项与被定义项可以换位——引者注）"①。

布里丹这里表达了两层意思。首先，专名意谓什么必须在认知者的预知范围之内，否则任何人都不知道用某个专名去指称什么，甚至都不知道它是不是一个专名，指称某一个体事物。因此，一个专名意谓的东西必须首先在引入（即首次使用）这个专名的人的预知之中，从而对它有直觉认知，而这个专名就被强加意谓他预知的那个具体事物。而后，其他使用这个专名的人就必须有意地参照（refer to）这一单称概念最初所关于的对象（也可能是回忆起以前对这一概念的认知），从而使得专名的意谓对象也在自己的想象之中，即在自己那里形成一个真正的单称概念，这就是保持专名一致性的关键所在。他既不能随意更改专名的名字，也不能随意更改专名所关于的对象，否则就可能是有歧义地使用这一专名。也就是说，一个名字是不是真正的专名，依赖于它是否附属于一个真正的单称概念，专名的意谓是否保持一致，依赖于使用者是否保持这一概念所关于的对象的一致性。②

奥卡姆在其《逻辑大全》中表达了与此十分相似的观点，我们引用逻辑史家帕那西奥对奥卡姆关于专名的指称问题所做的分析："奥卡姆心

---

① John Buridan, *Summulae de Dialectica*, p. 633.
② 参阅 G. Klima, *John Buridan*, New York: Oxford University Press, 2009, pp. 85–86.

灵（mental）语言中引入专名的一个途径（尽管奥卡姆从来没有明确表示），就是直接借助于说出的（spoken）或者写出的（written）约定的专名。当一个认知者真实地直觉到了某个给定的外在之物，他就能够（如果他有此意愿）给予该物一个约定的专名，甚至当该直觉结束了，他仍然可以继续使用该约定的专名去指派该物。例如，'我们把这个人叫做苏格拉底'，这可能发生于妈妈与婴儿之间。这样，对于任何接受这一约定强加的人来说，说出的名字'苏格拉底'将会指派给同一个外在之物，即使后者不在眼前。所有这些都是奥卡姆理论的应有之义。然而这也暗示着需要进一步分析。我猜想，后面使用'苏格拉底'这一名字的人一定已经形成了关于这一名字本身的某种心灵表征，为的是当它们被说出时，去识别关于这一名字的新指号。这里我们倾向于认为，'苏格拉底'这一名字的使用者，可能运用他们自己关于这一名字的表征，作为该名字约定指称（不管它指称谁）的指号。按照这一方法，关于说出的语词'苏格拉底'的心灵表征，可以在心灵命题中用以作为苏格拉底本人的专名。我觉得这种说法对奥卡姆来说是完全可以接受的。"①

其次，专名的意谓不能通过一系列普遍的词项加在一起去定义，因为后者既可能指向这个专名意谓的东西，也可能指向与之相似的其他东西，最终使得定义失效。布里丹实际上是在说这样一种情况，例如我们通过别人对某一单个具体对象的各种一般描述，我们很难猜测到它到底指称哪个个体；即使猜到了，但同样的猜测结果也可能应用于另一个相似的个体。这说明，意谓单个具体事物的单称词项根本不能靠这种方式去定义，只能直接指定它所意谓的对象，即所谓意谓强加的方式。

关于对同一个对象强加给不同的名字，布里丹指出，"如果你同时或者相继地对同一事物强加给几个名字，并说这一点需要由专名'苏格拉底'来称呼，那一点需要由专名'B''C'或'D'来称呼，那么这些名字都不过是同义词，但同义词之间不能相互定义。并且如果某个单称名字没有被置于对某个个体事物的定义之中，那么这个定义不过是普遍

---

① ［加拿大］克劳迪·帕那西奥：《奥卡姆心灵语言理论中的直觉行为语义学》，胡龙彪译，《浙江大学学报》（人文社会科学版）2016 年第 3 期。

名字的相加，它可以应用于其他东西，正如我们前面已经说过的那样"①。这进一步指出了即使把不同名字用于同一事物，它们也只是同义词，并且各自也不能从其他名字获得定义，除非这些名字中有真正的专名，并被用于对这一个体事物的定义之中。

第二种类型，单称词项可以由指示代词和一个普遍词项结合在一起来表示。但波菲利认为这是模糊的单称词项或者模糊的个体词（individuum vagum②），例如这个白色的东西，这个走过来的人，一个人（aliquishomo）。

布里丹认为，波菲利所谓指示代词是模糊的单称词项，主要是因为与专名相比，这些词在不同语境下可能意谓不同的个体事物，因而是不确定的。但即使不确定，它们仍然是单称词项。因为由"这个人""这个走近的人""这个白色的东西"等词项指定或者意谓的东西都是单个的。也就是说，根据"这（个）""那（个）"等指示代词的意谓方式，由这些指示代词和普遍词项结合而成的复合词项，不可能还能指代它们指定的东西之外的其他东西。例如，如果我说"这个人跑"，并且我不指向（pointto）任何东西，那么这一表达式就是不合语法的（incongrua），因而既不是真的，也不是假的，而"这个人"这个词也不指代任何东西。如果我指向某个东西，但不是指向某个人，那么这个表达式是符合语法的（congrua），但却是假的，因为它的主词不指代任何东西。如果我不指向某个特定的人，而是随便指向两个人，那么这个表达式也是不合语法的，并且既不是真的，也不是假的，"这个人"也就没有指代。因此，诸如"这个人"或"这个白色的东西"等类似术语不可能同时指代多个东西。③

这就是说，包含指示代词的复合表达式必须指向一个特定的东西，否则就不符合语法，并且必须指向其中普遍词项指代的东西中的特定的

---

① John Buridan, *Summulae de Dialectica*, pp. 633–634.
② Porphyry, Isagoge, 71b, in R. L. Friedman, S. Ebbesen (ed.), *John Buridan and Beyond: Topics in the Language Sciences, 1300–1700*, Copenhagen: The Royal Danish Academy of Sciences and Letters, 2004, p. 127.
③ 参阅 John Buridan, Quaestiones in PorphyriiIsagogen, 9, in *Przeglad Tomistyczyny*, Vol. 2, 1986, pp. 159–162。

一个，否则就是不满足其指代而使包含这一词项的命题为假，或者既不真也不假。因此，包含"这（个）""那（个）"等指示代词的复合词项也是真正的和主要的单称词项。

布里丹甚至认为，这种类型的单称词项甚至是最合适的单称词项，因为它必须指向一个当下实际存在的个体事物。① 他在论亚里士多德的《形而上学》中比较了专名与指示代词的不同意谓与指代方式。他说，"苏格拉底"这个专名可以指代苏格拉底，不管他是否在说话的这个房间，但是如果用"这个人"（iste homo）去指代苏格拉底，除非后者正在这个房间，并且说"这个人"指向了苏格拉底。如果苏格拉底离开了房间，他就不再是"这个人"指代的对象。②

第三种类型，单称词项可以是一个摹状词（description），例如"第一原因""索弗洛尼斯科的儿子""最大最明亮的天体"等描述性的语词表达式。

但是对于摹状词，布里丹认为，恰当地说，摹状词并不是真正的单称词项："我们应该知道，恰当地说，第三种类型不能认为是单称词项。因为虽然'上帝'或者'第一原因'这个词项指代的是一个事物，并且不可能有好几个像这样的事物，但是这一词项或者这一表达式不是个体词，而是一个种词，因为根据其意谓和强加方式，'上帝'这个词项意谓或者指代多个事物也不是不可能。因为假如有这种情况，比如我们可以想象，存在另一个世界，那里有一个与我们这个世界的第一原因不一样的第一原因，那么'上帝'这个词项就可以意谓那个第一原因，并且不需要新的强加，正如它意谓我们这个世界的第一原因一样。这样就可以正确而没有歧义地说'存在两个世界'和'存在两个上帝'，因而'上帝'与'世界'都不是单称的。同样地，虽然'索弗洛尼斯科的儿子'

---

① 参阅 John Buridan, Quaestiones de Anima, Ⅲ. 8, in J. A. Zupko, *John Buridan's Philosophy of Mind*: *An Edition and Translation of Book Ⅲ of His "Questions on Aristotle's De Anima"* (Third Redaction), with Commentary and Critical and Interpretative Essays, Cornell University: Doctoral Dissertation, 1989, p. 78。

② 参阅 R. L. Friedman, S. Ebbesen (ed.) *John Buridan and Beyond*: *Topics in the Language Sciences*, 1300 – 1700, Copenhagen: The Royal Danish Academy of Sciences and Letters, 2004, p. 134。

事实上（defacto）指代唯一的事物，但基于它的意谓或者强加，它指代多个事物也不是没有这种可能；因为如果索弗洛尼斯科的另一个儿子出生了，这个词项就可以无须新的强加而指代多个事物。因此，就这个名字或者表达式事实上指代多个事物而言，它在某一个体名词的条件下是共享的，因而就不能被恰当地（除非类似地）认为是个体名词。"①

布里丹举了一个更简单的例子，如果"某人把柏拉图描述为他是苏格拉底的儿子，于某年某日某时出生在雅典的某地，并且是亚里士多德的老师，那么我可以告诉你，因为神的力量或者通过想象，某时某地，这同一个父亲的另一个儿子出生了，而你说的其他条件都可适用于他。显然，你所表达和描述的同样可以适用于他，正如适用于柏拉图一样，没有歧义也没有新的强加，因此，第三种方式（类型）应该被排除在个体名字之外，因为它是不恰当的"②。

"最大最明亮的天体"也同样如此。虽然布里丹一般用这个词指代太阳，但他认为，完全可能或者可以想象上帝创造出另一个天体，其大小与亮度与太阳完全一样，在这种情况下，这个词也无须新的强加就可以直接意谓这个新的天体。③

布里丹的意思很清楚，摹状词从语义上看不是单称词项，即使事实上指代的恰好是某一单个个体，但其语义也无法保证它不指代其他的东西，完全可能指代多个东西而不违反语义，并且不需要任何新的意谓强加。所谓语义，就是它的意谓或者强加的方式，也就是摹状词的那种描述方式所产生的语义效果，比如指出某具体的单个事物具有这种或者那种属性，从而去意谓那个东西。

基于此，布里丹最后给出了他对于单称词项的定义："单称词项只能谓述一个事物，也就是说，单称词项的谓述应该是这样的：基于其意谓

---

① John Buridan, Quaestiones in Porphyrii Isagogen, 9, in *Przeglad Tomistyczyny*, Vol. 2, 1986, pp. 160–161.
② John Buridan, Quaestiones in Porphyrii Isagogen, 9, in *Przeglad Tomistyczyny*, Vol. 2, 1986, p. 161.
③ Buridan, Quaestiones in Aristotelis Metaphysicam, Ⅶ.18, in R. L. Friedman, S. Ebbesen (ed.) *John Buridan and Beyond: Topics in the Language Sciences*, 1300–1700, Copenhagen: The Royal Danish Academy of Sciences and Letters, 2004, p. 129.

或者强加，它不可能指代一个东西之外的其他东西。"① 这个定义中，"不可能"是其核心概念，这就阻断了一个单称词项在任何可能情况下去指代其他东西的可能性。因此，布里丹关于摹状词的理论已经涉及可能世界的问题，这与他在推论中所阐述的词项扩张理论一脉相传。（参阅后续中世纪推论学说相关章节）

中世纪逻辑学家还在他们的指代理论中讨论了单称词项的另一种情况，即当一个词项在命题中取实质指代时，不管它原来是单称词项还是普遍词项，它指代的东西都是单个事物，即指代的就是这个词项自身。（参阅指代理论相关章节）

罗素等现代逻辑学家也讨论了专名与摹状词。其观点与布里丹等中世纪逻辑学家既有相似之处，也有明显的区别。罗素把专名分为普通专名与逻辑意义上的专名（逻辑专名）。前者如"苏格拉底"，这种专名不是我们直接所觉得到的或者亲知的东西，只能通过描述获得其意义，比如"柏拉图的老师"、"饮了毒酒的哲学家"或者"逻辑学家断定为有死的那个人"等，这种专名实际上是相关摹状词的缩略语。② 因此，它的存在理论上并没有必要。③ 显然罗素对普通专名的这种陈述类似于波菲利所说的属性集，后者正是被布里丹等中世纪逻辑学家所反对的理论，正如我们刚刚讨论的，这种情况无法定义一个专名，专名的意义只能通过意谓强加的方式而获得。对于罗素所谓我们对普通专名意谓的对象无法亲知，我们前面已经看到布里丹是如何回答这一问题的，即专名意谓的对象在最先引入这一专名的人的预知之中，被他感知或者有对它的直觉认知，因而产生一个单称概念，而后来使用这个专名的人则是通过参照原初的概念，并在自己那里形成一个类似的单称概念，去指称具体对象。因此，除了首次使用者，人们对专名意谓的对象通常是一种间接的认知。

布里丹认为"这（个）"与"那（个）"等指示代词不是专名，但也

---

① John Buridan, Quaestiones in Porphyrii Isagogen, 9, in *Przeglad Tomistyczny*, Vol. 2, 1986, p. 162.

② 参阅［英］罗素《逻辑与知识》，苑莉均译，商务印书馆1996年版，第241—243页。同时参阅［英］罗素《我的哲学的发展》，温锡增译，商务印书馆1996年版，第150—152页。

③ 参阅［英］罗素《人类的知识——其范围与限度》，张金言译，商务印书馆1997年版，第364页。

是真正的且基本的单称词项，当然，必须指定具体的单个对象，否则就违反语法或指代语义规则。而罗素把"这"或"那"看作真正逻辑意义上的专名（但是罗素后期不再对专名进行各种苛刻的限制，"苏格拉底"等这种通常意义下的专名也被认为是真正的专名），但唯有当你非常严格地使用"这"或"那"代表一个感觉的现实对象时，它们才是专名。[①]这正如布里丹所说的必须使这些词指向一个确定的个体对象。

所有接受词项扩张理论的中世纪逻辑学家都不认为摹状词是真正的单称词项，因为它可以指代其他可能的事物，或者在某种可能情况下指代其他事物。摹状词指代其事物的语义方式是那个事物满足摹状词所描述的全部条件，无须新的意谓强加。而在罗素看来，只有专名才指称对象，摹状词没有指称，它与专名的语义功能是不一样的，摹状词所具有的只是描述功能，描述的是事物的属性，可以起到谓词的作用。

二　普遍词项（概念）的本体论基础——共相论

普遍词项或普遍概念都涉及普遍性（universality）或共相。共相问题（共相论）既是哲学史上的重大问题，也是逻辑史上的重要论题，例如，它涉及普遍词项是否在语义上指称事物的一般属性。从亚里士多德到奥卡姆，再到罗素，都对共相问题进行了专门的讨论。因此，当我们讨论中世纪逻辑对于普遍词项的理解时，必须首先考察他们对于普遍性或者共相的一般看法，以及共相问题的来龙去脉。

共相问题的讨论古已有之。柏拉图和亚里士多德代表了古代哲学家在共相本质问题上两种截然不同的观点，以至于构成了柏拉图主义（Platonism）和亚里士多德主义（Aristotelianism）分野的最深刻根源。

3世纪，新柏拉图主义者波菲利提出了关于共相的三个最根本的问题。波爱修斯则是第一个对波菲利问题给出明确结论的哲学家。他在对波菲利《导论》的注释中，批评了后者模棱两可的做法，认为对共相的本质做出断定不仅是可能的，而且十分必要，并且把对共相问题的研究作为他自己哲学研究和逻辑研究的首要问题，从本体论和逻辑学的双重角度研究了共相的本质、存在形式以及同个体（individuals）之间的关

[①] 参阅［英］罗素《逻辑与知识》，苑莉均译，商务印书馆1996年版，第242页。

系。他认为，属和种有两种存在形式，即观念（概念）存在形式和客观存在形式。

属与种是心灵从个体事物中发现的无形的东西，但一旦心灵发现了这些东西，就会把它们从个体事物中分离出来，看作独立存在的东西，并对它们加以注视和思考，成为理解的对象。这就是属与种的观念（或概念）存在形式。但是属与种仅仅是作为观念才独立存在的，一旦离开了思想领域，就只能在个体事物之中去寻找它们的原型。也就是说，离开了思想领域，它们就不是独立存在的，而仅仅是与个体事物混杂在一起。例如，人们可以用心灵来抓住"线"，形成"线"的观念，并作为思考的对象。但这只是"线"的观念存在于形体之外，而线是存在于形体之中的东西，它靠那个形体而保有其存在。[1] 因此，属与种这类共相是靠散布在众多具体事物之中才得以存在，并被人的感官所感知的，这就是属与种的客观存在形式。

波爱修斯最后概括了他对共相问题的一般看法："这种相似性（指属和种——引者），当它是在个体事物中时，它是可感的，当它是在共相中时，它是可理解的；同样地，当它被感知时，它是留在个体事物之中，当它被理解时，它就成为共相。因此，它们潜存在于可感事物之中，但不依其形体就可被理解。"[2] 波爱修斯的共相论其实就是概念论，总体上继承了亚里士多德的传统。

共相本质问题的讨论在中世纪仍在继续，且愈演愈烈。由于波爱修斯在中世纪早期的权威地位，他对波菲利的注释以及同样没有从本体论上对共相本质做出取舍，这对于中世纪唯名论和实在论的对立起到了推波助澜的作用。

实际上，唯名论与实在论的原型在古代哲学中早已显现。柏拉图可以认为是类似于极端实在论的哲学家。他认为我们的感官所感知到的一切事物都像赫拉克利特所说的那样是变动不居的，因而都是不真实的。真正的实在应该像巴门尼德所主张的不变不动的"存在"，像苏格拉底所说的绝对的永恒不变的概念。柏拉图把这种概念称为"理念"。所有理念

---

[1] 参阅 Boethius, *The Second Edition of the Commentaries on the Isagoge of Porphyry*, p. 96。
[2] Boethius, *The Second Edition of the Commentaries on the Isagoge of Porphyry*, p. 97。

构成了一个客观独立存在的世界，即理念世界，这是唯一真实的世界。至于我们的感官所接触到的具体事物所构成的世界，是不真实的虚幻的世界，这样的世界只是分有了理念世界。

亚里士多德被普遍认为是温和实在论者的古代渊源，原因就在于他把个体事物与共相都称为实体："实体，在其最严格、最原始、最根本的意义上说，是既不述说一个主体，也不存在于一个主体之中，如'个别的人''个别的马'。而人们所说的第二实体，是指作为种（species）而包含第一实体的东西，就像属（genera）包含种一样，如某个具体的人被包含在'人'这个种之中，而'人'这个种又被包含在'动物'这个属之中。所以，这些就称为第二实体，如'人'这个种，'动物'这个属。"① 种比属更能被称为第二实体，因为它更接近于第一实体，也就是说，越接近第一实体，实体性就越强。

中世纪极端实在论者安瑟伦（St. Anselmus，1033—1109），西班牙的彼得，主张共相是独立于个别事物的第一实体，共相是个别事物的本质或原始形式。个别事物只是共相这第一实体派生出来的个别情况和偶然现象，所以共相先于事物。从逻辑语义学上看，就是任何范畴都有对应的本体论存在，范畴与本体论对象具有一一对应关系。

以托马斯·阿奎那为代表的所谓温和的实在论，基本上继承了波爱修斯的共相学说。认为共相既存在于可感事物中，又存在于人们的理智中。

唯名论则主要是中世纪才开始有的理论。极端唯名论者洛色林（Roscelinus，约1050—1112）是唯名论的创始人，他认为共相仅仅是名称、声音甚至空气，真正存在的只有个别的事物。

彼得·阿伯拉尔走的是实在论与唯名论的中间路线。他否定共相的客观实在性，主张唯有个别事物具有客观实在性，共相表现个别事物的相似性和共同性。但与极端唯名论不同，阿伯拉尔主张共相是存在于人们思想之中的概念，而思想中的概念是真实存在的。这种论点也称为概念论，属于亚里士多德与波爱修斯传统。

后期唯名论者有奥卡姆、布里丹等。奥卡姆与司各脱（Duns Scotus，

---

① ［古希腊］亚里士多德：《范畴篇》，2a10—15，《亚里士多德全集》第一卷，苗力田主编，中国人民大学出版社1990年版，第6页。

1265—1308）之间的论战，在整个中世纪唯名论与实在论发展史上占有重要地位。对于共相的本质，奥卡姆的结论是："任何普遍的东西都不是存在于心外的实体"①，而是心灵意向或者概念。他给出了详细的证明：

第一，任何普遍的东西都不是数目为一的特殊实体。否则，如果有些数目为一的特殊实体可以是普遍的东西，那么就可能得出苏格拉底是普遍的东西，而这显然是不可能的。

第二，任何普遍的东西都不可能是某个实体。因为每个实体在数目上为一，并且是一个特殊的东西，也就是说，"任何实体都不以某种方式是普遍的东西，否则它与它也是特殊的东西这种情况就会是不相容的。由此得出，任何实体都不是普遍的东西"②。这又可以推出，任何普遍的东西都不可能是某个实体。

第三，任何普遍的东西都不可离开特殊实体而独立存在。"如果某个普遍的东西会既在一些特殊实体中存在，又是与它们不同的东西，那么就会得出，它可以是没有这些特殊实体的；因为所有自然地先在于其他某种东西的东西，都是能够依靠上帝的力量没有那些东西的，但是这种结果是荒谬的。"③ 他的意思是，如果某个存在于一些特殊实体之中的普遍的东西与它们不同，那么，这个普遍的东西就可以离开这些特殊实体而独立存在，同时也意味着它先于这些特殊的东西而存在。但是这一结论显然是荒谬的，因此共相的东西不可以离开实体独立存在。

第四，亚里士多德本人和亚里士多德评注者阿维森那的权威观点，④也证明了普遍的东西不是实体，而是心灵的意向。奥卡姆证明了为什么普遍的东西是一种能够谓述许多东西的心灵的意向：每个人都承认普遍的东西是某种可以谓述许多东西的东西，但任何实体都没有谓述任何东西的功能，即实体不能充当谓词的功能、起谓词的作用，否则一个命题会仅仅由一些特殊实体构成，比如就可能出现"罗马是英国"这样的荒谬命题；只有心灵的意向或者约定俗成的符号（奥卡姆强调他指的是前者，即本质上

---

① ［英］奥卡姆：《逻辑大全》，王路译，商务印书馆2006年版，第40页。
② ［英］奥卡姆：《逻辑大全》，王路译，商务印书馆2006年版，第41页。
③ ［英］奥卡姆：《逻辑大全》，王路译，商务印书馆2006年版，第41页。
④ 参阅［英］奥卡姆《逻辑大全》，王路译，商务印书馆2006年版，第42—44页。

普遍的东西，而约定俗成的符号就是普遍词项）才能谓述许多东西。因此，只有心灵的意向或者约定俗成的符号才是普遍的东西。①

此外，既然只有心灵的意向才可以充当谓词，而命题只在心中、言语中或者文字中出现，因此，作为命题结构的一部分也只能在心中、言语中或者文字中。然而，特殊的实体本身不能在心中、言语中或者文字中，任何命题都不能由特殊实体构成，因此，命题只能由普遍的东西构成。这普遍的东西就不能看作实体，而只能是心灵的意向。②

布里丹的看法与奥卡姆类似，但与阿伯拉尔认为概念在思想中有真实的存在（即概念论）明显不同。在布里丹（也包括奥卡姆）看来，思想中并没有什么真实存在的概念；如果说有，那么概念或心灵意向也只是一种心灵行为，即普遍概念普遍地（universally）、单独概念单独地思考个体事物的心灵行为，个体事物才是唯一真实的存在。

三 普遍词项的语义

普遍词项最简单地说，就是同时意谓"多个事物"的词项。然而对于这些"多个事物"究竟是什么，以及普遍词项如何意谓事物，则是一个十分复杂且争议很大的问题。在本部分，我们主要从逻辑语义的角度讨论普遍词项。这也是中世纪后期逻辑学家对于普遍词项的一般处理方式，即在逻辑讨论中不再讨论普遍词项的本体论属性，仅仅讨论其语义，虽然其语义理论实际上不可能脱离其本体论基础。

1. 亚里士多德

对于单称词项与普遍词项的语义区分，亚里士多德早在其《解释篇》中就已经明确指出："有些东西是全称的，另外一些东西则是单称的。'全称的'一词，我的意思是指那些具有如此的性质，可以用来述说许多主体的；'单称的'一词，我的意思是指那不被这样用来述说许多主体的。例如，'人'是一个全称的，'卡里亚斯'是一个单称的。"③ 亚里士

---

① 参阅［英］奥卡姆《逻辑大全》，王路译，商务印书馆2006年版，第44页。
② 参阅［英］奥卡姆《逻辑大全》，王路译，商务印书馆2006年版，第44页。
③ ［古希腊］亚里士多德：《范畴篇 解释篇》，17a37—40，方书春译，商务印书馆1986年版，第60页。

多德这里的单称的东西,指的是单称词项,而"卡里亚斯"就是一个专名,普遍的东西就是普遍词项,它述说或者意谓多个事物(主体)。亚里士多德进一步讨论了单称词项与普遍词项出现在不同命题(例如肯定命题、否定命题、关于将来事件的命题以及模态命题等)中,对于一个命题的真假以及相关推理的有效性产生直接影响。

当然,亚里士多德在《范畴篇》中也讨论了属与种这种普遍的东西,即关于十大范畴的本体论。也就是说,亚里士多德确实讨论了两种普遍性,承认普遍词项与共相都是普遍的东西。但他并没有把对属与种等共相的讨论,同对普遍词项的逻辑讨论混在一起。作为逻辑学的创始人,亚里士多德对于单称词项与普遍词项的定义以及进一步的研究告诉我们,对于这些词项的逻辑讨论,我们应该关注的问题是什么。

2. 阿伯拉尔

中世纪早期逻辑学家阿伯拉尔继承了亚里士多德的讨论方式,对于普遍的东西,阿伯拉尔分别从本体论与逻辑的角度分别进行了研究。他首先对本体论意义上的普遍性提出了疑问。他说,关于普遍的东西,我们需要问它们是否仅仅应用于语词,还是可以同时应用于事物?权威哲学家把"普遍"同样应用于事物,如同应用于语词一样。亚里士多德本人就是这样做的,波菲利也是如此。事物本身被置于一个普遍名词之下。因此,看起来事物与语词都被说成普遍的东西。[1]

阿伯拉尔对这两种普遍性进行了区分,并对普遍词项(以及单称词项)进行了定义:"事物无论是单个的还是集合的,都不是普遍的,因为它们不能谓述很多。因此,需要把(谓述很多的)这种形式的普遍性归于语词本身。正如语法学家称某些名词为专名(proper),其他为通名(appellative),逻辑学家称某些简单语词为单称词项,即个体词项,其他为普遍词项。普遍词项是根据其(表达的)意向而谓述很多东西的词,例如名词'人',可以根据这个词所强加的主体的本性,而与一些特殊的人(particular men)的名字联系起来。而一个单称词项只能谓述单个的主体,例如'苏格拉底'这个词,当它作为一个个体的名字时就是这样。

---

[1] 参阅 Peter Abelard, On Universals, in F. E. Baird, W. Kaufmann (ed.), *Philosophic Classics (second edition): Medieval Philosophy*, New Jersy: Prentice Hall, 1997, p. 169。

如果你在多义下去使用它,你赋予它的就不是一个词的意谓,而是很多词的意谓。"①

在这段论述中,有几个问题值得特别关注:

首先,阿伯拉尔并不完全同意亚里士多德、波菲利等人对于普遍的东西的理解,他认为普遍性只适用于语词,因为普遍的意思就是"谓述很多",但是任何事物都不具有这种功能,因为所有因自身而存在的东西都是单个的。也就是说,只有普遍词项,没有普遍事物或者普遍实体。

其次,阿伯拉尔对于单称词项与普遍词项,都坚持他的命名理论、意谓强加理论与本体论上的概念论。

具体地说,对于单称词项,问题比较简单,单称词项的功能就是给一个个体事物以命名,这一命名是通过赋予这一单称词项以单一的意谓,并把这一意谓强加给某个个体事物而实现的,即所谓意谓强加。

但是对于普遍词项的意谓,问题就比较复杂。阿伯拉尔首先提出了这里遇到的第一个问题:"关于普遍性,有些问题已经(在前面)提出,对于普遍词项的意义存在严重的怀疑,因为似乎没有它们指称的主体对象。普遍词项也不表达对任何单个事物的感觉。这样,似乎普遍词项不能强加给任何东西,因为很明显,任何因自身而存在的东西都是个体的,并且如已经表明的那样,它们并不分享普遍词项赋予它们的任何东西。"②

阿伯拉尔的问题是,普遍词项按照一般的理解,应该指称一个普遍的东西,任何事物自身的存在都是个体的,因此,都不是普遍词项指称的对象,但如果普遍词项不被用于指称任何事物,那么它就没有任何意义,也没有存在的价值。然而我们确实是把普遍词项强加给个体对象。

对于这些问题,阿伯拉尔给出的答案是:普遍词项的功能与单称词项一样,同样是命名。不同的是,单称词项是给某个具体对象命名,通过意谓强加的方式。而普遍词项是同时给很多事物命名,即给它们命相同的名,但是这种命名是通过普遍词项与其命名的对象之间的中介,也

---

① Peter Abelard, On Universals, in F. E. Baird, W. Kaufmann (ed.), *Philosophic Classics* (*second edition*): *Medieval Philosophy*, New Jersy: Prentice Hall, 1997, p. 169.

② Peter Abelard, On Universals, in F. E. Baird, W. Kaufmann (ed.), *Philosophic Classics* (*second edition*): *Medieval Philosophy*, New Jersy: Prentice Hall, 1997, p. 169.

就是这个普遍词项所表达的普遍概念而实现的，后者也是我们可以这样命名的一般理由。

以普遍词项"人"为例，我们对阿伯拉尔的理论展现讨论。

首先，普遍词项的功能是命名很多事物（functioning as names of things）。例如"人"这一普遍词项，同时给苏格拉底、柏拉图等不同的具体人进行命名，而"人"就是他们共同的名字。之所以能够同时命名为"人"，是因为他们都有理性，都是有死的东西，即作为人的一种共同性，或者不同人之间的一般相似性（common likeness）。①

其次，阿伯拉尔提出并回答了为什么我们可以并如何以普遍词项对个体事物命名。他说："现在让我们仔细看看我们刚刚仅仅是简单地谈到的一些问题，即：（a）把一个普遍名字强加给很多事物的共同（一般）原因是什么？（b）关于相似性的概念是什么？（c）一个词被认为是普遍词项，是因为它所指派的所有事物是相似的这样一个共同原因，还是仅仅因为我们对所有这些事物都有一个共同的概念（或理解），抑或是出于这两个方面的原因？"②

关于第一个问题，如前所述，对不同人都命名为"人"，是因为他们作为人（being a man）的共同身份（status），而不是作为马，或者作为驴，但是后者同样可以相同的理由命名为"马"和"驴"。类似地，"白色"也是对白色的东西的共同命名。这种共同性也可以认为是这些事物具有的本性。

关于第二个问题，阿伯拉尔回答得很简单，关于相似性的概念就是在心灵中对它的理解，也可以说是在心灵中建立的对它的图像（image），因此，事物的相似性可以直接认为是一种概念图像。③

关于第三个问题，阿伯拉尔首先区分了普遍概念与单称概念。与单称词项相关联的概念具有单称形式，是应用于个体事物的概念。与普遍

---

① 参阅 Peter Abelard, On Universals, in F. E. Baird, W. Kaufmann（ed.）, *Philosophic Classics*（second edition）: *Medieval Philosophy*, New Jersy: Prentice Hall, 1997, pp. 170 – 171。

② Peter Abelard, On Universals, in F. E. Baird, W. Kaufmann（ed.）, *Philosophic Classics*（second edition）: *Medieval Philosophy*, New Jersy: Prentice Hall, 1997, p. 170.

③ Peter Abelard, On Universals, in F. E. Baird, W. Kaufmann（ed.）, *Philosophic Classics*（second edition）: *Medieval Philosophy*, New Jersy: Prentice Hall, 1997, p. 171.

词项相关联的概念是一种普遍的无差别的图像。概念是语词与人的心灵的一种关系：看到或者听到一个名词，马上就在心灵中有一个相应的图像。例如，当我听到"人"这个词时，在我心灵中出现了这样一种相似性（图像）：它不是任何个别人专有的，但对所有人都是通用的。但是，当我听到"苏格拉底"时，在我的心灵中出现了一个确定的形式，即某个特定的人的相似性（图像）。①

阿伯拉尔进一步确认了普遍词项与普遍概念之间的关系，他认为，一个普遍词项同时意谓一个普遍概念（即我们对这个词项的直接理解），无论是基于权威还是充足的理由，都一致认为是成立的。② 这样，阿伯拉尔就回答了他的第三个问题：一个词被认为是普遍词项，不仅因为它所命名的所有事物具有相似性，而且因为我们对所有这些事物都有一个共同的概念，当我们看到或者听到这个普遍词项时，这一共同的概念就在我们的心灵中产生，我们也正是通过这一普遍概念去命名所有具有这一相似性的事物。

总之，阿伯拉尔对于普遍词项的理解是：普遍词项是意谓很多东西的词项。具体地说，普遍词项不仅意谓一个普遍概念，而且意谓个体事物之间的相似性。对于后者，普遍词项不意谓具有相似性的这个事物，也不意谓那个事物，并且也不意谓这些事物的集合，而是仅仅意谓它们的相似性；对事物相似性的意谓也就是对这些事物的同一（或统一）命名，而这一命名的依据正是普遍词项在我们心灵中产生的关于这些个体事物相似性的普遍概念。

阿伯拉尔对普遍词项和普遍概念的解释成为中世纪逻辑学家的典范。此后无论实在论逻辑学家还是唯名论逻辑学家，一致承认普遍词项直接意谓的是普遍概念，再通过这一概念去意谓"其他东西"，所不同的只是这些其他东西到底是个体事物，还是个体事物的某种共同属性，还是两者兼有。这体现了实在论与唯名论的不同本体论立场。产生这一分歧的

---

① 参阅 Peter Abelard, On Universals, in F. E. Baird, W. Kaufmann (ed.), *Philosophic Classics* (second edition): *Medieval Philosophy*, New Jersy: Prentice Hall, 1997, pp. 171–172。
② 参阅 Peter Abelard, On Universals, in F. E. Baird, W. Kaufmann (ed.), *Philosophic Classics* (second edition): *Medieval Philosophy*, New Jersy: Prentice Hall, 1997, p. 172。

原因还在于普遍词项和普遍概念不可能是纯粹的逻辑问题,它涉及共相,而共相问题就是哲学史上最主要的本体论问题之一。

3. 实在论者论普遍词项

一般而言,实在论与唯名论两种语义学对于单称词项意谓什么的看法是一致的,即单称词项所意谓的(或命名、称呼——参阅词项属性相关章节)就是个体事物,例如"苏格拉底"这个词意谓的就是苏格拉底这个人。分歧在于普遍词项的意谓。绝大多数实在论者认为,普遍词项意谓的是普遍事物,或者事物的普遍性,例如"人"意谓的是无差别的普遍的人(man in general)或者普遍的人的本质(human nature in general),"动物"意谓的是无差别的普遍的动物(animal in general)或者普遍的动物的本质。这种无差别的人或动物并不仅仅是阿伯拉尔所说的那种个体事物的相似性,同时也是这些事物的本质属性,并且被作为具有本体意义上的存在。代表人物如极端实在论者西班牙的彼得,基于这种实在论语义学,彼得有着不同的指代理论。例如,在"人是一个种"这一命题中,主词"人"指代的是具有普遍性的人,而不是任何特别的人。虽然这并不妨碍彼得也认为普遍词项也指代个体事物,例如在"每个人是动物"中,主词"人"就是人称指代,即指代每个特别的人,但是谓词"动物"并非人称指代,而是简单指代,指代的是普遍的动物,这一命题的语义是每个具体的人都是普遍的动物,或者每个具体的人都具有动物的本质。对普遍词项的这种语义理解与唯名论显然存在根本的区别,因为在后者看来,这个命题的意思主词"人"与谓词"动物"指代相同的个体事物,即所有既是动物又是人的个体。(参阅指代理论相关章节)

同一时期欧塞尔的兰伯特(Lambert of Auxerre)则提出了一种在当时非常新颖的看法:词项所意谓的是关于事物的概念;但概念是事物的符号(sign),而语词(也包括声音或言语)又是概念的符号,因此,语词又是事物的符号。也就是说,语词符号是符号的符号,即概念的直接符号,事物的间接符号。① 按照这一说法,"人"这个普遍语词直接意谓第一实体——人这一概念,但通过人这一概念的加入与调节而意谓第二实

---

① 参阅 Lambert of Auxerre, *Logica*, *or Summa Lamberti*, T. S. Maloney (trans.), Indiana: University of Notre Dame Press, 2015, p. 205。

体——人的形式（即西班牙的彼得所说的无差别的人性）。这种看法总体上仍然属于实在论，但已经为唯名论的意义理论打开了缺口。

4. 奥卡姆

对于普遍词项意谓什么的不同回答，最能体现唯名论语义学与实在论语义学的分歧。奥卡姆与布里丹是唯名论语义学的主要代表，他们对于普遍词项的理解基本相同，简单地说，就是把实在论语义学的普遍实体，改造成唯名论语义学的普遍概念。

奥卡姆指出，"有两种普遍的东西。一些东西在本性上是普遍的；也就是说，从本性上说，它们是可谓述多个东西的符号，一如烟本性上是火的迹象，哭泣是悲伤的迹象，笑声是内心高兴的迹象。心灵的意向从本性上是普遍的东西。这样，心灵以外的任何实体，心灵以外的任何偶性都不是这种普遍的东西。……另一些东西从习惯上是普遍的。这样，一个说出的词（它在数量上是一种性质）是一种普遍的东西；它是习惯上用来表示多个东西的意义的符号。这样，由于这个词被说成是普遍的，它可以被称为普遍的东西。但是应该注意，不是从实质上，而只是从习惯上，这个符号才是适用的"①。

所谓本性上是普遍的东西，是指谓述很多事物的普遍概念，或者关于很多事物的心灵意向。但是，仅当"普遍"这一词项在其"意义"上，即在其所意谓（或指代）②的对象是多个东西的意义上，我们才称它是普遍的。在其他所有情况下，每个普遍的东西都是特殊的。这是基于奥卡姆的唯名论语义学：每个东西都是特殊的，代表的都是它自身，没有一个东西就其自身而言是普遍的，因此，每个普遍的概念也是特殊的；同时，普遍概念只是一种心灵意向，而任何心灵意向在数目上都是一个具体的东西。

一个普遍概念之所以能谓述很多东西，是因为我们有对这些东西相似性的心灵意向，因此，作为结果，每个普遍概念所谓述的许多东西都

---

① 参阅［英］奥卡姆《逻辑大全》，王路译，商务印书馆2006年版，第40页。
② ［英］奥卡姆：《逻辑大全》，王路译，商务印书馆2006年版，第39页。另外，中世纪逻辑学家认为，语词的意义粗略地说就是它所意谓的对象，单独一个词项只有意谓，但是当它出现在命题中，我们就称它的意谓为指代。参阅词项属性相关章节。

是相似的，因而它们在本质上是一致的。① 根据谓述对象之间相似性的程度以及它们在哪些方面是相似的，普遍可以分为五种情况，即属、种、种差、固有属性与偶性；广义上，种差包括固有属性与偶性。相应地，就有五种类型的普遍概念，如经常讨论的表示属的属概念与表示种的种概念。属概念能够比种概念谓述更多的东西，但种概念谓述的东西的相似性要大于属概念所谓述的东西的相似性。例如"动物"作为一个属概念，可以谓述人和驴等，而"人"和"驴"作为种概念，它们各自谓述的东西在实体方面的相似性，要大于作为其属概念"动物"所谓述的人与驴之间的相似性。而种差既可以表达事物的质料，也可以表达事物的形式。例如，理性的是人的种差，它表达的是人的形式，而不是质料，而实质的这种种差以某种方式表达质料，如同有灵魂的这一种差表达灵魂。②

如前所说，奥卡姆把语言分为说出的语言、写下的语言与心灵语言。所谓心灵语言，是指表达对任何人来说意义都相同的概念语言，或者说，由概念结合而成的语言，因此，普遍概念不过是用心灵语言表达的普遍词项。但他同时也把说出的或者写下的普遍词项看作普遍的东西，这就是第二种普遍的东西。但是后者之所以是普遍的，是因为人们根据习惯或者约定，用它们去意谓很多东西。从根本上看，它们之所以是普遍的，并且可以去意谓很多事物，是因为它们附属于相应的普遍概念，即用说出的或者写下的语言表达的普遍词项，附属于一个用心灵语言表达的普遍概念。因此，可以说，普遍词项的普遍性是基于纯粹逻辑的意义，通过语词的意谓、谓述或指代去实现。

因此我们可以说，在奥卡姆的逻辑中，唯一存在的普遍的东西就是普遍词项，它或者以说出的语言表达，或者以写下的语言表达，或者以心灵语言表达。如果我们继续采用奥卡姆的术语，又可以说，普遍概念是谓述很多事物的符号，即概念符号，而普遍词项是普遍概念的符号，即语词符号。

由于普遍词项（说出的或者写下的）附属于一个普遍概念，因此，

---

① ［英］奥卡姆：《逻辑大全》，王路译，商务印书馆2006年版，第53页。
② 参阅［英］奥卡姆《逻辑大全》，王路译，商务印书馆2006年版，第66—67页。

普遍词项的语义就是，它首先意谓心灵中的普遍概念，再通过这一概念去意谓或者指代具有相似性的个体事物。

但是一些看似具有普遍性的词项并非一定是在普遍的意义上使用，奥卡姆在其指代理论中详细地讨论了这一问题。例如，"人是种"这个命题，主词"人"只有简单指代，即指代的是关于人的心灵意向，① 根据前述讨论，一个心灵意向本身只是特殊的东西，它不意谓很多，因此，这里的"人"不是普遍词项。而在"人是动物"这个命题中，当这个命题为真时，主词"人"只能取人称指代，即意谓每个特殊的人，这就是所谓普遍词项被"有意义地使用"，而在这个意义上，"人"就是普遍词项。这就是为什么奥卡姆反复强调，普遍的东西只有在其"意义"上使用才是普遍的。但是普遍概念一般并不存在这个问题，因为一个概念之所以称为普遍概念，就是因为它能谓述很多，也就是说，只有在其谓述很多时才能称之为是普遍的，而当它谓述概念自身时，就是简单指代，但是简单指代并非一个概念的默认指代。但无论如何，普遍词项都只能说在逻辑上是普遍的，即在其通过一个具有对该词取人称指代的句子中实现意谓很多的情况下才是普遍词项，或者说，只有在这个词项是在周延的意义上使用，才是普遍词项。

5. 布里丹

布里丹对于普遍的理解总体上与奥卡姆是一致的，但是作为一个"极端"唯名论者，在某些方面又与奥卡姆不同。

首先，"普遍的东西（主要是根据其谓述而称之为普遍的）并不存在于灵魂之外，它们只不过是灵魂中的概念，心灵通过这些概念无差别地想象多个事物，正如人们通过'人'这个名字被赋予的概念而去想象所有人，通过'动物'这一名字被赋予的概念去想象所有的动物。因此，属与种根据其谓述也属于普遍的东西，因为很明显它们也属于心灵中的此类概念"②。也就是说，普遍的东西就是心灵中的普遍概念，包括属概念与种概念等等。与奥卡姆认为概念只是心灵意向一样，布里丹认为概念只是一种心灵行为，人们通过概念去想象心灵之外的事物。这样，实

---

① ［英］奥卡姆：《逻辑大全》，王路译，商务印书馆2006年版，第186页。
② John Buridan, *Summulae de Dialectica*, p.254.

在论中具有本体存在的普遍的实体，在布里丹这里变成了普遍的意谓，即与人们通过单称概念单个地想象事物类似，普遍概念只是以一种普遍的方式（universally）无差别地想象多个具体事物。

其次，与奥卡姆的观点一致，某些说出的或者写下的语词之所以被认为是普遍的，因而称为普遍词项，是因为人们是把它们看作附属于普遍概念的符号，并根据这一概念而被强加意谓很多事物。布里丹称这种词项的普遍性为概念普遍性的"派生用法"（in a derivative manner）。①

再次，普遍词项"终极意谓"的（ultimate significata）是个体事物，但是对心灵之外的个体事物的意谓需要通过心灵之中的普遍概念的调节，普遍概念是普遍词项与外在事物直接的中介，也是普遍词项"直接意谓"的东西（immediate significata，或者称为立即意谓的东西）。② 布里丹首次明确地使用逻辑语言表达了词项、概念、外在事物之间的关系，并且明确地说明了其逻辑次序：普遍词项直接意谓普遍概念，普遍概念意谓具体事物，因此，普遍词项终极意谓具体事物。

最后，布里丹的指代理论中，一般而言（即在常规语境下），人称指代才是一个词的恰当指代或默认指代。他也承认在某种特殊语境下的实质指代，但是他不承认简单指代，也就是说，不认为命题中的词项可以指代概念（因为概念没有任何存在，它只是一种思考、想象具体对象的心灵行为），除非指代的是一个概念词，但是在这种情况下，就是实质指代。基于此，他对于从亚里士多德开始就一致讨论的命题"人是一个种"进行了详细的解析。③ 他说，对于这一命题有三种解析，这些解析都是因为对于"人"的指代的不同理解所带来的。

第一种解释认为这一命题是假的。因为主词"人"根据其恰当意义（de virtutesermonis），应该人称指代每个具体的人，特别是当这个命题是一个说出来的话语表达式时，那么更只能有人称指代（布里丹认为，言语只能是人称指代），但是任何人都不是一个种，因为任何人都不是普遍的东西，而"种"根据其恰当意义就是普遍的东西。

---

① John Buridan, *Summulae de Dialectica*, p. 254.
② 参阅 John Buridan, *Summulae de Dialectica*, pp. 253–254。
③ 参阅 John Buridan, *Summulae de Dialectica*, pp. 255–256。

第二种解释认为这个命题是真的。其理由是,"对于言语(sermo)来说,只有导入(virtus)依照惯例的意谓强加或者使用,才能有意义地意谓或者指代。并且除了原作者的使用之外,我们无法知道(原始的)强加是什么,但作家和哲学家们使用'人是一个种'作为一个真正的命题,只有在它取实质指代的情况下才是真实的。因此,对于这个命题的主词,我们必须将这种实质指代视为其恰当的意义"①。也就是说,当其主词取实质指代,指代"人"这个词项自身时,命题就是真的,而这也是对这个命题的恰当理解。

第三种解释认为,任何一句言词就其自身而言都无所谓导入恰当的意谓和指代,除非这句话是我们自己说出来的。但是鉴于这句话是亚里士多德在《伦理学》第一章所说的,其本人是想表达一个正确的命题,因此我们可以说,鉴于这句话是基于它为真的意义上而阐述的,因此这个命题就是真的,但是从词项的恰当意义(只能意谓其终极意谓的东西,而不是意谓它本身)上看,这句话仍然不是真的。这也是布里丹本人的观点,意思是,"人是一个种"(Man is a species)这句话,仅当其主词既不简单指代一个概念,也不人称指代具体的人,而是指代"人"这个词项自身时才是真的。这样一来,这句话就被改造为:"人这个词项是一个种词或特殊的词(The term 'man' is a specific term)";相应地,原命题的谓词"种"也仅仅(人称)指代种词或者特殊的词。这个命题当然是真的,因为不仅这样的词,实际上任何词都是一个特殊的词。但是这样一来,这句话的意思就根本不是自亚里士多德以来人们所理解的意思,即"人"具有简单指代,指代一种心灵意向或者关于人的概念。布里丹特别指出,他只是在象征性地(figuratively)或者转意地(transsumptive)对这句话给出新的意谓,以满足这句话是真的,而这句话就词项的恰当意义或者人们习惯性理解的"本义"都不是真的,但他不想以抱怨(cantankerous)或者无礼(insolent)的方式去否定它。②

---

① John Buridan, *Summulae de Dialectica*, pp. 255–256.
② 参阅 John Buridan, *Summulae de Dialectica*, p. 256。

第三节　绝对词项与内涵词项

词项分为绝对词项与内涵词项，相应地，概念分为绝对概念与内涵概念。一般地，绝对概念是指直接意谓某物的概念，它不与任何别的事物相关，表达绝对概念的词项称为绝对词项；而内涵概念是意谓与某物相关联的东西的概念，表示这一事物以某种方式与它所首先或直接意谓的事物相关，表达内涵概念的词项称为内涵词项。最典型的内涵词项如关系词项，例如"父亲"就是一个内涵词项，首先意谓所有父亲，但同时也暗涵（内涵）意谓（或者次意谓）与父亲相关的孩子。再如"白的"也是内涵词项，首先意谓所有白的东西，同时暗含这些白的东西的白性。①

由于绝对词项的意谓都是词项直接意谓的东西，我们今天对它们的理解与中世纪逻辑学并没有什么不同，因此，本节主要讨论内涵词，以及与内涵词相关的定义理论。我们首先讨论中世纪这一问题的历史背景。

一　内涵词理论的历史考察

内涵词项是到中世纪才开始明确讨论的词项逻辑问题，但我们似乎可以在亚里士多德的《范畴篇》中找到类似的论述。他在论由引申得名的东西时说："如果事物的名称是从另一个名称引申出来的，但是引申出来的名字和原来的名称有不同的词尾，则这些事物乃是由引申得名的东西。例如'语法学'这个名称乃是从'语法'这个词引申出来的，'勇士'则是从'勇敢'这个词引申出来的。"②

他又说："另一方面，那些存在于一个主题里面的东西，大多数都不能用其名称和定义来述说它们存在于其中的那个主体。不过虽然定义绝对不可以用来述说主题，名称在某些场合之下被用来述说它却并无不可。

---

① 参阅［加拿大］克劳迪·帕那西奥《奥卡姆心灵语言理论中的直觉行为语义学》，胡龙彪译，《浙江大学学报》（人文社会科学版）2016 年第 3 期。
② ［古希腊］亚里士多德：《范畴篇　解释篇》，1a13—16，方书春译，商务印书馆1986 年版，第 9 页。

例如'白'是存在于一个物体里面的，也被用来述说它所存在于其中的物体，因为一个物体被称为是白色的；但是'白'这个颜色的定义，却绝不可以用来述说此物体。"①

虽然亚里士多德这里并没有提到内涵或者隐含，但是他的论述可以使我们做如下推论：有些词除了其本身所能够意谓或者定义的东西，还可以引申出另一个词（这两个词是同源或者同根的）以及它所谓述的东西，这样，后者也可以说是由原来那个词所间接意谓的东西。例如，"语法"这个词，除了它本身的意谓，也可以引申出"语法家"及其所意谓的东西。从"勇敢"这个词，可以引申出"勇士"（勇敢的人），而勇士也可以说是"勇敢"这个词所间接意谓的东西。再如"白"的定义是一种颜色（即"白是一种颜色"），但同时也被用来述说白的物体，因此，虽然不能说"白"直接意谓白的物体，但可以认为间接意谓白的物体。

奥卡姆在"论不是同义词的具体的名和抽象的名"时，提到了两种名的区分，似乎直接来自亚里士多德对引申词的讨论。他说："抽象的名和具体的名是词干相同而词尾不同的名。例如，'正义的'与'正义'，'勇敢的'与'勇敢'，'动物'与'动物性'，这一对一对的词中，都有起始音节或音节序列相同而词尾不同的名。……情况常常是这样的：具体的名是形容词，而抽象的名是名词。"②

我们撇开这些不同的词的句法构造，仅仅考虑其语义。奥卡姆指出，具体的名与抽象的名能够以许多方式起作用。③ 有时具体的名意谓或者指代某种东西，但是抽象的名并不意谓或者指代这些东西。具体地说：

第一种方式，要么抽象的名指代主体所具有的某种属性或者形式，而具体的名指代具有这种属性或者形式的主体，要么相反。前者如抽象的名"白性"或白（whiteness）指代白色的东西所具有的偶性，即白性，具体的名"白的"（white）指代具有白性的东西，即白色的东西。后者如抽象的名"火"指代火这种主体，而具体的名"火热的"指代火这一

---

① ［古希腊］亚里士多德：《范畴篇 解释篇》，2a29—34，方书春译，商务印书馆1986年版，第12页。
② ［英］奥卡姆：《逻辑大全》，王路译，商务印书馆2006年版，第9页。
③ 参阅［英］奥卡姆《逻辑大全》，王路译，商务印书馆2006年版，第10—11页。

主体的一种偶性，即火的热性。

第二种方式，要么具体的名指代某个东西的一部分，而抽象的名指代整个东西，要么相反。例如"心灵"与"有心灵的"，前者指代作为人的一部分的"心灵"，后者从整体上指代人这个具有心灵的主体。

第三种方式，具体的名与抽象的名指代不同的东西，这些东西既不是主体，也不是另一方的一部分。例如，具体的名指代一种结果或被意谓的东西，抽象的名指代原因或符号。

而奥卡姆对绝对词项（绝对的名）与内涵词项（内涵的名）的区别正是建立在对具体的名与抽象的名的讨论的基础之上，或者说是对后者讨论的继续。他说："我们已经检验了具体的名与抽象的名之间的区别；现在我们要考虑经验哲学家常常采用的名之间的另一种区别。这就是纯粹绝对的名（merely absolute name）和内涵的名（connotative name）之间的区别。"① 此外，奥卡姆还寻求这两类讨论对象之间的对应："所有以第5章（即'论不是同义词的具体的名和抽象的名'这一章——引者注）的第一种方式（即要么抽象的名指代主体所具有的某种属性或者形式，而具体的名指代具有这种属性或者形式的主体，要么相反——引者注）起作用的具体的名都是内涵词项，因为所有那些具体的名都意谓主格的某种东西和其他某种间接格的东西；就是说，在那些名的名词定义中，一个意谓一种东西的表达式处于主格，一个意谓另一种东西的表达式处于一个间接格。对于下面这样的名显然是这样：'正义的''白的''有心灵的''人的'。对于其他这样的名也是这样。"②

这样，我们就建立了"引申词"（或者同源词）—"具体词项"—"内涵词项"之间的语义关联，并且也把对内涵词项的语义讨论历史往前移了一大步。因为通常而言，内涵词项主要是中世纪唯名论逻辑学家讨

---

① ［英］奥卡姆：《逻辑大全》，王路译，商务印书馆2006年版，第28页。王路把"connotative name"［见《逻辑大全》英译本：Ockham, *Summa Logicae*, I. 10, P. V. Spade（trans.），1995 edition, p. 25］译为"含蓄的名"，这里根据中世纪逻辑研究的习惯用语，一律译为"内涵的名"或"内涵名"，相应地，"connotative term"译为"内涵词项"。本书援引《逻辑大全》主要参照王路的中译本，当出现译法不一致时，参考 Spade 的英译本（仅部分）电子版，网址：https://scholarworks.iu.edu/dspace/bitstream/handle/2022/18966/OCKHAM.pdf?sequence=1&isAllowed=y。

② ［英］奥卡姆：《逻辑大全》，王路译，商务印书馆2006年版，第29页。

论的问题，而奥卡姆与布里丹是主要代表。在如此解释下，我们可以进一步考察奥卡姆之前对这一问题的讨论，例如拉丁教父奥古斯丁和实在论者安瑟伦。

奥古斯丁也是最早明确讨论内涵理论的哲学家之一。他在《论天主教会的习俗》(*On the Customs of the Catholic Church*) 一文（Text 5）中，讨论了人首先是什么，并进而讨论了"人"这个词，认为它是一个内涵词，具有内涵的意谓。人是由肉体与灵魂构成，我们不能认为一个尸体是人（中世纪布里丹也认为死人不应该称为人），也不能认为脱离肉体的灵魂是人，只有两者结合在一起才是一个完整的真正的人。但是灵魂才是人的本质，只有有了灵魂的肉体才能称为人。①

奥古斯丁于是讨论了关于"人"的三种定义。在《论大公教会的道德》(*De Moribus Ecclesiae Catholicae*) 中，他首先把"人"定义为："人是利用肉体的有理性的、有死的和凡世的灵魂"(Man is a rational, mortal and earthly soul using a body)②；肉体与灵魂之间不是如亚里士多德所谓质料与形式的关系，而是如柏拉图所说的管理、支配（governing and ruling）与被管理、被支配的关系，如同骑手支配他所骑的马一样。因此，"人"是一个内涵词，"人"这个词项真正意谓的是灵魂，但通过附加间接指称，隐含被灵魂管理与支配的肉体。这就是"人"这个词的语义蕴涵。

需要注意的是，"人"这个词项在中世纪一般不认为是内涵词项，而是绝对词项。因为哲学传统上是把人定义为"有理性的动物"，这并非名词定义，而是真实定义或者本质定义，他们认为只有具有名词定义的词才是内涵词。当然，如果按照奥古斯丁的这种定义（因为在直接意谓的东西"soul"后面附加了"body"这一隐含的东西），即使根据中世纪的内涵词理论，认为"人"是内涵词也并非不合适（稍后详论）。

奥古斯丁还否定了对于"人"的另一种定义，即把人比作灯笼，后者由灯笼框架与蜡烛组成，当定义"灯笼"时，这一词项真实意谓的是

---

① 参阅 P. V. Spade, *Thoughts, Words and Things: An Introduction to Late Medieval Logic and Semantic Theory*, 2002 edition, pp. 194–195。

② Augustine, De moribus ecclesiae catholicae, I. 27. 52, in P. V. Spade, *Thoughts, Words and Things: An Introduction to Late Medieval Logic and Semantic Theory*, 2002 edition, p. 197。

灯笼框架，间接意谓（隐含）它所支撑的蜡烛。类似地，"人"真实意谓肉体，间接意谓肉体所支撑与服务的灵魂。虽然奥古斯丁否定了这种定义，但在这种解释下，"人"这一词项就是一个内涵词项。

在第三种情况下，"人"是一个"配对词"（pair-word），如同"马队"，任何一匹马都不是马队，只有至少两匹马配起来才能称为马队。类似地，肉体与灵魂都不是人，只有配在一起才可以称为人。于是"人"的定义就可以是"人是由肉体与灵魂作为（组成）部分组合在一起（hitched together）的整体"，"人"真实意谓的就是这个整体，而不是其任一构成部分。① 这基本就是亚里士多德的定义。但是奥古斯丁也否定了这一定义。这种情况下，"人"就是中世纪所说的绝对词项，而不是内涵词项，因为它没有任何间接意谓。

安瑟伦是从同源词开始讨论内涵词的。他在其《论语法学家》（De Grammatico）中指出："一个包含形容词性谓词（adjectival predicate）的命题通常被描述为可以谓述主体的质的命题；因此，命题'威廉是白的'（William is white）被说成谓述威廉的白性，或者把白性赋予威廉。在这种情况中使用的具体的形容词形式词项，有时被说成（例如波爱修斯）来自相应的抽象形式词项（正如'白的'来自'白性'，'正义的'来自'正义'，等等），这样就使得我们所讨论的主词（例如'威廉'），可以借助于具体的形式（白的）而从抽象的形式（白性）中'命名'（'denominated' from the abstract）。而我们讨论的质（如'白性'）因而被说成是以形容词（或名词）的派生词或以引申词（同源词）的方式（in a denominative or paronymous fashion）去谓述包含这一质的主体。"②

安瑟伦所说的具体的形容词形式词项就是奥卡姆说的具体词项或者内涵词项。这样的词项来自一个抽象形式的词项，因此当知道一个主体是白的，就可以推出他具有白性，也就是说，在"威廉是白的"这个命题中，"白的"不仅命名威廉这个人，而且命名他（因为被说成是白的）

---

① 参阅 P. V. Spade, *Thoughts, Words and Things: An Introduction to Late Medieval Logic and Semantic Theory*, 2002 edition, p. 192。

② Anselm, De Grammatico, in B. Davies, G. R. Evans (ed.), *Anselm of Canterbury, The Major Works*, Oxford: Oxford University Press, 1998, p. 123. 所谓从形容词或名词派生而来的词，是指诸如"白性"来自"白的"，"勇敢的"来自"勇敢"这种情况。

具有的质——白性；而其语义赋值过程是：白的—白性—具有白性的东西。安瑟伦把这一过程称为命名的思想被阿伯拉尔继承。

基于此，安瑟伦认为，拉丁哲学家继承了波爱修斯的翻译方式，在讨论亚里士多德的十范畴时，把"白的""有文化的"作为关于性质的范畴词的例子，但这是不准确的，虽然它们各自都可以意谓作为抽象形式的性质，但是并非一回事，正确的说法应该是"白性""有文化性"是表示性质的词项。①

在其《论魔鬼的堕落》(On the Fall of the Devil) 中，安瑟伦进一步讨论了一些特殊的词项。他说："有很多这种情形：(一个词的) 语法形式与其在形式中的意谓并不一致。例如，'恐惧'根据语法形式被认为是主动动词，但它在现实中是被动动词。同样，'盲性'(blindness) 语法上被认为是一种东西，但在现实中不是什么真实的东西。正如我们说'他有视力 (sight)' 和 '视力在他身上'，我们也说'他有盲性'和'盲性在他身上'，尽管盲性不是现实中的东西，而是某种东西的缺失，而某人有盲性并不意味着他有什么东西，而是他缺少了什么东西。事实上，盲性不过是没有视力或者那个应该存在视力的地方视力的缺失。但是，在视力该存在的地方没有视力或视力的缺失，并不比在视力不该存在的东西没有视力或视力的缺失有更多的实在性。很多其他东西就其说话形式来说表达了现实中的某种东西，因为我们把它们说成如同现实中的存在物，但其实并不涉及到真实的实在性。正是在这个意义上，我们说'恶魔'(evil)'无物'(nothing) 意谓某种东西，也就是说，它们意谓的并非现实中的某物，而仅仅是以语法形式意谓某物。'无物'意谓的仅仅是非存在 (non-being) 或者一切真实东西的缺失。"②

也就是说，在安瑟伦看来，有些词在语法上表达 (express) 或者以语法形式意谓的东西，并非真实存在的东西，但是我们不能以这些东西在现实中不存在而否定它能够以某种方式意谓现实中真实的东西。就

---

① 参阅 Anselm, De Grammatico, in B. Davies, G. R. Evans (ed.), *Anselm of Canterbury, The Major Works*, Oxford: Oxford University Press, 1998, p. 123。

② Anselm, On the Fall of the Devil, 11, in B. Davies, G. R. Evans (ed.), *Anselm of Canterbury, The Major Works*, Oxford: Oxford University Press, 1998, pp. 209–210.

"盲性"这个词而言，语法上意谓的是"盲性"，但是盲性不是某个真实存在的东西，因此"盲性"这个词不能命名（只有意谓现实中存在的事物才叫命名）真实存在的东西，但是可以通过说盲性在某个人那里，而（以某种间接的方式）意谓某个人身上不存在的真实的视力。而"无物"或者"恶魔"语法上意谓的是非存在，虽然它不能命名某个真实事物，但可以意谓所有真实事物的缺乏。诸如这样的词，就是中世纪讨论的内涵词，虽然安瑟伦本人没有使用"内涵"这一术语，但是在他的论述中，已经涉及中世纪内涵理论的相关内容。

安瑟伦的这一看法对布里丹产生了很大的影响，后者在论述其唯名论语义学时，经常引用"荷马是盲的"这一例子，来说明"盲的"作为一个内涵词，并不意谓一个真实存在的盲性，而仅仅意谓的是一个视力不存在的具体的人。按照他本人的说法，"盲的"是以否定的方式意谓有视力的人。相应地，"无物"也是以否定的方式意谓所有存在的事物。

二　奥卡姆的内涵词理论

作为比较，奥卡姆首先对绝对的名进行了定义。他说："纯粹绝对的名是这样的，它们不是首要地（principally）意谓一些东西，并次要地（secondarily）意谓另一些东西。相反，凡绝对的名所意谓的东西都是被首要地意谓的。例如'动物'这个名，很明显它只意谓牲畜、驴、人和其他动物；它不是首要地意谓一个动物，而次要地意谓另一个动物，以致使一个词被以主格意谓，而另一个词被以一种间接格意谓。在一个表示这个名代表什么的定义（即名词定义——引者注）中，也并非必须出现不同格的词项或形容词性动词（adjectival verb）[①]。严格地说，绝对的名确实没有一个表示这个名代表什么的定义，因为恰当地说，一个具有这种定义的名，仅有一个表示这个名代表什么的定义。也就是说，不存在多个表示这个名代表什么的表达式（即句子），而这些表达式具有相互区分的部分，其中某个表达式意谓某种不被其他表达式以任何方式表示的东西。然而，在纯粹绝对的词项的情况下，名的意思可以被一些不同的表达式表达，这些表达式的构成词项不意谓相同的东西。……内涵的

[①] 这里所谓形容词性动词是指一切动词，包括"to be"这种形式。

名是这样一个名，它首要地意谓某种东西而次要地意谓另一种东西。内涵的名有严格意义上表示这个名代表什么的定义。在一个内涵词项的这种定义中，常常必须把一个词项置于主格，把另一个词项置于一个间接格。"①

显然，奥卡姆区分绝对词项与内涵词项的标准有两条：

1. 绝对词项只有首要的意谓，或者说意谓的都是首要地意谓的东西；而内涵词项是首要地意谓某种东西，并且同时次要地意谓某种东西，而这两种意谓的东西虽具有相关性，但是并不完全相同，后者往往是前者意谓的东西所具有的性质，一般是其本质属性。

我们通过奥卡姆的例子来说明他说的首要的意谓与次要的意谓是什么意思。以"动物"这个词为例。它是一个绝对词项，奥卡姆的意思是，这个词除了意谓各种不同的动物，不再意谓别的东西，即不再意谓动物之外的东西，也不再意谓动物作为实体之外的其他属性，或者与其他东西之间的关联。在这种情况下，我们就可以说"动物"首要地意谓各种不同动物，或者说各种不同动物就是这个词首要意谓的东西。同时这个词除了其首要的意谓，没有次要的意谓，因此，不能说它首要意谓这个动物，次要意谓另一个动物，意谓不同动物对于这个词的意谓来说，都是同一种类型的东西，对于这个词来说，没有区别。如果我们根据奥卡姆之前的逻辑学家（例如普里西安、安瑟伦、阿伯拉尔）的话，就是"动物"这个词是对具有相似性的某些东西，即各种被称为动物的实体的命名，命名的对象就是这个词意谓或者首要意谓的对象。按照传统逻辑术语，首要的意谓就是意谓这个词的外延对象本身。

但是诸如"白的"这种内涵词项，就不止一种意谓。也就是说，它首要地意谓白的东西，次要地意谓白性。前者是一个实体，后者是这个实体就其首要意谓的意义之下的性质。这两者具有相关性，但明显是不同的东西，后者附属于前者，在这种情况下，准确地说，我们就不能说"白的"既意谓白的东西，又意谓白的东西的白性，而应该说，它首要地意谓白的东西，次要地意谓白性，以显示两者的不同层次。所谓次要意谓是就其首要意谓的意义之下的意谓，也是体现两种不同意谓之间的相

---

① Ockham, *Summa Logicae*, I. 10, P. V. Spade（trans.），1995 edition，pp. 25–26.

关性，因为作为一个实体必定具有很多性质，但是白性是就其被称为白的东西而言的属性，而不是这个实体的其他性质，例如动物是有死的等。这也是前述安瑟伦所谓被抽象形式（白性）所"命名"的东西是要借助于具体的形式（白的）的意思。

此外，我们还需要区分奥卡姆对意谓所做的其他不同分类。

首先，这里对首要的意谓与次要的意谓的区分，不等于奥卡姆在《逻辑大全》开始处就语词与概念对事物的意谓所做的那种类似的区分。奥卡姆说："我认为，说出的词是附属于概念或心灵意向的符号，这不是因为在'意谓'的严格的意义上说，它们总是首先专门意谓心灵的概念。关键在于说出的词被用来意谓新的概念所意谓的那些东西，因此，概念直接地（primarily）并且自然地（naturally）意谓某种东西，而说出的词间接地（secondarily）意谓这同一个东西。"① 我们这里根据中文习惯、上下文的通畅以及奥卡姆真实表达的意思，把"primarily"翻译为"直接地"，把"secondarily"翻译为"间接地"，这也是中文语境下惯用的译法。正是在这个意义上，我们说，包括奥卡姆在内的唯名论逻辑学家的一致看法是，词项（特别是普遍词项）直接意谓的是概念，（并通过这一概念）间接意谓具体事物。但是必须看到，虽然奥卡姆这里使用了与区分绝对词项与内涵词项的意谓相同的副词（即 primarily，secondarily），但是两者的意思显然是不一样的。如果按照这里的区分，认为"白的"直接意谓白的东西，间接意谓白性，就是错误的。

其次，奥卡姆在谈论词项的意谓时，还做了另一种区分："逻辑学家以几种方式使用'意谓'这个词。首先（第一种意义上），如果一个符号以某种方式指代或能够指代某种东西，从而随着'是'这个动词的介入，那个名能够谓述一个指那个东西的指示代词，那么这个符号就被说成是意谓那种东西。例如'白的'意谓苏格拉底，因为'他是白的'是真的，这里的'他'指苏格拉底。同样，'理性的'意谓人，因为'他是理性的'是真的，这里'他'指人。"② "在另一种意义上，我们说，如果一个符号能够在一个真的过去时、现在时或将来时命题中，或者在一个真

---

① ［英］奥卡姆：《逻辑大全》，王路译，商务印书馆2006年版，第2页。
② ［英］奥卡姆：《逻辑大全》，王路译，商务印书馆2006年版，第85页。

的模态命题中指代某种东西,那么他就意谓那种东西。例如'白的'不仅意谓现在是白的,而且意谓能够是白的东西;因为如果我们把'是白的东西能跑'这个命题的主词看作是能够存在的东西,那么它就指代那些能够是白的东西。"① "在最广泛的意义上我们说,一个词项在这样的条件下有意谓,即它是一个下面这样的符号:它能够是一个命题的一部分或是一整个命题并且表示某种东西,无论是首要地(principally)还是次要地(secondarily),无论是处于主格还是处于某个间接格,无论是人们所理解的还是词项所隐含的(connote)某种东西,无论是肯定地意谓还是否定地意谓。在这种情况下,我们说,'盲的'这个名意谓视力,因为它是对视力的否定,与此相似,'无物'(nothing)或者'没有什么'(non-something)不过是以否定的方式意谓某物(something)。安瑟伦在《论魔鬼的堕落》中就讨论了这种方式的意谓。"②

第一种意义上的意谓其实就是词项指代一个当下存在的事物(基于动词"是"),这相当于中世纪词项属性理论所说的一个词项称呼当下存在的事物。当这个东西不存在了,这个词项就不再意谓它以前意谓的对象。第二种意义上的意谓称是指词项可以扩张意谓过去、现在以及将来一切可能的东西。当词项以这两种意谓方式出现在命题中,就是人称指代。而奥卡姆所说的词项的最广泛意义上的意谓,不仅包括第一种和第二种意义下的意谓,还包括它们没有提到的意谓,例如,一个词项所隐含的某种东西。

虽然这里提到的三种意义的意谓与奥卡姆对于绝对词项和内涵词项的意谓的区分使用的是不同的标准,但是从外延的角度看,绝对词项的意谓属于这第一和第二两种意谓,所有这两种意谓都属于词项的首要的意谓。而内涵词项的意谓,就是词项最广泛意义上的意谓,它除了包括第一和第二两种意义下的意谓——也就是首要的意谓,还包括这两种意义之外的意谓,即次要的意谓——主要是词项所隐含的东西。虽然我们以外延关系的方式,讨论了这些不同概念之间的交叉,但是我们仍然不能把对绝对词项和内涵词项意谓的区分,与这三种不同意谓直接对应

---

① [英]奥卡姆:《逻辑大全》,王路译,商务印书馆2006年版,第85—86页。
② Ockham, *Summa Logicae*, I.33, P. V. Spade (trans.), 1995 edition, p.46.

起来。

2. 绝对词项与内涵词项区分的另一条标准是看一个词项是否具有名词定义。

奥卡姆把定义分为两种,一种是真实定义（real definition）,另一种是名词定义（quid nominis/nominal definition,或称名义定义）。真实定义有严格意义与宽泛意义之分。严格意义上的真实定义是指这一定义说明的是一个事物的整个实质,也就是它自身的内在结构,并且不表示被定义的对象的任何外在的东西。例如,关于人的严格意义上的真实定义是：人是由肉体与智慧心灵构成的实体。[①] 哲学传统上对人的定义是：人是具有理性本性的动物,这也是严格意义上的真实定义。广义意义上的真实定义首先包括严格意义上的定义,其次还包括描述定义（descriptive definition）,即由实体的和偶性的项构成的定义,例如"人是直立行走的有宽指甲的能笑的动物""人是直立行走的有宽指甲的理性动物",等等。[②]

名词定义简单地说就是关于这个词的,即这个词表示什么东西,[③] 或者应用于什么东西,而无关这个词所应用的东西的内在结构。我们现在的逻辑学教科书一般称为语词定义。以下这些定义都是名词定义："吐火怪兽"表示一个由一只羊和一头牛构成的动物,"哪里"是一个表示地点的疑问副词,"何时"是一个表示时间的疑问副词,"白的"表示那些具有白性（whiteness）的东西。[④]

奥卡姆认为,严格地说,绝对词项没有名词定义。他给出的词项具有名词定义的标准是：首先,一个有名词定义的词,其名词定义只能有一个；其次,与此相关,如果一个词有名词定义,那么这个词的意思就不能被不同的表达式表达——在这些不同表达式中,其中一个表达式的词项,意谓某种不被其他表达式的词项以任何方式表达的东西。[⑤] 也就是说,如果一个名词定义可以有由不同词项构成的不同的表达式,那么这些词项只是表述不一样,而在语义上必须是等值的（同义词）,即意谓相

[①] 参阅 Ockham, *Summa Logicae*, I. 26, P. V. Spade (trans.), 1995 edition, p. 36。
[②] 参阅［英］奥卡姆《逻辑大全》,王路译,商务印书馆2006年版,第79—80页。
[③] ［英］奥卡姆：《逻辑大全》,王路译,商务印书馆2006年版,第78页。
[④] 参阅［英］奥卡姆《逻辑大全》,王路译,商务印书馆2006年版,第78—79页。
[⑤] 参阅［英］奥卡姆《逻辑大全》,王路译,商务印书馆2006年版,第28页。

同的东西，相应地，不同词项构成的不同表达式也表达相同的意思或相同的命题意谓。

例如"天使"这个词项（前提是这个名用来意谓实体），它没有名词定义，因而只是一个绝对词项（当然，也可以相反，即因为它是一个绝对词项，因而没有名词定义）。因为不同的人可以给出多个不同的定义，例如：

（1）"天使"是指一种与质料分离的实体。

（2）"天使"是一个既聪明又纯洁的实体。

（3）"天使"是一个不与其他任何东西混合构成的简单的实体。

我们还可以构造很多不同的类似定义。奥卡姆认为，"虽然所有这些句子都解释了'天使'这个名的主要特征，但是每一个句子都包含一个词项，这个词项意谓某种不被其他两个句子的任何词项以相同方式意谓的东西，因此，严格地说，这些句子都不是名词定义"①。也就是说，这些定义表达式都不是语义等值的，其中的词项意谓不同的东西。而这些定义都可以认为是对这个词的某种定义，同时我们也无法在其中找到一个真正可以称为名词定义的表达式，因此，"天使"就是没有名词定义的绝对词项。类似地，"人"、"动物"、"山羊"、"石头"、"树"、"火"、"土"、"水"、"天"、"白"（whiteness）、"黑"（blackness）、"热"、"甜"（sweetness）、"香气"、"味道"等，都是没有名词定义的绝对词项。

所有具有真实定义的词项都是绝对词项，但是并非所有绝对词项都具有真实定义，例如专名"苏格拉底"。我们将在布里丹的定义理论中讨论这一问题，因为后者与奥卡姆的观点类似，但有着更加详细的解释。

但是"白的"这个词项，可以定义为：（1）"白的"就是具有白性这一形式的东西，或者（2）"白的"就是含有白性的东西。这两个定义只是表述不同，其词项都以相同的方式意谓相同的东西，并且表达式的一部分（"东西"）是以主格的方式，② 另一部分（"具有白性这一形式"或"含有白性"）是以间接格的方式。因此，"白的"有名词定义，属于

---

① ［英］奥卡姆：《逻辑大全》，王路译，商务印书馆2006年版，第29页。

② 这里说的是拉丁语的语法形式，汉语甚至英语的语法形式与之不一样。

内涵词项。

动词也可以是内涵词项。例如"导致"（cause）可以这样定义："导致"这个词所意谓的类似于这样一个表达式所意谓的东西：某种东西因其存在，另一个东西由此得出（follow）；或者，某种东西能够产生（produce）其他东西。① 这两个表达式使用了不同的词（"产生""得出"），但是它们以相同的方式意谓相同的东西，它们所意谓的东西正是"导致"这个词所意谓的。

我们总结一下奥卡姆所讨论的内涵词项，大致包括如下类型：

（1）所有以第一种方式（即要么意谓主体所具有的某种属性或者形式，要么意谓具有这种属性或者形式的主体）起作用的具体的词项（即形容词形式的词项），例如"正义的"、"白的"、"有心灵的"（animate）、"人类的"等。②

（2）所有表示关系的词项都是内涵词项，这也是中世纪唯名论者（特别是布里丹）主要讨论的内涵词项。奥卡姆所举的一个例子是"类似的"这个关系词项，可以这样定义："类似的"表示一个东西与另一个东西具有同类性质。③

（3）表示量的词项，例如"弯曲""直""长""宽""高"等。实际上，在十大范畴中，表达除实体、质之外所有范畴的词项，以及一些关于质的属的词项（例如，关于"有理性的"这一人的本质的属词项"有生命的"，我们将在布里丹的内涵词理论中讨论这一问题）都是内涵词项。④

（4）诸如"真的"、"好的"、"一"、"潜能"、"行为"、"理性"、"易懂的"（intelligible）、"意志"等所谓超验词项。例如奥卡姆认为，"真的"可以与"存在"（ente/being）互换。⑤

（5）否定词项、缺失（privative）词项、不定（infinite）词项。例如"非物质的"（某种没有质料的东西）"盲"（某种本来应该有视力而丧失

---

① 参阅 Ockham, *Summa Logicae*, I. 10, P. V. Spade (trans.), 1995 edition, p. 27。
② 参阅 [英] 奥卡姆《逻辑大全》，王路译，商务印书馆2006年版，第29页。
③ 参阅 [英] 奥卡姆《逻辑大全》，王路译，商务印书馆2006年版，第30页。
④ 参阅 [英] 奥卡姆《逻辑大全》，王路译，商务印书馆2006年版，第30页。
⑤ 参阅 [英] 奥卡姆《逻辑大全》，王路译，商务印书馆2006年版，第30—31页。

了视力的东西)"非人"(某种不是人的东西)。①

（6）所有虚构的词项，即现实中没有东西与之对应的词项。例如"吐火怪兽""真空""无穷"等。②

三　布里丹基于复合概念的内涵词理论

我们已经说明了所有内涵词项都有名词定义。名词定义表达式包含以主格出现的词和以间接格出现的词，分别首要地意谓某种东西与次要地意谓某种东西，这些不同的东西显然是由于内涵词项所附属的不同概念或概念的复合性或复杂性所带来的。基于此，布里丹把他的内涵词理论与对词项的另一种区分——简单词项与复合词项，相应地，简单概念与符合概念——联系起来。因此，我们需要首先讨论他对后一个问题的阐述。

1. 简单概念与复合概念

简单概念与复合概念的区分，同范畴词与助范畴词的区分密切相关。

助范畴词通过与范畴词相结合，可以修改范畴词的表征功能，使之具有与原范畴词不同的意谓，从而形成新的概念；这些新的概念是范畴词与助范畴词相结合的产物，具有特殊的内在结构，称之为复合结构，具有这种复合结构的概念称为复合概念。

与简单概念和复合概念相关的是简单词项与复合词项，但是两者属于不同的领域。简单词项（或简单表达式）与复合词项（复合表达式）是语词在句法或者语法领域的区分，简单词项是说一个词项不可以在语法上被分割为其他语词，或者即使可以分割为其他语词，但它们只有作为一个整体才能意谓这个词项所意谓的东西。复合词项是说这个语词可以在语法上被分割为不同的语词，而这不同的语词又可以意谓不同的东西，并且与作为整体的语词所意谓的东西具有相关性，即它们结合在一起复合意谓这个复合词项所意谓的东西。

例如，"石头"（stone）这个语词，不可以再分割成其他词而意谓其他单个实体，因而是简单词项；相应地，"石头"就是简单概念。但是

---

① 参阅［英］奥卡姆《逻辑大全》，王路译，商务印书馆2006年版，第270页。
② 参阅［英］奥卡姆《逻辑大全》，王路译，商务印书馆2006年版，第273—275页。

"有理性的动物"这个词可以分割为"有理性的"与"动物"这两个不同的词,而后者可以分别意谓不同的东西,并且它们所意谓的东西与作为整体"有理性的动物"所意谓的东西不同,但是与后者的意谓具有直接相关性(严格地说,是两者的结合),因此,这就是一个复合词项;相应地,意谓有理性的动物的概念也是一个复合概念。

那么,简单词项与复合词项是否分别直接对应于简单概念与复合概念?布里丹对这一问题进行了深入的讨论。

首先,复合词项是由简单词项组合而成的。既然简单词项组合成复合词项,那么复合词项在心灵中表征的复合概念,是否严格对应于简单词项在心灵中表征的概念的组合?如果是,那么这种组合是简单的概念相加,还是需要心灵对它们进行技术性处理,从而组合成一个新的概念,并且这一技术组合的根据与过程是怎么样的?

为了搞清楚这一问题,布里丹对语词进行了分层次。他说:"我们应该认识到,我们可以区分三种类型的表达式(oratio)以及三种类型的词项(terminus)或语词(dictio),正如亚里士多德在《解释篇》一文一开始所提及的那样,也就是说,心灵的,说出的和写下的。简单概念结合在一起(complexion)被称为'心灵表达式',它来自于通过理性的二次操作而进行的组合或拆分(componendo vel dividend),表达这些表达式的词项都是被理性整合或分开的简单概念。正如简单概念是我们通过简单语词——我们称为'单词'(word)——直接意谓(designate[①])一样,我们也是通过单词的组合去直接意谓简单概念的组合。正是出于这个原因,说出的表达式也是由多个单词组合而成的语词,并且它们对我们来说,意谓心灵中概念的组合。"[②]

也就是说,简单语词直接意谓心灵中的简单概念,简单语词的组合直接意谓心灵中简单概念的组合。但是这并不表示心灵中简单概念的组

[①] 布里丹用 designate(拉丁文 designat)这一专业术语,表示说出的话语(语词)与其对应的心灵表达式——概念——之间的关系。也就是说,心灵表达式是说出的话语在心灵中的直接意谓物,或者说是在心灵中直接、即时意谓的东西。鉴于此,我把"designate"中译为"直接意谓"。这一术语与"附属于"(subordinate)这一术语方向相反,也就是说,说出的话语附属于心灵表达式,而心灵表达式则是说出的话语的直接意谓。

[②] 参阅 John Buridan, *Summulae de Dialectica*, p. 11。

合，与说出的或写出的简单语词的组合是严格的一一对应，更不意味着心灵中的复合概念与说出的或写出的简单语词组合之间是严格的一一对应；从语词组合到概念组合，中间可能存在某种技术性环节，这些技术环节使得它们之间的对应出现各种偏差。

布里丹首先指出了这些技术环节的一种表现。他说："一个说出的表达式只有在其直接意谓心灵中概念的组合时，才被称为'表达式'。例如，如果作为一个整体的话语'一个人跑'被强加只意谓石头，如同'石头'（在约定俗成中）这个语词仅仅意谓石头那样，那么'一个人跑'将不会是一个表达式，而只是像'石头'那样的简单的语词。因此，一个东西之所以被称为说出的表达式或命题，只是因为它直接意谓心灵表达式或命题，并且一个说出的命题被认为是真的还是假的，只是因为它直接意谓一个真的或假的心灵命题。如同一份尿样被认为是健康或不健康的，仅仅是因为它直接意谓的那个动物是健康的还是有病的。同样地，每一个根据习惯（ex institutione）而恰当地直接意谓简单概念的话语之所以被称为非复合的，恰恰因为它是被用来直接意谓一个简单概念。"[1]因此，一句话所意谓的东西，并不一定是其中的语词所意谓的东西的简单相加，一个表达式所意谓的东西，并不一定是其中的简单概念所意谓的东西的简单相加，也并不一定是由构成表达式的那些简单概念结合而形成的复合概念所意谓的东西，强加意谓、约定俗成等技术环节可能会改变一个表达式最终的意谓。

这种情况在语言的日常使用中也是常常发生的。例如，一个本来比较复杂的复合表达式"人类最忠实的朋友"，被转而意谓由简单语词"狗"所意谓的简单概念。根据布里丹的逻辑，这种情况下，我们就可以假定"人类最忠实的朋友"就是一个简单词项（如果不考虑这一特殊的意谓强加，这个表达式显然是复合词项）。再如英文词项"polecat"（臭鼬），表面上可以分为两个独立的词项"pole"（极地）与"cat"（猫），但是作为整体词项"polecat"所意谓的东西，与其分解后的两个词项所意谓的东西完全不相干。也就是说，"polecat"是被强加意谓一个与被分解后的两个词项完全不相同的东西。这种情况下，"polecat"依然是一个

---

[1] 参阅 John Buridan, *Summulae de Dialectica*, p. 11。

简单词项。① 这就是语词组合到概念组合对应上的偏差。

复合表达式意谓简单概念还有一种情况，这个复合表达式被不可拆分地强加意谓一个概念，而被称为简单词项或者简单话语。布里丹说："我们也要清醒地认识到，由于我们是根据意愿（ad placitum nostrum）而设定（instituuntur）话语去意谓概念。经常发生这样的情况，我们强加给一整句话语去意谓一个很大的心灵表达式，但这句话的任何部分都不能单独用来意谓这个心灵表达式的任何单个概念。在这种情况下，这样的话语就被语法学家称为'语词'，因为它不可以被拆分为可以单独意谓某个东西的部分。但是，如果逻辑学家称之为'有意义的表达式'（significative expression），也不可谓不合适；例如，如果'伊利亚特'（Iliad）这个名字被强加意谓整个特洛伊故事所意谓的同样的东西，或者同样地，'真空'这一名字被强加意谓'没有物体占据的地方'这一表达式所意谓的同样的东西，并且以此方法，我们可以在某个争论中达成一致，即通过 A，我们理解了'金山'表达的同样的东西，通过 B，我们理解为'会笑的马'表达的同样的东西，通过 C，我们理解为'一个人跑'表达的同样的东西，等等。在这种情况下，C 从属性上看将会是一个说出的命题，因为它意谓一个心灵命题。然而，语法学家不会称之为一个命题，而是一个简单的话语，因为它不可分解成可以单独意谓某个概念的话语。"②

复合表达式意谓简单概念还有一种情况，即多个不同的复合表达式意谓同一个简单概念，比如简单概念"上帝"，可以通过为数极多的复合概念去设想它。

总之，判断简单词项或复合词项是否附属于简单概念或复合概念，除了要考虑这一说出的或写出的符号串是否具有某种已可识别的复合性（比如我们可以识别单词由音节构成，说出的或写出的符号是由声音或字母构成等），更需要考虑语词实际被强加的意谓，即需要考虑语义强加或语言的约定俗成。相应地，心灵在对语词进行复合处理时也需要根据这一原则，这就是心灵中概念复合的技术环节之一。

---

① 参阅 G. Klima, *John Buridan*, New York: Oxford University Press, 2009, p. 41。
② 参阅 John Buridan, *Summulae de Dialectica*, pp. 12 – 13。

我们假定这些技术环节都是通用的，那么影响不同词项在心灵之外所意谓的东西，还与逻辑学家的唯名论与实在论立场是直接相关的。对于实在论，简单词项意谓的是简单实体，而复合词项意谓的是复合实体。但根据唯名论的本体论，无论是简单词项、复合词项，它们在心灵之外所意谓的都只是单个的事物。区别在于，简单词项是通过心灵中所附属的简单概念去意谓单个的事物，而复合词项是通过心灵中所附属的复合概念或概念的组合，去意谓心灵之外的单个事物。

关于命题，实在论者认为命题在心灵之外还意谓某种作为整体而存在的神秘实体，即命题意谓。但在唯名论者看来，与简单词项和复合词项一样，命题在心灵之外也只意谓单个的事物，甚至相互矛盾的命题所意谓的东西都是相同的。比如，"上帝是上帝"或者"上帝不是上帝"，这两个命题表达式不会在心灵之外的现实中，意谓比上帝这个简单语词所意谓的东西更多，它们在外在现实中仅仅意谓上帝。肯定命题以肯定的方式意谓他，而否定命题以否定的方式意谓他。这两种不同的意谓方式，都是在心灵中通过理智对简单概念的二次操作而形成复合概念，并通过说出的联结词"是"与"不是"来表示。①

布里丹的这一回答从整体上坚持了他的唯名论的关键立场：由于语言是通过概念的介入而映射到现实，任何语言的复合性（句法和语义的复合性，或仅仅是语义的复合性）都来源于它们在心灵中所附属的概念的复合性，而它们所附属的概念——也就是我们借以设想事物的不同方式（唯名论中的概念只不过是一种设想外在事物的心灵行为）——从根本上看，只是一种人为的语词意义强加。因此，语言或者思想意谓之物（或表达的东西）的不同，与不同的语言或思想本身的不同，并无必然联系。由此我们可以推知，现代任何关于说不同语言或"生活于不同世界"具有不同文化的人具有不同思想的时髦的讨论，都应慎之又慎。②

2. 绝对词项与内涵词项

布里丹正是把对内涵词项的定义建立在复合概念的基础之上。如前所述，奥卡姆认为一个词项是内涵词项，当且仅当它具有名词定义，也

---

① 参阅 John Buridan, *Summulae de Dialectica*, pp. 13–14。
② 参阅 G. Klima, *John Buridan*, New York: Oxford University Press, 2009, p. 43。

就是说，内涵词项就是具有名词定义的词项，内涵词项的意谓就是其名词定义的意谓。这也是布里丹所同意的。后者进一步指出，"仅当一个说出的词项对应的是一个复合概念，而不是简单概念，它才具有严格意义上的名词定义——即这个词意谓的是什么以及如何意谓"①。因此，名词定义表达式是一个复合表达式，它意谓的是一个复合概念，需要在心灵中通过意谓强加或者基于习惯等技术手段，对其中的词项所意谓的概念进行二次处理，从而最终意谓心灵之外的具体事物。

例如，我们把"真空"这一内涵词项强加意谓复合表达式"没有物体占据的地方"（place not filled with body）所意谓的东西，这样，对于"真空"的名词定义就可以是："'真空'就是没有物体占据的地方"，而"没有物体占据的地方"这个表达式意谓一个复合概念，通过它我们思考"物体""占据""地方"这些对象。但应该明白，这个名词定义并非表示"真空"意谓什么类型的具体事物，而是说这个词意谓什么东西，以及如何意谓；准确地说，就是这个词意谓的是"物体""占据""地方"这三个概念，后者就是布里丹所说的"真空"这个词隐含的东西。至于这三个概念最终意谓的是什么，需要心灵对它们进行二次处理，去综合意谓心灵之外的具体事物。布里丹说："正是由于这个原因，'真空就是没有物体占据的地方'这个命题并不正确，除非取实质指代，即'真空'这个名根据表达式'没有物体占据的地方'所意谓的概念，而意谓后者所意谓的相同的东西。因此，'真空'这个名意谓很多东西，也就是说，那些被'地方''物体'和'占据'这些词项所意谓的所有东西，以及由它们所对应的复合概念——借助于这个复合概念，可以想象很多事物。然而，无论是概念，还是'真空'这个名，抑或它的名词定义，都不指代什么东西，因为附加项'没有物体占据'或它对应的概念移除了'地方'这个词项或者其对应的概念的指代，假定所有地方都充满物体的话，正如'不会笑的人'不指代任何东西，因为每个人都会笑。"②

布里丹这段话的核心思想是，"真空"这个词意谓很多东西，这些东西包括：（1）这个词项的名词定义所包括的词项"地方""物体""占

---

① John Buridan, *Summulae de Dialectica*, p. 840.
② John Buridan, *Summulae de Dialectica*, p. 839.

据"所意谓的概念；（2）"地方""物体""占据"所意谓的复合概念；（3）所有这些概念指代的东西。（1）与（2）就是"真空"这个词项的内涵，（3）就是这个词项终极意谓的东西。然而，在假定现实中不存在一个没有物体占据的地方情况下，'没有物体占据'这一附加的词项或它对应的概念就使得这里提到的任何概念在现实中都没有指代，因此，一个内涵词项必须有所意谓的内涵，但可以没有指代（需要区分意谓与指代，意谓是一个词的自然属性，任何词都有意谓，但指代是一个出现在命题中的词项在现实中所指称的东西，它们未必存在——参阅指代理论相关章节）。但不能因为它没有指代，而认为它不是一个内涵词，因为根据布里丹的词项扩张理论，完全可以通过这些词项所意谓的概念或者它们所构成的复合概念，去想象一个可能存在的东西。实际上，很多内涵词都没有指代。

类似地，布里丹讨论了"吐火怪兽"（chimera）这个内涵词。基于同样的原因，"吐火怪兽"也意谓很多东西，但不指代任何东西。布里丹说："以同样的方式，'吐火怪兽'对应于一个复合概念，通过这个概念想象许多事物，但是却没有任何指代。因为（在这个复合概念中），用以确定的东西与被确定的东西是不相容的，正如所提供的名词定义所描述的：'吐火怪兽是由不能构成任何东西的个体所构成的动物'，同样地，这一说出的表达式和词项'吐火怪兽'所对应的心灵中的复合概念也是用以确定的东西与被确定的东西不相容。因此，'吐火怪兽'意谓'动物''个体''构成'等所有词项所意谓的东西，但是它们都不指代任何东西，所对应的复合概念也不指代任何东西。其原因在于，用以确定的东西或'不能构成任何东西的个体'这一添加项移除了其他部分，即'由这些个体构成的动物'的指代，因为两者不相容。"[①]

由于很多内涵词项没有指代，布里丹于是为内涵词给出了一个"新"的术语——称呼词，在布里丹的逻辑中，他很少使用内涵词，更多的是使用"称呼词"。

"称呼"（appellation）这一术语，最初被语法学家（例如普里西安）用来表示普遍词项或者普遍名词的属性。而中世纪早期逻辑学家认为，

---

① John Buridan, *Summulae de Dialectica*, p. 839.

如果一个词项只意谓当下存在的事物，那么就是这个词的称呼属性，单称词项与普遍词项都具有称呼属性。到了中世纪晚期，称呼变成了指代的一种形式。但是在布里丹这里，称呼具有其特定的含义，用来表示内涵词项具有与一般词项不同的指代功能，他在其《逻辑大全》中明确了这一术语："称呼与指代有别，因为有些词有指代但没有称呼，例如关于实体的主格形式的范畴词'动物'、'植物'、'黄金'；有些词项有称呼但没有指代，例如，'吐火怪兽''真空'或作为整体的短语'能够嘶鸣的人'；并且有些词项既有称呼也有指代，例如'白的''父亲''坐着'，以及作为整体的短语'白人'，它们称呼一个事物，指代另一个事物，例如'白的'指代白的东西，称呼白性。"①

他又说："有些词是称呼（appellative）词，有些不是。用于主格的实体词或不隐含（connote）其指代的事物之外任何其他东西的词严格地说都不是称呼词。如果一个词还隐含这个词所指代的东西之外的其他东西，这个词就是称呼词，并且称呼它所隐含的东西，而后者属于（adiacens/pertaining to）这个词所指代的东西，正如'白的'称呼白性，而白性属于'白的'这个词习惯上所指代的东西。"②

布里丹所谓称呼词就是内涵词。称呼词可能有内涵，但是没有外延，即有称呼，但是没有指代，例如上文的"真空""吐火怪兽"等。而绝大部分称呼词都是既有称呼也有指代，布里丹特别讨论了关系词，例如"父亲"这个词，它意谓很多东西，即指代一个男人，而称呼诸如"动物""伟大""有孩子"等诸多内涵。类似的还有"儿子""老师""奴隶""主人"等。③

布里丹对于称呼词的指代与称呼分得很清楚，这种区分与奥卡姆所谓首要意谓与次要意谓是一致的，即对于内涵词项来说，布里丹的指代就是奥卡姆所说的首要意谓，布里丹的称呼就是奥卡姆的次要意谓。结合布里丹的指代理论（在通常语境下，人称指代才是默认的指代）和唯名论语义学（仅承认个体事物的真实存在），我们可以这样说，在人称指

---

① John Buridan, *Summulae de Dialectica*, p. 226.
② John Buridan, *Summulae de Dialectica*, p. 291.
③ John Buridan, *Summulae de Dialectica*, p. 192.

代和非扩张语境中，绝对词项通过一个包含现在时的联结词的直言命题，而指代其所附属的概念终极意谓的个体事物（significata），并且这些事物是现实中真实存在的。而称呼词项（或内涵词项）通过一个包含现在时的联结词的直言命题，指代的也是它所附属的复合概念终极意谓的东西，但不仅需要其终极意谓的个体事物是现实中真实存在的，还需要其称呼的东西（appellata）以其名词定义所提供的方式，真实地与其终极意谓的东西相关联。而在扩张语境下，所有这些都需要在其扩张语境下真实存在。例如"人是动物"，其主词与谓词都是绝对词项，联结词"是"表明这是一个现在时命题，因而主词与谓词都指代当下存在的人和动物。而"一个人是智慧的"（A man is wise）也是一个现在时命题，主词是一个绝对词项，指代现实中的人，谓词是称呼词项，不仅指代现实中的人，而且称呼这个人真实地具有智慧（wisdom），通过概念的二次技术处理，谓词终极指代的就是"一个真实地具有智慧的真实的人"（an actual person actually having wisdom）。[1]

　　称呼词不仅包括名词、形容词，还包括认知动词。这些动词会带给其支配的词项以不同的语义后果，即它们不能仅仅指代它们终极意谓的东西，还必须考虑这些词的内涵。例如，他在推论理论中指出，诸如"知道""懂得""理解""相信""判断""看见""希望""承诺"等都是认知动词，此类动词或其分词或其名词化的词项，限制了跟随在它们之后的词项的指代，即后者的指代不是绝对的或简单的指代，而是要与它们所"称呼"的内涵一起，去意谓其所意谓的东西。因此，在构造包含这些动词的推论时，不能使用一个指代的东西一样但是内涵不一样的词项去替换原命题中的相关词项。例如，"苏格拉底不知道基本质料（prime matter），所有基本质料是本质（nature），所以，苏格拉底不知道本质"就是一个无效推论[2]。因为"知道"是一个内涵词，"苏格拉底不知道本质"同时也意谓苏格拉底不知道"本质"的内涵，而实际上他

---

[1] 参阅 G. Klima, "The Nominalist Semantics of Ockham and Buridan", in M. Gabbay, J. Woods (ed.), *Handbook of the History of Logic* (Vol. 2): *Mediaeval and Renaissance Logic*, Amsterdam: Elsevier, 2008, p. 416。

[2] 参阅 John Buridan, *Tractatus de Consequentiis*, S. Read (trans.), New York: Fordham University Press, 2015, pp. 130–131。后续引用该著仅注明书名与页码。

可能知道其内涵。这就可能出现前提真而结论假的情况，因此，推论无效。

3. 绝对词项与内涵词项，同简单词项与复合词项之间的关系

布里丹认为，内涵词项并不简单等同于复合词项。典型的例子是，一个具有"形容词—名词"这种复合结构的复合词项，它附属于一个绝对概念，即绝对地意谓某物，无须与任何其他事物相关，因而不是内涵词项，而是绝对词项。例如"有理性的人"（布里丹反复强调，"人是有理性的动物"不是名词定义①）、"凶猛的老虎"都是复合词项，但都是绝对词项。"有理性的人"这一表达式，确定了我们所谈论的是人以及关于人所具有的某些特别的东西。根据布里丹所说，这种组合不需要进一步添加任何别的东西，就可以通过心灵中的概念"人"，去绝对意谓苏格拉底、柏拉图与亚里士多德等作为个体存在的人。而"有理性的"这一作为定语的形容词词项，通过心灵中"有理性的"这一概念，只是意谓人所具有的特有属性，也就是说，它实际上意谓的也是人，而不是与人处在某种关联中的另一事物。对于我们现在逻辑教学中经常谈论的"凶猛的老虎"这一复合词项来说，与"有理性的人"具有类似的情形，虽然"凶猛"并非如"有理性"之于人那样，是老虎特有的，但也是老虎这一事物所具有的显著特征。"凶猛的老虎"对老虎这一事物的意谓同样无须第三者的参与。正如布里丹所说，表示事物本质或者特有属性的种差由于已经决定了一个给定属（比如有理性的事物）的特别的种（比如人），因而就不是内涵概念，它们只是绝对概念，尽管它们也是用形容词来表示的。②

有时，一个简单词项却可以是内涵词项，例如我们在前面所讨论的"白的"，它是一个简单词项，因为我们不可以对这个词项进行分解而去意谓与白的东西不同的东西，但它又是一个内涵词项，隐含白的事物的白性。同样，"父亲"也是一个简单词项，但它是一个内涵词项。我们可以称之为简单的内涵词项（simple connotative term）。而"聪明的人"

---

① John Buridan, *Summulae de Dialectica*, p. 840.
② 参阅 John Buridan, Questions in Pophyry' Isagoge, question Ⅱ, in G. Klima, *John Buridan*, New York: Oxford University Press, 2009, p. 283。

（wise man）则可以称为复合的内涵词项（complex connotative term）。

布里丹还把对绝对词项与内涵词项，同简单词项与复合词项之间的关系，与亚里士多德的范畴表联系起来。亚里士多德的范畴表包括十大范畴：实体，以及其他九个表示偶性的范畴，即量、质、关系、活动、遭受、时间、地点、姿态和拥有。布里丹在讨论非复合词项的划分时指出："这些没有任何组合（的复合）的语词，某些意谓实体，其他意谓量，或质，或关系，或地点，或时间，或姿态，或拥有，或获得，或遭受。实体，如'人'或'马'；量，如'两肘长'或'三肘长'；质，如'白''黑'；关系，如'两倍''一半'；地点，如'在此处'；时间，如'昨天'；姿态，如'坐''躺'；拥有，如'穿鞋的''贯甲的'；动作，如'分割''点燃'；遭受，如'被分割''被烧毁'。

"我们应该注意到，并非所有非复合的词都可以归于（上述）对非复合词的分类；只有那些能够有意义的指称（一个词的有意义的指称是指这个词指称的是基于该词内涵意义下的外延对象——引者注）的词才可以作为主词或谓词。所以，……某些谓词意谓实体，没有附加任何内涵，这些属于实体范畴。其他谓词意谓或隐含（connote）与实体相关的（circa/inrelationto）东西，所以，当它们述说第一实体时，如果它们属于质的范畴，那么它们不仅要意谓它是什么，而且要意谓它是什么样的，如果它们属于量的范畴，或其他范畴，也必须与此类似。"[1]

从布里丹的这段话可以得出如下结论：

首先，内涵词项最典型应该就是关系词项，所有关系词项都是内涵词项。因为借此，我们可以想象相互关联的其他东西，例如前述的内涵词项"父亲""老师"，以及"等于""相似"等。但是内涵概念并不都是关系词项，例如"白的"。

其次，表达实体范畴的词项必定都是绝对词项，因为它们意谓的是实体本身，并且没有附加实体的任何内涵，也没有涉及与实体相关的其他任何事物与属性。而表达其他范畴（不包括涉及事物固有属性或者本质属性的质）的都是内涵词项。就是说，内涵词项除了不能是表达实体范畴外，可以表达其他任意范畴。例如，关于量的范畴词除了指代实体，

---

[1] John Buridan, *Summulae de Dialectica*, pp. 150–151.

还隐含这个实体的大小，以及相关实体的数量，指出它们是什么样子。类似地，关于动作、遭受、时间、地点、姿态和拥有等的范畴词除了指代实体，还隐含实体的动作、遭受、时限、方位、姿态（即它的各部分相对于自己位置的空间安排），以及它们拥有的其他偶性（如衣着，装备等），并通过这些属性（这些属性并非如同有理性之于人那样，是作为实体的人所固有的）与实体相关联。

最后，布里丹在此没有对表达质的范畴词做特别区分。但应该明白，事物的质包括本质属性与偶性。根据布里丹的补充说明，表示事物本质属性或者特有属性的概念并非真正的内涵概念，而只是绝对概念，这一点我们前面已经做了说明。奥卡姆也有类似看法，在他看来，只有某些质的属概念才是内涵概念，例如"有理性的"这一质的属概念"有生命的"。

4. 布里丹的内涵词理论对于本体的消解问题

很多逻辑史家认为，布里丹以及奥卡姆对于内涵词意谓的语义解释方式有助于消除不必要的本体论承诺，并把他们的这种解释方法称为现代方法（via moderna），相应地，此前对于内涵词的语义解释方法就称为古典方法（via antiqua）。[①] 但需要注意的是，这里所说的古典方法或者现代方法主要不是一个时间概念，而仅仅是对词项意谓方式的区分，虽然相对而言，中世纪晚期因为唯名论占据主导地位，现代方法使用较多。

所谓古典方法的语义解释，是说具体的（即以形容词出现的词项）表示偶性的内涵词项本质上意谓真实存在的或者固有的偶性，比如实体固有的量、质或关系。因此，在这种解释下，存在各种非物质的实体，如某个圆的东西所具有的个体化的"圆性"（roundness）这种性质实体，某个作为父亲的男人所具有的个体化的"父性"（fatherhood）这一关系实体。这似乎包含一个巨大的本体论集合，这也是奥卡姆和他的追随者对于这一解释的主要顾虑之一。奥卡姆就对这一做法提出过批评，他说："人们对于关系做出的习惯性论述有许多是不恰当的，有些甚至是错误的。然而，一些普通的表达在它们意向的意义上是真的，比如，'这个父亲由于父性而是一个父亲''这个儿子由于子性而是一个儿子''这个相

[①] 参阅 G. Klima, *John Buridan*, New York: Oxford University Press, 2009, p.58。

似的东西由于相似性而是相似的',等等。在这样表达的情况下,不必要创造任何对象,以此使一个父亲是父亲,使一个儿子是儿子,使一个相似的东西是相似的。也没有必要在下面这样的表述中使(承诺的)对象增多:'这根柱子是因为右边性而在右边,上帝是因为创造性而创造,因为善性而是善的,因为正义性而是正义的,因为力量而是强大的,一种偶性由于固有性而固有,一个主体由于主体性而是主体,这个合适的东西由于合适性而是合适的,吐火怪兽由于无的性质而什么都不是,某个盲人由于盲性而是盲的,身体由于可移动性而是移动的,以及无数这样的其他例子。'"① 也就是说,在奥卡姆看来,不能因为上述这样的命题就增加或者创造新的存在物,即承诺这样的对象的真实存在,这既是不恰当的,也是错误的。它认为正确的语义应该是这样的,例如"这个父亲由于父性而是一个父亲"应该被理解为"这个父亲是一个父亲,因为他生了一个儿子",相应地,"这个儿子由于子性而是一个儿子"应该被理解为:"这个儿子是一个儿子,因为他被生出来。"② 在后一种语义解释下,除了父亲、儿子自身,没有任何其他的关系实体(例如父性、子性或父子性),而此类关系实体正是古典方法所做的本体论承诺。

但是逻辑史家克里马(Gyula Klima)教授认为,古典方法所做的上述承诺应该被明确认为仅仅限于本体论,而不是语义学中的相应承诺。他说,"就本体论承诺问题而言,奥卡姆以及后来的唯名论者所做的这种或者类似的指责是很不公平的。古典解释方法就其语义框架本身而言,并不意味着需要有大于唯名论框架的本体论承诺;它只是需要不同的逻辑策略去消除不必要的本体论承诺"③。按照克里马的意思,基于古典方法语义分析下的父子关系,并不需要古典方法的本体论中的某个神秘实体,因为它可以把这些内涵词所意谓的东西(significata),等同于它们在命题中所指代的东西(supposita),或者等同于它们所指代的东西的形式;事实上,很多基于古典方法的思想家在他们的本体论中,都选择把关系等同于他们的本体论的基础,即事物之间之所以如此这般关联的属性。

---

① [英]奥卡姆:《逻辑大全》,王路译,商务印书馆2006年版,第158页。
② [英]奥卡姆:《逻辑大全》,王路译,商务印书馆2006年版,第158—159页。
③ G. Klima, *John Buridan*, New York: Oxford University Press, 2009, p.59.

但是，基于现代方法的逻辑学家（基本上是唯名论者），既无须在他们的本体论，也无须在其语义学中做这样的本体论承诺。正如我们前面分析过的，在现代方法的语义下，由某个关系范畴词表示的关系实体，与由这个关系范畴词表示的绝对实体是相同的还是不同的，这个问题根本就不会出现。例如"父亲"这个词不是被解释为表示关系的实体，而是解释为"与其子女相关联的（作为父亲的）男人"，后者不过是"父亲"这个内涵词意谓的内涵概念，即想象那个与其子女相关联的男人的心灵行为，而无须意谓父性这一关系实体。

两种方法的区别还可以通过"圆"这种内涵概念体现出来。按照古典方法，"圆"在本体论上应该承诺圆的东西的固有圆性，在语义学上，"圆"直接意谓实际或潜在的圆的东西，间接意谓它们具有的圆性（roundness）。而按照现代方法，首先把"圆"名词定义为"平面上到定点的距离相等的所有点"（假设这是对"圆"这个词的正确的名词定义）。这个表达式中的所有词项或者属于"量"这范畴的绝对词项，或者属于与这些绝对词项相关的关系词项。换言之，这个表达式的词项或者附属于绝对概念，通过它，我们绝对地想象量；或者附属于内涵概念，通过它，我们想象相互之间关联的量。这样，"圆"这个词也不需要解释为意谓或隐含量之外的任何东西。因此，通过名词定义我们成功地实现了"本体上的削减"，这意味着这个词的语义并不需要假定任何新的实体。也就是说，对于内涵词可能带来的潜在的本体，布里丹等唯名论逻辑学家可以通过名词定义，即通过句法结构解释内涵词所附属的复合概念结构去消解它，这些定义已经成为实现他们的本体论方案的强大的逻辑工具。[1]

第四节 定义理论

定义是区分词项或者概念的重要方法，因而也是一个古老的逻辑论题。本节我们首先简单介绍定义理论的历史发展，然后主要从与词项区分相关的角度讨论布里丹的定义理论。

---

[1] 参阅 G. Klima, *John Buridan*, New York: Oxford University Press, 2009, pp. 61–62。

一 中世纪之前的定义理论

对定义有专门的逻辑讨论是从亚里士多德开始的，亚氏在其《后分析篇》、《论题篇》以及《形而上学》中，对定义及其相关的问题（例如属、种、种差、特有属性与偶性）进行了某些研究。

亚氏对定义的最初研究是从讨论定义与证明的关系问题开始的。他说："'定义'是关于'是什么'或本质的，而一切证明很显然首先把'是什么'确定为一个既成事实。"①

但定义与证明是两个不同的概念，对任何事物而言，不可能既能够通过定义又能够通过证明知道同一事物的同一方面。首先，并非所有可证明的事物都能够下定义。因为"定义是关于'是什么'的，而'是什么'总是普遍的和肯定的，可是（证明的）结论却有些是否定的，有些不是普遍的。例如，（三段论）第二格中所有结论都是否定的，在第三格中所有结论都不是普遍的。再者，即使第一格中的肯定结论也并不都是可下定义的。例如，每一三角形的内角之和等于两直角。理由在于：拥有关于可论证事物的知识即等于具备了对它的证明，所以，如果上述结论的证明是可能的，那么，很显然，关于它们的定义就并非也是可能的。否则，一个人借助定义而不拥有证明就可能知道结论。……归纳法也为定义和证明不相同的观点提供了充分的根据。因为我们从未通过下定义而知道任何属性，无论是依据自身的还是偶然的。再者，如果下定义可以认识实体，那么很显然这些属性不是实体。因而，十分清楚，并不是所有可证明的事物都能够下定义"②。

其次，并非每个可下定义的事物都是可以证明的。例如，证明的本原只能是定义，或者说"最初的真理只能是不可证明的定义"③，因为如果每个可定义的事物都是可以证明的，那么这一证明将无穷后退，而这

---

① ［古希腊］亚里士多德：《后分析篇》，90b30—32，《亚里士多德全集》第一卷，苗力田主编，中国人民大学出版社1990年版，第316页。

② ［古希腊］亚里士多德：《后分析篇》，90b3—20，《亚里士多德全集》第一卷，苗力田主编，中国人民大学出版社1990年版，第315页。

③ ［古希腊］亚里士多德：《后分析篇》，90b25，《亚里士多德全集》第一卷，苗力田主编，中国人民大学出版社1990年版，第316页。

是不可能的。

因此,"并非每个可下定义的事物都是可以证明的;也不是每个可证明的事物都是可下定义的;对于同一事物既有定义又有证明是完全不可能的。因此,定义和证明不是同一的,也不相互包含。否则,它们的对象就会相同或者相包含"①。总之,在亚里士多德看来,定义是对事物是什么或者具有什么本质的一种确定或者断定。而证明则首先把定义的东西看作一个既成事实,并在此基础上进行其他的证明,因此,最初的命题一定是不可证明的定义。例如,数学中首先定义什么是单位,什么是奇数,然后在此基础上证明某个东西(属性)是否属于奇数(这个主体),等等。

亚里士多德基于"定义要么说明事物是什么,要么说明它的名称是什么"②,把定义分为不同的类型。首先是名词定义,即"关于名称的含义的解释,或者是关于同等意义的名词性惯用语的解释"③。例如,"三角形性质"这一短语的意义,"独角兽""伊利亚特"这些词项的意义。这种定义只是表明意义,却没有证明,也不可证明。例如,一个人可以知道"独角兽"这个词的意义是什么,或者它代表了什么东西,却不知道它代表的东西的本质性质是什么,也不可能证明它的存在;或者他也无须在为其下定义时去证明它的存在,因为定义与证明是两个不同的东西。

第二种定义是关于事物为什么存在的解释,类似于对事物"是什么"的证明。例如,如果问为什么打雷,回答"因为云中的火的猝灭";如果问雷是什么,回答"雷是由于云中的火的猝灭而发出的响声",前者是证明,后者是解释"雷"是什么,是定义。④ 这种定义我们可以称之为解释定义,或者因果定义,尽管亚里士多德并没有为这种定义给出确切的名字。

---

① [古希腊] 亚里士多德:《后分析篇》,91a8—12,《亚里士多德全集》第一卷,苗力田主编,中国人民大学出版社1990年版,第316—317页。

② [古希腊] 亚里士多德:《后分析篇》,92b26,《亚里士多德全集》第一卷,苗力田主编,中国人民大学出版社1990年版,第322页。

③ [古希腊] 亚里士多德:《后分析篇》,93b30—31,《亚里士多德全集》第一卷,苗力田主编,中国人民大学出版社1990年版,第326页。

④ 参阅[古希腊]亚里士多德《后分析篇》,93b38—94a9,《亚里士多德全集》第一卷,苗力田主编,中国人民大学出版社1990年版,第327页。

但是亚里士多德讨论得最多，或者说，在他认为最重要的定义还是本质定义。在这种意义上，他把"定义"直接定义为："定义乃是揭示事物本质的短语。"① 至于什么是事物的本质，亚氏没有十分明确的定义，但是通过他的论述，我们可以判定他把事物的属看作关于本质的范畴。他首先指出特有属性并非事物的本质，只是属于事物。例如，能够学习文化是人的一个特性，因为如果甲是一个人，那么他能够学习文化，反之，如果甲能够学习文化，那么他是一个人。② 这样，当我们说"人是能够学习文化的"时，就不是本质定义。但是，"属是表示在种上相区别的若干东西之本质的范畴。诸如适于回答'你面前的东西是什么'这类问题的语词，就应该被称为是本质范畴。例如，有一个人在那里，当被问及你面前是什么时，就适于回答说是动物"③。也就是说，亚氏把"人"所属的"动物"这个属，看作表示人的本质的范畴词。因此，对一个事物的本质定义实际上就是要首先找出这个事物所处的属。

基于此，他认为本质定义的方法就是属加种差定义："首先必须把被定义者置于属中，然后加上种差；因为在定义的若干构成要素中，属最被认为是揭示被定义者的本质的。"④ 也就是说，当对一个事物下定义，首先就是找出其所属的属，相应地，这个事物就是这个属下的种，然后找出这个种与其属下其他种之间的差别，即种差，两者相加就是这个事物的本质定义。但事物的属可以说明这个事物，而其属的属也可以说明这个事物，对于这种情况，亚里士多德说，"既然一切更高层次的属都陈述那些更低层次的属，因此，或者把它置于最近的属中，或者通过定义

---

① ［古希腊］亚里士多德：《论题篇》，101b39—40，《亚里士多德全集》第一卷，苗力田主编，中国人民大学出版社1990年版，第357页。

② 参阅［古希腊］亚里士多德《论题篇》，102a16—20，《亚里士多德全集》第一卷，苗力田主编，中国人民大学出版社1990年版，第357页。

③ ［古希腊］亚里士多德：《论题篇》，102a31—34，《亚里士多德全集》第一卷，苗力田主编，中国人民大学出版社1990年版，第358页。原中译文把希腊文 genos 译为"种"，把 eidos 译为"属"。本书在引用时，按照逻辑学的通行术语，把 genos 改译为"属"，eidos 改译为"种"。

④ ［古希腊］亚里士多德：《论题篇》，139a28—29，《亚里士多德全集》第一卷，苗力田主编，中国人民大学出版社1990年版，第357页。

最近的属，所有的种差应被添加到更高层次的属上"①。

因此，本质定义其实是对种的定义，即定义的对象只能是种。任何事物，除非是属的种，否则都不会有本质。② 也就是说，只有种才有本质，才能有本质定义。这意味着作为不是种的个体事物或者意谓个体事物的专名（在亚里士多德时代，定义不完全是逻辑领域的概念，他对于被定义的对象到底是意谓事物的词项还是事物本身并没有区分得那么严格，虽然这对于定义本身并没有什么影响）并没有本质，也没有本质定义，同时也意味着最大类的属或者意谓它们的最高的范畴词（例如亚氏的十范畴词）也没有本质定义，因为找不到一个比它们更大的属，它们也不是任何属的种。实际上，这两种事物也的确不在亚里士多德所讨论的本质定义的对象范围内，他说："个别的可感实体，是既没有定义，又没有证明的。"③ "所以在定义问题上，尽管一个人可以去给某一个别事物下定义，但不应不知道这种定义经常要被推翻，因为这是不允许下定义的。"④ 而十大范畴只是用来为其他事物提供本质定义的依据，例如，"人是具有理性本性的单个实体"这一古代哲学的传统定义，就是通过"实体"这一最高的属去定义人的本质的。

亚里士多德还讨论了正确的定义必须遵循的规则。例如避免用比喻等含混的语言下定义，或者给比喻式用语下定义；避免在下定义中使用不必要的多余的话语；⑤ 避免同语反复；⑥ 避免对肯定的东西使用否定词项下定义，除非是对诸如"盲性"这种本性上应具有但实际上不具有视

---

① ［古希腊］亚里士多德：《论题篇》，143a20—23，《亚里士多德全集》第一卷，苗力田主编，中国人民大学出版社1990年版，第483页。
② 参阅［古希腊］亚里士多德《形而上学》，1030a12—13，《亚里士多德全集》第七卷，苗力田主编，中国人民大学出版社1993年版，第157—158页。
③ ［古希腊］亚里士多德：《形而上学》，1039b28，《亚里士多德全集》第七卷，苗力田主编，中国人民大学出版社1993年版，第183页。
④ ［古希腊］亚里士多德：《形而上学》，1040a9，《亚里士多德全集》第七卷，苗力田主编，中国人民大学出版社1993年版，第183页。
⑤ ［古希腊］亚里士多德：《后分析篇》，97b38—39；《论题篇》139b13—17，《亚里士多德全集》第一卷，苗力田主编，中国人民大学出版社1990年版，第340页；第472页。
⑥ 参阅［古希腊］亚里士多德《论题篇》140b28，《亚里士多德全集》第一卷，苗力田主编，中国人民大学出版社1990年版，第476页。

觉的事物下定义;① 等等。

亚里士多德之后,较少有逻辑学家把定义作为专门的研究对象。4世纪的马里乌斯·维克多里努斯写过《论定义》,被认为是他在逻辑学上的主要成就,这一著作通过波爱修斯而保存下来。但波爱修斯对该著评价很低,认为文中所论述的15种定义方法过于注重修辞、论辩,而不是逻辑。中世纪的人们大多也不把它作为逻辑著作,而是把它作为培训演说家的著作,对于中世纪逻辑的定义理论几乎没有什么影响。相反,波爱修斯本人对定义进行了一些研究,但主要集中于讨论属加种差定义的规则与方法。

13世纪之前的中世纪逻辑学家也没有把定义作为一个独立的逻辑问题。一方面是由于亚里士多德的《范畴篇》与《解释篇》之外的其他著作(显然包括《后分析篇》、《论题篇》与《形而上学》等),直到12世纪后半期才开始为人所知;另一方面是中世纪早期逻辑学家所讨论的词项逻辑问题并不需要严格的定义理论,或者说,他们只是在对其他逻辑问题的研究中,一般地提到定义问题。从舍伍德的威廉的《逻辑学导论》②我们可以了解13世纪中期之前逻辑学家所关注的话题。《逻辑学导论》是当时非常流行的逻辑学著作,该著的第二章研究谓词,威廉讨论了谓词的本质、属、种、种差、属性与偶性,但并没有讨论定义问题。③其他逻辑学家也大致如此。

定义理论再次被逻辑学家所重视源自中世纪的内涵词理论。当在词项理论中需要对绝对词项与内涵词项等进行严格区分时,定义就成为一个重要的逻辑问题。这也是为什么奥卡姆与布里丹都有专门的定义理论的原因;同时,由于亚里士多德著作的普及,中世纪后期的定义理论也

---

① 参阅[古希腊]亚里士多德《论题篇》143b11—38,《亚里士多德全集》第一卷,苗力田主编,中国人民大学出版社1990年版,第484—485页。

② 威廉的这部著作最流行的现代译本是Martin Grabmman于1937年译注的德文译本:William of Sherwood, *Introductiones in Logicam*, M. Grabmann (ed.). München: Verlag der Bayerischen Akademie der Wissenschaften, 1937;以及N. Kretzmann 1966年翻译的英文译本:William of Sherwood, *Introduction to Logic*, translated with an introduction and notes by N. Kretzmann. Minneapolis: University of Minnesota Press, 1966. 本书主要引用此英译文版本,后续引用该版本仅注明书名与页码。

③ 参阅 William of Sherwood, *Introduction to Logic*, pp. 51–57。

深受亚氏的影响。

二 布里丹的定义理论

我们在讨论奥卡姆的内涵词理论时已经提到了他的定义理论，特别是他对于名词定义与内涵词项关系的看法。布里丹的定义理论总体上与奥卡姆一致，但比前者要丰富得多。本部分我们将讨论布里丹的定义理论。

与亚里士多德类似，布里丹同样是把定义问题作为论证的基础理论。他的《逻辑大全》第八部分（Treatise 8）是讨论论证的，在首先讨论了划分（划分既是论证的基础，也与定义直接相关）之后，布里丹把问题转向了他的定义理论，成为中世纪对定义理论做出最系统解释的逻辑学家之一。

1. 定义的一般属性

在论述的一开始，布里丹就提出了定义的一般属性。他说："有八种普遍的属性属于被定义的东西（definitum，即被定义项）以及用于定义的东西（definition，即定义项）。第一，'定义项'与'被定义项'是相互谓述的，因为每个被定义项是其定义项的被定义项，并且每个定义项是其被定义项的定义项。第二，被定义项与定义项是可以相互换位的，例如，每个人是一个有理性的动物，每个有理性的动物是一个人。第三，每个定义使得被定义项是可知的。第四，每个定义项都是一个表达式，每个被定义项都是一个非复合的词项，或者至少是一个复杂性低于被定义项的表达式。第五，单称词项既不能作为被定义项，也不能作为定义项。第六，没有一个命题可以作为被定义项，或者作为定义项。第七，不能用比喻的方式或含混的语言下定义。第八，定义项不可以使用过少或者多余的词。"[①]

这些定义的属性大多也是下定义时应该遵循的规则，这些规则在我们今天的逻辑学教科书中也经常被讨论。第一、第二种属性说明定义项与被定义项在外延上是全同关系，因而可以直接换位，违反了这两条就会犯定义过宽或者过窄的逻辑错误。布里丹认为，第二个属性同时还表

---

① John Buridan, *Summulae de Dialectica*, p. 631.

明，任何定义项都是对被定义项的真实的、肯定的以及普遍的谓述，但是这一属性在名词定义中需要做修改。而第三个属性就是针对名词定义的，即每个名词定义都是使人们能够明确知道被定义项代表什么，或者被定义的词项意谓什么东西，或者隐含什么东西。①

第四个属性说明布里丹把被定义项严格限制为非复合词项，即被定义项只能是一个简单词项，不能是一个复合的表达式；而定义项必须是复合表达式（亚里士多德称之为词组或者短语），其复杂性必须多于被定义项。他说："根据第四个属性，除非定义项是一个表达式并且被定义项是一个非复合词项，并且如果它们都是表达式，除非定义项包含比被定义项更多的语词，否则，定义项就不能明确地解释被定义项。"②

但有时会出现特殊情况，即被定义项也可能是亚里士多德在《论题篇》中所说的那种情况："也可能要为某一短语所表述的东西下定义"③，即被定义项也可能是表达式或短语。布里丹举例说，"例如，我们有一个由 A 和 B 组成的表达式，称之为 G，并且 A 可以定义，然后在另一个表达式中，我们将 A 的定义与 B 结合，并称这第二个表达式为 H；这样我就说 H 是 G 的定义。例如，设表达式 G 为'有理性的动物'，我们将'动物'的定义与'有理性的'相结合，然后表达式 H 将是'有理性的、有感觉的、有生命的实体'。H 这个表达式就是'有理性的动物'这一表达式的定义；因为如果我们说'有理性的动物是一种有理性的、有感觉的、有生命的实体'，就是在谓述被定义项的定义。同样，'白的动物'的定义将是'白的、有感觉的、有生命的实体'。

"由此可以清楚地看出，如果表达式 H 是表达式 G 的定义，那么不是由于整个表达式 H 是整个表达式 G 的定义，而仅仅是因为表达式 G 的部分，即 A，被表达式 H 的部分，即 B 所定义。因此，表达式就其自身而言没有定义，除非是由于它（包含的）非复合词项而有定义。因此，这就是对这一著名论断的正确理解：只有非复合的（词项）才有定义。同

---

① 参阅 John Buridan, *Summulae de Dialectica*, p. 632。
② John Buridan, *Summulae de Dialectica*, p. 632.
③ ［古希腊］亚里士多德：《论题篇》，101a1—2，《亚里士多德全集》第一卷，苗力田主编，中国人民大学出版社 1990 年版，第 357 页。

样，如果一个复合表达式包含两个可定义的词项，那么由它们的定义组成的表达式将是该表达式的定义。例如，如果'塌鼻的'的定义是'有弯曲的鼻子'并且'动物'的定义是'有生命的、有感觉的实体'，则'塌鼻的动物'的定义将是'有弯曲鼻子的、有生命的、有感觉的实体'；但同样，这不是对（前一个表达式）自身的定义，而是作为前一个表达式部分的词项，被后一个表达式的部分所定义。"①

布里丹的意思是，诸如"有理性的动物""塌鼻的动物"这种复合短语表达式本身不能作为被定义项，只有构成这些表达式的简单词项才可以作为被定义项，但是它们可以作为定义项去定义其他简单词项。这也说明，一个真正定义（指本质定义）的被定义项更不可能是一个命题（第六个属性），除非把这个命题当作一个代表某个东西的不可分割的名词，但这样一来就只是一个名词定义。同时，一个真正定义的定义项也不能是一个命题，因为命题不可能作为另一个命题的主词或者谓词，除非是名词定义。

布里丹还讨论了为什么单称词项不能被定义，也不可以去定义别的词项。他主要给出了三个理由。② 第一个理由是，单称词项所意谓的同一种下的单个事物都具有相同的本质，我们只能根据其外在特征去区分它们，因此我们只能通过指出其外在特征，而给出意谓这些个体事物的单称词项的定义。但是，这些外在特征由于其外在性总是可以被移除，而这些个体事物的身份并不会受到影响。因此，相同的单称词项将始终意谓相同的个体事物，无论这些外在特征是否仍属于它们。但是，在移除这些特征之后，意谓这些外在特征的单称词项的定义也将从这一个体事物中移除，或者说，这一定义将不再适用于这一个体事物。总之，只有当定义意谓某个个体事物的外在特征时，它才可能是一个正确的定义，即从这一事物中移除这些外在特征不会移除这个定义所意谓的东西，但正如刚刚所讨论的，这是不可能的。因此，单称词项没有正确的定义。

第二个理由我们在前面已经讨论过。布里丹认为，任何东西都不能被认为是单称的，除非它在认知者的预知之中。例如，如果我不预知苏

---

① John Buridan, *Summulae de Dialectica*, p. 632.
② 参阅 John Buridan, *Summulae de Dialectica*, pp. 633-634。

格拉底，那么我就无法通过"苏格拉底"这个词理解什么，除非通过一些普遍的词项，这些普遍词项加在一起可以像应用于苏格拉底一样应用于其他事物。但如果建立起了在所有外在特征上类似于苏格拉底的另一个事物，那么这些普遍词项加在一起就不再是对"苏格拉底"的定义，因为它不再适合于这个词，也不能与之换位。但一个正确的定义，其定义项与被定义项必须是可以换位的。因此，对于意谓个体事物的词项，对它的定义（即表达其意义）只能通过强加意谓某个处于认知者背景知识范围中的个体事物，而不能通过所谓定义。

第三个理由是，如果为了定义某一个体事物（例如苏格拉底）而把不同名字应用于该事物，那么它们也只是同义词，并且各自也不能从其他名字获得定义，除非这些名字中有真正的专名，并被用于对这一个体事物的定义之中。这说明，对个体事物的定义依然只能通过意谓强加。

对于第七、第八个属性，布里丹直接引用了亚里士多德在《形而上学》中的话，说明如何保证一个定义的确定性。他说，每个定义都是为了明确表达被定义项，因此，它不应该是模糊不清的，而应该是尽可能清楚。而比喻或含混不清的短语都不可能清楚地表达被定义的东西。此外，过少或多余的语词在任何情况下都被认为是缺陷。

2. 名词定义

布里丹提出了四种定义方式：名词定义、本质定义、原因定义与描述定义。但他认为，由于定义旨在表明事物是什么，因此严格地说，只有实质定义才能称为真正的定义。此外，它还提到了"复合定义"（definitiones complexae），即上述多种方法相结合的定义。鉴于本章所讨论的词项区分以及它们所附属的概念组合问题主要涉及名词定义与本质定义，我们将把讨论的重点放在布里丹的这两种定义上。首先讨论名词定义。

布里丹首先解释了名词定义及其相关属性："（1）名词定义（diffinitio explicans quid nominis）是用来解释被定义项意谓什么东西或隐含什么东西的表达式，并且恰当地说，它是一个'解释'（interpretation）。（2）名词定义是关于非复合的说出的词项的定义，这些非复合词项对应于心灵中的复合概念，而不是简单概念，无论这些词指代或不指代一个或几个事物。（3）名词定义可能是关于直言命题的，但在心灵中对应的是一个假言命题或联言命题，而不是直言命题。（4）由于（3）这一原因，名词定义未必是有意义地谓述其定义的东西，而可能只是实质指代。并且定义未必是通过联词'是'的调节，而可能只是通过动词'意谓'的调节。"①

根据上述论述，布里丹表达了如下结论：

首先，与任何定义一样，名词定义的被定义项也只能是非复合词项，即简单词项。但这一非复合的（说出的）词项必须在心灵中对应于一个复合概念，否则就没有名词定义。事实上，一个词的正确的名词定义，就是通过定义项的句法结构表明这一词所附属的复合概念的语义结构。因而，名词定义与其所定义的简单词项将是严格同义的：这个简单词项被看作精确地解释其所附属的复合概念结构的复合短语之纯粹缩略表达式，只有这样的简单词项才有对应于心灵中复合概念的名词定义。② 正如布里丹所指出的："某些非复合的词对应于复合概念，某些对应于非复合概念。那些对应于复合概念的词，能够并且必须用意谓相等的复合表达式阐述其意义（quid nominis）（也就是名词定义——引者注）。然而，那些对应于非复合概念的词，则没有名词定义。"③

上述（2）也同样是表明什么类型的词具有名词定义。布里丹说：(2) 显示了什么类型的词具有这种定义。作为基础，我们应该认识到，说出来的词是通过强加而意谓我们心灵中的概念，并且我们是以概念为中介去意谓我们想象的事物。但是我们的概念有些是简单的，有些是复合的（由若干简单概念组成），就像我们在其他地方（《逻辑大全》4.2.4节）所看到的那样。因此，如果一个词被强加给意谓一个简单或非复合的概念，那么这样的词就是不可解释的（即不可以进行名词定义——引者注），但是如果这个词的意义对某人来说是未知的，那么它可以通过另一个同义词来说明，正如一个（说法语的）小孩通过法语来学习拉丁语一样。有时一个词也可以通过它所意谓的东西而学习它，如同一个母亲教她的婴儿学习她的语言一样，有时又可以通过对这个词的描述定义，或本质定义来学习它。

---

① John Buridan, *Summulae de Dialectica*, pp. 635–636.
② G. Klima, *John Buridan*, New York: Oxford University Press, 2009, p. 63.
③ John Buridan, *Summulae de Dialectica*, pp. 234–235.

"但是如果一个词被强加意谓由若干简单概念组成的复合概念，那么它就需要通过分别单独意谓组成该复合概念的简单概念的若干语词而得到解释。"①

布里丹举的一个例子是"哲学家"。他认为，"哲学家"这个简单词项有名词定义，它通过一个复合短语"爱智慧的人"（lover of wisdom）而得到解释。后者附属于一个复合概念，而这个复合概念需要通过"爱"（希腊语 philos）、"智慧"（希腊语 sophos）这些构成复合短语的简单词项所单独意谓的简单概念组成一个复合概念"爱智慧的人"，从而解释了"哲学家"这个词所意谓的东西；而简单词项"哲学家"所意谓的东西与复合短语"爱智慧的人"所意谓的东西恰好相等，并且可以换位。

其次，由于一个简单词项具有名词定义，当且仅当它附属于一个复合概念，而根据布里丹对绝对词项与内涵词项的解释，所有简单的绝对词项都附属于简单概念，这就意味着绝对词项不可能有名词定义（基于被定义项都只能是简单词项，因此复合的绝对词项被排除在定义之外，当然也被排除在名词定义之外）。因此，严格地说，只有内涵词项才有名词定义。

再次，布里丹在（3）和（4）中表明的是，名词定义的被定义项可能是一个命题或直言命题（需要注意的是，命题不可能作为本质定义的被定义项），但若是这种情况，这一定义所意谓的就不是直言命题，而是假言命题或者联言命题，并且都是取实质指代，而不是人称指代。

例如"只有人是会笑的"这个命题，我们可以给出这一命题的名词定义：这个命题表示"人是会笑的，并且没有一个与人不同的东西会笑"，定义项就是一个联言命题，并且命题中所有词项都没有人称指代，而是实质指代，即指代的就是这些词项自身。有时甚至会强加给某个单称符号以一个命题，例如，把"D"名词定义为"人在跑"，即"D"意谓"人在跑"这个命题，后者也是实质指代这个命题自身。

最后，正如我们已经讨论的那样，内涵词的名词定义可能有很多意谓，但未必有很多指代，也就是说，在心灵之外指代的可能只有一个事物，甚至没有任何指代。例如我们在前面所定义的"真空"（真空就是没

---

① John Buridan, *Summulae de Dialectica*, p. 636.

有物体占据的地方）与"吐火怪兽"（吐火怪兽是由不可能构成任何动物的个体所构成的动物），这两个内涵词项都意谓心灵中的多个概念，但是在心灵之外并没有指代的东西。

3. 本质定义

绝对词项只有本质定义。布里丹首先定义了什么是本质定义，并指出了其属性。他说："（1）本质定义是通过本质谓词精确地表明一个事物是什么（quid estesse rei）的表达式。（2）这些作为被定义项的属的本质谓词，加上本质差别或种差，使得整个定义项与被定义项可以换位。（3）这种定义精确、最恰当且真实地回答了'（事物）是什么'的问题。（4）如果不得不回答'某事物是什么'的问题，那么必须预设该事物是存在的。（5）内涵词项没有本质定义，……只有实体词项有本质定义。（6）本质定义不包含任何内涵词项。（7）本质定义的定义项可以意谓比被定义项更多的东西。"[①]

布里丹首先指出，尽管定义都是关于"是什么"（what it is），但是名词定义仅仅是关于"名字意谓什么"（what the name signifies）或者代表什么，它不能表达事物是什么。而本质定义是关于"事物是什么"（whatthe thing is），通过说"事物是什么"，我们可以懂得被定义项指代什么事物。例如，当我们对"人"进行本质定义，定义项必须指出人是什么类型的事物，这就需要首先找出"人"所属的属，比如"动物"。然后添加"动物"这一属下的"人"这个种与其他种之间的种差，并且这一种差不能是偶性（例如，"白性"之于白的东西就是偶性，布里丹特别区分了它与"有理性"之于"人"的区别[②]），而只能是本质属性，例如"有理性的"。两者相结合而成的"有理性的动物"就是本质谓词。因此"人是有理性的动物"这一表达式就是对人的本质定义。[③]

但是定义必须"精确地"表明事物是什么，从而使得定义项与被定义项可以换位。正如"人是有理性的动物"这一正确的本质定义中，"人"这一被定义项与"有理性的动物"这一定义项可以换位，从而

---

① John Buridan, *Summulae de Dialectica*, pp. 638–639.
② 参阅 John Buridan, *Summulae de Dialectica*, pp. 640–641。
③ 参阅 John Buridan, *Summulae de Dialectica*, p. 639。

"有理性的动物是人"。如果说"人是有生命的实体",就会因为定义项词项不足而使得定义过宽;相反,如果说"动物是有理性的、有感觉的、有生命的实体",就会因为定义项有多余的词项而使得定义过窄。也就是说,由于定义项由属与种差构成,因此比被定义项意谓更多的东西,但是由于属指代的对象被种差限制,因而定义项与被定义项指代的是相同的事物,可以相互换位。本质定义必须是"精确地"还有另一层意思,即必须与原因定义相区分,后者不仅要表达"事物是什么",还需要指出它之所以是这样的原因。本质定义的谓词必须表达事物本质的谓词或者称本质谓词,这是为了把本质定义与描述定义区分开来,后者只需要提供从名词或形容词而来的谓词(denominative predicate)[1]。

布里丹还认为,一个具有本质定义的被定义项必须预设它所指代的事物的真实存在,否则人们根本无法明确并且真实地说明这个事物是什么。例如"吐火怪兽",虽然这个内涵词也有意谓,但是没有指代的真实事物,因此没有本质定义。不仅如此,所有内涵词项——无论是具体的表示偶性的内涵词,还是抽象的内涵词,都不具有如下严格意义上的本质定义:

"……让我们假定除了一块石头,没有任何别的东西是白的。那么一个白的(东西)就是一块石头,并且恰当地说,它也只能是一块石头,而不是白性(whiteness),或者石头与白性的合成,但是白性只能属于(inest)白的东西,即这块石头,就像一个富人,他的财富所属的(adjacent divitiae)东西不是他的财富,也不是财富与人的合成,而是这个人。但是如果精确地问'白的东西是什么(Quid album est)?'那么回答并不需要表明白性是什么,或者一块石头与白性合起来是什么,不需要问是因为做了什么处理,使得一个白的东西是白的;只需要问那个是白的东西是什么,并且它除了是一块石头外什么也不是。因此,对于上述情况,如果我断定这个白的东西是一块石头,那么我就给出了一个满意的回答;如果我补充某个意谓或隐含石头之外的东西的其他东西,那么我的回答就多于所需要的东西。因此,既然一个纯粹的本质定义需要精确地表明

---

[1] 例如,"会笑的动物"就是从形容词和名词而来的词。参阅 John Buridan, *Summulae de Dialectica*, p. 732.

一个东西是什么,那么必然就是,如果'白的(东西)'(album)这个词有本质定义,那么它(定义项)必须或者是'石头'这个词,或者(更应该)是它的本质定义,或者是一个仅仅包含实体词的表达式。但这是不可能的,因为如果移除了白性而保留作为其主体的实体,那么被定义项(即'白的东西')就不会指代什么东西,因为没有什么东西将会是白的,而定义项依然指代某东西,即它以前指代的那个东西。这样一来,定义项与被定义项就不可换位,它也不能正确地谓述被定义项,而这是不可能的;因此,认为'白的(东西)'(album)这个词必须有一个纯粹的恰当的本质定义,这是不可能的。

"再者,如果'白的(东西)'必须有一个纯粹的本质定义,那么我认为它会是这样的:'一个白的(东西)是一个是白的东西'[A white (thing) is a thing that is white/album est res alba],或'一个白的(东西)是一个被白性着色的(东西)',或其他类似的方式;这些都是人们不得不说的,因为(仅靠)实体谓词的相加是不够的,正如已经说过的那样。这样就很明显,这一定义不仅要表明白的东西是什么,而且同时要表明白的东西是什么样的。因为作为(一个)白的(东西)(esse album),或者作为(一个)有颜色的(东西)(esse coloratum),不仅意谓是什么东西(esse aliquid)(当我们问一个东西是什么时,我们就是在问这个问题),也意谓它的如此这般存在(esse aliquale)或对属于(adiacens)白的东西的某种处置。因此,这一定义并不是纯粹的本质定义,因为本质(定义)必须只说明(事物)是什么,而这一定义不仅说明(事物)是什么(quid est),而且说明它的质是什么(quale est),因此它隐含了属于白的东西的质(adiacente ei quodest album)。"①

布里丹通过这个例子表明的核心思想是:一个词项有严格意义上的本质定义,当且仅当其定义项所意谓的东西只是这个词绝对意谓或终极意谓的东西,而不涉及这些东西的任何偶性或者某种性质,并且定义项与被定义项可以换位,只有绝对词项才有这一属性。对于"白的(东西)"这样的内涵词项,显然不可能满足这一点,因为在对它定义时,不可能不包含这个词所隐含的白性这一偶性,否则,一旦白性被移除,它

---

① John Buridan, *Summulae de Dialectica*, pp. 642–644.

就不能指代任何东西,更谈不上定义项与被定义项可以换位。而一旦定义项中包含了白性,它就不只是表明是什么事物,还隐含了它的性质,也就不再是严格意义上的本质定义。因此,"白的东西"不可能有严格意义上的本质定义。类似地,任何内涵词项都没有严格意义上的本质定义。由此可以进一步得出,任何本质定义的定义项中也不可能有内涵词项。

相反,一个绝对词项可以有严格意义上的本质定义,因为绝对词项所附属的仅仅是绝对概念,而其定义项也只需要仅有绝对意谓的属概念和表达本质属性的种差。由于内涵词项并没有严格意义上的本质定义,因此,布里丹的最终结论是,一个词有严格意义上的本质定义,当且仅当它是一个绝对词项。

但布里丹也补充说,在不太严格的意义上也可以认为,即使内涵词也可以有本质定义:……一个内涵词可以在不太严格的意义上有本质定义,也可以称为更宽泛的本质定义。它是通过自身属性被定义了的主体而实现的,就像(亚里士多德)在《后分析篇》第一卷(73a)以及《形而上学》第七卷(1030b,29—35)所说的那样。因此,一个内涵词的定义被称为本质定义,乃因为它在表明"是什么"时,不仅与指代的东西有关,而且也与隐含的东西有关。例如,对"扁鼻子"(pug/seimum)的定义是"凹鼻子"(concave nose),通过"鼻子",表明"扁鼻子"是什么,并且同样地,表明它指代什么(既然扁鼻子是一个凹鼻子,它也只是鼻子);但是,通过补充"凹",表明"扁鼻子"这个词称呼什么,因为它与"凹"这个词所意谓的东西恰恰是同样的东西,即凹性,而不是什么别的东西。同样,如果我定义(某东西具有)"扁鼻性"(pugness),那么我就表明了它具有鼻子的凹性,而当我说"凹性",我就表明了"扁鼻性"指代的是什么,既然它就是凹性(因为扁鼻性就是凹性,而不是别的);但是当我补充"鼻子的",我就说明了"扁鼻性"称呼什么,因为它就是鼻子,假定凹性若不在鼻子中,它就不是扁鼻性。

"因此,在这种联结(即指代的东西与称呼的东西之联结)中,我们必须注意,在内涵词的情况下,属并不是在最严格的意义上谓述其种,而是在宽泛的意义上谓述其种。因此,当我说:'一个白的(东西)是(一个)有颜色的(东西)',我并没有精确地表明一个白的(东西)是什么,而只是补充了它是什么样的,正如我前面所说,因此,这并不是最严格意义上的本质谓述。但宽泛地说，它也被认为是本质的，因为它通过'白的（东西）'指代什么来表明它是什么，这与'有颜色的（东西）'所指代的东西正好是相同的，同时它也表明了'白的（东西）'称呼什么，因为这与'有颜色的（东西）'所称呼的东西也是相同的。这正是亚里士多德在其《形而上学》第七卷（1030a, 18）所主张的，他说，'定义'与'本质'（quod quid est）一样，都有多种意义，'事实上，'本质'在一种意义上意谓实体，意谓一个东西（hoc aliquid），但在另一种意义上，意谓任何其他范畴。'他随后又说（1030b, 5）：'很清楚，定义以及本质首要地并且绝对地属于实体。但是并非只属于实体，因为它们也与其他东西有关，虽然不是首要地。'在本章的最后（1031a, 12—14），他得出结论：'因此很明显，有些定义是关于本质自身的，它或者仅属于实体，或者最大限度地、首要地和绝对地属于实体。'"①

简单地说，在严格的意义上，一个本质定义只能表明被定义项意谓的是什么实体，而不能同时隐含事物的属性，而在宽泛的意义上，本质定义只需要表明被定义项"是什么"或意谓什么，无论仅仅意谓的是实体，还是首要地、绝对地意谓实体，同时又隐含与该实体相关的任何内涵。这表明，并非只有绝对词项才有本质定义，简单的内涵词也有宽泛意义上的本质定义。但应该注意的是，当被定义项是一个内涵词时，其定义是本质的谓述（即本质定义），当且仅当这一定义的谓词不隐涵主词的意谓和内涵之外的任何其他东西（例如这些东西的原因等）。例如，假定对"富有的人"这个内涵词的定义中，谓词并不隐含"富有的人"的意谓和内涵之外的任何东西，我们可以这样建立一个关于它的本质谓述（即本质定义）："富有的人就是占有财富的人"，这一谓述无论什么时候，主词指代什么东西，谓词也必须指代相同的东西，从而保证被定义项与定义项是可以换位的。②

总而言之，布里丹对简单的（定义只针对简单词项，复合词项没有定义）绝对词项与内涵词项是否具有名词定义或本质定义的回答可以通

---

① John Buridan, *Summulae de Dialectica*, pp. 644 – 645.
② 参阅 G. Klima, *John Buridan*, New York: Oxford University Press, 2009, p. 67。

过下表反映出来：①

词项类型	简单的绝对词项	简单的内涵词项	简单的内涵词项
所附属概念的可能类型	简单概念	简单概念	复合概念
是否有名词定义	没有	没有	有
是否有本质定义	有	严格意义上没有，宽泛意义上有	严格意义上没有，宽泛意义上有

4. 原因定义

"原因定义就是可换位地表明事物是什么（quid estesse rei，事物的本质或者实质）以及它为什么（propter quid）是这样的原因的表达式。……这种定义有些是根据形式原因得出，有些是根据实质（质料）原因得出，有些是根据功效原因得出，有些是根据目的原因得出，还有些是根据上述多个原因得出。"②

这种定义的第一部分（这是按照拉丁语或者英语语法的第一部分）通常以主格的形式出现，表明被定义的东西所属的属或者主体，因此以某种方式表明被定义项指代的事物的本质。定义的第二部分是那些表达原因的词项，以某种间接格的形式出现，以限制第一部分的普遍性：如果这些表达原因的词项的外延大于被定义项，就必须增加种差限制，从而最终使得定义项作为整体与被定义项在外延上相等，并且可以换位。布里丹举了一个亚里士多德在《后分析篇》中（71b，20—22）关于"证明"的定义：一个证明就是一个从首要的、真实的、直接的、先于结论的、比结论更易于了解的（命题）——这些命题是结论的原因——而来的推理（三段论）[A demonstration is a syllogism from first, true, immediate, prior, better known (propositions), which are the causes of the conclusion]。

在这一定义中，作为定义第一部分的"推理"，是作为被定义项"证明"的属或者主体，表明证明本质上是推理。"从首要的、真实的、直接

---

① 参阅 G. Klima, *John Buridan*, New York: Oxford University Press, 2009, p. 68。
② John Buridan, *Summulae de Dialectica*, p. 655.

的、先于结论的、比结论更易于了解的（命题）而来"表明了论证的质料是这些前提，即论证由这些前提构成，因此，这一原因定义是基于质料原因而得出的。而"首要的、真实的、直接的、先于结论的、比结论更易于了解的"这一种差表明证明不是一般的推理，需要前提的真实性等限制条件。

这一定义的第二部分显示了原因定义需要包含那些用以指代原因的词项。当说"证明是由……命题（前提）而来"，"命题"这一词项指代了证明的（质料）原因。

原因定义可以因为原因词项指代的是不同原因而是多样的。除了上述质料原因，还有形式原因，例如"人是具有理性灵魂的动物"，其中"理性灵魂"指代的就是人的形式；功效原因，例如"认知就是通过证明而来的理解"、"运动就是移动者就其是移动者而言的动作"（That motion is the act of a mover insofar as it is a mover）；目的原因，例如"愤怒是对辩白的渴望"（That anger is the desire for vindication）、"睡眠是一个动物为获得好状态的外在感官的休息，以及"证明是用以获取知识的推理"；多重原因，例如"证明是从首要的、真实的、直接的、先于结论的、比结论更易于了解的（命题）而来、用以获取知识的推理"；等等。①

原因定义主要用于证明，或者说它在证明中最有用，因为用于证明的推理的中项通常都是意谓原因的。此外，布里丹还根据亚里士多德在《物理学》（198a，25—26）中把属与种差看作事物的形式，而把本质定义称为形式定义，并且认为，不恰当地说，关于形式原因、目的原因与功效原因的原因定义也可以称为形式定义，以区别于明确事物组成部分（质料）的实质定义。

5. 描述定义

描述定义是这样被定义的："描述定义通常是通过绝对地说后于某事物（posteriors simpliciter）的偶性或结果，来表明该事物是什么（quid estesse rei，事物的实质或本质）的表达式。因此，在一个描述定义中，主

---

① 参阅 John Buridan, *Summulae de Dialectica*, pp. 657–658。

词是通过其属性，以及通过从结果而来的原因而得到定义。"①

描述定义的第一部分是表明被定义的东西是什么，通常（但不必然）是被定义的东西的属（或主体），或者是比被定义的东西更宽泛的属性，或者被定义的东西只是某物的原因。例如"人是会笑的动物"（A man is a risible animal）、"火是最轻的基本元素"（Fire is the lightest element）与"上帝是所有其他存在物的原因"（God is the cause of all other beings）就是描述定义。"动物"是"人"的真正的属。但是"基本元素"与"原因"都是相对的，它们并非真正的属，其中"基本元素"是"火"的属性，而"上帝"只是"存在物"的原因。定义的第二部分是通过为第一部分增加属性（如"会笑的""最轻的"）或者间接词项（如"of all other beings"）来缩小其外延，使得定义项与被定义项可以换位。前两个定义的被定义项都是通过主词的属性来定义，后一个定义的被定义项（"上帝"）是根据结果（"所有其他存在物"）找原因而被定义。②

由于描述定义同样是为了明确被定义的东西，因此相对于被定义项，定义项需要采用那些在先的或更为我们所熟悉的东西，虽然不是绝对的。

描述定义与因果定义可以应用于我们考虑过的所有类型的普遍词项，无论是说出的、写下的还是心灵的。但是严格地说，单称词项不能通过上述任何方式（即使通过描述的方式）而获得定义。③

第五节 助范畴词理论

一 助范畴词的早期研究

中世纪逻辑学家把词项分为两大类：范畴词（categorematic term）与助范畴词（syncategorematic term）。助范畴词理论主要讨论这类词项在命题（句子）中的地位、性质以及功能（包括语言功能与逻辑功能）。

对助范畴词所涉及内容的讨论实际上开始于古希腊，这也是古希腊逻辑区别于中国或者印度逻辑学的重要标志。亚里士多德所讨论的词项

---

① John Buridan, *Summulae de Dialectica*, p. 659.
② 参阅 John Buridan, *Summulae de Dialectica*, p. 660。
③ 参阅 G. Klima, *John Buridan*, New York: Oxford University Press, 2009, p. 68。

命题之间的对当关系，实际上就是讨论相同范畴词在不同助范畴词的限定下如何形成不同命题，以及这种变化下，命题的真值是如何发生变化。但是亚里士多德的著作中并没有明确提出过助范畴词这一术语。奥卡姆在区分范畴词与助范畴词时提到了波爱修斯对"每个"这个词的一些论述："我们称这个词（'每个'）是有意义的，不是因为它意谓某个东西，而是因为正像我所指出的那样，它可以使一个词项意谓某个东西或者代表或者指代某个东西，用波爱修斯的话说，'每个'并非以确定的或明确的方式意谓任何东西；这一点不仅适合助范畴词的情况，而且适合联结词和介词的情况。"① 这说明，在波爱修斯时代，助范畴词与范畴词不同的意谓方式已经引起了逻辑学家的关注。

　　波爱修斯之后很长一段时间，逻辑学几乎销声匿迹，反而是语法学出现了繁荣的局面。6世纪著名语法学家普里西安（Priscian）在讨论句子的语法结构与组成部分时最早提出了"助范畴词"（syncategoremata）和"助意谓词"（consignificantia）这两个术语。他说："根据逻辑学家的看法，一个句子由两部分构成，即名词与动词，因为只有这两部分的结合才能产生一个完整的句子，而他们称句子的其他部分为'助范畴词'，也就是助意谓词。"② 但是需要了解的是，普里西安的"助范畴词"这一概念是纯粹语法学的定义，他的这一论述开始了其后加罗林文化时期和中世纪早期的语法学家对句子的语法解析。他们认为句子由范畴词和助范畴词组成，范畴词就是所有那些可以作为句子主语和谓语的词，包括形容词性名词（adjectival name）③、实体名词（substantival name）④、人称代词、指示代词与动词（不包括助动词），而句子的所有其他部分统统归

---

① ［英］奥卡姆：《逻辑大全》，王路译，商务印书馆2006年版，第9页。
② Priscian, Institutiones Grammaticae, Vol. Ⅰ, Libri Ⅱ, 15, 5 - 8. 拉丁语原文 "Partesigi-turorationis sunt secundum dialecticosduae, nomen et verbum, quiahaesolae per se coniunctaeplenamfaci-untorationem; alias autem partes 'syncategoremata', hoc est, consignificantia, appellabant". 英译文参见 N. Kretzmann, A. Kenny, J. Pinborg (ed.), *The Cambridge History of Later Medieval Philosophy*, note 3, Cambridge: Cambridge University Press, 1982, p. 211。
③ 形容词性名词也就是形容词，但是拉丁语中的中性形容词可以作为实体性名词，例如拉丁语 "Albumcurrit"，相当于英语的 "What is whiteisrunning" 或 "A white thing is running"。
④ 实体名词包括普遍名词与专名，或具体名词与抽象名词。

为助范畴词，例如联词、副词、介词等。① 然而，普里西安也把"助范畴词"解释为"助意谓词"，起"辅助意谓的"作用。这说明，他已经开始涉及词项的逻辑语义，标志着早期的语法学家也开始关注逻辑问题。到了 11 世纪，逻辑学与语法学交互研究成为常态，类似"只有苏格拉底在跑""苏格拉底偶然在跑""苏格拉底不在跑""如果苏格拉底在跑，那么他在运动"这种相互比较的句子不断出现。而到了 12 世纪，随着亚里士多德逻辑文本的新发现，逻辑研究已经从语法学中分离出来。所有这些既是助范畴词研究的发展线索，也是逻辑意义上的助范畴词理论真正发展起来的背景。

二 助范畴词理论的建立

严格地说，在逻辑中正式使用"助范畴词"这一术语开始于 12 世纪晚期至 13 世纪初。舍伍德的威廉（William of Sherwood，1200—1272）以及他的同时代逻辑学家西班牙的彼得（Peter of Spain）是 13 世纪助范畴词理论的主要代表，他们都有专门研究助范畴词的论文，其结论大同小异。随后，助范畴词的研究成为中世纪逻辑研究的常规问题。对助范畴词的专门研究说明了中世纪逻辑开始注重逻辑的形式部分，这也使得形式推论的广泛研究是顺理成章的事。但对逻辑的形式研究也使得逻辑学家基本不再专名撰写论助范畴词的论文，而使得对它们的研究分散在各种不同命题和推论的逻辑讨论中。

舍伍德的威廉对助范畴词的研究开始了一个时代，从此中世纪新逻辑研究不再只限于词项属性理论，还包括助范畴词理论。我们以威廉为例，讨论这一时期助范畴词理论框架。

威廉认为，与所有的范畴词都有确定的意谓不同，单独的助范畴词没有明确的意谓，但是可以与范畴词结合，辅助范畴词的意谓，决定或者改变范畴词的意谓方式或者意谓对象。威廉在其《论助范畴词》一文中，分 24 章讨论了 24 种他所认为的全部助范畴词（我们给出中文、英

---

① 参阅 N. Kretzmann, A. Kenny, J. Pinborg (ed.), *The Cambridge History of Later Medieval Philosophy*, note 3, Cambridge: Cambridge University Press, 1982, p.212。

文、拉丁文对照）：①

（1）"每个"或者"所有"——"Every"or"All"（Omnis）

（2）"整体"——"Whole"（totum）

（3）数字词——Number words（Dictiones numerales）

（4）"无限多"——"Infinitely many"（Infinita in plurali）

（5）"两个都"——"Both"（Uterque）

（6）"各种各样的"——"Of every sort"（Qualelibet）

（7）"没有"——"No"（Nullus）

（8）"没有一个"——"Nothing"（Nihil）

（9）"两个都不"——"Neither"（Neutrum）

（10）"但是"——"But"（Praeter）

（11）"单独"——"Alone"（Solus）

（12）"仅仅"——"Only"（Tantum）

（13）"是"——"Is"（est）

（14）"并非"——"Not"（Non）

（15）"必然"与"偶然"——"Necessary"（Necessario）and "Contingently"（Contingenter）

（16）"开始"与"停止"——"Begins"（Incipit）and "Ceases"（Desinit）

（17）"如果"——"If"（Si）

（18）"除非"——"Unless"（Nisi）

（19）"若非"——"But that"（Quin）

（20）"并且"——"And"（Et）

（21）"或者"——"Or"（Vel）

（22）"是否"或"或者"——"Whether"or"Or"（An）

（23）小品词"ne"——The particle "Ne"

（24）"是……还是……""Whether…or…"（Sive）

---

① William of Sherwood, *Treatise on Syncategorematic Words*, N. Kretzmann（trans. with an introduction and notes）, Minneapolis：University of Minnesota Press, 1968. 后续引用该著仅注明书名与页码。

威廉首先对助范畴词进行了"定位"。他说，如果要理解什么东西，就必须理解它的各个部分，这也同样适用于句子（enuntiationes）。因此，语言的方法本质上是组合的。语言有两个部分，即主要的部分与次要的部分。主要的部分是实体词与动词，也就是那些有指代的部分。另一部分包括形容词、副词、联词和介词。语言的次要部分中，有些是对主要部分所关于的属于它们的事物的确定，如"白的"之于"白的人"，但这部分不是助范畴词。其他次要部分是对主要部分（就它们是作为主词或谓词而言）的确定，如"每个"之于"每个人在跑"。"每个"并不意谓属于"人"的某个东西是普遍的，而只是意谓"人"是一个全称主词。这种类型的次要部分就是助范畴词。[①]

威廉对助范畴词的定义显然还残留着此前语法学的影子，即他是从对词项的语法区分开始，从各种不同性质的语法词中筛选出助范畴词。但是他最后对于助范畴词的定义则是完全基于逻辑语义的。例如"白的"之于"白的人"只是对人的性质的确定，因而并非助范畴词，而"每个"之于"每个人在跑"，则是对"人"这个词项的指代的确定，即断定它具有周延的指代，这就是助范畴词。也就是说，助范畴词的重要功能就是与范畴词结合在一起，改变它的指代方式，因此，助范畴词的意义主要体现在命题中。

在各种助范畴词中，威廉首先讨论的就是量词"每个"与"所有"，这说明他把量词作为最重要的助范畴词。在威廉的时代，推论理论还没有发展起来，人们处理的命题主要还是亚里士多德传统的直言命题。在这种命题中，量词是决定其真假的最核心助范畴词。

威廉认为量词既有（独立的）意义，又有（辅助语义）功能，必须对它从两个方面分开讨论。他说，一般而言，"每个"或"所有"（全部）或者是对某个事物的处置，如"世界就是全部"（The world is all），在这种情况下，它不是助范畴词，而是具有某种独立的意义；或者是对某个主词的处置，在这种情况下它就是助范畴词。例如，在"每个人都

[①] 参阅 Henrik Lagerlund, "The Assimilation of Aristotelian and Arabic Logic up to the Later Thirteenth Century", in M. Gabbay, J. Woods (ed.), *Handbook of the History of Logic* (Vol. 2): *Mediaeval and Renaissance Logic*, Amsterdam: Elsevier, 2008, p. 340。

在跑"中,"每个"意谓"人"这个词作为主词而在与谓词具有相关性的方面是普遍的,因而是一个全称命题。威廉因此把"每个"或"所有"称为"全称符号"(universal sign)。① 也就是说,"每个"或"所有"的功能是划分与谓词相关的主词,以确定主词所指代的东西哪些具有谓词所述说的情况。这一功能意味着,该助范畴词给出了将谓词附加到如下事物的条件:(1)主词下每类事物中的至少一个,或(2)属于该主词的每个个体事物。下面的例子可以看出威廉所说的这两种情况,"每只狗是动物"被分析为两种情况:(1)"牧羊犬是动物"并且"贵宾犬是动物"等;(2)"Fido(狗名)是动物"并且"Spot(狗名)是动物"等。威廉这一看法实际上只是涉及不同标准的划分,对于"每个"或者"所有"的语义功能并没有影响。

　　威廉对于助范畴词的重要贡献还表现在:他是逻辑史上最早把"是"作为助范畴词的逻辑学家,此前人们普遍认为命题由三部分构成,即范畴词、助范畴词与联词(copula)"是"或"不是",并且认为区别于那些作为谓词的动词,联词才是唯一真正的动词;威廉也是较早从范畴词与助范畴词两方面对模态词进行了研究的逻辑学家。

　　由于助范畴词都必须与主词或者谓词组合在一起,而"是"似乎与其他助范畴词有区别,所以对于"是",威廉在讨论它是否属于助范畴词时,提出的第一个问题就是,"是"到底是和主词与谓词的组合相关,还是与谓词相关。他说:"既然我们讨论或者确定了那些与主词相关的助范畴词,我们就可以以两种方式继续这一问题,即确定哪些助范畴词是和谓词与主词的组合相关,哪些与谓词相关。按照第一种方式,我们首先确定动词'是',这不是因为它就是助范畴词,而是因为很多人把它假定为助范畴词。他们根据亚里士多德的这句话:'是'意谓某种组合,这种组合需要依赖于组合的构成部分才能被理解;因为他们相信'组合意谓'与'意谓'是一回事。仅仅是在这一方式下,'是'具有联合意谓(consignificative)和联合谓述(conpredicative),因而是一个助范畴词。但是另一方面,动词是述说其他东西的东西的标记,而述说其他东西的东西是谓词,所以每个动词都是一个谓词的标记或符号。因此,动词'是'

---

① William of Sherwood, *Introduction to Logic*, p. 28.

也是谓词的符号,而不单单是组合谓词与主词的符号。可能有人会说,'is'不是动词,而是所有动词的词根。但是恰恰相反,命题是由名词与动词构成,因此,'is'本身也是动词(因为诸如'Man is'也被认为是命题——引者注)。因此,'is'被说成联合意谓,不是因为它与另一个词一起意谓,因而是一个表达式的一部分,而是因为它意谓组合以及意谓其主要的意谓物(principal significatum,即 being——引者注)。但是在这种情况下,它就不是助范畴词。"[1]

威廉这里表达了三层意思:

(1) 从助范畴词的角度看,"是"与其他助范畴词没有区别,它自身并不单独意谓,也不意谓主词与谓词这些命题主体部分所意谓的东西之外的东西,而只是辅助它们的意谓;所有命题都只有主词与谓词两部分(这里所说的命题的组成部分是指主要部分),不存在命题的第三部分,命题的组合也并非命题的第三部分。

(2) "是"确实能够联合谓词与主词而意谓它们相结合的东西(即一个命题所断定的东西,中世纪逻辑学家称之为命题宣言),这正是它作为助范畴词(联词)的功能,即组合主词与谓词的联合意谓功能;也仅仅在这个意义上,它才是助范畴词。因此,它既与主词和谓词相关,也与谓词与主词的组合相关。

(3) 与一般助范畴词不同的是,"是"本身也是谓词,此时谓词就是'is'自身,它意谓存在(being),并且能与主词组合(如 Man is)。但在这种情况下,它并非助范畴词,而是范畴词。

威廉还认为,"是"是一个多义词,有时指代实际的存在(esse actuale),有时指代有条件的存在(esse habituale),即一种实际不存在但可能存在的东西的本质属性。例如命题"每个人是动物",如果按照第一种方式,当人实际上不存在时,命题就是假的,但如果按照第二种方式,这个命题仍然是真的。威廉指出,根据"每个"这个助范畴词的功能,当人不存在时,"是"应该是按第二种方式使用。[2] 也就是说,无论人实际上存在与否,按照第二种方式,这一命题都是真的。这一解释与唯名论

---

[1] William of Sherwood, *Treatise on Syncategorematic Words*, pp. 90 – 91.
[2] William of Sherwood, *Treatise on Syncategorematic Words*, p. 93.

语义学有所区别。在布里丹等逻辑学家看来，当一个命题的联词是"是"，即一个现在时命题，只有当主词与谓词指代的对象都存在，命题才是真的。否则，就必须使用词项扩张，但在后一种情况下，命题已经变成了模态命题。但正是威廉的这一解释，激发了词项的扩张属性理论。

威廉本人也研究了模态逻辑。他分别从范畴词与助范畴词、形式与本质的不同角度，讨论了必然、可能、偶然等模态词，是中世纪最早从逻辑的角度研究模态词的逻辑学家之一。

他说："必须知道，'必然地'既可以作为范畴词，也可以作为助范畴词。如果它作为范畴词，它是对谓词的决定（determination of predicate），如果是作为助范畴词，则是对（谓词意谓的东西与作为其主体的主词的）某个组合的决定（determination of acomposition）。'偶然地'也同样如此。"①

例如，在命题"苏格拉底跑得快"中，'快'这一标准副词意谓的是谓词"跑"所意谓的东西，即跑的行为，但并不联合意谓一个组合，也就是说，并不意谓其主体，即作为主词的"苏格拉底"也具有"快"所意谓的东西。我们可以举一个生活中的一般例子，"张三写字很糟糕"这个命题，其中副词"很糟糕"仅意谓谓词"写字"，并不联合意谓一个组合，即动词"写字"所属的主体——作为主词的张三也是很糟糕的。按照威廉的解释，"必然地"也可以看作一个一般的副词，而当它仅仅作为一个副词，它决定的只有谓词（的意谓方式），而不能决定主词（的意谓方式），这种情况下，它就是一个范畴词。但是如果是作为助范畴词，那么"必然地"不仅决定谓词所意谓的东西具有必然性，同时也决定一个组合，即谓词所意谓的东西与主词结合在一起所意谓的东西也具有必然性，因而，主词也具有必然性，这种情况下，"必然地"其实就是一个谓词。

威廉举了两个例子：②

（1）"天国必然地运动"（The heaven moves necessarily）。如果"必然地"取第一种意谓，即作为一般副词的范畴词，那么它意谓的是谓词

---

① William of Sherwood, *Treatise on Syncategorematic Words*, pp. 100–101.
② 参阅 William of Sherwood, *Treatise on Syncategorematic Words*, p. 101。

"运动"所意谓的东西,即"天国的运动"这一行为(The motion of the heaven)具有必然性。如果按照第二种意谓方式,则意谓"运动"这一行为与其主体"天国"的组合具有必然性。此时,模态词就是谓词,因为它表达的就是"'运动'这一行为与其主体'天国'是必然的",也就是说,"运动"这一行为具有必然性,并且"天国"这一主体也具有必然性。然而,在其他情况下,这种组合具有必然性未必是真的。例如:

(2)"反基督论者的灵魂将必然地存在"(The soul of the Antichrist will be necessarily)。威廉把这个命题看作一个诡辩(sophisma):当反基督论者的灵魂存在时,它将具有不间断和不朽的存在(unceasing and incorruptible being),因此反基督论者的灵魂将具有必然的存在;但它不存在是可能的,因此,反基督论者的灵魂就是偶然的。因此,当'必然地'按照第一种方式意谓,即作为一个范畴词时,这一命题是真的。威廉这里应该是继承了亚里士多德在《解释篇》中的话:"存在的东西当其存在时,必然存在。"① 但是当按照第二种方式意谓,即作为一个助范畴词时,命题就是假的,因为主词所意谓的东西的存在不具有必然性。这也印证了亚里士多德的另外两句话:"存在的东西当其存在时就必然存在,并不等于说,所有事情(自身)的发生都是必然的。关于不存在的东西也是如此。"② "并非所有的事件都必然地存在或必然地发生,而是存在偶然性。"③ 因此,当把这句话改为"反基督论者的灵魂将偶然地存在"时,无论"偶然地"按照哪种方式意谓,命题都是真的。

威廉所谓的模态词意谓一个组合实际上相当于我们所说的命题模态。上面的两个例子如果转换为这种模态就是"'天国运动'是必然的""'反基督论者的灵魂将存在'是必然的",这种必然性被威廉称为关于"一致性"的必然性。他说,"必然性"这个词有时是作为一致性(coherence)的符号,有时是作为本质性(inherence)的符号。当它作为一

---

① [古希腊]亚里士多德:《解释篇》,19a22—23,《亚里士多德全集》第一卷,苗力田主编,中国人民大学出版社1990年版,第60页。
② [古希腊]亚里士多德:《解释篇》,19a24—26,《亚里士多德全集》第一卷,苗力田主编,中国人民大学出版社1990年版,第60页。
③ [古希腊]亚里士多德:《解释篇》,19a17—19,《亚里士多德全集》第一卷,苗力田主编,中国人民大学出版社1990年版,第60页。

致性的符号，代表的仅仅是谓词的形式与主词的形式在某些情况下是一致的，例如在某种指代下一致，这种必然性就是复合意义（compounded-sense）的必然性。当它作为本质性的符号，代表的是谓词的形式本质地存在于主词所意谓的东西之中，在这种情况下，命题在主词的人称指代（人称指代是命题的默认指代）下是成立的，这种必然性就是分离意义（dividedsense）的必然性。①

威廉认为严格意义上或真正的模态命题是分离的模态，例如"苏格拉底必然在跑"（Socrates is necessarily running）。而"'苏格拉底在跑'是必然的"（That Socrates is running is necessary）只是一个直言命题"苏格拉底在跑"被一个必然模态词所谓述；而"Socrates is running necessarily"也不是真正的模态命题，因为这里的"必然性"仅仅是一个副词，修饰的是谓词所意谓的东西，而不是谓词所意谓的东西本质地存在于主词所意谓的东西之中。

威廉还把模态词与"只有""单独""每个"结合在一起讨论。②

三　柏力与奥卡姆对助范畴词的一般论述

如前所述，13 世纪是独立的助范畴词理论研究的高峰时期，其标志就是助范畴词理论与词项属性理论研究同步进行。但到了 14 世纪，随着推论理论，特别是形式推论研究的兴起，助范畴词理论中所讨论的那些问题就被同步进了常规性的逻辑研究之中。独立的论文比较少见，更多的是在逻辑学著作中以专题研究（例如柏力），或者分散在对不同命题或不同逻辑方法的研究之中（例如奥卡姆）。

14 世纪对助范畴词理论的研究还有一种情况，即在对不可解命题以及其他谬误的研究中讨论助范畴词，很多谬误或者诡辩都是由于对助范畴词（例如"整体""单独""仅仅""除外""排他"等）的错误使用或者定义不清而引起。我们在舍伍德的威廉的助范畴词理论中也看到过类似的例子，但是后者没有专门研究这一问题。可以说，14 世纪的助范畴词理论对于谬误或者诡辩的研究产生了极大的影响，在布里丹的《逻

---

① 参阅 William of Sherwood, *Treatise on Syncategorematic Words*, pp. 102–103。
② 参阅 William of Sherwood, *Treatise on Syncategorematic Words*, pp. 103–106。

辑大全》中表现得尤其明显。

14世纪初逻辑学家沃尔特·柏力（Walter Burley，约1275—1344）在其著作《论纯粹的逻辑》中，对各种助范畴词在逻辑学中与哪些理论相关做了总结。① 由此也提出了一些新的助范畴词。

他说，每个助范畴词都是修饰或者影响主词、谓词或者它们的组合。如果修饰的是主词，那么它表达的是排他、特称或者周延。表达排他的词如"单独"。表达特称的词是特称量词，如"某个""有些"等。而如果表达的是主词的周延，那么或者是表达实体的周延，如"每个""没有"，或者是表达偶性的周延，如"任何种类""无论多少"等。以实体的方式被意谓的东西称为"实体"，如一个人、一种量、一种质，以偶性的方式被意谓的东西，或者与"诸如……""多达……"等相联结的东西称为"偶性"。

在表示实体周延的符号中，有些代表整体周延，例如"整体"（whole），有些是对主体部分周延。在表示后者的符号中，有些是析取的周延符号，例如"不定的"，以及数字词"两个""三个"等；有些是合取的周延符号，例如"两个都""两个都不""两个以上"。而表示两个以上的周延符号中，有些是绝对的周延符号，如"每个""没有"；有些是表示确定条件的周延符号，如"无论什么""无论谁"，以及类似于此的词。代表绝对周延的符号还可以有进一步的分类，有些是对其指代的对象一个一个地逐次选取，例如"各自并且每一个"（each and every）、"任何一个"（any）；有些是对其指代对象无差别地同时选取，例如"所有""两个"等。

如果助范畴词修饰的是谓词，它或者是作为动词，或者是作为副词或与副词等价的效果。前者如"开始"、"停止"（"不再"），后者如"仅仅""再有"等。

助范畴词还修饰主词与谓词之间的某种结合。有两种方式，即这种结合或者被处理成非复合的，或者被处理成复合的。

---

① 参阅 Walter Burley, *On the Purity of the Art of Logic: The Shorter and the Longer Treatises*, P. V. Spade (trans.), New Haven: Yale University Press, 2000, pp. 27-30. 后续引用该著仅注明书名与页码。

非复合有两种情况，一种是组合式的（即舍伍德的威廉所说的模态组合），即通过"可能""偶然""必然""不可能"四种模态词处理主词与谓词的结合，一种是否定式的，例如通过否定词"并非"联结主词与谓词。

复合的方式有绝对的复合与有条件的复合之分。前者分为联言与选言，分别通过"并且"、"或者"或"是……还是……"表示。有条件的复合通过"如果""除非""或者""就……而言"表示。柏力认为"或者"表达的既是选择，也是条件。

柏力阐述了一个助范畴词的全景使用图，然后他分别对这里提及的每个助范畴词都进行了讨论，并且作为他的纯粹逻辑研究的基础部分而首先被研究，在此基础上才开始讨论词项属性理论和推论。

他还特别指出，如果要真正理解这些助范畴词，就必须为它们可能带来的诡辩（sophism）进行说明，[1] 因为后者的产生往往是由一个或多个助范畴词的误用所带来。

奥卡姆既没有像舍伍德的威廉那样有专门的论助范畴词的论文，也没有像柏力那样集中讨论助范畴词，而是把对助范畴词的讨论分散在其词项逻辑与命题理论之中。在其《逻辑大全》之词项逻辑的第四章，奥卡姆对范畴词与助范畴词的区分做了详细解释，特别是他借助范畴词严格区分了词项的意谓、指代或者代表什么东西之间的区别。他说，范畴词有明确的确定的意谓，例如"人"这个词项意谓所有的人，"动物"意谓所有的动物。但是助范畴词均没有明确的确定意义，它们也均不意谓任何与范畴词所意谓的东西不同的东西。并且严格地说，一个助范畴词也不意谓任何东西，然而，当它与另一个范畴表达结合起来时，就使这个范畴词表达以确定的方式意谓某个东西或者指代某个东西，或者起到（function）与这个相关的范畴词有关的其他某种作用。例如，"每个"这个助范畴词本身并不意谓任何确切的东西，但当它与"人"这个词结合时，就使后者模糊并且周延地代表或指代所有人。[2]

---

[1] 参阅 Walter Burley, *On the Purity of the Art of Logic: The Shorter and the Longer Treatises*, pp. 29–30。

[2] 参阅 Ockham, *Summa Logicae*, I. 4, P. V. Spade (trans.), 1995 edition, p. 13。

针对有人认为，"每个"这个词尽管不意谓什么事物，但是仍然是有意义的，因此它也应该意谓什么。奥卡姆指出："正确的回答是，我们称这个词是'有意义的'（significative），不是因为它确定地意谓什么东西，而是因为正像我所指出的那样，它可以使一个词项意谓（signify）某个东西或者指代（supposit）某个东西或者代表（stand for）某个东西。正如波爱修斯所说的那样，'每个'这个名不以确定的或固定不变的方式意谓任何东西，这一点不仅适合所有助范畴词的情况，也适合联结词和介词的情况。"①

中世纪逻辑学家认为，一个词的意义就是这个词使我们想象或者设想到了它意谓什么东西，而一个词意谓什么就是这个词指称心灵之外的什么事物。从结果上看，一个词是有意义的，当且仅当它有意谓，因此，严格地说，一个词只有有确定的意谓之物，才是有意义的。而一个词如果出现在句子中，那么它指称或者意谓的对象可能会发生变化，这就是一个词的指代。对于有些逻辑学家，例如奥卡姆来说，他们把一个词项或者言辞看作概念或者心灵意向的符号，在这种意义上，又可以说某个词代表（布里丹使用"represent"这个词）的是一个概念或者某种心灵意向。因此，助范畴词就是既没有意谓又没有指代的词，并且严格地说，它也没有意义，但可以说，它代表了某种心灵意向。当然，在其他语境下，奥卡姆并没有对意谓、代表与指代等术语的使用与表述做严格区分，其他逻辑学家也同样如此。现代逻辑并不像中世纪那样对于"意义"的定义那么严格，或者说，现代逻辑对于意义的理解是不同的，对于助范畴词，也就是被称为逻辑常项的那些词，其意义就是它们所表示的语义，后者可以通过诸如真值表的方式体现出来，也就是说，这些词仍然具有语义意义。

奥卡姆对于助范畴词"意义"的理解也是中世纪普遍认同的。这一点在布里丹的助范畴词理论中表现得尤其明显。

四　布里丹的助范畴词理论

布里丹认为，范畴词与助范畴词的区分乃是基于语词的功能。语词

---

① Ockham, *Summa Logicae*, I. 4, P. V. Spade (trans.), 1995 edition, pp. 13 – 14.

的功能或者属性在于通过表征（represent）①它在心灵中的附属物（subordination），②即心灵中的概念，而意谓心灵之外的某物。语词表征什么，这个词的意义就是什么。根据语词表征什么以及如何表征，或者说，根据它们在心灵之外意谓什么以及如何意谓，布里丹把语词划分为三大类：纯（purely）范畴词、纯助范畴词、中间（intermediate）词或混合（mixed）词。③ 我们按照布里丹的分类来解释。

纯范畴词不依靠任何其他词项，仅依靠自身就可以在人们的心灵之外意谓某物；或者更具体地说，纯范畴词不仅可以直接表征心灵中的相应概念，还通过概念这一心灵行为，去意谓心灵之外的具体事物。纯范畴词可以作为词项独立地充当命题的主词或者谓词，例如"人""石头""白色"等。

关于助范畴词，布里丹首先指出："然而，应该认识到，任何可以成为命题一部分的词本身都被强加意谓某种东西，即心灵中的概念。根据本书开头所说的以及亚里士多德在《解释篇》中的断言，说出来的（东西）都是内心经验（passiones）的标记，即（概念）的符号。因此，就这种意义而言，任何词都没有区别，因为每个可以置于命题中的词都可以根据惯例而被强加其自身的意谓。"④ 因此，纯助范畴词也有自身的意谓。但是纯助范畴词除了意谓这个词在使用者心灵中直接意谓的概念或

---

① 关于语词（概念）与对象之间的关联，中世纪逻辑学家使用了不同的术语。例如布里丹，他在《论亚里士多德的〈灵魂论〉》（Questions on Aristotle's de Anima）中，出于讨论语言问题的心理学需要，当他对语词或语言进行定义时，他一直使用"表征"（represent）一词，因为他认为这个词更合适，即适合于说明语词首先直接表征心灵中的概念。另外，布里丹在讨论一个说出来的言辞或者声音时，也使用"表征"这个词，认为诸如"buba"这种没有意义的言辞不表征任何东西。（参阅《逻辑大全》，第9页）但在《逻辑大全》中，由于主要是讨论逻辑问题，语词更多的是以词项或者概念的形式出现。对于词项通过概念与对象物之间的关系，布里丹基本使用"意谓"（signify）一词。由于语词的终极意义还是与外在世界相连，而概念只是作为语词与外在世界的中间环节，概念只是一种心灵行为，是心灵对外在世界对象的思考。因此，语词的表征与词项的意谓两者其实并没有本质区别。当我们引用其主要著作《逻辑大全》这一文献时，若非特别需要，我们根据习惯使用"意谓"这一术语。

② Subordination（附属物）一词来自奥卡姆，是指代理论中的一个术语。是指一个语词直接或即时在心灵中所意谓的东西，也就是概念。奥卡姆称心灵中这一相应的概念为这个语词的表征。于是通常有这样表述：一个语词在心灵中所附属的概念，或者一个语词所附属的心灵概念。

③ John Buridan, *Summulae de Dialectica*, p. 232.

④ John Buridan, *Summulae de Dialectica*, p. 233.

者某种意向，在心灵之外不意谓任何具体事物，人们不能仅仅通过它所意谓的概念而去想象心灵之外的事物；除非是在某种特殊情况下，意谓这些助范畴词本身，从而产生实质指代。因此，纯助范畴词只有在与其他范畴词相连接时，才能与范畴词一起意谓或者指代心灵之外的某物，或者改变范畴词意谓或指代外物的方式。布里丹还从词源学上解释了助范畴词：助范畴词"syncategoremata"的前缀来自希腊语"syn"，"syn"在拉丁语的意思等同于"cum"（英文with的意思），因此助范畴词的原意本就是"与范畴词相结合"。纯助范畴词如"是""非""并且""或者""如果""因此"等。所有这类词都不能作为主词或者谓词。

此外，布里丹认为除纯范畴词与纯助范畴词之外，还有一种所谓混合词。之所以说是混合的，是因为这类词不仅可以直接表征心灵中的相应概念，还能通过概念去意谓心灵之外的具体事物，但是自身不可以独立地充当命题的主词或者谓词；或者是因为它本身既包含范畴词，又包含助范畴词，例如"某地"（somewhere，助范畴词"某个" + 范畴词"地方"，以下依此类推）、"某个时间"（some time）、"没有什么"（nothing）、"仅仅苏格拉底"（only Socrates）等。① 实际上，混合词最终还是要被分析为纯范畴词与纯助范畴词。

在布里丹所讨论的各种助范畴词中，有些最能体现出其唯名论语义学的特征。

首先，"非"是最具典型意义的助范畴词，布里丹对"非"进行了深入的探讨。例如，在"非人"（non-man）这一混合词项中，首先，否定词"非"并不意谓（signify）任何事物。其次，它与"人"这个范畴词结合在一起而形成的词项"非人"也不意谓任何实体（这是唯名论的看法；实际上在实在论逻辑学中，虽然"非"这一助范畴词本身不能意谓什么，但是"非人"却可以意谓某种神秘的否定性实体，正如他们也承认性质实体、关系实体、状态实体那样），因为没有一个与人类具有类似本体存在方式的否定实体。然而正如我们前面所说，我们只能说"非"这个词本身不意谓某事物，而不能说它不具有意谓功能。按照布里丹的说法，"非"与"人"这个范畴词结合而形成的词项"非人"本身虽然

---

① 参阅 John Buridan, *Summulae de Dialectica*, pp. 232-233。

不意谓否定的事物,它也以否定的方式,意谓"人"这个范畴词所意谓的相同的东西,即人。① 换句话说,"非人"与"人"意谓的是相同的东西,但意谓方式恰好相反,前者以否定的方式意谓,后者以肯定的方式意谓。这种意谓方式的不同正是助范畴词"非"所带来的——人们在心灵中把"非"所意谓的概念,与"人"所意谓的概念结合成一个复合概念,并以否定的方式去意谓人。而"非人"这一词项所意谓的概念也是通过其名词定义而获得的。

此外,根据布里丹所说,概念其实就是一种心灵行为,或者说,概念充当的是心灵行为的功能。概念是语词与事物之间的媒介,语词需要通过附属于心灵中的相关概念去意谓某物。对于"非"这个助范畴词,我们可以这样理解:"非"这一否定助范畴词,通过一种否定的心灵行为(此即"非"这一否定概念的意义),施加于可独立地作为命题主词或谓词的范畴词"人"之上。这一施加的结果产生一个复合概念,并通过否定的心灵行为去意谓原概念所意谓的相同事物。② 这正是"非"这个助范畴词的作用过程及其全部意义。"非人"这一混合词项于是被称为复合范畴词,具有与范畴词一样可以独立充当主词或者谓词的功能。

系词"是/不是"(is/is not)也是重要的助范畴词,其作用过程与意义类似于助范畴词"非"。布里丹认为,与"非"类似,系词本身也不意谓任何事物,但是可以连接范畴词而产生复合范畴词。例如,"上帝是上帝"(God is God)以及"上帝不是上帝"(God is not God)这两个命题在心灵之外的意谓之物,不会比"上帝"这个词本身所意谓之物更多或更少。类似地,"每个人是动物"的意谓之物,较之"每个人不是动物"的意谓之物也是既不多也不少。③ 就是说,系词没有意谓之物,无论它出现在什么命题之中。但是这不意味着系词没有意义或意谓功能,系词的作用在于连接范畴词而调节它们的意谓方式,以形成命题。

布里丹于是用他的复合概念理论,表达了系词的作用,以及肯定、否定系词的区别,他说:"系词'是'和'不是'意谓心灵词项以不同

---

① 参阅 John Buridan, *Summulae de Dialectica*, p. 404。
② 参阅 G. Klima, *John Buridan*, New York: Oxford University Press, 2009, p. 38。
③ 参阅 John Buridan, *Summulae de Dialectica*, p. 234。

联结方式而形成心灵命题。这些不同的联结方式，转而是关于理性的二次操作的复合概念，因为它已经超出了第一次操作（即与词项的结合这一操作本身）。"① 在布里丹看来，命题其实就是复合概念。例如"苏格拉底是哲学家"这个命题，就命题所意谓之物而言，等同于"作为哲学家的苏格拉底"这一复合概念的意谓之物。肯定的系词联结词项（外在的第一次操作）以形成肯定的复合概念或心灵命题（理性的第二次操作），以肯定的方式意谓事物，否定的系词联结词项以形成否定的复合概念或心灵命题，以否定的方式去意谓肯定的复合概念所意谓的相同的事物，这就是系词作为纯粹的助范畴词的功能。

但"是"并非纯粹的助范畴词，因为在假定词项的扩张功能的情况下，它隐含一个确定的时间概念，即表示的是现在时命题。②

布里丹于是通过分析一些命题，解释了如果对"非""不是"等助范畴词误用，就会导致诡辩。他分析的一个诡辩是"一个非存在是可以理解的"。布里丹首先给出了诡辩论者的论证："这个诡辩是这样被证明为真的：含有这种不定词项的命题应该被如此分析，即就像'一个非人在跑'（A non-man runs）等值于'一个不是人的东西在跑'（What is not a man runs），因而，说'非存在物是可被理解的'（A non-being is understood），等于说'那些不是存在物的东西是可以理解的'（What is not a being is understood）。而后一个命题是真的，正如反基督论者是可以理解的，而它就不是作为存在物的东西"③。因此，"非存在物是可被理解的"也是真的。

他接着给出了一个相反的论证，证明"非存在物是可被理解的"这个命题是假的："相反的论证可以是这样的：因为'非存在物'（non-being）不指代任何东西，而一个主词不指代任何东西的肯定命题是假的，这个命题就是一个肯定命题，因此它是假的。"④

后者也是布里丹本人同意的，即他认为"非存在物是可被理解的"

---

① John Buridan, *Summulae de Dialectica*, p. 234.
② 参阅 John Buridan, *Summulae de Dialectica*, p. 235。
③ John Buridan, *Summulae de Dialectica*, p. 923.
④ John Buridan, *Summulae de Dialectica*, p. 923.

这个命题就是假命题。他说:"这可以通过以下方式清楚地表达:因为动词'理解'(to understand)或'被理解'(to be understood)使得词项的指代扩张到过去、未来,甚至所有可能的事物,因此,如果我说'存在物是可被理解的'(A being is understood),'存在物'这一词项无差别地指代每个现在或过去或未来或可能的事物。但规则是,添加到一个词项的非限定的否定词,移除了对这个词项所指代的一切存在物的指代,并使得它去指代它所不指代的一切存在物,如果有这样的存在物的话。因此,在'非存在物是可被理解的'这一命题中,'非存在物'这个词项并不指代某些现在存在的存在物,也不指代某些过去或将来或可能的存在物;也就是说,它不指代任何存在物,命题就是假的。并且,我认为'非存在物是可被理解的'和'那些不是存在物的东西是可被理解的'并不等值,因为(对后者来说),通过动词'是'(is),只是把不定化(infinitatem)的否定词施加于现在的事物。因此,词项对过去和未来以及可能的存在物的指代依然保留,这样我们不得不承认:'那些不是(存在物)的东西是可被理解的'[What is not(a being)is understood]。因此,如果我们要给出一个对'非存在物是可被理解的'的一个等值分析,那么它将是这样:'那些不是现在,不是过去,不是将来,也不是可能的存在物是可被理解的'(What neither is, nor was, nor will be, nor can be is understood),但这是假的,正如诡辩的假那样。我们应该对'非存在物将存在'(A non-being will be)这个命题做同样的处理。因为它是假的,虽然'那些不是现在存在物的东西将存在'(What is not a being will be)是真的。"①

布里丹的意思很清楚:

首先,当我们说"存在物是可被理解的",由于谓词"可被理解的"具有扩张指代功能,因此主词"存在物"指代过去、现在、未来以及一切可能的东西。如前所述,助范畴词"非"的功能是使得与它结合的词项以否定的方式去指代这一词项所指代的任何东西,因此,"非存在物"就是以否定的方式指代"存在物"所指代的过去、现在、未来以及一切可能的东西,这等于说,"非存在物"没有任何实际的指代。根据布里丹

---

① John Buridan, *Summulae de Dialectica*, pp. 923 – 924.

的指代理论，当一个词项没有任何指代，以这种词项为主词或者谓词的肯定命题都是假的（但是否定命题都是真的——参阅指代理论相关章节），因为它们没有联合指代。因此"非存在物是可被理解的"是一个假命题。

其次，根据前述的规则，在假定词项具有扩张功能的情况下，"是"就不是纯粹的助范畴词，它隐含了一个确定的时间概念，即表示的是现在时命题；相应地，"不是"就是仅仅对现在的否定，这正是否定助范畴词的功能。在这一假定下，"那些不是存在物的东西是可被理解的"（What is not a being is understood）的准确语义是"那些不是现在的存在物的东西是可被理解的"，也就是说，那些过去是或者将来是或者可能是存在物的东西并没有被排除在可被理解的东西之外。这样，"那些不是存在物的东西是可被理解的"显然不等于"非存在物是可被理解的"，因为在假定过去是或者将来是或者可能是存在物的东西可被理解时，前者可能是真的，而后者仍然是假的。因此，"非存在物是可被理解的"仅仅等值于"那些不是现在，不是过去，不是将来，也不是可能的存在物是可被理解的"，唯其如此，才能保证两个命题等值。但是，那些不是现在，不是过去，不是将来，也不是可能的存在物根本不可能存在，因此，后一个命题恒假，前一个命题也必定恒假。

同理，"非存在物将存在"（A non-being will be）也仅仅等值于"那些不是现在，不是过去，不是将来，也不是可能的存在物将存在"，两者都是假的。并且"非存在物将存在"并不等于"那些不是存在物的东西将存在"，因为后者仅仅等值于"那些不是现在存在物的东西将存在"，而这显然是真的。

诡辩论者还可能根据布里丹在命题换质推论中的规则"A是非人（A is a non-man），因此，'A不是人'（A is not a man）"[①] 来证明"非存在物是可被理解的"是真的。针对此，布里丹可以轻松化解：假设A是一个人，"A是非人"可以推出"A不是人"，但是逆推论并不无条件成立，因为两者并不等值。具体地说：

（1）假设人是存在的。则"人"有指代，但"非人"没有指代（注

---

① John Buridan, *Summulae de Dialectica*, p. 468.

意,"非人"并不是指代人之外的东西,而是以否定的方式指代人,即意谓的是人不存在)。此时"A 是非人"作为肯定命题就是假的,而"A 不是人"也是假的,因此推论成立(参阅推论相关章节),其逆推论也成立。

(2)假定人不存在。则"人"没有指代,"非人"也同样没有指代,因为根据唯名论语义学,当一个词项指代的具体对象不存在,无论词项以什么方式意谓它,都没有指代。此时"A 是非人"作为肯定命题就是假的,而"A 不是人"则是真的,因为具有相同词项的肯定命题"A 是人"为假,根据指代规则,相应的否定命题就是真的。前件"A 是非人"为假,后件"A 不是人"为真,因此,"A 是非人"可以推出"A 不是人",但是其逆推论并不成立。

(3)上述解释说明,这两个命题根本不是等值命题。因此,不能根据"A 是非人"可以推出"A 不是人",而得出"那些不是存在物的东西是可被理解的"等值于"非存在物是可被理解的",从而因为前者为真,得出后者也为真。

(4)上述解释还说明,从"A 不是人"不能推出"A 是非人",因为在某些条件下它不满足推论的规则,但是"A 是非人"可以无条件地推出"A 不是人"。也就是说,基于唯名论以及助范畴词"非"和"不是"的意谓,我们可以从肯定命题通过换质法推出相应的否定命题,但是不能相反。因此,我们可以从"非存在物是可被理解的",推出"那些不是存在物的东西是可被理解的",但是不能相反。还可以说,如果"非存在物是可被理解的"为真,则"那些不是存在物的东西是可被理解的"一定是真的,但是切不可从"那些不是存在物的东西是可被理解的"为真,推出"非存在物是可被理解的"也为真。

(5)正如我们在前面所指出的那样,根据布里丹的解释,我们可以很容易地判定为什么高尔吉亚、弗雷德基修斯等哲学家把"非存在"看作"某种存在物",或者认为"无物"也是"某物"的证明是错误的,因为"非存在"或"无物"不指代任何存在的东西。

布里丹对于"非存在"的解释同时具有深刻的现代性,诸多方面与现代著名逻辑学家奎因(Willard V. O. Quine, 1908—2000)在《论何物存在》等文中的观点不谋而合。逻辑史家克里马幽默地指出:布里丹上述讨论的要点就是，他绝对会同意奎因的看法，即：没有什么事物是 non-being，每个东西都是 being，每个事物都存在，并且，说某事物不存在是不对的。但是奎因不会喜欢布里丹的解决方法（其实就是基于词项联合指代理论、扩张语境与助范畴词'非'的意谓的方法——引者注）。

"因为对于'每个事物都存在，或者换句话说，说某个事物不存在是不对的'这一断言，即使布里丹同意奎因而不同意怀曼，奎因对于布里丹同意他的理由也是很不满意的。事实上，他可能认为，布里丹对于怀曼来说就是披着羊皮的狼，同意他的主张而否定实然语境中不存在的事物，却公然走后门出卖他，在所谓的'扩张语境'下鬼鬼祟祟地量化那些不存在的事物，从而再造了一个怀曼的膨胀宇宙！"①

与"非"与"是"作为纯助范畴词时，其自身只意谓一个简单概念不同的是，布里丹认为，有些助范畴词本身就意谓一个复合概念，例如"仅仅"（only）、"单独"（alone）、"在某些方面"（insofar as），以及隐含在"开始"（begins）、"停止"（ceases）等词中的助范畴词。包含此类助范畴词的命题必须被分析为几个命题。② 例如"仅仅一个人在跑"（Only a man runs），布里丹把它分析为"一个人在跑并且除了一个人外没有什么东西在跑"（A man runs and nothing other than a man runs）。也就是说，"仅仅"意谓一个含有一个肯定的联词、一个否定的联词，以及对否定的联词的周延操作这样一个复合概念。布里丹之后一些逻辑学家则把它分析为"一个人在跑并且每个在跑的东西是人"（A man runs and every running-thing is a man），这样，"仅仅"就意谓一个含有一个肯定的联词、一个否定的联词，以及对肯定的联词的周延操作这样一个复合概念。

布里丹对于"每一个""有的""并且""或者""如果""因此"等助范畴词都有详细讨论，他还讨论了由于错误使用"今天""整体"等助范畴词而引起的诡辩。

应该看到，无论是布里丹等逻辑学家基于其唯名论的本体论，还是舍伍德的威廉、西班牙的彼得等逻辑学家基于其实在论的本体论对于范

---

① ［美］G. 克里马：《奎因、怀曼与布里丹：本体论约定的三种方法》，胡龙彪译，《世界哲学》2012 年第 3 期。

② 参阅 John Buridan, *Summulae de Dialectica*, p. 235。

畴词与助范畴词的讨论，都主要是从语词本身是否在心灵之外有意谓之物的角度进行分析。不同的本体论立场决定了他们对于心灵之外实体的不同看法，但是本体论上的不同不会影响他们对于范畴词与助范畴词的一般看法。

中世纪唯名论逻辑学家（例如布里丹等）一般都没有对这些助范畴词进行真值语义分析。这是由于他们的逻辑学从本质上看是无须涉及"真假"的。我们在一般逻辑学中所谓一个命题是真的还是假的，在唯名论语义学中可以被转化为这个命题的词项（通过助范畴词的参与）有还是没有联合指代。我们将在指代理论中详细讨论这一问题。

第 三 章

词项属性与指代理论

任何逻辑理论，不管它讨论的问题多么广泛与复杂，其最核心问题始终离不开语义。中世纪逻辑也不例外。除了推论，中世纪逻辑学家所讨论的语义问题首推词项属性（properties of term）理论。

词项属性理论的发展与逻辑学家能够获得的逻辑文本密切相关。如前所述，12 世纪之前，波爱修斯译注的《范畴篇》和《解释篇》基本上是人们了解和研究古代逻辑的唯一材料，基于这些材料的逻辑称为"旧逻辑"。从 12 世纪中叶开始，伴随阿拉伯逻辑的兴盛以及对古代著作的"大翻译运动"，亚里士多德的《前分析篇》、《后分析篇》、《论题篇》和《辩谬篇》等逻辑论著，全部从古叙利亚文、希腊文或者阿拉伯文翻译为拉丁文，重新传回欧洲，人们称之为"新逻辑"。基于这些"全新"的文本，逻辑学家利用拉丁文在形式句法上的优势，对助范畴词、词项属性进行了全面研究，史称词项逻辑阶段，也是所谓经院逻辑的主要内容。除了词项的意义，在词项的各种属性中，指代是最重要的。特别是中世纪繁荣时期，学者们对词项属性的研究基本全部集中于词项的指代，这是他们所有逻辑理论（特别是真之理论）的基础，因而形成了最有中世纪逻辑特色的指代理论。

第一节 词项的各种属性

一 词项属性理论研究什么

中世纪词项属性理论关注的是语言（语词）、思想（概念）与现实（具体事物）之间的关系。具体地说，主要是研究一个词项表示（指称）

什么，具有何种语义，以及它们对于命题的真假与推论的有效性产生何种影响。

早在 11 世纪，逻辑学家们就开始关注语词的属性问题，但是他们并没有对其进行特别研究，而是很自然地接受自古以来的观念：思想就其本质而言受制于语言；思想和语言在其元素和结构上不仅相互联系，也与现实相联系，并且语言、思想和现实具有相同的逻辑一致性。① 然而，随着亚里士多德主义的复兴，当中世纪中、后期逻辑学家重拾这些古代就已被提及的语言问题时，发现事情并没有那么简单，语词、思想与现实远没有无可争议的一致性。为解决这一问题，提出了一系列术语，包括意义或意谓（significatio）、指代（suppositio）、联结（copulatio）、称呼（appellatio）或命名（nominatio），以及当它们出现在命题中时，词项的扩张（ampliatio）与限制（restrictio）、关系（relatio）属性等。对这些问题的讨论形成了中世纪的词项属性理论。我们可以从中世纪讨论词项属性理论最早的逻辑著作之一——舍伍德的威廉的《逻辑学导论》——中看到中世纪逻辑学家对词项属性的一般研究模式以及重点研究对象，以下是这部著作的第五章目录：②

第五章 词项属性

1. 意谓、指代、联结与称呼
2. 指代的分类
3. 关于可变指代与不可变指代区分的疑问
4. 关于实质指代与形式指代区分的疑问
5. 关于简单指代/人称指代，与普遍的指代/分离的指代之间关系的疑问
6. 关于简单指代与人称指代区分的疑问
7. 简单指代的三种模式
    7.1 人是一个种

---

① 参阅 L. M. De Rijk, "The Origins of the Theory of the Properties of Terms", in N. Kretzmann, A. Kenny, J. Pinborg (ed.), *The Cambridge History of Later Medieval Philosophy*, Cambridge: Cambridge University Press, 1982, p. 161.

② 参阅 William of Sherwood, *Introduction to Logic*, pp. 105 – 132.

  7.2 人是被造物中最珍贵的

  7.3 辣椒在这里以及罗马出售

8. 问题：简单指代是否是谓词的属性

9. 简单指代与单称、不定或特称命题

10. 问题：诸如"这棵植物生长在这里，并且在我的花园里"这样的表达式是否可能为真

11. 关于确定的指代与模糊的指代区分的疑问

12. 论模糊的指代

13. 关于模糊的指代与确定的指代的 5 条规则

14. 联结

15. 称呼

16. 关于指代与称呼的规则

  16.1 非限制的（unrestricted）

  16.2 有足够的称呼对象（appellata）

  16.3 与现在时动词相连接的词项的指代

  16.4 没有扩张力（ampliating force）的词项

  中世纪逻辑学家基本上是按照威廉的研究模式研究词项属性，并且都把重点放在词项的指代上。需要指出的是，严格意义的词项仅指命题的主词与谓词；不严格意义上，就是任意语词。中世纪逻辑学家在述说时通常不把语词与词项这两个术语区分得那么严格，即使是一个语词出现在命题中，因而被特别称为词项。除非特别说明，本书在表述时，也不再对语词与词项做严格的术语区分。

  此外，在中世纪逻辑思想中，语义学是与逻辑学家的一般哲学思想相互依存的，有时甚至完全交织在一起，这种现象也对词项的属性理论产生了影响。

二 意义或意谓

  意义是首先被讨论的词项属性。词项的意义问题最早来自古希腊，其出发点源于解决语词的多义或者歧义。在亚里士多德时代，人们对于语词到底表示什么产生了广泛的争论。如前所述，亚里士多德在其《辩谬篇》中讨论了因语言歧义造成错觉以及谬误的六种情况：语义双关、

歧义语词、合并、拆散、重音，以及表达形式。①

此外，当时人们对于一个言词所代表的到底是事物，是无形体的本质，还是知觉或者概念，抑或只是对其他东西的一种代理，也产生了广泛的争议。例如"苏格拉底"，到底代表苏格拉底这个人，还是一个语词，或者只是一个声音或者符号？关于这一点，亚里士多德提供了一个很好的解释。他在《解释篇》中说："说出来的声音是心灵经验的符号，写出来的记号是说出来的声音的符号。正如写出来的记号并非对于所有人都是相同的，说出来的声音也并非对所有人都相同。但是这些声音所标志的东西——即心灵经验（affections of the soul）——对所有人都是相同的，并且由这些心灵经验所表现的类似的对象——即实际的事物——对所有人也都是相同的。"② 也就是说，在亚里士多德看来，语词是言词的符号，言词是心灵经验的符号，而心灵经验不过是心灵之外的事物的相似性，因此，无论心灵经验还是外在事物对于每个人来说都是一样的。

亚里士多德的这段话引起了古今无数的评论与注释。亚氏的注释者波爱修斯是最早讨论这一问题的逻辑学家（或之一）。他在对《解释篇》的注释（De Interpretatione，3，16b-19）中，把亚里士多德的"心灵经验"这一术语翻译为"passiones animae"，认为心灵经验就是概念或者理解（intellectus）。他说："孤立说的（动词）是一个名字，并且意谓（signify）某些东西。因为说（它们）的人建立一种理解，并且听（它们）的人依赖它。"③ 他进一步认为，词项是通过在心灵中意谓某个概念去命名事物，而概念就是从具体事物中抽象出来的相似性。这其实就是亚里士多德本人的意思，也是波爱修斯所讨论的波菲利问题之一。其结果是，以波爱修斯著作作为主要文本来源的中世纪早期逻辑学家，不可避免需要回答语词到底是意谓事物还是意谓概念，或是意谓两者。

---

① ［古希腊］亚里士多德：《辩谬篇》165b25，《亚里士多德全集》第一卷，苗力田主编，中国人民大学出版社 1990 年版，第 554 页。

② Aristotle, Peri hermeneias, 16a3－8, in Aristotle's *Categories and De Interpretatione*, J. L. Ackrill (trans. with notes and glossary), Oxford Univsersity Press, 1963, p. 43.

③ 转引自 N. Kretzmann, E. Stump (ed.), *The Cambridge Translations of Medieval Philosophical Texts* (Vol. 1)：*Logic and the Philosophy of Language*, Cambridge：Cambridge University Press, 1989, p. 188。

基于此，词项的"意义"在中世纪主要以这个词"意谓"（significare）什么的方式进行讨论。在现代英语中，拉丁语动词 significare 一般翻译为 to mean 或 to signify，中文一般译为意谓，而名词 significatio 被翻译为 meaning 或 signification，在弗雷格语义理论中则使用 sense，中文一般译为意义。其实无论哪种译文，似乎都难以完全表达中世纪逻辑学家的本意。

然而，中世纪对意义与意谓这两个术语的含义以及它们之间关系的理解是确切的。中世纪晚期布里丹的定义颇具代表性，在其论文《论诡辩》（*Sophismata*）的第一章《论语法》（*Grammatica Speculativa*）中，布里丹说：词项的意义就是它能够意谓，"'意谓（to signify）'就是'建立一个对什么东西的理解（to establish an understanding of a thing，拉丁文为 constituere intellectum）'。因此，一个词的意谓，就是我们所建立起来的关于某东西的理解。这样，某个语词意谓 x，就可以定义为'建立一个对 x 的理解'"[1]。奥卡姆也有类似的表述；但他进一步认为，语词其实是一个符号，即意谓某东西的表达式或者概念的符号，而语词的意义正是通过这个被意谓的东西而被理解。[2] 这基本可以看作中世纪逻辑学家对语词意义的一般定义，即语词的意义就是这个词使一个人思考到了某种东西，这个东西就是这个词的意谓之物（significata），意谓什么，它的意义就是什么；并且一个词及其概念都不会仅仅因为外在对象的某种变化而不再意谓这个对象。[3] 也就是说，对中世纪逻辑学家而言，意义与意谓其实没有本质区分，语词一旦有了意谓之物（一般是通过语义强加或者约定俗成），就获得了其意义，即使其意谓之物发生了某种变化，这个词的意义依然可以不变。

然而，中世纪逻辑学家只是在意义的定义模式这一点上没有太大分歧，但对于一个词项的意谓之物究竟是什么则存在广泛的争议（参阅词项区分章节），这种争议实际上来自他们不同的本体论思想，有人由此把他们划分为实在论与唯名论逻辑学家。

---

[1] John Buridan, *Summulae de Dialectica*, p. 828.
[2] 参阅 Ockham, *Summa Logicae*, I. 33, P. V. Spade (trans.), 1995 edition, p. 42。
[3] 参阅 Ockham, *Summa Logicae*, I. 33, P. V. Spade (trans.), 1995 edition, p. 42。

从 10 世纪开始，意义就被逻辑学家看作一个语词的自然属性或者固有属性，无关语境，优先于其他属性，而其他属性都或多或少依赖于词项的意谓，并且与命题相关。

三　命名

如前所述，虽然明确了语词意义的定义，但是对于定义项中的意谓之物究竟是什么，中世纪不同逻辑学家则有较大分歧。也就是说，逻辑学家对意义的不同理解，同时体现在他们对于语词意谓之物的不同理解。12 世纪阿伯拉尔在其著作《论辩术》中，最早明确区分了语词的概念意谓（significatio intellectuum）与事物意谓（significatio rei），即一个词既可以意谓一个概念，也可以意谓具体事物。然而秉承其概念论的本体论，阿伯拉尔认为语词的意义其实就是它表达的概念，因此，只有概念意谓才是一个词的真正意谓，或者说，一个词真正的意谓功能就是它能意谓一个关于具体事物的概念，只有概念才能使我们认识语词的意义；以其意谓的具体事物作为语词的意义则不是合法的。他把一个词的事物意谓称为语词的命名（nominatio）属性。[①] 也就是说，一个语词意谓一个具体事物，只是这一语词对某个具体事物的命名，而不是这个语词的意义。命名主要是一个名词的属性，即名词所应用的具体对象。名词分为专名和普遍名词，都是通过强制使用（imposition）去指示一个或者一类既存的具体事物。但是专名是以单一语义的方式命名个体事物；普遍名词则分布地命名个体事物，以及这些个体事物共同的状态（status），并因为对这些众多个体事物及其共同状态的理解而具有复数语义。此后有些逻辑学家接受了阿伯拉尔的思想，只承认词项意谓思想（即概念），有些逻辑学家则认为词项既意谓概念，又意谓事物，但是概念只是语词与事物的中介。后者被中世纪大多数逻辑学家所接受，只是表述不同。例如，与欧塞尔的兰伯特一样，13 世纪拉尼的兰伯特（Lambert of Lagny）认为语词是概念的符号，概念是事物的符号；14 世纪威廉·奥卡姆和布里丹都认为，词项直接意谓关于事物的概念，并通过概念的介入（概念只是人

[①] 参阅 M. Teresa, B. Fumagalli, *The Logic of Abelard*, Dordrecht: D. Reidel Publishing Company, 1969, pp. 32 – 35。

们的心灵行为），最终意谓个体事物或者同类个体事物的形式。前者是语词的直接意谓，后者是最终意谓，两者结合起来就是一个词的完整意义。同一个语词，可能附属于不同的概念，因而最终意谓不同的东西，这就是语词的多义或者歧义。若一个词两次或更多次使用附属于相同的概念，就是单义使用，这个词也被称为单义词。

四　称呼

阿伯拉尔之后，逻辑学家继续讨论语词的命名属性，且把它们作为语词意义的延伸属性。他们认为，命题中词项实际意谓的东西，与命题中动词的不同时态有关，由此产生了词项的称呼理论。"称呼"这一术语最早来自语法学家普里西安："一个词之所以被称为形容词，是因为它们通常与其他称呼词（appellativis）相联结，以指代一个实体；或者与专名相联结，以表现实体的性质或数量，并在不破坏实体的情况下，通过这些性质或数量使实体增长或减少。例如'好的动物''大人物''智慧的语法学家''伟大的荷马'。"① 看起来称呼最初是被语法学家用来表示普遍词项或者普遍名词（例如动物、人物，语法学家等）。普里西安进一步指出："专名与称呼名（词）的区别在于，称呼名自然地对很多事物都是相同的（naturaliter commune estmultorum）。"② 按照这一说法，我们就可以说，普遍词项与形容词一样，可以自然地称呼很多事物，这些事物也是它们真正谓述的东西。

阿伯拉尔并不使用称呼这一术语，但是他所谓命名与称呼并没有区别，也有人把阿伯拉尔的事物意谓直接翻译为称呼或命名。阿伯拉尔在讨论语词的命名属性时，是离开句子而对语词的单独讨论，且主要讨论名词。阿伯拉尔之后的逻辑学家则把语词与句子结合起来，不仅讨论名词本身，而且讨论句子中的动词（谓词）是如何影响到名词的意义属性。

---

① Priscian, Institutiones Grammaticae, Vol. Ⅰ, Libri Ⅱ, 24, 14 – 15. 英译文参见 P. V. Spade, *Thoughts, Words and Things: An Introduction to Late Medieval Logic and Semantic Theory*, 2002 edition, pp. 198 – 199。

② Priscian, Institutiones Grammaticae, Vol. Ⅰ, Libri Ⅱ, 25, 19 – 24. 英译文参见 P. V. Spade, *Thoughts, Words and Things: An Introduction to Late Medieval Logic and Semantic Theory*, 2002 edition, p. 199。

他们不再使用"命名",而基本都使用"称呼"这一术语。

13世纪逻辑学家明确区分了命题中词项的称呼与指代,例如舍伍德的威廉、西班牙的彼得等。他们在有称呼的词项与没有称呼的词项之间画一条明确的界线:称呼只涉及说话时实际存在的东西,是一个词项对某种东西的当场应用,如果一个词项不能作为现在时联词"是"(est)的主词,应用于在说话时真实存在的某种东西,它就不能说是有称呼的。西班牙的彼得举例说,比如恺撒,是不可以使用称呼的,因为恺撒已经不存在了(死了)。单称名词与普遍名词都可以有称呼。单称名词称呼一个体事物,例如苏格拉底。普遍词项的称呼发生在一个词项有简单指代或者人称指代的时候,如"人"称呼作为普遍词项的"人",或者是作为整体的一般的人,或者称呼一个特定存在着的人。词项称呼的对象称为称呼之物(appellata),与意谓之物(significata)和指代之物(supposita)相区分。舍伍德的威廉还对不同语词是否具有称呼属性进行了区分,认为实名词、形容词、分词有称呼,而代词与动词没有。称呼与意谓、指代都不同,意谓和指代既可以涉及实际存在的东西,也可以涉及可能不存在的东西,而称呼不具有这种扩张功能。

对于上述区分,有些逻辑学家认为是完全没有必要的,即既没有必要明确区分有称呼与没有称呼的语词,也没有必要区分称呼与指代。虽然称呼是通过使用联词"是"当场述说现存的某物,但是可以通过与具有扩张力的动词的结合而使之代表其他的东西。例如"一个人在奔跑","人"代表现在的人,但是如果变成"一个人奔跑或者能够奔跑",则"人"所代表的实际上也转向了可能不存在的人。这说明"人"这个词并不只局限于"称呼"指称的现存事物,因此,必须扩张指代,使之超出称呼的范围。布里丹、萨克森的阿尔伯特等14世纪的逻辑学家都同意这种分析,认为从都具有指代功能的角度看,称呼与一般指代没有区别,称呼只是指代的一种类型,因此绝大多数逻辑学家都不再讨论称呼。

但是"称呼"这一术语在布里丹等逻辑学家那里并没有被完全废弃,而是赋予了新的内涵。布里丹认为,在非扩张语境下,绝对词项通过现在时的断定联词"是"终极指代其所意谓的对象,即具体事物,例如在"人是动物"这一命题中,主词与谓词分别指代实际存在的具体的人与具体的动物;但是内涵词项——布里丹称为称呼词项(appellative term),

除了指代其终极意谓的实际存在的具体事物，还称呼由这些词项的内涵所引起的这些具体事物的相关属性。例如，正如我们前面所讨论的，"智慧的"（wise）作为内涵词项，除了指代实际存在的具体的有智慧的人，还指代智慧的人所实际存在的智慧（wisdoms），而智慧就是这个内涵词的隐含之物（connotata），也是其称呼之物。在命题"一个人是智慧的"中，如果"智慧的"这一谓词的称呼之物（智慧）当下不存在，那么命题就是假的。因此，称呼并没有完全离开它最初的意义——指代当下存在的东西，只是被用于某些特定的词项，即内涵词。

五 指代与联结

指代是出现在命题中的词项指称什么东西。指代与现代逻辑的指称（reference）、意指（denotation），甚至外延（extension）等概念相关。考虑到与后者的相关性以及与后者的区别，有些逻辑史家（如 Stephen Read）称中世纪的指代理论（包括指代、扩张、称呼等词项属性）为哲学语义指称理论（philosophical-semantic theory of reference）。关于指代理论的具体内容及其与现代指称理论的关系，本文稍后详论。从上文波爱修斯对语词意义的定义，以及中世纪逻辑学家对语词意谓之物理解的分歧可以看出，单独考察一个语词的意义不仅是不充分的，还会使这种分歧愈演愈烈，这不完全是由于对语词意义之定义的不同理解所带来的。词项的指代理论部分解决了这一问题，也就是说，考察一个词项的指代，可以部分（虽然不是全部）消除人们对一个词究竟指什么理解上的分歧，这是由于句子赋予了一个词以具体的语境，因而最终使得语词意义的分歧缩小。实际上从我们对中世纪逻辑理论的研究可以看出，在中世纪逻辑学家看来，语词终归要应用于句子，才能去表达命题与思想。这是一条重要的逻辑标准，只有在具体语言环境中才能正确理解语义；语义研究也离不开语用，这才有中世纪逻辑学家特别重视对指代以及由指代产生的不可解命题的重点研究，以及考察不同句子的语义时必须考虑各种可能的预设（假设）等语用概念。

中世纪早期有些逻辑学家（例如舍伍德的威廉）还对主词与谓词的指代做出区分，认为指代只能用于主词，是实体名词与代词的属性，而把谓词的相应属性称为"联结"——意思是形容词、动词与分词等谓词，其表示的是某种抽象的东西，代表了主词所指代事物的某种属性，通过联词"是"承担与主词相联系（联结）的职能。① 不过同时期的西班牙的彼得与欧塞尔的兰伯特等逻辑学家则基本无视词项的"联结"属性。兰伯特认为，虽然一般认为，指代是实体名词的属性，联结是形容词等词项的属性，但宽泛地说，这两者都是指代。② 其他逻辑学家（例如沃尔特·柏力）对于联结的讨论实际上只是在讨论联词"是"的用法。特别是 14 世纪之后，随着唯名论语义学占据主导地位，指代与联结的区分就彻底消失，逻辑学家们认为主词与谓词的指代并没有什么不同，对此做出区分既无必要，也没有意义。但是，主词与谓词取不同的指代，直接影响命题的真假，进而影响推论的有效性。为此，逻辑学家们制定了一些指代规则，以避免对命题进行错误的解读。

六 限制与扩张

限制与扩张也被中世纪逻辑学家作为词项的一种属性。有些词能够限制或扩张命题中主词的指代范围，这就是词项的限制或扩张属性。如前所述，12 至 13 世纪，限制与扩张往往与称呼一起被研究，用于使词项的指称不仅限于称呼的范围，但是 14 世纪之后的指代理论则把语词的这两项属性看作指代的附属功能。例如，当把"白色""高个"附加给"一个人在奔跑"的主词，那么新命题"一个白人在奔跑""一个高个的人在奔跑"就限制了原命题主词的指代范围。而扩张则相反，扩张是扩大词项的指代范围，萨克森的阿尔伯特提出了十条扩张指代的规则，其中最重要的四条规则是：

规则 1，一个动词为过去时的命题，可以使一个指代现存事物的主词扩张指代过去的东西。在命题"那个白色的东西已经是黑色的"中，其主词不仅指代现在已经是白色的东西，而且指代过去是白色的东西。

规则 2，一个具有指代的词项，由于命题中表示将来时的动词而被扩大到指代现在存在的或者将来存在的事物。

---

① 参阅 William of Sherwood, *Introduction to Logic*, p. 121。
② 参阅 Lambert of Auxerre, *Logica, or Summa Lamberti*, T. S. Maloney (trans.), Indiana: University of Notre Dame Press, 2015, p. 258。

规则3，一个动词为"能够"（或可能）或"将会"的语句可以扩张主词指代一个现在是或者能够是的东西。例如在命题"那个白色的东西能够是黑色的"中，其主词通过"能够"可以指代现在是白色的或者能够是白色的东西；再如"一个人将会是反基督论者"，主词通过"将会"扩张到指代将来可能不信基督的人。

规则4，一个具有指代的词项，由于命题中动词"偶然是"而被扩大到指代现在存在的或者可以偶然存在的事物。[1]

七　关系

中世纪逻辑学家还讨论了关系这一词项属性。所谓关系，就是一个回指词（如"某人的""他自己""另一个"）与其先行词存在某种关联。欧塞尔的兰伯特认为关系是词项的一种属性，与其他属性相似。但是大多数中世纪逻辑学家只把它看作词项的某种特殊的指代，即某些语词能够指代关系，或者说通过一种关系去指代另一个事物，亚里士多德十范畴中所有表示关系的范畴都具有指代关系的功能。例如，在命题"苏格拉底在跑，其他人在辩论"中，"其他人"指代的是与先行词具有"差异性"这种关系的东西；在"苏格拉底看见他自己"中，"他自己"指代的是与先行词具有"同一性"关系的东西；而在"柏拉图是亚里士多德的老师"中，"老师"指代的是与亚里士多德具有师生关系的柏拉图这个人。但这不是说这三个词具有关系属性，而是说它们能够指代与某物具有某种关系的东西。这样，"关系"也被划归为指代的一种功能。

中世纪有些逻辑学家还为这种表示关系的语词的指代，增加了额外的指代规则。例如布里丹对于表示同一性的关系词给出了两条普遍的规则：

规则1，"一个表示同一性的关系词不必在命题中指代或者代表其先行词所指代或者代表的一切事物。相反，它只能回溯指代先行词所指代的那些能保证含有该先行词的直言命题为真的指代物；这样，命题'某个动物是一个人，并且他是一头驴'就是假命题"[2]。因为虽然先行词

---

[1] 参阅马玉珂主编《西方逻辑史》，中国人民大学出版社1985年版，第192页。
[2] John Buridan, *Summulae de Dialectica*, p. 283.

"动物"可以指代很多东西，但与先行词"动物"具有同一性的关系词"他"却不能指代先行词所指代的一切东西，否则命题就是假的。如果"他"指代苏格拉底，那么既可以保证"某个动物是人"（例如"苏格拉底是人"）为真，也可以使整个命题"某个动物是人，并且他是苏格拉底"为真。由此可以进一步得出，表示同一性的关系词的扩张指代不能超过其先行词的指代范围，但是可以少于后者的指代范围。前者如"一个人在跑，并且他曾经争论"，关系词"他"与先行词"人"的指代相同，都是现在存在着的人。后者如"一个人在跑，并且他是白人"，先行词"人"指代任何（不确定的）具体的人，但关系词"他"并不指代任何人，它只需要指代那些能够使"人跑"为真的人。

规则2，"一个表示同一性的关系词的指代方式（或者在一个含有它的命题中被赋予）与其先行词的指代方式是完全相同的。也就是说，先行词是实质指代，那么关系词也必须是实质指代；先行词是人称指代，则关系词也是人称指代，先行词是周延的指代，关系词也是周延的指代，先行词是确定的指代，关系词也是确定的指代，先行词是仅仅模糊的指代，关系词也是仅仅模糊的指代。但是规则1所涉及的内容除外"[1]。布里丹没有提及简单指代，他不承认词项有简单指代。关于这一规则，布里丹做了特别说明：规则1优先，并且任何规则都不能违背它。例如，"'mirror'是一个名词，并且它是双音节"，先行词"mirror"实质指代"mirror"这个写出来的词，为保证这个命题是真的，关系词"它"也必须指代说出来的言词"mirror"，这就是遵守规则1。虽然表面上也遵守了规则2，即先行词与关系词的指代都是实质指代（的两种具体情况，即指代语词本身或者言词本身），但毕竟还是有所不同。再如"一个人是石头，并且他在跑"，先行词虽有人称指代，但是任何指代对象都不能使其为真，在这种情况下，根据规则1，关系词"他"就没有任何人称指代对象。

第二节　指代理论的建立

我们对意义、命名、称呼、指代、联结、扩张与限制、关系这一系

---

[1] John Buridan, *Summulae de Dialectica*, p. 284.

列属性之间的关系再做一个梳理。中世纪逻辑首先是讨论单独一个语词的意义。由于语词既可以代表一个概念，也可以代表具体事物，因而出现了命名这一术语。当把语词同包含它的句子放在一起考虑，逻辑学家开始对称呼这一属性有着浓厚的兴趣。当不满足于称呼仅仅应用于当下存在的具体事物时，必须借助于句子中动词的不同时态对其代表的事物进行扩张或者限制，从而使得词项可以在某种情况下指称任何可能的事物，这就是指代。而关系只不过是一种特殊的指代，并且命名、称呼、联结、扩张与限制也都是指代的某种情形。因此总体而言，中世纪关于词项的语义理论可以分为意义理论与指代理论，前者是讨论离开语句或语境的独立的语词的属性，后者只适用于命题中的词项，即命题中词项指称什么东西，以何种方式指称这些东西，以及不同类型指代对于命题的真假有何影响等。指代理论可以说是中世纪其他一切逻辑问题的基础。

指代理论大规模兴起于中世纪逻辑的创造时期（13世纪），其中最早作出主要贡献的逻辑学家有舍伍德的威廉、西班牙的彼得等。

一 指代理论的第一个较完整版本——舍伍德的威廉的指代理论

指代理论是威廉的核心理论，也是他对中世纪逻辑的主要贡献。严格地说，自威廉开始，词项的指代才是中世纪逻辑的常规论题。威廉在其《逻辑学导论》[①]这本不厚的小册子中，使用大量篇幅讨论指代问题。下图（图3-1）就是舍伍德的威廉的指代划分全图：[②]

从图中可以看出，指代被划分为两大类型以及九种具体的指代方式。下面分别讨论。

他首先把指代分为实质（material，也可译为物质的、质料的，我们根据中译文习惯，翻译为实质的）指代与形式（formal）指代两大类。这是中世纪指代分类的传统，从根本上看来自亚里士多德对事物的质料与形式的区分。

词项的实质指代就是这个词指代的是这个言词或者语词本身，即指

[①] William of Sherwood, *Introduction to Logic*, p.107.
[②] 中文版参阅[英]威廉·涅尔、玛莎·涅尔《逻辑学的发展》，张家龙、洪汉鼎译，商务印书馆1985年版，第327页。

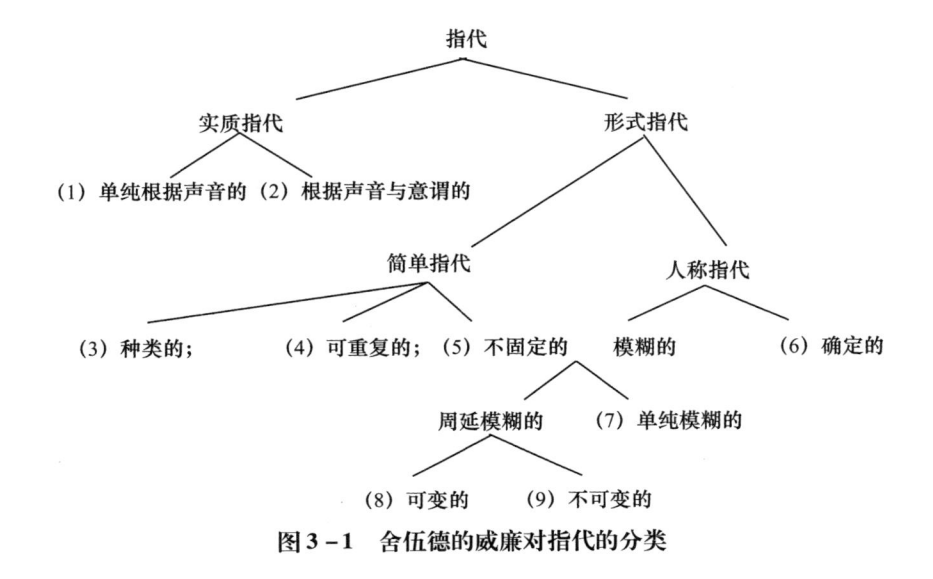

第三章 词项属性与指代理论 / 225

```
                          指代
                    ／         ＼
              实质指代            形式指代
             ／    ＼          ／      ＼
    (1)单纯根据  (2)根据声音   简单指代    人称指代
       声音的     与意谓的     ／  ＼    ／    ＼
                          ／    ＼  ／      ＼
                  (3)种类的； (4)可重复的； (5)不固定的  模糊的   (6)确定的
                                              ／    ＼
                                         周延模糊的  (7)单纯模糊的
                                         ／    ＼
                                    (8)可变的  (9)不可变的
```

图 3-1 舍伍德的威廉对指代的分类

代这个词的物质或质料部分。因此相应地，又可以分为两种情况：（1）纯粹根据声音的实质指代。例如命题"Homo est disyllabum"（homo 是双音节的）中的主词 homo，指代的是"Homo"这个声音本身，它也确实是两个音节。（2）根据声音与其意谓的实质指代。例如"Homo est nomen"（人是一个名词）的主词 homo，指代的正是"homo"这个词本身。[①]

有人认为，威廉对于实质指代的定义似乎是不明确的。例如德国中世纪哲学史家马丁·格拉布曼（Martin Grabmann，1875—1949）认为，"（威廉）关于指代的第一种分类（实质指代）是值得怀疑的。因为可以看到，这与其说是指代的各种方式，还不如说是意谓的各种方式，因为意谓是呈现给思想的一种形式。因此不同的呈现就有不同的意谓。但是当言词实质地指代时，它或者是呈现自身，或者是呈现声音；当它是形式地指代时，则它是呈现自身的意谓。……但这不是真实的，因为言词呈现自身的意谓时，往往只根据自身，而如果是呈现自身的声音时，它（的指代）就不是根据自身，而是要根据附加的谓词"[②]。但实际上，强

[①] 参阅 William of Sherwood, *Introduction to Logic*, p. 107。

[②] William of Sherwood, *Introductiones in Logicam*, M. Grabmann（ed.）. München: Verlag der Bayerischen Akademie der Wissenschaften, 1937, p. 76. 原文是德文，中译文转引自［英］威廉·涅尔、玛莎·涅尔《逻辑学的发展》，张家龙、洪汉鼎译，商务印书馆 1985 年版，第 328 页。

调主词的指代需要根据谓词提供的语境去确定，这正是威廉对于指代理论的一个贡献。

词项的形式指代就是一个词指代的是其所意谓的东西，而不是这个词本身。又可以分为简单（simple）指代和人称（personal）指代。

简单指代主要针对普遍词项或者具有集合意义的单称词项。相对于其他指代形式，在中世纪逻辑史上，对于简单指代的界定分歧较大。作为实在论者，威廉承认普遍词项意谓普遍的东西（共相或普遍的形式），并且这种普遍的东西才是一个词项的首要意谓。因此，他直接把简单指代定义为："当一个词项指代的是这个词所意谓的东西时，就是简单指代。"① 简单指代有三种具体指代方式：（3）不与其他事物相比较的指代，表明这个词指代的是其自身的种类（manerial）。例如"人是种"，主词"人"指代人这个种概念。另外两种简单指代是与事物相比较的指代，包括：（4）可重复的（reduplicative）简单指代，例如命题"人是被造物中最珍贵的"的主词"人"，这是把人与其他被造物进行比较得出的指代；这里的人不是指代每个具体的人，显然也不指代这个词项自身，它只能取简单指代。（5）泛指的或不固定的（unfixed）简单指代，例如命题"胡椒在这里与在罗马售卖"的主词"胡椒"被认为是简单指代，威廉的意思是这不指代哪一种具体的胡椒。

人称指代是指一个词项指代的是不涉及形式的个体事物。至于人称指代为什么使用"人称"这一术语，14 世纪逻辑学家布里丹做了说明，认为这完全是一种习惯或者约定，不是说人称指代就是指代人。② 人称指代可以分为确定的（determinate）与模糊的（confused）。（6）确定的人称指代，如"人在跑"的主词"人"，指代的是某个或者某些具体的人，只要其中任何个人在跑，命题就是真的。就是说，这种指代之所以称为确定的，是因为相关词项只要确定地指代某个或某些特殊的个体事物，命题就是真的，且必须确保其中至少一个个体事物被这一词项所指代，命题才是真的，这相当于所谓存在输出。但威廉有时又认为这种指代也可以说是不确定的，因为这个命题并没有确定地指明什

---

① 参阅 William of Sherwood, *Introduction to Logic*, p. 107。
② 参阅 John Buridan, *Summulae de Dialectica*, p. 253。

么人在跑。① 所谓模糊的指代，是说词项的指代或者包括多个个体，或者包括在一个语境中应用多次的某个个体，而在这个语境中可能有多个要考察的不同个体。模糊的指代也分为两类：（7）单纯模糊的（merely confused）人称指代，例如"所有人看见一个人"的谓词"人"，"所有人是动物"的谓词"动物"。前者的谓词"人"虽然可以指代任何个人，但是当其实只有一个人（例如苏格拉底）时，这一命题也是真的。而后者不必谈及所有动物。单纯模糊的人称指代主要针对谓词。如果一个实名词指代每个具有它所表示的形式的东西，那么它就是既模糊，又周延的，称为周延模糊的（distributive confused）人称指代，例如所有全称肯定命题的主词。它又有两种具体情形：（8）如果一个含有周延模糊人称指代主词的命题，可以推出涉及这一主词所指代的所有个体对象的一系列命题，那么这个主词就有可变的（mobile）人称指代。例如"所有人在跑"的主词"人"，这一命题可以推出"苏格拉底在跑""亚里士多德在跑"等一系列命题。（9）如果一个含有周延模糊人称指代主词的命题，虽然其主词可以指代任何个体事物，但不可以推出涉及这一主词所指代的所有个体对象的一系列命题，那么这个主词就有不可变的（immobile）人称指代。例如"仅仅所有的人在跑"（等于"每个人在跑，但是没有其他东西在跑"）的主词"人"，虽然可以指代任何个体的人，但是却不能推出"仅仅苏格拉底在跑"（等于苏格拉底在跑，没有别的东西在跑）。

威廉的指代理论总体而言是比较精细的，他对指代的分类方式被中世纪逻辑学家普遍采纳。但是其理论也存在前后矛盾、模棱两可的地方，且没有明确的一般的指代规则。

二 西班牙的彼得的指代理论

与舍伍德的威廉同时代的西班牙的彼得也是中世纪最早系统研究指代理论的逻辑学家之一。这一时期逻辑学家对于指代的研究似乎过于看重对各种指代的细分，不断出现各种新的术语，彼得也不例外。下图就

---

① 参阅［英］威廉·涅尔、玛莎·涅尔《逻辑学的发展》，张家龙、洪汉鼎译，商务印书馆1985年版，第333页。

是彼得对指代的详细分类：①

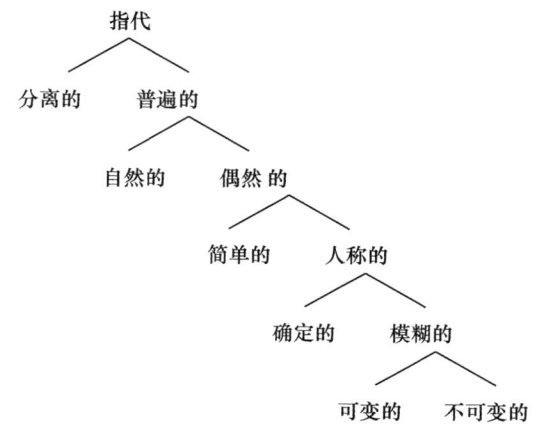

```
                    指代
                   /    \
              分离的      普遍的
                        /      \
                    自然的       偶然的
                              /       \
                          简单的       人称的
                                    /        \
                                确定的        模糊的
                                            /      \
                                        可变的    不可变的
```

图 3 - 2　西班牙的彼得对指代的分类

彼得并没有像舍伍德的威廉等逻辑学家那样，把指代分为实质指代与形式指代两大类。而是把指代分为分立的（discreta）或称单独的指代与普遍的（communis）指代两大类。这显然是根据词项是单称词项还是普遍词项所做的区分。专名或者指示代词具有单独的指代，例如"苏格拉底"或"这个人"。普遍名词具有普遍的指代，例如"人"或者"动物"。

普遍的指代又分为自然的（naturalis）指代与偶然的（accidentalis）指代。自然的指代是指一个词项用来表示它所述说的所有个体，或者说，表示那些具有分享这个词项所指定的普遍形式性质的所有个体，无论这些个体存在于过去、现在、将来，还是已不再存在。例如"人是动物"与"人都是要死的"这两个命题的主词"人"表达的都是自然的指代。而偶然的指代是基于某个具体的偶然的语境下的特殊指代，或者说，表示那些加在这个词旁边的东西所决定的个体。例如"人在跑"，"人"是指现在所有的人；"人曾经在跑"，表示过去所有的人；"人将要"，表示将来所有的人。彼得把偶然的指代作为对自然的指代的补充。

对自然的指代与偶然的指代的区分是彼得的一个创新。逻辑史家认

---

①　参阅［英］威廉·涅尔、玛莎·涅尔《逻辑学的发展》，张家龙、洪汉鼎译，商务印书馆 1985 年版，第 341 页。

为，彼得把指代分为自然的和偶然的是基于如下理念：所谓自然的指代是一个有意义的词的自然的指代能力，无论这个词是在一个命题之内还是之外。当一个语言声音有意义，以至成为一个词项时，它意谓一种普遍性质或本质（它的意谓之物），并且它获得一种自然能力，使得它能够代表所有分享这种普遍性质的实际和可能的个体；于是就说它具有自然的指代。这种仅凭词项自身的意谓而具有的自然能力，可以通过将一个词附加到第一个词上而使其作用受到限制。这种附加词可以是命题的谓词，而第一个词是命题的主词。在这种情况下，命题语境就是得出偶然的指代的根本条件。但是限制或者说约束也能够来自一个非命题附加词，例如形容词（例如"白人"）；每当在暂时不考虑实际语境并且单独看待有关词项的情况下，这个词项就有其整个未加限制的外延：所有特殊的人，即现在的、过去的和将来的人。

因此彼得的自然的指代实际上是意义的外延对应物，它与意义的相似之处在于，在自然的指代中，代表所有有关特殊事物的能力，即有意义的词项由其本性而具有的一种能力，由于不考虑这个词项出现的实际语境而得到完全的利用，即穷尽地考虑了它的外延。但是，自然的指代与意义的不同之处在于有一个暂时不予考虑的语境，即一种实际的语言框架。[1]

偶然的指代又分为简单指代与人称指代。简单指代就是指代一个普遍的事物，如"人是一个种"，"人"指代的是作为整体的普遍的人，而不是某个具体的人。人称指代就是使一个词项去指代它所能表示的所有的个体事物，例如上述命题"人在跑"的主词。人称指代又分为确定的指代与模糊的指代。后者又可继续分为可变的与不可变的指代。确定的指代是当一个普遍词项作为不定命题或者特称命题主词时的指代。例如"某个人是一个动物"，只要确定有一个人是动物，命题就是真的，因此，"人"具有确定的指代。而模糊的指代就是一个普遍词项指代很多东西，例如"每个人是动物"，不确定指哪个人，却需要任何一个人都是动物，

---

[1] 参阅 L. M. De Rijk, "The Origins of the Theory of the Properties of Terms", in N. Kretzmann, A. Kenny, J. Pinborg (ed.), *The Cambridge History of Later Medieval Philosophy*, Cambridge: Cambridge University Press, 1982, pp. 169–170。

命题才是真的，因而"人"具有模糊的、可变的指代。但是"动物"却是模糊的但不可变的指代，因为不能根据"每个人是动物"而得出"每个人是这个动物"。

三 中世纪指代理论的分歧与一致

我们可以看到西班牙的彼得与舍伍德的威廉有着并不相同的指代理论。中世纪中期另一位著名的逻辑学家沃尔特·柏力也在指代理论上作出了巨大的贡献。他的分类方式与前述的两位逻辑学家不尽相同。他认为指代首先应该分为恰当的（proper）指代与不恰当的（improper）指代："当一个词项是指代其字面上允许指代的东西时，就是恰当的指代，而当一个词项以转喻（transumption）等方式指代某东西，并且这一指代是根据词项在言语中的使用而得到时，就是不恰当的指代。"① 这是柏力与此前逻辑学家在指代分类上的不同之处，即考虑到了由于具体语用而带来的在指代问题上的误用与不恰当。这一理论对奥卡姆产生了影响，后者对此做了进一步的分析，以说明在何种情况下应该采取恰当的指代，何种情况下不应该只根据字面意思，而应该根据命题者的真实意图去确定词项的实际指代。

以下是柏力的指代全图：

柏力主要讨论恰当的指代，他对于恰当指代的进一步划分则大致采纳了舍伍德的威廉的标准。他认为，对指代的分类一般而言无非是说一个词项指代的是事物还是言词（语词）或者概念。实质指代是说一个词指代的是其自身，或者另一个并非位于这个词之下的词。② 前者如"人是一个名词"的主词"人"，就是实质指代这个词自身，后者如"'人是动物'是一个真命题"，其主词"人是动物"实质指代这个表达式，且没有超出这个表达式自身。但是"每个名词都是一个语词"的主词就不是实质指代，因为虽然主词"名词"指代的是每个名词，但是这些名词位于主词"名词"之下，并被后者所包含，这里实际上是人称指代。柏力把人称指代定义为一个语词指代的是其所意谓的事物或者它偶然谓述的单

---

① Walter Burley, *On the Purity of the Art of Logic: The Shorter and the Longer Treatises*, p. 79.
② Walter Burley, *On the Purity of the Art of Logic: The Shorter and the Longer Treatises*, p. 80.

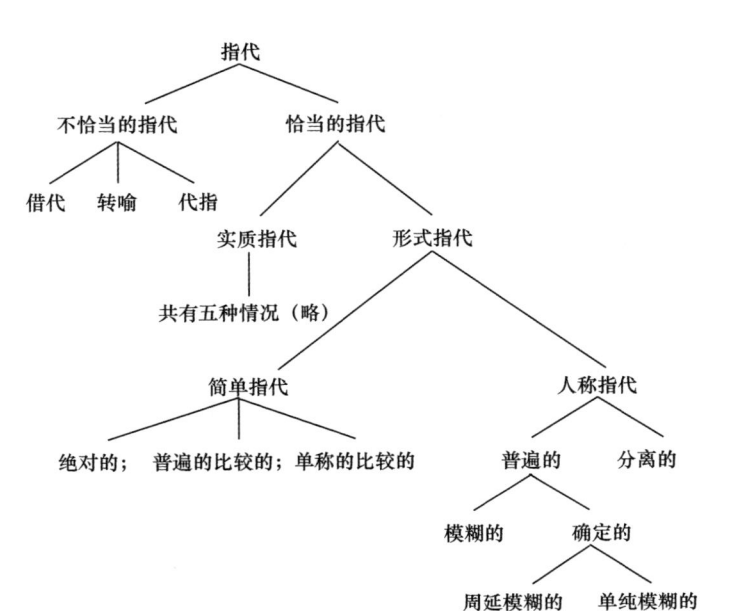

```
                          指代
                    ┌──────┴──────┐
              不恰当的指代        恰当的指代
              ┌────┼────┐       ┌────┴────┐
             借代 转喻 代指    实质指代   形式指代
                              共有五种情况（略）
                                   ┌──────┴──────┐
                                简单指代        人称指代
                                                ┌────┴────┐
                          绝对的；普遍的比较的；单称的比较的  普遍的   分离的
                                             ┌────┴────┐
                                           模糊的    确定的
                                        ┌────┴────┐
                                     周延模糊的  单纯模糊的
                                     ┌────┴────┐
                                    可变的   不可变的
```

图 3-3　沃尔特·柏力对指代的分类

个事物；前者主要是普遍词项的人称指代，后者主要是单称词项或者复合词项的人称指代。① 显然，柏力的指代理论综合了舍伍德的威廉与西班牙的彼得的观点。

但在简单指代上，柏力除了采纳威廉的定义，认为"简单指代就是一个普遍词项或者集合的单称词项指代其所意谓的东西"② 外，还引用了亚里士多德关于第二实体的术语。这使得他对简单指代理论与此前的逻辑学不尽相同。

简单指代分为三种情况：（1）一个普遍词项指代一个词项的第一意谓之物（first significate）或绝对的（absolute）意谓之物（需要注意的是，这里的第一意谓之物与奥卡姆的第一意谓并不相同）。（2）一个普遍词项指代第一意谓之物所包含的一切东西或者相比较的（compared）意

---

① 参阅 Walter Burley, *On the Purity of the Art of Logic: The Shorter and the Longer Treatises*, pp. 81–82。

② Walter Burley, *On the Purity of the Art of Logic: The Shorter and the Longer Treatises*, p. 82.

谓之物。(3) 一个单称的复合词项指代作为整体的意谓之物。① 这是基于他对共相的理解并借用亚里士多德的术语：共相有两种情况，一种是许多事物的（共同）状态（being in many），另一种是述说许多事物（is said of many）。绝对的简单指代属于前者，而相比较的简单指代属于后者。②

柏力对于"相比较的"这个词的使用比较费解。所谓一个词的指代的是相比较的意谓之物，或指代述说许多事物的共相，粗略地说就是，这一普遍词项谓述其下的很多事物，当对这些事物进行比较，可以看到它们的共同性或者普遍性。他引用亚里士多德的术语，把这种共相称为"作为种的第二实体"（a second substance that is a species）。这样，在"人是一个种"这一命题中，主词"人"作为一个普遍词项（共相），是在述说每个人，意谓的是作为种的第二实体。因此，主词指代的也是作为种的第二实体，属于相比较的简单指代。③ 我们可以根据柏力的意思，把这一命题的意思陈述为：（当我们述说或比较每个个体人时，可以得出）他们都是一个种（类），或者直接说，人是一个种（类）。

而在"人是被造物中最珍贵的"这一命题中，"人"意谓的是"作为属的第二实体"（a second substance that is a genus），即每个个体人的共同状态——"作为人"，或者人的属性。因此，主词指代的也是作为属的第二实体，属于绝对的简单指代。④ 而这一命题的意思就是：人作为人，（与其他被造物相比）它是被造物中最珍贵的。

中世纪中期还有其他逻辑学家对指代的分类提出了不同的看法，例如，同时代的罗吉尔·培根（Roger Bacon, 1214 或 1222—1292）从类似于认识论、词汇学、形而上学、语法学的意义上对指代进行了

---

① 参阅 Walter Burley, *On the Purity of the Art of Logic: The Shorter and the Longer Treatises*, p. 86。
② 参阅 Walter Burley, *On the Purity of the Art of Logic: The Shorter and the Longer Treatises*, p. 94。
③ 参阅 Walter Burley, *On the Purity of the Art of Logic: The Shorter and the Longer Treatises*, p. 87、p. 94。
④ 参阅 Walter Burley, *On the Purity of the Art of Logic: The Shorter and the Longer Treatises*, p. 94。

划分。①

简单指代是中世纪指代理论中争议最激烈的问题。有人认为简单指代有时实际上变成了实质指代，例如"人是种"，当舍伍德的威廉与沃尔特·柏力等认为主词指代"人"这个种概念时，似乎是在指代这个概念词本身，柏力干脆认为，"人"就是一个种的名字。其实从根本上看，这些争议的分歧并非简单指代定义的分歧，而是一个普遍词项的意谓之物究竟是什么的分歧。这在很大程度上取决于他们不同的本体论基础，即一个普遍词项意谓的是不是具有本体论存在的普遍的东西。简单指代的问题到了奥卡姆的指代理论中才开始被澄清，此后问题开始更多地转向纯逻辑领域的研究。14世纪末及之后，有逻辑学家甚至提出了集合指代的概念，来界定诸如"人是被造物中最珍贵的"这样的命题。

尽管存在各种差异，但中世纪逻辑学家普遍一致的做法还是把指代分为三大类：人称指代、简单指代与实质指代，这成为整个中世纪指代理论的标准形式，其一致性还表现在用于指代理论的术语以及对各种指代形式之间相互关系的观点基本相同。

第三节 奥卡姆对指代理论的完善

中世纪早期与中期热衷于对指代的分类，对于指代规则的讨论显得比较缺乏。指代理论成熟于中世纪繁荣时期，奥卡姆与布里丹代表了这一理论的最高成就。奥卡姆给出了指代最细致的定义，但是对某些同名指代类型的定义与中世纪中期有着较大的不同。他还阐述了通用的指代规则与人称指代的具体规则，提出了语境概念，特别是讨论了心灵语言的指代问题。布里丹对奥卡姆指代理论中的难题进行了解答，提出了自己的唯名论指代理论，并补充了联合指代规则，把指代与命题语义紧密结合起来。本节主要以这两位逻辑学家的《逻辑大全》为蓝本，对中世纪繁荣时期指代理论进行详细讨论。

---

① 参阅 [英] 威廉·涅尔、玛莎·涅尔《逻辑学的发展》，张家龙、洪汉鼎译，商务印书馆1985年版，第325页。

一 指代的三种基本类型

1. 人称指代

奥卡姆认为，人称指代是命题中词项最主要的指代，与词项的意义直接相关。当一个词项根据其意义，指代其所意谓的某个或某些事物，因而是被有意义地（significatively）使用时，就是人称指代。① 所谓有意义地使用，就是说一个词项指代了它所代表的具体事物。在他看来，人称指代是一个词项的"缺省"指代，除非该词项被其使用者限制为指代其意义之外的别的东西，例如像 14 至 15 世纪的逻辑学家所说的附加"这个词（本身）"（iste terminus）这样的后缀（布里丹曾做过类似的论述）。

然而，人称指代有时也是比较复杂的，容易与其他指代类型混淆。奥卡姆举了四个例子，以说明人称指代的不同情形：②

（1）在"每个人是动物"这一命题中，"人"这一词项指代人本身，即具体的人，而不是指代所有人共同的东西，即"人"这一概念。这是最常用的人称指代。

（2）在"每个有声的名都是言语的一部分"这一命题中，"名"这个词只指代有声的词。但这不是实质指代，因为有声的词正是"名"这个词直接意谓的东西，因此才认为这一指代是人称指代。

（3）在"每个种都是普遍的东西"和"每个心灵的意向都是在心灵之中的"这两个命题中，主词"种"和"心灵的意向"都是指代作为共相的概念。需要注意的是，此处的概念并非思想中关于具体事物的思考，也并非一般的具体事物，而是一个个具体的概念本身，即具体的种概念和具体的心灵意向。这正是这两个词项被指定意谓的东西，因而也是人称指代。此处不可与简单指代混淆。

（4）在命题"每个写下的表达式都是一个表达式"中，主词"表达式"指代它所意谓的东西——写下的词或者短语，因此，也是人称指代。此处不可与实质指代混淆。

---

① 参阅［英］奥卡姆《逻辑大全》，王路译，商务印书馆 2006 年版，第 185 页。
② 参阅［英］奥卡姆《逻辑大全》，王路译，商务印书馆 2006 年版，第 185—186 页。

在一般地定义了什么是人称指代之后，奥卡姆还对人称指代的适用范围做了进一步的探讨。他说，"应当注意，只有被有意义地用作一个命题的端项的范畴词才有人称指代"①。据此，有些语词就没有人称指代。首先，助范畴词没有人称指代。助范畴词包括表达形式概念的逻辑词项，如量词、联结词，以及其他不表示范畴的词，如副词、介词等。其次，任何动词都不能表达人称指代，因为动词不能作为命题的端项。最后，一个范畴词表达的是人称指代，当且仅当它是被有意义地使用，按现代逻辑的话，就是这个词必须指代由这个词项的意义（内涵）所对应的外延。

2. 实质指代

当一个词项不是有意义地指代，而是指代一个说出的或者写下的词时，就是实质指代。② 例如，在命题"人是一个名"中，如果"人"这个词指代这个词自身，但不指代具体的人，这个词就具有实质指代。在"人是被写下的"这个命题中，"人"这个词项也仅仅指代被写下的"人"这个词，而不是具体的人。命题"人是单音节词"和"人是被写下的词"具有相同的情形，主词都只有实质指代。③ 现代逻辑通常使用打引号的方法表示一个词项指代的是这一语词自身，如"人是一个名"往往被写作"'人'是一个名"。

能够以任何方式成为一个命题一部分的词项都能表示实质指代。因为每一个这样的词项都可以作为一个命题的端项，并且指代一个说出的或写下的词。表示实质指代的词不仅仅是名词，而且可以是副词、动词、代词、联结词、介词和感叹词等。如"well 是一个副词""reads 是陈述语气""正在读是一个分词""that 是一个代词""if 是一个联结词""outof 是一个介词""ouch 是一个感叹词"等。命题和表达式也可以表示实质指代。如"人是动物是一个真命题""一个人跑是一个表达式"。④

---

① ［英］奥卡姆：《逻辑大全》，王路译，商务印书馆 2006 年版，第 197 页。
② 参阅 Ockham, *Summa Logicae*, I. 64, P. V. Spade（trans.），1995 edition, p. 46。
③ 参阅 Ockham, *Summa Logicae*, I. 64, P. V. Spade（trans.），1995 edition, p. 46。
④ 参阅 Ockham, Summa Logicae, I. 67. 在线电子书 http://www.logicmuseum.com/wiki/Authors/Ockham/Summa_Logicae/Book_I/Chapter_67。

3. 简单指代

当一个词项指代心灵的一种意向，而这种意向不是这个词项通常所意谓的东西，即不是有意义地起作用时，这个词就具有简单指代。对奥卡姆来说，指代理论对于解释某些表达权威思想或意见的命题十分有用，否则我们将无法理解其唯名论的本体论。例如，在命题"人是种"中，如果"人"这一语词充当的是人称指代的角色，即指代的是它通常意谓的东西——具体的人，那么，这一命题毫无疑问是假的。因为没有一个具体的人是种。显然"人"也不能指代这个词本身，因为一个语词不可能是种。奥卡姆说，"人"指代的是一种心灵概念，或者说是一种心灵的意向，正是这种意向才是种。也就是说，它指代的是心灵概念"人"，只有"人"这一概念才是种，仅仅在这种意义上，这一命题才是真的。①

词项的简单指代也是最常用的指代之一。"正像任何复杂或简单词项可以表示实质指代一样，任何本身有意或与其他词一起有意义的复杂或简单词项也可以表示简单指代；因为每个这样的词项无论是思想中的、口头的或文字的，都能指代心中的一个概念。"② 我以为，中世纪唯名论逻辑学家之所以把语词指代心灵中的概念称为"简单"指代，大概是因为一个词项指代外在世界中的个体事物时，首先要通过这个词项在心灵中表征的概念去实现。这一过程是显而易见且极其自然的，我们可以非常容易接受，理解起来也是非常"简单"的。实际上，词项首先或者直接表征的就是心灵中的概念。然而，中世纪唯名论与实在论对简单指代的理解是有分歧的，这取决于它们不同的本体论思想。实在论承认概念的实在性，因此，简单指代所指代的是一个具有实在性的普遍性质。唯名论只承认个体事物的实在性，把概念仅仅看作一种心灵行为（mental action）或者心灵意向，简单指代所指代的仅仅是这种心灵意向，它并不具有本体论意义的存在；极端唯名论者则不承认简单指代，例如布里丹认为，概念的唯一存在就是这个概念词本身，指代一个概念就是指代这个概念词本身，这只能是实质指代。

关于对不同指代的界定，奥卡姆不断告诫我们切不可望文生义。他

---

① 参阅［英］奥卡姆《逻辑大全》，王路译，商务印书馆2006年版，第186页。
② ［英］奥卡姆：《逻辑大全》，王路译，商务印书馆2006年版，第196页。

说，对人称指代、简单指代、实质指代切不可照字面理解："我们不是因为词项指代一个人而说人称指代，不是因为词项指代简单的东西而说简单指代，也不是因为词项指代质料而说实质指代，应用这些术语全在于以上给出的原因。"① 为此，奥卡姆制定了详细的指代规则。

二 指代的通用规则

指代规则主要应用于命题的语义，用以判定命题的真假。这取决于对命题中词项指代的解释。舍伍德的威廉认为，主词取何种指代完全取决于谓词，即主词的指代要附属于谓词的指代。例如，在解读命题"人是被造物中最珍贵的"时，主词只允许简单指代；在"人在跑"这个命题中，主词只允许人称指代；在"人（homo）是两个音节"这个命题中，主词只允许实质指代。

但在奥卡姆看来，早期指代理论最大的问题是，虽然对各种指代进行了定义，甚至对指代进行了非常细致的划分，讨论了各种不同情况，但既有的指代规则并不总是能保证每个命题中的每一词项都只有一种类型的指代，实际上并没有一种明确的规则。也就是说，虽然各种指代的定义十分明确，看起来区分命题中词项是何种指代是很容易的事，但其实不然，因为命题中词项的指代往往不是单一的，并且判定起来比较复杂。例如，每个词项在任何包含它的命题中，都可以有人称指代，但在某些命题中，一个有人称指代的词项可能同时具有简单指代或者实质指代。奥卡姆列出了以下四种情形：

情形1：在某些命题中，一个词项仅仅有人称指代；
情形2：在某些命题中，一个词项可能有人称指代或者实质指代；
情形3：在某些命题中，一个词项可能有人称指代或者简单指代；
情形4：在极少数命题中，一个词项可能有上述三种指代。

奥卡姆这里的词项包括主词与谓词，组合在一起实际上不止四种情形。情形2、3和4就是所谓歧义命题，即这样的命题可以有一种以上的解读，每种不同的解读可以得出不同的真值，并且对这一命题的错误解读同样可能是合法的。例如，由于"种"意谓一种心灵意向，因此，在

---

① ［英］奥卡姆：《逻辑大全》，王路译，商务印书馆2006年版，第187页。

命题"人是一个种"中,"人"这个词项可以有简单指代;但根据前述的指代规则,任何主词都可以有人称指代,因此"人"也可以有人称指代。在第一种情况下它是一个真命题,但在后一种情况下,虽然命题解读并不违反既有规则,但它是假命题。奥卡姆指出,必须把那些可以有一种以上解读的命题挑选出来,与其他命题进行区分,按照他的话来说就是"命题是要有区分的"(propositio est distinguenda);同时,也必须把由于词项的不同指代所解读出的不同命题区分开来。因此,我们对某个命题的某一解读是否合适,不能仅仅根据它是否合乎指代的语义规则,还应该同时考虑命题的具体语境(有些逻辑学家甚至认为,应该考虑命题的语用,例如布里丹)。这正是奥卡姆指代理论的精髓,即区分词项的指代除了考虑一般指代规则之外,必须同时考虑语境。

奥卡姆于是粗略地给出了增加考虑语境的语义规则:"当一个能够表示上述三种指代之任何一种形式的词项,与一个对于简单的或复合的表达式(无论它们是写下的还是说出的词项)都是共同的端项(extreme)连接在一起时,它总是有实质指代或人称指代,并且(对由这两种指代所解读出来的不同命题)必须加以区分。当一个词项与一个意谓一种心灵意向的端项连接在一起时,这个词项可以有简单指代或人称指代,我们必须在(主词的)这两种指代的范围内对命题加以区分。但是当一个词项与一个对所有词项都是共同的端项连接在一起时,这个词项可以有人称指代、简单指代或实质指代,(我们可以在这三种指代下)对命题进行区分。"①

结合中世纪早、中期以及奥卡姆的指代理论,中世纪逻辑研究专家、阿姆斯特丹大学诺瓦斯(Catarina D. Novaes)教授对出现在不同语境因而不同命题中的语词(主词、谓词)的所有可能指代,做了如下列表(一共有九种可能性)。这个表格也可以看作指代的语义规则(类似于现代计算语义学的造句法规则),它说明由于语词的不同指代所带来的命题的不同解读:②

---

① Ockham, *Summa Logicae*, I. 65, P. V. Spade (trans.), 1995 edition, pp. 47-48.
② 参阅 C. D. Novaes, *Ockham's Supposition Theory as a Forerunner of Computational Semantics*, 1st GPMR Workshop on Logic & Semantics: Medieval Logic and Modern Applied Logic (Bonn, 2007)。在线版见:http://staff.science.uva.nl/~dutilh/articles/paper%20Bonn.pdf。

表 3-1　　　　　　　中世纪关于不同语境下命题主词

语境	主词	谓词	主词指代的类型	谓词指代的类型	主词所指代的对象	谓词所指代的对象
1	第一强加且第一意向	第一强加且第一意向	人称指代	人称指代	具体事物	具体事物
2	第一强加且第一意向	第二强加	人称指代 实质指代	人称指代	具体事物 语词自身	具体事物
3	第一强加且第一意向	第二意向	人称指代 简单指代	人称指代	具体事物 概念	概念
4	第二强加	第一强加且第一意向	人称指代	人称指代 实质指代	语词自身	具体事物 语词自身
5	第二强加	第二强加	人称指代 实质指代	人称指代 实质指代	语词自身 语词自身	语词自身 语词自身
6	第二强加	第二意向	人称指代 简单指代	人称指代 实质指代	语词自身 概念	概念 语词自身
7	第二意向	第一强加且第一意向	人称指代	人称指代 简单指代	概念	具体事物 概念
8	第二意向	第二强加	人称指代 实质指代	人称指代 简单指代	概念 语词自身	语词自身 语词自身
9	第二意向	第二意向	人称指代 简单指代	人称指代 简单指代	概念 概念	概念 概念

从上表可以看出，只有第 1 种语境下的命题具有唯一解读，无须区分出不同命题。第 2、3、4、7 四种语境下，由于其中一个词项（主词或谓词）具有两种可能的指代，因此可以解读出两个不同命题。第 5、6、8、9 四种语境下，由于主词和谓词都有两种可能的指代，因此可以解读出四个不同命题。例如在第 5 种语境下，可以解读为一个主词、谓词都具有人称指代的命题，或者主词具有人称指代、谓词具有实质指代的命题，或者主词具有实质指代、谓词具有人称指代的命题，或者主词、谓词都具有实质指代的命题。当然，并非每一种解读都能得出真命题。一个词项与不同表达式的连接会产生不同的意义，得出不同真值的命题，这正是多义性的第三种情形。因此，指代与命题并非一一对应，两者的区别是十分必要的。这是奥卡姆指代理论与众不同之处：即诉诸语境的

指代理论。

三 奥卡姆对指代通用规则误用的反驳

虽然有了严格的指代定义或指代规则，但在很多情况下，词项的指代仍然是一个复杂的问题，以至于产生了很多反对意见。奥卡姆接下来就对若干关于指代的反对意见进行了反驳，以此证明这些反对意见不足以构成对指代定义或规则的否定。他的反驳都是基于其指代规则中的语境理论。

反对意见1："人是被造物中最珍贵的"是一个真命题，但其中的主词"人"没有人称指代，因为不能推出苏格拉底是最珍贵的，实际上任意的某个人都不是被造物中最珍贵的；因此，主词"人"只有简单指代（当然不可能是实质指代）。但如果这一词项指代心灵意向，那么命题就是假的，因为任何心灵意向都不是被造物中最珍贵的。所以，结论就是：在简单指代中，词项不代表心灵意向。①

奥卡姆反驳说：

首先，根据指代规则，主词"人"没有简单指代，依然只有人称指代，指代的是具体的人。其次，反对者对"人"没有人称指代的论证是不成功的。因为如果命题中的词项"人"不代表任何具体的人，那么必然代表人之外的某种东西，这种东西比任何人都珍贵，乃是被造物中最珍贵的。这样一来，原命题就是假的。显然这是自相矛盾的。因此，认为"人"有人称指代会导致任意的单个命题为假只是表象。因为断定该命题的人"不是想说任何人比其他任何被造物的每一个更珍贵，而只是想说，任何人比所有非人的被造物更珍贵。（这种比较）在所有有形体的被造物（corporeal creatures）之中都是正确的，尽管在有理性的实体（intellectual substances）中并不正确"②。

奥卡姆在讨论这一命题时，首先考虑的是命题的语境，或者说命题的具体语用。他认为，如果一个人做出"人是被造物中最珍贵的"这样的断定，那么他断定的只是人与人之外所有其他有形体的被造物相比是

---

① 参阅 Ockham, *Summa Logicae*, I. 66, P. V. Spade (trans.), 1995 edition, p. 49。
② Ockham, *Summa Logicae*, I. 66, P. V. Spade (trans.), 1995 edition, p. 49.

最珍贵的。在这种情况下，当然可以说，与后者相比每个人都是最珍贵的，主词"人"当然具有人称指代。但这一命题并不是说人在所有有理性的实体中是最珍贵的，既不是在人与其他人之间进行比较，也不是在人与其他有理性的实体（比如上帝、天使等——按照中世纪哲学，上帝、天使也属于有理性的实体，只不过是无形的实体，波爱修斯曾使用波菲利树对实体进行了详细的划分，有理性的实体包括有形体的单个的人，无形体的上帝、天使等）之间进行比较。在有理性的实体中，没有人比其他人更珍贵，也没有人比上帝、天使等更珍贵。而反对者就是这么比较的，他们因此推出有人比其他人珍贵。因此，"人是被造物中最珍贵的"的主词有且只有人称指代，可以指代每个具体的人，而并不是指代"人"这一概念，并非简单指代。因此认为这一命题主词没有人称指代，或者认为简单指代不是指代心灵意向（即概念）的反对意见都是无效的。我们不可从字面上去理解一个命题，而应该根据说出命题者的本意去理解，对于经典作家、大师的命题更应该如此。

其实在现代逻辑中，"人是被造物中最珍贵的"也是被经常讨论的命题。这是一个真命题，主词"人"被认为是集合概念。从纯粹的语义上看，其内涵是"有理性的被造物"，外延是具有这一属性的作为一个集合体的"人类"。在这种情况下，依据中世纪的指代规则，"人"的指称所对应的仍然是人称指代，因为指代人类正是这个词有意义地使用。

反对意见 2："颜色是视觉的第一对象"是一个真命题，但其中的主词"颜色"没有人称指代，因为相关的单称命题都是假的；因此，这必然是简单指代的一种。但如果主词指代心灵意向，那么命题就是假的。由此同样可知，在简单指代中，词项不代表心灵意向。这样，在"人首先是能笑的"这一真命题中，主词"人"既不指代一个单个的东西，也不指代一种心灵意向。因此，一定是指代某种其他东西。类似情形也发生在诸如"存在首先是一"（Being is first one）、"神首先是人"这样的真命题中。然而，这些命题都有简单指代，因此，词项在简单指代中所指代的不是心灵意向。[①]

奥卡姆的反驳：

[①] 参阅 Ockham, *Summa Logicae*, I. 66, P. V. Spade (trans.), 1995 edition, p. 49。

所有诸如"颜色是视觉的第一对象""人首先是能笑的""存在首先是一""人首先是有理性的动物""三角形首先有三个角""声音首先是听的对象"这类命题，从字面上看都是假的，但哲学家想表达的命题却是真的。之所以造成人们对这些命题理解上的迷茫，是因为哲学家们的某些习惯使然："我们必须知道，亚里士多德和其他一些哲学家，常常把具体的（术语）看作是（相关的）抽象（形式），并且把抽象的形式看作是相关的具体术语，类似地，有时把复数的看作是单数的，并且把单数的看作是复数的，因此，他们常常把执行的行为看作是意谓的行为，并且把意谓的行为看作是执行的行为。"①

奥卡姆首先说明了把执行的行为（exercised act）看作意谓的行为（signified act），或者把意谓的行为看作执行的行为的消极后果。认为必须正确理解哲学家说出某个命题的本意及其语境，而不能只看其字面表达。必要的时候，为避免理解错误，必须把表示成意谓行为的命题相应地转换为表示执行行为的命题，或者相反。

执行行为由系动词"是"（is）或其他类似的词表达。这种表达式不仅意谓某种东西谓述其他某种东西，是意谓的行为，实际上也执行了这一谓述，因而也是执行的行为。例如"人是动物"这一命题就是意谓一种东西（动物）谓述另一种东西（人），同时命题本身也执行了这一谓述行为。意谓的行为由动词"谓述"（to be predicated）、"处于主词的位置"（to be in subject position）、"断定"（to be verified）、"属于"（to belong to）或者其他类似动词表达。例如，当我们说"动物谓述人"时，就属于意谓的行为。但在这一命题中，"动物"处于主词的位置，而不是谓词的位置，因而不能起到谓述的作用，并不能真正谓述人。也就是说，这里的行为只是单纯的意谓的行为，而非执行的行为，即实际上并没有执行这一谓述（通俗地说，也就是说说而已，并没有通过一个命题而把这种谓述执行完成）。这与"人是动物"这一命题不是一回事，后者中的"动物"不仅能够谓述人，而且通过该命题完成了这一谓述。

这样，"动物谓述人"这一命题所表达的行为就是意谓的行为，而不是执行的行为。然而从字面上看，"动物"却是在谓述人，这就是把意谓

---

① Ockham, *Summa Logicae*, I. 66, P. V. Spade (trans.), 1995 edition, pp. 50-51.

的行为看作执行的行为。再如,"属谓述种""'动物'这个词谓述'人'这个词",与"种是属""'人'这个词是'动物'这个词"显然是不一样的。因为前者都真,而后者都假。而哲学家们或者其他作家有时的确把意谓的行为表述为执行的行为,或者相反。如果我们不去理解其本意,而总按照字面上去理解,就可能犯错误。这正是许多人陷入误区的原因。①

例如,对于"人首先是能笑的"这一命题,如果人们按照亚里士多德在《后分析篇》中对"首先"一词的字面上的理解去解读这一命题,一定会认为是假的,正如"种是属"是假的一样。然而如果我们代之以意谓的行为去理解,即"'能笑的'这个谓词首先谓述人",则这个命题就是真的。因为在这种情况下,"能笑的"和"人"都简单指代心灵的一种意向,并且"能笑的"所指代的心灵意向的确能首先谓述"人"所指代的心灵意向。若把这一意谓的行为正确表示成执行的行为,则命题应该表述为"每个人都是能笑的,并且任何不是人的东西都是不能笑的"。这是一个真命题,并且正是说出这一命题的哲学家的本意。我们看到,"首先"这个词在意谓的行为中被放置在正确的位置,但在相应的执行的行为中,即在后一命题中没有存在的位置;因为"首先"的意思就是"普遍地谓述某种东西,而不谓述其他东西"。这样,一个表示谓述行为的命题对应于两个表示执行行为的命题:"每个人都是能笑的"和"任何不是人的东西都是不能笑的"。在这两个命题中,"人"都有人称指代,指代相关的单个的人,因为只有单个的人能够笑。② 这样,反对者所谓"人首先是能笑的"的主词"人"既不指代单个的东西,也不指代一种心灵意向,就是错误的。

奥卡姆的这一论述意思非常清楚。对于"人首先是能笑的"这一命题来说,必须明确说出这一命题的哲学家的本意只是说,"'能笑的'这个谓词首先谓述人",这是意谓的行为。在这种解释下,"能笑的"与"人"这两个词都简单指代心灵意向,即概念,按照现代逻辑,概念表现的是一种属性,包括特有属性或者本质属性,"能笑的"这一属性当然是

---

① 参阅 Ockham, *Summa Logicae*, I. 66, P. V. Spade (trans.), 1995 edition, pp. 50–51。
② 参阅 Ockham, *Summa Logicae*, I. 66, P. V. Spade (trans.), 1995 edition, p. 51。

"人"表达的各种属性中的本质属性。因此，说"人首先是能笑的"当然就是真命题。然后，奥卡姆把这一意谓行为的命题转换为执行行为的命题，得到"每个人都是能笑的"和"任何不是人的东西都是不能笑的"。在这两个命题中，主词"人"都有人称指代，即任何个体的人都是能笑的，并且没有别的东西能笑。此时命题依然是真的。但是我们不能对"人首先是能笑的"这一命题的主词"人"按照字面的句法结构去施以人称指代或者简单指代，从而得到诸如"苏格拉底首先是能笑的"或者"人这个概念首先是能笑的"这样的错误命题。后者正是对说出这个命题的哲学家本意的误解，也正是反对者所犯错误之所在。

类似地，"声音首先是听觉把握的对象"字面上也是假的，不论"声音"指代单个的东西还是普遍的东西。若指代单个的东西，则所有的单称命题都假；若指代普遍的东西，根据反对者的意见，普遍的东西是不能由感觉把握的。然而，如果我们正确理解说出命题者的本意，就可以根据上述规则，首先把这一命题转换成表达意谓行为的命题："'听觉把握的对象'这个谓词首先谓述声音"，这里，"听觉把握的对象"作为一个普遍词项指代的是作为心灵意向的普遍概念，谓词"声音"也同样如此，即都是简单指代。当我们把这一意谓行为命题转换为执行行为命题，就是"每个声音都是听觉把握的对象"，并且"任何不是声音的东西都不是听觉把握的对象"，其中"声音"不是简单指代，而是指代每个声音。这样，在表达意谓行为的命题中，"声音"有简单指代；而在表达执行行为的命题中，两个词项（"听觉把握的对象"和"声音"）都有人称指代，也就是说，指代它们所意谓的东西。[①] 因此，反对者所谓"声音首先是听觉把握的对象"这一命题的主词"声音"既不指代单个的东西，也不指代一种心灵意向，同样是错误的。

同理，反对者所谓"颜色是视觉的第一对象""存在首先是一""人首先是有理性的动物""三角形首先有三个角"等命题的主词既不指代单个的东西，也不指代心灵意向，都是错误的。

反对意见3："一个语词不谓述一个语词，一种意向不谓述一种意向。

[①] 参阅 Ockham, *Summa Logicae*, I.66, P. V. Spade (trans.), 1995 edition, p.52。

因为否则，任何一个像'人是动物'这样的命题都是假的。"①

奥卡姆的反驳：

奥卡姆认为，这种情况下，当说一个语词谓述一个语词，一种意向谓述一种意向时，不是指这个语词自身，而是指它表示的东西。例如"人是动物"这一命题，虽然表面上是说一个语词谓述另一个语词，或者一种意向谓述另一种意向，但它表示的不是一个语词是另一个语词，或者一种意向是另一种意向，而是表示，主词所代表或指代的东西是谓词代表或指代的东西。② 按照布里丹的联合指代理论，就是主词与谓词可以指代相同的东西。

四　人称指代的进一步划分与指代规则

人称指代是最重要的指代。奥卡姆基本接受了中世纪早期的分类标准，即把人称指代分为确切的指代、仅仅模糊的指代以及模糊且周延的指代。这一划分的标准粗略地说，就是词项的指代是任意某个特殊的个体事物，还是相关的全部个体事物。不同人称指代情况与命题语义直接相关，决定了命题的真假。为此，奥卡姆制定了详细的人称指代规则。③

1. 确切的指代及其规则

当借助一个析取命题可以降至一个一般词项下特殊的东西，并且从一个特殊的东西可以推出这样一个命题时，所说的这个词项就是有确切的人称指代。例如在命题"人是动物"中，主词有确切的人称指代，可以从"这个人是动物"或者"那个人是动物"，并且由此推出"人是动物"而得到证明。谓词也有确切的人称指代，可以从"人是这个动物"或者"人是那个动物"，并且由此推出"人是动物"而得到证明。

奥卡姆于是给出了确切指代的一般规则：在一个直言命题中，当一个词项不是间接地或直接地（即在这同一个端项部分，或在前一个端项部分）带有使命题的整个端项周延的全称符号时，或者当一个普通词项不带有否定或者任何与一个否定符号或全称符号相等的表达式时，这个

---

① Ockham, *Summa Logicae*, I. 66, P. V. Spade (trans.), 1995 edition, p. 52.
② 参阅 Ockham, *Summa Logicae*, I. 66, P. V. Spade (trans.), 1995 edition, p. 53。
③ 参阅［英］奥卡姆《逻辑大全》，王路译，商务印书馆2006年版，第201—219页。

普通词项就确切地指代。例如根据这一规则，上述"人是动物"的主词与谓词都没有被全称符号限制，且这一命题不带有否定，因此，主词与谓词都有确定的指代。但是"每个人是动物"这一命题，主词"人"被全称符号"每个"直接限制，谓词"动物"间接地被前一个词端"人"的全称符号所限制，因此，都没有确切指代。而"人不是动物"的主词有确切指代，但谓词"动物"没有确切指代，因为它被否定符号"不是"所限制。总而言之，如果命题中的词项不被使其周延的符号（包括全称符号与否定符号）直接或间接地限制，它就有确切的人称指代。

2. 仅仅模糊的指代及其规则

仅仅模糊的指代是说，一个普通词项是人称指代并且不可能在没有任一端项变化的情况下借助一个析取命题降至特殊的东西，但是可以借助一个带有析取谓词的命题下降，并且可以从任何特殊的东西推出原初的命题。例如，命题"每个人是动物"的谓词就具有仅仅模糊的指代，因为这个命题不能借助于析取降至谓词"动物"下的特殊的东西，即或者每个人是这个动物，或者每个人是那个动物，或者……；但可以降至一个带有包含特殊东西的析取谓项的命题，即"每个人是这个动物或者那个动物或者……"；而且从每个人是这个动物（无论指出哪个动物）可以推出"每个人是动物"这个最初的命题。

为了准确判断仅仅模糊的指代，奥卡姆给出了规则：

规则1，一个普遍词项间接地跟在一个全称肯定符号之后，它就有仅仅模糊的指代，也就是说，一个全称肯定命题的谓词有仅仅模糊的指代。需要注意这种特殊情况：命题主词位置虽有全称符号，但是并没有限制整个主词而使其周延，命题不是一个全称命题，此时谓词就没有仅仅模糊的指代。例如："所有被造物的造物主是一个是者（being）"的谓词"是者"只有确切的指代，没有仅仅模糊的指代。

规则2，当一个全称符号或一个容纳了全称符号的表达式在一个位于命题主词一边的词项之前，却不确定联项之前的整个表达式，这时在联项这边跟着的词项就是仅仅模糊的。简单地说，当一个词项处于主词的位置，但实际上不被全称符号所限制，这个词项就有仅仅模糊的指代。例如，"每时每刻某种被造物是"的主词"某种被造物"有仅仅模糊的指代；"亚当以后每时每刻人都是"的主词"人"也只有仅仅模糊的指代，否则，命题就是假的。

规则3，一个排他（exclusive）式肯定命题的词项总有仅仅模糊的指代。例如，"只有是动物的是人"，主词"动物"有"仅仅模糊的指代"。这一命题可以与"每个人是动物"等值互换，而后者的谓词"动物"恰有仅仅模糊的指代。这说明上述各规则是一致的。

3. 模糊且周延的指代及其规则

模糊且周延的指代直观意思是，词项的指代对象是不确定的，但是可以指代其下的任何特定的东西。模糊且周延的指代出现在下面这种情况中：假定相关的词项下包含许多东西，这样就可以以某种方式通过一个合取命题下降，而不可能从这个合取命题的任何因素推出原初的命题。例如命题"每个人是动物"，主词"人"就有模糊且周延的指代，因为这个命题可以降至"这个人是动物，并且那个人是动物，并且……"，但是不能从"这个人是动物"（无论挑选出哪个人），推出"每个人是动物"。

奥卡姆列出了四条规则：

规则1，在每一个既不是排他式也不是例外（exceptive）式的全称肯定和全称否定命题中，主词都有模糊且周延的指代。例如"每个人跑"与"没有人跑"的主词"人"。

规则2，在每一个既不是排他式也不是例外式的全称否定命题中，谓词有模糊且周延的指代。例如"每个人不是驴"的谓词"驴"。

规则3，当一个确定命题主要构成的否定在谓词之前，这个谓词就有模糊且周延的指代。例如"人不是动物"的谓词"动物"。

规则4，一个直接跟在"有别于"与"不同于"这些动词，或与之相应的分词，或与之等价的表达式之后的词项，有模糊且周延的指代。例如"苏格拉底不同于人"，词项"人"可以指代这个人、那个人或者任何人，因此，"苏格拉底不同于这个人""苏格拉底不同于那个人"等都是从原命题可以推出的。

奥卡姆把上述规则综合成一条普遍的规则：如果任何东西使一个词项成为模糊和周延的，那么它要么是一个全称符号，要么是一个否定，要么是一个等同于否定的表达式。因此，一般而言，全称符号所限制的词项与否定符号所限制的词项都有模糊且周延的指代。但是也有例外，例如"苏格拉底是每个人"，"人"有模糊且周延的指代；但是"苏格拉底不是每个人","人"虽然受全称符号"每个"的限制,但没有模糊且周延的指代,只有确切的指代,因为只要苏格拉底不是那个人(可以说任意某个人),而不必等到苏格拉底不是每个特殊的人,就可以得出"苏格拉底不是每个人"。

第四节　心灵语言中的指代

奥卡姆认为心灵语言是语言的第一要义,是语义分析的最重要对象,因而心灵语言理论成为中世纪晚期逻辑语义学的核心理论。本节着重关注心灵语言的指代与语词的多义问题。[①]

一　心灵语言也有不同类型的指代

在前述的讨论中,我们集中考察了奥卡姆关于说出的语词以及写出的语词的指代问题。中世纪有些逻辑学家认为,只有说出的语词或写出的语词,才有不同类型的指代。奥卡姆明确否定了这一看法。在他看来,心灵语言与说出的语言或写出的语言在结构上是同构的,因而心灵概念与用说出的语词或写出的语词表达的概念同样有不同指代问题。特别地,拉丁语中,心灵语言与说出的语言或写出的语言如何相似,是中世纪经院学者争论的主题之一。我们将着重讨论心灵语言的特殊属性,即心灵语言对于不同类型指代的影响。

奥卡姆认为,他在说出的语言或写出的语言中,对三种不同类型指代的划分对于心灵语言同样有效,也就是说,心灵概念同样有人称指代、简单指代和实质指代。因为心灵概念也可以指代它所意谓的东西、指代这个概念,以及指代用说出的语言或写出的语言表达的词项。

二　心灵语言的指代问题所面临的困难

如果心灵语言的确与说出的语言或写出的语言是同构的,那么奥卡姆所谓心灵语言也有不同类型的指代的观点就没有什么问题。但赋予心

[①] 本节内容的核心部分曾以单独论文的形式发表。参阅胡龙彪《论奥卡姆关于心灵语言指代的困难及可能的解决方法》,《湖南科技大学学报》(社会科学版) 2009 年第 6 期。

灵术语（词项）以不同类型的指代给奥卡姆的指代理论带来了一系列问题。

1. 心灵语言指代理论存在前后不一致的问题

心灵语言的指代问题即使在今天依然是一个有争议的问题。奥卡姆在该问题上更是模棱两可的，既认为心灵语言是一义的，又在很多场合认为是多义的。我们必须弄清到底仅仅是文本描述上的不一致，还是其理论本身就存在矛盾。这也反映了心灵语言本身的复杂性。

他说："首先必须知道，只有话语或者约定俗成的符号才可以是多义或一义的。因此，严格地说，心灵意向或概念没有多义与一义之分。"① 即心灵意向或概念不存在多义或不同指代。但我们同时看到，奥卡姆后来把这一限制仅仅局限于多义性的第一和第二种情形，即当一个语词具有多种独立意义（第一种情形），或当我们习惯于在多种意义上使用一个语词（第二种情形）的情况下，话语或者约定俗成的符号（即说出的语词和写出的语词）可以是多义的或一义的，因而有不同的指代；而在这两种情形下，心灵意向或概念无所谓多义或一义的问题，但在第三种情形下它们仍然可以是多义的。所谓第三种情形，是指不同概念或表达式的结合所形成的不同语境。在不同语境中，某个概念或表达式有不同指代，具有不同意义是完全可能的。但这显然与他所谓心灵意向或概念没有多义与一义之分并不完全一致。虽然奥卡姆的表述中出现了"严格地说"的字样，但他没有说清楚他使用这个词到底是什么意思。

奥卡姆还区分了"多义"与"歧义"这两个概念。他说，严格地说，只有简单的术语才可以说是"多义的"。对于一个复杂的表达式，比如意义模棱两可的命题，正确的说法应该是这一表达式是"歧义的"。他认为，心灵语言不存在多义，但可以是歧义的。比如对于像"人是一个名词"这样的心灵命题就是有歧义的表达式。因为它或者断定一个人是一个名词（如果心灵术语"人"有人称指代的话），或者断定语词"人"是一个名词（如果心灵术语"人"有实质指代的话）。根源在于其中的术语"人"是多义的，或者更一般地说，这种心灵命题之所以表现出歧义，乃因为其中的某一术语根据多义的第三种情形（即与其他概念相结合）

---

① Ockham, *Summa Logicae*, I. 13, P. V. Spade (trans.), 1995 edition, p. 31.

而具有多义。

这样我们就可以得出结论：在奥卡姆的论述中，多义与歧义并没有本质的区别，表达式的歧义乃因术语的多义而起。术语有多义，因此心灵命题完全可以是具有歧义的表达式，其歧义性乃是根据术语多义的第一种或者更可能是第二种情形而具有歧义。这与他前面说过的心灵意向或概念在多义的第一、第二种情形下无所谓多义问题是矛盾的。除非他断定多义与歧义是完全不同的两个概念。但我们的研究发现，二者并没有本质区别，区别仅仅在于一个表达式是一个简单的术语，还是简单术语的组合。奥卡姆先把多义的第一、第二两种情形排除在心灵语言之外，后又通过引入多义与歧义表面上的区分，认为因具有多义的语词成为心灵话语的词项而使心灵语言具有歧义，这实际上已经把多义的第一、第二两种情形引入心灵语言之中（因为多义与歧义本质上没有什么不同，因此，如果歧义也存在三种情形，那么它与多义的三种情形也没有本质上的不同），从而，心灵语言的指代与自然语言的指代并没有什么不同。这也许是他所谓心灵语言与自然语言是同构的意思。通过多义与歧义的区别而得出心灵语言没有多义，只有歧义，大概是他所谓"严格地说，心灵意向或概念没有多义与一义之分"的意思。只不过，这里的"严格地说"已经没有实质上的意义。

2. 心灵语言在即时解读中的问题

奥卡姆认为，心灵语言中的术语具有实质指代与简单指代的功能（我们称之为间接指代，而把人称指代称为直接指代）。然而，这似乎是违反直觉的。因为与说出的语言或者写出的语言的情形不同，在心灵语言中，我们总是希望即时而直接地获得一个人的想法。在口语或者书面语中，我们是在不同主体中进行相互交流，这种交流有时是滞后的。为避免交流中的误解，我们可以并且也有充足的时间使用一些解释工具或理论来规范语言的交流，也仅仅在这种情况中，解释工具（比如由指代理论所提供的）才派得上用场。而在心灵语言领域，并没有实际的解释过程，而是对表达内容的即时获得。因此，这种即时获得需要的是具有直接意义的指代，即人称指代。这样，心灵语言中歧义命题的意义就成问题了：当我们考虑一个思想比如心灵命题时，通常说来，我们是清楚自己所思考的意思的。因此，一个思想有歧义看起来就是不可思议的。

这使得我们必须对这种情况进行规范。①

实际上，在自然语言中，当我们解释歧义命题时，首先把它直接的可能意义解读出来，然后根据当时的具体语境进行调整，把其最可能的含义解读出来，从而根据说出这一命题的人的本意，对命题中的多义术语赋予最可能的指代。但在心灵语言领域，对一个术语赋予某一类型的指代到底是根据什么？（例如）是根据何种心灵行为？② 奥卡姆本人后来也意识到这显然是一个大问题，即他赋予自然语言的指代规则并不一般地适用于心灵语言，但他没能提出合理的解释。这就是我们所说的心灵语言在即时解读中的问题。

3. 对多义或歧义命题的不同解读在逻辑规则上不一致

根据奥卡姆的定义，我们区分用说出的语词或写出的语词表达的命题之两种不同解读的最合理的方法就是把它们视为两个相互区别的心灵命题。也就是说，应用指代规则区分用说出的语词或写出的语词表达的命题，就是在它们以及与其相关的两个或两个以上的心灵命题之间进行匹配。因此，我们可以说，被区分的命题由于附属于一个以上的心灵命题，因而是歧义的。

但对于奥卡姆所谓其中术语具有一种以上指代的心灵命题，上述用于自然语言之不同解读的规则就显得无能为力了。因为对具有多义或歧义的心灵命题，没有办法在它们和它们所附属的所有心灵命题之间建立一种匹配。后者实质上是一种超心灵层次的东西，而在语言领域，这样的东西是不存在的，因而也不可能有一种超心灵的命题，可以使一般的心灵命题附属于它们。同样地，简单的心灵术语不可能是多义的，复合的心灵表达式也不可能是歧义的，因为没有超心灵的术语或表达式可以被它们所附属。所以，如果奥卡姆坚持把多义或歧义定义为附属于一个以上心灵术语或表达式（尽管这一定义的确是一个很好的定义，它可以恰当而轻松地解决大多数问题），那么他将无法解释心灵语言中的多义

---

① 参阅 P. V. Spade, "Synonymy and Equivocation in Ockham's Mental Language", in *Journal of the History of Philosophy*, Vol. 18, 1980, p. 21。

② 参阅 P. V. Spade, "Synonymy and Equivocation in Ockham's Mental Language", in *Journal of the History of Philosophy*, Vol. 18, 1980, p. 20。

或歧义问题。也就是说，他对多义或歧义命题的解读规则是不一致的。

总之，奥卡姆认为心灵命题中的术语具有一种以上类型的指代的观点，一方面为心灵语言中的歧义问题的解决打开了方便之门，使得一个复杂的问题可以通过最简单的方法解决，即可以用解决自然语言表达式中歧义问题的相同方法，解决心灵语言中的歧义问题。但另一方面，这种解决方法将会在心灵语言的指代问题上导致令人难以接受的结果，既无法解释心灵语言的歧义到底根源于什么，也无法去确定某个具体心灵语言的语义。

三 心灵语言中指代问题的可能解决方法

从上述分析可以得出结论，要使奥卡姆的指代理论具有一致性，最好的方法就是制定一些规则，使心灵命题只有唯一的指代，没有歧义。但奥卡姆没有给出这样的规则。以下是一些可能的解决方法。这些方法有些是由中世纪逻辑学家提出的，有些是我们根据中世纪逻辑学家的意思，在结合现代逻辑方法的基础上提出的。这说明指代理论不仅在现代逻辑中有其地位，提出了一些现代逻辑相关理论中亟待解决的问题，而且在某种意义上，其规则具有通用性。

1. 排除心灵语言中的歧义：心灵语言没有歧义，但有间接指代

这种解决方法是把心灵命题中的术语具有一种以上类型指代的可能性排除在外。首见于中世纪著名逻辑学家舍伍德的威廉。

奥卡姆指代理论的一大特色是认为同一命题中的术语可能存在不同类型指代。但舍伍德的威廉认为术语不存在奥卡姆所谓第一、第二种情形的不同指代，只有第三种情形即不同语境下的不同指代。这一点被后来的现代逻辑学家所接受，弗雷格就称基于语境的指代为间接指代。威廉所谓语境其实就是由谓词确定的语境，而谓词确定的语境是唯一的，没有歧义的。他指出，与谓词不同，主词有时是形式指代（简单指代和人称指代），有时是实质指代。这完全取决于谓词，即主词的意谓附属于谓词的意谓。这意味着主词指代什么必须根据谓词所确定的语境。例如，在"人是种""人是被造物中最珍贵的"这样的命题中，只允许简单指代。在"人在跑""所有人是动物"这样的命题中，只允许人称指代。在"人（homo）是两个音节""人是一个名词"这样的命题中，只允许实质

指代。① 根据这一规则，每一命题只允许在某一语境下的唯一一种解读，因而，对命题没有必要区分出不同的意义。因此，不存在歧义命题。

舍伍德的威廉的方法虽易于接受，但问题并没有初看起来那么乐观。即使谓词的语境是确定的，某一心灵命题也未必只有一种解读。例如，考虑心灵语句"名词（noun）有四个字母"。根据其谓词直观确定的语境，这一命题可以有两种解读：（1）名词有四个字母；（2）名词"noun"有四个字母。这两种解读显然都是正确的。尽管若解读为前者，并不一定所有的名词都是有四个字母，但作为一种解读，无可厚非。但根据威廉的指代规则，按照谓词的意谓，主词"名词（noun）"只有指派为实质指代（即指代这个词自身，亦即 noun 的意谓是 n，o，u，n 四个字母）才是正确的。就是说，只能把它解读为第二个命题。若把"名词（noun）"指派为人称指代而解读成第一个命题"名词有四个字母"，则是错误的。而实际上，这一解读是完全合乎语法规则和逻辑规则的，该语句没有理由拒绝这一解读。

奥卡姆指代理论的强大功能在于，与其他指代理论相比，它对如下情形给予了合理的解释：一个命题的各种可能解读具有相同的真值，即把一个句子解读成不同的命题都是合理的、正确的。这是诸如舍伍德的威廉的指代规则所无法做到的，因此，此类指代规则很难彻底解决奥卡姆指代理论中的问题。何况谓词所提供的语境并不一定是唯一的，舍伍德的威廉所提供的方法只能在一定范围内使得心灵命题只有一种解读。

其实，威廉的诉诸语境的方法与奥卡姆的方法并无根本区别。后者认为具有多义术语的不同结合所形成的不同语境下，心灵命题具有歧义。只不过威廉所谓语境，仅仅由谓词确定，是不同谓词与同一主词的结合而形成的不同语境；而奥卡姆的语境，是由主词与谓词的组合共同确定的。

2. 布里丹的解决方法

从前面的分析可以得出结论，要想消除心灵语言中的多义问题，唯一的方法就是认为心灵语言中的术语不存在不同类型的指代，也就是说，

---

① 参阅［英］威廉·涅尔、玛莎·涅尔《逻辑学的发展》，张家龙、洪汉鼎译，商务印书馆 1985 年版，第 318—328 页。

只有唯一一种类型的指代。很显然，这种唯一确定的指代就是人称指代。因为人称指代是一个术语的默认指代，也是我们唯一借以获得关于词项之意义的指代。这种指代理论是由布里丹明确提出的。

布里丹认为，心灵语言实际上与自然语言有着很大的区别。根据布里丹的说法，由于说出来的或者写出来的语言存在歧义，只有这样的语言才需要考虑语境，而心灵命题是没有歧义的，因而无须考虑并且也谈不上语境。他在其《逻辑大全》之第七篇论文①《论谬误》（De Fallaciis）中说："我们应该知道，（在我看来）实质指代只在与有意义的说出的语词（话语）相关的情况下才会发生。由于我们不是像在说出的语言或写出的语言中所做的那样，习惯性地（ad placitum）使用心灵术语，因此，心灵命题中的所有心灵术语都没有实质指代，而只有人称指代。这是因为相同的心灵表达式不可能具有不同的意谓或不同的解读。正如亚里士多德在《解释篇》第一章（16a，5 - 8）所说的那样，内心经验对整个人类来说都是相同的，而且由这种内心经验所表现的类似的对象也是相同的。因此我要说，与'人是种'这一命题相关的心灵命题在其为真时，并不是一个以人为主词的命题（就是说，这一主词意谓的不是作为实体的人，即不是人称指代——引者注），而是一个这样的命题，其中的主词（仅仅）是一个概念，这一概念表达的又是'人'这一特别的概念，即是说，这一主词不是指代自身，而是指代特别概念'人'。从这里可以清楚地看出，由指代的变化所带来的（命题解读的）谬误实际上归因于语词（指代）的谬误。"②

布里丹的这段话最重要之处在于认为心灵语言中只有人称指代。他在讨论"人是种"这一命题中特别指出，心灵术语"人"在该命题为真的情况下并不指代这一术语自身，也不指代具体的人，而是指代概念"人"，但这恰恰是人称指代。由此可知，布里丹并没有说我们对这一命

---

① 布里丹的《逻辑大全》由 8 篇超长论文组成。分别是第 1 篇《论命题及命题特性》，第 2 篇《论谓词》，第 3 篇《论范畴》，第 4 篇《论指代》，第 5 篇《论三段论》，第 6 篇《论论辩的主题》，第 7 篇《论谬误》，第 8 篇《论划分、定义及证明》。布里丹原本打算再加上第 9 篇《论诡辩》，但他没有把这篇论文与其他 8 篇论文编纂在一起，而是独立成册。所以，我们今天所见的《逻辑大全》就只有 8 篇论文。

② John Buridan, *Summulae de Dialectica*, p. 522.

题的解读总是正确的,也就是说,我们可能对这个命题进行错误的解读。在前面的讨论中我们提到,对奥卡姆来说,与常规术语(与心灵术语相对)"人"在常规命题(与心灵命题相对)"人是一个名词"中实质指代其自身类似,我们有理由认为,心灵术语"人"在心灵命题"人是种"中也是简单指代其自身(即指代作为概念的"人")。但布里丹的阐释说明,奥卡姆上述类推是错误的。

布里丹所谓心灵语言中只有人称指代到底是什么意思?如何才能使我们避免对心灵命题进行错误的解读?在他看来这是一个极其关键的问题,因为他认为心灵语言不会有歧义正是人与人之间有效沟通的前提。

我们认为,在心灵语言中,必须有一个消除歧义的标志,比如像弗雷格所做的那样,采用加引号的方法。因为根据布里丹的理论(如前所述),相同的心灵表达式(命题或术语)不可能有不同的意谓,也不可能有不同的解读。在心灵语言中,所有术语都是按照字面理解的,因此心灵领域中就不存在对术语进行语义转换的可能性。因为对这些术语的理解都是心灵对事物的本能地、自然地感知。这样,心灵语言中就没有多义或歧义,进而其中的术语也没有不同类型的指代,我们也无须用不同的指代理论去解释心灵语言。但这样一来,就可能对心灵命题进行错误的解读。例如,"人是种"这一心灵命题,根据心灵经验,必然把它解读为作为个体对象的人是种。布里丹认为这显然是错误的。

根据布里丹所谓任何心灵术语都只有人称指代的观点,为避免误解,关键是要对心灵命题进行正确的表述,即在命题的表述上引导心灵对命题中的术语进行正确的指代,同时与术语都只有人称指代保持一致。可行的方法之一就是在命题的术语之后,加上一些具有暗示意义的新词项。例如,"人是种"这一命题,在心灵中的正确表述应该是"人这一概念(词)是种(词)"[①]。这一操作显然是根据我们前述的(普遍词项的语义章节)布里丹的处理策略,即"人是种"这句话,仅当其主词既不简单指代一个概念,也不人称指代具体的人,而是实质指代"人"这个词项自身时才是真的。考虑到心灵命题只有人称指代,这句话就在心灵中被

[①] 根据布里丹的意思所做的这种技术性处理,可参阅 C. G. Normore, "Material Supposition and the Mental Language of Ockham's Summa Logicae", in *Topoi*, Vol. 16, 1997, pp. 27–33。

改造为"人这个词项是一个种词或特殊的词",此时"人"就是人称指代这个词本身,这与说出的或者写下的"人是种"的主词取实质指代的结果就是相同的了。

弗雷格、罗素等现代逻辑学家采取了类似的消除歧义的方法,比如他们在自然语言中加入引号,把"人是一个名词"这一命题表述为常规命题"'人'是一个名词",对应的心灵命题正是"人这一语词是一个名词"。这里,"人"指代的虽然是词项"人",但显然正是人称指代。这种处理方式符合布里丹的意思,但是明显不及布里丹本人的方法那么直观,因为心灵语言中对于引号的反应又是一个额外的过程,难以保证不产生新的歧义。

四 心灵语言的指代理论在哲学史上的影响

关于心灵语言,首先需要明确几个概念。中世纪人们称拉丁语和希腊语为"人造"语言或"习惯"语言(artificial or conventional languages),称心灵语言为"自然"(此处或可译为"本质")语言(natural language)。现代逻辑以及语言学对于自然语言与人造语言的定义与中世纪完全不同:自然语言,是指一种自然地随文化演化的语言,包括不同的口语和书面语,例如汉语、英语。至于人造语言,则存在较大争议,比较可接受的定义是一种为某些特定目的而蓄意创造的语言,例如世界语。有些人也把现代逻辑的符号语言称为人造语言的一种,但实际上,逻辑的符号语言只不过是自然语言在逻辑学中的简写或者缩写,或者只是与自然语言相对应的人工符号。中世纪仅仅称心灵语言为"自然"语言,或更确切地说应该叫本质语言。因为在他们看来,心灵语言指代的是心灵意向,即表达概念的语言,而概念对每个人来说没什么不同。心灵语言的属性不是根据人们的随意选择或按照某种习俗、惯例建立起来的,而是根据人们思想中那些共有的本质的东西建立起来的。由于概念具有的意义是语言(无论说出来的还是写出来的,无论口语还是书面语)的本质意义,因此,表达概念的心灵语言就是本质语言。这种语言是不可变的。而口语或书面语则随民族的不同而各有所别,是可以在不同时间或不同地区发生变化的。因此,称口语或书面语的意义为习惯上的意义或随心所欲的日常意义。这正是他们称口语或书面语为习惯语言的原因。本书所谓自然语言仅取现代的含义，与习惯语言或日常语言同义。

蒙特利尔魁北克大学帕那西奥（Claude Panaccio）教授说："本质的内心语言是依照习惯而有意义的口语之衍生物。"[1] 心灵语言这一概念的前身就是内心语言（inner language）。与内心语言类似的概念在古希腊时就有了。比如，内心话语或内在逻各斯（inner discourse，希腊语 logos endiathetos）的概念在古希腊哲学家那里已经成为共识。人们在讨论人与其他动物的区别的时候，不断谈到只有人才具有的内心话语。亚里士多德区分了心灵经验（内心话语或心灵语言）、说出的词与写出的词，认为尽管我们说出的语言和写出的语言是不一样的，但内心语言对任何人都是相同的，即我们用相同的语言思考，并且相同的内心语言所思考的对象是一样的，内心语言与它所关于的东西是相似的。[2]

新柏拉图主义者于是应用内心话语这一概念注释亚里士多德的著作，并通过波爱修斯，把这一概念传到拉丁世界。内心话语的概念在奥古斯丁、波爱修斯等拉丁教父和神学家那里，成为解释某些重要基督教教义（比如创世论、道成肉身）的工具。[3]

但无论古希腊哲学家还是基督教神学家，都只是在非逻辑领域模糊地使用类似于心灵语言的内心语言这一概念，而没有对心灵语言进行专门研究。直到 14 世纪早期的奥卡姆，才建立起关于心灵语言的真正理论。他指出："概念或心灵印象（即心灵语言——引者）自然地意谓它所意谓的东西，而说出的词项或写下的词项仅仅约定俗成地意谓着一种东西。由此可以推出另外一些区别，即说出的词项或写下的词项可以根据（使用者）的意愿改变其意义，而一个概念词项不可以根据任何人的意愿改变其意义。"[4] 心灵语言对任何人来说，不仅意谓相同，而且语法、使用等一切属性都是相同的。这才有布里丹把心灵语言的指代纯粹化的后

---

[1] 转引自 A. S. 麦格雷迪编《中世纪哲学》（英文版），生活·读书·新知三联书店 2006 年版，第 84 页。

[2] 参阅［古希腊］亚里士多德《解释篇》，16a3—8，《亚里士多德全集》第一卷，苗力田主编，中国人民大学出版社 1990 年版，第 49 页。

[3] 参阅 A. S. 麦格雷迪编《中世纪哲学》（英文版），生活·读书·新知三联书店 2006 年版，第 84 页。

[4] Ockham, *Summa Logicae*, I. 1, P. V. Spade（trans.），1995 edition, p. 6.

续处理。

除奥卡姆之外，1342 年，意大利奥卡姆主义的追随者里米尼的格列高利（Gregory of Rimini，1300—1358）从不同方面发展了心灵语言理论。1372 年，法国人阿伊的彼得（Peter of Ailly，1350—1420）在其论著《概念与不可解问题》（*Concepts and Insolubles*）中，采用了格列高利和奥卡姆的理论，解决诸如"说谎者悖论"这样的语义悖论。其后布里丹也研究了心灵语言，但他在基本观点上与奥卡姆保持一致，只是修正了奥卡姆理论中的某些细节，特别是解决了其中的一些困难。我们在前面的讨论中看到，布里丹的修正虽然对于总体上理解和评价中世纪的心灵语言理论来说，也是十分重要的，但并没有超出奥卡姆的范围。现有资料显示，上述四位逻辑学家是中世纪对心灵语言理论作出主要贡献的人，而奥卡姆则是最杰出的代表。著名中世纪逻辑问题专家斯培德（P. V. Spade）认为，"奥卡姆对心灵语言的处理差不多是整个中世纪最广博、最精细的"[1]。

第五节　词项属性理论与现代意义理论的关联

逻辑史家普遍认为，作为词项属性理论核心的指代理论具有划时代性，甚至认为前无古人后无来者。但从我们前面的考察看，这种说法可能更适用于中世纪指代理论所使用的术语，诸如人称指代、简单指代与实质指代这些词语的确是中世纪所特有的。但就理论内容来说，包括指代在内的词项属性问题在古代逻辑中已有提及，只是未展开研究而形成成熟的理论。另一方面，近现代以来，意义理论（theory of meaning）仍然是逻辑学研究的重点话题；而作为意义理论讨论的核心问题就是所谓指称理论（theory of reference/denotation），以穆勒、弗雷格、罗素、斯特劳森等为代表。指称理论的某些概念、术语、理念同中世纪指代理论有着极大的相似性，甚至在本质上没有根本区别：指代和指称理论讨论的都是词项的属性或词项与命题的语义问题，具体地说，其目标对象都是

---

[1] P. V. Spade, *Thoughts, Words and Things: An Introduction to Late Medieval Logic and Semantic Theory*, 2002 edition, p. 87.

命题或具有真值的语言表达式，用以确立语言表达式与对象世界之间的关系，而目的都是澄清语言表达式（句子或命题）的真值，特别是在具体语境下的真值。因此，中世纪指代理论与现代逻辑的指称理论只是意义理论发展的不同阶段，不严格地说，我们可以把指代理论看作指称理论的中世纪形式，或者其前身，也可以反过来说，现代指称理论正是中世纪指代理论的延续，是对后者的修正与现代转型。

本节不打算对意义理论做全面的讨论，而考察意义、指代或指称问题在理论上的关联，以揭示中世纪逻辑与现代逻辑在这一问题上的相关性。需要指出的是，中世纪逻辑的"指代"和"意谓"这两个术语，与现代逻辑的"指称"（也有"意谓""指谓"的说法，这取决于逻辑学家的不同理论倾向与自然语言之间的互译）这一术语在含义以及理论宗旨上有着极大的相似性；虽然中世纪对于语词的意谓与词项的指代区分明确，但是现代逻辑并没有在语词本身的指称与其在句子中的指称做严格区分。鉴于此，本书在接下来比较两个不同时期的语义理论时，为求两者的相关性，除非特别说明，一般不对"意谓""指代""指称"做术语上的严格区分。

一 指代理论预示了现代自然语言逻辑的萌芽

根据前述的讨论，我们可以看到，指代理论的目的就是允许对自然语言进行语义分析，使得命题的真实逻辑结构得以正确显现。也就是说，指代理论定义一种程序或者规则，把命题的表层结构映射到其深层结构，或者说，把命题的句法结构映射到其语义结构，即把词项与命题同外在世界联系起来，这就是句子理解的句法加工环节。

从 14 世纪开始，特别是奥卡姆、布里丹、萨克森的阿尔伯特等逻辑学家就为各种词项的不同类型指代给出了详细的规则，这些规则一目了然，具有很强的可操作性，提供了对具有多种意义的命题进行不同解读的形式依据。命题由于其中词项的不同指代而可以解读为不同命题，显然对于由多个不同命题所构成的推理来说也是极其重要的。因为对命题的错误解读可能导致把一个正确的推理分析成错误的推理，或者相反。很明显，直到奥卡姆、布里丹的指代理论，才真正开始了在分析推理时，有一个机械能行的规则，使得我们可以充分考虑词项在不同语境下的语义（关于这部分内容，我将在推论中详述）。有些逻辑学家（例如 Catarina D. Novaes）甚至认为，从这个意义上看，中世纪繁荣时期的指代理论或许可以看作现代计算语义学（computational semantics）——通过计算法获得关于命题的意义——的先驱。

虽然中世纪的指代理论已经足够丰富，但是很多环节的处理方式并不合适，乃至是错误的。比如，奥卡姆把对自然语言指代的不同种类的划分应用于心灵语言，从而导致其理论在很多方面难以一致。我们在讨论布里丹解决奥卡姆理论中的困难时，在很多地方引入了现代逻辑的东西，比如来自弗雷格、罗素以及心理语言学的概念和方法。值得一提的是，引入的这些现代逻辑元素居然可以与中世纪的指代理论完美结合。这一方面说明，中世纪包括指代理论在内的逻辑理论已经讨论了现代逻辑所关心的同样问题；另一方面，指代理论的研究已经完全脱离哲学而成为十分专业的逻辑研究，他们提出了许多具有重要意义的逻辑问题，并努力建构解决模式。只是由于逻辑技术的局限，使得这些研究没有更进一步，因而中世纪的对语言的逻辑研究还没有形成真正的语言逻辑（狭义上，只有对语言进行现代逻辑分析特别是一阶逻辑分析才是真正的语言逻辑，而现代语言逻辑正是现代逻辑应用于自然语言研究的产物），一旦获得了新的方法或者理论描述工具，包括指代理论在内的中世纪语言逻辑必将呈现出全新的面貌。毫不夸张地说，正是中世纪这些研究预示了现代逻辑特别是自然语言逻辑的萌芽，特别是中世纪繁荣时期的指代理论还特别增加了对语境（例如奥卡姆）以及命题预设（例如布里丹曾预设当命题指号消失时命题的语义，以及常规语义下词项的存在输出等）的讨论。因此也有人认为，指代理论是现代语用学的中世纪形式，它已经产生了现代语用学的萌芽。

二　从中世纪词项属性理论到现代指称理论的过渡——穆勒的名称理论

指代理论作为一种成熟理论，自萨克森的阿尔伯特之后并没有提出多少新的东西，但是词项属性（包括语言及其意义）问题从来没有离开过逻辑学界。从 14 世纪开始，逻辑学家特别关注奥卡姆在指代理论中提出的"符号"（sign）这一概念（"符号"概念由欧塞尔的兰伯特等人最先提出，开始是用于讨论词项的意义，后被奥卡姆用于指代理论，不仅有语词符号，还有命题符号），一度成为逻辑学家关注的焦点话题之一。阿尔伯特的词项属性理论就深受奥卡姆的影响，他认为词项的意义是言语符号通过概念的介入与个体事物之间的指称关系，共相也不过是个体事物的言语符号或者概念符号。另一方面，奥卡姆关于心灵语言的指代理论，以及把词项属性的规则对应于（甚至转换为）思想过程的规则的思想，[1]也遭到了后来者的反对。但无论如何，这其实都是对语词意义的进一步讨论。自19世纪以来，逻辑学家们对语词的关注再次形成了一股强大的思潮，似乎是对中世纪语言逻辑繁荣局面的重新激活。这股思潮也激发了更多学者投入到对语词的意义与指称理论的研究中。

从中世纪以指代为核心的词项属性理论，到近现代的指称理论，穆勒（John Stuart Mill，1806—1873）起到了承上启下的作用。他的《逻辑体系》（*A system of Logic*）是近代讨论词项的意义和指称理论的开端。在这本书的第二、第三章，穆勒着重讨论了名称（name）的意义。首先提出的问题就是：名称究竟是事物的名称还是观念的名称；或者名称是事物的符号还是概念的符号。他认为，前者是名称的常见用法，而后者则是一些形而上学者的用法。在这个问题上，穆勒给出了自己的看法：我们似乎应该把语词看成某个事物的名称，通过这个名称，我们希望他人理解如下两层含义：一是我们指的是这个事物，二是我们用这一名称去断言这个事物具有某个事实；简言之，我们应该把语词看成，当我们使用这个词时，我们希望通过这个词提供信息。因此，名称必须始终在这样的意义上被谈论：它是关于事物本身的名称，而不仅仅是关于事物的观念的名称。[2]

但穆勒随后提出了另一个问题：名称所关于的事物究竟是什么？它是什么事物的名称？也就是说，这里所说的事物并不一定是指外在世界的真实实体。很明显，这个问题正是中世纪对于语词的意义究竟是什么，或者说，语词究竟意谓什么的讨论。穆勒没有明确提到中世纪，在他看

---

[1] 参阅 Ockham, *Summa Logicae*, I. 3, P. V. Spade (trans.), 1995 edition, pp. 8 – 12。

[2] 参阅 John Stuart Mill, *A System of Logic*, pp. 30 – 31。在线电子书见：https://max. book118. com/html/2017/0509/105432977. shtm。

来，这些问题就是逻辑学首先要讨论的问题（他把这些问题作为其逻辑体系研究的起点）。我们感兴趣的是穆勒随后的处理方式。他认为，要对上述问题进行解答，必须基于对名称的分类，而他的分类方式也与中世纪词项属性理论（特别是词项的意义理论）基本一致。

助范畴词只能部分作为名称，穆勒主要讨论范畴词作为名称的情况。他对名称做了多种分类，例如分为真实的（real）名称与想象的（imaginary）名称，普遍（general）名称与个体（individual/singular）名称；具体的名称与抽象的名称；内涵的（connotative）名称与非内涵的名称（或绝对的名称），肯定的名称与否定的名称，以及多义名称与单义名称等。

他认为普遍名称与个体名称是名称的基础分类，也是首要的分类。[①]本书也仅仅考察这种分类。所谓普遍名称，就是能够合乎事实地同时断言数量不限的一组事物中的任何一个，并且这种断言是在"人"这个词所具有的相同意义下进行的，即可以表达这些个体对象所共同具有的某种性质（例如种类）。例如"人"这个名称，既可以同时断言约翰、乔治、玛丽等任何人，以及表达他们所具有的相同的性质（人的属性）。[②]因此，在穆勒看来，普遍词项不仅具有含义，并且其含义是相对稳定的，同时其指称的事物也是众多的。

而个体名称只能断言某个具体事物本身，并且不涉及其所具有的共同性质。例如"约翰""接替征服者威廉的国王"等。显然穆勒看到了专名与摹状词（现代逻辑的相关术语）都可以作为个体名称。但穆勒认为个体名称中的专名（proper name）有其特殊性。专名指称（denote）个体事物，并称呼（call）它们，但是并不暗示个体事物的任何属性。例如，达特河口的一个小镇的名字叫"达特茅斯"，如果达特河口因为泥沙而堵塞，或者地震而改道，小镇的名字完全没有必要改变。一个人的名字叫"约翰"也是如此，这一名字本身没有什么特殊意义，可以不受限制地应用于其他人。这些专名本身没有意义，只是附着于它指称的对象，并且

[①] 参阅 John Stuart Mill, *A System of Logic*, p. 33。在线电子书见：https：//max. book118. com/html/2017/0509/105432977. shtm。

[②] 参阅 John Stuart Mill, *A System of Logic*, pp. 33 - 34。在线电子书见：https：//max. book118. com/html/2017/0509/105432977. shtm。

不因为对象任何属性的延续（或废止）而变更。① 因此，在另一种分类（内涵名称与非内涵名称）中，穆勒认为专名不是内涵名称，也就是说，专名不具有任何内涵，也不表达任何属性，仅仅是作为一个标记或符号称呼个体对象。

需要指出的是，穆勒还考察了另一种"专名"，例如"太阳""上帝"（神）。这类专名对应于某个特定的对象，因而可以说是内涵名称，它揭示了这个对象具有的特定属性。但是一者这种情况相当罕见，二者这类名称严格地说是普遍名称，而非个体名称。因为虽然它们实际仅表示一个对象，但是从这些词本身的含义看，完全得不出这个结论。比如，只要发挥想象，我们有可能说起多个太阳，而大多数人已经相信并且仍然相信有很多神。②

总而言之，穆勒倾向于认为专名无内涵，但有指称，甚至可以指称一个现实世界中已经不存在的东西。这样，在词项属性上，穆勒与中世纪的传统观点既有一致也有不同：都认为即使意谓的对象发生了改变，相应的语词仍然可以代表它，穆勒因此认为语词没有内涵，但中世纪认为这才是语词意义的独特之处，而意谓对象的变化可以通过指代的改变来体现。

三 中世纪词项属性理论在现代指称理论中的修正与转型

中世纪词项属性理论代表了传统的语词意义理论，他们所讨论的几乎所有问题都被近现代逻辑学家以不同的方式重新讨论，或者被修正，或以新的方式再现于现代逻辑之中。

为了说明这一问题，我们再次导入中世纪关于语词的意义与指代理论概况：语词的意义就是建立起对这个词所意谓的东西的理解，对于意义的讨论其实就是对意谓的讨论。一般预设语词意谓的东西是存在的，只在它们存在的情况下讨论问题。如果这个东西已经不存在，那么这个

---

① 参阅 John Stuart Mill, *A System of Logic*, p. 39。在线电子书见：https://max.book118.com/html/2017/0509/105432977.shtm。

② 参阅 John Stuart Mill, *A System of Logic*, p. 39。在线电子书见：https://max.book118.com/html/2017/0509/105432977.shtm。

语词仍然有意义，即意谓一个已经不存在（但此前存在）的东西（这种情况下语词无所谓称呼），但一般没有指代，于是相关命题为假。有些逻辑学家（例如布里丹）认为可以通过命题中动词的扩张属性（比如"曾经是……"）赋予主词特殊语境，从而使其指代一个只是可能存在的东西或者曾经存在的东西。实在论者与唯名论者对于个体语词的意谓看法相同，即都是意谓一个单个事物，也有逻辑学家把个体语词的意谓称为命名。但是对于普遍词项则有分歧：实在论者认为，普遍词项的意义就是意谓一个普遍的东西，即个体事物的共相；唯名论者认为，普遍词项首先意谓的是心灵意向，终极意谓的是单个的具体事物，而作为心灵意向的概念只是一种心灵行为，即思考个体对象的行为，没有本体论意义上的存在。但是两种本体论者都认为普遍词项的指代都可以是三种指代中的任何一种，只有个别极端唯名论者不承认简单指代（例如布里丹）。此外，中世纪认为意义是语词的自然属性或者本身的属性，而指代是语词的语义属性，即作为命题的词项时才有的属性，因此指代需要考虑语境。

穆勒对个体名称与普遍名称的内涵与指称的区分，使这个中世纪的话题重新被研究。他对专名的解释类似于中世纪从词项的意义属性，到命名、称呼与指代属性的转变过程中所体现出来的理念，即要求一个专名的指称对象是否必须存在或者是否必须保持其原初的属性，关乎到对词项意义或指称的定义；同时这一理论所讨论的内容也是现代逻辑指称理论所争论的问题。穆勒对词项属性的处理仍然没有离开中世纪的框架，但已经比中世纪少了一些形而上学的成分，而多了基于语义的讨论。

现代逻辑的指称理论重点讨论个体词项，主要是专名与摹状词的意义与指称问题。

1. 弗雷格的指称理论对传统词项意义理论的修正

弗雷格（Gottlob Frege，1848—1925）于1892年发表的论文《论涵义与指称》（*On Sense and Reference*，也译作《论意义和意谓》），被认为是"现代意义理论的发端"[①]。在该文中，弗雷格首先提到了符号这一术语。但是符号与专名是混在一起被讨论的，并没有作特别的区分。符号

[①] 徐友渔等：《语言与哲学：当代英美与德法哲学传统比较研究》，生活·读书·新知三联书店1996年版，第48页。

被理解为任意的标记,既可以是人工符号,也可以是自然语言;符号代表一个专名,意谓一个确定的对象。① 在这一点上,弗雷格与中世纪关于"符号"的理论(例如奥卡姆)并没有根本不同。

但是关于专名的意义,弗雷格不仅批评了穆勒的观点,也反对传统意义理论。他认为涵义与指称是不同的,不同的专名可以指称同一个对象,但提供了不同的认知效力,也就是说,它们具有不同的涵义,表达了不同的思想。例如,虽然晨星与暮星指称同一个星辰,但在我们的认知过程中,"晨星=晨星"与"晨星=暮星"是不同的,前者是先验有效的,仅通过逻辑(同一律)即可确立,后者不能先验地加以验证,但包含了对我们的知识极有价值的扩展。② 弗雷格又把这种区别扩大到谓词与句子之中。例如"晨星是一个被太阳照亮的物体"与"暮星是一个被太阳照亮的物体"两个句子的思想显然是不同的,一个人若不知道"晨星=暮星",可能会认为一个句子是真的,另一个句子是假的。这说明,两个同样意谓的句子可以得到不同真值的认识,句子的意义与句子的意谓也不同。弗雷格进一步说明了什么是句子的意义与意谓。他认为,句子的意义就是这个句子表达的思想,而句子的意谓就是其真值,即这个句子是真的还是假的。

也就是说,弗雷格至少在如下几个方面与传统意义理论不同:

其一,弗雷格否定了穆勒的观点,认为专名不仅仅是一个符号,本身也有意义,人们也可能对同一个专名做出不同的理解,且其意义不是专名表示的对象,因为指称同一对象的不同专名的意义未必不同。弗雷格的观点与中世纪有相同之处,也有不同之处。相同之处就是都承认专名有意义。不同之处在于,在中世纪逻辑学家看来,如果两个专名让我们想到了相同的意谓对象,那么其意义就是相同的。应该说,弗雷格的观点更具有合理性。实际上,中世纪对这个问题并没有说清楚,一个专名让我们想到的具体对象(也就是其意谓的对象)可以是相同的,然而所思考的东西并不一定相同,甚至可能包括一些关于其他东西的思想或

---

① 参阅王路《弗雷格思想研究》,社会科学文献出版社1996年版,第115—116页。
② 参阅弗雷格《论涵义和指称》,载涂纪亮主编《语言哲学名著选辑》(英美部分),生活·读书·新知三联书店1988年版,第1—2页。

概念，而这些思想或概念有时可能引导思想者去思考一个其他对象，甚至可能并不存在的具体对象。因此，这种思想似乎也应该是语词意义的一部分。因此，考虑一个专名，除了要考虑其指称的对象，也要考虑专名本身可能携带的涵义，它不仅仅是一个没有"意义"的单一符号。在这方面，我认为弗雷格的观点有其合理性。

其二，他不仅认为专名本身有意义，还把专名的意义与句子结合起来，认为专名的意义存在于句子的思想之中，是句子思想的一部分，必须借助于句子的意义而得到说明。[①] 这与中世纪词项属性理论明显不同，后者把语词的意义看作与命题无关的语词本身所具有的自然属性：谈论一个语词的意义时，就是说这个语词意谓什么，而其意谓的对象也是很清楚的（虽然唯名论与实在论对于语词所意谓的东西具体是什么有分歧），无须依赖命题提供的语境。至于一个语词到底代表什么具体的东西，不是这个语词本身的属性，而是其使用属性，需要在命题中考虑，这样，语词的意谓就变成了词项的指代。因此，意义与命题无关，根本不像弗雷格所说的语词的意义存在于命题的意义之中。这就会引起我们思考一个问题：语词具体意谓（指称）之物的变化，是否带来了其意义的变化？在这个问题上，至少穆勒和中世纪逻辑学家做出了否定的回答。

其三，弗雷格严格区分句子的意义与意谓，并且认为，某些具有相同词项的表达式在不同语境（例如间接引语）中表达不同的意义。这与中世纪晚期占主导地位的唯名论语义学所体现出来的逻辑理念既有相同之处，又有不同之处。相同之处在于，都认为句法结构（中世纪认为句法结构是由助范畴词带来的）会影响到命题的意谓或真值。不同之处主要是，唯名论者都不承认命题（主要指直言命题）还存在一个与命题中各词项单独意谓的东西所不同的东西，即作为命题整体所意谓的东西；他们也不在命题的意义与意谓之间作明确区分，正如他们不对词项的意义与意谓做出明确区分一样。在他们看来，命题的意谓就是这个命题的所有范畴词所联合指代的东西，命题是真的还是假的，就看联合指代的东西是否存在。例如弗雷格的"晨星是一个被太阳照亮的物体"及其否定命题"晨星不是一个被太阳照亮的物体"，在中世纪会被这样处理：这

[①] 参阅王路《弗雷格思想研究》，社会科学文献出版社1996年版，第118页。

两个命题所意谓的东西，都是范畴词"晨星"与"被太阳照亮的物体"联合指代的东西，即一个被称为被太阳照亮的物体——晨星。如果它存在，则肯定命题就是真的，否定命题就是假的；否定命题仅仅是命题词项以助范畴词提供的否定方式，去联合指代被太阳照亮的晨星。因此，他们不需要还有一个专门的命题意谓，而命题的意义也就是这个命题让我们建立起对其联合指代对象及其是否存在的理解。在有些逻辑学家的理论中，例如布里丹，他甚至都不需要有一个明确的真假概念（有学者称之为没有真之语义学，例如克里马），只需要意谓、指代与联合指代（针对命题中的词项）。

从以上分析可以看到，弗雷格的指称理论既是对传统观点的反对，也是对其的补充。当然，弗雷格把对指称的讨论放在命题语义中进行，这也进一步说明中世纪指代理论的重要性。

2. 罗素的摹状词理论对传统语义理论存在预设的技术处理

罗素（Bertrand A. W. Russell, 1872—1970）也是现代逻辑意义理论里程碑式的逻辑学家。我们在本书中，仅讨论他在《论指称》（*On Denoting*, 1905 年）和逻辑原子主义哲学演讲稿合集（1918 年）中所阐述的摹状词理论（theory of denoting phrase 或者 theory of descriptions[①]）。

与弗雷格不同，罗素的摹状词理论严格区分了专名与摹状词，并且把摹状词作为主要的讨论对象。摹状词理论首先是为了修补迈农（Alexius Meinong, 1853—1920）和弗雷格在处理"存在难题"（或称"存在预设"）上的缺憾。由于命题中的逻辑主词并无实存的对象，而有些人却把它当作真正的对象，于是出现了所谓"存在难题"。罗素举例说，诸如"现存的当今法国国王是存在的，又是不存在的""圆的正方形是圆的，又不是圆的"，此类命题就是把并不实存的东西看作实际对象，从而导致矛盾。这种看法让人无法容忍，必须有新的理论来避免这样的结果。[②]

罗素之前，有两类方法处理"存在难题"。一类是存在预设，例如古

[①] "摹状词"就是一种起描述作用的短语，罗素在不同的时期曾使用不同术语。在 1905 年的《论指称》中，罗素使用的是 denoting phrase，强调语词的指称。在 1911 年的《哲学问题》及之后的著作中，使用的是 descriptions。

[②] ［英］罗素：《逻辑与知识》（第 2 篇论文《论指称》），苑莉均译，商务印书馆 1996 年版，第 54—55 页。

代和中世纪逻辑，都是预设所讨论的语词的指称对象必须存在，如果不存在，那么命题因为联合指代不满足就是假的，但是可以根据需要，通过谓词的扩张功能使之在一个命题中去指称一个可能的或者想象中的事物。而迈农也将诸如"方的圆""金山"作为被假想的实体而存在，并认为它们因此具有意义。另一类是弗雷格采用的方法，即通过定义，为这类语词提出某种纯粹约定的指称，例如将这类语词看作指称一个空类，且空类可以自我指称。罗素认为后一类方法只是前者的另一种形式，虽然不导致逻辑错误，但显然是人为的，并没有对问题做出精确的分析。如果允许这类词一般地具有意义和指称，那么不论是存在预设，还是指称空类，都会引起困难。①

罗素于是抛弃含有摹状词的命题与摹状词的指称有关联的观点。例如，在"当今的法国国王是秃头"这个命题中，由于主词"当今法国国王"找不到指称，因此这个命题既不能判断为真，也不能判断为假，导致排中律的失效。为了解决这个问题，罗素引入摹状词理论，将这个命题改写为"存在一个个体 x，x 是当今的法国国王，并且是秃子"的形式。也就是说，使主词谓词化。因为根据罗素的理论，摹状词所具有的是描述功能，描述的是事物的属性，可以起到谓词的作用。命题经过如此改造后，就无须事先假设当今的法国国王是否存在，只需要根据实际情况判断是否存在具有当今法国国王属性的个体 x，从而判断整个命题的真假。在这种语义下，"当今的法国国王是秃头"与"当今的法国国王不是秃头"必有一真，排中律恢复。

罗素还把他的摹状词理论用于解决所谓同一性难题。他举例说，如果乔治四世想知道《威弗利》的作者是不是司各脱，而实际《威弗利》的作者就是司各脱，根据同一律，可以将《威弗利》的作者替换为司各脱，这样原问题就变成了乔治四世想知道司各脱是不是司各脱这样一个没什么意义的问题。

弗雷格认为，这一难题产生的根源在于仅仅根据真值不加限制地使用同一性替换。根据其意义理论，从句与句子是不同的：一般的句子的

---

① ［英］罗素：《逻辑与知识》（第 2 篇论文《论指称》），苑莉均译，商务印书馆 1996 年版，第 57 页。

意谓是真值,同一性替换没有问题;但是含有间接引语(例如"认为""相信""知道"等)的句子中,从句只有间接的意谓,但间接意谓不是真值,而是意义。正是由于从句的意谓不涉及真假,因此,从句的意谓并不影响含有该从句的句子整体的意谓(即真与假),或者说,整体的真与假既不包括从句的真,也不包括从句的假。① 但作为整个句子的一部分,从句的意谓(实际上就是意义)会影响到这个句子的意义。由于两个指称同一对象的语词的意义是不同的,会产生不同的认知价值,因此,在考虑诸如"乔治四世知道《威弗利》的作者是司各脱"这个命题的意义时,就不能不考虑从句中词项的同一性替换而带来的不同意义,否则,虽然替换以后整个句子的真假不受影响,但由于从句的意义发生了变化,即"《威弗利》的作者是司各脱"与"司各脱是司各脱"的意义并不相同,而从句的意义也是整个句子意义的一部分,因而整个句子的意义也发生了变化。因此,在间接引语中,不能像在通常用语中那样无条件使用同一性替换规则。

但是罗素不满意弗雷格的解决方法。从他本人的解决方法看,罗素其实主要是不满意弗雷格不严格区分专名与摹状词的不同语义功能,却区分同一表达式在不同语境(例如间接引语与一般用语)下的不同意义。为解决这一问题,他再次借助其摹状词理论,把命题"《威弗利》的作者是司各脱"改写成"存在一个个体 x, x 写了《威弗利》,并且对于任何 y,如果 y 写了《威弗利》,那么 x = y"这样的形式。这样,乔治四世想知道《威弗利》的作者是不是司各脱,就不是乔治四世想知道 x 是否等于 x,而是想知道 x 是否等于 y,不再出现同一性难题。

从解决存在难题与同一性难题的效果看,罗素的摹状词理论确实发挥了效果,弥补了迈农、弗雷格等人的理论缺陷,特别是其理论对于解决这些问题具有一致性,不像迈农、弗雷格那样对于某些语词或表达式的意义区别对待。这一理论也是对传统词项理论的修正。中世纪在处理词项的意义时,也有所谓存在预设(甚至预设语词本身的存在),一切语义都是在这一条件下进行考虑。即使通过系词或者谓词的变化而使一个词项去指称可能存在或者曾经存在的东西,因而命题是真的,也是在事

---

① 参阅王路《弗雷格思想研究》,社会科学文献出版社 1996 年版,第 121—123 页。

先有人为预设的情况下进行的。而罗素的摹状词理论可以不需要这一预设，同样可以且十分精确地判定命题的最终语义。特别重要的是，罗素似乎认为这是含有摹状词的命题本身或本质上所具有的语义特征，是命题的真实逻辑形式，并非人为添加的某种规则。虽然这里显露出某种形而上学的东西，但单纯从逻辑的角度看，似乎也没什么不妥。

总之，相对于中世纪及之前的词项属性理论，罗素的摹状词理论确有其优势，是对前者的划时代的改进和补充，但是其理论也有过于强调逻辑分析技术、忽略对语境以及语用的讨论、远离语言的自然属性的嫌疑。特别是其"意义即指称"的观点，明显有别于中世纪的词项属性理论，后者明确区分了两者：中世纪不严格区分语词的意义和意谓，讨论语词的意义和意谓时，无关语境，一个词本身自然有其特定的意谓对象，并因此具有相应的意义，不管它是否出现在命题之中；但中世纪严格区分意义与指代，指代基本等同于现代逻辑的指称。在讨论指代时，必须与命题相结合，因为一个词所指代的东西可能因为其在不同命题中的不同使用而有所不同，其指代的对象甚至与意义无关。这才有中世纪所谓"当一个词指代其所意谓的具体对象，因而是有意义地使用时，就是人称指代"这样的讨论。罗素的这一观点也被斯特劳森批判，后者认为语词或语句本身不具有指称作用或真假，只有在使用中才指称某物，因而有真假。

3. 斯特劳森回归传统自然逻辑的指称理论

作为牛津日常语言学派的代表人物之一，斯特劳森（Peter F. Strawson，1919—2006）的指称理论更偏向于语用研究。他在 1950 年发表的《论指称》（*On Referring*）一文中，批评了罗素关于语词的意义与指称的观点，指出了其摹状词理论"包含某些根本性的错误"[①]。斯特劳森的许多论点与中世纪逻辑不谋而合，在某种意义上，其指称理论甚至可以看作中世纪词项属性与指代理论的现代模型。重要原因就在于斯特劳森走的是与中世纪相似的"自然逻辑"之路，即逻辑及其语义终究要在语用中实现。

斯特劳森反复强调，罗素把语词的意义与指称，或者说把语词的形

---

① P. F. Strawson, "On Referring", in *Mind*, Vol. 59, 1950, p. 321.

成与使用混为一谈，但实际上两者是不同的。意义是语词或语句本身就具有的功能，而指称是语词或表达式在使用中具有的功能。语词的意义不依赖也不可能等同于这个词在某一特定场合下所指称的对象，语句的意义不可能等同于该语句在某一特定场合下所做出的论断。谈论语词或者语句的意义，实际上是谈论在所有情况下，正确地把它们用于指称或者断定某事物时所遵循的那些规则、习惯与约定。因此，一个语句或语词是否有意义的问题，与在某一个特定场合下所说出的该语句是否在那个场合正被用来做出一个或真或假的论断的问题，或与该语词是否在那个特定场合正被用来指称或提及某物的问题毫无关系。① 但语句的意义依赖于构成它的语词的意义："一个句子的意义是该句子构成部分的意义以及这些构成部分的组合（安排）方式的句法函数。"② 更进一步，"'提到'（mentioning）或'指称'（referring）某物其实也不是语词本身所做的事情，而是人们能够用语词去做的事情。提到某个东西或者指称某个东西，是语词的使用特征，正如'论述'（being about）某个东西与或真或假是句子的使用特征"③。

这一观点与中世纪词项属性理论十分相近。后者认为，意义是一个词的自然属性，优先于且不依赖于其他一切属性，而语词的指代功能是语词在命题中被有意义地使用（默认使用方式）时获得的属性。如果一个语词脱离了具体的命题和语境，那么它就不具有指代某个对象的效力，但是其原初的意义依然存在。而句子也没有一个抽象的整体意谓，只不过是各范畴词通过助范畴词调节而获得的联合意谓，助范畴词起到的就是斯特劳森所说的各部分构成方式的作用。

斯特劳森之所以如此坚持语词的指称与意义的不同，主要是不满罗素对"当今法国国王是秃子"之类主词没有实存指称的命题的分析。斯特劳森强调语词指称的可变性，以及语句对语境的依赖。他首先分析了"法国国王是智慧的"这句话。"法国国王"这个词，其意义就是它在使

---

① 参阅 P. F. Strawson, "On Referring", in *Mind*, Vol. 59, 1950, pp. 327–328。
② P. F. Strawson, "Meaning and Truth", in Strawson, *Logico-Linguistic Papers*, London：Routledge, 2017, p. 134.
③ P. F. Strawson, "On Referring", in *Mind*, Vol. 59, 1950, p. 326.

用中能被正确用来指称历史上所有那些当过法国国王的人时所遵循的约定。但一旦它出现在句子中被使用，其具体指称对象又会因为不同语境而有所不同，包含该主词的句子所做出的判断也因此不同。例如，如果14世纪的人说这句话，"法国国王"指的就是路易十四，并且做出了一个真论断，如果在15世纪说这句话，"法国国王"指的就是路易十五，就是做出了一个假论断。如果在17世纪不实行君主制之后说这句话，"法国国王"就没有指称，我们就不可能使用"法国国王是智慧的"这句话去表达一个真命题，但是这个词以及这句话依然是有"意义"的。

对语境的强调是古典逻辑的传统。中世纪指代理论对具体语境的强调有时甚至涉及说话者本人的态度。例如奥卡姆认为，哲学大师们说出来的有些话不能照字面意思去理解，应该考虑其本来的意思。布里丹在讨论词项的指代时，首先强调的就是语词指号的存在，他也设想过当命题指号消失时，命题真值的变化，特别是不可解命题对于语境的依赖（参阅布里丹对有效性以及不可解命题的相关讨论）。斯特劳森同样赋予语境以十分丰富的内涵，他认为语境至少应该包括时间、空间（从斯特劳森的例子可以看出，时间、空间是最重要的语境）、境况、说话者的身份、构成直接的兴趣所在的论题，以及说者与听者双方的个人历史等。语词的指称需要语境的指导，但依赖程度有差别。[①] 例如"我"与"它"这样的词就对语境具有最大程度的依赖。表达式"当今的法国国王"对语境的依赖程度也很高，必须要求对"当今"这个语境做出判断，如果改为"1950年的法国国王"，那么对语境的依赖程度就会相对降低。而"《威弗利》的作者""第18任法国国王"就是对语境依赖程度最低的语词。

斯特劳森还通过对预设（presumption）的讨论，对罗素进行了批评。预设一个没有实际指称的语词表示什么，其实就是把这个词置于具体的语境之中。罗素的指称理论虽然也考虑语境对语义的影响，却拒绝去预设指称，并试图尽可能地减少语句分析过程中对语境的依赖，一旦要求的对象没有实际存在的指称，就直接判断命题为假。但从结果上看，罗

---

① 参阅 P. F. Strawson, "On Referring", in *Mind*, Vol. 59, 1950, pp. 331 – 332; pp. 336 – 338。

素其实并没有绕开语境，只是将对语境的考察放在了最后一步，即放在考察谓词的指称之中。斯特劳森则继承了传统的预设理论。他认为罗素对于"当今的法国国王是秃子"之类句子的分析有两个错误，一是他认为说出这句话的人不是做出一个真论断，就是做出一个假论断，二是认为这句话真实断定了存在且仅存在这样的一个法国国王。① 也就是说，罗素没有区分：（1）包含着被用来表示、提到或指称某个特定的人或物的语词的语句，与（2）唯一存在性语句（本身）；罗素所做的工作就是不断地把第一类中越来越多的语句归入第二类的语句之中，并因此导致在逻辑上关于名称理论的灾难性困难。② 但实际上，这句话并没有（也不需要）断定当今的法国国王的实际存在，但需要预设这样一个个体的存在，或者说，说出这句话的人相信有或者打算指称这么一个个体。因为使用语言的目的之一就是陈述关于人或事物的事实，而要做到这一点，必须首先知道谈论的是什么东西，述说的是什么事实。③ 如果连这样的预设都没有，或者预设的东西根本不可能存在，就无法做出一个有真假的论断，也谈不上述说什么事实。斯特劳森后来在《逻辑理论导引》中这样定义预设：一个命题 S 预设一个命题 S'，当且仅当 S' 是 S 有真值（真或假）的必要条件。④ 而前文所述的对法国国王的存在预设也属于这里的 S' 的情形之一。

斯特劳森还用另一种方式表达了预设问题。他说，当人们做出一个以摹状词为主词的论断时，总是预设这个摹状词是有指称的。因此，在"蕴涵（imply）"的某种意义上，可以说"那位法国国王是智慧的"的主词蕴涵了有这么一位法国国王，但并不等于说必须有（entails）或者逻辑地推出（logically implies）这样一位国王。⑤ 这一说法与中世纪的虚拟蕴涵（virtual implication）理论（参阅本书对不可解命题讨论的相关章节）极其相似。布里丹提出，任何命题都虚拟蕴涵了其中词项指代对象的存

---

① 参阅 P. F. Strawson, "On Referring", in *Mind*, Vol. 59, 1950, pp. 329 – 330。
② 参阅 P. F. Strawson, "On Referring", in *Mind*, Vol. 59, 1950, p. 335。
③ 参阅 P. F. Strawson, "On Referring", in *Mind*, Vol. 59, 1950, p. 330。
④ P. F. Strawson, *Introduction to Logical Theory*, London: Methuen and Co, LTD, 1952, p. 175.
⑤ P. F. Strawson, "On Referring", in *Mind*, Vol. 59, 1950, p. 330.

在，并且任何命题都虚拟蕴涵了自身的真，且后者依赖于前者。也就是说，说出一个命题，必定是预设可以通过这一命题形成一个真的判断，人们说出一个命题不可能是为了说假话或者没有意义的话，这正是有效交际的必要条件，相应地，命题中每个范畴词必然需要预设有指代对象的存在。这种观点与斯特劳森等日常语言学派的意义理论何其相似。

罗素和斯特劳森采用不同的技术手段，这反映了他们在逻辑理念上的分歧。罗素的指称理论并没有跳出经典逻辑的范围，而斯特劳森却拓宽了研究思路，将语用学引入到对指称的研究之中。这种研究方法不仅丰富了对语言的语义解释，更为日常语言的合理性进行了辩护，为其恰当性进行了解释，肯定了研究日常语言的重要性。实际上，在日常思维与交际中，谁也不会自觉地采取罗素的形式化方法处理语句，我们的日常语言规则都是约定俗成的，不会人为地增加针对某种类型话语的规则。正如布里丹的虚拟蕴涵理论所说，我们在日常生活中说的每一句话，已经预设了这句话的虚拟蕴涵命题是真的。因此，即使遇到一个主词没有指称的命题，我们也会自然地预设一个对象作为其指称，使谈话得以顺利进行。借用斯特劳森的话，这就是我们在日常生活中所遵循的规则、习惯与约定，也是这种回归自然的逻辑的合理性之所在。毕竟语言是拿来使用的，不只是拿来分析的。离开语境去论证一个无论以何种方式都不存在的人到底是不是秃子，就如同讨论中了亿元彩票大奖如何分配那样的荒唐，这样的论证即使成立也没什么实际意义。这种逻辑理念是中世纪词项属性理论带给我们的，也是以斯特劳森为代表的现代逻辑学家所倡导的。

我需要对两种不同意义理论的比较做一个简单的总结：中世纪词项逻辑虽然以研究自然逻辑为主，但在内容、理念上与近、现代逻辑理论有很大的交集，他们几乎讨论了现代意义理论的全部内容。此外，除了我们前面讨论的那些思想，中世纪对指代的划分还涉及现代逻辑中量词域和多重量词的思想；例如，对人称指代的细致划分就孕育着现代量词理论的胚芽。[①] 中世纪逻辑学家没有使用形式语言，这导致了它与现代逻辑在理论形态上不小的差异，但是在他们基于自然语言的分析中，也体

---

① 参阅张娟娟《中世纪指代理论》，《哲学研究》2008 年第 6 期。

现了现代逻辑形式化的要求。正如我们前面所讨论的，我们也许可以将中世纪词项属性理论看作现代意义理论发展的一个阶段，至少是预备阶段。也就是说，包括意义与指称理论在内的现代意义理论其实并非像大多数人所认为的那样——这源于对中世纪逻辑的偏见或者不甚了解（克里马语）——只是到了现代才有的全新的东西。特别是以斯特劳森为代表的日常语言学派的指称理论，与中世纪的指代理论在诸多地方不谋而合，我们甚至可以认为斯特劳森以现代语义理论的方式重建了中世纪逻辑的相关内容。这让我想起著名传记作家瑞德（Constance B. Reid，1918—2010）在评价希尔伯特的《几何基础》相对于欧几里得的《几何原本》时说的话：人们仿佛看到了一副非常熟悉但变得更加崇高的面孔。也就是说，正如《几何基础》相对于《几何原本》一样，指称理论相对于指代理论也充分展现了"旧瓶装新酒"的效应。因此，继续深入探索中世纪逻辑思想，必定能为现代逻辑与哲学相关理论（尤其是与语言相关的逻辑与哲学问题）的发展提供丰富而宝贵的意见，拓宽研究视野与研究思路。

第 四 章

不可解命题及其破解

——从中世纪到克里普克

不可解命题是中世纪对说谎者类型悖论（liar-type paradox，包括经典说谎者悖论及其一切变种）的统称。悖论数不胜数，形式多样。历史上相当一部分所谓悖论在今天看来已经不是悖论，而是由于科学的局限性或者其他错误认识而产生的谬误，有些悖论也远离了逻辑论域。本书仅探讨最具代表性的悖论之一——说谎者类型悖论。从某种意义上看，只有说谎者类型悖论才是各个时代逻辑学共同讨论的悖论，它直接关系到什么是真。而在对不可解命题的破解中，也形成了中世纪独有的真之理论。中世纪的不可解命题理论，为后世（包括现代逻辑）对此类悖论的研究留下了可供借鉴的理念、思路与方法。本章主要讨论中世纪对于不可解命题的破解，以及伴随而来的真之理论。同时在最后一节讨论中世纪这些理论在现代逻辑中的延续。

第一节 说谎者悖论的产生及语义分析

一 说谎者悖论的产生

对悖论的研究由来已久，甚至早于成型的逻辑理论创建之前。最早的悖论是语义悖论，对悖论的定义也是基于其语义。所谓悖论，一般是指一种特殊的自相矛盾命题，如果承认这个命题为真，就可推出它为假；反之，如果承认这个命题为假，又可推出它为真。把悖论称为"特殊"的命题，是因为悖论并不符合一般命题的逻辑特征。逻辑学对命题的基本定义包括三个基本要素：（1）命题通过陈述句（包括表达陈述意义的反义疑问句）表达出来，一般疑问句、感叹句和祈使句都不表达命题。（2）命题必须有所断定，即或者肯定，或者否定，未置可否的语句不表达命题。（3）命题必须有确定的真值，即或者是真的，或者是假的，二者必居其一，且仅居其一。由于悖论至少不符合命题的第三个要素，因而一般不把它视为常规命题。也正因为难以确定真假，中世纪有时也称悖论命题为困难命题。而之所以依然视悖论为命题，是因为悖论在语形或者句法结构上与一般命题并无二致。

在古代逻辑各种悖论中，说谎者悖论是最早被讨论的悖论之一。一般认为，古希腊麦加拉学派代表人物米利都的欧布利德（Eubulides of Miletus，前4世纪中叶）首先"发现"了经典说谎者悖论（the liar paradox），[1] 即"我正在说的这句话是假话"。

但在我看来，严格地说，我们不应该说麦加拉学派首先"发现"（虽然这也取决于对"发现"一词的理解）了说谎者悖论。逻辑来源于生活，确切地说，来源于生活中的理性思维。一般人很难说出"我正在说的这句话是假话"之类的话，因此，没有人能够从大量的日常语言中发现、遴选出类似的奇怪语句，只有那些有着严密逻辑思维的哲学家，在理性思考中才会发现，基于某些逻辑规则，或者不增加某些逻辑规则，可能会导致"我正在说的这句话是假话"这种会导致矛盾的表述。基于此，我认为，与其说是"发现"了说谎者悖论，还不如说是基于某种"逻辑漏洞"或"语言漏洞"，有意地"创建"了说谎者悖论。这就是我所谓麦加拉学派"首创"了经典说谎者悖论的原因。

有一种观点认为，麦加拉学派并非说谎者悖论的首创者，克里特先知伊壁门尼德斯（Epimenides of Crete，约前7—前6世纪）才是真正的首创者。理由是《圣经》有过类似的表述："克里特人中的一个本地先知说：'克里特人总是撒谎，乃是恶兽，又馋又懒。'（One of themselves, even a prophet of their own, said, the Cretians are always liars, evil beasts,

---

[1] 这一说法主要是根据罗马传记作家第欧根尼·拉尔修在《著名哲学家的生活与著述》第二卷中的记载，但已经被学界普遍接受。欧布利德也被认为是首先提出连锁悖论（sorites paradox）的古希腊逻辑学家之一，著名的例子有"谷堆悖论"与"秃头悖论"等。

slow bellies.）"①　这位本地先知就是伊壁门尼德斯。

然而我以为，这只是一句很平常的话，任何人都可以说出来，与说谎者悖论毫不相干，它仅仅是描述一个现象，即克里特人有撒谎的习惯，其目的仅仅是劝诫人们不要撒谎，要诚实。而问题的关键是，从逻辑上看，"克里特人总是撒谎"不等于"所有克里特人都撒谎"，更不等于"所有克里特人说的所有话都是谎话"，并且"说谎者"一词是有歧义的，说一个人是说谎者，并不一定是指他所表述的一切命题都是虚假的，只要有一次说谎，就可以说是说谎者。亚里士多德也曾有过类似的解析：一个总是说谎的人，也不排除在某些方面或个别场合，可能讲真话。因而，这句话并不会仅仅因为讲述者是一个克里特人而从自身的真推出自身的假，而后者正是悖论成立的必要条件。

然而，即使没有上述歧义，伊壁门尼德斯也不能被看作说谎者悖论的首创者。因为在更深层次的意义上，说谎者悖论源自这个语句的语法（现在进行时）与语义（自我指称），只有有意识地把它转化为标准的说谎者类型悖论形式，悖论才成立。例如，转化为"克里特人伊壁门尼德斯说'所有克里特人说的所有话都是假话'"这样的表述，才算是说谎者悖论。后者只有作为逻辑学家的欧布利德才首次真正做到了。欧布利德汲取此类悖论的核心部分，把它转化为"我正在说的这句话是假话"（What I am saying is a lie），这就是说谎者悖论的第一个精致版本。

二　说谎者悖论的语义分析

限于逻辑理念以及逻辑方法的局限性，古希腊并没有对这一悖论做出形式的描述，也没有精确讨论悖论的形成过程。"我正在说的这句话是假话"之所以认为是悖论，是因为对这类命题真假的解析都是根据亚里士多德的符合论而做出的，如果不这样解析——这完全可能，悖论未必发生。而符合论在亚里士多德时代，就已经成为一种被普遍接受的命题真假判定标准。

在说谎者悖论的形成及最早的讨论中，学者们并没有十分清晰地意识到或者强调该悖论语句的自我指称性质，所以通常都会附加类似这样

---

① 《新约·提多书》，1∶12。

的一句话："并且我只说了这一句话。"然而，从句法结构以及"正在"这个助范畴词（中世纪术语）的语义上看，"我正在说的这句话是假话"中的主词"我正在说的这句话"，正是指"我正在说的这句话是假话"这句话本身，这就是所谓句子语义封闭或者自我指称。基于此，如果"我正在说的这句话是假话"这句话是真的，那么根据符合论，"我正在说的这句话是假话"这一语句描述的就是一个事实，即我正在说的这句话是假话是实情。我正在说的这句话指的正是"我正在说的这句话是假话"，因此，"我正在说的这句话是假话"这句话就是假的；如果"我正在说的这句话是假话"这句话是假的，那么根据符合论，我正在说的这句话是假话就不符合事实，因而可以推出我正在说的这句话是真话。我正在说的这句话指的正是"我正在说的这句话是假话"，因此，"我正在说的这句话是假话"这句话就是真的。总之，如果这句话是真的，则可以推出这句话是假的，反之，如果这句话是假的，则可以推出这句话是真的，悖论于是产生。

对说谎者悖论还有另一种解读（开始于中世纪早期），即无论假设这句话是真的还是假的，都能推出这句话既真又假，因此，这句话既真又假。这种解读是基于排中律与二值逻辑，后者也是经典符合论的核心语义。我们用形式推演描述基于这一解读的悖论产生过程：引入语义谓词符号 T 和 F，T（L）表示语句 L 为真，F（L）表示语句 L 为假，L 代表说谎者悖论命题"我正在说的这句话是假话"，p 表示 L 这个命题的物理部分，即命题描述的情形——我正在说的这句话是假话，其余符号皆为标准谓词逻辑符号。

1. T（L） ∨¬ T（L） 排中律
2. 情形Ⅰ（由假设这句话为真推出矛盾）：
　（1） T（L）　　　　　　　　　　　　　　　　　假设
　（2） p 由（1）根据符合论
　（3） F（L） 由（2）根据符合论以及语句自我指称
　（4）¬ T（L）　　　　　　　　　　　　　由（3）根据二值逻辑
　（5）¬ T（L） ∧T（L） 由（1）（4）合取
　（6） T（L）→¬ T（L） ∧T（L）（1）—（5）演绎定理
3. 情形Ⅱ（由假定这句话为假推出矛盾）：

(7) ¬T（L）　　　　　　　　　　　　　　　　　　　　假设
(8) 并非 p 由（7）根据符合论
(9) ¬F（L）由（8）根据符合论以及语句自我指称
(10) T（L）　　　　　　　　　　　　　　由（9）根据二值逻辑
(11) ¬T（L）∧T（L）　　　　　　　　由（7）（10）合取
(12) ¬T（L）→¬T（L）∧T（L）（7）—（11）演绎定理
4. ¬T（L）∧T（L）由上述 1、2 和 3，根据二难推理

我们从上述分析可知，说谎者悖论之所以成其为悖论，离不开排中律、二值逻辑以及符合论。而这些导致悖论的元素，都是后来不同时期逻辑学家破解的突破点。

第二节　中世纪早、中期对不可解命题的应对策略

一　对不可解命题的拒斥

早在 12 世纪初，中世纪逻辑学家就发现了说谎者类型悖论，但他们称之为不可解命题（insolubilia）。没有任何证据表明，中世纪早期逻辑学家所考察的不可解命题以及相关概念来自古希腊。这不仅由于他们使用的不可解命题这一术语明显有别于古希腊"悖论"（paradokein）这一术语，而且从理论的渊源看，这个时期的不可解命题理论也没有条件继承古希腊逻辑遗产。古希腊逻辑文本自西罗马帝国灭亡之后，在西方拉丁世界难觅踪影，而这一时期尚没有古代逻辑著作从希腊文直接翻译为拉丁文，或者从阿拉伯文、古叙利亚文转译为拉丁文本。因此，严格地说，至少在中世纪早期，不可解命题是由中世纪逻辑学家自己发现的，对不可解命题的大规模讨论，并作为逻辑研究的常规问题也是从中世纪开始的。这得益于拉丁语天然的句法结构优势使得更易于发现这种悖论，因为说谎者悖论本来就是由于特别的句法结构所带来的。

当中世纪早期逻辑学家发现不可解命题时，由于没有现成的理论，对他们来说，这的确是一个非常棘手的问题，因此他们对于不可解命题基本持"无视"或者"拒斥"的态度。例如，1132 年巴尔沙姆的亚当（Adam of Balsham，约 1100 或 1102—1157 或 1169）在其《讨论的艺术》（*Art of Discussing*）一书中，阐述了一种特殊问题，即"一个自己说自己

说谎（此外没有说任何其他东西）的人说的是真的吗"？他认为这不是什么命题，而只是一种"是与非"的问句或者问题。这种看法非常接近于古罗马语法学家奥卢斯·革利乌斯（Aulus Gellius，约125—180）在其著作《阿提卡之夜》（*Attic Nights*）中所提到的问题：当我说谎并且我说我正在说谎，那么我到底是在说谎还是说真话？（《阿提卡之夜》，XⅧ.ii.10）。但是中世纪没有任何逻辑学家在对不可解命题的讨论中提到过革利乌斯。

巴尔沙姆的亚当的这一陈述是中世纪不可解命题的最早形式，但是他既没有提出解决方案，也没有明确认识到这是悖论或者不可解命题。12世纪中后期，巴尔沙姆的亚当的继承者亚历山大·尼卡姆（Alexander Neckam，1157—1217）首次明确提出了"不可解命题"的概念，在其《论事物的本质》（*De Naturis Rerum*）一书中，他陈述了不可解命题及其产生悖论的过程。①

如果苏格拉底说他说谎，并且没有说其他命题，那么他说的东西或者是真的，或者是假的。但是如果他说的是真的，那么"苏格拉底说谎"就是真的；如果"苏格拉底说谎"是真的，那么苏格拉底说的就是假的。因此，如果苏格拉底只说了唯一命题"苏格拉底说谎"，并且他说的是真的，那么他说的又是假的。

再者，如果他说的是假的，那么"苏格拉底说谎"就是假的；如果"苏格拉底说谎"是假的，那么苏格拉底并没有说某个是假的东西。但是如果苏格拉底确实说了"苏格拉底说谎"，那么他说的就是真的。因此，如果苏格拉底只说了唯一命题"苏格拉底说谎"，并且他说的是假的，那么他说的又是真的。

综上所述，如果苏格拉底只说了唯一命题"苏格拉底说谎"，并且他说的不是真的就是假的，那么他说的既是真的又是假的。

我们可以看到，在这一解析过程中，尼卡姆坚持了两条原则：其一，一个命题不是真的，就是假的，即二值原则；其二就是经典符合论，即以命题是否描述事实作为判断一个命题真假的标准。尼卡姆同样没有给

---

① 参阅 Alexander Neckam, *On the Natures of Thing*, T. Wright（ed.）, London：Longman, Green, 1967, p. 289。

出解决方案，反而认为不可解命题对于逻辑来说是一个无关紧要（vanities）的问题，拒绝做出回答。尼卡姆的不可解命题理论导致了两种后果。一种是消极的，即沿袭了他对于不可解命题的态度。例如13世纪早期，短暂兴起的一种"废话"（cassation）理论，认为一个说"我正在说的这句话是假话"的人，只是说了一句毫无意义的废话，等于什么也没说。但是这一理论很快便彻底消失。另一种是积极的，即自12世纪末开始，从不可解命题的形成过程等方面入手，对不可解命题解决方案的大规模讨论。

二 真值迁移与限制策略

真值迁移与限制策略是中世纪中期解决不可解命题的主要策略。例如，对于自我指称命题"我说的这句话是假的"，其中"是假的"，必须指此前说的某句话是假的，其真实意思是"我刚才说的这句话是假的"；如果此前什么也没说，那么这就是一句假话，这就是所谓真值迁移（transcasus）。首次从这一意义上使用"迁移"这一术语的是沃尔特·柏力。[①] 从命题的语法方面看，这一解释显然是不令人信服的，因为这一命题的通常表达是"我正在说的这句话是假的"，而不是"我刚才说的这句话是假的"。因此，这一观点也很快就消失了。

随着指代理论的大规模讨论以及应用，这一时期解决不可解命题的主流策略是对词项的指代进行限制（restrictio），即所谓限制策略，它被当时的逻辑学家们普遍采用。这似乎也符合指代规则，因为在关于常规命题中词项的指代理论中，没有哪一条规则允许一个词项去指代除自身之外的第三方表达式。然而，不可解命题并非常规命题，逻辑学家们很快意识到必须给出特别的指代规则。因此，限制策略并不与通用指代规则矛盾。

限制策略分为强限制与弱限制。强限制是禁止任何命题中的任何词项指代任何一个复杂表达式，特别是禁止指代一个命题。弱限制仅仅针对真值谓词，即禁止一个含有真值谓词"真"或者"假"的命题中，"真"或者"假"这两个词指代这一命题本身；但是弱限制又被进一步限

[①] 参阅 P. V. Spade, "Five Early Theories in the Mediaeval Insolubilia-Literature", in *Vivarium*, Vol. 25, 1987, pp. 24–46。

制为仅仅适用于当允许真值谓词具有自我指称时会导致矛盾的情况。例如，苏格拉底说的唯一命题"苏格拉底说的是假的"（以 A 表示），如果允许其真值谓词"假的"应用于 A 这一命题本身，即断定 A 是假的，必定会导致悖论，在这种情况下，限制策略就发挥作用。

具体来说，在这一策略下，"苏格拉底说的是假的"（A）这个命题是假的，但是"苏格拉底说的不是真的"（B）这一命题是真的。因为当说"苏格拉底说的是假的"时，在强限制策略下，该命题中主词与谓词都不允许指代一个命题（包括这个命题自身），这样，主词与谓词不可能联合指向一个假命题，即命题的联合指代得不到满足，根据指代理论，命题为假。而在弱限制策略下，主词"苏格拉底说的"指代 A 自身，但是谓词"假的"不能指代 A 自身，在这种情况下，主词与谓词同样没有联合指代。因此，无论强限制还是弱限制策略，都可以避免语义上的矛盾，A 不能满足联合指代，必然为假。对于否定命题 B 来说，根据指代理论，当它为真时，其主词"苏格拉底说的"与谓词"真的"不能联合指代某个东西，在限制策略下，B 显然满足这一条件。[①] 然而，弱限制策略实际上陷入了循环定义的圈套，因为仅当真值谓词指代一个命题会导致矛盾时才施行限制，但是若禁止真值谓词的自我指称，则这种矛盾并不会出现。

限制策略的主要代表人物是奥卡姆。他在其《逻辑大全》第三部论述不可解命题时指出，命题的谓词"假的"或"不是真的"指代这个命题本身，并把整个命题作为另一个命题的一部分，这是导致不可解命题的原因，但这是不允许的。因此，"苏格拉底说这个命题，并且这个命题是真的，因此苏格拉底说的是一个真命题"（Socrates says this proposition; and this proposition is true; therefore, Socrates says a true proposition）是一个无效的推论。同理，"苏格拉底正在说这句假话，因此，苏格拉底正在说的是一句假话"（Socrates is saying this falsehood; therefore, Socrates is saying a falsehood）也是无效的。[②] 奥卡姆认为，如果我们认真地探寻不可

[①] 参阅 C. Panaccio, "Restrictionism: A Medieval Approach Revisited", in S. Rahman, T. Tulenheimo, E. Gonet (ed.), *Unity, Truth and Liar: The Modern Relevance of Medieval Solutions to the Liar Paradox*, Springer, 2008, pp. 229–233。

[②] 参阅 William of Ockham, *Summa Logicae*, Ⅲ.3.46, (11)–(13), P. V. Spade (trans.)。在线电子书见：https://pvspade.com/Logic/docs/OckhamInsolubilia.pdf。

解命题的本质，就可以用他的限制策略来回应所有不可解命题。他的意思是，真值谓词把整个命题作为另一个命题的一部分（主词），是所有不可解命题的本质特征。但他没有做进一步讨论，而是说要把它留给"聪明的人"。[①]

当把限制策略应用于处理所谓间接自我指称命题时，其结果就是禁止处在相互关联中的词项的回溯指代功能。例如，柏拉图说"苏格拉底说的是真的"，苏格拉底说"柏拉图说的是假的"，其中前者的"苏格拉底说的"不能指代后一个命题，后者的"柏拉图说的"不能指代前一个命题；或者说，当假定苏格拉底说的话是假的时，只能推出他说的话"柏拉图说的是假的"这句话本身是假的，不可以回溯断定柏拉图说的具体的话的真假，即不能由此推出"苏格拉底说的是真的"这句话也是假的。用符号表示就是，若有两个命题 A 与 B，A 为"B 是假的"，B 为"A 是真的"，当断定 A 是假的，只能看作断定了"B 是假的"这一命题本身是假的，而不能进一步断定"'A 是真的'是假的"。虽然 B 的确是"A 是真的"，但如果允许以"A 是真的"替换 B，就会导致悖论，并且导致无限循环，因此，必须禁止"B 是假的"的主词指称一个命题。

正如奥卡姆所说，限制策略禁止把真值谓词应用于一个包含有真值谓词的命题，其本质就是禁止这类命题中主词的自我指称。因为当禁止把"假的"应用于"苏格拉底说的是假的"这样的命题，即禁止说"'苏格拉底说的是假的'是假的"，其语义效果等于说，"苏格拉底说的是假的"这一命题的主词"苏格拉底说的"，不允许指代这一命题自身。现代逻辑（比如罗素、塔尔斯基）无论是根据分支类型论还是语言层次论对此类悖论的消解，都与中世纪的这种解决方案没有实质性区别。但如同不可解命题的产生是由于真值谓词所带来的一样，我认为，其解决归根到底在于对命题真假的定义。然而这一时期的逻辑学家并没有就一个命题本身是真的还是假的作进一步的说明，除了约定俗成的经典符合论，也没有清晰的真之理论。仅仅依赖限制策略显然是无法消除悖论的，上述解析只是我们在其一般限制策略的基础上，结合这一策略的主要代

[①] 参阅 William of Ockham, *Summa Logicae*, Ⅲ.3.46, (15), P. V. Spade, (trans.)。在线电子书见：https://pvspade.com/Logic/docs/OckhamInsolubilia.pdf。

表奥卡姆和继承者布里丹的指代理论而做出的,实际上,布里丹也只是继承了限制策略的部分理念,其核心方法并非限制指称。

三 布拉德沃丁关于真之严格定义理念的首次提出

布拉德沃丁之前,人们对于不可解命题的分析基本上是建立亚里士多德经典符合论的基础上。我们可以看到,无论采取什么策略,只要其语义框架是经典符合论,都不可能真正解决不可解命题。直到托马斯·布拉德沃丁(Thomas Bradwardine,约 1300—1349),才第一次提出了关于不可解命题的一些"有价值的东西"。[①] 逻辑学家们初步意识到,消除不可解命题的最终策略还得依赖对"真"之定义,这种定义必须有别于经典符合论。把这一初步意识转化为明确的理论首见于布拉德沃丁写于 1320 年前后的著作《论不可解命题》(Insolubles)。该著被认为是研究不可解命题的分水岭——不仅仅是中世纪研究这一问题的分水岭,也是逻辑史上研究说谎者类型悖论的分水岭。因为把不可解命题的消解策略建立在对"真"之语义分析以及严格定义之上,不仅在中世纪中期之前从来没有过,而且这一策略一直沿用至今,所不同的只是关于真之定义的区别。布拉德沃丁之后,才不断有以"论不可解命题"为名的相关著作,以及相应的"真之理论"。

布拉德沃丁认为,一个命题为真的条件比为假的条件要严格、丰富得多。命题的真值取决于其意谓:一个命题是真的,当且仅当它所意谓的一切都仅仅情如它所意谓的那样(tantum sicutest),或者说,命题意谓事物是什么样,实际意谓的就只有它意谓的那种情形;如果命题意谓的东西之中,至少一项与它的意谓不符,或者它还意谓与它所意谓的情形不同或不一致的东西(aliter quam est),这个命题就是假的。[②] 这就是布拉德沃丁关于真之定义。逻辑史家一般认为,这一定义就是关于真之量化定义,其中真命题与一个全称量词关联,而假命题与一个存在量词

[①] 参阅 P. V. Spade,*Lies, Language and Logic in the Later Middle Ages*,Ⅳ,London:Variorum Reprints,1988。

[②] 参阅 ThomasBradwardine,*Insolubilia*(Dallas Medieval Texts and Translations),6. 2. S. Read(trans.),Leuven:Peeters,2010。

关联。

根据布拉德沃丁的本意，我们对这一真之定义做具体分析：

首先，命题意谓诸多东西，即命题意谓该命题的一切后承（A proposition signifies everything which follows from it，我把"follow from"译为"后承"，而不是"逻辑后承"，因为它并不完全等于具有真值推演的"逻辑后承"；不严格地说，这里的"后承"基本等于逻辑"蕴涵""推出"之意）。具体地说，一个命题不仅意谓各词项所意谓的东西必须情如所意谓的那样，而且意谓命题作为一个整体所意谓的东西必须情如所意谓的那样，任何一项不满足，命题就是假的。例如，"有人在跑"，这一命题意谓至少有一个人，至少有一个跑者，且至少有一个人在跑。这三者都是根据该命题得出的，都被原命题所意谓。这就是布拉德沃丁所谓命题意谓的"多重意义"（multiple meanings）理论，斯培德称之为布拉德沃丁原理（Bradwardine Principle，简称 BP）。①

斯培德认为，布拉德沃丁还有第二条定理：命题所意谓的一切东西都是该命题的后承（Whatever a proposition signifies follows from them.）。这称为布拉德沃丁原理的逆命题（Converse Bradwardine Principle，简称 CBP）。②

在上述两条原理下，布拉德沃丁提出了另一条重要的语义规则：每个命题意谓了其自身的真。斯培德为此给出了详细的证明过程：③

设 P 代表物理命题 p 的命题符号，则：

（1）p 假设

（2）P 意谓 q 假设

（3）p→q 根据（2）以及 CBP：命题意谓的东西可以从它推出

（4）q 从（1）与（3）据 MP 规则

---

① 参阅 P. V. Spade,"Insolubilia and Bradwardine's Theory of Signification", in *Medioevo*：*Revista di storia della filosofia medieval*, 7, 1981, p. 120。

② 参阅 P. V. Spade,"Insolubilia and Bradwardine's Theory of Signification", in *Medioevo*：*Revista di storia della filosofia medieval*, 7, 1981, p. 120。

③ P. V. Spade 还给出了这一规则的详细证明，在线电子版见：https：//scholarworks.iu.edu/dspace/bitstream/handle/2022/21619/Insolubles%20—%20Supplementary%20Document.pdf?sequence=3&isAllowed=y。

（5）（P 意谓 q）→q （2）—（4）演绎定理
（6）P 是真的 根据（5）和布拉德沃丁的真之定义，而 q 只是一般规则中任意使用的符号，可以随意替换
（7）p→P 是真的 （1）—（6）演绎定理
（8）P 意谓 P 是真的 据（7）和 BP，命题意谓该命题的一切后承

但是有些逻辑史家（例如 Stephen Read）认为，"每个命题意谓了其自身的真"必须依赖一个更强的假设，即"命题意谓该命题所意谓的东西的一切后承"（A proposition signifies everything which follows from what it signifies），① 这一定理比 BP 更强，BP 只是它的推论，并且由此可以得出每个命题意谓了其自身的真，但是布拉德沃丁没有明确提到这一点。无论如何，布拉德沃丁在处理不可解命题的过程中确实是这样使用的。而且在布拉德沃丁的《论不可解命题》稍早之前，沃尔特·柏力就已经在其论文《论纯粹逻辑》（较短的一篇）中，明确提出了这一语义规则："苏格拉底不在跑，因此，苏格拉底不在跑这一命题就是真的，因为每个命题都断定了自身的真（Socrates does not run; therefore, that Socrates does not run is true, because each proposition asserts itself to be true）。"② 对于不可解命题的破解，"每个命题意谓了其自身的真"是一条非常有利的规则，布里丹（早期）就直接采用了这一规则，成为破解说谎者类型悖论的关键步骤，只是他后来对此提出了疑问，把它改成了"每个命题虚拟蕴涵了自身的真"。

其次，布拉德沃丁在其关于不可解命题的第二篇论文第六章中，对不可解命题进行了分析，认为不可解命题就是一个假命题。简单地说就是，不可解命题是一个意谓自身为假的命题，但当情如命题所意谓的那样时，命题同时又意谓自身的真，这显然不满足他的真之语义理论。既然情况并非仅仅如命题所意谓的那样，因此，不可解命题只是假命题，不存在什么悖论。

---

① S. Read, "Plural Signification and the Liar Paradox", in *Philosophical Studies*, 145, 2009, pp. 363–375.

② Walter Burley, *On the Purity of the Art of Logic: The Shorter and the Longer Treatises*, p. 19.

布拉德沃丁的详细解析过程如下：[1]

（1）首先假定一个不可解命题 a 意谓 a 不是真的，并且没有其他意谓。若 a 不是真的，那么根据定义，a 此时并不意谓它所意谓的那种情形，基于此，a 不是真的这一情况就并非如命题 a 所意谓的那样，因此 a 就是真的。也就是说，如果 a 不是真的，那么 a 就是真的。但是 a 意谓的正是 a 不是真的，再根据 BP（命题意谓一切由该命题得出的东西），a 同时也意谓 a 是真的。因此，a 并非（并且也不可能）仅仅意谓 a 不是真的。

（2）再假定命题 a 意谓 a 不是真的，并且同时意谓 b 是 c（或者别的什么）。若 a 不是真的，那么根据定义，a 此时并不意谓它所意谓的那种情形，基于此，a 不是真的并且 b 是 c 就并非如命题 a 所意谓的那样，因此，或者 a 是真的，或者 b 不是 c。根据 BP，a 意谓的就是或者 a 是真的，或者 b 不是 c。但是 a 确实意谓 b 是 c，因此，a 意谓 a 是真的。

（3）假定 a 意谓 a 是假的，这等于说 a 意谓 a 不是真的，根据（1）（2）可以直接推出 a 意谓 a 是真的。

（4）总之，如果 a 意谓 a 不是真的或者意谓 a 是假的，那么 a 同时也意谓 a 是真的。但是 a 不可能既真又假，因而情况不可能如 a 所意谓的那样。因此，a 只能是假命题。

在上述略显烦琐的论证中，我们看到，布拉德沃丁对于不可解命题分析的核心规则依然是符合论与二值逻辑。但是他明确意识到，对不可解命题的解决方案最终必须建立在比传统符合论更严格的真之定义的基础上，这一思路成为此后解决该类问题的基本方向，而他本人对真之定义也颇有新意。

第三节　布里丹对不可解命题的终极破解

布拉德沃丁之后，对不可解命题的讨论如同雨后春笋般发展起来。中世纪高峰时期逻辑学家布里丹基于其语义封闭理论和虚拟蕴涵真之理论，对说谎者类型悖论提供了一种无须附加太多人为规则的自

---

[1] 参考斯坦福百科全书在线版：https://plato.stanford.edu/entries/insolubles。

然破解方案。① 这一解决方案使得布拉德沃丁的真之理念破茧成真之语义定义，并产生了极大的影响，成为中世纪后期解决不可解命题的基本策略。

一　预备理论——布里丹基于指号的联合指代与虚拟蕴涵语义学

布里丹的逻辑乃基于其唯名论的本体论。对他来说，逻辑中所讨论的东西永远都是某个特定的词项、特定的命题和特定的推论，它们仅仅以其单个性、特殊性而存在，不"存在"（指具有本体论意义的存在）普遍的东西："……世界上的任何东西都是单个的；这就是波爱修斯所宣称的任何存在的东西都是数量上的单一且不可分。实际上，从这个意义上看，一个属也是一个单称词项，因为它单一地存在于我的理解或你的理解之中，或者单一地存在于我的声音与你的声音之中，就像这白色存在于这面墙上一样。"② 因此，我们在逻辑中所讨论的一切东西都是基于指号（token-based）的，或者以写出来的（written）文本指号的方式存在，或者以说出来的（spoken）话语指号的方式而存在。当这些指号都消失，所有的命题都不存在。例如，如果"苏格拉底"与"柏拉图"这两个指号词消失，那么"苏格拉底是柏拉图的老师"这个命题就不再存在。

这并不是说布里丹的逻辑学中就没有概念这一重要的逻辑成分，而是说概念对他来说只是一种心灵行为，即用以思考单个对象的心灵过程。由于指号只是考察一个命题是否为真的必要条件，而非充分条件，因此，对一个说出来的词或写出来的文本来说，由于它已经是作为指号而存在的，因而我们接下来要考虑的就是它是否有意义，也就是说，是否附属于心灵中的某个概念去意谓外在的单个事物。

那么指号的意义从何而来？布里丹说："在我看来，……一个短语（sermo）并不能在某个对它的发声中依靠自身而具有任何本来的确切意义（virtutem），而是来自于我们，通过习惯（ad placitum）。……实际上，

---

① 本节核心内容曾以单独论文的形式发表。参阅胡龙彪《说谎者类型悖论的自然破解：基于布里丹的语义封闭逻辑》，浙江大学学报（人文社会科学版）2013 年第 3 期。

② John Buridan, Questions on Aristotle's De Anima, in J. A. Zupko (ed.), *John Buridan's Philosophy of Mind: An Edition and Translation of Book III of his "Questions on Aristotle's De Anima"* (Third Redaction), University Microfilms International, 1990, p. 296.

一句话，至少是一句表达清晰的话，当然具有语力（force）和能力（capacity），使得它们可以被我们强加去意谓我们希望的东西，并且一旦被强加某种意谓，我们就能够按照自己的愿望去使用它，无论是有意义地使用还是实质性地使用（分别对应人称指代与实质指代——引者注）。"① 就是说，指号（包括语词与言词）是通过习惯强加给某种意义，从而附属于心灵中的某个概念，去意谓心灵之外的单个的东西。

那么命题的意义又是什么？布里丹认为，命题的意义其实就是它所意谓的东西。但是他不认为命题还有作为一个整体的复合意谓（complexe significabilia），也就是说，命题并没有超越于其中范畴词所意谓的东西之外的某个东西。那么一个命题的意谓进而它的真值（即命题的解释）又是如何确定的？什么是决定一个命题真值的载体？这就是布里丹的语义学所要解决的核心问题。

布里丹提出了两个层次语义学，即对命题的解释可以分为心灵之内（apud mentem）的解释与心灵之外（ad extra）的解释。② 意思是，任何一个以指号方式存在的命题都有两种意谓，一是在心灵之内的意谓，一是在心灵之外的意谓。心灵之内的意谓是说这个指号命题附属于一个心灵命题，但是这并不提供命题的真值条件，"这是由于每个说出来的命题（在布里丹看来，任何一个写出来的命题也必须通过说出来才能对应于一个心灵命题——引者注），无论真假，都对应于一个类似的心灵命题"③。因此，命题在心灵之内的意谓只是说明这个命题是有意义的，即能够意谓某个东西，却无法决定其真假。这种区分非常类似于弗雷格对意义（思想）与意谓（真值）的区分。

这样，命题在心灵之外的意谓就成为命题真值的唯一载体了。布里丹认为，鉴于助范畴词并不意谓心灵之外现实中的某种东西，而仅仅是修饰范畴词的意谓功能，因此，命题在心灵之外的意谓，就是这个命题各范畴词所意谓的东西的总和。但是这也不能直接提供命题的真值条件，

---

① John Buridan, *Questions in Porphyry Isagoge*, G. Klima, John Buridan, New York: Oxford University Press, 2009, pp. 17–18.
② John Buridan, *Summulae de Dialectica*, p. 849.
③ John Buridan, *Summulae de Dialectica*, p. 849.

甚至都无法区分矛盾命题。例如"上帝是上帝"与"上帝不是上帝"这对相互矛盾的命题具有相同的范畴词，它们在心灵之外具有相同的意谓，即上帝。"……每一个关于现实性（de inesse）与现在（de praesenti）的真的肯定命题之所以为真，并非由于无论它意谓什么以及怎样意谓它是什么，它就是什么，因为（……）由'一个人是一个人'和'一头驴是一头驴'这两个命题所意谓以及如何意谓的东西是什么样的，同时也被命题'一个人是一头驴'以同样的方式意谓它是什么样的，正如我们已经说过的那样。然而，后者是假的，而前两者是真的。因此，对我来说，指派命题之为真假的原因，仅仅处理命题的意谓是不够的，我们也必须考虑相关的指代。"[1] 这就是说，命题的意谓不能单独决定其真值条件，必须考虑相关的指代，特别是由命题中的助范畴词等因素提供的不同语境下的不同指代。

因此，词项的指代（确切地说，应该是联合指代）才是考察命题真值的唯一依据。布里丹提出了一个不同于其他逻辑学家的真值条件理论，即联合指代（co-supposit）理论。所谓联合指代，就是命题中各个词项结合在一起，指代心灵之外的某种具体的东西，不论这些东西是在过去、现在还是未来存在。

布里丹举例说，"苏格拉底爱上帝"（Socrates loves God）这个肯定命题为真时，首先，其命题指号是存在的，这是显然的。其次，当情况正如命题所意谓的，即苏格拉真的爱上帝时，这个命题的词项就具有联合指代，联合指代爱上帝的苏格拉底（Socrates being a lover of God），或者说，联合指代"爱上帝的苏格拉底"这一名词化短语所指代的东西，亦即苏格拉底。但是，如果苏格拉底不存在或者并不爱上帝，那么，其中的词项就不具有联合指代，"爱上帝的苏格拉底"这一对应的名词化短语就不指代任何东西，当然更不会指代苏格拉底，原命题也就是假的。[2] 但是相应的否定命题"苏格拉底不爱上帝"就是真的。需要说明的是，对于诸如"苏格拉底不爱上帝"这样的否定命题，其本身意谓的就是词项不联合指代某个或者某些相同的具体东西，或者说指代的是不同的东西，

---

[1] John Buridan, *Summulae de Dialectica*, p. 854.
[2] 参阅 John Buridan, *Summulae de Dialectica*, pp. 844–845。

因此，当否定命题的任何词项的指代对象为空，这个命题就是真的。在这种情况下，布里丹也认为命题满足了联合指代条件。

另一个例子更能说明布里丹的联合指代理论。例如"吐火怪兽是吐火怪兽"（A chimera is a chimera）这个命题，在一般的逻辑中显然是一个真命题，然而，在联合指代理论中，它是假的，因为主词或谓词"吐火怪兽"并没有实际的指代，因此，更不可能联合指代某个具体的（包括过去、现在或未来的）东西。① 需要注意的是，也不可以认为"吐火怪兽"可以指代某个可能的东西，或者想象中的东西。因为布里丹所谓可能的东西，仅仅是指过去、现在或未来可能存在的具体的东西（参阅布里丹模态逻辑相关内容）；至于想象中的东西，根据其唯名论语义学，那仅仅是在心中对某个可能存在的东西的想象。

布里丹还首次提出了虚拟蕴涵的概念，认为任何命题都虚拟蕴涵（implicat virtualiter/virtually implies）断定自身为真的命题。② 也就是说，一个命题 p（用 A 表示 p 这个物理命题的名字）虚拟蕴涵了"A 是真的"这一命题，"A 是真的"就被称为原命题 p 的虚拟蕴涵命题；也可以简单地说，任何命题虚拟蕴涵了自身的真。用公式表示就是：p→A 是真的。布里丹指出他是在如下意义上使用"虚拟蕴涵"这一术语的：命题蕴涵跟随这个命题而来的东西，命题的虚拟蕴涵命题是作为原命题的后件，"虚拟"与"实际"（actually）相对，人们并不需要把这一蕴涵实际地构造出来，它是自然而然成立的。

布里丹的这一理论很明显是对布拉德沃丁以及他前期观点（与布拉德沃丁类似）的反对。后者认为，任何命题都断定了自身的真，或者说，任何命题都意谓自身的真。布里丹后来抛弃了这一观点，并对此提出了反驳。他说，如果任何命题都断定了自身的真是在实质指代意义上的断定，那么"人是动物"这个命题意谓"'人是动物'这个命题是真的"，虽然它确实是真的，但它已经不是原命题所表达的第一意向，而是第二意向。如果是在人称指代意义上的断定，那么命题"一个人是一头驴"

---

① 参阅 John Buridan, *Tractatus de Consequentiis*, p. 69。
② 参阅 John Buridan, *Summulae de Dialectica*, p. 969。

并不意谓自身为真，也不能说是被理解，或被断定为真。①

因此，虚拟蕴涵自身的真并不是说命题本身可以确保自身及其虚拟蕴涵命题的真。后者是有些人对亚里士多德在《范畴篇》中相关论述（一个人存在着这个事实，蕴涵着"他存在着"这个命题的正确性，并且这种蕴涵关系是交互的）② 的误解，实际上是无效的。③ 根据布里丹所说，一个命题实际上是不是真的，需要考虑命题是否具有联合指代，而不能仅靠命题本身决定，他从一开始就指出命题本身不可能是命题真之条件。实际上，在布里丹看来，命题虚拟蕴涵断定自身为真的命题并非什么人为增加的规则，而是命题的本质属性或者自然属性，也是一种约定俗成的思维惯例。

基于上述考虑，布里丹给出了自己的真之理论：一个命题 p（依然用 A 表示这个命题的名字）是真的，当且仅当，A 形式上意谓的东西（signifies by its formal signification）就是它所断定的那个情况，即 p，而且虚拟蕴涵的命题所意谓的东西也情如它所意谓的那样。④ 简单地说，一个真命题不仅要求它本身是真的（按照布里丹的话，就是其本身有联合指代），而且要求其虚拟蕴涵命题是真的。而当一个命题是假的时，当且仅当，它形式上意谓的不是它所意谓的情况，或者虚拟蕴涵的命题不是真的。需要强调的是，这两者并非必须同时成立，任何一个成立即可证明原命题为假。

虚拟蕴涵适用于对任何命题真值的判定，而不像布拉德沃丁等中世纪中期逻辑学家那样，为不可解命题特地制定一些规则。例如，根据这一理论，当一个"常规"命题（这里所谓常规命题，是相对于自身可能隐藏矛盾的特殊命题，例如不可解命题）为真，我们可以看到，这两个条件都毫无例外是满足的。以"凡人皆有死"（A）这一命题为例。如果它是真的，那么必定在形式上意谓了凡人皆有死这一情况；同时，"A 是真的"这一虚拟蕴涵命题也是真的，其中词项联合指代 A 这个真命题。

---

① 参阅 John Buridan, *Summulae de Dialectica*, pp. 968–969。
② ［古希腊］亚里士多德：《范畴篇 解释篇》，14b15—18，方书春译，商务印书馆 1986 年版，第 46 页。
③ 参阅 John Buridan, *Summulae de Dialectica*, p. 957。
④ 参阅 John Buridan, *Summulae de Dialectica*, p. 969。

我们再分析布里丹本人举的不可解命题的例子："没有一个命题是真的。"以 C 代表这个命题，则命题虚拟蕴涵了"C 是真的"。假定这个命题是真的，则命题本身断定了没有一个命题是真的；但是虚拟蕴涵命题"C 是真的"不是真的。因为主词 C 意谓的是没有一个命题是真的，而谓词"真的"意谓的是某些真命题，在这一语境下，"C 是真的"的主词与谓词就不可能有联合指代，C 的虚拟蕴涵命题为假，因此原命题 C 也是假的。[①] 从这个例子我们可以看到，虽然布里丹没有元语言与对象语言的概念，但是他还是明确区分了命题本身与命题的名字，当他说到命题的真假时，使用的主词正是命题的名字。

虚拟蕴涵只是联合指代的附加。其实布里丹的联合指代理论也是亚里士多德经典符合论（即说是者是，或者不是者不是为真，反之为假）的一种扩充，其核心思想还是符合论，只不过在经典符合论的基础上增加了虚拟蕴涵这一附加项：无论一个命题是真的还是假的，都必须符合虚拟蕴涵的原则。虚拟蕴涵主要用于断定自身为假或者包含否定助范畴词的命题，这又是在经典符合论的基础上，增加了对命题句法结构的考虑。鉴于此，相对于亚里士多德的经典符合论，我们姑且把布里丹的联合指代看作一个新概念：附加虚拟蕴涵的符合论，或者附加句法结构分析的符合论。

需要注意的是：

（1）虚拟蕴涵理论虽然可以应用于常规命题，但实际意义不大，它主要用于不可解命题。

（2）"任何命题不可能同时既是真的又是假的，并且一个命题一旦被构造出来，必然是或者真或者假，或者说，不是真的就是假的。"[②] 因此，根据虚拟蕴涵理论，"A 是真的"与"A 是假的"不可能同时具有联合指代。

对（2）举例说明。例如命题"所有的人是动物"（A）。假设 A 为真，那么 A 有联合指代，指代动物中的全部个体人，"A 是真的"也有联合指代，指代作为真命题的 A。但是"A 是假的"没有联合指代（若有

[①] John Buridan, *Summulae de Dialectica*, p. 969.
[②] John Buridan, *Tractatus de Consequentiis*, pp. 63 – 64, p. 75.

联合指代，就是指代作为假命题的 A，但是已经假设 A 为真）。也就是说，在命题 A 为真时，"A 是真的"与"A 是假的"不可能同时具有联合指代。

假设 A 为假，那么 A 没有联合指代，"A 是真的"也没有联合指代，但是"A 是假的"有联合指代，指代作为假命题的 A。也就是说，在命题 A 为假时，"A 是真的"与"A 是假的"也不可能同时具有联合指代。

如果是一个不可解命题 A，那么"A 是真的"与"A 是假的"更加不可能同时具有联合指代（稍后详解）。然而，如前所述，对于分析像"所有的人是动物"这样的常规命题来说，应用经典符合论就足够了。但如果讨论的是不可解命题，则情况就会发生很大变化。后者正是布里丹基于虚拟蕴涵的联合指代理论发挥作用的领域所在。

二 对相互说谎者悖论的破解

布里丹《逻辑大全》的最后一部分是《论诡辩》（*Sophismata*）。在这部分中，他讨论了几十条不可解命题。其中第八章就是"论自我指称命题"（On Self-referential Propositions）。布里丹把说谎者类型悖论统一划归为自我指称命题，运用他的联合指代与虚拟蕴涵理论，对说谎者类型悖论的各种形式进行了详细分析。其中对相互说谎者悖论的破解最能体现他的真之理论；这种悖论属于间接自我指称命题。

布里丹考察了如下"相互说谎者悖论"。[①]

柏拉图说（柏拉图的命题）："苏格拉底说的是真的。"

苏格拉底说（苏格拉底的命题）："柏拉图说的是假的。"

此外他们没有说其他的话。

布里丹最终证明了苏格拉底、柏拉图的命题都是假的，不存在悖论。我们根据他的思路与理论依据（布里丹的证明除了根据他自己的联合指代理论，还有经典符合论、二值逻辑原则与归谬法）详细证明为什么布里丹能够得出上述结论：

证明 1：根据经典符合论，容易证明苏格拉底、柏拉图的命题都是假的。

[①] 参阅 John Buridan, *Summulae de Dialectica*, pp. 971–974。

如果苏格拉底的命题是真的，即"柏拉图说的是假的"这一命题是真的，那么根据符合论，柏拉图说的就是假的，也就是说，柏拉图说的那个命题是假的。由于柏拉图只说了一句话（命题）"苏格拉底说的是真的"，因此这个命题就是假的。根据符合论，"苏格拉底说的是真的"这一命题是假的，意味着这个命题不符合事实，因此，再根据二值逻辑，事实就是：苏格拉底说的是假的；也就是说，苏格拉底说的话"柏拉图说的是假的"这一命题就是假的。这样，就从"柏拉图说的是假的"这一命题是真的，推出这一命题就是假的。根据归谬法，"柏拉图说的是假的"就是假命题，因此，苏格拉底的命题是假的。

同理可证，柏拉图的命题也是假的。

上面的证明依赖从命题的假推出命题意谓的情况的假，但这并不符合布里丹的理论。因为在如上的语境中，如果苏格拉底的命题"柏拉图说的是假的"（用 A 表示）这一命题是真的，那么柏拉图说的就是假的，亦即柏拉图的唯一命题"苏格拉底说的是真的"（用 B 表示）是假的。但是，我们不能直接从 B 这个命题的假，推出事实上苏格拉底说的是假的。因为根据布里丹的理论，命题 B 为假，未必证明这个命题所意谓的不是事实。可能只是它本身就是假的，或者虚拟蕴涵命题不是真的。

根据布里丹附加虚拟蕴涵的符合论，应该按照下面的方式证明苏格拉底、柏拉图的命题确实是假的。①

我们首先用反证法证明，苏格拉底的命题"柏拉图说的是假的"（A）的确是假的。假设命题 A 是真的，则 A 形式上所意谓的必须情如命题所意谓的那样，即柏拉图说的是假的。在如上语境下，这等于说，柏拉图说的命题"苏格拉底说的是真的"（B）这一命题是假的。由于苏格拉底说的是"柏拉图说的是假的"（A），我们以 A 替换 B 中"苏格拉底说的"这个主词，得到："A 是真的"是假的。也就是说，A 这个命题的虚拟蕴涵命题"A 是真的"是假的。这样，A 也是假的。这与 A 是真的这个假设矛盾，因此，A 就是假的，即苏格拉底的命题"柏拉图说的是假的"是假的。

---

① 参阅 G. Klima, *John Buridan*, New York: Oxford University Press, 2009, pp. 217 – 218, 以及 John Buridan, *Summulae de Dialectica*, pp. 973 – 974。

同理可证，柏拉图的命题"苏格拉底说的是真的"也是假的。

由此可以看出，无论是根据布里丹的方法，还是根据经典逻辑的符合论与二值原则，都可以证明苏格拉底的命题与柏拉图的命题都是假的。

证明2：如果我们撇开布里丹的语义学，按照如下的经典逻辑语义，还可以证明苏格拉底和柏拉图的命题又是真的。

如果苏格拉底的命题"柏拉图说的是假的"是假的，那么这一命题所意谓的东西就不是它所意谓的那样（注意：这在布里丹的理论中并不成立），也就是说，柏拉图说了假的东西不是事实。根据二值原则，柏拉图必定是说出了一个真的东西。柏拉图只说了"苏格拉底说的是真的"，因此，"苏格拉底说的是真的"就是真的，根据符合论，苏格拉底的命题"柏拉图说的是假的"就是真的。但这与假设矛盾，根据归谬法，苏格拉底的命题"柏拉图说的是假的"就是真的。

同理可证，柏拉图的命题"苏格拉底说的是真的"也是真的。

上述推理表明：如果苏格拉底和柏拉图的命题是真的，那么它们又是假的，如果它们是假的，那么又是真的。也就是说，它们是既假又真的不可解命题。

证明2的语义赋值方式的核心是，当说一个命题是假的时，就是说这个命题所意谓的东西不是它所意谓的那样，即命题没有描述事实，并进而推出了悖论。而布里丹并不同意此种赋值方式。对他来说，一个命题是假的，可能只是这个命题本身的假，也就是它虚拟蕴涵的命题不是真的，而并不必然是由于它所意谓的事物不是它意谓的那样（即一个假命题本身也是可以有联合指代的）；而一个命题是真的，必须要求它所意谓的事物也是它所意谓的那样，但反之并不必然成立。然而证明2的确是我们对说谎者悖论的常见推理方式，也符合经典逻辑规则；对于自然语言而言，这种证明无可厚非，而自然语言也十分容易出现这种问题，如果没有一种特殊的方法，此类悖论处处存在。这就是很多逻辑学家把这种具有严重"干扰性"的语义封闭自然语言命题排除在有效推理之外的原因。但是如此简单地排除未必就是合理的。对中世纪推论来说，所讨论的推理不仅要合理，而且要可以接受。

对于这个悖论，布里丹附加虚拟蕴涵的联合指代可以使之消除。回到问题本身：苏格拉底说的或苏格拉底的命题（用p表示命题描述的东西，即物理命题本身）是"柏拉图说的是假的"（以 A 表示），在已经证明了苏格拉底的命题是假的情况下，让我们看看能否推出表示苏格拉底的命题又是真的。

根据布里丹的语义学，A 之所以为假，或者因为形式上不是命题所意谓的 p 这种情况，或者因为虚拟蕴涵的命题"A 是真的"不是真的。但在前述的论证中，我们已经证明了柏拉图说的是假的，因此，当苏格拉底说"柏拉图说的是假的"时，p 在形式上的意谓是没有问题的。这就是说，A 是假的，一定是由于它虚拟蕴涵的命题不是真的，即"A 是真的"没有联合指代。

下面用反证法证明这一结论：

证明 3："A 是真的"没有联合指代。

设"A 是真的"有联合指代。由于"柏拉图说的是假的"（A）与"苏格拉底说的是真的"具有间接自我指称，柏拉图说的话正是"苏格拉底说的是真的"，苏格拉底说的话正是"柏拉图说的是假的"，因而，当假定"A 是真的"有联合指代，即"柏拉图说的是假的"有联合指代时，柏拉图说的就是假的。根据间接自我指称施以替换（即把柏拉图说的替换为"苏格拉底说的是真的"），可以推出"苏格拉底说的是真的"就是假的。第二次施以替换（即把苏格拉底说的替换为命题 A："柏拉图说的是假的"），可得"A 是真的"就是假的。也就是说，"A 是真的"没有联合指代，这就与假设矛盾。根据归谬法可得，"A 是真的"没有联合指代。

因此，苏格拉底的命题"柏拉图说的是假的"是假的，仅仅意味着这一命题本身的假，即虚拟蕴涵命题的假，而推不出事实上的假，即推不出柏拉图说的就是真的；由于柏拉图说的正是"苏格拉底说的是真的"，因此，亦即推不出苏格拉底的命题是真的。如果相反，就会导致证明 2 所得出的悖论。

总之，对于苏格拉底和柏拉图的命题，我们只能从其真推出它的假，却不能从它的假反推出它的真。苏格拉底的命题就是一个假命题，柏拉图的命题也是假的，矛盾解决，悖论得以消除。同时，也证明了前述的规则：一个不可解命题（A），在任何条件下都不可能使得"A 是真的"与"A 是假的"都同时具有联合指代（接下来我将直接使用这一规则）。

三 对经典说谎者悖论的破解

可能会有人认为，相互说谎者悖论只是一个间接自我指称，是多个命题之间的相互关联，可以像中世纪中期那样通过禁止多个命题之间的相互回溯指称而消除，它与所谓自我恶性循环的"绝对悖论"还是有所区别的，那么问题就是，布里丹的理论是否可以作为一种普遍的破解说谎者类型悖论的方法？答案是完全没有问题。布里丹对经典说谎者悖论的表达形式有两种，一种是"我正在说的这句话是假话"，① 另一种是"我说的是假的"，并且没有说其他的。② 两者并没有区别，我们采用这一悖论的标准形式，即第一种。

基于布里丹的语义学，假设"我正在说的这句话是假话"是真的，那么可以做如下推论：

（1）这一命题是以命题指号的形式存在的；同时这也是显然的，例如我们已经打印在这里。

（2）根据基于虚拟蕴涵的符合论，如果"我正在说的这句话是假话"（以 A 表示这个命题）是真的，那么"我正在说的这句话是假话"就有联合指代。由于"我正在说的这句话是假话"这一命题是一个用自然语言表达的语义封闭命题，它具有自我指称功能，即"我正在说的这句话是假话"正是"我正在说的这句话"。这样一来，"我正在说的这句话是假话"在语义上完全等值于"'我正在说的这句话是假话'是假话"。既然"我正在说的这句话是假话"有联合指代，那么"'我正在说的这句话是假话'是假话"也有联合指代，即命题"A 是假的"具有联合指代。

（3）在假定"我正在说的这句话是假话"为真的情况下，根据虚拟蕴涵规则，"A 是真的"有联合指代。

（4）然而，根据布里丹的联合指代语义规则，（2）与（3）是不可能同时满足的（联合指代的规则是，A 是真的与 A 是假的在任何时候都不可能同时具有联合指代）。根据归谬法，若"我正在说的这句话是假话"是真的，必然会导致（联合指代的）矛盾，因此，假设不成立，"我

---

① John Buridan, *Tractatus de Consequentiis*, p. 69.
② 参阅 John Buridan, *Summulae de Dialectica*, pp. 977–980。

正在说的这句话是假话"不可能是真的。

（5）然而，如果假定命题"我正在说的这句话是假话"是假的（即"A是假的"），则不会推出在联合指代上的矛盾。若"我正在说的这句话是假话"是假的，那么，或者因为形式上并非如命题A所意谓的那样，或者因为虚拟蕴涵命题"A是真的"没有联合指代。由于"我正在说的这句话是假话"在句法结构上断定的恰恰是"我正在说的这句话是假话"是假的，因而当说"我正在说的这句话是假话"时，这一命题在形式上所断定的情况恰如命题所断言的那样——"我正在说的这句话是假话"是假的。[①] 这样一来，命题"A是假的"就具有联合指代。既然"我正在说的这句话是假话"之所以为假不是因为情况并非如命题所言，那一定是因为虚拟蕴涵的命题"A是真的"没有联合指代。实际上"A是真的"也确实没有联合指代，因为在这一语境下（即假定命题是假的），找不到一个被A指代的真命题。总之，若命题A是假的，"A是假的"有联合指代，但"A是真的"没有联合指代。推不出矛盾。

（6）也就是说，"我正在说的这句话是假话"之所以是假的，不是因为形式上意谓的东西不是它所意谓的那样，而是因为虚拟蕴涵的命题不是真的。上述（2）（3）之矛盾完全来自"我正在说的这句话是假话"是真的这一假设，特别是这一假设导致了"A是真的"也有联合指代。因此消除这个假设即可消除矛盾。"我正在说的这句话是假话"是假的，仅仅意味着这个命题本身是假的（其形式结构使得它只能是假的），却不能反过来推出"我正在说的这句话是真话"。

实际上，在没有提出虚拟蕴涵理论之前，布里丹在其早期论文《论推论》中，对这一不可解命题提出了一种基于联合指代理论的更为高效与简洁的破解方法："我正在说的这句话是假话"从其句法结构上看，似乎主词与谓词指代的是相同的东西（因为语义封闭），但是其谓词"假话"（或假的）意谓主词与谓词指代的不是相同的东西，因为联合指代的定义就是一个命题乃因为其主词与谓词指代不同的东西而是假的。因此，命题既意谓词项指代相同的东西，又意谓词项指代不同的东西，尽管命题意谓的东西确如所意谓的那样（这只是命题为真的必要条件，并非充

---

① 参阅 John Buridan, *Summulae de Dialectica*, p. 978。

分条件，布里丹在多个场合都说明了这一问题），命题仍然是假的。①

总而言之，"我正在说的这句话是假话"仅仅是一个假命题，不会同时也是真命题，悖论于是消除。

四 基于语境的不可解命题破解案例

布里丹对于如下悖论的破解使用了与破解说谎者悖论既相同又不同的方法：一个命题是假的，并不一定是命题意谓的东西不是它所意谓的那样，而是命题的建构（或者说句法结构）使其本身就是假的。布里丹还把语境因素纳入不可解命题的破解之中。

例如第二个不可解命题："没有一个命题是否定的"（No propostion is negative）。这是布里丹用来反驳推理有效性的经典定义时所选取的一个命题，由它引起的悖论对布里丹来说，非常容易解决。因为对这一命题来说，没有任何情况使得它可能为真。根据他的指号理论，只要这一命题指号不存在，那么它就既不真也不假；但只要这一命题指号是存在的，那么必然是有些命题是否定的，至少它本身是否定的。因此，"没有一个命题是否定的"或者非真非假，或者就是一个假命题。②

对于这一命题的分析，也体现了布里丹不同意仅仅把命题的符合条件作为命题真之判定标准。因为这一命题可能在如下情况下满足于经典符合论，即这个世界所有的命题都是肯定的，没有一个否定命题存在（理论上，史上第一个人构造第一个否定命题之前就是这种情况，或者如布里丹所言，"如果上帝消灭了一切否定命题"③）。此时这个命题显然是关于那种情况的真实描述，其符合条件得到满足，但是命题仍然是假的。因为虽然在构造这个命题之前没有否定命题存在，但这个命题一旦构造出来，在考虑对这个命题进行真值指派时，人们不能仅仅在思想之中去寻找这个命题及其真值条件——正如我们在预备理论中所讨论的，布里丹不认为心灵中可以提供命题真值的条件，而且命题也不能仅仅存在于思想之中，它必须或者通过说出来的话语指号，或者通过写出来的语词

---

① 参阅 John Buridan, *Tractatus de Consequentiis*, p. 69。
② 参阅 John Buridan, *Summulae de Dialectica*, p. 953。
③ John Buridan, *Summulae de Dialectica*, p. 953.

指号表达出来。任何命题的真假首先依赖于命题指号。因此，人们不得不考虑这个命题本身的存在与否。这样又回到了我们在上一段中所讨论的情况。

因此，对于"没有一个命题是否定的"，如果是作为一个命题而存在，无论其意谓的东西是否满足于符合条件，它都是假命题。如果连命题指号都不存在，那它首先就不是命题。

鉴于此，布里丹修改了他的虚拟蕴涵理论：每个命题如果存在，那么虚拟蕴涵了自身的真。他马上把这一理论用于破解第七个不可解命题："每个命题都是假的"（Every proposition is false）。① 布里丹首先声明这个命题是在如下语境下被提出来的，当所有真命题都被消灭，而假命题依然存在，此时苏格拉底说出了唯一一个命题："每个命题都是假的。"在这种情况下，这一命题本身是存在的。假定这个命题是真的，那么其虚拟蕴涵命题也是真的，且情况如命题所意谓的那样，即每个命题都是假的，因此，这个命题也是假的。这就与假设矛盾，因此，这个命题是假的。

五　布里丹不可解命题破解方案的实质与重要意义

有人认为，布里丹的语义理论有"投机取巧"的嫌疑，特别是规定任意命题 A，A 是真的与 A 是假的在任何时候都不可能在某一具体语境下同时具有联合指代，这似乎就是直接从定义上宣判不可解命题为假命题。确实，从布里丹的讨论可知，他根本不会去否定这一"指控"，虽然在他的时代并没有遇到过类似的指控，因为这就是他的真之理论：一个命题，只有当它蕴涵的所有命题都是真的时候，它才是真的。因此一个肯定且不含有"是假的"等词项的命题，如果在某种可能情况下有联合指代，那么由于它不必把命题本身置于"是假的"这个词项所意谓的东西之中，因此，在这种情况下，布里丹就可以确定地认为，只要命题的指号是存在的，它就是真的。例如，"所有命题都是肯定的"这个命题，在布里丹的语义学下，完全可能在某种情况下是真的，例如当所有否定命题都消失的情况下，命题自身与其虚拟蕴涵命题都可以有联合指代。而"没有

---

① 参阅 John Buridan, *Summulae de Dialectica*, pp. 965 – 971。

一个命题是否定的"这个命题,尽管在传统语义学下等值于"所有命题都是肯定的",但是在布里丹"命题的真首先需要命题指号存在"这一条件下,它永远不可能为真。

相反,如果词项的联合指代同时也把命题本身置于"是假的"这个词项所意谓的东西之中,那么他就可以确定地认为,其虚拟蕴涵的命题(形式为"A 是真的")就不可能是真的,因此,原命题也不可能是真的。[1] 一般而言,悖论命题中都会出现"假的"这样的语义概念或者否定的词项,而说谎者类型的悖论更是如此,布里丹的解决方案主要在这种情况下起作用:即当断定这样的命题为真时,就可以使用"虚拟蕴涵"这一概念去判定它是否有联合指代。这个逻辑程序对于破解说谎者类型的悖论来说,几乎是万能的。

让我们换一种说法。也就是说,在布里丹逻辑中,有一种特殊的命题(例如所有说谎者类型命题,以及"没有一个命题是否定的"这类命题等),其本身的形式结构使得其自身为假;对于这类命题,根本无须特意根据符合论去判定其为假。或者说,按照布里丹的自然逻辑方案,以及他那个很普遍的且很普通的虚拟蕴涵条件,所有命题都是非真即假,不存在同一条件或者同一语境下既真又假的命题,所谓不可解命题其实都是假命题。而这一结论仅仅依靠人们借助于自然语言的思维即可得出,无须添加某种超越于人们日常思维习惯的逻辑语义规则。在这个意义上,我们甚至可以说,虽然布里丹的虚拟蕴涵理论看起来是专为解决此类不可解命题而创立的语义规则,但如同所有其他逻辑规则从根本上看都是通过人们的共同习惯或者约定俗成固定下来,布里丹也只不过是用逻辑的语言,抽象出了人们的日常思维习惯——因为人们原本就是像布里丹所说的那样去理解命题,并用以审视说谎者类型悖论问题。

布里丹基于虚拟蕴涵的真之理论,不仅成为中世纪晚期逻辑学家处理不可解命题的通行方案,甚至可以在现代逻辑中找到原型。塔尔斯基的 T 约定也表达了类似于虚拟蕴涵的思想(稍后详述)。特别是布里丹在

---

[1] 参阅 G. Klima, *John Buridan*, New York: Oxford University Press, 2009, p. 230, 以及 S. Read, The Liar Paradox from John Buridan back to Thomas Bradwardine, in *Vivarium*, Vol. 40, 2002, p. 201。

讨论不可解命题时，还提到了语句的句法结构以及不同语境对于"真"之影响，这一思想在现代逻辑中也被反复提及，例如 M. Glanzberg 就认为，说谎者类型悖论向我们展示了语言中语境依赖的本质属性。[①]

第四节　中世纪晚期的不可解命题理论

布里丹对不可解命题的解决使中世纪的不可解命题理论达到高峰。在很长一段时间内，人们谈论的都是他（和布拉德沃丁）的语义理论，包括对"真"以及"有效性"的定义等都成为那个时代的经典逻辑理论。就目前所掌握的资料看，布里丹之后（14 世纪后半期之后），关于不可解命题的原创理论已经不多，但其中还是有一些逻辑学家值得提及。

一　威克利夫

约翰·威克利夫（John Wyclif，约 1330—1384）是中世纪晚期具有重要影响的思想家。他于 14 世纪 60 年代写了《不可解命题汇总》（*Summa insolubilium*）。除了总结此前的不可解命题理论，也提出了一些颇有价值的东西，特别是关于真之定义。

威克利夫认为真有三层意义。在第一种意义，即先验意义上，真等于存在，凡是存在的东西都是真的，在这个意义上，任何命题都是真的，无论它意谓什么。在第二种意义上，一个命题是真的，当且仅当其原初意谓（primarily signifies）的东西是存在的。在第三种意义上，一个命题是真的，当且仅当其原初意谓的东西是存在的，并且这种存在不依赖命题本身；一个命题是假的，当且仅当其原初意谓的东西不存在，或者虽然存在，但其存在依赖这个命题自身。[②]

显然，第一种意义上的真带有强烈的形而上学色彩，无助于破解悖论。我们取第二、第三种意义上的真。威克利夫所说的一个命题原初意

[①] 参阅 M. Glanzberg, "The Liar in context", in *Philosophical Studies*: *An International Journal for Philosophy in the Analytic Tradition*, Vol. 103, Springer, 2001, pp. 217–251。

[②] John Wyclif, Summa insolubilium, in P. V. Spade, G. A. Wilson (ed.), *Medieval & Renaissance Texts & Studies*, Vol. 41, New York: Center for Medieval and Early Renaissance Studies, 1986, pp. 32–33.

谓的东西，是指作为这个命题存在的理由的那些东西，也就是说，命题形式上意谓的那些东西，即命题本身（命题的物理部分）；一个命题因其原初意谓的东西的存在而存在。但这不同于布里丹所说的命题因其命题指号的存在而存在。

在这一理论下，我们考虑经典说谎者悖论，并根据这一悖论在经典逻辑下的生成过程进行破解。假设一个人只说了一句话："我说的是假话"（用 A 表示命题的名称），那么 A 原初意谓的东西就是：我说了一句假话（用 p 表示）。p 或者存在，或者不存在。如果 p 不存在，即他并没有说一句假话，那么 A 就是假的。如果 p 存在，即他确实说了一句假话，那么命题原初意谓的东西就是存在的，此时满足真的第二种定义。但是由于他只说了一句话，p 的存在依赖这句话本身，因此，不符合真的第三种定义。这就是一个假命题。

威克利夫的这一理论并没有超出其中世纪前人的范围，只是换了一种说法。他的第二种真之理论似乎是针对不存在悖论的一般命题，而第三种定义专门用来破解不可解命题：当一个命题的真不仅依赖命题意谓的东西，还依赖命题自身时，命题就没有满足为真的全部条件，它就是假的。把不可解命题一律划归为假命题似乎是中世纪逻辑的常规操作。

二　威尼斯的保罗

威尼斯的保罗（Paul of Venice，1369—1429）对词项、命题和推论作了详尽的研究，对欧洲中世纪逻辑的普及与发展作出了重要贡献。他的《大逻辑》（*Logica Magna/Big Logic*，成书于 1397 至 1398 年）一书是中世纪最系统的形式逻辑著作之一。在这部著作的最后一章，保罗对不可解命题进行了全面研究。除了经典说谎者悖论之外，他还提出了由这一悖论导出的十几种不同变种。主要有：[①]

（1）苏格拉底相信"苏格拉底骗人"这个命题，此外不相信其他命题。

[①] 参阅 I. M. Bochenski，*A History of Formal Logic*，Ivo Thomas（trans. and ed.），Indiana：University of Notre Dame Press，1961，pp. 240-241；同时参阅马玉珂主编《西方逻辑史》，中国人民大学出版社 1985 年版，第 197—198 页。

（2）苏格拉底相信"柏拉图骗人"这个命题，此外不相信其他命题。但是柏拉图相信"苏格拉底不骗人"这个命题。

（3）苏格拉底只说了一句话："苏格拉底说谎。"

（1）—（3）称为单称不可解命题。而以下称为量化的不可解命题：

（4）我断定："这个命题是假的"这一命题是每一个命题。

（5）假设：只有两个命题 A 与 B。A 是假的，而 B 是："A 是一切真命题。"

（6）我假定：A、B 与 C 是全部命题。A 与 B 是真的，而 C 是："每一命题都与它们不同"，并且这是针对 A 与 B 说的。

（7）我断定：A 与 B 是全部命题。A 是："吐火怪兽是存在的"，而 B 是："每一命题都是假的"。

（8）假设：A、B 与 C 是全部命题。A 是："上帝存在"，B 是："人是驴"，C 是："有多少假命题就有多少真命题"。

（9）假设：只有 5 个命题。其中 2 个是真的，2 个是假的，第 5 个命题是"假命题比真命题多"。

（10）我假定："这是唯一的除外命题"是唯一的除外命题。

（11）假设以下为谬误："除 A 外所有命题都是真的。"假定这个命题就是 A，并且它是每一命题。

（12）我假定：A、B 与 C 是全部命题。A 与 B 是真的，而 C 是除外命题："除了该除外命题外的每个命题都是真的。"

我们看到，保罗提出的这些不可解命题在现代逻辑中也有各种变种，甚至部分就是现代逻辑所讨论的悖论命题模式。

保罗还总结了前人对不可解命题的 14 种解决方案。其主要是：[①]

（1）通过涉及言语形式的谬误来解决不可解命题。例如推论："苏格拉底说假话，因此，苏格拉底说的（东西）是假的"是无效的，它可以这样来反驳：这是一个由言语形式产生的谬误，因为"假"在前件中被假定指谓苏格拉底（即苏格拉底说谎），而在后件中是代表其他的东西（即"苏格拉底说的东西"）。

[①] 参阅 I. M. Bochenski, *A History of Formal Logic*, Ivo Thomas (trans. and ed.), Indiana：University of Notre Dame Press, 1961, pp. 241 – 249。

（2）通过涉及虚假原因的谬误解决不可解命题。

（3）通过涉及动词"说"表示的不同时态来解决不可解命题。例如，苏格拉底说："苏格拉底说的是假的。"表面上，"苏格拉底说的是假的"中的动词"说"是一般现在时，但实际上应该理解为紧接苏格拉底说这句话之前的瞬间。因此以下推论不成立："苏格拉底说的是假的"这个命题本身是假的。因为这个推论是这样进行的：这是假的，并且苏格拉底说它，因此，苏格拉底说的是假话。显然这一推论忽视了"说"在前、后件中代表了不同时间。这一方案实际上是通过区分动词的不同时态，试图避免词项的自我指称。

（4）没有人会说自己说的话是假的，也没有人会认为自己理解的话是假的，也没有一个命题是不可解命题可以建立于其上的。

（5）当苏格拉底说他自己说的是假的时，等于他什么也没说。这就是中世纪早期关于不可解命题的"废话理论"。

（6）不可解命题既不是真的，也不是假的，而是中立的。"所有命题非真即假，而不可解命题也是命题，因而不可解命题也是非真即假"的推理是错误的。这实际上是承认三值逻辑，这一理论可以看作克里普克"真值间隙"理论的前身。

（7）通过由语词多义引起的谬误解决不可解命题。例如，当说"苏格拉底说的是假的"时，"说"既可以是说这一行为，也可以是说的内容或思想。前者意味着苏格拉底说谎这一行为本身，后者意味苏格拉底说的具体的话是假的。

（8）没有一个不可解命题是真的或者假的，因为没有像这种情况的东西是命题。

（9）不可解命题是真的或假的，但它既不是真的，又不是假的。

（10）通过指出混淆了只存在于某一方面中的东西与一个简单的东西，因而产生谬误，来解决不可解命题。例如，下面的推论是无效的：苏格拉底说了这个假的东西，因此，苏格拉底说的是假的。因为"假的"是指苏格拉底说的具体的东西（对象内容）是假的，即"苏格拉底说了这个假的东西"中的一部分或者一方面是假的，而不是说一个简单的和整体的东西——苏格拉底说的话本身——是假的。这一破解方案的代表人物是奥卡姆。

（11）当考虑不可解命题的恰当意谓时，它既意谓自身的真，又意谓自身的假。这与每个直言命题（无论肯定还是否定）意谓自身的真不一致（这是布拉德沃丁与布里丹前期的思想，布里丹后来把它改为每个命题虚拟蕴涵自身的真）。因此，不可解命题是自身使得自身为假的假命题。

（12）一个被假定提及的不可解命题，当它根据被假定的情形而准确地意谓时，就会得出它既是真的，又是假的。

（13）这一解决方案由几种情形构成：或从结论的形式出发，或从指代的形式出发，还有些从命题或推论的形式出发。具体地说：

其一，没有一个被造物可以确切在形式上表征自身，虽然客观上可以如此。因为受造物都不可能有一个对自身的恰当和确切的形式认知。

其二，没有一个心灵命题能够恰当地意谓自身的真或者自身的假。

其三，一个恰当的心灵命题的一部分，不能假定包含这个命题的整体，也不能包含这个命题的矛盾命题，或者武断地包含与这个命题相当的命题。

其四，每个不可解命题（无论是说出的、写下的还是心灵的），都是所谓不恰当的命题，并且任何这样的命题，它的一部分都可以被假设为是这一命题的整体。

其五，每个不可解命题，都对应一个所谓恰当的真的心灵命题和另一个所谓恰当的假的心灵命题。例如，阿伊的彼得就持这一观点。

由此可以得出：首先，任何不可解命题及其矛盾命题都是复合命题，因为它们对应许多不同的心灵命题。其次，有些命题，其口头表述很相近，并且都含有假设相同的词项，但其中一个是复合命题，另一个则不是。例如，"这是假的"，并且"这是假的"，其中一个命题中的"这"暗示另一个命题（在这种情况下，前者是复合命题，被暗示的命题则不是）。最后，每个不可解命题同时既真又假，其矛盾命题也是如此，这是因为其对应的两个心灵命题一个是真的，另一个是假的，二者之间是矛盾的。

（14）不可解命题由两种方式产生：一是中项的改变，二是词端的改变。这主要是指中项或词端在大、小前提中不指代相同的东西，由此产生谬误。例如，"苏格拉底说了这个，这个是假的，因此，苏格拉底说的是假的"就是谬误，因为前提的词端"假的"与结论的词端"假的"是指代不同的东西。类似情形也出现在"苏格拉底没说假的东西，这个是假的东西，因此，苏格拉底没说这个"。其中中项"假的"在两个前提中指代不同的东西。

在陈述完 14 种方案后，保罗最后提出了自己对于不可解命题的解决办法，也就是第（15）种方案。他认为不可解命题就是假命题。这是基于他对真之精确而恰当的（exact and adequate）定义：如果一个命题 A 意谓 p，则 A 是真的，当且仅当 A 是真的不会导致矛盾，且 p。[①] 而不可解命题（A）是假命题，原因不在于它意谓的东西不是命题所意谓的那样（p），而是因为它的真会导致矛盾。

波亨斯基在其《形式逻辑史》中，详细阐述了保罗破解不可解命题的主要思想与过程：[②]

设悖论命题为 A，则按照如下四条超逻辑（extra logic）公理，必然得出悖论（A 是假的，又不是假的）。其中（1）为不可解命题本身，（2）—（4）是亚里士多德关于真与假定义的各种表述，即所谓命题真假的普通定义：

（1）A 意谓：A 是假的。

（2）如果 A 意谓 p，则 A 是真的，当且仅当 p。

（3）如果 A 意谓 p，则 A 是假的，当且仅当非 p。

（4）A 是假的，当且仅当 A 不是真的。

根据（1），我们以"A 是假的"替换（2）的 p，得：

（5）A 是真的，当且仅当 A 是假的。这一公式根据（4）进行替换，得：

（6）A 是真的，当且仅当 A 不是真的。进一步得出：

（7）A 不是真的。再根据（4），得：

（8）A 是假的。

[①] 参阅 Paul of Venice, *Logica Magna*: Part Ⅱ, Fascicule 6: *Tractatus de Veritate et Falsistate Propositionis et Tractatus de Significato Propositionis*, F. del Punta (ed.), M. McCord Adams (trans.). Oxford: Oxford University Press, 1978, p. 62。

[②] I. M. Bochenski, *A History of Formal Logic*, Ivo Thomas (trans. and ed.), Indiana: University of Notre Dame Press, 1961, pp. 249–251.

但如果以"A 是假的"替换（3）中的 p，则可得：

（9）A 是假的，当且仅当 A 不是假的。由此直接可得：

（10）A 不是假的。

这与（8）矛盾。说明如果按照亚里士多德传统的真之定义，就会出现真正的悖论。但是如果把（2）与（3）这样的简单定义，替换为如下（保罗的）"精确而恰当的"定义［（1）与（4）保持不变］，则悖论可消除：

（2'）如果 A 意谓 p，则 A 是真的当且仅当（A 是真的，且 p）。

（3'）如果 A 意谓 p，则 A 是假的当且仅当：并非（A 是真的，且 p）。

证明如下：下面（5'）—（8'）四个步骤仍按上述（5）—（8）四个步骤那样进行。即在原来四条超逻辑公理的前提下，我们得到：

（8'）A 是假的。

再根据（1），以"A 是假的"替换（3'）中的 p，得：

（9'）A 是假的，当且仅当：并非（A 是真的，且 A 是假的）。由此得出：

（10'）A 是假的，当且仅当：或者 A 不是真的，或者 A 不是假的。这一公式再根据（4）替换可得：

（11'）A 是假的，当且仅当：或者 A 是假的，或者 A 不是假的。右边是排中律，必真，故左边也是真的，由此得出：

（12'）A 是假的。

这与（8'）并不矛盾。这说明，悖论命题在"精确而恰当的"定义下只是一个假命题，而不可能又是真命题，因此不存在悖论。"精确而恰当的"定义实际上来自布里丹，但保罗把它进一步细化了。其实质在于，一个命题是真的，必须命题所意谓的东西确如所意谓的那样，同时命题自身为真；而一个不可解命题之所以为假，只是命题本身被自断为假，或者说其之为真会导致矛盾，而不是命题所意谓的东西并非如所意谓的那样。

纵观保罗对于不可解命题的讨论，他主要是总结了前人的成就，并没有提出多少原创性的理论。这首先说明此前的逻辑学家对不可解命题已经有了充分的研究，几乎提出了在自然语言内一切可能的解决方法；

甚至可以说，即使几百年后的今天，人们对于悖论的了解与解决方案依然没有超出保罗所列举的那些方法。无论如何，保罗对不可解命题的研究随着其《大逻辑》这部教科书的巨大影响，在布里丹之后再次把包括不可解命题理论在内的中世纪逻辑研究推向了另一个高峰。

第五节　不可解命题相关理论及理念在现代逻辑中的延伸

悖论问题也是现代逻辑讨论的热点问题之一。虽然说谎者类型悖论的现代解决方案与中世纪方案在理论形态上显得很不相同，但这只是表面性的，实际上两个不同阶段的方法就其核心思想来说并没有实质性的区别；或者说，现代逻辑学家提出的悖论解决方案几乎都可以在中世纪不可解命题理论中找到渊源。两者之间存在千丝万缕的联系，这种联系反映了逻辑的全人类性以及基本逻辑规则的普遍有效性。本节主要讨论罗素、塔尔斯基和克里普克的方案，特别关注他们理论中的中世纪逻辑元素，最后讨论中世纪与现代两类方案的不同方法论意义。

一　罗素对自我指称命题的解决方案是中世纪限制策略的现代模式

作为现代逻辑的创始人之一，罗素很早就注意到了说谎者类型悖论是一个难题。他说，"自亚里士多德以来，无论哪一个学派的逻辑学家，从他们所公认的前提似乎可以推出一些矛盾来。这表明有些东西是有毛病，但是指不出纠正的方法是什么"①。而说谎者悖论就是最能刻画这种矛盾和毛病的东西。罗素把说谎者悖论表述为："那个说谎的人说：'不论我说什么都是假的'。事实上，这就是他所说的一句话，但是这句话是指他所说的话的总体。只是把这句话包括在那个总体之中的时候才产生一个悖论。"② 意思是，这种悖论产生的原因在于没有把涉及命题总体的命题和不涉及命题总体的命题加以区分，而要解决这种悖论，就必须对二者进行区分。这就是罗素著名的分支类型论（或简称类型论）。

---

① ［英］罗素：《我的哲学的发展》，温锡增译，商务印书馆1982年版，第66页。
② ［英］罗素：《我的哲学的发展》，温锡增译，商务印书馆1982年版，第73页。

为简洁起见，我们把罗素提到的这个悖论改为"我说的所有话都是假的"，两者没有区别。我们用罗素自己的语言，以说明他对于这种悖论的一般处理策略。当一个人说"我说的所有话都是假的"，那么他所说的这句话本身属于第一级的命题，也就是不涉及总体的命题。但当他承认自己说谎，说"'我说的所有话都是假的'（这句话因而也）是假的"，就属于第二级的命题，即涉及第一级命题总体的命题，因为他把"我说的所有话都是假的"这句话，也包含在上述第一级命题所指的他说的话的总体之中。但是二级命题并不能包含在第一级命题所指的总体之中，因为它并不属于第一级命题。也就是说，不能把"我说的所有话都是假的"这句话本身，也包含在我说的所有话这个总体之中，从而得到"'我说的所有话都是假的'是假的"，并推出并非"我说的所有话都是假的"这样的矛盾。由此悖论不攻自破。

　　罗素又认为，悖论产生的根本原因就是自我指称，即述说总体的东西成为总体中的一部分，应该加以排斥。[①] 当把这一规则应用于经典说谎者悖论，就要禁止说"'我正在说的这句话是假话'是假话……是假话"这样的话，以免造成他所谓"恶性循环谬误"。

　　罗素的类型论的确可以在理论上使某些（类型论对于相互说谎者悖论基本无效，或者需要补充很多东西）说谎者类型悖论得以避免，但是仅仅是避免，而不是真正解决问题。这一方案并不能让人满意。罗素的方法说到底就是禁止自我指称语句，这与中世纪限制自我指称的策略并没有什么区别，或者就是这一策略的现代模式。但是限制策略在中世纪晚期就被逻辑学家所抛弃，因为他们发现有些自我指称（无论是直接自我指称还是间接自我指称）语句并没有问题，例如"我正在说的这句话是真的"；A ="B 是假的"，B ="A 是假的"等就不会导致悖论（但是后者被称为有问题的命题，因为它们需要我们假设其中一个命题为真，另一个命题为假）。这也是罗素方案的缺陷，因为即使在日常语言中也存在大量没有悖论的有意义的自我指称表述，如"本语句共八个汉字"。甚至在科学领域，以自我指称为表述方式的定理也随处可见。例如"数 1 是使得对一切数 x 而言，都有 $x \times 1 = x$ 的数"。如果非要放弃使用这种自

---

① 参阅 ［英］罗素《我的哲学的发展》，温锡增译，商务印书馆 1982 年版，第 73 页。

我指称语句，则会牺牲掉大部分数学，或至少使得很多数学表述显得笨重与烦琐。①

因此，取消自我指称的方案只是一种以偏概全的主观意愿，不仅具有强烈的特设性，也不符合人们的一般思维习惯。首先，谁也不会在说这种类型的话语时自带罗素的规则，日常交流很简单，一切语言规则都是在自然语言的使用中约定俗成的，自然语言不需要也不能随意增加某种专门针对某种类型话语的规则。其次，任何话语说出来，都是很自然地虚拟蕴涵自身的真，即以对话双方首先默认所说的话为前提，这是继续交流的保证。这里很自然地存在着评判话语的真实性这一问题，特别是对于说谎者类型悖论这样的话，人们也是很自然地思考这句话本身的真假。而罗素的类型论，等于禁止评判其真假，这在日常思维中是不可能做到的。

二 塔尔斯基的（T）约定及其与中世纪真之理论的关联

塔尔斯基（Alfred Tarski，1902—1983）基于对象语言与元语言区分的方案，与罗素方案本质一样。

塔尔斯基于 20 世纪 40 年代提出了著名的真之理论——（T）约定（Convention T），揭示了人们在日常思维中不自觉地使用"背景知识"，这种"背景知识"就是人们在推导中所依赖的关于语句真值的直觉观念所遵循的一般模式："X 是真的，当且仅当 p"，这个模式被称为（T）约定或（T）模式。② 其中，X 指的是作为语句或命题的 p，亦写作"p"（带引号的 p）。

塔尔斯基给出了（T）模式的一个著名案例，用以直观说明问题。根据经典真之概念，"雪是白的"这个语句的真值条件是：如果（断定）雪是白的，此语句就是真的；如果（断定）雪不是白的，此语句就是假的。因而下面等式成立："雪是白的"（或者写作雪是白的这句话）是真的，当且仅当雪是白的。塔尔斯基还特别借用中世纪指代理论的术语，认为

---

① 参阅陈波《逻辑哲学》，北京大学出版社 2005 年版，第 103 页。
② Alfred Tarski, "The Semantic Conception of Truth", in *Philosophy and Phenomenological Research*, Vol. 4, 1944, p. 344.

右边无引号的雪是白的是形式指代（具体来说应该是人称指代，即指代这句话本身），左边有引号的部分（"雪是白的"）只有实质指代（即指代作为语词表达式的句子）。①

为了显示与中世纪（特别是布里丹）真之理论的相关性，我们对塔尔斯基公式做一点变动，使用前面使用过的符号：以 A 代表命题 p 的命题符号，p 是这个命题本身。按照布里丹的术语，p 其实就是命题 A 形式上意谓的东西。这样，塔尔斯基的公式就是"A 是真的↔p"。这一公式显然就是布里丹基于虚拟蕴涵的真之理论。我们证明如下：

如前所说，布里丹认为命题虚拟蕴涵断定自身为真的命题，当说出或者写下一个命题，也就同时虚拟蕴涵了自身的真。用公式表示如下：

（1） p→A 是真的。

但是布里丹还认为，假定命题 A（A 是这个命题的名字）形式上意谓 p（此时 p 即命题本身），则 A 是真的，当且仅当它形式上意谓的东西情如所意谓的那样，也就是 p，并且虚拟蕴涵的命题（即"A 是真的"）为真，我们在此基础上做如下推理。布里丹的定义可以用公式表示为（这里，我们参照了威尼斯的保罗对布里丹这一定义的公式表述——参阅前述）：

（2） A 形式上意谓 p→（A 是真的↔（p∧A 是真的））。

（3） A 形式上意谓 p。这是布里丹讨论的前提。由（2）（3）根据演绎逻辑的分离规则（MP 规则）得：

（4） A 是真的↔（p∧A 是真的）。消去等值符号，得：

（5） A 是真的→（p∧A 是真的）。这又可以推出：

（6） A 是真的→p。再综合（1）与（6）可得：

（7） A 是真的↔p。

公式（7）既是布里丹的真之理论，也是塔尔斯基的真之理论。

公式（7）表达的直观意思是：一般来说，说出一个句子，等于说（并非证明）这个句子是真的。例如，当我们说"雪是白的"是真的时，我们只需要直接说雪是白的，没必要说"雪是白的"是真的。这种情况

---

① Alfred Tarski, "The Semantic Conception of Truth", in *Philosophy and Phenomenological Research*, Vol. 4, 1944, p. 343.

下,"是真的"就是多余的词项,完全可以去掉,因为它们在语义上没有区别。换句话说,"雪是白的"是真的是否为真,与"雪是白的"是否为真,具有相同的真值条件,前者并不比后者意谓更多的内容,拉姆塞(F. P. Ramsey,1903—1930)早就在其所谓真理冗余论中提出了这一看法。

我们还可以把(T)模式理解为这样一种约定的思维习惯:当我们在进行语言交流时,总是惯例性地肯定双方的对话,都是约定对话拟蕴涵话语本身的真,这正是能够顺利交流的前提条件,人们不可能说出一句话是想表达这句话是假的,或者否定这句话;要想强调一句话是假的,必然会说,例如,"他得了第一"是假的,这同样等于说(默认为)"'他得了第一'是假的"是真的。这也正是把(T)模式称为(T)约定的意思。

需要注意的是,在布里丹看来,公式(7)并非命题的真值标准,命题中词项的联合指代才是判断命题是否为真的最终依据。塔尔斯基持同样的观点,认为(T)模式只是关于真之形式表达,只是逻辑上的等值式,没有任何经验证实。针对有人误把(T)模式理解为:"'雪是白的'是真的,当且仅当,雪事实上是白的"("X是真的,当且仅当p是事实,或者说,p描述的是事实"),塔尔斯基坚决地纠正了这一似是而非的看法,指出这是他们误解了命题本身与命题符号。他的这一等式并没有提供断定任何经验语句的充要条件,因此与所谓"经验证实"无关。(T)模式告诉我们的仅仅是"'雪是白的'是真的"与"雪是白的"这两个语句在逻辑语义上是等价的。① 如果需要经验去证实"'雪是白的'是真的"这个命题是不是真的,那么就与去证实命题"雪是白的"是不是真的,以及雪实际上是不是白的具有完全相同的真值条件。而"雪是白的"这句话唯一的真正的逻辑意义是:对一切事物而言,如果它是雪,则它是白的,即把雪归为白的东西,并没有断定雪是白的是否符合事实。后者需要经验证实,这不是一个命题所能解决的,也不是逻辑学所关心的

---

① 参阅 Alfred Tarski,"The Semantic Conception of Truth",in *Philosophy and Phenomenological Research*,Vol. 4,1944,pp. 357 – 358;同时参阅张祥龙《塔尔斯基对于"真理"的定义及其意义》,《外国哲学》第8辑,商务印书馆1986年版,第289—310页。

问题。

与布里丹公开承认他的思想来自亚里士多德一样，塔尔斯基也宣称他的（T）模式来自亚里士多德《形而上学》中的著名表达式：说是者不是或说不是者是为假，说是者是或不是者不是为真（亚里士多德：《形而上学》，1011b，27），后者就是经典的真之符合论。塔尔斯基没有提到中世纪讨论指代理论的真之理论，但是他借用了中世纪指代理论的相关术语，说明他对指代理论还是有所了解的。此外，塔尔斯基的真之理论与中世纪的真之理论首先都是为了处理悖论或者不可解命题，所以我们可以认为，亚里士多德的符合论在中世纪和现代时期都结出了类似的果子：一种是中世纪逻辑以自然语言为基础、不区分对象语言与元语言的虚拟蕴涵真之理论，另一种是现代逻辑以符号语言为基础、区分对象语言与元语言的形式真之理论，两种理论遥相呼应。而我们似乎也很难说塔尔斯基的这一理论是否在某个环节受到过来自中世纪的影响，毕竟他不仅使用了中世纪特有的专业术语，而且使用了中世纪经常使用的命题例子，例如"柏拉图写下的第一个句子是真的"等，甚至他的"真语句的所有后承都是真的"这一定理，与布拉德沃丁、布里丹等逻辑学家的"命题意谓一切由该命题意谓的东西所蕴涵的东西"和"真命题所意谓的一切东西都是真的"如出一辙。

三　塔尔斯基对说谎者类型悖论的解决方案

塔尔斯基同样用他的理论去讨论说谎者类型的悖论。他认为，人们如（T）约定的思维习惯正是导致说谎者类型悖论的原因：（T）模式尽管在直觉上是对的，人们也的确是按照这样的约定思考问题，但是它在某些情况下会出现问题。塔尔斯基转述了卢卡西维奇给出的一个导致说谎者类型悖论的描述。令符号"S"作为如下语句的缩写：

本语句不是真的。（"S"）[1]

根据我们关于词项"真的"的合理使用惯例，可以建立如下（T）模式等值式：

---

[1] 原文为"打印在第347页第31行的这篇文章中的这句话不是真的"（The sentence printed in this paper on p. 347, l. 31, is not true）。为求简洁性，本书做了上述处理。

（1）"本语句不是真的"是真的，当且仅当本语句不是真的。

以"S"代入"本语句不是真的"，（1）可以表示为：

（2）"S"是真的，当且仅当本语句不是真的。

根据符号"S"所表示的意思，以下等式显然成立：

（3）"S"等同于本语句。

根据同一性理论（莱布尼兹定理），对（2）（3）施行同一性替换，可以得到：

（4）"S"是真的，当且仅当"S"不是真的。

这样就得到了一个明显的矛盾式，这就是说谎者悖论产生的过程。对于这种悖论，绝不可把它当成诡辩或者笑料而低估了其重要性，必须找到其产生的原因，并提出解决方法。

塔尔斯基推出（4）这一悖论表达式的过程与结果，其实正是布里丹根据不可解命题的虚拟蕴涵，推出"A是真的"与"A是假的"同时具有联合指代的那种情况。

塔尔斯基认为，之所以产生这种悖论，根源在于"语义上封闭的语言之不相容性"。具体来说有三：

一是我们在构造这类悖论时，假定我们所使用的语言不仅包含了某个表达式本身，也包含了关于这些表达式的名称，同时还包含涉及由这种语言构成的句子的语义词项，例如"真的"。此外，我们还假定决定这一语义词项正确使用的所有句子，能够在这种语言中得到断定。具有上述特征的语言就被称为"语义封闭"语言。例如"本语句不是真的"就是一个语义封闭命题。

二是我们假定在这种语义封闭的语言中，所有通行的逻辑规则都是有效的。

三是我们假定在这种语言中，可以构造并且断定诸如（3）那样的经验前提，并作为论据。[①]

具体到上述例子，当我们使用"S"去代表本语句不是真的这个表达式本身时，"S"也代表了这个表达式的名称，即"本语句不是真的"这

[①] 参阅 Alfred Tarski, "The Semantic Conception of Truth", in *Philosophy and Phenomenological Research*, Vol. 4, 1944, pp. 347–348。

个句子。简单地说，"S"既表示本语句，也表示"本语句不是真的"，一旦再将"真的"这个语义词项牵涉进去，就会造成（4）这种模式的悖论表达式。

为了破解这种悖论，就需要在上述三个原因上采取措施。塔尔斯基认为我们不必要也不能放弃"原因二"中提到的逻辑规则，否则就是改变了我们的全部逻辑。（T）约定也不可能被废除，因为这就是我们的思维惯例，那么只能放弃使用这种自我封闭的语言。塔尔斯基于是提出了著名的语言层次论，具体来说，他把语言划分成如下层次：

对象语言（以 L_0 表示）："被谈论的"作为讨论对象的语言。本身没有"真""假"等语义概念，但是对真之定义需要应用于基于这种语言的语句上。

元语言（L_1）："谈论"对象语言 L_0 的语言。L_1 语言可以用来对 L_0 语言构造真之定义，因而含有"真""假"这类语义谓词。

对象语言与元语言具有相对性，当把真、假这种语义谓词应用于元语言（L_1）时，就出现了更高层次的元语言，可称之为元元语言（L_2）……。通过这种方式，可以获得语言的全部层次。

按照塔尔斯基的意思，任一给定语言层次的语句的真值，都必须在比它高一层次的语言内讨论，没有一个真值谓词可以应用于本层次的语言。比如，如果（1）"我正在说的这句话"属于对象语言 L_0，则（2）"我正在说的这句话不是真的"属于元语言 L_1。此时（2）中的语义谓词"真的"也属于 L_1 语言，它只能作用于（1），而不能同时用来断定处于同一个语言层次的命题（2）的真假。如果要断定命题（2）的真假，需要更高层次的语言 L_2 以及在 L_2 意义下的真之概念。再如中世纪的一个不可解命题："一切命题都是假的"（L_0），谓词"假的"只作用于这个命题之外的一切其他命题（即原命题的主词所代表的命题），当后者都是假的时，这个命题就是真的。而当我们说"'一切命题都是假的'是真的"时，这是一个 L_2 命题，谓词"真的"只作用于"一切命题都是假的"（L_1），而不作用于这个 L_2 命题本身。由于 L_1 这个命题是真的，因此，L_2 这个命题也是真的，没有悖论。依此类推，语言层次没有穷尽，真之概念的级别也没有穷尽。语言层次论实际上就是取消了语义封闭。对于说谎者类型悖论而言，由于取消了语义封闭而使得其中的真值谓词不能用于断定自身,我们就不能在真的同一意义下(即同一语言层次内),构造一个类似于"'我正在说的这句话不是真的'是真的"这种形式的语句,从而就避免了悖论。

我们看到,塔尔斯基的语言层次论虽然不像罗素的类型论那样直接限制自我指称,但是在如下方面则是相似的:如果要说某个命题的真假,就得说这个命题的真或假是在哪个语言层次或者哪种命题级别中的真假。

塔尔斯基的这种策略遭到了各种批评。很多人认为,语言层次论极有可能使一个原本可能并不复杂的语词变得神秘莫测。情形其实就是这样,例如,儿子对父亲说,我尊重某人(可能是某个不受大众尊重的人),父亲回答儿子:我尊重你的态度。这一事实合起来就是一个命题:"我尊重你尊重某人。"那么在这个层次上的尊敬与那种意义下的尊敬又有什么不同?是否需要在词典里进行不同的定义?人们日常使用的都是同一个语言,即自然语言,并没有塔尔斯基所说的"语言$_1$""语言$_2$"……"语言$_n$"这种逐级上升的语言。即使只把这种语言层次论限制在涉及真之概念的范围,也同样面临诸如"真$_1$""真$_2$"……"真$_n$"这样的问题。正如克里普克所说:"毫无疑问,我们的语言只包含'真'这一个词,而不包含应用于一级比一级高的语言上一系列不同的'真 n'这样的短语。"[①] 总之,语言层次论可能的消极后果就是,所有那些可以作为谓词的语词都需要无数种(层次)的定义,从而失去了语词意义原本应该具有的相对确定性或者单调性。

再者,这一解决方案还面临着一个语言层次终结问题。陈波教授指出:"在塔尔斯基的语言分层体系中,前一层次语言的语义概念只能在后一层次的语言中才能得到严格的说明。但问题在于:这个分层体系是否终结于某个统一的元语言?如果没有这样一个元语言,则所有分层次的语言的语义概念就没有一个最后的支撑点,其可靠性也就没有最终定保证;如果有这样一个元语言,则它就是一个语义封闭的语言,其中是否会像其他语义封闭的语言一样产生悖论?……所以,很难说塔尔斯基理论已经成功地解决悖论问题。"[②] 克里普克也正是对塔尔斯基理论的这一

[①] S. Kripke, "Outline of a theory of truth", in *Journal of Philosophy*, Vol. 72, 1975, p. 695.
[②] 陈波:《逻辑哲学》,北京大学出版社 2005 年版,第 115—116 页。

漏洞不满意。在我看来，与罗素一样，在塔尔斯基的理论下，说谎者类型悖论依然是那个悖论，它依然在那儿，没有任何"破解"之说。

当然，我们必须清楚，与一般谓词相比，"真"的确是一个非常复杂的特殊概念，似乎应该与一般语词区别对待。但要给出一个让人满意的完整定义可能是很困难甚至是不可能的事情。塔尔斯基也不认为他的（T）约定是一个完整定义，充其量只是关于真之定义的一部分，哥德尔也有类似的看法。

四 克里普克的"真值间隙论"——"回归自然"的方案

克里普克（Saul A. Kripke，1940— ）于1975年发表了论文《真之理论纲要》（*Outline of a Theory of Truth*）。[①] 这篇论文阐述了一种新的真之理论，以及以此为基础的语义悖论消解方案。我认为，布里丹等中世纪逻辑学家以及现代的克里普克对于悖论的处理方法算得上是真正意义的"破解"，意思是他们都给出了一个确切的结论，即对说谎者悖论的"归属"进行了明确的表态（虽然有人认为克里普克并没有真正给出语义悖论的解决方案）：前者认为是假命题，后者认为是不真不假的命题。

克里普克认为，关于真之正统方案（orthodox approach）存在诸多缺陷，其中之一就是所谓超穷层次（transfinite levels）缺陷，可以通过如下例子说明。假如某个人试图向一个不懂得"真的"这个词的人来解释什么是真，会通过这种符合直觉的方式：当他可以肯定一个句子本身时，他可以断定那个语句是真的；而当他可以否定一个句子本身时，他可以断定那个语句是假的。[②] 例如，如果我们可以肯定雪是白的这个句子本身，我们就可以说"雪是白的"这个句子是真的。如果我们可以肯定"'雪是白的'是真的"，我们就可以肯定"'雪是白的'是真的"这个句子是真的。依此类推，我们可以断定："'"雪是白的"是真的'……是真的。"但很难保证在这个序列中的所有句子都是真的。为做到这一点，就必须有一个关于超越一切有限层次语言的超穷层次元语言。但实际上我

[①] S. Kripke, "Outline of a theory of truth", in *Journal of Philosophy*, Vol. 72, 1975, pp. 690–716.

[②] S. Kripke, "Outline of a theory of truth", in *Journal of Philosophy*, Vol. 72, 1975, p. 701.

们没有这种语言。① 这使得一个不懂什么是"真"的人依然一头雾水,不知道一个语句到底是真还是假。

为此,克里普克从语用学的角度对普通语句是如何获得真值进行了分析,并且阐明了其语义根基(groundness)的概念:一个本身含有真值谓词("真或假")的语句(原语句),其真值的获得必须通过考察赋值过程中某个在先的语句的真值,一直到不含有真值谓词的语句为止。这种不同层次的语句链就是克里普克所谓含有真值谓词的语句的每个固定点(fixed points)。如果对于这种考察所终止的不含有真值谓词的语句(或称元语句或最小固定点),人们既可以肯定它,也可以否定它,以确定原语句的真值,这样的原语句就叫作"有根基"的,否则就叫作"无根基"的。如"'"雪是白的"是真的'是假的是真的"就是有根基的,因为最先的语句"雪是白的"不含有真值谓词,并且人们既可以肯定它,也可以否定它,比如我们确实能够肯定它。

然而,"我正在说的话是假话"或者"'我正在说的话是假话'是假的……是假的"这种类型的语句则不同。因为这类语句的最小固定点都是"我正在说的话",它根本不是命题,我们无法对它做出肯定或者否定,当然也无法确定其自身的真假;如果认为"我正在说的话"代表了"我正在说的话是假话",因而是命题,那么又会回到"我正在说的话"这一不是命题的表达式。因此这类语句(即说谎者类型语句)都属于无根基的语句。

依据克里普克的观点,只有一个语句是有根基的,它才有真假可言,并且在每个固定点都有真假;如果一个语句是无根基的,那么它就不具有真值。对于这种无根基、无真假的语句,克里普克(自认为受斯特劳森的影响)认为,人们可以允许"真值间隙"(true-value gap)的存在,也就是通过允许有的合式语句既不是真的也不是假的。所有无根基语句都无真假可言,都归于真值间隙。所有悖论性语句(必须指出,不是所有无根基语句都是悖论。如"我现在说的话是真的",虽然这个语句无根基,无法确定其真值,但是它并不造成任何悖论)就可作为没有真值的无根基语句的一种特殊情况而存在,语义悖论的问题便得到了解决。这

---

① S. Kripke, "Outline of a theory of truth", in *Journal of Philosophy*, Vol. 72, 1975, p. 697.

一方案能够体现自然语言真值谓词的单义性,也就是说,真就是真,假就是假,无所谓这种那种意义上的真或假,也无所谓这种那种语言层次上的真与假,从而也避免了使用谓词时各种不合理的限制。

克里普克诉诸语句根基的方法在理念上类似于布拉德沃丁的 BP 原理。后者认为,一个真命题不仅要求各词项所意谓的必须情如所意谓的那样,而且要求命题作为一个整体所意谓的东西,以及命题的所有后承也必须情如所意谓的那样,任何一项不满足,命题就是假的。而克里普克实际上是把包含多重真值谓词的命题的组成部分作为一个词项,一个有根基的命题是真的,当且仅当其所有在先可作为单独命题的表达式(固定点)都是真的,当最后那个命题表达式意谓的东西并非如所意谓的那样,则命题就是假的。但是他的这一原理比 BP 要弱,因为它无法处理复杂的悖论命题,例如"本语句是假的或者无根基"等。此外他的"真值间隙"理论所体现的多值逻辑倾向也在中世纪出现过,威尼斯的保罗就做过类似阐述。

五 对中世纪与现代关于悖论的两类破解方案的反思

本章所讨论的对于说谎者类型悖论的两类不同的处理方法体现了两种不同的逻辑理念。悖论问题一直是学界讨论的热点问题之一,中世纪也对历史上几乎所有著名的悖论或诡辩进行了深入的研究,他们的方法,特别是这些方法凸现出来的理念,的确值得我们更多地关注。

中世纪逻辑与现代逻辑悖论解决方案的区别首先表现在他们对于悖论本身的态度。中世纪并不认为不可解命题对逻辑学的根基或者说通用的逻辑规则产生威胁,只是把它们看作困难命题,正如奥卡姆所说:"关于不可解命题,我们应该明白的是,它不是因为不可解决而称为不可解命题,而是因为这类命题解决起来有些困难。"[①] 因此不可解命题不仅没有被排除在逻辑有效性之外,而且从命题的本质以及日常思维的惯例等方面入手,提出了一系列可行且合理的解决方案。而现代逻辑对于悖论的大规模研究与数学中发现了包括集合论悖论在内的诸多悖论有关,逻

---

① William of Ockham, *Summa Logicae*, Ⅲ.3.46,(1), P. V. Spade,(trans.). 在线电子书见:https://pvspade.com/Logic/docs/OckhamInsolubilia.pdf.

辑学家把悖论看成是对数学基础的威胁。罗素、塔尔斯基等人的解决方案就结果而言，实际上就是排除了自然语言中的语义封闭命题。

中世纪的语义理论是一种自然逻辑语义理论。例如他们对什么是真之解释，不仅考虑自然语言自身的特点，也要考虑人们的思维与说话方式以及具体语境等因素。这与亚里士多德的逻辑理念是一脉相承的。亚里士多德把逻辑作为工具，说到底是作为日常思维的工具，即使逻辑被用于哲学这种抽象的东西，也没有创造出一种超越日常思维的逻辑规则。这一点在中世纪逻辑学家身上表现得尤其明显，他们更坚定地认为逻辑规则是约定俗成的，逻辑学家的任务就是从日常思维以及语言的使用中，概括提取人们一直在使用但未必明确意识到的基本语义原则，并用之解决不可解命题。例如，布里丹就认为，他的命题虚拟蕴涵自身为真的规则，也并非什么人为增加的规则，而是命题的本质属性或者自然属性。

自然逻辑的理念在有些现代逻辑学家身上也有所体现，例如克里普克。让我们换个角度审视克里普克对语义悖论的处理。当他承认"真值间隙"，并把所有悖论语句扔到这个间隙里，我们可以认为他实际上采取的是一种默许或者无视的态度：悖论是这个世界自然的存在，乃因人们使用的自然语言存在某种"缺陷"而起，相应地，这种真值间隙也就是自然语言中的本真存在，把悖论置于这个缝隙中是再自然不过的事情。正如张建军教授所倡导的，首先从本真态的自然语言的探讨中寻找悖论的根源，并由此建构严格的形式化方案，应该（已经）成为现代西方逻辑哲学与语言哲学界探讨语义悖论问题的一般范式。①

然而，中世纪逻辑的自然方案在现代逻辑中并没有得到很好的继承。我认为，主要原因在于现代逻辑的总体理论模式与传统逻辑有着很大的差别。受数学在各科学领域广泛使用的影响，现代逻辑首先强调用数学方法或者人工语言去重新刻画逻辑理论。他们认为诸如悖论这样的疑难问题就是由自然语言引起的，因而对这些问题的解决都是优先使用基于人工语言的规则。大多数现代逻辑学家都是坚持"建构性"语义学，我的意思是，他们可能根据其理论的需要，随时建构一个新的规则。对于

---

① 参阅张建军《回归自然语言的语义学悖论——当代西方逻辑悖论研究主潮探析》，《哲学研究》1997年第5期。

悖论，当现代逻辑有了可以灵活定义的形式语言工具，他们就忽视了自然语言的固有属性，人为制造出具有强烈特设性的所谓普遍规则，并企图改变人们千百年来已经形成且并没有什么问题的思维模式，以期一劳永逸地破解悖论。但这些规则即使暂时解决了已知问题，也很难保证不会出现新问题，后续的修修补补反而可能导致问题越来越多。陈波教授也认为，对于悖论，我们只能一个个地分析，分门别类地提出解决方案，但仍需明白，即使这样的方案也是尝试性与相对性的。①

我们可以看到一种与上述情况相应的现象：在现代逻辑解决悖论的历史中，很多理论开始提出来的时候总是让人们为之一振，但是过不了多久，反对与质疑的声音就占了上风，甚至另一个相反的方案随之被提出。逻辑不是哲学，也不是心理学，逻辑具有其自身的科学性与确定性，悖论各种解决方案的如此反反复复，皆因大多数方案都严重脱离思维的实际，不符合逻辑的本质。在某种意义上，逻辑某些领域的研究并不完全在于理论的创新，对于逻辑理论的推广与普及，特别是把某些理论性的东西处理成日常思维中实用性、导向性的东西（例如像陈波教授所说的，自我指称是有问题的，日常思维中应该尽量避免②这样的导向性意见），有时甚至比所谓创新更为重要。这在悖论（至少在不可解命题的范围内）研究中尤为明显。在这一点上，我认为中世纪的自然逻辑方案与理念确实值得我们借鉴。

不要想当然地认为在现代逻辑产生并且高度发展之后，逻辑学家对中世纪逻辑的研究状态有了实质性的进展。实际上，即使在当代，对中世纪逻辑进行了专门研究的人也不是传统意义上的逻辑学家，而是那些致力于古代与中世纪哲学、神学研究的专家。现代逻辑学家则保持着其特有的"清高"，以及对于中世纪逻辑乃至中世纪一切思想文化的习惯性"偏见"。这导致了中世纪逻辑文本极其分散，且少有现代翻译文献。中世纪逻辑研究在很长一段时间内几乎处于完全的沉睡状态，成为被遗忘的角落。这种状况直到20世纪70年代才有所改变。

对于出现这一新情况的原因，克里马教授一针见血地指出："当在数

---

① 参阅陈波《逻辑哲学》，北京大学出版社2005年版，第130页。
② 参阅陈波《逻辑哲学》，北京大学出版社2005年版，第127页。

学哲学领域取得惊人成功的新的符号逻辑开始应用于其他领域的自然语言推理的时候，却暴露了自身的局限性，即新的范式中出现了很多'反常'现象（正如库恩所说）。从 20 世纪 70 年代开始，这一现象激起了发展'自然逻辑'的兴趣，这种逻辑就是，在保留数理逻辑精确性的优点的同时，也可以直接应用于自然语言推理，且没有标准量词理论应用于自然语言时那种具有干扰性的弱点。对自然逻辑的追求恰逢再度兴起的对于中世纪逻辑的历史兴趣，并最终与这一历史兴趣部分融合。结果证明，自然逻辑包含了比所谓的'传统逻辑'系统所处理的多得多的东西。实际上，学者们只是到了今天才意识到，当处理这一领域的当代问题时，我们可以从对中世纪逻辑的研究中学到并受益多少。"[1]

---

[1] ［美］G. 克里马：《中世纪逻辑及其当代意义（上）主持人手记》，胡龙彪译，《世界哲学》2012 年第 3 期。

第 五 章

推论与有效性理论

推论是中世纪逻辑的主要成就之一。本章将以对中世纪推论理论的发展作出关键性贡献的人物或时代为节点，阐述各种不同的推论理论，厘清其发展变化，并着重讨论推论的有效性问题，即有效性理论。

第一节 推论及其发展概览

一 推论研究什么

中世纪逻辑学家对推论（consequentia）的理解不尽相同，不同时期的逻辑学家对推论的定义以及研究内容也有所区别。如果我们按照现代逻辑的术语，中世纪推论所研究的东西涵盖直言命题直接推理、直言三段论、模态三段论、条件句或假言命题、假言三段论、论证与谬误等。但从总体上看，推论主要讨论的还是命题之间的直接推理，即如何从一个命题有效地得出另一个命题，也就是推论的有效性问题（逻辑学上所谓的有效性问题其实就是推论的有效性问题）。从这个意义上看，中世纪推论理论的目的与现代逻辑的推理理论并无二致。但与现代逻辑仅考虑命题的真假与推理形式对于推理有效性的影响不同，中世纪的推论还涉及一些其他东西，例如一个推论成立与否与命题语境有无关联？推论的前提与结论（前件与后件）之间具有相关性的基础是什么？一个推论是否有效，与前后件本身的意谓方式、命题句法结构甚至词项的意义有无关系以及有何关系？是否应该有不同类型的有效推论？有效推论是否具有时效性？等等。基于此，我们在讨论中世纪的推论时，不可能完全撇开逻辑形式之外的其他因素，因为其中有些内容正是中世纪推论学说的特色，或者说，正是它们至今仍然有着现实意义，并值得我们去研究的重要原因。

二　推论理论发展概览

我们首先对中世纪的推论学说做一个全局性的介绍，其中的核心内容将在各分节中详细探讨。

推论理论有两个来源，一是亚里士多德逻辑学中所讨论的推理，特别是三段论，另一个是斯多亚学派的假言逻辑。这些内容首先通过波爱修斯传到中世纪早期。但在12世纪后半叶亚里士多德著作全面复兴之前，中世纪逻辑学家在推论领域主要讨论假言命题及假言推理。波爱修斯是最早使用"推论"这一术语的逻辑学家之一，推论在他那里直接与假言命题联系在一起："……这一命题并不意谓这是白天并且这是明亮的，而是说如果这是白天，那么这是明亮的。由此意谓一个推论，而不意谓（事物的）存在（状态）。"① 阿伯拉尔的《论辩术》被学界认为是中世纪研究推论理论的开始，他把假言命题看作由两个具有因果关联的命题所组成的推论，认为推论的有效性在于命题之间连接上的必然性。这种处理方式只是沿袭并发展了波爱修斯对假言命题的两种定义，即假言命题或者按照偶然的方式（相当于实质蕴涵）进行，或为构造一个自然推论的方式进行。14世纪及之后的逻辑学家关于推论的论文很多具体例子都来自阿伯拉尔。

推论理论在13世纪并没有什么真正的发展。西班牙的彼得、舍伍德的威廉、拉尼的兰伯特虽然提出了一些新的东西，但他们都没有把推论看作一项独立的逻辑学说，对推论的处理是与词项属性、谬误、助范畴词等混杂在一起的，同时也把词项的实质或质料因素（例如"上帝"对他们就是一个与众不同的具有特别意义的词）考虑在内。也有逻辑学家仍然视推论为因果联系，这一看法甚至延续到14世纪初。

推论学说到了14世纪终于获得其独立的地位，诸多以《论推论》为名的著作问世，"推论"这一名字成为普通词语。这得益于以语义学为基

---

① Boethius, Commentary on "On Interpretation", II, 109 - 110, in J. Marenbon (ed.), *The Cambridge Companion to Boethius*, Cambridge: Cambridge University Press, 2009, p. 67.

础的指代理论的发展。沃尔特·柏力、奥卡姆与布里丹成为14世纪推论学说的代表人物。

总体上，中世纪逻辑把推论分为两大类，即形式推论和实质推论。首次明确定义并区分形式推论和实质推论是从奥卡姆开始的，从此形式推论成为中世纪推论学说的主流。奥卡姆认为，如果一个推论的前件在实质内容上必然包含后件，或者从前件到后件的推论需要在内容上依赖一个外在的附加条件，那么这个推论就是实质推论。例如，"如果有人跑，则有动物跑"，这个推论的有效性在于人实质上都是动物，或者说需要增加"人是动物"这一原命题中没有的附加条件。如果改变其中词项为"如果有马走，则有木头走"则不是有效的，后者前、后件在内容上没有关联。如果一个推论在其形式不变的情况下，替换其中的一切词项推论都有效，那么这个推论就是形式推论。例如，"每一个人是动物，一个人在跑，所以，一个动物在跑"。在这个推论中，如果改变词项，变为"每一个人是植物，一个人在跑，所以，一个植物在跑"，仍是有效的。再如"一个人就是一头驴，因此，每一头驴都是一个人"，其有效性在于命题词项由于被赋予相同指代而具有可互换性。形式推论的有效性在于命题中词项的位置或者结构，而与词项所指代的东西无关。有效的形式推论相当于现代逻辑所说的有效推理形式。在形式推论中，前件真而后件假是不可能的。

对形式推论还有另一种定义，即基于命题意谓事物方式的考虑，例如布里丹和萨克森的阿尔伯特，他们认为，如果仅仅把有效推论定义为不可能前件真而后件假，并且把前后件的真假分割开来考虑，将会导致诡辩。例如，"没有一个命题是否定的，因此，没有驴在跑"在这种定义下是有效推论，但这只是诡辩。他们于是提出了新的定义：一个推论是有效的，当且仅当，不论前件以何种方式意谓事物是它所意谓的那样，后件都能以同样的方式意谓事物是它所意谓的那样。这一定义要求在判定推论有效性时，不能仅仅考虑前后件各自的真假，还要考虑两个命题在意谓事物方式上的一致。例如，"每个人都在跑，因此，有些人在跑"，无论前件以何种方式意谓事物，后件总能以同样的方式意谓事物，因此这个推论是有效的。而"没有一个命题是否定的，因此，没有驴在跑"不是有效推论。因为等值推论"有些驴在跑，因此，有些命题是否定的"

是一个无效推论。这是基于其唯名论语义学，即假设肯定命题依然存在，而所有否定命题都消失，此时，在后一个推论的前件所意谓的事物情况确如它所意谓的那样时（例如假定有驴在跑），后件不能以同样的方式意谓事物就是它所意谓的那样（因为可能不存在否定命题）。

中世纪逻辑学家在他们的推论学说中，还包括一部分模态命题推理，例如布里丹、萨克森的阿尔伯特、威尼斯的保罗等对模态三段论的研究。对推论规则的研究成为中世纪逻辑的传统，他们陈述了包括模态词在内的 60 多条推论规则。

第二节 推论理论的发端——波爱修斯与阿伯拉尔的推论理论

如前所述，中世纪前期的推论理论是以条件句或者假言推理的形式进行讨论的。阿伯拉尔被认为是中世纪最早讨论推论的逻辑学家，而他的思想直接来自被称为中世纪哲学第一人的波爱修斯，后者则直接继承了斯多亚学派的假言逻辑。

一 波爱修斯的两种推论说

波爱修斯首次定义并区分了偶然的推论与自然推论。他的两种推论说是基于对假言命题性质的讨论。

假言命题的逻辑性质是命题逻辑的一个重要问题。早期亚里士多德学派（如亚氏的直传弟子德奥弗拉斯特）虽也涉及过假言三段论，但并未对假言命题做过专门研究。最早对假言命题的逻辑性质做出严格定义的是麦加拉学派与斯多亚学派，但这两个学派的定义也有分歧。波爱修斯之前各学派对于假言命题的定义概括起来有 4 种：

（1）一个假言命题是真的，当且仅当不是前件真而后件假。

（2）一个假言命题是真的，当且仅当过去不可能且现在也不可能前件真而后件假。

（3）一个假言命题是真的，当且仅当其后件的矛盾命题与前件不相容。

（4）一个假言命题是真的，当且仅当其后件潜在地包含在前件之中。

第四种定义由于包含有非逻辑术语"潜在地",一般认为属于亚里士多德学派(或逍遥学派)的。① 第一和第二种定义被赛克斯都·恩皮里可认为分别是由麦加拉学派逻辑学家菲罗和第奥多鲁斯所作的。② 第三种定义应归于斯多亚学派克里西普的名下。③ 第一种定义相当于实质蕴涵(material implication)或真值蕴涵(truth-functional implication),即只考虑前件和后件之间的真假。第二种定义相当于形式蕴涵(formal implication),即前件与后件之间在形式上有推导关系。第三种相当于严格蕴涵(strict implication),即前件真而后件假不仅是假的,而且是不可能的。

波爱修斯综合了麦加拉—斯多亚学派的观点,按照推论的不同类型对假言命题(条件陈述句)进行了区分:"假言命题或者通过联言或者通过选言形成。但是既然人们说,当联结词'如果'(si)与'当'(cum)被置于假言命题中时意谓相同的东西,那么假言命题就可由两种方式形成:或是按照偶然的方式(accidentally),或是为构造一个自然推论的方式(natural consequence)。偶然的方式可以这样,如我们说:'当火是热的时,天空是圆的。'天空之为圆的,并非因火是热的,但这句话意味着,当火是热的时候,天空是圆的。但是还有一些其他的假言命题包含的是自然推论……例如我们可以说,'当人是,动物是'(When man is, animal is)。"④

所谓按照"偶然的方式",是指一个假言命题是真的,当且仅当其前件为真时,后件也同时为真,但是前件与后件之间在具体内容上未必有某种必然联系。这相当于现代逻辑的实质蕴涵。

波爱修斯把所谓为构造一个自然推论的假言命题定义为:"(这类假言命题)的前件就是那些一旦被断定,就可必然(着重号为引者所加,下同)得出另外一些事物的东西(例如,哪里有战争,哪里就有敌对),

---

① 参阅 [英] 威廉·涅尔、玛莎·涅尔《逻辑学的发展》,张家龙、洪汉鼎译,商务印书馆 1985 年版,第 167—168 页。

② 参阅 E. Stump, "Boethius's In Ciceronis Topica and Stoic Logic", in J. F. Wippel (ed.), *Studies in Medieval Philosophy*, Vol. 17, Washington D. C.: The Catholic University of America Press, 1987, p. 7。

③ 参阅 [英] 威廉·涅尔、玛莎·涅尔《逻辑学的发展》,张家龙、洪汉鼎译,商务印书馆 1985 年版,第 167 页。

④ Boethius, De Hypotheticis Syllogismis, I, in I. M. Bochenski, *A History of Formal Logic*, Ivo Thomas (trans. and ed.), Indiana: University of Notre Dame Press, 1961, p. 138。

前件必然具有后继，因为后件不可与前件分离。而后件是那些可以从前件推出的东西（例如，敌对从战争推出，因为如果有战争，就必然有敌对）。"① 但是，我们不能说，如果有敌对，就会有战争，尽管从本质上看，敌对确实在战争之前，因为战争并不是敌对的必然后件。

包含自然推论的假言命题又可以分为两种方式："一种是必然得出的结论，但其结论不是通过词项的位置（positio terminorum）得出的；另一种是结论通过词项的位置得出的。例如第一种方式，我们可以这样说，'当他是人时，他就是动物'。这个结论就其真实性来讲是可靠的，但不能因此说，因为他是人，所以他是动物。所以我们也不能说，因为这是种，所以这是属。但是有时也可以由属当中找到根源的，甚至本质的原因也可以从普遍性中引申出来，例如，因为是动物，所以可能是人，种的原因是属。然而当有人说：'当他是人时，他就是动物'，就做出了真正而必然的结论。可是通过词项的位置是得不出这样的结论的。另有一些假言命题，在那里能发现必然的结论，而词项的位置运用下述方式得出了这一结论的原因：'如果地球斜了，月亮也就缺了'。这种结论是罕见的，月亮之所以缺，是由于地球斜了。像这类命题对论证是确切的和有用的。"②

结论从前提必然得出，但不是通过词项位置而得出，波爱修斯称这种必然性为简单的（simple）必然性。也就是说，结论必然地包含在前提之中，结论与前提是种属关系，而种很自然地存在于属之中，种存在，其属必然存在，但种并不是属的原因，结论存在并不是由于前提存在。这相当于现代逻辑的严格蕴涵，即一个假言命题是真的，当且仅当其前件可以必然地得出后件。所谓结论是通过词项的位置而得出来的，是指前提是结论的原因或存在的根据，原因在前，结论在后。这也是一种必然性，即暂时的或有条件的（temporal or conditional）必然性。③ 例如，当

---

① Boethius, *In Ciceronis Topica*, E. Stump (trans.), Ithaca, NY: Cornell University Press, 1988, p. 52.

② Boethius, *De HypotheticisSyllogismis*, I. 中译文转引自［英］威廉·涅尔、玛莎·涅尔《逻辑学的发展》，张家龙、洪汉鼎译，商务印书馆1985年版，第249页。

③ Boethius, Commentary on "On Interpretation", I, 121–122; II, 187–188, in M. Gabbay, J. Woods (ed.), *Handbook of the History of Logic* (Vol. 2): *Mediaeval and Renaissance Logic*, Amsterdam: Elsevier, 2008, p. 511.

苏格拉底坐着时，他坐着就是必然的，当火存在时，火是热的就是必然的，基于这种必然性的假言命题实质上指的是因果联系。

波爱修斯最早把推论明确区分为偶然的推论和自然推论两种类型，具有重要意义，涅尔认为"这一点可能是中世纪逻辑一个最重要进展的源泉"①。

波爱修斯还对假言命题与其他类型命题之间的等值关系进行了定义。他说："选言命题'或者 A 不是，或者 B 不是'是真的，是指那些事物不可同时存在的情况，因为它们中任何一个都并非必然存在；这一命题等值于这样的复合命题：'如果 A 是，那么 B 不是'……在这一命题中，只有两种组合产生（有效）三段论。即如果 A 是，那么 B 将不是，并且如果 B 是，那么 A 将不是……如果可以说'或者 A 不是，或者 B 不是'，就可以说'如果 A 是，那么 B 将不是'，并且'如果 B 是，那么 A 将不是'。"② 此外，"p 或者 q，当且仅当如果非 p，那么 q"③。他还认为，与"如果 A 是，那么 B 是"相矛盾的是"如果 A 是，那么 B 不是"，就是说，否定一个假言命题，就是否定其后件，而不是前件。他举了一个例子，对命题"如果是白天，那么就是亮的"的否定是"如果是白天，那么不是亮的"，继续否定后一命题，就是"不可能如果是白天，那么不是亮的"，它等值于"如果是白天，那么就不可能不是亮的。"④

根据这些论述，可以得出如下结论：

（1）（¬p∨¬q）等值于（p→¬q）

（2）（¬p∨¬q）等值于（q→¬p），因而（p→¬q）也等值于（q→¬p）

（3）（p∨q）等值于（¬p→q）

（4）（p→q）与（p→¬q）互相否定

---

① ［英］威廉·涅尔、玛莎·涅尔：《逻辑学的发展》，张家龙、洪汉鼎译，商务印书馆1985年版，第 248 页。

② I. M. Bochenski, *A History of Formal Logic*, Ivo Thomas (trans. and ed.), Indiana: University of Notre Dame Press, 1961, p. 138.

③ I. M. Bochenski, *A History of Formal Logic*, Ivo Thomas (trans. and ed.), Indiana: University of Notre Dame Press, 1961, p. 138.

④ 参阅 Boethius, *In Ciceronis Topica*, E. Stump (trans.), Ithaca, NY: Cornell University Press, 1988, p. 137.

等值公式（1）、（2）和（3）涉及选言命题和假言命题之间的相互转化与推理，其逻辑意义是不言而喻的。但认为（p→q）与（p→¬q）互相否定，说明波爱修斯没有遵循斯多亚学派原来的说法。[①] 因为根据克里西普对假言命题的定义"一个假言命题是真的，当且仅当其后件的矛盾命题与前件不相容"，与命题（p→q）等值的命题是并非（¬q∧p），因此，（p→q）的否定命题应该是（p∧¬q），而不是（p→¬q）。而（p→q）与（p→¬q）在前件为假时，都是真的，而不是互相否定的。这就是现代逻辑对实质蕴涵的定义。但从波爱修斯的这一断定可以看出，他的假言逻辑所关心的主要是那些包含有自然推论（而非偶然的推论）的假言三段论如何从前件必然地推出后件，即在前件真的情况下，后件一定是真的，而不考虑当前件假时，命题的真值。因为一个前件假的假言命题是无法必然推出后件的，在他看来，这种命题似乎没有意义。包含自然推论的假言命题显然特别适合于论证。实际上，波爱修斯对上述问题的论述也的确是在为发现论证服务，我们将会在他对假言三段论的论述中看到这一点。

二　波爱修斯论假言三段论

在研究了假言命题的逻辑意义后，波爱修斯把问题引向了假言三段论，以为论证服务。

人们普遍认为，波爱修斯的假言三段论直接来源于斯多亚学派，并且实际上是斯多亚逻辑的最后成果。理由是波爱修斯的假言三段论在结构上类似于斯多亚逻辑，而在斯多亚之后，只有西塞罗和马提亚努斯·卡培拉对假言逻辑有过并不系统的研究，其他人则基本上是沿袭亚里士多德的传统，但是亚里士多德并没有研究假言三段论。我认为这过于绝对。首先，虽然波爱修斯也认为，亚里士多德对于假言三段论其实什么也没说，但是他承认，他的很多假言三段论来自亚里士多德在《前分析篇》中所阐述的那些思想。例如，亚里士多德在《前分析篇》（2.4）中讨论了两个前提并非都真时，结论也可以是真的。波爱修斯根据这一思

[①] 参阅［英］威廉·涅尔、玛莎·涅尔《逻辑学的发展》，张家龙、洪汉鼎译，商务印书馆1985年版，第247页。

路，构造了两个假言命题：如果 A，那么 B，如果非 A，那么 B（《论假言三段论》I. 4. 2）。虽然他随后的推论是错误的，但也说明，波爱修斯还是可以从对亚氏逻辑著作的注释中汲取有效的思想来源。其次，斯多亚学派之后，假言三段论作为一种推理，其有效性已为精通逻辑学的思想家所普遍接受，之所以少有人去研究它，是因为其中相当一部分推理是"不证自明的"，波爱修斯的推论模式类似于斯多亚学派就是再正常不过的事了。这并不说明他的推论直接来源于斯多亚学派。

波爱修斯意识到假言逻辑是一种完全不同于直言三段论的逻辑，但实用意义非常明显，特别是在论辩中有广泛的应用性。他认为论辩是由一个或一个以上前提与结论组成的命题序列。有些命题找不到关于它的证明，但它自身（perse）就是可知的，这种命题就称为不可证的、最大类的和首要的（indemonstrable, maximal, and principal）命题，例如"如果从等式中减去相等的值，余式仍然相等""存续时间长的物品比存续时间短的物品更有价值"，等等。不具有这种性质的命题就称为可证的、较小类的和次要的（demonstrable, lesser, and secondary）命题。最大类命题可以作为论辩的前提，也可以作为保证结论可以从前提推出的外在原理（这是一个非常重要的理论，相当于现代逻辑演绎证明中的规则，即可以根据需要随时引入一个真命题或者定理去辅助证明结论）。因此，前提中最大类命题包含其他命题，乃至整个证明。[①] 而一个论证的结论既可以是直言命题，也可以是假言命题。波爱修斯于是给出了一系列作为首要命题的假言命题与假言三段论。与同时代其他人一样，波爱修斯无论如何还是会受到斯多亚学派逻辑的影响，因此，我们还是首先给出斯多亚学派的几种经典假言三段论（S1 表示斯多亚第一个推理模式，以此类推）：

S1. 如果第一，那么第二；第一，所以第二。

S2. 如果第一，那么第二；并非第二，所以并非第一。

S3. 并非既是第一，又第二；第一，所以并非第二。

S4. 或者第一，或者第二；第一，所以并非第二。

[①] Boethius, *De Topicis Differeniis*, Book I, 1176C-Book II, 1186C. E. Stump (trans.), Ithaca, NY: Cornell University Press, 1978, pp. 33 – 48.

S5. 或者第一，或者第二；并非第一，所以第二。

以上五个推理被称为不证自明的推理模式，是斯多亚命题逻辑的公理。人们把这五个推理归于克里西普名下。实际上，推理 S4 必须在两个选言肢不相容的情况下才成立。基于这些公理，斯多亚学派还导出了许多推论（定理）。西塞罗后来在五个公理的基础上，增加了两个推理模式（C6 表示西塞罗的第六个推理模式，以此类推）：

C6. 并非既是这个，又是那个；这个，所以并非那个。

C7. 并非既是这个，又是那个；并非这个，所以那个。

C6 不过是推理 S3 的翻版，而推理 C7 显然是无效的。

如前所述，马提亚努斯·卡培拉也研究了假言三段论，其推理模式包括（M1 表示卡培拉的第一个推理模式，以此类推）：

M1. 如果第一，那么第二；第一，所以第二。

M2. 如果并非第一，那么并非第二；第二，所以第一。

M3. 并非既是第一，又并非第二；第一，所以第二。

M4. 或者第一，或者第二；第一，所以并非第二。

M5. 或者第一，或者第二；并非第一，所以第二。

M6. 并非既是第一，又第二；第一，所以并非第二。

M7. 并非既是第一，又第二；并非第一，所以第二。

M1 与 S1 完全相同；M2 与 S2 具有相同的推理模式（否定后件式），所以，可以认为是同一推理；M3 与 S3 也具有相同的模式；M4 与 S4、M5 与 S5 分别完全一样；M6 与 C6、M7 与 C7 也分别完全相同。因此，到波爱修斯时代，可资参考的就是斯多亚的五个推理模式。

在这些类似于公理模式的推理的影响下，波爱修斯提出了极其丰富的假言三段论，这些推论都见于他的著作《论假言三段论》。他习惯于使用 "siest/non est A, est/non est B"（如果是/不是 A，那么是/不是 B）这样的形式去表述假言命题。我们把他所有的推论列举如下，编号 B01 表示波爱修斯的第一个推论模式，以此类推：[1]

B01. 如果 A，那么 B；A，所以 B。（但是，如果 B，不能得出 A 或

---

[1] 参阅 H. Chadwick, *Boethius: the Consolation of Music, Logic, Theology, and Philosophy*, Oxford: Oxford University Press, 1981, p. 165。

非 A)

B02. 如果 A，那么非 B；A，所以非 B。（但是，如果非 B，不能得出 A 或非 A）

B03. 如果非 A，那么 B；非 A，所以 B。（但是，如果 B，不能得出非 A 或 A）

B04. 如果非 A，那么非 B；非 A，所以非 B。（但是，如果非 B，不能得出非 A 或 A）

B01—B04 是波爱修斯所谓完美的（perfect）推论，类似于公理。以下八个推论之前提前件是关于范畴的命题（简单命题），后件是假言命题：

B05. 若 B，那么，如果 A，则 C；所以，若 B，那么，如果非 C，则非 A。

B06. 若 B，那么，如果 A，则非 C；所以，若（B 并且 C），则非 A。

B07. 若非 B，那么，如果 A，则 C；所以，若（非 B 并且非 C），则非 A。

B08. 若非 B，那么，如果 A，则非 C；所以，若（非 B 并且 C），则非 A。

B09. 若 B，那么，如果非 A，则 C；所以，若（B 并且非 C），则 A。

B10. 若 B，那么，如果非 A，则非 C；所以，若 C，那么，如果 B，则 A。

B11. 若非 B，那么，如果非 A，则 C；所以，若（非 B 并且 A），则非 C；或者，若（非 B 并且非 C），则 A；或者，若（非 B 并且 C），则非 A。

B12. 若非 B，那么，如果非 A，则非 C；所以，若非 B，那么，如果 C，则 A。

以下假言三段论的两个前提和结论都是假言命题：

B13. 如果 A，那么 B；如果 B，那么 C；所以，如果 A，那么 C。（等值于如果非 C，那么非 A）

B14. 如果 A，那么 B；如果 B，那么非 C；所以，如果 A，那么非 C。

B15. 如果 A，那么非 B；如果非 B，那么 C；所以，如果 A，那么 C。

B16. 如果 A，那么非 B；如果非 B，那么非 C；所以，如果 A，那么非 C。

B17. 如果非 A，那么 B；如果 B，那么 C；所以，如果非 A，那么 C。

B18. 如果非 A，那么 B；如果 B，那么非 C；所以，如果非 A，那么非 C。

B19. 如果非 A，那么非 B；如果非 B，那么 C；所以，如果非 A，那么 C。

B20. 如果非 A，那么非 B；如果非 B，那么非 C；所以，如果非 A，那么非 C。

以下是多重复合假言三段论：

B21. 如果 A，那么 B；如果非 A，那么 C；所以，如果非 B，那么 C。

B22. 如果 A，那么 B；如果非 A，那么非 C；所以，如果非 B，那么非 C。

B23. 如果 A，那么非 B；如果非 A，那么 C；所以，如果 B，那么 C。

B24. 如果 A，那么非 B；如果非 A，那么非 C；所以，如果 B，那么非 C。

B25. 如果 B，那么 A；如果 C，那么非 A；所以，如果 B，那么非 C。

B26. 如果 B，那么 A；如果非 C，那么非 A；所以，如果 B，那么 C。

B27. 如果非 B，那么 A；如果 C，那么非 A；所以，如果非 B，那么非 C。

B28. 如果非 B，那么 A；如果非 C，那么非 A；所以，如果非 B，那么 C。

B29. 如果 B，那么非 A；如果 C，那么 A；所以，如果 B，那么非 C。

B30. 如果 B，那么非 A；如果非 C，那么 A；所以，如果 B，那么 C。

B31. 如果非 B，那么非 A；如果 C，那么 A；所以，如果非 B，那么非 C。

B32. 如果非 B，那么非 A；如果非 C，那么 A；所以，如果非 B，那么 C。

带选言命题的推论有：[1]

---

[1] 参阅 I. M. Bochenski, *A History of Formal Logic*, Ivo Thomas (trans. and ed.), Indiana：University of Notre Dame Press, 1961, p. 139。

B33. 或者 A，或者 B；所以，如果 A，那么非 B。

B34. 或者 A，或者 B；所以，如果非 A，那么 B。

B35. 或者 A，或者 B；所以，如果 B，那么非 A。

B36. 或者 A，或者 B；所以，如果非 B，那么 A。

B37. 或者非 A，或者非 B；所以，如果 A，那么非 B。

否定假言命题的推论有：

B38. 并非如果 A，那么 B；当且仅当（A 并且非 B）。

可以看到，波爱修斯几乎穷尽了他认为有效的所有假言三段论，其中有许多表面不同实则相同的推理形式。这说明，尽管他已经注意到使用符号和形式的方法对于逻辑学的意义，但没有明确推理模型的概念，这使得他的假言三段论略显烦琐。实际上，这是古代命题逻辑研究的通病，"从阿普列乌斯开始，这种对旧的推理规则的转化，已或多或少成为一种标准的（学术）实践活动"①。西塞罗、卡培拉是这样，在波爱修斯这里更是达到了顶峰。

但是波爱修斯并没有把对推论的区分用于亚里士多德的三段论。在他那个时代，人们对于直言三段论并没有什么研究，这种情况直到 12 世纪中后期才有好转。

三　阿伯拉尔论完美的推论

自波爱修斯之后长达 500 多年的时间，对于推论这一逻辑问题，波爱修斯包括假言三段论在内的推论学说成为人们唯一谈论的对象，逻辑学家没有提出任何新的理论，直到阿伯拉尔的出现。推论理论是阿伯拉尔在中世纪逻辑史上的主要成就之一。

阿伯拉尔对推论的讨论主要见于他最有影响的逻辑著作《论辩术》之"论论题"（DeLocis）这个章节。章节的名字也说明阿伯拉尔的推论学说除了受波爱修斯的假言逻辑的直接影响外，还与亚里士多德《论题篇》所讨论的问题密不可分。

对于推论，阿伯拉尔经常使用的是"推理"（inferentia）这一术语，

---

① I. M. Bochenski, *A History of Formal Logic*, Ivo Thomas (trans. and ed.), Indiana: University of Notre Dame Press, 1961, p. 140.

并且常与假言命题混在一起。当然也有逻辑史家基于中世纪推论理论的一脉相传，把阿伯拉尔的这一术语直接翻译为"推论"。实际上，无论推理、推论甚至假言命题，在阿伯拉尔的理论中谈论的都是相同的东西。他说："（正确的）推理在于蕴涵的必然性（necessitate consecutionis/necessity of entailment），也就是说，在于这样一个事实：后件的意谓（significates）包含于前件的意谓之中，正如假言命题所断定的那样。"[①] 因此，前后件的关系应该是这样的："不可能事情是前件说的那样，而不是后件说的那样。"[②] 也就是说，当前件是真的时，要求后件也是真的。这也是中世纪逻辑学家普遍认同的关于有效推论的标准定义，虽然在有些逻辑学家那里表述不尽相同，或者对这一定义进行了改造，或者增加了一些额外的东西。

"蕴涵的必然性"就是阿伯拉尔判定一个推理是否有效的核心标准。这一标准既包括前、后件意谓的东西之间的相关性（即前件蕴涵后件），又包括这种相关性的必然性。对于这一定义，他做了特别的说明。首先，命题蕴涵的必然性不在于物理句子或者话语本身，而在于它们的意谓。其次，蕴涵的必然性不在于对命题的理解（intellectus），或者说不是命题表达的思想之间的必然蕴涵，不能把心理事实（也就是思想）当作命题的意谓，因为前件表达的思想可以离开后件表达的思想而具有完整的存在性。最后，这种必然性也不存在于心灵之外的事物之间，否则当相关事物都不存在，前后件之间就没有蕴涵关系了。阿伯拉尔继续说："例如，既然我们承认'如果这是一朵玫瑰花，那么这是一朵花'这一推论永远为真且是必然的，即使当（相关）事物（即玫瑰花与花）都不存在，那么我们就必须明白为什么这一推论的意谓被断定为是必然的。（因为）这一必然性根本不存在于事物之中，甚至在事物被完全破坏的情况下，推论所说的'如果这个是，那么那个是'的

[①] Peter Abelard, Dialectica, in J. Brower, K. Gilfoy（ed.）, *The Cambridge Companion to Abelard*, Cambridge: Cambridge University Press, 2004, p. 170.

[②] Peter Abelard, Logica "Ingredientibus", in N. Kretzmann, A. Kenny, J. Pinborg（ed.）, *The Cambridge History of Later Medieval Philosophy*, Cambridge: Cambridge University Press, 1982, p. 150.

必然性也丝毫不减少。"① 因为我们是通过构成推论的句子所说的东西，即命题宣言（dictum）② 来判定命题之间联结的必然性是否在当下有效，而命题宣言或命题的意谓既非心灵中的东西，也非心灵之外的事物。

阿伯拉尔又认为，蕴涵的必然性可能来自句子所包含的形式，正如标准三段论所具有的那种形式。另一方面，蕴涵的必然性可能依赖于词项意谓的东西，正如在推论"这是一个人，因此，这是一个动物"中所表现的那样；而后者能够带来某些"论题"（loci/topics），③ 以表达这一推论中所包含的原理，例如："凡是'种'谓述的东西，也能被'属'所谓述。"④

从上面的分析可知，阿伯拉尔既认为蕴涵的必然性来自命题宣言，即命题的意谓，又认为蕴涵的必然性来自命题的形式，或某些论题。根

---

① Peter Abelard, Logica 'Ingredientibus', in N. Kretzmann, A. Kenny, J. Pinborg (ed.), *The Cambridge History of Later Medieval Philosophy*, Cambridge: Cambridge University Press, 1982, p. 150.

② "命题宣言"是中世纪逻辑学家用来表示一个命题所说的东西，或者命题作为整体所意谓的东西的术语，类似于现代逻辑所说的句子的内容。这一术语首先来自阿伯拉尔，称为 dictum，后来也有逻辑学家使用"significatum propositionis"或"enuntiabile"等去表达相同的意思。

③ 参阅 N. Kretzmann (ed.), *Meaning and Inference in Medieval Philosophy*. Springer, 1988, p. 46。原文"Nos vero ubi est perfecta complexio syllogismi, locum non recipimus"。locus（复数 locum）这一拉丁术语原义为"地点""场所"。西塞罗在注释亚里士多德《论题篇》时，对于什么是 locus 有形象的说明：要是我们能够找出并标明藏匿东西的地点，那么找到被藏匿起来的东西就比较容易；同样，要是我们希望跟踪任何一种论证，我们必须知道它的合适论题（locos），"论题"就是亚里士多德给这些地点所起的名字，我们可以由此引出论证。14 世纪布里丹对 locus 也有明确的定义："locus 是论证的地点（sedes），或者说通过它可以形成一个恰当的论证。"(John Buridan, *Summulae de Dialectica*, p. 400) 他详细解读了这一定义：locus 就是那些可以使提出的问题形成有效论证的东西，这些东西分为两种类型：一种是最大的论题（locus maxima）或自明的命题（propositio per se nota），例如，"每个整体都大于部分""关于相似事物的判断也是相似的"；另一种是最大的论题区分（locus differentia maximae），这些区分在于构成不同论题的词项，以及用以解释这些论题何以自明或者何以为真的关系（habitudo），例如"凡是可以正确断言'种'的东西也可以正确断言'属'"是一个最大论题，构成这个论题的词项"种"与"属"就是最大的论题区分，正是基于种与属之间的关系，这个论题才是真的且自明的。此外，"大于""小于""相似""内在的""外在的""中间的""定义"等也都是最大的论题区分（参阅 John Buridan, *Summulae de Dialectica*, pp. 400 – 406）。locus 在现代英语中的标准译文是 topic，中文一般译为"论题"。但关于"论题"的含义在学界的争议也很多。亚里士多德并没有在其《论题篇》中做出明确的定义，一般是指可以在论证中作为论据或者依据，保证论证成立的原理性命题或者推理规则以及构成它们的相关元素。

④ 参阅 Martin M. Treedale, "Abelard and the culmination of the old logic", in N. Kretzmann, A. Kenny, J. Pinborg (ed.), *The Cambridge History of Later Medieval Philosophy*, Cambridge: Cambridge University Press, 1982, p. 151。

据前者可以判定推论是否当下有效，而后者是推论有效性的根本根据。因此，前者也是由后者带来和决定的。

关于阿伯拉尔所说的命题宣言，有逻辑史家，例如马丁（Christopher J. Martin）认为，阿伯拉尔这里已经涉及了弗雷格所说的语力（force），命题宣言就命题的语力。弗雷格明确区分了句子的语力（断定力）与句子的思想或者内容，从而把逻辑学同心理学、语言学区分开来，明确了逻辑研究的对象。[①] 例如"苏格拉底正在跑"这个断定句，与"苏格拉底正在跑吗？"这个问句具有相同的内容，但是语力是不一样的，前者是在断定苏格拉底在跑，后者是询问苏格拉底是否在跑。也就是说，前者的语力是肯定，后者的语力是询问。阿伯拉尔也有类似的论述。亚里士多德在《解释篇》第4章讨论哪些句子是命题时，提到了祈祷（句子）就是既不真也不假的句子。[②] 阿伯拉尔在注释《解释篇》时，并没有对不同句子之间的区分展开分析，而是直接转到具有相同内容的句子所表现出来的不同"语力"。例如"国王来了"（That the king comes）这个表达式可以在内容相同的情况下带来不同的语力，如愿望语力（optative force）：但愿国王来了（Would that the king comes），断定语力（assertoric force）：我希望国王来了（I hope that the king comes）。[③]

阿伯拉尔还特别关注推理的构成部分是否具有断定力。例如他认为，一个假言命题的组成部分（即前、后件）都是没有被断定的条件句，在命题"如果苏格拉底在厨房里，那么苏格拉底在房子里"，既没有断定苏格拉底在厨房，也没有断定苏格拉底在房子里。也就是说，作为这个假言命题的前后件的两个句子都没有断定力，但这个命题作为一个整体具有断定力，正是这一断定力保证了这个推理的有效性。因此，保证一个推理有效的东西就是"推理力"（vis inferentiae），[④] 也就是必然蕴涵力。

[①] 参阅张燕京《真与意义——达米特的语言哲学》，河北大学出版社2011年版，第22—23页。

[②] 祈祷句子实际上就是祈使句。参阅［古希腊］亚里士多德《解释篇》，17a，《亚里士多德全集》第一卷，苗力田主编，中国人民大学出版社1990年版，第52页。

[③] 参阅 Peter Abelard, *Logica 'Ingredientibus'*, in J. Brower, K. Gilfoy (ed.), *The Cambridge Companion to Abelard*, Cambridge: Cambridge University Press, 2004, p. 166。

[④] Peter Abelard, *Dialectica*, in M. Gabbay, J. Woods (ed.), *Handbook of the History of Logic* (Vol. 2): *Mediaeval and Renaissance Logic*, Amsterdam: Elsevier, 2008, p. 123.

但是蕴涵的必然性是有区别的，阿伯拉尔据此把推理分为完美的（perfect）与不完美的（imperfect）两类。"完美"这一概念波爱修斯曾提到过，但是到了阿伯拉尔这里才有明确的定义：如果从前件的结构自身，可以得出后件的真是显而易见的，并且前件的结构也蕴涵了后件的结构，就是完美的推理。因此，确保一个推理是完美的，不是其中的词项或者事物的本质，而在于命题的结构自身，即命题的形式。完美的推理可以在我们把其中的词项替换成其他词项（无论它们之间是相容还是不相容）后仍然是有效的，[1] 并且其有效性无须借助于任何"论题"。如果我们借用现代逻辑术语，可以认为完美推理既遵守了必要的真值保持（necessary truth preservation，NTP）原则，又遵守了替换条件下的真值保持（truth preservation under substitution，STP）原则。

对完美推理的明确定义在中世纪推论学说史上是一次重大突破，说明阿伯拉尔已经有了清晰的形式推理的概念，不再像包括波爱修斯在内的其他人那样，把推论的有效性建立在事物的本质属性以及亚里士多德在《论题篇》中所说的那些"论题"的基础之上。虽然基于后者也可以构造有效推理，但是阿伯拉尔称之为不完美推理。这种推理的前后件蕴涵的必然性就是来自词项所意谓的事物的本质内容，例如"如果苏格拉底是人，那么苏格拉底是动物"就是不完美的推理。不完美的推理虽然也满足 NTP 标准，但不满足 STP 标准。如果把其中的词项"人""动物"替换成其他词项，推理就可能无效。要想使之变成完美的推理，就需要增加波爱修斯所说的那种最大类的、首要的论题，例如"所有人是动物"。但是也只有在一个推理缺少完美性，而我们需要使之变得完美，或者证明它可以具有完美性的情况下，才需要补充原理性的命题（论题）或者约定俗成的恰当的东西。但这也是不完美的推理的一个有价值的地方，即这种推理能够带来一个"论题"，表达某种普遍的原理或者自然律（lex naturae），从而发展出新的最大类命题，例如上述推理也可以认为是产生了一个最大类命题"所有人是动物"，相应的自然律就是"一个东西若没有动物的本性存在于其中，则人的本性也不存在于其中。"

---

[1] 参阅 Peter Abelard, Dialectica, in C. J. Martin, *Logic*, in J. Brower, K. Gilfoy (ed.), *The Cambridge Companion to Abelard*, Cambridge: Cambridge University Press, 2004, pp. 170–171。

阿伯拉尔对于推理的讨论集中于完美的推理。他把假言三段论称为三段论式推理（syllogistic inference），但他没有像波爱修斯那样给出一长串的有效推论及其各种变式（可能在他看来，这是没必要的），而是列出了一系列仅从形式上断定的推理规则，虽然它们并没有超出波爱修斯所列出的三十八条推理所显示的规则范围。阿伯拉尔还提出了一些规则以避免错误的推理，例如，从肯定前件到否定后件，从否定前件到否定后件，从否定前件到肯定后件，从否定后件到肯定前件，从肯定后件到肯定前件，从肯定后件到否定前件，这六条都不可能是有效的推论。

他还对传统的直言三段论进行了研究，以假言三段论（即他说的三段论式推理）的方式，给出了推理规则（为表述清晰，我们分别以 A，B，C 代表阿伯拉尔所说的这个、另一个、第三个）。① 例如：（1）如果所有 A 是 B，所有 B 是 C，那么所有 A 是 C。（2）如果所有 A 不是 B，有些 C 是 A，则有些 C 不是 B，这是第一格，他称（1）为第一格的第一式。（3）如果 A 不是 B，所有 C 是 B，那么所有 C 不是 A。（4）如果所有 A 是 B，所有 C 不是 B，那么所有 C 不是 A，这是第二格。（5）如果所有 B 是 A，所有 B 是 C，那么有些 C 是 A。（6）如果所有 B 不是 A，所有 B 是 C，那么有些 C 不是 A，这是第三格。阿伯拉尔认为这些推理都表达了一种普遍的规则，而一个给定的三段论只不过是这些规则的一个示例，他给出的第一格第一式的例子就是"每个人是动物，每个动物都是有生命的，所以每个人是有生命的"。

在讨论假言命题蕴涵的必然性的同时，阿伯拉尔还研究了模态命题，认为蕴涵是否具有必然性也决定了那些包含"必然"、"可能"与"不可能"等模态词的模态命题及其等值命题的真值。他区分了模态命题的两种情况：一种是组合的（per compositionem 或 desensu）模态，另一种是分离的（per divisionem 或 dere）的模态。② 以中世纪早期关于模态逻辑的一个常见命题为例：一个站着的人坐着，这是可能的（It is possible for

---

① 参阅 Peter Abelard, Dialectica, in C. J. Martin, *Logic*, in J. Brower, K. Gilfoy (ed.), *The Cambridge Companion to Abelard*, Cambridge: Cambridge University Press, 2004, p. 173。

② 关于这两个术语，参阅 Abelard, *Super Periermenias*, XII – XIV, in L. Minio-Paluello (ed.), *Twelfth Century Logic: Texts and Studies* II, Rome: Edizioni di Storia e Leteratura, 1958。

one standing to be sitting)。这个来自亚里士多德的例子，在中世纪有各种不同版本，人们对其模态就有两种理解：如果理解为"'一个站着的人坐着'是可能的"，就是组合的模态，但如果认为是对"一个站着的人可能坐着"这个命题进行赋值，就是分离的模态。

关于分离的模态，阿伯拉尔本人还举了一个例子。他认为，"苏格拉底可能成为主教"（Socrates can be a bishop）是一个真命题，因为成为主教并不违反人的本性，人人都有这种可能，即使在苏格拉底的时代并没有主教。类似地，一个没有儿子的人说"我的儿子可能活着"，这个命题在亚里士多德那里不可能是真的，但从它不违反人的本性的角度看，这也是可能的。[1] 阿伯拉尔就是按照这种分离的方法，把所有命题的模态处理成谓词的模态，即处理成带模态谓词的直言命题，然后把亚里士多德词项逻辑的全部规则用于处理模态命题。[2]

阿伯拉尔认为，仅仅组合的模态并非真正的模态，模态词其实是一个动词，因此，只有分离的模态才能表达真正的模态命题。而组合的模态命题也并不意谓一个分离的模态命题，因为组合的模态命题并不意谓其主词所意谓的东西具有或不具有一种实际能力，它只是意谓什么是可能或不可能的这种状态。由此可以看出，分离的模态在他那里充满了形而上学色彩，他似乎是在讨论主词的某种本质属性或者潜能，反而是组合的模态具有现代模态逻辑的意义。

抛开对模态的不同理解，阿伯拉尔给出了一些模态推论。例如，他把假言推论与模态蕴涵结合在一起：（1）前件真，后件也真；（2）前件必然，后件也必然；（3）前件可能，后件也可能；（4）后件假，前件也假；（5）后件不可能，前件也不可能。在讨论亚里士多德的《前分析篇》时，阿伯拉尔认为亚里士多德实际上已经把模态命题与直言命题结合在一起构造三段论。他举了三个例子：（1）运动对每个动物都是可能的，每个人都是动物，因此，运动对每个人都是可能的。（2）没有一块石头

---

[1] 参阅 Simo Knuuttila, "Medieval Modal Theories and Modal Logic", in M. Gabbay, J. Woods (ed.), *Handbook of the History of Logic* (Vol.2): *Mediaeval and Renaissance Logic*, Amsterdam: Elsevier, 2008, pp. 534 – 535。

[2] 参阅 N. Kretzmann, A. Kenny, J. Pinborg (ed.), *The Cambridge History of Later Medieval Philosophy*, Cambridge: Cambridge University Press, 1982, pp. 151 – 152。

可能有生命，每个人都可能有生命，因此，没有人是石头。（3）生命对每个动物都是可能的，每个动物都是一个形体，因此，某些形体是有生命的。①

如同波爱修斯对中世纪早期的影响一样，阿伯拉尔对整个中世纪逻辑的发展同样有着深刻的影响。严格地说，阿伯拉尔才是中世纪逻辑研究的真正开端，他提出的一系列逻辑概念与术语，都被中世纪中、后期逻辑学家所吸收与采纳，并与其他陆续兴起的理论相结合而加以充分的研究。但阿伯拉尔对推论的处理方法在中世纪一直没有特别流行，特别是当形式推论发展起来之后，逻辑学家在他们对推论的讨论中，也少有提及阿伯拉尔在《论辩术》中所讨论的推论问题。

第三节　13 世纪的推论思想与形式推论的首次提出

阿伯拉尔之后，推论学说仍然处于起步阶段，一直到 14 世纪之前，都没有形成独立的推论理论。而整个 13 世纪，逻辑学家的主要兴趣反而转向了词项逻辑。对推论的零星研究与词项属性，特别是与指代等问题混杂在一起。但是亚里士多德的三段论与论题思想开始为逻辑学家广为熟知，这对于之后推论理论的发展也是非常重要的。

一　13 世纪推论思想概况

13 世纪逻辑学家所讨论的推论主要是亚里士多德的三段论。他们继承亚氏的观点，把三段论分为论辩性三段论（dialectical syllogism）与证明性三段论（demonstrative syllogism）。论辩性三段论只能提供意见，因为其前提不具有必然性，而只有可能性，因此，对"论题"的研究只是一种艺术，而非科学。而证明性三段论则与论辩性三段论相反。三段论由形式与质料两部分构成。两种不同的三段论在形式上没有区别，其形式在于三段论三个词项的位置以及由此形成的格与式，但是它们在质料

---

① 参阅 Abelard, *Super Periermeneias*, XII - XIV, in L. Minio-Paluello (ed.), *Twelfth Century Logic: Texts and Studies* II, Rome: Edizioni di Storia e Leteratura, 1958。

上有区别，质料上的区别就是前提所具有的必然性或者可能性是不同的。证明性三段论要求必然的前提，且中项必须是作为结论中词项的定义或者原因，而论辩性三段论只有可能的前提，中项可以是任意词项。关于三段论的这些思想或理念是 13 世纪逻辑学家所共有的，其典型特点就是既考虑形式，也考虑质料，是亚里士多德学派的形质论（hylomorphism）在逻辑领域中的应用。

多米尼克派哲学家罗伯特·基尔沃比（Robert Kilwardby，约 1215—1279）是最早把推论与亚里士多德讨论三段论的著作《前分析篇》结合起来的中世纪逻辑学家之一。他首先对逻辑与推论进行了定位，认为思考事物有两种方式，一种是通过第一意向，即通过事物本身以及这些事物所属的十个最高范畴；另一种是通过第二意向，即通过理性去思考事物。前者属于形而上学，而逻辑属于第二意向，因此逻辑就是关于正确推论方法的科学，推论是逻辑学的核心。虽然推论也是关于事物的，但与事物的本身没有关系，而只与对事物的解释或理解有关。推论作为一种获取知识的手段对于任何学科来说都是无差别的，因为它们具有相同的形式（例如三段论的格与式）。

基于此，基尔沃比提出了本质或自然推论（consequentia essentialis velnaturalis）的概念。所谓本质的或者自然的推论，是指结论自然地是在前提中被理解的，或者说，后件隐含在前件之中。[①] 而如果把这种推论用于具体的论证，则论证中的推论是本质的或者自然的，就表现为结论的必然性是可以从前提的必然性推出的，那么，他对于这种推论的定义与阿伯拉尔对于蕴涵必然性的要求基本一致。基尔沃比认为证明性三段论就是本质的或者必然的推论，其本质性或者必然性表现在中项与结论的词项之间始终保持的本性或必然联系。此外，他还提到了偶然的推论（consequentia accidentalis），这种推论主要用于论辩性三段论，其偶然性表现在中项与结论的词项之间仅仅具有偶然的或者可能的联系。

在基尔沃比所列出的三段论之外的推论中，有几条是特别值得关注

[①] 参阅［英］威廉·涅尔、玛莎·涅尔《逻辑学的发展》，张家龙、洪汉鼎译，商务印书馆 1985 年版，第 357—358 页。基尔沃比也没有对推论与条件句进行严格区分，有时甚至把前件与后件理解为一个全称肯定命题的主词与谓词。

的，因为此前的逻辑学家并没有明确提到过。例如：①

（1）一个具有必然性的命题可以从相互矛盾的前提推出。他举的例子是，"上帝存在"是一个必然性命题，因此，以下两个命题成立：如果你坐下，那么上帝存在；如果你不坐下，那么上帝仍然存在。这相当于现代逻辑所说的真命题可以从任意命题推出，或者说，真命题是任意命题的逻辑后承。

（2）一个析取命题本身可以从其中任何部分推出。例如，如果你坐下，那么你坐下或者你不坐下；如果你不坐下，那么你坐下或者你不坐下。

此外，基尔沃比还讨论了模态问题。例如：

（3）如果前件是偶然或者可能的，那么后件也是偶然或者可能的。

（4）能够从后件推出来的东西，也能够从前件推出，但是从前件可以推出的东西，不必然能够从后件推出。

（5）如果从前件可以必然推出后件，那么后件的否定可以推出前件的否定。

13世纪最重要的逻辑学家舍伍德的威廉和西班牙的彼得同样没有对推论给予独立的研究，但他们除了讨论三段论之外，还以"如果"（si）的方式对推论的细节进行了一些讨论。威廉区分了自然的推论与偶然的推论，对于这两种推论的定义与波爱修斯和基尔沃并无二致。他还把推论分为绝对的或简单的（simplex）推论与当下的（utnunc）推论。② 简单的推论是说，这种推论一旦构造完成，不会因为过去、现在或者未来时间上的变化而无效，类似于自然的推论，奥卡姆后来称之为必然的推论。当下的推论是说，这种推论只有在当下或者某个时间下才成立，或者说，是根据某个具体时间下的某个具体事实才做出的推论。③ 当下的推论实际

---

① 参阅 I. M. Bochenski, *A History of Formal Logi*, Ivo Thomas (trans. and ed.), Indiana：University of Notre Dame Press, 1961 c, p. 199。

② 参阅 E. Stump, "Topics: their development and obsorption into consequences", in N. Kretzmann, A. Kenny, J. Pinborg (ed.), *The Cambridge History of Later Medieval Philosophy*, Cambridge：Cambridge University Press, 1982, p. 291。

③ 也有逻辑学家把 utnunc 译为 factual，意思是这种推论是基于某一时间下的具体事实才成立。

上只是中世纪普遍讨论的实质推论的一种。对推论的这种分类可能是基于他们在词项属性理论中对语词意义与称呼区分的类似的理念（如果一个词项的意谓不是一直存在，而是当下才存在的，这种意谓就叫作称呼），在整个13世纪和14世纪前期，一直很流行。

当下的推论与模态逻辑有密切的关联。威廉因此提出了真、假、可能、偶然、不可能与必然等六种模态，对模态词做了广义与严格意义的定义。广义上的模态词相当于任意副词；严格意义上，模态词就是使谓词谓述的东西以某种确定方式（必然、可能、偶然等）归为主词的副词，进而区分了模态命题与"关于模态"的命题。例如"苏格拉底必然在跑"是模态命题，但"苏格拉底在跑是必然的"只是一个关于模态的命题，其中"必然"并没有把"在跑"限定给主词，而是限定给了一个命题表达式。他还对"必然"模态词做了两种定义：一件事在过去、现在与将来都不可能假，就是本质性必然，在现在、将来不可能假，但在过去可能是假的，称为限制性必然。对"不可能"也做了类似的定义。在威廉看来，包含有模态词的推论都是困难的推论，他并没有做过多研究。西班牙的彼得在其《逻辑大全》第五章讨论包含"如果"的命题时，也特别关注了"从不可能可以推出一切东西"以及"必然可以从任何东西推出"这种具有模态性质的推论的有效性，但是他最终给出了否定的回答。

关于13世纪的模态逻辑问题，不得不提到托马斯·阿奎那。作为中世纪最重要的亚里士多德主义者，阿奎那对亚里士多德著作十分熟悉，还注释了《解释篇》与《后分析篇》。他在《解释篇》注释中，根据命题的"质料"对命题进行了不同类型的划分："具有必然质料的命题，所有肯定命题都是确定为真，这适用于所有将来时、过去时和现在时命题；而否定命题都是假的。而具有不可能质料的命题，情况恰恰相反。具有偶然质料的命题，全称命题是假的，而特称命题是真的，对于将来时、过去时和现在时命题都是这种情况。具有不定质料的命题，其将来时、过去时和现在时命题都是真的。"[①] 那么什么是命题的质料？这与命题谓

---

① 转引自 Simo Knuuttila, "Medieval Modal Theories and Modal Logic", in M. Gabbay, J. Woods (ed.), *Handbook of the History of Logic* (Vol. 2): *Mediaeval and Renaissance Logic*, Amsterdam: Elsevier, 2008, p. 507。

词与主词相连接的方式有关:"如果谓词是本质地(perse)内在于主词,就认为是本质质料命题或必然命题,例如'人是动物'与'人是会笑的'。如果谓词本质上与主词不相容,例如以某种方式排除了关于主词的概念,就被认为是不可能命题或偏远质料(remote matter)命题,例如'人是驴'。如果谓词与主词的关联方式介于上述两种情况之间,因而既不是本质上与主词不相容,又不是本质上存在于主词之中,这一命题就被认为具有可能或偶然质料。"①

阿奎那对模态的定义实际上有两个层次,或者说我们可以把他的这一定义分解为两个部分。一是关于事物的模态,他把模态同词项所意谓的内容结合起来。也就是说,把模态的定义建立在谓词意谓的东西与主词意谓的东西之间关系的基础之上:如果谓词意谓的东西是主词意谓的东西的本质,就是必然命题;如果两者本质上完全不相容,就是不可能命题;介于两者之间就是可能或偶然命题。我们可以称这个层次的定义为对模态的本质定义。二是关于命题的模态,他把不同模态命题的真假与时间结合起来,可以认为是对模态的形式定义。阿奎那对模态的这种定义与历史上所谓的模态统计定义或频率定义相似,即不同的模态命题质料决定了命题在不同时间下的真假:必然命题就是在过去、现在与未来所有时间下都真(或说具有实在性)的命题,不可能命题就是在任何时间都不可能为真的命题,而可能或偶然命题就是在某些时间下为真的命题。②

阿奎那对模态的理解也是自亚里士多德开始,到波爱修斯,再到13世纪逻辑学家通常的理解,我们可以在他们的著作中看到类似论述。例如亚里士多德说:"对于偶然的东西,(例如)同一个意见或同一个命题,既可以是真的,也可以是假的,并且可能在一个时间为真,而在另一个时间为假。对于那些不可能改变的东西,则不会在一个时间为真,在另

---

① 转引自 Simo Knuuttila, "Medieval Modal Theories and Modal Logic", in M. Gabbay, J. Woods (ed.), *Handbook of the History of Logic* (Vol. 2): *Mediaeval and Renaissance Logic*, Amsterdam: Elsevier, 2008, p. 508。

② 参阅 Simo Knuuttila, "Medieval Modal Theories and Modal Logic", in M. Gabbay, J. Woods (ed.), *Handbook of the History of Logic* (Vol. 2): *Mediaeval and Renaissance Logic*. Amsterdam: Elsevier, 2008, p. 509。

一个时间为假，而是会一直真或一直假。"(《形而上学》，1051b，13—17) 对于将来偶然事件的命题，波爱修斯也认为，"只有那些既可能是又不可能不是的东西才并非一直是或者一直不是。因为如果它们一直是，它们的状态就不会改变，就是必然是；而如果它们一直不是，它们就必然不是。当然，正如事物、事件或事态的本质是各种各样的，相互矛盾的一方或另一方也具有可变的真值。而且事实上，它们总是或为真或为假——虽然都不是确定的，即矛盾的一方或另一方都不是确定为真，也不是确定为假。因此，事物、事件或事态是可变的，同理，命题的真或假也是可变的。事实上（经常发生这种情况），关于某些（未来）事情的两个命题，其中一个在更多的情况下是真的，但并非总是真，而另一个在更少的情况下是真的，虽然并不必然是假的"①。也就是说，他们对于模态的定义既考虑事物的性质和命题的质料，又把模态与命题在不同时间的真假情况联系起来，我们在威廉的模态理论中也看到了类似的论述。

然而，当14世纪形式推论发展起来，且唯名论占据主导地位之后，从事物的性质和命题质料上对模态进行定义基本被抛弃。因为它首先是一种实在论理论，讨论的是词项表达的本质属性，而不是像唯名论那样只讨论词项指代的具体事物。二是基于这种定义只能构造实质推论，而逻辑学家讨论的主要是形式推论。但是定义的第二个层次（基于时间或时态的命题模态）则基本被采纳，并且被改造为与词项的指代扩张功能结合在一起，由此形成对模态的语义定义，以及分离模态与组合模态的明确区分。

二 形式推论概念的首次提及

如果我们从现代逻辑的立场看，中世纪推论理论的精华在于形式推论。这不仅仅因为推论的形式才是推论的核心，形式推论中所讨论的规则具有普遍有效性，更主要的是，中世纪形式推论中所涉及的包括有效性在内的诸多问题，至今仍是逻辑学争论的重要问题。"形式推论"这一

---

① Boethius, Commentary on "On Interpretation", I, 124.30 – 125.14, in M. Gabbay, J. Woods (ed.), *Handbook of the History of Logic* (Vol. 2): *Mediaeval and Renaissance Logic*, Amsterdam: Elsevier, 2008, p. 510.

概念在 13 世纪末首次被提出，法弗舍姆的西蒙（Simon of Faversham，？—1306）在其写于约 1280 年的《反驳诡辩》（Quaestiones Super Libro Elenchorum, quaestio 36, 200）中说，当有人说"动物是实体，因此，人是实体"是一个有效的推论时，我想说，它之所以成立，不是因为其形式（formae），而是因为其质料（matter）。因为根据阿威罗伊对亚里士多德《物理学》第一章的注释，一个因为其形式而有效的论证必须在所有质料中都成立。但是这个推论仅仅因为（词项）的本质特征才成立，因此它不是形式的（formalis）推论。[①]

中世纪逻辑学家所谓命题的质料，其意义基本相同，是指命题的词项（包括主词与谓词）及其所意谓的东西，后者反映了命题述说的是对象的本质属性还是偶性，简言之，质料就是命题的内容。西蒙通过一个涉及质料的实质推论例子，来说明它与形式推论的区别，特别是一个推论在形式上是有效的，需要在所有质料中成立，也就是说，只有在对推论中词项进行任意替换仍然有效的情况下，一个推论才能被认为是在形式上有效。尽管西蒙没有就形式推论做进一步的研究，但他的这一理念具有重要的意义，此后形式推论这一概念被不断地提及，把推论分为形式推论与实质推论，并且主要研究形式推论是中世纪处理推论的主流方式。

阿威罗伊（Averroes，1126—1198）在中世纪思想史上以"亚里士多德注释者"而闻名。他的思想在 13 世纪通过西班牙传入欧洲，是亚里士多德主义复兴的重要标志之一。他对于模态三段论与混合三段论的研究，以及用亚里士多德的理论讨论假言三段论，对中世纪西欧的推论思想，特别是模态推论都产生了一定的影响。

三 13 世纪与 14 世纪推论理论的相关性

13 世纪与 14 世纪推论理论的特点就是基本没有相关性。

严格地说，14 世纪的推论才算真正的推论理论。首要原因是自 14 世

[①] 参阅 C. J. Martin, "Formal Consequence in Scotus and Ockham: Towards an Account of Scotus' Logic", in O. Boulnois, E. Karger, J. – L. Solre, G. Sondag (ed.), 1302: Duns Scot à Paris 1302 – 2002, Turnout: Brepols, 2005, p. 135。

纪开始，基于形式结构的推论理论才发展起来，逻辑学家不再把推论与其他逻辑问题混杂在一起，诸多以《论推论》为名的专著或者专题文章直到此时才出现，推论学说发展到高峰。另一个原因是 13 世纪的推论思想与 14 世纪没有直接相关性，两个时代的推论理论并非一脉相传。关于这一问题，学界有不少争议。争论的关键问题是，12 世纪中、后期，亚里士多德的完整逻辑文本就已经开始出现，并在 13 世纪完全普及，而《前分析篇》中讨论的三段论问题，特别是《论题篇》中所讨论的推理与论证的有效性问题看起来非常容易与推论理论结合起来，然而，为什么 13 世纪讨论"论题"的那些文章并不能认为是推论理论的真正开始？关于这一问题，逻辑史家格林－皮特森做了深入研究，他认真比较了 13 世纪晚期讨论"论题"与 14 世纪初讨论推论理论的那些文章，发现前者没有任何地方暗示 14 世纪推论理论所讨论的那些内容，也就是说，两者之间在理论内容上并无任何实质的相关性或者相似性。① 由此可知，13 世纪关于"论题"的文本及理论，可能并非 14 世纪推论理论大规模兴起的原因，或者至少并非唯一的原因（因为沃尔特·柏力和奥卡姆的推论理论或多或少还是受到了"论题"的影响）。

为什么 13 世纪与 14 世纪的推论理论没有直接相关性？笔者认为其中最重要的原因可能是不可解命题所引发的一系列问题在 13 世纪讨论"论题"的理论中并没有显现出来。如前所述，不可解命题的真正研究开始于 14 世纪的沃尔特·柏力，逻辑学家很快意识到不可解命题的解决依赖于对真的严格或者精确的定义，而传统的真之理论不仅无助于解决不可解命题，而且会导致推论中的谬误。奥卡姆与布里丹对后者进行了深入的研究，特别是布里丹更是提出了推论有效性的新定义。因此，14 世纪推论理论的兴起就在于需要一种"新的"理论去解决不可解命题，而推论理论与此直接相关。与此不相同的是，13 世纪逻辑学家讨论的那些论题理论基本与三段论相关，亚里士多德的三段论已经非常成熟，各种谬误已经在亚里士多德的理论范围之内，逻辑学家并不需要增加多少新的东西；而他们讨论的假言逻辑在波爱修斯与阿伯拉尔那里也已经有比较

---

① 参阅 N. J. Green-Pedersen, *The Tradition of the Topics in the Middle Ages*, Munich: Philosophia Verlag, 1984, p. 240。

充分的考虑，如果不是不可解命题引起的那些问题，逻辑学家也无须增加新的规则去构造有效的推论。由此导致的结果就是，13世纪推论理论基本处于沉睡状态，几乎没有新的发展。当然，不同时代的逻辑学家也可能有不同的理论偏好，正如13世纪逻辑学家的主要关注点在于词项，并发展出非常成熟的指代理论，14世纪的逻辑学家则在指代理论的基础上，更多关注不可解命题与推论理论。

第四节　奥卡姆与柏力的形式推论

把"形式推论"这一概念或者理念发展成为系统理论的首推14世纪著名逻辑学家沃尔特·柏力与奥卡姆。柏力写了两篇以《论纯粹逻辑》(*De Puritate Artis Logicae/On the Purity of the Art of Logic*) 为题的论文。其中在先的是较短的一篇，写于1320年左右，被认为是最早关于形式推论的著作，稍早于奥卡姆的《逻辑大全》（成书于1323年），但是仅包括推论理论的片段；而详细的推论理论见于其后较长的《论纯粹逻辑》中。这两人是同一时期的逻辑学家，其推论思想也具有很大的相似性。我们将首先讨论奥卡姆对推论的分类，特别是他对形式推论的定义，然后列出他极其丰富的形式推论规则。本节的最后讨论柏力的推论规则。

一　奥卡姆对推论的分类与定义

奥卡姆主要在其《逻辑大全》的第三部与第二部的部分章节中讨论推论。我们首先讨论他对推论的分类。

亚里士多德的《论题篇》对奥卡姆的推论思想产生了一定的影响。《逻辑大全》第三部第三部分的前37章（Part Ⅲ, Section 3, chapters 1–37）就是以"论亚里士多德的《论题篇》"（on Aristotle's Topics）为名，这一部分也全部用于讨论推论。在本部分的第一章，奥卡姆首先对推论进行了分类。他说："当我们一般地讨论了三段论以及论证的三段论之后，我们需要对那些并非依照三段论一般形式的论证与推论进行处理。我将首先对推论做区分，这些区分与很多别的推论（它们都不是省略的三段论）区分是相同的。通过这些区分，可以很容易地让学生知道在所有非论证的三段论（以及其他推论）中，什么东西是必须坚持的。"① 也就是说，在奥卡姆看来，构造有效推论的前提是要先了解不同的推论，因为不同的推论具有不同的要求或者规则。而经典三段论的规则在他那个时代已经非常普及，似乎无须多说什么，他需要更多地讨论其他推论，以使人们能够懂得，在这些推论中需要遵循什么规则。奥卡姆根据不同的标准，对推论进行了多达九种分类。② 我们选择其中几条加以讨论。

第一种分类是：当下的（utnunc）推论与简单的（simplex）推论（有些逻辑学家把 simplex 译为 absolute，即绝对的推论）。如果在某个时刻（虽然未必在说话的这个时刻），一个推论在其后件不是真的情况下，前件也可能为真，就是当下的推论。例如"每个动物在跑，因此，苏格拉底在跑"就是仅仅当下的推论。虽然当苏格拉底是动物时，这个推论不可能在其后件不是真的情况下，前件是真的（或者说，不可能当前件真时，后件不是真的），但是在另一种情况下，例如当苏格拉底死了，后件"苏格拉底在跑"就是假的，但前件"每个动物在跑"仍然可以是真的。如果前件在任何时间下，没有后件的真就不可能是真的，这个推论就是简单的推论。例如"没有动物在跑，因此，没有人在跑"就是简单的推论，因为这个推论只要构造出来（这是唯名论的基本语义基础，即任何命题或者推论必须首先以指号的方式存在，才可以谈论其真假或者有效性），就不可能出现后件不真而前件真的情况。

对推论的这种划分首见于 13 世纪，例如舍伍德的威廉。这似乎是词项属性的处理方式在推论理论中的延续，即一个词项意谓的东西有当下存在与任何时间都存在之分，前者就是词项的一般意谓，后者就是词项的称呼。按照奥卡姆一开始的说法，他这里似乎是在重述历史上既有的对推论的区分，在他后续对推论的详细讨论中，几乎看不见这种分类。

第二种分类是：基于内在中介的（per medium intrinsecum）推论与基于外在中介的（per medium extrinsecum）推论。

---

① William of Ockham, *Summa Logicae*, Ⅲ-3.1, 拉丁文、英文对照版在线电子书见：http://www.logicmuseum.com/wiki/Authors/Ockham/Summa_Logicae/Book_Ⅲ-3/Chapter_1。

② 参阅 William of Ockham, *Summa Logicae*, Ⅲ-3.1, 拉丁文、英文对照版在线电子书见：http://www.logicmuseum.com/wiki/Authors/Ockham/Summa_Logicae/Book_Ⅲ-3/Chapter_1。

所谓内在的中介，就是由包含在推论中的词项所构成的命题。如果一个推论是由于与推论中出现的词项相同的词项构成的命题而有效，就是基于内在中介而有效的推论。例如"苏格拉底不在跑，因此，一个人不在跑"就是这种推论，它的有效依赖于"苏格拉底是人"这个内在的中介，而"苏格拉底"与"人"这两个词项都是在推论中已经出现过的。

所谓外在中介，是指这样一种特殊的命题，它既不涉及推论中的词项，也不涉及其他词项，而只涉及推论中命题的形式，即它只是一种描述确保从前提得出结论的一般规则的命题。简单地说，外在中介就是一般的推论规则。例如"只有人才是驴，因此，每个驴是人"这个推论，并非因为由推论中的词项"人"与"驴"构成的任何命题的真而成立，也不依赖于别的命题，而是依赖于一个一般的规则：一个排他命题，与一个由它的词项（指这个排他命题的词项）换位而形成的全称命题，意谓相同的东西，并且可以相互转换。排他命题相当于一个必要条件假言命题，因此奥卡姆这里给出了一条重要的逻辑规则，这条规则就是直言命题与假言命题之间，以及必要条件假言命题与充分条件假言命题之间相互转换的规则。

奥卡姆进一步指出，所有三段论都是基于外在中介而成立的，而任何基于内在中介而有效的推论，也可以说是由于外在中介而有效，区别仅在于对外在中介的依赖程度较低、间接且不充分（remote et mediate et insufficienter）。例如"苏格拉底不在跑，因此，一个人不在跑"这一被认为是基于内在中介而有效的推论，也可以说是依赖于一个外在的中介，即一个普遍的规则：从单称否定命题到（具有从属关系的）非限定性否定命题的推论，是有效的推论；虽然除了这一普遍规则，其有效性还需要更多的东西，即"苏格拉底是人"这一直接且更充分的内在中介。

也就是说，在奥卡姆看来，所有基于外在中介的推论都无须依赖于任何特定的词项，甚至不依赖于推论自身包含的词项，其有效性仅仅依赖于他所说的那些普遍的规则，而基于内在中介的推论之所以有效，也依赖于这些普遍规则，只是依赖性没有那么直接。这些普遍的规则明显是形式的，与推论的质料（内容）没有关系。这就是奥卡姆所着重关注的推论的形式结构。于是他对形式推论展开了讨论。

第三种分类是：形式（formalis）推论与实质（materialis）推论。虽然此前也有逻辑学家提到过形式推论这个术语，但是奥卡姆对它赋予了新的意义。"他不说（像伪司各脱所要做的，如果他讲到过中介的话）只有那些由于涉及推论的命题形式的外在中介而成立的推论才是形式推论，而把那些直接由于内在中介和间接由于（不）考虑（respiciens）一般命题的条件（即真、假、必然和不可能）的外在中介而成立的推论也包括在形式推论之中。"① 也就是说，奥卡姆把形式推论分为两种。一种是，所有那些直接由于外在中介而有效的推论都属于形式推论，其有效性的原因在于命题的形式。他给出了两条形式推论的规则作为示例，一个是前述的规则"从一个排他命题到一个由它的词项换位而形成的全称命题的推论是有效推论"，二是"如果大前提是必然的，并且小前提是肯定的，则结论就是必然的"。另一种是，直接由于内在中介并且间接由于外在中介而有效的推论也属于形式推论，例如前述的例子"苏格拉底不在跑，因此，一个人不在跑"。在后一种情况下，奥卡姆不考虑附加的命题（例如"苏格拉底是人"）的真假与是否具有必然性，而只考虑由这个命题所构成的推论之有效的形式。

实质推论就是根据命题中的词项而有效的推论。这种推论之所以被认为有效，仅仅是由于其中词项的意义，而不是由于某条普遍的推论规则而有效。但是对奥卡姆的实质推论的这种解释仍然是不确定的，因为他本人并没有明确的定义，他只是通过如下两个例子以及据此得出的推论来说明什么实质推论，人们也正是根据这两个例子来定义他的实质推论概念。这两个例子及其带来的推论是："如果人是驴，那么上帝不存在"（从一个不可能命题可以推出任何命题）；"如果一个人在跑，那么上帝存在"（一个必然命题可以从任何命题推出）。也就是说，前一个推论有效的原因在于其前件是一个永假的命题，因而不会出现前件是真的并且后件是假的情况。后一推论之所以认为是有效的，原因在于"上帝"这个词项，因为上帝的存在具有必然性，因此这个命题在任何情况下都

---

① ［英］威廉·涅尔、玛莎·涅尔：《逻辑学的发展》，张家龙、洪汉鼎译，商务印书馆1985年版，第374页。同时参阅 William of Ockham, *Summa Logicae*, Ⅲ-3.1, 拉丁文、英文对照版在线电子书见 http：//www.logicmuseum.com/wiki/Authors/Ockham/Summa_Logicae/Book_Ⅲ-3/Chapter_1。

不可能是假的。

奥卡姆对于这两种推论的划分与其他逻辑学家有所不同，直接由于内在中介而有效的推论在其他逻辑学家那里更多地被看作实质推论。逻辑史家涅尔认为，在奥卡姆看来，一个推论是形式推论，当且仅当它包含有阿伯拉尔所说的那种严格意义上的必然联系（即前件必然蕴涵后件，且这种必然性不依赖于前、后件本身所断定的内容），而实质推论对他来说常常是怪论。① 这说明，实质推论被奥卡姆排除在正常推论之外，他关注的仅仅是形式推论。然而我们也看到，即使同被认为是形式推论，奥卡姆所说的两种形式推论还是有区别的。第一种形式推论通常发生在一个完整的三段论或者如亚里士多德所说的直言命题的换位推理，或者包括假言推论中。这种情况下，命题中词项的任意替换都不会改变推论的有效性，因为其有效性完全在于命题的形式。而第二种推论通常发生在省略的三段论，例如"苏格拉底不在跑，因此，一个人不在跑"。但是这个推论并不符合在词项的任意替换下推论依然成立的规则，后者显然也不符合阿伯拉尔所说的严格意义上的必然性。奥卡姆本人显然也看到了这一点，在他所有有效的形式推论例子中，主要是第一种情况，他认为有效的三段论就应该是第一种。

奥卡姆是中世纪最早对形式推论与实质推论做明确区分与系统研究的逻辑学家。然而，他的"内在的中介"与"外在的中介"这两个术语并没有为其后的逻辑学家（例如同时代稍晚的布里丹）所继承。逻辑史家格林－佩德森（N. J. Green-Pedersen）认为，主要原因可能在于奥卡姆所使用的术语是波爱修斯逻辑框架下的特殊术语，而后者在奥卡姆时代无论理论还是文本都已经渐渐失去了影响力，逻辑学家几乎不再使用"中介"这一概念。

奥卡姆还对推论做了其他区分，多与命题中词项的不同指代或推论中前件、后件的命题性质相关。例如当结论是"人是有理性的动物""苏格拉底是白的"这类命题时，其主词都是人称指代。而当结论是"动物是人的一个属""会笑是人的属性之一""有理性是对人的定义"这类命

---

① 参阅［英］威廉·涅尔、玛莎·涅尔《逻辑学的发展》，张家龙、洪汉鼎译，商务印书馆1985年版，第374页。

题时,其主词就是简单指代或者实质指代。他还区分了结论是全称命题或特称命题、肯定命题或否定命题、实然命题或模态命题,以及从肯定的前件到肯定的后件、否定的前件到否定的后件、肯定的前件到否定的后件等不同的推论。

二 奥卡姆的形式推论规则

在对各种不同情况的推论进行逐一介绍之后,奥卡姆给出了极其丰富的推论规则,这些规则集中于形式推论。我们总结如下(包括前述的推论规则),并根据其语义尽可能对它们进行形式处理。为方便起见,我们以 A、B 和 C 表示任意的东西或者任意命题,"A⇒B"代表 A 推出 B,"A⇏B"代表 A 推不出 B,"A⇔B"代表 A 推出 B,且 B 推出 A,T(A)表示 A 真,F(A)表示 A 假,□A 表示必然 A,◇A 表示可能 A,其他逻辑符号与经典逻辑相同。

1. 推论的一般规则

奥卡姆首先给出了 11 条一般的规则:[①]

(1) 从真永远不能推出假。

  T(A)⇏F(A)

(2) 从假可以推出真。

  F(A)⇒T(A)

(3) 一个有效的推论,从后件的否定可以推出前件的否定。

  A⇒B

  ¬B⇒¬A

(4) 凡是从后件可以推出的东西,也可以从前件推出。

  A⇒B B⇒C

  A⇒C

(5) 如果前件可以从任何命题推出,那么后件也可以从任何命题推出。

  A⇒B C⇒A

[①] 参阅〔英〕威廉·涅尔、玛莎·涅尔《逻辑学的发展》,张家龙、洪汉鼎译,商务印书馆 1985 年版,第 375 页。

C⇒B

（6）凡是与前件相一致的东西，也与后件相一致。

A⇒B　C↔A
―――――――
C↔B

（7）凡是与后件相矛盾，也与前件相矛盾。

A⇒B　C↔¬B
―――――――――
C↔¬A

（8）从必然不能推出偶然。

□A⇏◇A∧◇¬A

（9）从可能不能推出不可能。

◇A⇏¬◇A

（10）无论什么东西，都可以从不可能推出。

¬◇A
―――
A⇒B

（11）必然可以从任何东西推出。

□A
―――
B⇒A

在这些规则中，其中（1）与（2）就是中世纪普遍认可的推论规则：一个推论是有效的，当且仅当不可能前件是真的而后件是假的，也就是说，真的前件不可能推出假的后件，但假的前件可以推出真的后件。（1）—（9）这9条规则都可以在亚里士多德的著作中找到，或者至少可以从亚氏理论中引申出来。只有（10）及（11）与传统逻辑不同，对此奥卡姆特别指出："但是这种推论不是形式的，所以这些规则不是普遍使用的规则。"[①] 如果我们按照前面奥卡姆对于形式推论的定义，确实不属于他说的那种形式推论，因为他说的形式推论的前件与后件至少具有词项上的相关性，只是不考虑词项表达的意义，命题的形式依然要通过相关的词项表达出来，或者说，前件与后件具有命题内容上的相关性，而这两条规则完全不考虑这一点。我们从前述他举的几个例子可以看出，

―――――――

① 转引自［英］威廉·涅尔、玛莎·涅尔《逻辑学的发展》，张家龙、洪汉鼎译，商务印书馆1985年版，第376页。

这种推论是被他当作实质推论而讨论的。"如果人是驴,那么上帝不存在"可以作为规则(10)的例子,人是驴是不可能的,所以可以推出任意命题,甚至像"上帝不存在"这种他认为绝对不可能真的命题。"如果一个人在跑,那么上帝存在"可以作为规则(11)的例子,上帝存在是必然的,因此"如果一个人在跑,那么上帝存在"与"如果没有人在跑,那么上帝存在"这两个推论都是有效的,而其前件是互相矛盾的命题。奥卡姆虽然不承认(10)与(11)这两个推论是形式推论(但其后的中世纪逻辑学家普遍认可),却表达了现代逻辑两条重要的形式推演规则:从假命题可以推出任何命题,从任何命题可以推出真命题。巧合的是,现代逻辑也认为这种有效推理是由于实质蕴涵的定义所带来的,称之为"实质蕴涵怪论",这说明奥卡姆的推论思想已经有了现代逻辑的某些概念。

2. 关于联言命题与选言命题的推论(简称联言推论与选言推论)

在《逻辑大全》的第二部,奥卡姆还对包含联言命题(又称合取命题)与选言命题(又称析取命题)的推论进行了研究。表现在如下几条规则(编号续前):①

(12)一个合取命题的矛盾命题是一个由这个合取命题的各部分的矛盾命题所构成的析取命题。例如,"苏格拉底是白的并且柏拉图是黑的"的矛盾命题是"苏格拉底不是白的或者柏拉图不是黑的",这就是现代逻辑的德摩根定律。因此以下等式成立:

$\neg(A \land B) \leftrightarrow (\neg A \lor \neg B)$

(13)从一个合取命题到它的任一部分的推论是有效的。例如,"苏格拉底不在跑并且柏拉图在辩论,所以,柏拉图在辩论"。

$A \land B \Rightarrow A$;

$A \land B \Rightarrow B$

(14)当一个合取命题的各部分都是真的,这个合取命题就是真的;如果任何部分是假的,这个合取命题就是假的。

$T(A) \land T(B) \Rightarrow T(A \land B)$

$F(A) \Rightarrow F(A \land B)$

---

① 参阅[英]奥卡姆《逻辑大全》,王路译,商务印书馆2006年版,第338—341页。

F（B）⇒F（A∧B）

（15）从一个合取命题的某个合取项到这个合取命题的推论是谬误，但是在某些情况下，例如，当合取命题中的一个合取项隐含另一部分时，从这个合取项到整个合取命题的推论就是有效的。

A⇏A∧B；但是：

A→B

A⇒A∧B

（16）一个析取命题的矛盾命题是一个由这个析取命题诸部分的矛盾命题所构成的合取命题。这也是德摩根定律。因此以下推论成立：

¬（A∨B）↔（¬A∧¬B）

（17）从一个析取命题的一部分到整个析取命题的推论是有效的。这就是传统逻辑选言推理的肯定肯定式。

A⇒A∨B

B⇒A∨B

（18）从一个析取命题以及它的一部分的否定到另一部分的推论是有效的。这就是传统逻辑选言推理的否定肯定式。例如，"苏格拉底是一个人或者一头驴；苏格拉底不是一头驴，所以，苏格拉底是一个人"。

（A∨B）∧¬A⇒B

（A∨B）∧¬B⇒A

3. 附加模态的联言与选言推论

奥卡姆还把模态词与合取命题、析取命题结合起来构造有效推论。

（19）一个必然的合取命题，其各部分都是必然的。因此以下推论成立：

□（A∧B）⇒□A

□（A∧B）⇒□B

（20）一个可能的合取命题，其各部分都是可能的。因此以下推论成立：

◇（A∧B）⇒◇A

◇（A∧B）⇒◇B

（21）一个不可能的合取命题，要么一部分不可能，要么一部分与另一部分不可共存。例如"苏格拉底是白的并且苏格拉底是一头驴"是不可能的，因为"苏格拉底是一头驴"是不可能的。"苏格拉底在坐着并且不在坐着"是不可能的，因为这两部分不是共存的。因此以下推论成立：

$\neg\Diamond(A\land B)\Rightarrow\neg\Diamond A\lor\neg\Diamond B$

$\neg\Diamond(A\land B)\Rightarrow\neg(A\land B)$

（22）一个必然的析取命题，不要求它的诸部分之一是必然的。因此以下推论不成立：

$\Box(A\lor B)\not\Rightarrow\Box A$

$\Box(A\lor B)\not\Rightarrow\Box B$

（23）一个析取命题是必然的，要么因为它的一部分是必然的，要么因为它的各部分是相互矛盾的。因此以下推论成立：

$\Box A\Rightarrow\Box(A\lor B)$

$\Box B\Rightarrow\Box(A\lor B)$

$(A\leftrightarrow\neg B)\Rightarrow\Box(A\lor B)$

$(\neg A\leftrightarrow B)\Rightarrow\Box(A\lor B)$

（24）一个析取命题是可能的，那么只要它的一部分是可能的就足够。

$\Diamond A\Rightarrow\Diamond(A\lor B)$

$\Diamond B\Rightarrow\Diamond(A\lor B)$

（25）一个不可能的析取命题，要求它的每个部分都是不可能的。

$\neg\Diamond(A\lor B)\Rightarrow\neg\Diamond A\land\neg\Diamond B$

4. 直言命题与假言命题之间的推论

奥卡姆讨论了某些形式上是直言的但实际上等价于假言的命题。他说："应该注意，有的直言命题隐含着几个直言命题，后者实际上是对前者的解释，也就是说，表达这个命题以其形式所传达的东西。每个这样的直言命题都可以叫做与一个假言命题等价的命题。"[1] 例如，前述的排他命题，以及例外命题、重叠命题。我们感兴趣的是奥卡姆在以下两个例子中所体现出来的推论。例1，排他命题"只有动物是人，因此，每个人是动物"，推论规则是：一个排他命题，与一个由它的词项（指这个排他命题的词项）换位而形成的全称命题。用符号表示（S 表示驴，P 表示

---

[1] ［英］奥卡姆：《逻辑大全》，王路译，商务印书馆2006年版，第266页。

人）就是：

（26）（P←S）⇒SAP

例2，重叠命题"苏格拉底，鉴于他是一个人，是有颜色的"。它的真要求"每个人是有颜色的"并且"如果 A 是一个人，那么 A 是有颜色的。"基于此，以下推论成立：

（27）SAP⇒（S→P）

5. 关于原因命题的推论

奥卡姆对原因命题定义是："一个原因命题是一个由'由于'这个联结词或由某个与此等价的词联结两个或多个直言命题所构成的命题。……对于一个是真的原因命题而言，要求它的各部分是真的，此外，前提是结论的原因。"[①] 奥卡姆特别指出，这里的原因只能在一种宽泛的意义下使用，也就是说，只要有可以使得一个结果命题为真的任何一个原因命题就足够了。例如，"由于火出现在这块木头上，这块木头变热了"。出现在这块木头上的火是木头变热的原因，但不是唯一原因，前者是后者的充分条件，但不是必要条件。类似地，"由于苏格拉底是一个人，苏格拉底就是一个动物"也是一个原因命题。我们可以称之为充分但不必要原因。根据奥卡姆的论述，真的原因命题要求各部分都真，且前提可以推出结论。据此，以下推论成立：

（28）<u>A 是 B 的原因命题</u>
（A∧B）∧（A→B）

此外，一个必然的原因命题还要求它的两部分都是必然的。因此以下推论成立：

（29）<u>A 是 B 的必然的原因命题</u>
（□A∧□B）∧□（A→B）

可以看到，奥卡姆的原因命题及其推论，类似于现代逻辑所说的严格蕴涵。

6. 模态直言命题及其推论

奥卡姆认为直言三段论仍然是最重要的形式推论。他也是较早使用解释性三段论（expository syllogism）作为一种证明或推论方法的中世纪

[①] ［英］奥卡姆：《逻辑大全》，王路译，商务印书馆2006年版，第341页。

逻辑学家。所谓解释性三段论，就是三段论第三格的 AAI 式，但是两个前件都是单称命题，这在亚里士多德的三段论中是没有过的。但总体上，奥卡姆对于传统的直言三段论并没有提出多少新的理论，因为在他的时代，直言三段论已经非常成熟且为学界所熟知。奥卡姆在三段论上的主要成就表现在他研究了带模态词的三段论，即模态三段论与混合三段论。

他首先解释了什么是模态命题。他说，一个命题被称为模态命题，是因为命题带有如"每个人是动物是必然的""每个人在跑是或然的""每个人是动物是第一种本质模式""每个必然的东西是真的是人人皆知的""苏格拉底在跑是人们不知道的"等这样的模式。① 简单地说，如果 A 是直言命题或者复合命题，则 A 是必然的（或者或然的）就是模态命题。从他举的例子可以看出，奥卡姆所说的模态不仅仅指"必然"与"可能"这样的基本（或真势）模态，还包括"知道"这样的认知模态（他在其他地方还讨论了时态命题）。奥卡姆还区分了组合的模态（de dicto/compound）与分离的（dere/divided）模态。前者如"每个人是动物是必然的"，它意谓的是"必然"这个模态词谓述"每个人是动物"这个命题；后者如"每个人必然（或必然地）是动物"。

组合的模态与分离的模态的区分初见于阿伯拉尔，不过后者认为仅仅组合的模态并非真正的模态，只有分离的模态才能表达真正的模态命题。奥卡姆则认为，单称（主词是指示代词或者专名）模态命题，无论是必然的、可能的还是其他模态，在组合的意义上与在分离的意义上是等值的。而分离的全称或者特称必然模态命题并不蕴涵一个相应的组合的全称或者特称模态命题，反之亦然，也就是说，两者不是等值的（但是肯定的复合命题除外，例如我们前述的那些联言命题与选言命题的模态命题）。这是因为诸如"每个人是动物这是必然的"这种看似全称的组合的模态命题实际上并非全称命题，而是一个单称命题，因为其主词是一个单称命题或者是某个指代一个命题的东西。② 因此，不能由"每个人是动物这是必然的"推出"每个人必然是动物"，也不能推出"苏格拉底（或者其他什么人）是动物这是必然的"，由原命题推出的任何单称命题

---

① 参阅 ［英］奥卡姆《逻辑大全》，王路译，商务印书馆 2006 年版，第 259 页。
② 参阅 ［英］奥卡姆《逻辑大全》，王路译，商务印书馆 2006 年版，第 260—261 页。

都不能说是必然的。即使后两个命题是假的，"每个人是动物这是必然的"这个命题仍然可以是真的。反之，从"每个人必然是动物"，也不能推出"每个人是动物这是必然的"，在后者为假的情况下，前者仍然可以是真的。类似地，在复合意义上，"每个真或然命题是真的是必然的"是真的，不意谓"某个真或然命题是真的是必然的"也是真的，即使每个这样的单称命题是假的，也不能否定"每个真或然命题是真的是必然的"是真的。

但是奥卡姆认为，任何必然模态命题，无论是组合的还是分离的，当这一命题存在时，它就是真的，同时蕴涵了一个相应的直言命题（或称实然命题）的真。而一个直言命题也蕴涵了相应的可能模态命题。此外，一个不可能命题也意谓了相应的直言命题是假的。① 奥卡姆的这一思想与他对于"必然"的理解是基于现实的必然性（即首先必须在现实事物中具有必然性，然后再扩张到其他可能的事物）直接相关。基于此，以下推论成立：

(30) $\Box A \Rightarrow A$

(31) $A \Rightarrow \Diamond A$

(32) $\Box A \Rightarrow \Diamond A$

(33) $\neg \Diamond A \Rightarrow \neg A$

奥卡姆继续讨论了模态直言命题的换位推论。不过他主要是对组合的模态直言命题施行换位推论（对于这类模态命题的推论，中世纪任何逻辑学家都是认可的，且都不认为存在问题），认为分离的模态命题的直接换位推论是无效的。② 因此，他的模态直言命题的换位推论只是一般直言命题换位推论的基础上，直接加上一个模态词而已，因而也没有增加新的推论规则。例如"没有人是驴"是必然的，因此，"没有驴是人"也是必然的，这是有效的推论；但是"一个创造者必然是上帝，所以，上帝必然是一个创造者"是一个无效的推论。而后者的有效推论应该是这

---

① 参阅 William of Ockham, Summa Logicae, Ⅲ - 1.20; Ⅲ - 3.11, in G. Gál, S. Brown (ed.), Opera philosophica I, St. Bonaventure, NY: The Franciscan Institute, 1974, pp. 412 - 413; pp. 637 - 638。

② 参阅 [英] 奥卡姆《逻辑大全》，王路译，商务印书馆2006年版，第316—317页。

样的:"一个创造者必然是上帝,所以,某种必然是上帝的东西是创造者。"① 但是这样一来,就不是一个关于必然模态命题的换位推论,因为在后面这个例子中,实际上是把"必然是上帝"当作一个普通的谓词,并根据直言命题的换位规则进行换位,模态词已经完全失去其意义。实际上,奥卡姆根本不接受对分离的必然模态命题的任何换位推论。②

奥卡姆对于可能模态命题的处理,与必然模态命题有所不同。但是他同样认为不能对可能模态命题进行直接换位,所以"上帝可能是一个非创造者,所以,一个非创造者可能是上帝"与"一个在地球上生活的人可能是要下地狱的,所以,一个要下地狱的人可能在地球上生活"都是无效的推论。③

不过这与前述的规则"主词是指示代词或者专名的单称模态命题,无论是必然的、可能的还是其他模态,在组合的意义上与在分离的意义上是等值的"明显是矛盾的。因为根据后者,至少单称的模态命题,是可以进行直接换位推理的。所以奥卡姆后来根据其词项指代扩张理论做了一些修改与补充:当一个分离的可能模态命题的主词是一个普通词项或包含一个普通词项时,把这个主词的指代扩张到那些可能是或偶然是如此这般的东西,从而使得换位推论以某种方式成立。例如"某个在地球上生活的人可能是要下地狱的,所以,某个可能要下地狱的人可能在地球上生活""上帝可能不是一个创造者,所以,一个可能不是创造者的东西可能是上帝。"

再者,如果把换位之后的可能命题的主词也扩张指代那些可能如此这般的东西,而不仅仅实际上是如此这般的东西,那么"一个创造者可能是上帝,所以,上帝可能是一个创造者"也是有效的。但是对于那些词项不可能扩张指代可能或偶然的东西的命题,就不能构造这样的有效推论。例如"有的真东西可能是不可能的东西,所以,有的不可能的东西可能是真的东西"不是有效的,因为其中词项"不可能的东西"无论

---

① 参阅 [英] 奥卡姆《逻辑大全》,王路译,商务印书馆2006年版,第318—319页。
② 参阅 William of Ockham, Summa Logicae, Ⅲ-1.21, in G. Gál, S. Brown (ed.), *Opera philosophica* I, St. Bonaventure, NY: The Franciscan Institute, 1974, p.416。
③ 参阅 [英] 奥卡姆《逻辑大全》,王路译,商务印书馆2006年版,第320页。

如何不可能扩张指代可能的东西,这在逻辑上就不成立。① 因此以下推论只在有限制条件下成立:

（34）"有些 B 可能是 A"⇒"有些 A 可能是 B"（限制条件：前件与后件两个命题的主词都必须扩张指代那些可能如此这般的东西,而不仅仅是实际上如此这般的东西）

由于奥卡姆对"必然"的理解是建立在现实必然性的基础之上,因此,他没有对分离的必然模态命题做类似于上述方法的处理,这些方法仅适用于可能模态命题。同时我们也可以看到,对于可能模态命题,奥卡姆实际上仍然是把模态词非模态化,也就是说,把可能模态词与主词或谓词捆绑在一起。就"一个可能不是创造者的东西可能是上帝"这个命题而言,其主词就是"一个可能不是创造者的东西",谓词就是"可能是上帝（的东西）"。

借助于扩张指代等技术手段,奥卡姆还提出了一些新的受限制的混合模态推论,其中包含组合的模态命题与分离的模态命题:②

（35）"这是 A"是可能的⇔"这可能是 A"

（36）"这是 A"是偶然的⇔"这偶然是 A"

（37）"有些 B 是 A"是可能的⇒"有些 B 可能是 A"

（38）"所有 B 是 A"是可能的⇒"有些 B 可能是 A"

（39）"所有 B 偶然是 A"⇒"有些 A 偶然是 B"

奥卡姆还讨论了模态三段论。③ 后者是由以必然、可能、偶然、不可能等模态命题以及实然命题为前提组合而成的混合三段论,大、小前提共有 18 种组合：必然命题—必然命题,可能命题—可能命题,偶然命题—偶然命题,不可能命题—不可能命题,实然命题—必然命题,实然命题—可能命题,实然命题—偶然命题,实然命题—不可能命题,实然命题—其他模态命题（如认知、时态等）,必然命题—可能命题,必然命

---

① 参阅 [英] 奥卡姆《逻辑大全》,王路译,商务印书馆 2006 年版,第 320—321 页。

② 参阅 William of Ockham, Summa Logicae, Ⅲ - 1. 27 - 28, in G. Gál, S. Brown (ed.), Opera philosophica Ⅰ, St. Bonaventure, NY: The Franciscan Institute, 1974, pp. 430 - 433. 同时参阅 H. Lagerlund, Modal Syllogistics in the Middle Ages, Leiden: Brill, 2000, pp. 124 - 29。

③ 参阅 William of Ockham, Summa Logicae, Ⅲ - 1. 21 - 44, in G. Gál, S. Brown (ed.), Opera philosophica Ⅰ, St. Bonaventure, NY: The Franciscan Institute, 1974, pp. 416 - 476。

题—偶然命题，必然命题—不可能命题，必然命题—其他模态命题，以及其他模态命题—其他模态命题的组合。

三　柏力的推论规则

沃尔特·柏力讨论推论的特点是，他已经把推论理论同命题理论和词项属性理论完全分开，是中世纪逻辑史上最早对推论理论进行单独研究的逻辑学家。在《论纯粹的逻辑》（较短的一篇）中，他对于推论规则的阐述"直奔主题"，即直接陈述纯粹的推论规则，而对于一些相关概念则较少解释（这些概念在奥卡姆的《逻辑大全》中都有详细定义，这也是我们首先讨论奥卡姆的原因。但是在《论纯粹的逻辑》较长的那篇中，柏力都有进一步的讨论，但是后者成书时间要晚于奥卡姆的《逻辑大全》），这与此前的逻辑学家甚至同时期奥卡姆的风格形成了鲜明对比。

柏力一共提出了 10 条主要的（main）推论规则，并由此导出了一系列其他规则。

规则 1：一个简单推论是有效的，当且仅当后件不是真的，前件就不可能是真的。一个推论是当下有效的，当且仅当在推论成立的那个时间，后件不是真的，前件就不在当下是真的。

在简单推论中，这一规则有两条子规则，

1.1，从偶然命题推不出不可能命题；1.2，必然命题推不出偶然命题。因为不可能命题不成立，偶然命题也可以成立；偶然命题不成立，必然命题也可以成立。①

前者实际上是对有效推论的定义，而子规则可以理解为对偶然的定义：偶然等于可能并且可能不。

规则 2：凡是从后件可以推出的，也可以从前件推出；凡是可以推出前件的，也可以推出后件。但这条规则有两个误用，它通常在论证中导致谬误：凡是从前件推出的，也可以从后件推出；凡是推出后件的，也可以推出前件。②

柏力是最早提出这两条错误推论的中世纪逻辑学家。规则 2 的形式

---

① Walter Burley, *On the Purity of the Art of Logic: The Shorter and the Longer Treatises*, pp. 3–4.
② Walter Burley, *On the Purity of the Art of Logic: The Shorter and the Longer Treatises*, p. 4.

如下：

(1) $\underline{A \Rightarrow B; \quad B \Rightarrow C}$
$A \Rightarrow C$

(2) $\underline{A \Rightarrow B; \quad C \Rightarrow A}$
$C \Rightarrow B$

(3) $\underline{A \Rightarrow B; \quad A \Rightarrow C}$
$B \Rightarrow C$

(4) $\underline{A \Rightarrow B; \quad C \Rightarrow B}$
$C \Rightarrow A$

规则 2 有两条子规则：

2.1，凡是能从前件和后件推出的命题，也能从前件自身推出。[1]

$\underline{A \Rightarrow B; \quad A \wedge B \Rightarrow C}$
$A \Rightarrow C$

柏力还为 2.1 补充了一条重要的规则，并作为 2.1 成立的原因：每个命题蕴涵其自身与后件。例如，"苏格拉底在跑，因此，苏格拉底在跑并且一个人在跑"[2]。这一规则形式为：

$\underline{A \Rightarrow B}$
$A \Rightarrow A \wedge B$

2.2，通过后件附加其他东西可以推出的命题，也可以从前件附加这个东西推出。[3]

$\underline{A \Rightarrow B; \quad C \wedge B \Rightarrow D}$
$C \wedge A \Rightarrow D$

规则 3：每个非三段论的有效推论，前件的矛盾命题可以从后件的矛盾命题推出。而对于一个有效的三段论，结论的否定加上其中一个前提，可以推出另一个前提的否定。[4]

前者就是假言异位推论，后者就是反三段论。形式如下：

---

[1] Walter Burley, *On the Purity of the Art of Logic: The Shorter and the Longer Treatises*, p. 6.
[2] Walter Burley, *On the Purity of the Art of Logic: The Shorter and the Longer Treatises*, p. 7.
[3] Walter Burley, *On the Purity of the Art of Logic: The Shorter and the Longer Treatises*, p. 7.
[4] Walter Burley, *On the Purity of the Art of Logic: The Shorter and the Longer Treatises*, pp. 11-12.

（1） $\underline{A \Rightarrow B}$
　　 $\neg B \Rightarrow \neg A$

（2） $\underline{A \wedge B \Rightarrow C}$
　　 $\neg C \wedge A \Rightarrow \neg B$

（3） $\underline{A \wedge B \Rightarrow C}$
　　 $\neg C \wedge B \Rightarrow \neg A$

规则4：在相互矛盾的命题，其形式部分在一个命题中被肯定，就要在另一个命题中被否定。因此，命题的形式部分和主体部分不可能在相互矛盾的命题都是肯定的，相反，必须肯定一个，否定另一个。①

基于这条规则，柏力对于联言命题、选言命题、条件命题、重叠命题［reduplicative，奥卡姆对重叠命题有详细解释，即具有"鉴于 A……（所以）B"这种结构的命题，相当于一个因果命题］提出了以下4个推论：

（1） $\neg(A \wedge B) \Rightarrow (\neg A \vee \neg B)$

（2） $\neg(A \vee B) \Rightarrow (\neg A \wedge \neg B)$

（3） $\neg(A \rightarrow B) \Rightarrow (A \wedge \neg B)$

（4） $\neg(A \rightarrow \cdot B)$
　　　$A \not\Rightarrow B$

规则（4）是针对重叠命题，我们以"$A \rightarrow \cdot B$"表示"鉴于 A，（所以）B"，根据柏力的解释，对一个重叠命题的否定，意味着 A 不能推出 B，或者 A 不是 B 的原因。

规则5—规则10不属于命题逻辑推论，而是词项逻辑推论，推论的有效性依赖于对命题中词项的分析。

规则5：否定下位词项（假定取人称指代）的命题，可以从否定上位词项的命题推出。② 例如，"苏格拉底不是一个动物，因此，苏格拉底不是一个人"。

所谓上位（superior）与下位（inferior）词项，是指两个词项具有属种关系或者真包含关系（即若 P 是上位词项，Q 是下位词项，则 $Q \subset P$），

---

① Walter Burley, *On the Purity of the Art of Logic: The Shorter and the Longer Treatises*, pp. 12–13.
② Walter Burley, *On the Purity of the Art of Logic: The Shorter and the Longer Treatises*, p. 14.

含有上位词项的命题称为上位命题，含有下位词项的命题称为下位命题。以 S 代表主词，P、Q 代表谓词，P⁻、Q⁻分别代表 P、Q 的否定，则以下推论成立：

Q ⊂ P
─────────
SEP⁻ ⇒ SEQ⁻

规则6：否定词的辖域（scope）是跟随在否定词后面的东西，而不是否定词之前的东西。①

这一规则的子规则有：

6.1，当否定词置于上位词和下位词之前时，从下位命题推不出上位命题。例如，"苏格拉底不是一头驴，因此，苏格拉底不是动物"就是无效推论。

6.2，当否定词置于上位词和下位词之后时，从下位命题到特称或者不定的上位命题是有效推论。例如，"一个人不在跑，因此，一个动物不在跑"。

规则7：从周延的上位命题到周延或不周延的下位命题的推论是有效推论；但是从下位命题到周延的上位命题的推论是无效推论。② 例如，"每个动物在跑，因此，每个人在跑，并且一个人在跑"是有效的，但反之则是无效的。

规则8：从有几种原因为真的命题，到只有其中一种原因为真的命题的推论是无效推论。③ 例如，"苏格拉底没有病，因此，苏格拉底是健康的"就不是有效推论，而是谬误。

所谓一个命题在几种原因下为真，并非指具体的原因，而是基于其指代理论：当词项指代的对象不存在，相应的否定命题就是真的，而肯定命题就是假的（这一理论在布里丹的联合指代理论中有着非常详细的说明）。柏力说，一个否定命题为真的原因有两个，一是具有相反谓词的肯定命题是真的，二是其主词指代的对象不存在。例如，"苏格拉底没有病"为真，当且仅当苏格拉底不存在（因而当然不会有病），并且苏格拉

---

① Walter Burley, *On the Purity of the Art of Logic：The Shorter and the Longer Treatises*, p. 15.
② Walter Burley, *On the Purity of the Art of Logic：The Shorter and the Longer Treatises*, p. 16.
③ Walter Burley, *On the Purity of the Art of Logic：The Shorter and the Longer Treatises*, p. 18.

底是健康的（即并非有疾病）为真，而"苏格拉底是健康的"为真的原因就只需要后者。在苏格拉底不存在的情况下，"苏格拉底没有病，因此，苏格拉底是健康的"这一推论的前件为真，而后件为假，因此推论就是无效的。

有人根据这一规则，认为一个肯定命题永远不能从纯粹的否定（purely negative）命题推出来的，因为否定命题成真的原因比肯定命题多。柏力认为这一观点是错误的，例如，"有些命题是真的"这一肯定命题可以从任何否定命题推出，不管这一否定命题是怎么样的。柏力的这一反驳是基于他的一条极其重要的语义原则："每个命题都断定了自身的真。"① 每个命题当然也包括所有的否定命题。据此，"苏格拉底不在跑"，所以，"苏格拉底不在跑"这一命题就是真的，后者又可以推出"有些命题是真的"。因此，"苏格拉底不在跑，所以，有些命题是真的"就是有效推论。也就是说，对于任何否定命题 A，都可以构造一个肯定命题"A 是真的"，从而得到有效推论"A⇒A 是真的"。

规则9：当前件中出现的词项也出现在后件，但是指代不同，这一推论就是无效的，反之，则是有效的。②

例如，从"苏格拉底是一个好的铁匠"，不能推出"苏格拉底是好的"，"好的"在前件指代的是铁匠的技术，在后件指代的是一种品质。同理，从"这个洗衣女工是一个妻子，这个洗衣女工是你所有的"，推不出"这个妻子是你所有的"。

这里讨论了简单词项与复合词项的区别（柏力宣称这种区别来自亚里士多德的《解释篇》，21a，7－16；21－24），是中世纪语言逻辑研究的重要内容，也涉及组合的（conjoined）谓词与分离的（divided）谓词在推论中的区别，属于实质推论的范围。例如，柏力给出的一条规则是：需要首先确定一个分离的谓词的一部分，是否在本质上确定了另一部分，如果任一部分都不能在本质上确定另一部分，那么含有组合谓词的命题就不能从含有这种分离谓词的命题推出，其逆推论也不成立；如果一部分本质上决定了另一部分，且其指代保持不变，那么从含有这种分离谓

---

① Walter Burley, *On the Purity of the Art of Logic: The Shorter and the Longer Treatises*, p. 19.
② Walter Burley, *On the Purity of the Art of Logic: The Shorter and the Longer Treatises*, p. 23.

词的命题就可以推出含有由它们组合而成的谓词的命题,并且其逆推论也成立。①

例如,从"苏格拉底是人,苏格拉底有两只脚",不可以推出"苏格拉底是有两只脚的人",因为"人"与"有两只脚"相互都无法在本质上确定对方。从"苏格拉底是人,苏格拉底是白的",可以推出"苏格拉底是白人",并且其逆推论也是成立的,因为"白的(人种)"决定了是一个人,并且词项的指代在前后件中保持不变。但是从"苏格拉底是一个死了的人"可以推出"苏格拉底死了",而不能推出"苏格拉底是一个人",因为"死了"的指代没有发生变化,而"人"在前后件中的指代发生了变化,在前件中指代尸体,在后件中指代一个活着的人。

规则10:执行的行为(exercised act)可以推出意谓的行为(signifiedact),反之亦然。②

例如,"人是动物"可以推出"'动物'谓述'人'",反之亦然。前者是执行的行为,"是"(is)这个词就是执行谓述,而"谓述"(ispredicated)这个词就是意谓谓述。在命题中,助范畴词充当执行行为,而动词充当意谓行为。例如,量词"每个"执行周延性,而动词"周延"意谓周延性。联结词"如果"执行推论,而动词"推出"意谓推论。

对执行的行为与意谓的行为的区分也是指代理论所研究的问题,前者默认是人称指代,后者只有实质指代,这在奥卡姆那里有非常详细的论述,如果混淆或误用就会造成谬误。这也激发了我们去想象中世纪是否也有类似于现代逻辑关于对象语言与元语言的区分观念。就"人是动物"与"'动物'谓述'人'"而言,前者似乎是在谈论对象语言命题,后者似乎是以元语言命题的方式去陈述对象语言命题。

在陈述了推论的一般规则之后,柏力还给出了几条关于三段论的一般规则。

首先是两条各格所有式通用的规则:(a)前提中必须至少一个命题是全称的;(b)前提中必须至少一个命题是肯定的。因为任何结论都不

---

① Walter Burley, *On the Purity of the Art of Logic: The Shorter and the Longer Treatises*, p. 24.
② Walter Burley, *On the Purity of the Art of Logic: The Shorter and the Longer Treatises*, p. 25.

能从两个特称或者两个否定命题推出。①

其次是各格的普遍规则。第一格有两条：（a）大前提必须是全称命题；（b）小前提必须是肯定命题。第二格也有两条：（a）大前提必须是全称命题；（b）小前提必须是否定命题。第三格的规则是：（a）小前提必须是肯定命题；（b）结论是特称命题。②

我们看到，柏力对于三段论一般规则的内容，甚至其排列顺序都与我们今天的逻辑教科书一致。他在短篇的《论纯粹逻辑》中只是提出了这些规则，而在长篇的《论纯粹逻辑》中展开讨论，但与奥卡姆比较类似，此处不再详论。

奥卡姆和柏力的形式推论思想开创了一个新时代，在中世纪产生了巨大影响。在其众多追随者中，以其同时代稍晚的唯名论者、中世纪最伟大的逻辑学家之一约翰·布里丹最为著名。

第五节　布里丹的有效推论理论

如果说推论理论是中世纪逻辑学除指代理论之外最具有创造性的理论，那么毫不夸张地说，布里丹的推论学说代表了这一理论的最高成就。他不仅重新思考并修正了包括奥卡姆形式推论理论在内的前人的理论（例如模态理论），还提出了非常有创造性的有效推论定义，后者堪称布里丹对推论理论的最大贡献。而他对于直言三段论和模态三段论的处理，使得这一传统的理论达到了前所未有的高度。

布里丹对推论的研究体现在其最重要的两部著作《论推论》（*Tractatus de Consequentiis*，TC）和《逻辑大全》（*Summulae de Dialectica*，SD）之中。TC 写于 1335 年，是一篇较长的论文。SD 是一部长达一千多页的巨著，是关于逻辑的百科全书，也是中世纪最著名的"逻辑大全"之一，布里丹几乎全部逻辑思想都在该著中被讨论。在这两部著作中，前者的大部分内容都在后者的相关章节之中得到更加详细的阐述。

本节首先讨论布里丹有效推论的理论基础，然后讨论他对有效推论

---

① Walter Burley, *On the Purity of the Art of Logic: The Shorter and the Longer Treatises*, p. 27.
② Walter Burley, *On the Purity of the Art of Logic: The Shorter and the Longer Treatises*, p. 27.

的定义。① 我们将在下一节集中讨论他的具体推论规则。

一 有效推论的语义基础

与现代逻辑关于真以及有效性在内的一切逻辑理论仅仅从语义学上分析问题（即只考虑语义体系，而不考虑外在世界与事实，后者仅仅是语义解释问题）不同的是，中世纪逻辑学家的逻辑理论始终难以完全脱离其本体论，且后者在很大程度上影响他们的逻辑思想。如前所述，唯名论与实在论者对于一个词项或命题意谓的东西有着不同的看法，例如，词项是否意谓一个普遍存在的东西，命题是否有作为整体的复合意谓，逻辑的必然性是否需要现实必然性的支撑，等等，这些都直接关系到他们对于命题真假以及推论有效性的解释。与奥卡姆相似，布里丹不承认任何普遍的东西的实在性，认为逻辑中所讨论的一切东西都是某个特定的词项、特定的命题、特定的推论，它们仅仅以其单个性、特殊性而存在，这就是布里丹唯名论的本体论，也是他的一切逻辑理论的形而上学基础。基于此，任何词项、命题或是推论，当讨论它们的意义、真假或者有效性时，首先需要考虑的是它们本身是否存在，其次要考虑其意谓的对象是否存在，而不能仅仅是心灵中的概念或者思想，后者在他看来只是思考对象世界的方式。

基于此，在讨论推论之前，布里丹首先质疑了传统的命题真之理论。这些质疑不仅包含我们在前面分析过的联合指代与虚拟蕴涵这些一般的理论（参阅本书"不可解命题"章节），还包含布里丹就不同形式命题的真假提出的看法。他说："有人认为，如果一个命题所意谓的东西在现实中如它所意谓的那样，这个命题就是真的，但我认为，情况并非像字面上所说的那样。例如，如果科林以前跑得很好的马现在死了，那么'科林的马以前跑得很好'这个命题是真的，但事物在现实中并非如命题所意谓的那样，因为相关事物（科林的马）死了。或者我们可以假定所有事物都彻底被消灭了，这样命题在现实中就没有任何指代的事物，实际

---

① 布里丹对有效推论的定义笔者曾以论文《论布里丹的有效推论思想》发表，载《世界哲学》2012 年第 3 期。本书在引用时做了全面改写，并在新的原始文献的基础上，对原文中存在的个别不准确的地方做了修正。

上,现实中也没有任何事物(无论以怎样的方式)存在,但尽管如此,这个命题因为现实中的情况正如命题所意谓的那样依然是真的。类似地,'反基督者将会讲道'是真的,也并非因为事情在现实中正如命题所意谓的那样,而是因为事情在现实中将如命题意谓它们将是怎样的那样。而'将永远不会存在的东西可能存在'是真的,也并非因为事情如命题所意谓的那样,而是因为事情可能如命题意谓它们可能是怎样的那样。因此很明显,必须为不同命题以不同的方式为真指派不同的真值条件,以使认真的读者能够从中理解,对于一个肯定的命题需要指派什么,以及对于这个命题的假需要指派什么。因为同一个命题不可能同时既真又假,并且一个命题一旦被构造出来,必然是或者真或者假,人们就必须以相反的方式指派它为真或为假的原因。"①

布里丹的这段论述主要是针对传统的真之符合论,后者认为,一个命题是真的,仅仅需要命题所意谓的情况在现实中确如它所意谓那样。但是布里丹认为,仅仅考虑命题意谓的具体事物(或者命题内容)是不够的,因为在某些情况下,虽然命题所意谓的在现实中确如它所意谓那样,但其意谓的东西在现实中可能不存在,甚至这个命题的指号都可能不存在,在这种情况下,就不能认为符合条件是满足的。例如我们在前面讨论过的布里丹本人举的例子"没有命题是否定的",当现实中所有否定命题都被消灭(布里丹认为这种情况完全可能),这个命题所意谓的情况在现实中确如所意谓的那样,但是这个命题一旦被构造出来,就不可能是真的。因此,对于不同命题的真或者假,需要有不同的真值指派方式。他认为,对于现在时的肯定直言命题,其之所以为假,是因为现实中的事情在现在并非全部如命题所意谓的那样。一个过去时的肯定直言命题,其之所以为假,是因为现实中的事情在过去并非全部如命题所意谓的那样。一个可能命题之所以是假的,是因为现实中的事情可能还有所意谓的东西之外的情况。而一个否定命题(不管是必然命题、可能命题,还是现在时或过去时命题)之为真的条件恰恰是其矛盾命题(肯定命题)为假的条件。因此,在任何情况下,任何一个命题(包括不可解

---

① John Buridan, *Tractatus de Consequentiis*, pp. 63–64.

命题）都不可能同时既真又假。①

基于指代理论，布里丹还举例说明了不同命题真或假的原因（条件）的多与少：包含不周延的普遍词项（具有确切的指代）的命题，它比包含周延的普遍词项（具有模糊且周延的指代）的相应命题需要更多的真值条件。例如，"一个人在跑"，指需要苏格拉底在跑或者柏拉图在跑或者任何人在跑，命题即为真，但是"所有人在跑"需要满足每个人都在跑才是真的。之所以它们不具有同样多的真之条件，是因为这两个命题不具有相同的形式。然而，并非具有相同形式的命题的真之条件都是一样多。例如"一个人是一头驴"这个命题没有成为真命题的条件，但是具有相同形式的"一匹马是一个动物"却可以为真。因此严格地说，决定命题真假以及真之条件多与少的依据不是命题内容或命题形式，而是命题中词项的指代方式与命题的意谓方式。

把命题的意谓方式作为考虑其真之条件的一个依据，并且把前、后件命题意谓事物的方式（包括肯定、否定、时态、模态、指代方式以及相关事物是否存在等，通常需要意谓方式完全一致）也加入推论有效性的评价标准，这正是布里丹有效推论思想的特色。

二 推论的定义与分类

布里丹首先定义了三个关键术语：推论、前件与后件。

"命题分为两种，一种是主词—谓词结构的命题，另一种是复合命题。推论是复合命题，因为它是由多个命题通过'如果''因此'或者与此相等值的表达式联结而成的。这些表达式的意思是，由它们所联结起来的命题，其中一个可以从另一个推出。'如果'与'因此'这两个表达式的不同之处在于，紧接'如果'的那个命题是前件，而另一个是后件；而'因此'则与之相反。有些人认为，每个由'如果'与'因此'联结起来的复合命题都是推论，并因为这样的复合命题有真假之分而把推论分为真推论与假推论。还有些人说，如果它是假的，就不能称为推论，只有它是真的才是推论。但这不应该是讨论的问题，因为名字的意谓是约定俗成的。无论如何，在这篇论文中，我所说的'推论'都是真推论，

---

① 参阅 John Buridan, *Tractatus de Consequentiis*, p. 64。

而'前件'与'后件'表示的是在一个真或有效的推论中，从一个推出另一个的命题。"① 他又说，"推论可以这样定义：一个推论就是一个由前件与后件构成的复合命题，这意味着，前件就是前件，后件就是后件；这一表述来自前面提到过的'如果'或'因此'或其他等值的表达式（所表达的意思）。"②

应该注意的是，虽然布里丹以及大部分中世纪逻辑学家以复合命题（假言命题）或因果语句的方式去定义推论，但是在实际讨论中，推论并非假言命题，而是以假言命题表达的完整的推理或者省略式推理，这是与中世纪早期（例如波爱修斯、阿伯拉尔）不同的地方。布里丹不仅研究了有效推论，而且研究了诸多无效的推论，特别是由不可解命题而形成的无效推论，他称为诡辩。他的独具特色的有效推论思想就源自对诡辩的研究。

布里丹也对推论进行了多种不同标准的分类，但是最主要的还是把推论分为实质推论与形式推论，而其他形式的分类最终都可以划归为这种分类：

"一个推论被称为形式的，如果它对所有词项都有效且保留相同的形式。或者如果你想更精确一些就是，形式推论是这样的推论，它在每个可能构成的具有相同形式的命题下都是有效的，例如，'那些是 A 的东西是 B，因此，那些是 B 的东西是 A。'而实质推论就是并非对所有具有相同形式的命题都有效的推论，或者像通常所说的那样，推论在保留相同形式的情况下，并非对所有词项都有效。"③ 他在《逻辑大全》中还对形式推论有另一种表述："一个推论是形式有效的，如果在保持前提与结论的原有形式与组合的情况下，对其中的词项进行任意的替换都找不到反例。"④

从布里丹的定义可以看出，他不再像奥卡姆那样，把对形式推论的定义建立在所谓"中介"之上，对实质推论的定义建立在词项的意义的

---

① John Buridan, *Tractatus de Consequentiis*, p. 66.
② John Buridan, *Tractatus de Consequentiis*, p. 67.
③ John Buridan, *Tractatus de Consequentiis*, p. 68.
④ John Buridan, *Summulae de Dialectica*, p. 326.

基础之上。布里丹的定义已经完全具有现代逻辑的特征，即推论有效性的检验标准就是词项替换原则，如果一个有效推论在保留形式不变的情况下，替换其中命题的任何词项仍然是有效的，就是形式推论，否则就是实质推论。形式推论既满足必要的真值保持，也满足替换的真值保持，而实质推论仅仅满足必要的真值保持。

需要注意的是，布里丹以及所有中世纪逻辑学家并没有明确使用"逻辑形式"这一现代逻辑术语，但是他们有着与现代逻辑相同的逻辑形式概念。在现代逻辑中，我们说联结词（逻辑常项）决定了一个命题进而推理的形式。而在中世纪，逻辑学家把联结词称为助范畴词，助范畴词决定了命题的形式，而范畴词决定了命题的质料："当我们谈论质料与形式时，所谓通过命题或推论的质料，是指通过纯粹的范畴词，即主词与谓词，而撇开依附于范畴词的助范畴词；这些助范畴词或联结主词与谓词，或对其否定，或使其周延，或为其提供某种类型的指代——所有这些都属于形式。"① 因此，所谓保留相同的推论形式，就是只替换其中的范畴词，而保持助范畴词不变。

布里丹举例说，"一个人在跑，因此，一个动物在跑"这个推论，当我们对其中的词项施行替换，例如替换为"一匹马在走，因此，一块木头在走"，这个推论就是无效的，因此它就是实质推论。在这一替换过程中，为保留相同的形式，原推论中相同的词项需要替换为其他相同的词项（例如把"跑"替换为"走"），原来不同的词项也只能替换为不同的词项（例如把"人"替换为"马"，把"动物"替换为"木头"）。与奥卡姆把实质推论一般地看作"怪论"或者非正常推论类似，布里丹也认为，"在我看来，没有一个实质推论在推论中是显而易见的，除非把它划归为形式推论。而要把它划归为形式推论，就需要额外增加一些必然性命题，或者增加这样的命题，通过它与给定的前件结合而产生一个形式的推论。"② 与奥卡姆不同的是，布里丹不是根据词项的意义（例如，上帝这个词项具有存在的必然性等）去判定实质推论是否有效，而是通过把它划归为形式推论，并最终根据形式推论的判定标准去判定它是否有

---

① John Buridan, *Tractatus de Consequentiis*, p. 74.
② John Buridan, *Tractatus de Consequentiis*, p. 68.

效。例如"一个人在跑，因此，一个动物在跑"这个实质推论，布里丹根据其词项增加"每个人是动物"这个命题；如果从"一个人在跑"和"每个人是动物"可以推出"一个动物在跑"，那么这就是一个有效的形式推论，从而原推论就是一个有效的实质推论。布里丹正是通过这样的方法去判定任何非形式推论的有效性。这种方法此前也有逻辑学家提及，例如阿伯拉尔通过增加"论题"去构造完美的推论等，但只有到了布里丹这里，才被如此强调并明确把它定义为通用的方法，并一直沿用至今。

布里丹还把实质推论进一步分为简单推论与当下（utnunc）推论："一个推论被称为简单推论，是因为它不可能前件是真的而后件是假的，因此简单地说，它是有效的。一个推论不是简单地说是有效的，就被称为当下的推论，虽然有可能在没有后件的情况下前件仍然是真的，但是它在当下是有效的，因为事情正如它所说的那样，即不可能没有后件而前件是真的。"① 也就是说，两种推论的根本区别在于"时效性"。如果在任何时间下都不可能前件真而后件假，就是简单的推论。如果虽然在某些时间下可能出现前件真而后件假的情况，但至少在当下或者至少在某个时间不可能出现这种情况，就是当下推论。需要注意的是，当下未必就是说出或者构造出这个推论的时间。当下推论同样可以通过划归为形式推论的方法判定其有效性。例如，如果我们说"一个白人大主教当选为教皇"，我们可以由此推出"有位神学硕士当选为教皇"；再如，当我们从"苏格拉底在跑，柏拉图在跑，罗伯特在跑"推出"每个人在跑"，这就是分别通过增加尽管不是必然，但可以与前件相结合的命题"白人大主教是神学硕士"以及"每个人仅包括苏格拉底或柏拉图或罗伯特"，从而使一个原本只是当下有效的推论，划归为有效的形式推论。

三　布里丹对经典有效性定义的质疑

我们刚刚讨论了布里丹对推论有效性的一般判定，即对形式推论施行替换原则，把实质推论划归为形式推论。这种方法实际上就是通过具体例子去检验一个已经形成的推论是否有效。按照现代逻辑术语，这种方法就是所谓"解释方法"。但是解释方法只能说明一个推论不是有效

---

① John Buridan, *Tractatus de Consequentiis*, p. 68.

的，而无法证明它是有效的，推论有效性的判定最终还是要通过有效性的一般定义。布里丹接下来就讨论了这一问题。

经典逻辑（无论是传统的还是现代的，包括中世纪大部分逻辑学家）对有效推论做了如下定义，被称为有效推论的经典定义：一个推论是有效的，当且仅当不可能前件真而后件假。这就是说，在经典逻辑中，一个推论是有效的，仅依赖于前后件的真假关系，如果前件是真的，后件也必须是真的，否则推论就是无效的。

但这一为布里丹所熟知的定义面对他自己的推论学说，却遇到了很大的问题——经典的推论有效性定义是不充分的。他说："既然前件与后件被认为是相互关联的，那么在定义它们时，就需要根据与对方的关系而定义。很多人说，关于这两个命题，如果不可能这个是真的而另一个不是真的，则这个命题就被认为是另一个命题的前件；并且，如果不可能当另一个是真的时这个不是真的，则这个命题就被认为是另一个命题的后件。但是，这种描述是有缺陷的或不完整的，因为'每个人都在跑，因此，有些人在跑'就是一个有效推论，然而，完全有可能第一个命题是真的而第二个命题不是真的，例如，当第二个命题根本就不存在的情况下。"①

布里丹之所以说完全有可能第一个命题是真的，同时第二个命题不是真的，还是基于他关于指号的语义理论。在他看来，任何命题都是暂时的，偶然发生的事情，因为任何心灵命题都要以话语或句子的形式存在。因此，当在某种条件下"每个人都在跑"为真，而后一个命题"有些人在跑"为真的基本条件消失，比如像他本人说的，这个命题根本就不存在，命题指号完全消失，在这种情况下，后一个命题就是假的。这样就会出现了一个前件真而后件假的有效推论。至于为什么布里丹认为这个推论是有效的，则需要通过其推论有效性的最终定义得到解释。这正是本文随后要解决的问题。

然而，这一解释似乎很容易被反驳。正如布里丹所说："所以，有人给出了不同的定义，说一个命题是另一个命题的前件是这样一种情况：当两个命题被一起提出时，不可能这个命题所意谓的情况确如它所意谓

---

① John Buridan, *Tractatus de Consequentiis*, p. 67.

的那样，而另一个命题所意谓的情况不是它所意谓的那样。"① 我们可以称这一定义为加强版经典有效性定义，就是说，当两个命题被一起提出时（实际上在构造推论时通常如此，人们不可能单独说一个前件或者后件），如果一个命题确实是另一个命题的前件，就不可能出现前件命题指号存在，而后件命题指号不存在的情况，这样也就不会出现"每个人都在跑"为真，而"有些人在跑"为假的情况。

但布里丹认为，即使这样，问题依然存在。除了增加前后件同时存在，与经典定义没有区别。因为这个定义同样一般地假定了每个真命题之所以为真，是因为情况都是命题所意谓的那样，但正如前面所讨论过的，命题意谓的方式并非相同的，而且即使一个命题所意谓的情况确如命题所意谓的那样，命题也不一定是真的。布里丹说："我仍然要说，这一定义是无效的，因为下面就是一个无效的推论：'没有一个命题是否定的；因此，没有驴在跑'，但依照第二个定义，我们应该承认它是有效的。我来证明我的第一个宣称（即这个推论是无效的——引者注）：因为其后件的否定并不能推出前件的否定，即下面这个推论是无效的：'有些驴在跑；因此，有些命题是否定的'。第二个宣称（即这个推论是有效的——引者注）是一目了然的，因为称为前件的第一个命题不可能是真的，因此，就不可能出现第一个命题是真的而第二个命题不是真的这种情况。"②

这就是说，"没有一个命题是否定的；因此，没有驴在跑"，根据经典有效推论的定义，是一个有效推论。因为其前件是一个自我指称自我证伪的命题，是永假的，不管后件是真的还是假的，根据定义，推论都是有效的。然而其逆否推论"有些驴在跑；因此，有些命题是否定的"是无效的。后者之所以无效，原因在于这一推论并不能确保在任何情况下，前件真时后件一定是真的。正如前面所说的，当所有否定命题被消灭时，就会出现前件真而后件假的情况。根据经典推论规则，一个推论的逆否推论等值于原推论［在中世纪乃至现代逻辑，推论（A→B）与（¬B→¬A）具有等效性是被一致接受的，即（A→B）是有效的，当且仅

---

① John Buridan, *Tractatus de Consequentiis*, p. 67.
② John Buridan, *Tractatus de Consequentiis*, p. 67.

当（¬B→¬A）是有效的]，既然原推论的逆否推论无效，那么原推论也是无效的。因此原推论"没有一个命题是否定的；因此，没有驴在跑"既是有效，又是无效的。这样，经典有效推理定义就是矛盾的。必须指出，这两个推论在布里丹的理论下都是无效的，除了不符合布里丹的有效性规则，还有另一个原因，即中世纪大多数逻辑学家所理解的有效推论同时也应该是"合理的"推论，而这两个推论显然都是不合理的，或者就是"怪论"或诡辩，因而也都不是有效的。

经典有效推论在布里丹逻辑下的矛盾可以通过如下直观的演算方法展现出来：

（1）一个推论是有效的，当且仅当若其前后件都存在，[①] 后件假时前件不可能是真的。

[有效推论的经典定义]

（2）任何自身的存在使得自身为假的命题都不可能是真的。

[不证自明]

（3）"没有一个命题是否定的"这一命题的存在使得自身为假。

[不证自明]

（4）"没有一个命题是否定的"这一命题不可能是真的。

[根据（2）（3）推出]

（5）"没有一个命题是否定的，因此，没有驴在跑"的前件不可能是真的。 [根据（4）]

（6）"没有一个命题是否定的，因此，没有驴在跑"这一推论若其前后件都存在，当后件假时，前件不可能是真的。

[根据（5），前件不可能是真的不以后件真假为条件]

（7）"没有一个命题是否定的，因此，没有驴在跑"这一推论有效。

[根据（1）（6）]

（8）当"有些命题是否定的"为假时，"有些驴在跑"可以为真（若它们都存在）。 [后者为真独立于前者的真假]

---

① 布里丹所谓一个命题是存在的，是指它已经被构造出来了，亦即它以话语或文本的方式存在，因此他不认为命题是没有时间性的永恒，而是暂时的。这是他整个论证的前提，也是其唯名论使然。

(9)"有些驴在跑,因此,有些命题是否定的"这一推论无效。

[根据(8)(1)]

(10)"有些驴在跑,因此,有些命题是否定的"是"没有一个命题是否定的;因此,没有驴在跑"的逆否推论。　　　[不证自明]

(11)一个推论的逆否推论无效,那么原推论也无效。　[不证自明]

(12)"没有一个命题是否定的,因此,没有驴在跑"这一推论无效。

[根据(9)(10)(11)]

(13)"没有一个命题是否定的,因此,没有驴在跑"这一推论既有效,又无效。　　　　　　　　　　　　　　　　[根据(12)(7)]

据此我们已经推出布里丹通过归谬法所得的结论,即"没有一个命题是否定的,因此,没有驴在跑"这一推论既有效,又无效,由此推出经典有效性的定义是不一致的。

可能有人认为,如果我们离开布里丹基于指号的语义封闭理论,上述归谬显然是不成立的。因为按照经典逻辑规则,当"没有一个命题是否定的"为假时,其矛盾命题"有些命题是否定的"不可能为假。实际上,"没有一个命题是否定的"在任何语义学(包括布里丹的语义学)中都永远不可能是真的,其自身结构已经使之为假,因此,其矛盾命题"有些命题是否定的"永远不可能为假,否则就会出现矛盾律不成立的情况。相应地,"有些命题是否定的"为假这种情况在这个推理序列中根本不可能出现。而这正是序列中第8个公式的意思,它是所有后续论证的依赖性假设。由于后续论证建立在一个假设的基础之上,而最后这个假设并没有消去,因此,最后的结论也不过是一个假设,这一归谬是无效的。

但是这一反驳仍然是有问题的。理由一:"有些命题是否定的"的真假独立于"没有一个命题是否定的"的真假,人们认为前者为真时,并非从后者推出来的。也就是说,并非因为"没有一个命题是否定的"是永假的,而认为"有些命题是否定的"是永真的。假如这一点也可以被反驳,即人们就是这样来判定它们之间的真假关系的(这可能也是有道理的,例如,在假定直言命题之间的对当关系在这种情况下依然成立,就可以做如此推论),那么我们给出第二个理由:"有些驴在跑;因此,有些命题是否定的"这一推论即使在经典逻辑下,也同样应该被认为是无效的。虽然这个推论的前、后件事实上可以同时为真，即不会出现前件真而后件假的情况，但是不能据此认为它就是有效的，因为经典逻辑在考虑一个推论是否有效时，也仅仅是考虑其形式，而这一推论的形式是"有些 S 是 P，因此，有些 Q 是 R"，它根本无法在词项替换下，保证前件真时后件一定是真的。

而按照布里丹的语义学，这一归谬当然是没有问题的。根据他对有效推论的最终定义，第（8）行所描述的情况使得第（9）行是一个无效的推论，并不需要依赖于原推论的前件"没有一个命题是否定的"（稍后详述）。因为他对有效性的定义不是根据经典逻辑对命题之为真之定义，而是根据命题的指代或者命题的意谓方式，同时要考虑命题指号的存在与否。这正是布里丹的定义不同于经典定义最根本的地方：推论的有效性不可简单地基于命题的真假，否则就可能导致不一致。

四　布里丹对有效推论的最终定义

上述推论之所以证明了经典有效推理定义的不一致，乃由于布里丹基于其唯名论语义学，使用了一个自我指称且自我证伪的命题作为前件，并且假定这一命题的假并不影响与之相关的命题（比如矛盾命题）的真假，即在某种情况下，它可以与其矛盾的命题同时为假。布里丹认为，一个推论的前件如果是一个自我证伪的命题，那么只要是仅仅根据真去定义其有效性，一定会出现不一致。我们将从他举的例子"没有一个命题是肯定的，因此，角落里有一根拐杖"①，转到他对推论有效性的定义。为了一致地说明前述推论，我们把这个推论改为"没有一个命题是否定的，因此，角落里有一根拐杖"，做这种处理是为了在不失严格性的前提下，更快地导出他对有效性的定义。

布里丹认为，如果按照经典定义，"没有一个命题是否定的，因此，角落里有一根拐杖"是一个有效推理，因为其前件永假。但是按照他的理论，这一推论完全可能是无效的。根据基于指号的逻辑，当人类构造第一个否定命题之前，没有一个否定命题存在，因此，"没有一个命题是否定的"诚如它所意谓的那样，但是此时，角落里完全可以没有任何拐

---

① John Buridan, *Summulae de Dialectica*, p. 953.

杖，因此"角落里有一根拐杖"就不是它所意谓的那样，在这种情况下，这个推论就是无效的。

在刚才的讨论中，我们已经涉及了一个推论在布里丹看来是无效的原因，即前件所意谓的东西诚如它所意谓的那样，但是后件所意谓的东西不是它所意谓的那样。所以，我们立即转到布里丹对推论有效性的最终定义。

布里丹在建构他认为不会产生不一致的推论有效性定义时是分两步进行的。首先，他按照亚里士多德的符合论，给出了一个粗略的定义（定义1）："不可能事物是第一个（命题，即前件）所意谓的那样，但不在第二个命题（后件）中意谓它是那样，因此，这个推论是有效的。根据我们此前对诡辩的讨论中所说的什么是有效推论，这个结论似乎是明显的，你无法用其他方式表达一个推论何以是有效的理由。"①

但是这里有一个极其重要的问题需要说明。虽然布里丹的联合指代从本质上看，也是一种条件的符合，联合指代理论也可以认为是广义上的符合论，但是他的联合指代理论显然不是亚里士多德的那种符合论。亚氏的符合论被称为"经典符合论"，他在《形而上学》中，对符合论做了定义："说是者不是或者说不是者是，就是假的，而说是者是或者说不是者不是，就是真的；因而任何关于任何事物是或者不是的判断都陈述了要么是真的东西要么是假的东西。"② 他在《解释篇》中的说法可以看作对这一定义的例示："一个人存在着这个事实，蕴涵着'他存在着'这个命题的正确性，并且这种蕴涵的关系是交互的；因为，如果一个人存在，那么，我用来断定他是存在的那个命题也就是正确的，反过来说，如果我们用来断定他存在的那个命题是正确的，那么他就是存在的。"③ 这大概是对符合论最早的清晰表述。显然，这种符合论是把命题作为一个"整体"去意谓它所意谓的事物，如果事物是命题所意谓的那样，命题的符合条件就是满足的，命题也就是真的。至今这一理论仍然是真之

---

① John Buridan, *Summulae de Dialectica*, pp. 956–957.
② Aristotle, *Metaphysics*, 1011b, pp. 24–28.
③ ［古希腊］亚里士多德：《范畴篇 解释篇》，14b15–21，方书春译，商务印书馆1986年版，第46页。

符合论的主流或核心。而布里丹的联合指代理论，仅仅考察命题中词项的指代，即把范畴词所意谓的事物之间是否具有重合关系作为判定命题是否有联合指代的标准，它既不认为命题有作为一个整体所意谓的东西（其唯名论不允许命题意谓之物具有本体论上的存在），也没必要说具有联合指代的命题就是真的，它不需要明确的真假概念。因此，亚里士多德的经典符合论在布里丹的逻辑中遇到了麻烦。他之所以引用亚里士多德的定义，一是他把亚里士多德的公式看作他自己的公式的一个缩写，而后进行修正；二是他认为，这一经典定义在通常情况下并没有什么问题，对于判定绝大多数推论的有效性来说是足够充分的，而反例也是极少的，因此，他本人也经常使用这一定义。①

那么，亚里士多德的上述定义究竟有什么问题？布里丹认为，问题就在于他仅仅把命题的"符合条件"——命题作为一个整体所意谓的东西是否就是它所意谓的那样——作为命题真之条件。但正如我们在"没有一个命题是否定的"这种情况下所看到的那样，在语义封闭的条件下，完全有可能一个命题的符合条件在某种可能情况下（比如人类构造第一个否定命题之前）是可以满足的，但在那种情况下命题依然不可能是真的，因为正是其自身的存在使得自身为假。说谎者类型的命题就是此类命题。这样我们就解释了前述的问题，即为什么"有些命题是否定的"是假的，而其矛盾命题"没有一个命题是否定的"同时也是假的。这是因为在人类构造第一个否定命题之前的这种可能情况下，"有些命题是否定的"肯定是假的，因为事物不是它所意谓的那种情况；而"没有一个命题是否定的"尽管满足了"符合条件"（按照亚里士多德的符合论，它应该是真的），② 但它本身依然不可能是真的，因为其自身的结构或者说所意谓事物存在的方式决定了自身的假。在这种情况下，如果仅仅按照亚里士多德真之符合论，包含了此类命题的无效推论就可能成为有效推论。因此，亚里士多德的符合论对于命题的真以及推理的有效性来说是

---

① 参阅 John Buridan, *Tractatus de Consequentiis*, p. 67。
② 显然布里丹不认为亚里士多德的符合论有像他的唯名论那样的要求，即强调命题指号的存在。也就是说，当亚氏的经典符合论考虑"没有一个命题是否定的"之真假时，仅需看实际中有没有命题是否定的，无须考虑这个命题本身的存在。

不充分的。

那么，定义1应该如何理解？布里丹说："……我回答它应该被理解为包括命题的存在，……一个推论除非存在，否则无所谓真假，并且一个推论的有效或者真，需要其前后件都存在。有了这个假设，我们给出规则：一个推论是有效的，如果不可能事物是前件所意谓的那样，而不在后件中意谓它是那样。但这个规则可以有两种理解方式：按照第一种理解方式，它是一个在复合的意义（composite sense）上关于不可能的命题，在常用的意义上使用，它意味着以下是不可能的：'当它被建构了，事物是前件所意谓的那样，而不是后件所意谓的那样'。若按这种方式，这一规则就是无效的，因为这一规则可以推出诡辩是真的，其论证就是根据这种假的规则进行的。按照另一种理解方式，该规则被理解为一个在分离的意义（divided sense）上关于不可能的命题，因此它的意义是：一个推论是有效的，如果不管前件以何种方式意谓（事物是那样），那么不可能事物以这样的方式是那样，而在后件意谓（事物是什么样）时，事物不以这样的方式是那样。很显然，这一规则不会证明诡辩命题是真的，因为不管命题'没有一个命题是否定的'以何种方式意谓，都有可能事物以这种方式是那样，而在另一个命题的意谓中，它不以这种方式是那样；因为下面就是这种情况：如果虽然所有肯定命题依然是存在的，但否定命题都被消灭了，而这是有可能的。"①

布里丹的意思是，在经典有效性定义的基础之上，加上"这个推论的前后件都是存在的"，从而"不可能一个推论被建构了，但事物是前件所意谓的那样，而不是后件所意谓的那样"，这一加强版的推论有效性定义（定义2）仍然是无效的，因为这种情况可能会导致无效的推论变成有效的推理，也可能导致诡辩命题是真的。因此，布里丹对推论有效性的最终定义（定义3）就可以整理为：

> 一个推论是有效的，当且仅当，不论前件以何种方式意谓事物是它所意谓的那样，都不可能事物是前件所意谓的那样，而不在后件中以与前件同样的方式意谓事物是它所意谓的那样。

---

① John Buridan, *Summulae de Dialectica*, pp. 957–958.

或者换一种更简洁但意思相同的表述方式：

> 一个推论是有效的，当且仅当，不论前件以何种方式意谓事物是它所意谓的那样，后件都能以同样的方式意谓事物是它所意谓的那样。

这是关于推论的一个划时代的定义。具体地说，推论的有效性不能简单地建立在命题的真假的基础上，而是要建立在构成推论的相关命题之意谓方式的基础之上。一个推理是有效的，不仅需要前后件都被构造出来，都是实际存在的，同时它们各自所意谓的事物就是它们所意谓的那样，而且需要无论命题以什么方式意谓，后件都能以与前件同样的意谓方式，保证其意谓的对象都是它所意谓的那样。这种定义显然排除了同时包含不可解命题和常规命题的推论的有效性，因为不可解命题的意谓方式与常规命题的意谓方式明显是不同的。总之，在经典定义下有效的推论在布里丹的定义下未必是有效的，两种有效性定义具有不同的标准。我们接下来讨论这一问题。

首先，以"每个人都在跑，因此，有些人在跑"这一所有命题都是常规命题为例，它在经典有效性定义和布里丹的推论定义下都是有效的。对于前者，这个推论不可能前件真而后件假。对于后者，假定前后件的命题指号都存在，前件是这样意谓事物的：所有是人的东西与某些在跑的东西具有联合指代；后件是说：有些是人的东西与有些在跑的东西具有联合指代。当前件的联合指代满足时，后件的联合指代显然也以同样的方式而得到满足。因此，这个推论是有效的。

对于不包含自我指称自我证伪的命题的推论，经典有效性定义是不会有什么问题的。但是，对于"没有一个命题是否定的；因此，没有驴在跑"这个推论来说，情况就有所不同。其前件是一个包含自我指称、自我证伪的命题，是永假的，因此它在经典有效性基于前后件真假的定义下是有效的。但在布里丹的定义下是无效的。因为前件作为一个自我否定式的命题，在布里丹的逻辑中永远没有联合指代，也永远无法与其他非此类命题一起，组成一个可以满足"无论前件以怎样的方式意谓事物是那样，后件也以同样的方式意谓事物是那样"这条标准的有效推论。

也就是说，它与任何常规命题组成的推论都不可能符合这条标准，它就是无效的推论。但是也有例外，即当两个命题都是自我指称且具有相关性时，例如"所有命题都是肯定的，因此，没有一个命题是否定的"这一推论，在经典有效性定义下一般认为是有效的。一是这两个命题逻辑等值，因此推论有效；二是就它们都是自我指称且具有相关性而言，假设前件为真，则后件为假，但当后件为假，前件也是假的，因此，推论有效。在布里丹的有效性定义下，这一推论毫无疑问也是有效的。[①] 假设前件所意谓的确如所意谓的那样，即所有命题都是肯定的，没有否定命题，但这一推论只要构造出来，后件所意谓的并非如所意谓的那样（后件意谓没有一个命题是否定的，但其自身也是一个否定命题），此时前件所意谓的也并非如所意谓的那样（所有命题都是肯定的）。根据定义，推论有效。

另外，根据基于指号的逻辑，一个命题与另一个命题，一个推论与另一个推论之间在真假或是否有效上也是相互独立的。例如"有些驴在跑；因此，有些命题是否定的"这一推论是无效的，但它的无效并非因为"没有一个命题是否定的；因此，没有驴在跑"的无效而无效，例如，它可以是"在人类构造第一个否定命题之前"这种特殊情况下而无效。由于这个推论的无效完全是基于其意谓方式，即前件所意谓的对象是它所意谓的那样（因为可以假定有些驴在跑），而后件所意谓的对象不是它所意谓的那样（因为不存在任何否定命题），所以此时根本不用管"没有一个命题是否定的"这个命题的存在与真假，因为这一命题在意谓方式上不同于"有些命题是否定的"，它之所以为假是由于其自身的结构，而"有些命题是否定的"之所以为假乃由于所假定的特殊情况。这就是前述产生"第（8）行所描述的情况使得第（9）行是一个无效的推论，并不需要依赖于原推论的前件'没有一个命题是否定的'"这一推断的原因所在。

五　布里丹的有效性定义所涉及的其他逻辑问题

我们需要对布里丹的有效性理论做一个简评。在上面的分析中我们

[①] 参阅 John Buridan, *Summulae de Dialectica*, pp. 954–955。

看到,如果排除自我指称等不可解命题,同时排除唯名论,那么经典符合论以及推理的经典有效性定义就不会出现自相矛盾。因此问题就是:第一,是否应该排除自我指称命题?第二,唯名论是否合理?即词项与命题是否基于指号而存在?第三,是否应该坚持经典符合论?即到底应该如何判定命题的真与假,是否真与假是决定推论有效性的唯一依据?

第一个问题是关于自我指称的问题。我们在讨论不可解命题中已经谈到了这个问题。包括现代逻辑在内的经典逻辑在解决不可解命题的过程中建构了各种不同的真之理论,但是绝大多数理论都把自我指称的语句排除在逻辑之外,这样在它们的推理体系中,也基本不会考虑这类命题。相反,在布里丹的逻辑中,这类命题不仅没有被排除在逻辑之外,反而对它们做了详细的解释,并把它们用于推论或者对诡辩的反驳之中。

第二个问题实际上牵涉了逻辑学中的本体论问题。在经典逻辑中,较少严肃考虑表达词项与命题的语言或者符号是否消失这种问题,或者说,在它看来这根本就不是问题。可能的理由是,不管表达这些词项或命题的是自然语言还是人工语言,反正它已经是存在或被创造出来了,我们就是在这样的背景前提下描述或构造各种逻辑理论。至于假如真的都消失了(按照布里丹的唯名论,此时逻辑将不再存在),那也不在逻辑的考虑之中,或者说不是逻辑本身的问题。实际上,这也同时涉及了逻辑及其规则的本质问题,比如,逻辑规则到底是客观存在的,还是人为的规定或约定俗成。如果是后者,某个规则被固定下来的原则与依据是什么等一系列问题。经典逻辑发展到现代逻辑阶段,虽然对这些问题也有所研究,但往往是把对纯逻辑的研究与对逻辑中的哲学问题的研究分开,后者逐渐转向了哲学研究。而这两种问题在中世纪逻辑学家那里并没有完全分开,特别是逻辑哲学也被作为逻辑理论本身的一部分。

第三个问题可以说是经典符合论的语义本质问题,其核心是"真"是什么与什么的符合。这里首先涉及逻辑学中的本体论承诺问题。经典符合论从根本上看,是通过考察命题作为一个整体所复合意谓的某种东西的实在性,去确定命题的真假。中世纪早期思想家以及绝大部分实在论者都持这一立场,他们称命题的整体意谓为命题断言(dictum),也称为命题复合意谓的东西(complexesignificabile)。但是,诸如命题"荷马是盲的"作为一个整体所复合意谓的东西是什么?只能是"荷马的盲性

(blindness)"，这就必须承诺这一性质的真实存在。但是，这种神秘的性质实体又将以何种方式而真实地存在？经典符合论并没有说清楚这个问题。布里丹的联合指代理论虽然也是一种符合，但他无须对"命题实体"这种抽象的东西做出任何承诺，他需要承诺的仅仅是范畴词所意谓的具体的东西的实在性，而在他的唯名论中，范畴词所意谓的东西仅仅是三种类型：单个实体（比如苏格拉底），量（比如一个雕像的高度）与质（比如墙壁的白色）。这些东西全部都是以个体的方式存在，不存在任何普遍的抽象实体。由此也可以看出布里丹把全部语义学建立在自然语言指号以及单个存在物的基础上的合理性。而现代逻辑也不是没有本体论承诺，只不过它"承诺"的仅仅是在其语义体系中，那些东西应该是被断定的，因此，只是对语义元素的承诺，而没有对外在事实或事物的承诺，后者在它们看来不属于逻辑问题。

再者，经典逻辑以单纯的真假去定义推论的有效性，也确实存在问题。也就是说，推论的前后件（或前提与结论）在真假上相互独立，"各自为政"；无须考虑它们在内容上的关联，也不考虑前后件在命题意谓方式上的关联或不同。这种松散的定义有时会导致严重的问题，例如所谓"实质蕴涵怪论"问题，后者即使在严格蕴涵理论中也是存在的。而布里丹基于指代的推论就没有这种问题。虽然我们在讨论布里丹的思想时，也根据他的联合指代理论去定义命题的真假，但实际上，在他的全部逻辑中，都无须使用真假这两个字，他对于有效性的定义也不是建立在前后件的真假的基础之上。布里丹的这种逻辑被某些逻辑史家（比如克里马）称为"不需要真之逻辑"（logic without truth）——"这种逻辑对于真之理论来说是没有用的"①。因为对布里丹来说，一个命题是否为真仅仅需要考虑相关的指代，即联合指代，当一个命题具有联合指代，我们就称它为真；对一个有效推论而言，他只需要考虑前后件本身是否存在，并且是否以同样的方式去意谓事物的存在，或者说以同样的方式去联合指代。总之，这些不同的语义学何者更合理，至今仍然是一个见仁见智的问题。

---

① G. Klima, *John Buridan*, New York: Oxford University Press, 2009, p. 237.

第六节　布里丹的推论规则

本节讨论布里丹的有效推论规则。布里丹对各种推论做了全面而系统的研究，包括词项逻辑推论、模态命题推论以及复合命题推论，可以说是中世纪推论规则的集大成者。

一　直言命题直接推论

直言命题直接推论是指由一个直言命题作为前提，推出另一个直言命题的推论，包括对当关系推论、换质推论以及换质位推论。

1. 对当关系推论

自现代逻辑创立以来，逻辑学家对于"每个人都在跑"这样的全称命题，都是按照弗雷格的解释，把其语义处理为"对任何东西来说，如果它是人，那么他在跑"。但是"如果它是人"并没有实际断定它是人，特别是并没有断定人一定是存在的，即使人灭绝了，这个命题依然是真的。他们还给出了诸如"如果一个事物不受外力的作用，那么它将永远做匀速直线运动或者静止"来证明这一点，因为事实上根本不存在不受外力作用的事物，而这个命题是一个被科学证明了的定律。但是特称命题"有些人在跑"的主词需要遵循存在输出的语义原则，即这个命题的语义是"至少存在一个东西，它是人，并且在跑"，显然，这里断定了人是存在的。因此按照现代逻辑，"每个人都在跑，因此，有些人在跑"并不是一个有效的推理，因为当主词"人"为空概念时，前件是真的，而后件是假的。如果按照这种语义解释，亚里士多德关于直言命题的对当关系中，当命题的主词指代的对象不存在，则只有矛盾关系成立，其他关系（反对、下反对、从属关系）都是不成立的。也就是说，传统对当关系成立的前提是命题的词项并非空概念，这也确实是亚里士多德本人默认的。

但是布里丹的联合指代理论似乎不需要词项的存在预设原则。如前所述，布里丹认为，当一个肯定命题的主词（或谓词）为空概念，即其指代的东西不存在时，这个命题的主词与谓词就不可能联合指代某个或某些具体事物，也就是说，命题不满足联合指代的条件，因此，这个肯定命题就是假的。但是具有相同词项（称为具有同一素材或质料）的否定命题就是真的，因为否定命题在布里丹的语义学下，是以否定的方式联合指代某物，只有当其联合指代的东西不存在时，命题才是真的。

另一方面，当由词项相同而仅仅是形式不同的命题作为前后件构成一个推论时，显然也满足布里丹有效推论的基本条件：两个命题可以相同的方式（包括肯定、否定、指代方式等）意谓事物。基于此，无论主词指代的对象是否存在，传统的直言命题之间的对当关系都是成立的。以"每个人都在跑"（传统逻辑称为 A 命题，即全称肯定命题）为例，同一素材的其他三个命题分别为：没有人在跑（E 命题，即全称否定命题），有些人在跑（I 命题，即特称肯定命题），以及有些人不在跑（O 命题，即特称否定命题）。假定人不存在（正如布里丹所说，理论上完全有这种可能），此时，肯定的命题无论其量词是全称、特称还是不定的，都是假的，即 A 命题与 I 命题都是假的；而相应的否定命题都是真的，即 E 命题、O 命题为真。根据布里丹的推论定义，以下推论成立（以下各符号意义同第四节）：

(1) A⇒I（从属关系推论）
(2) E⇒O（从属关系推论）
(3) ¬I⇒¬A（从属关系推论）
(4) ¬O⇒¬E（从属关系推论）
(5) A⇒¬E（反对关系推论）
(6) E⇒¬A（反对关系推论）
(7) ¬I⇒O（下反对关系推论）
(8) ¬O⇒I（下反对关系推论）
(9) A⇔¬O（矛盾关系推论）
(10) E⇔¬I（矛盾关系推论）

如果人是存在的，传统的对当关系当然毫无疑问是成立的。因此，传统直言命题之间对当关系推论的成立，在布里丹的逻辑中，并不需要假定主词的指代是非空的，他本人也并没有强调这一点。布里丹的对当关系推论可以通过如下的经典逻辑方阵图反映出来：[1]

---

[1] John Buridan, *Summulae de Dialectica*, p. 38.

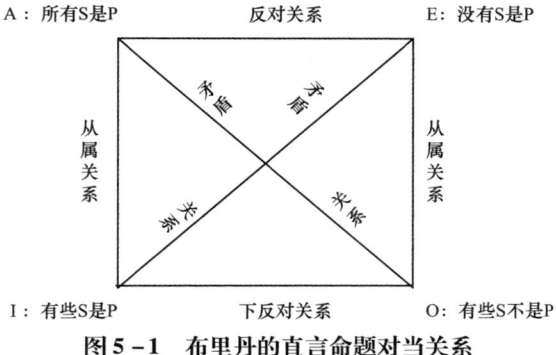

```
A：所有S是P        反对关系        E：没有S是P
          ╲矛盾╱
从属关系    ╳          从属关系
          ╱矛盾╲
I：有些S是P        下反对关系      O：有些S不是P
```

图 5 - 1　布里丹的直言命题对当关系

2. 换位推论

布里丹讨论了直言命题的换位（conversion）推论。考虑到词项的周延问题以及由此带来的某些推论的无效，换位推论的一般规则概括起来就是：①（a）全称或者特称的肯定直言命题可以换位推出特称肯定命题；（b）全称否定命题可以换位推出全称或者特称否定命题；（c）特称否定命题不能（根据形式）换位推出任何命题；（d）单称肯定命题可以换位推出特称肯定命题；（e）单称否定命题可以换位推出全称否定命题。这样，可以构造的有效推论就是（以 SAP、SEP 分别表示全称肯定与全称否定命题，SIP 与 SOP 分别表示特称肯定与特称否定命题，SaP 与 SeP 分别表示单称肯定与单称否定命题，S 是主词，P 是谓词）：

(11) SAP⇒PIS

(12) SIP⇒PIS

(13) SEP⇒PES

(14) SEP⇒POS

(15) SaP⇒PIS，例如，苏格拉底在跑，所以，有些在跑的（人）是苏格拉底。

(16) SeP⇒PES，例如，柏拉图不在跑，所以，所有在跑的（人）不是柏拉图。

3. 换质位推论

布里丹还研究了直言命题的换质位（contraposition）推论。不过由于

---

① John Buridan, *Tractatus de Consequentiis*, p. 84；p. 91.

词项指代与扩张理论，以及对有效推论的严格定义，与我们今天对于换质位的处理方式相比，布里丹的换质位推论被限制在非常小的范围内："换质位就是把主词换成谓词并把谓词换成主词，但保持原命题的质与量，并且把限定性（finite）词项改为非限定性（infinite）词项。"① 但是他强调，所有换质位推论都不是形式推论，但是在假定所有词项都指称某些事物并且词项（的指代）具有稳定性的情况下，这种推论是有效的；如果词项不指代任何东西，这种推论就是无效的。②

他给出了正反两方面的例子。所有限定性谓词指代一切东西的全称肯定命题，以及限定性主词不指代任何东西的特称否定命题都不能换质位。例如，"每个人都是一个存在物，所以，每个非存在物都是一个非人"就是无效推论，因为其前件是真的，但是后件是假的。后件之所以为假，乃由于这是一个肯定命题，但是其主词不指代任何东西（其根源在于前件的谓词"存在物"指代所有东西，故其否定就不指代任何东西，就是空概念），没有什么东西是"非存在物"，因此，这一命题就没有联合指代，因而就是假的。"有些妖怪不是人，所以，有些非人（的东西）不是非妖怪"也是无效推论，因妖怪没有指代物（布里丹的唯名论只承认真实存在的东西），因此作为否定命题的前件是真的，而后件是假的。但是"每个人是动物，所以，每个非动物是非人"以及"有些人不是石头，所以，有些非石头不是非人"都是有效的，因为它们都满足联合指代和有效推论定义。

由此可以看出，布里丹有着强烈的形式推论思想。当一个推论只是在某种条件下，特别是对词项的指代有所限制的条件下才有效，他就不认为这个推论的形式可以保证在对其词项的任意替换下仍然有效，即使它当下有效，也不是形式有效的推论。

4. 换质推论

布里丹还单独讨论了换质推论。他给出的规则是："每个肯定的直言

---

① John Buridan, *Summulae de Dialectica*, p. 55. 词项的限定性与非限定性是指其指代的事物在数量上限定性与非限定性，非限定性词项具有"非××"（否定前缀）的格式，如非人、非妖怪，限定性词项则没有否定前缀。

② 参阅 John Buridan, *Tractatus de Consequentiis*, p. 91. 同时参阅 John Buridan, *Summulae de Dialectica*, p. 55。

命题都可以通过把谓词由限定性改为非限定性，并且其他命题成分保持不变而推出一个否定的直言命题；所有从否定命题到肯定命题的换质推论都不是形式有效推论，但可以在假定所有词项都有指代的情况下形成有效推论。"① 因此，若不考虑词项的指代问题，形式有效的换质推论只有：

（17）所有 B 是 A ⇒ 所有 B 不是非 A

（18）有些 B 是 A ⇒ 有些 B 不是非 A

但从否定命题换质为肯定命题是无效的。例如"有些妖怪不是人，所以，有些妖怪是非人"，前件真，但是后件作为一个肯定命题，由于主词没有指代而是假的。因此推论无效。

二　模态命题的直接推论

布里丹还在直言命题中加入了模态词，以构造模态直言命题推论。他也把模态分为分离的模态与组合的模态。分离的模态命题是说模态词是命题的联结词或者联结词的一部分，布里丹给出的公式是：主词 + 模态词 + 动词 + 谓词，其中模态词 + 动词合起来称联词，例如"一个人可能在跑""太阳必然闪耀"等。组合的模态命题是说模态词是命题的主词或者谓词，它由一个句子与模态词直接组合而成。布里丹给出的公式是：that - 从句 + 模态词，或者模态词 + that - 从句，他把 that - 从句称为 dictum（即"命题宣言"）。例如"人是动物"这是必然的，某个不可能的命题是"人是驴"。② 布里丹认为，模态恰当地说，应该是分离的模态，后者才能体现模态词的真正属性。因此，他对于组合的模态推论较少讨论，主要讨论分离的模态推论。

他首先对模态词进行了定义：必然 A 等值于不可能不是 A，偶然 A 等值于可能是 A 并且可能不是 A，因此有以下的有效推论（编号续前文）：③

（19）所有（或有些）B 必然是 A ⇔ 所有（或有些）B 不可能不是 A。

---

① John Buridan, *Tractatus de Consequentiis*, p. 93.
② John Buridan, *Summulae de Dialectica*, p. 69；pp. 335 – 336.
③ 参阅 John Buridan, *Tractatus de Consequentiis*, p. 99；pp. 103 – 104。

（20）所有（或有些）B 偶然是 A ⇔ 所有（或有些）B 偶然不是 A。
（21）所有（或有些）B 偶然是 A ⇒ 所有（或有些）B 可能是 A。
（22）所有（或有些）B 偶然是 A ⇒ 所有（或有些）B 可能不是 A。

布里丹根据这一定义，把前述的直言命题对当关系图改造成模态命题对当关系图。[①] 有两点需要说明，一是这一对当关系既存在于不同形式的分离模态命题之间，也存在于不同类型的组合模态命题之间，但是两者不能混用；二是偶然命题最终可以转换为可能命题，所以对当关系中无须再有偶然这一模态［N（A）表示必然 A，M（A）表示可能 A］。

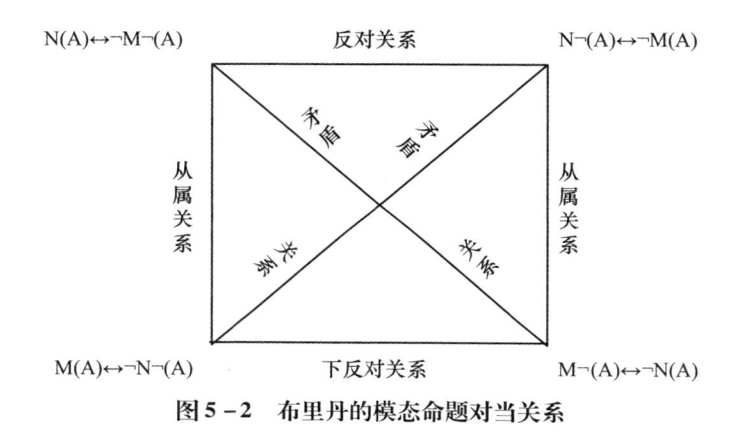

```
     N(A)↔¬M¬(A)        反对关系         N¬(A)↔¬M(A)


   从                     矛盾  矛盾                  从
   属                                                 属
   关                     关系  关系                  关
   系                                                 系


     M(A)↔¬N¬(A)        下反对关系        M¬(A)↔¬N(A)
```

图 5-2　布里丹的模态命题对当关系

模态命题对当关系推论与直言命题对当关系推论完全一致，此处不再讨论。

关于模态直言命题的换位推论，布里丹说，这些推论的有效性除了必须遵循前述推论的一般规则外，还必须考虑在允许词项扩张指代现在、过去、将来以及一切可能事物的情况下是否有效，除非主词被明确限制只能指代现在或某一时期存在的东西。这就是词项扩张指代原则。需要注意的是，词项的扩张功能并非仅仅指扩大词项的指代范围，也包括缩小或者限制词项的指代范围。

基于此，布里丹对时态命题的主词指代的一般要求是，主词的扩张一般由命题中的动词或谓词决定：现在时命题的主词一般指代现在存在的事

[①] John Buridan, *Summulae de Dialectica*, p. 83.

物，过去时命题的主词除了指代过去存在的事物，还扩张指代现在的事物；将来时命题的主词除了指代将来存在的事物，还扩张指代现在的事物。例如现在时命题"每头驴是动物"（Every donkey is an animal），这个命题是真的，但是如果不考虑词项扩张（即认为这是一个绝对命题，在任何时候都成立），这个命题可能是假的，因为如果驴不存在了，或者所有的驴都死了，那么不存在的东西或者死了的驴就并非动物。因此，这个命题的正确语义应该是"每个是驴的东西是动物"（Everything that is a donkey is an animal）。如果默认允许所有词项指代过去、现在与未来的一切可能的事物，则这个命题也是真的。

过去时命题"一个白色的东西昨天是黑色的"（A white thing yesterday was black）的正确语义是"一个现在是或昨天是白色的东西昨天是黑色的"（What is white or yesterday was white was black yesterday）。① 再如，"苏格拉底是一个死了的人，因此，苏格拉底是一个人"就是一个无效推论。② 虽然这是一个现在时命题，但是复合谓词"死了的人"决定了主词只能指代曾经活着而现在死了的人（过去的人），因此前件是真的，但是后件是假的；但是如果允许"人"指代过去、现在的人，那么这个推论是有效的，或者把"苏格拉底是人"改为"苏格拉底曾经是人"也是有效的。将来时"每个白人将是善的"（Every white man will be good）的主词"白人"不仅指代将来的人，也指代现在的人，否则命题就是假的。③ 布里丹给出的规则可以从他的这段论述体现出来："'A 将会跑'（A will run）等值于'现在是或将会是 A 的东西将会跑'（What is or will be A will run），'A 死了'（A is dead）等值于'现在是或曾经是 A 的东西死了'（What is or was A is dead）"④ 但是命题"那个（现在）是人的东西死了（That which is a human is dead）"无论如何也不会真，因为主词被强制指代现在还活着的人，而谓词指代的是死去的人，命题无论如何也不可能有联合指代。

---

① John Buridan, *Summulae de Dialectica*, p. 881.
② John Buridan, *Summulae de Dialectica*, p. 918.
③ John Buridan, *Summulae de Dialectica*, p. 301.
④ John Buridan, *Summulae de Dialectica*, pp. 299–300.

与此类似，当我们对包含"必然""可能""偶然"等模态词的分离的模态命题进行换位推论时，除非特别说明，其主词不仅指代实际存在的事物，还必须扩张指代那些可能存在的事物。据此，命题"B 可能是 A"，如果根据其恰当的语义（de virtute sermonis），它等值于"是 B 或者可能是 B 的东西可能是 A"；"B 可能不是 A"的语义必须被理解为"是 B 或者可能是 B 的东西可能不是 A"。必然与必然不、不必然与不必然不也需要类似扩张，因为它们可以转换为可能。偶然也同样如此。①

在这一前提下，在一般直言命题的换位推论规则的基础上，布里丹给出了模态命题换位推论规则：② 特称肯定可能模态命题可以简单换位（simple conversion，即保持原命题的质与量的直接换位）；全称肯定可能模态命题可以偶性换位（accidental conversion，即保持原命题的质，但改变命题的量的换位）；③ 否定的可能模态命题不能换位；全称否定必然模态命题可以直接换位；特称否定必然模态命题不能换位；肯定的必然模态命题不能换位推出另一个必然命题，但是可以换位推出一个特称可能模态命题；其他的模态命题（例如偶然模态命题）都不能换位。所有不可以推论的都是由于违反有效推论定义，即可能会出现前件真而后件假的情况。因此只有以下有效的换位推论形式：

（23）所有 B 可能是 A ⇒ 有些 A 可能是 B。

（24）有些 B 可能是 A ⇔ 有些 A 可能是 B。

（25）所有 B 必然不是 A ⇔ 所有 A 必然不是 B。

（26）所有 B 必然是 A ⇒ 有些 A 可能是 B。

（27）有些 B 必然是 A ⇒ 有些 A 可能是 B。

对于（26）（27）这两个有效推论，布里丹特别做了说明。他说，这

---

① 参阅 John Buridan, *Tractatus de Consequentiis*, p. 71。同时参阅 John Buridan, *Summulae de Dialectica*, p. 339。

② 参阅 John Buridan, *Summulae de Dialectica*, pp. 84–85。

③ 布里丹所谓简单换位，是说不改变前提的质与量，直接交换主词谓词的位置的推论。例如，没有人是石头，因此，没有石头是人。所谓偶性换位，字面意思是说换位后的命题不述说事物的本质，而只是一种偶性，例如每个人是动物，这是述说人的本质，但是换位后的命题"某些动物是人"，述说的是动物的偶性，即动物作为人只是偶然的。这种换位不改变命题的质，但是改变命题的量。现在一般逻辑教科书都根据其语义，把后者称为"限量换位"。参阅 John Buridan, *Summulae de Dialectica*, pp. 50–51。

是因为一个必然模态命题根据从属关系（或差等关系），蕴涵一个相关的可能模态命题，而后者根据换位推论，又可以推出另一个可能模态命题。

关于不同模态命题与直言命题之间的推论，布里丹认为，一般而言，从分离的必然或可能全称模态命题到直言命题的推论都不是有效推论，因为模态命题与直言命题意谓事物的方式是不同的，但是可以通过适当的变通实现模态命题与非模态命题之间的推论。

首先是必然命题与直言命题之间的推论。[①] 根据扩张指代原则，命题"所有 B 必然是 A"（例如"所有可造物者必然是上帝"）的语义是：每个是 B 或者可能是 B 的东西必然是 A。但是直言命题"所有 B 是 A"则移除了主词指代的扩张，即不指代可能的东西，它的真要求 B 与 A 意谓的东西必须在现实中存在，且能联合指代同一个或一些对象。因此，当主词的指代在现实中不存在时，肯定的全称必然命题可以是真的（因为主词的指代对象在现实世界之外可能存在），但是肯定的全称直言命题必定是假的。根据布里丹的有效推论思想，从前者到后者的推论就是无效的，也就是说，"所有 B 必然是 A→所有 B 是 A"不是一个有效推论；但是前件经过变通后（即如果限制主词仅指代现实中的东西）可以得到以下有效推论：

（28）所有是 B 的东西必然是 A（That which is B is necessarily A）$\Rightarrow$ 所有 B 是 A。

然而当主词的指代在现实中不存在时，否定的全称必然命题可能真也可能假，但是否定的全称直言命题一定是真的。因此，按照布里丹的推论规则，从前者到后者就是有效推论，并且如果正确理解模态，这也是从全称必然命题到全称直言命题之间唯一有效的推论。因此以下推论成立：

（29）所有 B 必然不是 A$\Rightarrow$所有 B 不是 A。

接着是关于可能命题与直言命题之间的推论。根据扩张指代原则，"所有 B 可能是 A"的语义是，所有是 B 或者可能是 B 的东西可能是 A，而直言命题只断定实际存在的东西，因此，"没有从分离的可能命题到直言命题的有效推论，但是可以从肯定的直言命题推出肯定的特称可能命

---

① John Buridan, *Tractatus de Consequentiis*, p. 101.

题，并且只对肯定命题成立"①。因此以下推论成立：

(30) 所有 B 是 A⇒有些 B 可能是 A。

(31) 有些 B 是 A⇒有些 B 可能是 A。

布里丹指出，推论（30）之所以成立，是因为它是（29）可以推出的推论（所有 B 必然不是 A⇒有些 B 不是 A）的逆否推论。推论（31）则直接是（29）的逆否推论。而否定的推论，例如，"有些 B 不是 A，所以有些 B 可能不是 A"之所以不成立，是因为前件仅指代现实的事物，当它为真，说明主词 B 与谓词 A 在现实中没有联合指代，但是对于可能的事物来说，B 与 A 可能有联合指代而使得后件为假。

三　直言三段论

在讨论了命题直接推论之后，布里丹首先讨论了直言三段论。由于直言三段论在布里丹时代已经非常成熟，他并没有对亚里士多德设定的那些规则做更多的重复研究，而把重点放在包含间接（oblique）词项、重叠（reduplicative）词项、模态词项等复杂三段论以及各种变体三段论上。

1. 三段论的定义

布里丹首先对三段论进行了"定位"。他说，推论有很多种，有些是由于质料（指词项及其内容等非形式的东西）而有效，因而不是形式推论，例如省略式推论、归纳、例证或者从不可能中推出某些东西，所有这些都谈不上是三段论。有些推论虽然是形式的，但只是从一个简单主谓结构命题到另一个简单主谓结构命题，这不是三段论，因为三段论需要多个前提。有些形式推论是从联言命题、选言命题到其联言支或选言支或者相反的推论，这也不是三段论，因为三段论的结论需要包含每个前提的某个前提中不包含的词项。由一个或者多个条件句构成的形式推论（例如像中世纪早期讨论的假言三段论）恰当地说也不是三段论，因为这种推论的前提中可能还包含一个或多个推论。以不可能为前提或者以必然为结论的形式推论也不是三段论，因为从不可能可以推出任何东西，而必然可以从任何东西推出，但是三段论的结论需要从特定的前提，而不是从任意前提无差别地推出。有些推论是通过分析助范畴词而形成

---

① John Buridan, *Tractatus de Consequentiis*, pp. 101 – 102.

的形式推论，这只是对助范畴词意义的解释，不是三段论。我所谓三段论，是指这样一个形式推论，其结论是一个简单的主词—谓词结构命题，作为结论词端的主词与谓词，分别与中项相联结，通过这一联结构成一个推论，得出肯定或者否定的结论。显然，三段论是一个包含三个词项，并因之组成两个前提和一个不包含中项的结论的形式推论。① 布里丹把三段论的第一个前提称为大前提，第二个前提称为小前提。中词（中项）之外，大前提的词端称为大词端（大项），小前提的词端称为小词端（小项）。

布里丹这一论述有三个要点：其一，三段论是形式推论；其二，任何三段论的结论都不是一个必然命题或者作为最大命题的"论题"，它依赖于特定的前提；其三，与联言推论、选言推论相比，三段论可以得出不同于前提中词项所意谓的东西的新的东西。所以，布里丹在《逻辑大全》中把三段论简单定义为："三段论是一个表达式，在这一表达式中，某些东西被提出之后，由此必然得出不同的东西。"② 这一"必然得出"的观念正是亚里士多德所提倡的。

2. 三段论的格与式

因与主词或谓词相联结的中词在两个前提中位于不同的词端可以把三段论分为四个格（figure）。布里丹特别解释了为什么亚里士多德没有提到第四格：第四格与第一格的区别仅仅在于前提的换位，这一换位不允许推出不同的结论，但是决定了所推出的结论是直接的（direct）还是间接的（indirect）。直接的结论是说大项谓述小项，这是第一格，例如，"每个 B 是 A，每个 C 是 B，因此，每个 C 是 A"。间接的结论是说小项谓述大项，这是第四格，例如，"每个 C 是 B，每个 B 是 A，因此，每个 C 是 A"。由此可知，如果第一格得到了详细的阐述，第四格就是多余的。因此，亚里士多德没有提到第四格。③ 与亚里士多德以及中世纪所有逻辑学家一样，在布里丹的三段论中，同样没有对第四格进行专门讨论。

---

① 参阅 John Buridan, *Tractatus de Consequentiis*, pp. 113–115。

② John Buridan, *Summulae de Dialectica*, p. 308。

③ 参阅 John Buridan, *Tractatus de Consequentiis*, p. 116；同时参阅 John Buridan, *Summulae de Dialectica*, p. 311。

三段论的式（mode）是一个可以必然推出结论的三段论的前提与结论的质与量的组合。布里丹在给出三段论的一般规则之后，首先列出了中世纪逻辑学家普遍使用的三段论第一至第三格的 19 个有效式的歌谣（mnemonic verse），然后列出各格的普遍有效式。

这 19 个有效式的歌谣是：[1]

Barbara, Celarent, Darii, Ferio, Baralipton,

Celantes, Dabitis, Fapesmo, Frisesomorum;

Cesare, Camestres, Festino, Baroco; Darapti,

Felapton, Disamis, Datisi, Bocardo, Ferison.

这里共有 19 个词，表明三段论三个格（注意，歌谣只是前三格，而不是全部四个格，更不是第一行对应第一格……第四行对应第四格）共有 19 个有效式。首先需要明白的是：每个词中的 A 代表全称肯定命题，E 代表全称否定命题，I 代表特称肯定命题，O 代表特称否定命题。例如在 Celarent 中，三个字母 e，a 和 e 表示这个三段论的式是 eae 式，为方便起见，我们按照习惯写成 EAE 式。即两个前提分别是 A 命题与 E 命题，结论是 E 命题。

布里丹对这 19 个式进行了所属格的归类。第一行与第二行是第一格的 9 个有效式，第三行前 4 个式是第二格的 4 个有效式，第三行的 Darapti 以及第四行是第三格的 6 个有效式。Barbara，Celarent，Darii，Ferio 是三段论第一格的四个基本有效式。其中各词的首字母 B，C，D 与 F 是它们的标志，即 B 代表第一格的 AAA 式，C 代表第一格的 EAE 式，D 代表第一格的 AII 式，F 代表第一格的 EIO 式。其他各词代表了各格的其他有效式。可以通过查看其首字母而知道它可以划归为第一格该字母所代表的什么式。例如 Datisi，这是第三格的 AII 式，通过首字母 D 我们知道它可以划归为第一格的 Darii 式，即 AII 式。再如 Cesare，这是第二格的 EAE 式，通过首字母 C 我们知道它可以划归为第一格的 Celarent 式，即 EAE

---

[1] John Buridan, *Summulae de Dialectica*, p. 320. 以歌谣的方式表达三段论的有效式，初见于 11 世纪米哈伊尔·普赛尔（Michael Psellos, 1018—1078））。13 世纪舍伍德的威廉、罗吉尔·培根与西班牙的彼得都在其著作中列出过其完整形式，并给予详细解释。随着亚里士多德逻辑学的普及，到了 14 世纪，这首三段论歌谣已经家喻户晓，并一直沿用至今。

式。布里丹称第一格的四个基本有效式为完美（perfect）的三段论，或者（结论是）直接的三段论，因为这些推论是非常明显的。①

在每个词中，跟随在元音字母之后的辅音字母 S，P，M 与 C 也有其意义，它代表从这个式划归为第一格相应式的方法。S 代表简单换位。例如第二格的 Cesare，跟随 e 的字母 S 表明，第二格的 EAE 式可以通过对大前提 E（PEM）进行简单换位（变为 MEP）而得到第一格的 EAE 式。P 代表限量换位。例如第三格的 Felapton，跟随 a 的字母 P 表明，第三格 EAO 式可以通过对小前提 A（MAP）进行限量换位（变为 PIM）而得到第一格的 EIO 式。M 代表直接交换大小前提的位置。例如把第二格的 Camestres（AEE）式变为第一格的 Celarent（EAE）式。C 代表"通过不可能"（perimpossible）划归为第一格。意思是，在保持小前提不变（通常为一个最大类论题）的情况下，假设结论是不可能的（是假的），可以反推出大前提也是不可能的。例如第三格的 Bocardo（OAO）式，通过这一方法就可以得到第一格的 AAA 式。以下就是这个有效式划归为第一格的一个例子："有些人不是石头，每个人是动物，所以，有些动物不是石头"，可以划归为"所有动物是石头，每个人是动物，所以，所有人是石头"②。

3. 三段论的一般规则

对直言三段论各格的具体规则，布里丹并没有做过多的讨论。他在《逻辑大全》与《论推论》中，也只是简单讨论了三段论的一般规则。③大部分都是我们今天逻辑学教科书中熟悉的那些规则，但也包含部分基于扩张语义学的特殊规则：

（1）两个特称命题或不定命题不能得到有效的三段论，必须至少有一个前提是全称命题。

（2）前提之一特称，则结论特称，反之则不然。

（3）两个否定的前提不能得到有效的三段论，必须至少有一个前提

---

① John Buridan, *Summulae de Dialectica*, p. 325.
② John Buridan, *Summulae de Dialectica*, p. 334.
③ 参阅 John Buridan, *Summulae de Dialectica*, pp. 312 – 319；同时参阅 John Buridan, *Tractatus de Consequentiis*, pp. 118 – 127。

是肯定命题。

（4）前提之一否定，则结论否定，反之亦然。

（5）中项在两个前提中都不周延的三段论是无效的，除非中项在小前提中与小项是一种等同关系。

（6）小项周延的三段论，可以得出直接的全称结论；大项周延的三段论，可以得出间接的全称结论。

（7）谓词的扩张功能并不影响前述的三段论的有效式，如果前提和结论的主词都被附以"那些是"（that is，表示指代的是现在实存的东西）这样的表达式。例如，"所有那些是 B 的是 A，所有那些是 C 的是 B，所以，所有那些是 C 的是 A"。

（8）前提中不周延的词项在结论中也不得周延，结论中词项的扩张范围不能大于前提中词项的扩张范围。

四 包含间接词项的三段论

布里丹还讨论了包含间接词项（oblique term）的命题与三段论。[①] 所谓间接词项，就是诸如"苏格拉底的马""白色的马""苏格拉底的"等这种带限制成分的词项，布里丹认为所有这些限制成分都相当于一个形容词。含有这种命题的三段论与一般的直言三段论有所区别。例如"每个人的驴在跑"（Cuiuslibet hominis asinus currit，根据拉丁文语序直译为：Of every man a donkey is running，等于 Every man's donkey is running），"人"与"驴"这个词项都不周延，但是作为整体的主词"man's donkey"周延。因此，如果只是置什么东西于"人"或"驴"这个词项的指代之下，就不能形成有效的三段论。

在这一部分，布里丹还提出了一条极其重要的规则，即对于包含某些动词的命题，不可以对其宾格词简单施行替换推论，这些动词如"知道""懂得""理解""相信""判断""看见""希望""承诺"等，这就是我们今天很熟悉的表达主体的知识、信念、判断力、理解力等的认知动词。布里丹认为，此类动词或其分词或其名词化的词项，限制了跟随

[①] 参阅 John Buridan, *Tractatus de Consequentiis*, pp. 127 - 138；同时参阅 John Buridan, *Summulae de Dialectica*, pp. 365 - 371。

在它们之后的词项的指代，即后者的指代不是绝对的或简单的指代，而是要与它们所"称呼"（appellate，相当于"表达""标记"等，稍后详述）的内涵一起，去意谓其所意谓的东西。在构造包含这些动词的三段论时，不能使用一个内涵不一样（尽管指代的东西一样，即外延一样）的词项去替换原命题中的相关词项。例如，"苏格拉底不知道基本物质（prime matter），所有基本物质是本质（nature），所以，苏格拉底不知道本质"就是一个无效推论。[①] 布里丹的这一规则已经涉及了现代逻辑的内涵词理论，即弗雷格等现代逻辑学家所讨论的内涵语境下替换失效的问题。在这个例子中，尽管苏格拉底不知道"基本物质"的内涵，但他可能知道"本质"的内涵，只不过他不懂得"基本物质"与"本质"这两个词指代相同的东西。因此虽然前件是真的，但后件可能是假的，推论就是无效的。

实际上在这种情况下，"基本物质"与"本质"就只有简单指代或者实质指代，都是不周延的，不能像一般的三段论那样取词项的人称指代（相当于使一个周延的词项指代它所意谓的一切外延对象）。但是我们可以通过技术手段使得其中的词项周延，从而在人称指代下推论成立。正如布里丹所说，"如果我们谈到的这些受这种类型的动词（指上述认知动词）或其分词支配的宾格词在后者之前，那么它们就不必非得被限制去称呼这些词项的内涵或者概念"[②]。例如，上述推论的一个变体"苏格拉底不知道基本物质，因此，没有一个基本物质是苏格拉底知道的"同样是无效的，因为前提中的谓词"基本物质"跟随在"知道"后面，受其支配，这就涉及"基本物质"的内涵，而"基本物质"作为后件的主词，却是简单周延的，意谓一切基本物质，无关内涵。但是如果使这两个词前置，改为"根据基本物质的内涵，没有基本物质是苏格拉底知道的，本质就是基本物质，因此，根据基本物质的内涵，没有本质是苏格拉底知道的"，就是一个有效的三段论。[③]

需要注意的是，布里丹所谓称呼词就是他所说的内涵词。如前所述，

[①] 参阅 John Buridan, *Tractatus de Consequentiis*, pp. 130 – 131。

[②] John Buridan, *Tractatus de Consequentiis*, p. 131.

[③] 参阅 John Buridan, *Tractatus de Consequentiis*, p. 131。

这些内涵词可能有内涵，但是没有外延，即有称呼，但是没有意谓，例如"吐火怪兽"。而绝大部分内涵词都是既有称呼也有意谓，例如，"白的"这个内涵词（称呼词）直接意谓具体的白的事物，隐含（称呼）这些事物所拥有的"白性"。他还举例说，"荷马是盲的"这个命题的主谓词"盲的"，不仅意谓荷马是一个盲人，还意谓荷马盲性（blindness）的存在以及他的视力的不存在。① 称呼词也包括前述的认知动词，这些动词会带给其支配的词项以不同的语义后果，即它们不仅仅指代它们直接意谓的东西，还指代它的内涵意谓的东西。布里丹也把这类词项归为间接词项。

他还讨论了由于动词的不同时态而带来的词项指代扩张的命题及其所构成的三段论，例如"苏格拉底昨天看见一个白人"。这类命题的推论也不同于一般直言三段论，例如以下推论就是无效的："我以前没有打过老人，苏格拉底是一个老人，所以，我以前没有打过苏格拉底。"（Never did I strike an old human, Socrates is an old human, so never did I strike Socrates）但如果改为"我从来没有打过老人，我以前打人的任何时候，苏格拉底都是老人，所以，我以前从来没有打过苏格拉底"（Never have I struck an old human, but whenever I struck a human, Socrates was an old human, so never did I strike Socrates），那么推论就是有效的。②

对于上述这类推论，布里丹给出了以下一些规则（我们仅讨论部分规则）：③

（1）假定命题的时态没有区别，且不会由于内涵词的问题带来障碍，那么，给定前提为仅含直接词项的肯定命题，如果与其主词以肯定的方式相连接可以得到什么，那么就可以同样的方式与其谓词相连接得到什么，无论是以直接的还是间接的方式相连接。例如，"每个人都正在跑，你看见了一些人，因此，你看见了一些正在跑的东西"（原文的第 14 个结论，布里丹在该部分规则的编号是续接直言三段论的规则编号）。

（2）当间接词项作为命题的主词，那么任何三段论，如果主词为直接词项时有效，那么主词为间接词项时也同样有效（原文第 15 个结论）。

---

① 参阅 John Buridan, *Summulae de Dialectica*, p. 211。
② 参阅 John Buridan, *Tractatus de Consequentiis*, pp. 129–130。
③ 参阅 John Buridan, *Tractatus de Consequentiis*, pp. 130–135。

（3）如果一个复合命题或者准复合命题由一个含有周延词项的直言命题及与之具有相关性的直言命题组成，那么由前一个命题的周延词项可以得到什么，就可以由后一个命题的相同词项得到什么；反之则不成立。例如，"你买了什么，你就消费什么"；"苏格拉底与柏拉图是什么关系，约翰与罗伯特就是什么关系"；"什么时候国王生气，什么时候他的仆人就颤抖"（原文第 16、17 个结论）。

五 模态三段论

布里丹还对模态三段论进行了非常细致的研究。包括非混合模态三段论与混合模态三段论，他构造了全部有效推论形式。① 按照中世纪逻辑研究习惯性用语，我们以 M 表示可能命题，L 表示必然命题，X 表示直言命题。所有包含模态词的三段论必须首先遵守直言三段论规则。

1. 非混合模态三段论

布里丹首先讨论了不包含直言命题的非混合模态三段论。这些规则有以下三种情况。

第一，两个前提都是可能命题。在第一格与第三格，所有两个前提都是关于现实的东西（deinesse）而有效的直言三段论，对于两个前提都是可能命题的三段论也有效；但是在第二格，两个前提都是可能命题的三段论都是无效的，不能推出任何结论。②

即 MMM 式在第一、三格普遍有效。例如第一格的 MMM-AAA 式："所有 B 可能是 A，所有 C 可能是 B，所以，所有 C 可能是 A。"第一格的 MMM-EAE 式："所有 B 可能不是 A，所有 C 可能是 B，所以，所有 C 可能不是 A。"第三格的 MMM-AAI 式："所有 C 可能是 A，所有 C 可能是 B，所以，有些 B 可能是 A。"第三格的 MMM-OAO 式："有些 C 可能不是 A，所有 C 可能是 B，所以，有些 B 可能不是 A。"布里丹认为第三格除了 OAO 式，都可以划归为第一格。

需要注意的是，在亚里士多德的三段论中，两个前提都是可能命题的

---

① 参阅 John Buridan, *Tractatus de Consequentiis*, pp. 140 – 160；同时参阅 John Buridan, *Summulae de Dialectica*, pp. 335 – 364。

② John Buridan, *Summulae de Dialectica*, p. 340.

三段论是无效的，因为不考虑词项的扩张。因此，布里丹规定，对于这种三段论，其词项必须扩张到所有可能事物，即这种三段论是基于词项指代所有的东西（dici de omni），否则，任何以 MM 为前提的模态三段论都是无效的。例如，"所有在跑的可能是马，所有人可能在跑，所以，所有人可能是马"，如果词项指代的仅仅是现实的事物，则是一个无效的推论，因为前提可以是真的，但现实中没有人是马。但如果把它扩张为"所有在跑或可能在跑的可能是马，所有是或可能是人的（东西）可能在跑，所以，所有是或可能是人的（东西）可能是马"，则这个推论就是有效的。

两个前提为 MM 命题的第二格三段论是无效的。例如，从"每个上帝可能不造物，每个第一原因可能造物"，推不出"第一原因可能不是上帝"，因为前提是真的，而结论是假的。

第二，两个前提都是必然命题。所有那些前提都是直言命题的有效的第一、第二和第三格三段论，对于相应的前提都是必然命题的三段论也有效；但是后者的结论也可以是可能命题。所有这类三段论成立的条件同样是其词项必须扩张指代所有可能的东西。[①]

有效三段论如第一格的 LLL-AAA 式："所有 B 必然是 A，所有 C 必然是 B，所以，所有 C 必然是 A。"它被正确解读为："所有是或可能是 B 的东西必然是 A，所有是或可能是 C 的东西必然是 B，所以，所有是或可能是 C 的东西必然是 A。"在如此解读下，这一推论可以变为 LLM-AAA 式，即"所有是或可能是 B 的东西必然是 A，所有是或可能是 C 的东西必然是 B，所以，所有是或可能是 C 的东西可能是 A"。

第三，两个前提都是偶然命题。在第一格，如果两个前提都是偶然命题，并且大前提是全称的，那么，无论前提都是肯定或否定，或一个肯定一个否定，三段论都是有效的；在第三格，只要至少一个前提是全称的，三段论就是有效的；在第二格，所有三段论都是无效的。[②]

需要特别关注的是，为什么两个否定的偶然命题可以构成有效的三段论？这与布里丹对偶然的定义直接相关。如前所述，偶然命题相当于一个可能肯定命题与一个可能否定命题的合取，即"B 偶然是 A"等值

[①] 参阅 John Buridan, *Summulae de Dialectica*, pp. 343–344。

[②] John Buridan, *Summulae de Dialectica*, p. 344.

于"B可能是A并且B可能不是A",因此"B偶然是A"等值于"B偶然不是A"。这样,一个否定的偶然命题或一个肯定的偶然命题做前提,就没有区别了。例如,在词项扩张到所有可能事物的前提下,第一格的如下两个三段论都是成立的:"所有B偶然是A,所有C偶然是B,所以,所有C偶然是A。""所有B偶然不是A,所有C偶然不是B,所以,所有C偶然不是A。"

词项扩张是模态三段论成立的必要条件。在不允许词项扩张,例如在词项前加上"that is"来限制词项仅指代现在的事物的情况下,绝大部分模态三段论都是无效的。例如假定现在除了两匹马外,没有动物睡着,而这两匹马极有可能会跑,那么上述偶然推论的一个例子"每个现在睡着的东西偶然会跑,每个现在是无脚动物的东西偶然是睡着的,因此,每个现在是无脚动物的东西偶然会跑〔Everything that is asleep may (contingit) run, and everything that is an animal withoutfeet may be asleep; therefore, everything that is an animal without feet may run〕"就是无效的,因为其前提是真的,而结论是假的。

2. 混合模态三段论

包含直言命题在内的混合模态三段论有以下三种情况。①

第一,两个前提分别是直言命题和可能命题。首先需要使得直言命题中的词项扩张指代可能的事物,在这一前提下,有以下七条规则:

(1) 有些形式在第二格中不是有效的。

(2) 在任何格中都只能得到一个可能命题。

(3) 大前提是实然命题的,在第一格无效。例如,"每个在跑的东西是马,每个人可能在跑,所以,每个人可能是马"。

(4) 第一格三段论,如果结论涉及全称,那么只有它在任何时间下(而不是当下)都真才是有效三段论。布里丹在此转述的是亚里士多德在《前分析篇》(I. 15, 34b7 – 10) 的相关陈述。

(5) 在第一格三段论中,如果小前提是可能命题,那么结论就是特称可能命题。

(6) 第三格三段论,如果前提都是肯定的,那么只有当可能命题是

---

① 参阅 John Buridan, *Summulae de Dialectica*, pp. 350 – 364。

全称时，推论才有效。例如，"有些在跑的东西可能是驴，每个在跑的东西是马，所以，有些马可能是驴"就是无效的三段论。当把"有些在跑的东西可能是驴"改为"所有在跑的东西可能是驴"，再加上模态词使词项扩张指代一切可能的东西，那么推论就是有效的。

（7）如果结论是否定的，那么否定的前提必须是全称可能否定命题。因此，前提是一个直言命题和一个可能命题的三段论，OAO 是无效式。

第二，两个前提分别是直言命题和必然命题。有以下六条规则：

（1）大前提是必然命题，结论是特称必然命题的第一格三段论普遍有效。如果直言命题是在任何时间下（而不是当下）为真——这相当于一个组合的必然命题，那么模态组合 LXL，XLL（包括 XMM）对第一格的所有式（AAA，EAE，AII，EIO）都有效。①

（2）如果大前提是实然命题，那么第一格三段论的结论只能是可能命题，而不能是必然或者实然命题。

（3）第二格的 EAE，AEE，EIO 式的有效性条件，与第一格的 EAE，EIO 式相同。

（4）在 AOO 式三段论中，如果大前提是必然命题，那么结论只能是实然命题；如果大前提是实然命题，那么结论只能是可能命题。

（5）在第三格三段论中，如果大前提是必然命题，那么 AAI，EAO，AII，EIO 式三段论都能推出必然结论；但是 IAI，OAO 式不能有效推出任何结论。

（6）在第三格三段论中，如果大前提是实然命题，那么 AAI，IAI 式可以推出实然命题，其他式都不能有效推论任何结论。

第三，两个前提分别是可能命题与必然命题。有以下三条规则：

（1）在第一格中，如果大前提是必然命题，那么对于所有式，结论都可以是必然命题；如果大前提是可能命题，那么对于所有式，结论都是可能命题。

这一推论的第一部分，完全是基于布里丹对词项扩张的依赖。例如"任何是上帝的东西必然造物，任何创造实体的东西可能是上帝，所以，

---

① John Buridan, *Tractatus de Consequentiis*, p. 146; pp. 152–154.

任何创造实体的东西必然造物"这一推论，需要如此解读才是有效的："任何是或可能是上帝的东西必然造物，任何创造或可能创造实体的东西可能是上帝，所以，任何创造或可能创造实体的东西必然造物。"如果不对中词做扩张处理，那么中词将无法起到连接主词与谓词的作用。这里已经涉及叠加模态。

（2）在第二格中，如果任何前提是必然命题，那么结论也可以是必然命题［原因同（1）］。

（3）第三格的规则同第一格。

布里丹还把偶然命题与必然、可能以及实然命题结合起来推论。由于偶然命题实际上可以划归为可能命题，本书不再讨论。

克里马在翻译布里丹的《逻辑大全》时，绘制了表格，重建了布里丹关于模态命题与直言命题之间所有的真假关系[①]：

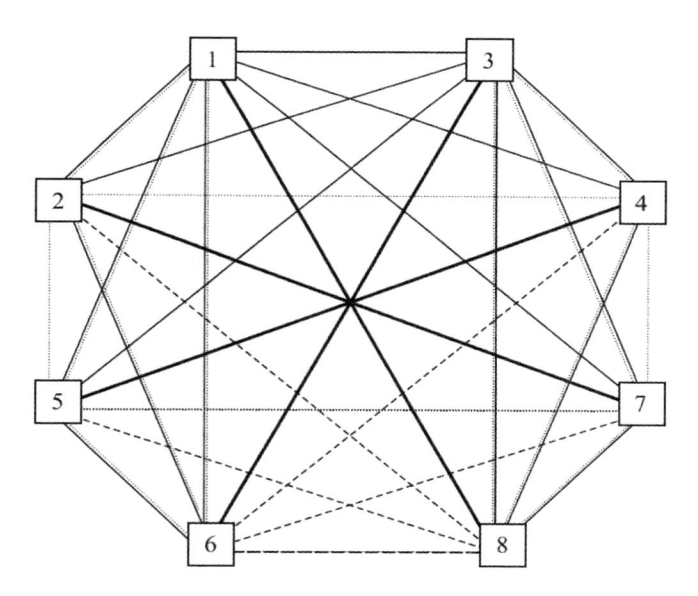

图 5 - 3　布里丹关于 8 种命题之间的逻辑方阵图

图 5 - 4 中，cd = contradictory（矛盾关系）；cr = contrary（反对关

---

① John Buridan, *Summulae de Dialectica*, pp. 44 - 45.

414 / 西方中世纪逻辑及其现代性

1.							
sa	2.						
cr	cr	3.					
cr	dp	sa	4.				
sa	dp	cr	cd	5.			
sa	sa	cd	sc	sa	6.		
cr	cd	sa	dp	dp	sc	7.	
cd	sc	sa	sa	sc	sc	sa	8.

图 5-4　布里丹关于 8 种命题之间的真假关系

系）；sc = subcontrary（下反对关系）；sa = subaltern（从属关系或差等关系）；dp = disparate（相异关系）。这些关系可以通过命题逻辑的方式表达出来（p，q 分别表示具有某种对当关系的一对命题）：

contradictories: $cd(p,q) = p \leftrightarrow \sim q$	(1,8); (2,7); (3,6); (4,5)
contraries: $cr(p,q) = p \rightarrow \sim q$	(1,3); (1,4); (1,7); (2,3); (3,5)
subcontraries: $sc(p,q) = \sim p \rightarrow q$	(8,6); (8,5); (8,2); (6,7); (6,4)
subalterns: $sa(p,q) = p \rightarrow q$	(1,2); (1;5); (1,6); (2,6); (3,4); (3,7); (3,8); (4,8); (5,6); (7,8)
disparates: $dp(p,q) = \sim(p \leftrightarrow \sim q)$	(2,4); (2,5); (4,7); (5,7)

图 5-5　布里丹关于对当关系的命题逻辑表达

[原英译者注：这一重建呈现了所有三种类型命题（模态命题，含有间接词项的命题①，以及"非常规结构"的命题②）的关系，布里丹认为这些命题表现出相同类型的推论模式。这一重建清楚地说明了为什么这

---

① 间接词项的例子我们已经在前面讨论过了。例如"Cuiuslibet hominis asinuscurrit"，按照拉丁语序直译为英文是"Of every man a donkey runs"，等于"Every man's donkey runs"。
② 这里有些英文句子不是常规结构，是因为原译者是直接按照拉丁文语序翻译过来的，这是为了体现布里丹用拉丁文表达的语义。例如"Socrates animal quodest Plato non est"，英译为"Socrates an animal that is Plato is not"；这一非常规结构的英文句子是为了表达这样的语义："Socrates is such that an animal that is Plato is not identical with him"［苏格拉底是这样的（动物）：一个叫柏拉图的动物与他不一样，简单地说，就是苏格拉底不是柏拉图］。

1.	Every man necessarily runs	Of every man every donkey runs	Every man every runner is
2.	Some man necessarily runs	Of some man every donkey runs	Some man every runner is
3.	Every man necessarily does not run	Of every man every donkey does not run	Every man every runner is not
4.	Some man necessarily does not run	Of some man every donkey does not run	Some man every runner is not
5.	Every man possibly runs	Of every man some donkey runs	Every man some runner is
6.	Some man possibly runs	Of some man some donkey runs	Some man some runner is
7.	Every man possibly does not run	Of every man some donkey does not run	Every man some runner is not
8.	Some man possibly does not run	Of some man some donkey does not run	Some man some runner is not

图 5-6　布里丹关于 8 种命题的具体命题例示

三种命题被布里丹放在一起处理。]

六　复合命题推论

对于复合命题推论，在奥卡姆那里已经讨论得非常详细。布里丹主张形式推论，他不像中世纪早期逻辑学家那样对于一个推论形式做翻来覆去的变化，对他来说，那种操作并不能带来新的东西。他仅提出了 17 条他认为是最重要的推论形式，这些推论基于如下总规则：相互矛盾的命题必然一真一假，不可能同时为真或者为假；每个命题或真或假，同一个命题不可能同时又真又假。用符号表示就是 □（A∨¬A）与 ¬◇（A∧¬A），这就是排中律与矛盾律。

学界一般称这 17 条推论规则为定理，因为布里丹根据其有效推论思想以及总规则，对每条规则都进行了详细的证明。我们仅讨论其中的几条，因为它们也是现代逻辑命题演算或者模态命题演算常见的定理［以下编号为定理 1 的规则，对应布里丹《论推论》第 1 部（Book I）第 8 章的第 1 个结论，以此类推。笔者将对本部分各定理的具体推论进行连续

编号］：①

定理1，从每个不可能命题可以推出其他任何命题；每个必然命题可以从其他任何命题推出。用符号表示就是：

(1) $\underline{\neg \Diamond A}$
    $A \Rightarrow B$

(2) $\underline{\Box A}$
    $B \Rightarrow A$

这两个推论就是现代逻辑的"严格蕴涵怪论"。布里丹认为它们可以从推论的定义直接得出；并且可以应用于当下成立的有效推论，于是衍生了如下有效推论：从假命题可以推出任何其他命题，真命题可以由任何其他命题推出。② 用符号表示就是：

(3) $\underline{F(A)}$
    $A \Rightarrow B$

(4) $\underline{T(A)}$
    $B \Rightarrow A$

这两个推论就是现代逻辑的"实质蕴涵怪论"。

定理2，当任何命题不可能与另一个命题同时为真时，这个命题就可以推出另一个命题的矛盾命题；没有一个命题可以推出另一个其矛盾命题可能与之（前者）同真的命题。

(5) $\underline{\neg \Diamond (A \wedge B)}$
    $A \Rightarrow \neg B$

(6) $\underline{\Diamond (A \wedge \neg B)}$
    $A \not\Rightarrow B$

定理3，一个推论是有效的，当且仅当其前件的矛盾命题可以从后件的矛盾命题推出。这就是假言易位推论。

(7) $\underline{\neg B \Rightarrow \neg A}$
    $A \Rightarrow B$

(8) $\underline{B \Rightarrow A}$

---

① John Buridan, *Tractatus de Consequentiis*, pp. 75–93.
② John Buridan, *Tractatus de Consequentiis*, p. 75.

¬A⇒¬B

定理4，有四种情况：任何有效推论，从其后件推出的命题也能从前件推出；任何推出前件的命题，也能推出后件。类似地，若取否定方式，从前件推不出的命题也不能从后件推出；推不出后件的命题，也推不出前件。

(9) $\underline{A\Rightarrow B\ B\Rightarrow C}$
    $A\Rightarrow C$

(10) $\underline{A\Rightarrow B\ C\Rightarrow A}$
     $C\Rightarrow B$

(11) $\underline{A\Rightarrow B\ A\not\Rightarrow C}$
     $B\not\Rightarrow C$

(12) $\underline{A\Rightarrow B\ C\not\Rightarrow B}$
     $C\not\Rightarrow A$

这四个推论典型地反映了蕴涵关系的可传递性，也是现代逻辑命题演算的几条常用公理。

定理5，不可能从真命题推出假命题，也不可能从可能命题推出不可能命题，或从必然命题推出不必然命题。

(13) $T(A)\not\Rightarrow F(A)$

(14) $\Diamond A\not\Rightarrow\neg\Diamond A$

(15) $\Box A\not\Rightarrow\neg\Box A$

定理6，如果一个命题A推出另一个命题B而被附加某种或某些必然性，那么，单独A可以推出B。也就是说，一个复合的必然命题可以推出相应的实然命题。

(16) $\underline{\Box(A\Rightarrow B)}$
     $A\Rightarrow B$

定理7，在形式推论中，任何命题都可以从一个由两个相互矛盾的命题组成的联言命题推出。例如，从"'每个B是A'且'有些B不是A'"可以推出任何命题。

(17) $A\wedge\neg A\Rightarrow B$

定理13，在不包含词项扩张的情况下，以下推论成立：

(18) B是A⇔(B→A)（表示任何是B的东西都是A）

(19) 所有 B 是 A ⇔(B→A)

(20) ¬(B 是 A) ⇔¬(B→A)

(21) ¬(所有 B 是 A) ⇔¬(B→A)

这也是现代逻辑对性质命题与假言命题之间转换的语义理解。但是布里丹的这一定理是有条件的，即只允许词项指代一切现实存在的事物，而不能扩张指代一切可能的事物，否则，"所有 B 是 A"的语义就是所有现在是 B 或者可能是 B 的东西是 A，而（B→A）的语义是，任何现在是 B 的东西是 A。在后一种情况下，上述推论只能从右边推出左边，而不能从左边推出右边（例如，当现实的 B 不存在时就推不出）。

布里丹还在讨论三段论时提到了联言推论与选言推论：一个联言命题的各联言支都可以从这个联言命题推出，从任何命题都可以推出一个与这一命题析取而形成的命题。① 一个穷尽了区分的（析取）命题的一部分被否定，另一部分就可以由此推出。② 因此，以下推论成立：

(22) A∧B⇒A

(23) A∧B⇒B

(24) A⇒A∨B

(25) <u>A∨B</u>
　　 ¬A⇒B

(26) <u>A∨B</u>
　　 ¬B⇒A

他认为推论（25）（26）就是亚里士多德所谓"弱三段论"（weaksyllogism），他给出的具体推论例子是："每个 A 是 B，或者每个 A 是 C，但是有些 A 不是 B，所以，每个 A 是 C。""每个 A 是 B 或者是 C，但是没有 A 是 B，所以，每个 A 是 C。""每个 A 是 B 或者 C，但是有些 A 不是 B，所以，有些 A 是 C。"这里已经涉及了量词的辖域对于推论的作用。

---

① John Buridan, *Tractatus de Consequentiis*, p. 113.
② John Buridan, *Tractatus de Consequentiis*, p. 114.

第七节　布里丹之后的推论思想及中世纪推论理论的现代性

本章最后，我们将对布里丹之后中世纪的推论研究情况做一个简单的介绍，然后讨论中世纪推论理论与现代逻辑的关联。

一　布里丹之后的推论思想

14 世纪是中世纪逻辑的高峰时期，更是推论理论的黄金时代，但这一繁荣局面不是一蹴而就的，而是经历了一个漫长的发展过程。

逻辑学是研究有效推论的科学。从逻辑学的创立开始，推论就一直是逻辑研究的核心问题。亚里士多德研究推论的主要著作《前分析篇》与《论题篇》，通过西塞罗、波爱修斯以及其他逻辑学家的注释传到中世纪，成为中世纪推论研究的重要文本来源。在某种程度上也确定了中世纪推论研究的主题。阿伯拉尔被认为是中世纪最早的真正意义上的逻辑学家，主要原因就在于他对推论的研究。他对于蕴涵的必然性、完美推理的定义在推论发展史上都是值得关注的，特别是完美推论所提到的词项替换下有效的原则，成为后来推论形式有效判定的重要依据。推论的发展势头在 13 世纪应该说是被延缓了，学者们更多关注的是词项理论，在这一背景下，更多讨论的是实质推论，即推论中词项的意义以及它们之间的实质关联对于推论有效性的影响。但 13 世纪末也首次提出了形式推论的概念，只是这一概念到了沃尔特·柏力、奥卡姆与布里丹所处的 14 世纪才被完全付诸实践。三位逻辑学家被学界并称为中世纪推论理论的"三驾马车"，他们不仅在各自的《逻辑大全》中对推论做系统研究，而且每个人都有多篇专门研究推论的论文。特别是布里丹的研究使得推论理论完全成熟，并引领了其后几百年间相对稳定的理论形态与格局。在此影响下，传统逻辑的各项理论也达到了历史的顶峰。

布里丹的推论思想被他的学生萨克森的阿尔伯特（后来继任布里丹，成为巴黎大学校长）直接继承。值得一提的是，有一位很有影响的中世纪晚期匿名逻辑学家伪司各脱（Pseudo-Scotus，活跃于 14 世纪中叶）讨论了中世纪关于推论理论的全部问题，而他的绝大多数问题与布里丹的另一篇论推论的论文《〈前分析篇〉中的问题》(*Quaestiones in analytica priora*) 高度一致,并出现在邓斯·司各脱著作的 17 世纪版本之中。① 这说明,即使到了 17 世纪,14 世纪的推论理论研究模式仍然很流行。

但如果我们从现代逻辑对于推论的要求上看,14 世纪之后,推论的研究在理论上并没有提出多少新的或有价值的思想。逻辑学家所做的主要工作是把此前业已取得的推论成果编入他们的教科书,在大学教育中普及,所以对于推论他们强调细节的处理以及在实际中的应用。我们可以从威尼斯的保罗那里看到 15 世纪的推论理论形态。保罗列出并证明了几十条推论规则,② 这些规则都散见于他对有效推论的分类之中,不过他对于形式推论也提出了一些新的看法。

保罗首先把推论分为形式推论(形式上有效的推论)与实质推论(实质上有效的推论),并对其有效性进行了定义:一个推论是形式上有效的推论,当且仅当其后件的矛盾命题(当按照常规方式去意谓时)与前件是形式上不相容的。形式上不相容是指逻辑形式上具有矛盾的关系,例如,无物存在与某些东西存在。形式上有效的推论又可以分为:仅仅形式(solum formalis)有效的推论,即后件的矛盾仅仅在形式上与前件不相容,例如"你在坐着,因此,你不在跑";非仅仅形式(plusquam formalis)有效的推论,即后件的矛盾并非仅仅在形式上与前件不相容,实际上也不相容,例如"你是人,因此,你会笑";以及最高形式或形式上是形式(formalissima sive formaliter formalis)有效的推论,即后件的矛盾与前件不仅在形式上、实际上不相容,也不能无矛盾地被设想在一起,

---

① 这位无名逻辑学家的思想在邓斯·司各脱著作的 17 世纪版本中被大量提及,有人认为是邓斯·司各脱的理论,但实际上并非如此,学界因此称他为伪司各脱。由于他的思想以及绝大多数问题都与布里丹非常类似,学界推测他应该是布里丹同时期或之后的逻辑学家。——参阅 Simo Knuuttila, "Medieval Modal Theories and Modal Logic", in M. Gabbay, J. Woods (ed.), *Handbook of the History of Logic* (Vol. 2): *Mediaeval and Renaissance Logic*, Amsterdam: Elsevier, 2008, p. 552. 涅尔夫妇在其《逻辑学的发展》中,也对伪司各脱的推论理论做了大量介绍(参阅〔英〕威廉·涅尔、玛莎·涅尔《逻辑学的发展》,张家龙、洪汉鼎译,商务印书馆 1985 年版,第 356—383 页)。

② 波亨斯基对保罗的部分推论规则进行了详细的证明。参阅 I. M. Bochenski, *A History of Formal Logic*, Ivo Thomas (trans. and ed.), Indiana: University of Notre Dame Press, 1961, pp. 205–207.

例如,"你是一个人,因此,你是一个动物"①。

　　一个推论是实质上有效的推论,当且仅当后件的矛盾命题与前件的联结在实质上（perse）是不可能的,但是可以被一起设想为纯粹的偶然。例如,"你在跑,因此,上帝存在"这一推论,尽管"你在跑,而上帝不存在"实质上不可能,但是如果你设想上帝不存在为偶然情况,则后件的矛盾命题与前件的联结就不是不可能的。实质上有效的推论又分两种。一种是其有效性不是因为形式有效推论的那些规则,而是因为词项的组合带来的恰当意谓,使得其结论在实质上是必然的,例如,"你在跑,因此,上帝存在"。另一种是如果推论的前提是不可能,但并不包含矛盾（因为如果包含矛盾,就是形式有效的推论）,那么这一推论就是实质上有效的推论,例如,"没有一个上帝存在,因此,我们举的这个例子是存在的"②。也就是说,保罗把"一个必然的结论可以从任何前提推出,一个不可能的前提可以推出任何结论"都视为有效的实质推论。

　　其次,推论又可以分为因形式而有效的（bona de forma）推论和因实质而有效的（bona de materia）推论。他所说的命题的实质就是命题的词项,而形式就是命题各部分的布局与关系,例如,"一个人是一个动物"与"一头驴是一个实体"具有相同形式,但不同的实质。"一个推论是因形式而有效的推论,当且仅当具有相同形式的任意推论都是有效的。例如'一个人在跑,所以一个动物在跑'"③。人们不可能设想没有一个动物在跑,却有人在跑。"一个推论是因实质而有效的推论,当且仅当并非每个具有相同形式的推论都是有效的。例如,'只有圣父存在,因此,并非只有圣父存在'这一推论就是因实质而有效,因为并非每个具有该形式的推论都是有效的"④。一个反例就是"只有某些东西存在,因此,并非只有某些东西存在"。

　　显然,保罗对于形式有效推论的理解与 14 世纪逻辑学家有较大差

---

① Pauli Veneti, *Logica Magna*, *Secunda Pars*: *Capitula de Conditionali et de Rationali*, edited with an English Translation and Notes by G. E. Hughes. Oxford: Oxford University Press, 1990, pp. 89 – 92. 后续引用该著仅注明书名与页码。
② Pauli Veneti, *Logica Magna*, *Secunda Pars*: *Capitula de Conditionali et de Rationali*, pp. 93 – 94.
③ Pauli Veneti, *Logica Magna*, *Secunda Pars*: *Capitula de Conditionali et de Rationali*, p. 104.
④ Pauli Veneti, *Logica Magna*, *Secunda Pars*: *Capitula de Conditionali et de Rationali*, p. 104.

别。"一个人在跑，所以一个动物在跑"这个所谓因形式而有效的推论在后者看来，根本就不是形式推论，而是实质推论。另外，保罗对于推论的划分也比较混乱，从结果上看，他所谓实质推论与因实质而有效的推论并没有什么区别，因此，逻辑史家一般把保罗的两种区分合并起来，即因形式而有效的推论和因实质而有效的推论分别直接对应于形式推论与实质推论。①

威尼斯的保罗的学生波加拉的保罗（Paul of Pergola，？—1455）对这些不同的推论做了更为细致的阐述，两人有着极其相似的推论思想，但是后者认为有些形式上有效的推论并非因形式而有效，而是因实质而有效。因此他对于推论的分类与他的老师也有所不同。波加拉的保罗通过一个树形图，试图包括所有的推论类型：②

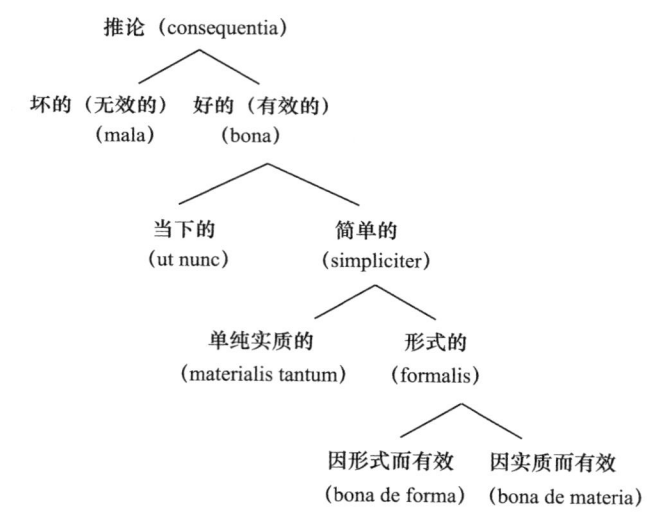

```
                推论（consequentia）
                  /           \
          坏的（无效的）    好的（有效的）
            (mala)          (bona)
                            /      \
                      当下的        简单的
                     (ut nunc)    (simpliciter)
                                  /        \
                           单纯实质的      形式的
                      (materialis tantum) (formalis)
                                          /        \
                                  因形式而有效   因实质而有效
                                  (bona de forma) (bona de materia)
```

图 5-7 波加拉的保罗对推论的分类

波加拉的保罗把因形式而有效和因实质而有效的推论都划归为形式推论。关于这一点，涅尔认为，波加拉的保罗所说的"形式的"推论应该理解为拉尔夫·斯特罗德（Ralph Strode，？—1387）所定义的形式推

---

① 参阅 E. J. Ashworth, *Language and Logic in the Post-Medieval Period*, Dordrecht：D. Reidel Publishing Company, 1974, p. 130。

② ［英］威廉·涅尔、玛莎·涅尔：《逻辑学的发展》，张家龙、洪汉鼎译，商务印书馆1985年版，第 378 页。

论，因为他当时正在评论后者的著作，在实质的推论前附加"单纯"这一限制，应该理解为斯特罗德关于形式推论也是实质推论这个学说所需要的一种限制。①

波加拉的保罗对于推论的分类之所以有着与 14 世纪布里丹及之前不一样的标准，在于 14 世纪后半期至 15 世纪形式推论理论发展的另一个方向。一些英伦传统（相应地，布里丹属于巴黎传统或大陆传统）的逻辑学家，例如弗兰德的罗伯特（Robert of Flanders，活跃于 1350—1370）、赫兰德的约翰（John of Holland，活跃于 14 世纪 60 年代）、理查德·比林汉（Richard Billingham，活跃于 1365—1370）、理查德·拉文汉（Richard Lavenham，？—1399）和拉尔夫·斯特罗德等。他们虽然总体上坚持形式推论的传统，但与 14 世纪的形式推论基于替换观念不同的是，他们把形式推论定义为后件包含在前件之中，这就是所谓基于"包含"（containment）概念的有效性定义。例如拉文汉说，"一个推论是形式的，如果后件必然包含在对前件的理解之中，正如在三段论以及其他各种省略式推论中那样"②。斯特罗德也有类似的定义："一个推论是形式有效的，如果通过前件恰当意谓的东西被理解了，那么通过后件恰当意谓的东西也被同样理解，例如，如果某人把你理解成一个人，他就是把你理解成一个动物。"③

这种定义在 15 世纪逻辑学家那里也很普遍。其实这种定义也不是什么新的东西，它在阿伯拉尔那里出现过，但被认为是不完美的推论，而基尔沃比称之为本质的或自然的推论。从现有资料看，这种定义在 14 世纪中期之后，或多或少与完全基于替换标准的形式定义交织在一起，由此形成推论理论的英伦传统与大陆传统。④ 显然，基于"包含"概念的形

---

① 参阅 [英] 威廉·涅尔、玛莎·涅尔《逻辑学的发展》，张家龙、洪汉鼎译，商务印书馆 1985 年版，第 378 页。
② P. King, "Consequence as Inference: Mediaeval Proof Theory 1300 – 1350", in M. Yrjönsuuri (ed.), *Medieval Formal Logic: Obligations, Insolubles, and Consequences*, Dordrecht: Kluwer Academic Press, 2001, p. 133.
③ C. G. Normore, "The necessity in deduction: Cartesian inference and its medieval background", in *Synthese*, Vol. 96, 1993, p. 449.
④ 参阅 C. D. Novaes, "Logic in the 14th Century after Ockham", in M. Gabbay, J. Woods (ed.), *Handbook of the History of Logic* (Vol. 2): *Mediaeval and Renaissance Logic*, Amsterdam: Elsevier, 2008, p. 471。

式推论，要比基于简单替换原则的形式推论范围更加宽泛。因为按照这一定义，某些此前被认为是实质的推论也会被划归到形式推论之中，例如布里丹所说的那种可以通过附加一个"论题"而变为形式推论的实质推论"一个人在跑，因此，一个动物在跑"是实质推论，但通过增加"每个人是动物"这个论题，可以变成有效的形式推论，这种推论在15世纪就被称为因为形式而有效的推论。

与基于替换观念的有效性定义不同的是，这种定义把推论的有效性与对推论的理解相关联。也就是说，推论的有效性除了依赖于其形式，还需要一些外在的支持，后者主要是人们对词项的理解所带来的一些"论题"或比较普遍的命题（如"上帝是存在的""上帝的世界是不动的""每个人是动物"等）。逻辑史家卡尔文·诺摩尔（Calvin G. Normore）认为，这种诉诸认知观念的形式推论可能是笛卡尔式推理（Cartesian inference）观念的中世纪背景。①

无论是基于替换观念还是包含观念的有效性定义，作为形式推论，中世纪逻辑学家都认同推理的形式结构对于其有效性的决定性作用。形式推论在15世纪之后仍被反复提及和研究，例如我们前述的17世纪伪司各脱形式推论思想的流行。逻辑学家坚持把逻辑与形式联系起来，为后世逻辑的发展提供了中世纪的背景。

二 中世纪推论理论的现代性

从我们前述分析可以看出，除了我们前面所提及的，中世纪的推论理论至少还在以下几个方面与现代逻辑或者我们现在所讨论的逻辑具有一致性或者相关性。

第一，中世纪逻辑学家对简单命题（包括直言命题、带关系词的命题）、复合命题（包括联言命题、选言命题、假言命题）、模态命题等所有不同命题的真假，以及由这些命题构成的简单推论和复合推论进行了十分详细和精深的研究。我们今天所学习的传统逻辑的全部内容，都已经在中世纪得到全面研究。

---

① 参阅 C. G. Normore, "The necessity in deduction: Cartesian inference and its medieval background", in *Synthese*, Vol. 96, 1993, pp. 437–454。

值得一提的是，中世纪逻辑教科书对于逻辑理论的内容编排，以及由此反映出来的逻辑理念，也有很多值得我们借鉴和学习的地方。例如威尼斯的保罗的《大逻辑》，该著是中世纪最系统的逻辑著作之一，也是大学的标准逻辑学教科书。其中第一部分讨论词项，第二部分讨论命题与推论，与14世纪的逻辑学著作基本相同。以下是著作的目录，从中可以看出，与我们今天的传统逻辑内容相比，中世纪所讨论的内容更全面、更丰富，与论证、语言的联系也更密切：[1]

第一部分

1. 词项
2. 指代
3. 导致困难的小品词
4. 排他小品词
5. 排他（exclusive）命题的规则
6. 除外小品词
7. 除外（exceptive）命题的规则
8. 转折小品词
9. "如何"（How）
10. 比较级词项
11. 最高级词项
12. 反驳与反论证
13. 作为范畴词的"全体"（whole/totus）
14. "一直"（always）与"曾经"（ever）
15. "不定"（infinite）
16. "立即"（immediate）
17. "开始"（begins）与"结束"（ceases）
18. 说明性（exponible）命题
19. 功能性命题（propositio officiabilis）
20. 组合与分离的意义

---

[1] I. M. Bochenski, *A History of Formal Logic*, Ivo Thomas（trans. and ed.）, Indiana：University of Notre Dame Press, 1961, pp. 161–162.

21. 知道与质疑

22. 关于将来事件的必然性与偶然性

第二部分

1. 命题通论

2—3. 直言命题

4. 命题的量

5. 逻辑方阵

6. 等值

7. 逻辑方阵中命题的本质

8. 换位

9. 假言命题（与推论）①

①假言命题一般论述

②假言命题的真值

③对前述一些问题的反驳

④关于假言命题的规则

⑤推论概述

⑥形式推论与实质推论

⑦因形式而有效的推论和因实质而有效的推论

⑧形式推论规则

⑨推论规则的区分与证明

10. 命题的真与假

11. 命题意谓

12. 可能与不可能

13. 三段论

14. 道义（obligationes）②

15. 不可解命题

---

① 该部分长达 200 多页，全部推论思想都集中于这一部分（不包括模态推论与三段论）。参阅 Pauli Veneti, *Logica Magna*, *Secunda Pars*: *Capitula de Conditionali et de Rationali*。

② 中世纪有很多以"论道义"为题的论文。这里的道义严格限于一般的逻辑义务，即论辩双方在论辩中为保持一致性，以及不自我矛盾等应该遵循的具体逻辑义务与原则。

第二，中世纪推论理论中所讨论的诸多推论规则，在我们今天的逻辑学中，已经不属于传统逻辑的范畴，而是现代逻辑的重要定理或者公理。例如 14 世纪逻辑学家普遍认同的四条符合有效性标准的推论规则（这些规则也引起了他们特别的关注，尽管在奥卡姆等逻辑学家看来是一些怪论，但都没有被排除在有效推论之外，也没有因此而修改有效性定义）：

（1）从假命题可以推出任何其他命题：¬A→（A→B）

（2）真命题可以由任何其他命题推出：A→（B→A）

（3）从不可能命题可以推出其他任何命题：¬◇A→（A→B）

（4）必然命题可以从其他任何命题推出：□A→（B→A）

其中（1）与（2）两个推论就是现代逻辑所谓实质蕴涵怪论，但是在某些命题演算系统中经常用来作为公理。①

中世纪推论定义都需要首先满足模态标准，即不可能前件是真的而后件是假的。这种蕴涵是一种严格蕴涵［A＜B，等值于¬◇（A∧¬B）］，因此如果用现代模态逻辑符号，上述推论（3）与（4）恰当的符号化应该是：

（3'）从不可能命题可以推出其他任何命题：¬◇A→（A＜B）

（4'）必然命题可以从其他任何命题推出：□A→（B＜A）

这就是刘易斯等逻辑学家所说的严格蕴涵怪论，也是某些层次模态演算的重要定理。②

中世纪逻辑学家还构造了大量的其他推论，很多都从不同方面揭示了现代逻辑演算的一些标志性特征，例如，一个包含矛盾的命题集（演算系统）可以得出任何结论（A∧¬A⇒B），等等。

第三，中世纪建立在"模态标准"与"替换标准"（这是按照现代逻辑术语去对应中世纪表达相似内容的概念）下的有效推论思想，也是现代逻辑讨论的重要问题。以布里丹为例，他认为一个推论是形式有效的，当且仅当：（1）不可能前件是真的而后件是假的，（2）在对其所有非逻辑词项进行任意替换下仍然是有效的。前者是说有效推论首先要满

---

① 胡龙彪、黄华新：《逻辑学教程》（第三版），浙江大学出版社 2014 年版，第 105 页。
② 胡龙彪、黄华新：《逻辑学教程》（第三版），浙江大学出版社 2014 年版，第 238 页。

足模态标准,后者是说有效推论需要满足替换标准。例如,假定美国总统只能是男性,则以下推论在单纯替换标准下是形式有效的:如果特朗普是美国总统,那么特朗普是男性。因为在这种情况下,特朗普就是唯一的非逻辑词项,替换成任何别人,推论仍然有效。但是在布里丹的有效性标准下,这个推论是无效的。因为按照他的理论,这一推论的前件是真的而后件是假的在某种情况下是完全可能的,推论之所以成立,是由于它假设一个"论题":"所有美国总统是男性",而后者并非总是成立,即并非最大类论题。即使它是一个最大类命题,在这种情况下,这就不是一个形式推论,更不可能是一个形式有效的推论。

布里丹的这种推论概念,可见于当代逻辑学家斯图尔特·夏皮罗(Stewart Shapiro)对形式的(逻辑的)推论的定义:"如果在对命题中非逻辑术语的每个解释下,当Γ是真的时,Φ也在所有可能情况下是真的,Φ就是Γ的逻辑后承。"[①] 换句话说,只有在对非逻辑术语的任意解释以及所有可能情况下,都满足Γ是真的时,Φ也是真的,从Γ到Φ才是一个有效的逻辑的(即形式的)推论。这其实正是布里丹的有效推论定义。

第四,作为上述问题的更进一步,当中世纪逻辑学家把命题词项的意谓扩张到过去、现代、未来以及一切可能事物,从而建立起从必然命题到实然命题,再到可能命题之间的推论时,中世纪模态逻辑已经有了现代模态逻辑可能世界语义学的概念,或者可能世界语义学的中世纪模式。逻辑史家诺瓦斯对比了中世纪某些术语与现代逻辑相关术语之间的相似性:"中世纪逻辑学家在逻辑分析中广泛使用'情形'(casus)这一专业术语去诠释假设的或反事实的状态,与可能世界语义学的某些用法惊人的一致。以现在的观察,可能世界只是被简单视为不同的状态或语境,它不一定是对事情状况的完整描述,因为并非所有命题都必然能获得真值。总之,'可能世界'将被视为'语境''状态''情形'的同义词。"[②]

[①] S. Shapiro, "Logical consequence: models and modality", in M. Schirn (ed.), *The Philosophy of Mathematics Today*, Oxford: Clarendon Press, 1998, p. 148.

[②] C. D. Novaes, *Formalizing Medieval Logical Theories: Suppositio, Consequentiae and Obligationes*, Springer, 2007, p. 90.

诺瓦斯还用可能世界语义学，重建了布里丹对于有效推论循序渐进的三个不同层次的定义，以展现这些定义与可能世界语义学的一致性。①

设 <w, v> 为可能世界语义模型，w 是所有可能世界集，v 是真值集，即 {T, F}。

有效推论（定义 1）：一个推论是有效的，当且仅当不可能前件真而后件假。

这一定义的语义为：推论"φ，因而 ψ"是有效的，当且仅当不可能 φ 是真而 ψ 是假的，这等值于：不存在任何可能世界 w，使得 $\varphi(w)$ = T，并且 $\psi(w)$ = F。

有效推论（定义 2）：一个推论是有效的，当且仅当，当两个命题被同时构造出来，不可能前件真而后件假。

以 * 代表在可能世界 w 中没有命题被实际构造出来的真值集，即真值"未定义"。如果一个命题 φ 在 w_n 世界中被构造出来，就是实际存在的，记作 $\varphi \in [w_n]$，否则，记作 $\varphi(w_n)$ = *，即如果 $\varphi \notin [w_n]$，那么 $\varphi(w_n)$ = *。在这一约定下，如果定义 2 的条件"当两个命题（φ, ψ）被同时构造出来"不满足，则记作：$\varphi \in [w_n]$，当且仅当 $\varphi(w_n)$ = T 或 $\psi(w_n)$ = F。

这样，定义 2 的语义就是：

推论"φ，因而 ψ"是有效的，当且仅当 φ 与 ψ 被同时构造出来，并且不可能 φ 是真而 ψ 是假的。这等值于，存在一个可能世界 w_n，$\varphi \in [w_n]$ 且 $\psi \in [w_n]$，并且不存在一个可能世界 w_n，使得 $\varphi(w_n)$ = T 且 $\psi(w_n)$ = F。

有效推论（定义 3）：一个推论是有效的，当且仅当，不论前件以何种方式意谓事物是它所意谓的那样，都不可能事物是前件所意谓的那样，而不在后件中以与前件同样的方式意谓事物是它所意谓的那样。

这一定义中没有真、假这样的真值概念，因为布里丹认为有效性不能一般地建立在命题真假的基础上（关于这一点，以及与现代逻辑理念相比何者更合理，参阅前述的布里丹的推论有效性定义章节）。例如"所

---

① 参阅 C. D. Novaes, *Formalizing Medieval Logical Theories*: *Suppositio*, *Consequentiae and Obligationes*, Springer, 2007, pp. 90 – 101。

有命题是肯定的，因此，没有一个命题是否定的"这一有效推论的前件是可能的（也就是说，在某种可能情况下，命题意谓的正是所意谓的那样，例如当所有否定命题消失），但由于它蕴涵一个假命题"没有一个命题是否定的"，因此，它本身也不可能是真的。[①] 也就是说，这一定义提出了一个新概念：一个命题是可能的，但不可能是真的，可以认为是命题的一种特殊的模态值（modal value）。这是布里丹的推论理论对于现代模态逻辑可能世界语义学提出的一个新任务，即如何定义一种状态或可能世界，从中可以区分一个命题所意谓的东西是或不是它所意谓的那样，而不是说命题在这个可能世界是真的或是假的。

诺瓦斯也为此做了一些尝试。他首先给出定义：

（1）事物在 w_j 世界中确如命题 φ 无论以何种方式所意谓的那样：$w_j ||\text{-}\varphi$。

（2）事物在 w_j 世界中并非确如命题 φ 所意谓的那样：$w_j ||\text{-}/\varphi$。

（3）命题实际上是一个有序状态对（w_i, w_j），其中 w_i 代表命题的构造语境，w_j 代表命题的赋值（意谓）语境。

（4）<w, s> 一个可能世界模型，其中 w 是世界集，s 是赋值集，s = {E, N, *}，其中 E 代表命题赋值（意谓）得到满足（est），N 代表命题赋值没有满足（non est），* 代表命题在任何可能世界都不存在。

（5）在此基础上，定义命题的满足（包括命题意谓是否满足，即某个世界的事物是否如命题所意谓的那样；与命题本身是否得到满足，即是否属于哪个可能世界实际存在的命题）：

$$\varphi(wi, wj) = \begin{cases} E \text{ 当且仅当，} w_j ||\text{-}\varphi, \text{ 并且 } \varphi \in [w_i] \\ N \text{ 当且仅当，} w_j ||\text{-}/\varphi, \text{ 并且 } \varphi \in [w_i] \\ * \text{ 当且仅当，对所有 } w_j, \varphi \notin [w_i] \end{cases}$$

这样，定义 3 可以简单语义化为：

（6）一个推论"φ，因而 ψ"是有效的，当且仅当至少存在一个可能世界 w_i，$\varphi \in [w_i]$ 并且 $\psi \in [w_i]$，并且不可能 $w_j ||\text{-}\varphi$，而 $w_j ||\text{-}/\psi$。而一个推论"φ，因而 ψ"是无效的，当且仅当，或者对所有 w_j，$\varphi \notin [w_i]$ 或 $\psi \notin [w_i]$，或者对所有 w_j，$w_j ||\text{-}\varphi$ 且 $w_j ||\text{-}/\psi$ 是可能的。

[①] John Buridan, *Summulae de Dialectica*, p. 954.

而一个命题是可能的或不可能的可以定义如下：

（7）φ 是可能的，当且仅当对某些 (w_i, w_j)，$\varphi(w_i, w_j) = E$；φ 是不可能的，当且仅当对所有 (w_i, w_j)，$\varphi(w_i, w_j) \neq E$。

而 φ 是必然的，当且仅当对任何 (w_i, w_j)，$\varphi(w_i, w_j) \neq N$；φ 是偶然的，当且仅当对某些 (w_i, w_j)，$\varphi(w_i, w_j) = N$，并且对某些 (w_i, w_j)，$\varphi(w_i, w_j) = E$。

当把这一定义用于（6），有效推论定义 3 可以有更细致的语义表达。

第五，中世纪对推论进行了各种分类，不同推论都有着不同的规则。例如形式推论使用形式推论的规则，实质推论除了考虑推论形式，更考虑词项的意义及其意谓方式。绝对推论与当下推论也有各自不同的应用语境，因为有些场合并不需要一个理论上没有任何反例的原理性命题或者规则，这在我们今天也是经常讨论的问题。中世纪对推论详细区分主要是为了构造正确的论证，从根本上看，推论就是为了构造论证。相反，现代逻辑的形式推理（主要是各种逻辑演算）热衷于去构造一个庞大的语法体系，除了一个抽象的语义模型，对其中的公理或者定理不做过多的语义解释，不考虑它们的实用性。这使得它们的适应范围具有很大的局限性，甚至远离日常思维，在一般的论证体系中无法发挥作用或者作用有限。虽然这又回到了自然逻辑与符号逻辑这种见仁见智的争议，但是中世纪的推论理论在这方面确有很多应该值得我们关注的地方。

中世纪推论思想的现代性或现实意义远不止我们在前述的各章节以及本节中提到的这些。然而，随着现代逻辑的兴起，更由于某种偏见或者无知，中世纪包括推论在内的逻辑理论长时间没有得到足够的重视。例如中世纪的三段论理论就处在这种状况，亨里克·拉格朗德（Henrik Lagerlund）教授指出："三段论的历史并没有在中世纪结束，但公平地说，这一理论在布里丹之后的六个世纪里并没有真正发生变化。而真正变化的是一种糟糕的情况：人们对中世纪原始资料缺乏了解，进而对于中世纪逻辑的丰富性和复杂性的无知状态，使得 20 世纪早期的逻辑学家反而轻易嘲笑这一逻辑理论。"[1]

---

[1] Henrik Lagerlund, *Medieval Theories of the Syllogism* (Stanford Encyclopedia of Philosophy), 2016. https://plato.stanford.edu/entries/medieval-syllogism/.

第 六 章

唯名论语义学的形式建构
——NLS 系统

以西班牙的彼得为代表的实在论语义学和以布里丹为代表的唯名论语义学代表了中世纪逻辑领域两种不同的语义学。虽然它们具有不同的本体论基础,但是它们的不同主要不在于其本体论基础,而在于建构语义学的不同方法与思路,即范式。我们可以通过不同的逻辑策略,消除实在论语义学中不必要的本体论承诺,从而在逻辑学领域,实现两者的部分融合。副词化手段就是其中最主要的逻辑策略之一,对唯名论语义学的形式建构可以更清晰地反映这一问题。本章首先基于本体论基础讨论实在论语义学与唯名论语义学,然后讨论前者向后者融合的可能性与技术方法,最后重点讨论如何建构唯名论形式语义系统——NLS 系统。

第一节 两种语义学的区分与融合

一 实在论语义学对词项与命题意谓的解释

实在论与唯名论语义学的区别其实就是语义范式上区别,这首先反映在其基础语义学的不同。词项意谓理论与命题意谓理论是逻辑语义学的基础理论,以此可以显示实在论与唯名论在本体论上的区别。

在中世纪词项属性理论的章节中,我们讨论了词项的意义理论。如前所述,词项的意义在中世纪主要以这个词意谓(signify)什么东西的方式进行讨论。也就是说,词项的意义就是这个词能使我们建立一个对这个词意谓什么东西的理解,某个词项意谓 x,就是我们建立一个对 x 的理解，x 就是这个词的意谓之物（significata）。这就是中世纪逻辑学（无论是实在论语义学还是唯名论语义学）关于语词意义的一般定义。从结果上看，意义与意谓其实没有本质区分：语词一旦有了意谓之物（一般是通过语义强加或者约定俗成），就获得了其意义。

然而，中世纪逻辑学家只是在词项意义的定义模式上没有分歧，但对于一个词项的具体意谓之物究竟是什么，则存在广泛的争议。

单称词项与普遍词项的区分是处理词项不同意谓最重要的区分。一个命题之所以意谓不同，产生不同的语义，因而获得不同的真值，最主要的就是看它所包含的词项是单称词项还是普遍词项，以及在此基础上，两种不同词项各自意谓什么。对于两种不同语义学来说，单称词项的意谓并没什么区别，它们只能以单称的方式谓述一个具体的事物。单称词项主要是指诸如"苏格拉底"这样的专名，它们被逻辑学家看作真正的和恰当的单称词项。这是因为"苏格拉底"这个名字只能被强加给苏格拉底这个人，一旦这一强加完成，这个名字不能再以同样的方式强加给其他人，否则就会产生歧义。其他单称词项（可能在形式上也是复合词项），例如指示代词"这个人"，虽然也是单称的，但其意谓的对象在不同语境下可能意谓不同的事物。此外，根据实在论与唯名论都认可的"一个词项首先有意谓，然后才有指代"这一理论，如果专名"苏格拉底"这个词的意谓是苏格拉底这个人，那么在"苏格拉底是人"这个命题中，由于它已经有了意谓，因此，它就人称指代苏格拉底这个人。本章所讨论的词项指代什么，主要考虑人称指代，即考虑这个词有意义地（significatively）意谓，不考虑它可能指代这个词自身（实质指代）或者某个心灵概念（简单指代）。

但是，普遍词项以及内涵词项意谓什么，对这一问题的不同回答反映了两种语义学在本体论上的不同，而普遍词项以及内涵词项在命题中如何意谓它所意谓的东西，则反映了两者在语义范式上的区别。后者是我们重点讨论的问题。

我们在词项区分章节已经指出，普遍词项最简单地说，就是同时意谓"多个事物"的词项，内涵词项也是可以同时意谓"很多东西"的词项。然而对于这些"多个事物"或"很多东西"究竟是什么，以及普遍词项与内涵词项如何意谓事物，则是一个十分复杂且争议很大的问题。

对这一问题的不同回答，最能体现实在论语义学与唯名论语义学的分歧。我们首先以极端实在论者西班牙的彼得为例，讨论实在论语义学。

彼得主张共相是独立于个别事物的第一实体，共相是个别事物的本质或原始形式，个别事物只是共相这第一实体派生出来的个别情况和偶然现象，所以共相先于事物。这样从逻辑语义学上看，不同类型的范畴具有不同的语义功能，都有对应的本体存在，或者说，每个不同的范畴意谓不同的本体论对象，两者之间是一一对应关系；并且，每个本体论对象都是真实存在的实体，代表它的词项直接意谓这样的实体对象。具体说来，单称词项意谓的是单个事物，而普遍词项意谓的是普遍事物，或者事物的普遍性。例如，"荷马"这个单称词意谓的是作为单个事物的荷马这个人，而"人"这个普遍词项意谓的是作为普遍事物的人或者普遍的人性。

同时，绝对词项意谓的是单个事物，而内涵词项意谓的是抽象事物，或者说意谓的是内涵（性质）的东西。[①] 例如，"柏拉图"作为绝对词项意谓的是作为单个事物的柏拉图这个人，而"父亲"这个内涵词意谓的是抽象事物，即父性（fatherhood），"圆的"意谓的是作为抽象事物的圆性（roundness），"白的"意谓的是白性（whiteness）。因此对彼得来说，亚里士多德的十范畴，即表达实体（substance）、数量（quantity）、性质（quality）、关系（relation）、活动（action）、遭受（passion）、时间（time）、地点（place）、位置（position）、习惯（habit）的词项，分别意谓实体事物（substance-things）、数量事物（quantity-things）、性质事物（quality-things）、关系事物（relation-things）、活动事物（action-things）、遭受事物（passion-things）、时间事物（time-things）、地点事物（place-things）、位置事物（position-things）、习惯事物（habit-things）。[②]

---

① 在词项区分章节中，我们讨论了中世纪逻辑学家把词项分为绝对词项与内涵词项，相应地，概念分为绝对概念与内涵概念。一般地，绝对概念是指直接表征某物的概念，它不与任何别的事物相关，表达绝对概念的词项称为绝对词项；而内涵概念是表征与某物相关联的东西的概念，表征这一事物以某种方式与它所直接表征的事物相关，表达内涵概念的词项称为内涵词项。我们在本章中，将就绝对词项与内涵词项的意谓做详细的语义解析。

② 参阅 G. Klima, "Two Summulae, Two Ways of Doing Logic: Peter of Spain's 'Realism' and John Buridan's 'Nominalism'", in M. Cameron, J. Marenbon (ed.), *Methods and Methodologies: Aristotelian Logic East and West*, 500–1500, Leiden: Brill, 2011, p. 114。

同理，当把词项分为简单词项与复合词项时，简单词项意谓的是简单实体，而复合词项意谓的是复合实体。特别是，一个正普遍词项意谓一个正属性的复合实体，与这个词项相对应的负词项就意谓着一个负属性的普遍实体。例如，如果"金属"这个简单词项意谓的是金属性这一正属性普遍实体，那么"非金属"这个复合词意谓的是那些与金属性这个实体相反并作为实体而真实存在的非金属性。再如，如果"有视觉的"（sighted）这个简单词项意谓的是有视觉性（sightedness），那么复合词项"盲的"（blind）意谓的就是与前者意谓相反的性质实体"盲性"（blindness）。

对实在论来说，不仅复合词项有复合意谓，而且由多个词项所构成的命题同样有着作为实体而存在的命题意谓。实在论的命题语义理论乃继承亚里士多德的经典符合论。从语义学上看，命题与命题意谓的对象之间的符合只有两种方式：一是按照命题各个词项的单独意谓去确定命题的整体意谓，这是唯名论的立场。例如布里丹认为，命题"荷马是盲的"（Homer is blind）如果是真的，那么它所意谓的东西必须是存在的，也就是作为盲人的荷马的存在。当然，由于"盲的"是一个内涵概念，因此命题除了意谓荷马作为实体的存在，还需要隐含荷马盲性的存在以及他的视力的不存在。[①] 但是这个命题终极意谓的仍然是荷马这一个体事物。另一种是把命题作为一个整体，去意谓一个作为整体存在的事物，此时，它必须断定或承诺命题作为一个整体所复合意谓的某种东西的实在性，特别是其中复合词项以及内涵词所意谓的东西的实在性，而这正反映了在命题意谓以及命题真值上的实在论立场。正如克里马教授所指出的，亚里士多德的符合论所要求的逻辑语义类型，即使历史上它可能从来没有以这种方式得以阐明，它也必须按照如下方式继续下去：首先提供简单词项的意谓，包括范畴词和助范畴词。其次，它必须在简单词项的意谓之基础上，描述复合词项与复合命题所意谓的东西的复合语义，确定如下规则，即复合表达式所意谓的东西的实在性，是如何依赖于其组成要素所意谓的东西的实在性或非实在性……在此基础上，它可以根据各种命题所意谓的东西的实在性，为这些命题提供简单的真之标准，

[①] 参阅 John Buridan, *Summulae de Dialectica*, p. 221。

正如亚里士多德的公式所需要的那样。①

但是，诸如命题"荷马是盲的"作为一个整体所复合意谓的东西是什么？如果我们把这个命题转换成一个复合表达式的话，那么命题意谓的东西只能是"荷马的盲性"，就必须承诺这一性质实体的真实存在。②但是，这种神秘的性质实体又将以何种方式而真实地存在？亚里士多德的符合论没有对此做出任何规定，但是，这一思想却被中世纪实在论者所继承。命题作为一个整体所全部意谓的东西被中世纪早期思想家称为命题的阐明或命题的断言，也称为命题复合意谓的东西（complexe significabile），或者用现在的话说，意谓的是一个事实或者一种状态，这正是本体论上的实在论者在命题意谓以及命题语义学上的立场与必然结果。"西班牙的彼得（在本体论问题上）真正接近于极端实在论者在理论上的态度，事实上，在论述词项的意谓时，他坦然地指出，范畴词不得不或者意谓单个的事物，或者意谓普遍的事物。"③

总之，彼得所建立的完整的实在论语义学可以概括为：具有不同语义功能的不同的句法范畴对应于不同的本体论范畴，单称词项意谓单个实体，普遍词项意谓普遍实体，所以它们分别称为"单称"或"普遍"。同时，内涵词项意谓真实存在的或者固有的偶性，比如实体固有的质或关系。与所有极端实在论者一样，彼得也把这种语义学用于复合词项与复合命题的意谓。基于这种语义学的解释方法被学界称为古典方法，而中世纪晚期唯名论所采取的与实在论完全不同的方法，就称为现代方法。

但是与唯名论一样，实在论也认为，除了范畴词意谓不同实体之外，所有助范畴词（例如量词"所有""有些"）都不意谓任何单个或者普遍实体，实际上它们不具有严格意义上的意谓，但可以决定范畴词所意谓的事物的某种状态，以及意谓事物的方式。彼得提到了事物的状态，包括意谓事物的方式，以及所意谓的事物的存在方式，说明他其实并没有

---

① 参阅 G. Klima, *John Buridan*, New York: Oxford University Press, 2009, pp. 219 – 220。

② 参阅 G. Klima, "On Being and Essence in St. Thomas Aquinas's Metaphysics and Philosophy of Science", in *Publications of Luther-Agricola Society Series* (Helsinki), B19, 1987, pp. 210 – 221。

③ G. Klima, "Two Summulae, Two Ways of Doing Logic: Peter of Spain's 'Realism' and John Buridan's 'Nominalism'", in M. Cameron, J. Marenbon (ed.), *Methods and Methodologies: Aristotelian Logic East and West*, 500 – 1500, Leiden: Brill, 2011, p. 114.

完全无视所谓"普遍实体"的存在状态与单个事物存在状态之间的区别，这就为对极端实在论语义学的副词化打开了一个缺口。

相反，对于上述问题的回答，唯名论极其简单且干脆：世界上唯一存在的就是单个事物，任何语词或命题所意谓的都是单个事物。单称词项单个地意谓单个事物，普遍词项同时意谓多个单个事物，内涵词项终极意谓单个事物，而命题所意谓的也只是其中词项联合在一起意谓单个事物。也就是说，实在论必须承诺单个事物与普遍事物的存在，而唯名论只需要承诺单个事物的存在。但是实在论与唯名论之间的这种本体论上的区别并不妨碍两种语义学融合的可能性与可行性。

二 实在论语义学向唯名论语义学融合的可能性与可行性

实在论与唯名论在本体论上的对立，并不必然延伸到逻辑领域，因为它们在逻辑学上的主要区别仅仅是建构逻辑语义学的不同方法与思路。由于这些方法与思路具有很强的技术性，进而具有灵活的可变通性——例如，通过形式化的现代重建去实现。因此，实在论与唯名论在本体论（承诺）上的不同，可以在逻辑语义学的建构中得到很大程度的消解，从而实现在逻辑领域，实在论向唯名论的融合。

具体来说，两者可以在语义学中部分地融合是基于如下原因：

首先，实在论与唯名论是一种哲学上的本体论立场，也是一种（哲学）思维方式，并在此基础上继续思考其他哲学问题。虽然中世纪哲学可以根据其本体论立场而划分为实在论与唯名论两大流派，但是一般而言，它们很难在逻辑领域也被相应划分为两大流派。因为两种本体论与两种语义学并非一一对应，或者说，两种语义学作为一种逻辑思维方式，由于具有逻辑上的可建构性与可变通性，因而在建构各自的语义范式或者模型时，完全可能覆盖或者部分覆盖两种哲学思维的形式。结果就是，在逻辑领域，我们几乎可以忽略（至少是淡化）两者在本体论上的区别。

其次，从技术上看，实在论（特别是代表中世纪实在论主流的温和实在论）"就其语义框架本身而言，并不意味着需要有大于唯名论框架的本体论承诺；它只是需要不同的逻辑策略去消除不必要的本体论承诺"[1]。

---

[1] G. Klima, *John Buridan*, New York: Oxford University Press, 2009, p. 59.

事实上，这种消除策略一应俱全，并被广泛使用于基于古典方法的哲学家。也就是说，虽然实在论在本体论上承认普遍实体或者抽象实体，因此，基于旧方法的语义概念也是承认亚里士多德范畴中除实体之外的其他范畴的实在性，但在其具体的语义学建构中，却可以撇开这样的实体是否存在这样的本体论问题，而通过把一个普遍词项所意谓的东西，直接等同于它们在命题中所代表的东西，即它们的指代。例如，把"人"这个普遍词项所意谓的东西——普遍的人或普遍的人性，等同于它在"柏拉图是人"等命题中所指代的东西——某个具体的人，或者存在于个体人中无差别但个体化了的人性（individualized humanity）。

必须指出，上述逻辑策略的应用并非现代逻辑学家的发明，温和实在论者实际上已经开始了尝试，而以奥卡姆、布里丹为代表的唯名论者则把这一策略发挥到极致。现代逻辑学家称之为"副词化"（adverbialization）[①] 处理策略，并对它进行了一系列技术处理。所谓副词化处理策略，其中最典型的就是，把一个普遍词项在实在论中意谓的普遍实体（即名词"universals"），转化为在唯名论中普遍地（即副词"universally"）意谓单个的具体事物。通过把普遍的实体转换为普遍地意谓，实现了实在论语义学向唯名论语义学的过渡与融合。

三 唯名论语义学及其对实在论语义学的改造

极端实在论从中世纪中期开始就受到了质疑，温和实在论就是对它的修正。温和的实在论实现了实在论在语义学上向唯名论的靠近，从而暗示了两者融合的可能性。

与极端实在论有所不同，温和的实在论虽然不否认普遍的东西，但并不同意普遍词项意谓作为实体而存在的普遍实体。例如托马斯·阿奎那，他在对亚里士多德《解释篇》的注释中指出，普遍词项之所以是普遍的，是因为它们是以普遍的方式去意谓事物，而不是因为它们意谓一个普遍的东西，没有这种普遍的东西。由此观之，虽然阿奎那是一个本体论上的实在论者，虽然被普遍词项以普遍的方式所意谓的事物与唯

[①] 首次把这种处理方式称为"副词化"处理策略的是中世纪逻辑问题研究专家 Gyula Klima 教授。

名论是不同的，这体现了其实在论与唯名论在本体论上的不同，但他的这一语义范式十分类似于唯名论：即他认为普遍词项之所以是普遍的，是因为它们是以普遍的方式去意谓事物。于是问题变得简单了许多：阿奎那对本体的语义处理方式，为我们在建立实在论语义学时，通过"副词化"处理策略可能消除部分不必要的本体论承诺提供了一个依据。但是阿奎那所谓"词项是以普遍的方式去意谓事物"与布里丹的唯名论还是有所区别的，这种区别将在接下来的语义分析中体现出来。

比较成熟的唯名论语义学开始于奥卡姆，布里丹则是唯名论语义学的集大成者。其完整的唯名论语义学，正是通过这种副词化的处理方式，消除了实在论中"过多且不必要"的本体论承诺。正如克里马所说："布里丹的唯名论是通过西班牙的彼得的语义学的副词化而得到的；实际上，从两者的对比中，我们可以很容易立即得出如下的判定：（一般地）唯名论是通过实在论语义学副词化而得到的。"①

副词化处理方式首先表现在对普遍词项的处理。在后者的语义学中，普遍词项仅仅是"普遍地"意谓，即以普遍的方式去意谓个体事物；普遍词项之所以有意谓，是由于它们附属于心灵中的概念，但概念只是一种心灵行为，没有实际的存在。因此，他不仅不承认任何实在论所谓的普遍存在物，而且认为普遍词项也只是单个存在物，即这一单个语词本身。普遍词项通过概念这种心灵行为意谓的是实际存在的单个实体。因此，代表单独概念与普遍概念的单独词项与普遍词项意谓的对象是相同的，所不同的是意谓的方式不一样。单独词项是单个地意谓单个事物，而普遍词项是以普遍的方式意谓单个的事物。在他的唯名论本体论中，只有单个事物，没有普遍事物的存在位置。他说："首要的问题是，我们必须知道——我们既有的讨论充分说明了这一点——心灵之外的任何东西在现实中都是单个的存在，它们之间相互区分（无论它们是属于同一个种，还是属于其他种）。这样一来，现实中除了单个事物，没有其他事

---

① G. Klima, "Two Summulae, Two Ways of Doing Logic: Peter of Spain's 'Realism' and John Buridan's 'Nominalism'", in M. Cameron, J. Marenbon (ed.), *Methods and Methodologies: Aristotelian Logic East and West*, 500–1500, Leiden: Brill, 2011, p.110.

物存在，也不存在一个事物与其他事物是没有区别的。"①

借用彼得·金（Peter King）对上面这句话的解释，布里丹的意思是，任何事物都是单个的；或者更准确地说，任何具有存在性（或者存在潜能）的东西都是单个的。世界上不存在非单个的实体，不管这种存在是独立的，还是事物背后或存在于事物之中的超物质因素。因此我们也必须承认，不存在关于个体性的具有真实存在性的原因或者普遍原理，它也只是个体。②

这一理念同样可以用于命题。与实在论语义学认为命题在心灵之外还意谓某种作为整体而存在的神秘实体不同，在唯名论看来，与简单词项和复合词项的意谓一样，命题在心灵之外也只意谓单个的事物，所不同的仅仅是，命题的意谓不是各词项意谓的简单相加，而是通过助范畴词的参与，以一种复合的方式（如前所说，这种复合的方式就是心灵中对词项所附属的概念的二次处理）去意谓各词项联合意谓的对象；词项相同的命题最终意谓的事物是相同的。因此，实在论所谓不同命题有不同的命题意谓，在唯名论这里不是说意谓的具体对象不同，而是说其复合意谓的方式不同。也就是说，命题的意谓等于命题中各范畴词所指代的东西，而助范畴词本身不提供任何指代，但它能调节各范畴词指代的东西之间的关联方式。例如肯定助范畴词"是"以肯定的方式意谓各范畴词意谓的对象，而否定助范畴词"不是"以否定的方式意谓相应的肯定词项意谓的对象。因此，相互矛盾的命题所意谓的东西都是相同的，例如，"上帝是上帝"或者"上帝不是上帝"，这两个命题表达式不会在心灵之外的现实中，意谓比"上帝"这个简单语词所意谓的更多东西，它们在外在现实中仅仅意谓上帝；肯定命题"上帝是上帝"以肯定的方式意谓上帝，否定命题"上帝不是上帝"以否定的方式意谓上帝。因此，唯名论语义学不认为命题有作为一个整体所意谓的心灵之外的抽象实体，它们所意谓的同样是个体事物。而一个命题之所以为真或为假，是因为

---

① Jan Buridan, Tractatus de Differentia Universalis ad Individuum, in *Przeglad Tomistyczny*, Vol. 3, 1987, p. 153.
② J. Thijssen, J. Zupko (ed.), *The Metaphysics and Natural Philosophy of Buridan*, Leiden: Brill, 2001, p. 2.

其中的范畴词项以助范畴词所提供的关联方式而具有或不具有联合指代（co-supposition）。这就是布里丹著名的关于命题语义的联合指代理论，是唯名论语义学的核心理论。

例如，对"人是动物"这个命题而言，极端实在论是这样解读的：人性具有动物性。这是由于极端实在论承认普遍概念意谓普遍的东西，因此，无论主词还是谓词，意谓的都是抽象的并作为整体而存在的事物（人性与动物性）。而温和实在论的语义学前进了一步，对其主词做了普遍化（副词化）处理：每一个体化的人性都有动物性。但即使是温和实在论，也充其量只是解释了量化命题主词量化的语义，而谓词的本体论承诺并没有改变。但是温和实在论的这种语义方法为唯名论语义学提供了思路。

对于唯名论语义学而言，"人是动物"这个命题应该这样解读："人"指代每一单个个体人，"动物"指代每一单个个体动物，考虑到词项的周延性，这个命题所意谓的就是其中主词"人"与谓词"动物"所联合指代的东西，即每一单个个体人与某些（因为谓词不周延）单个个体动物之间的重合个体，称为命题联合指代的东西，它们都是主词与谓词共同指代的相同对象。用标准现代逻辑符号表示就是：

$\forall x (Mx \rightarrow \exists y (Ay \wedge x = y))$。

但是为了与现代谓词逻辑区分开来（毕竟中世纪逻辑的语义方法与现代逻辑并不完全相同），我们将采用如下经过改造的谓词逻辑符号表示这一命题的语义，其具体用法将在后面详述：

$(\forall x. Mx)(\exists y. Ay)(x. Mx = y. Ay)$；可以缩写为 $(\forall x. Mx)(\exists y. Ay)(x. = y.)$

这一公式表明，唯名论中无须像实在论那样承诺任何普遍的东西，所有普遍词项之所以是普遍的，是因为它们以一种普遍的方式去意谓单个实体。具体地说，普遍词项"人"与"动物"都通过附属于心灵中的概念"人"与"动物"的介入，以普遍的方式意谓多个单个的人与单个动物，或者说一次性意谓多个单个的人与单个动物。主词与谓词都是意谓单个事物，而不是说主词意谓单个事物，谓词意谓某种性质。助范畴词"是"表明这个命题是以肯定的方式意谓对象，即当"人"这个普遍词项指代的所有个体人与"动物"这个普遍词项所指代的部分个体动物是等同的（此时即两个词项具有联合指代）情况下，这个命题就是真的。在这种语义学中，无论主词还是谓词，都既没有普遍词项意谓的普遍实体，也没有命题所意谓的复合实体。

副词化的语义处理方式还表现在对内涵词项意谓的解释与处理方式，可以称为"内涵的外延化"——作为一种扩大的副词化处理策略。这种方法甚至是中世纪逻辑现代方法的主要表现之一，在中世纪晚期占据主导地位。逻辑史家普遍认为，奥卡姆和布里丹对于内涵词意谓的语义解释同样有助于消除实在论不必要的本体论承诺，

在基于古典方法的实在论语义解释下，具体的词项（这里的"具体的词项"是指以形容词词性出现的词项）表示偶性的内涵词项本质上意谓真实存在的偶性，包括性质与关系等各种非物质的实体。例如某个圆的东西所具有的个体化的"圆性"（roundness）这种性质实体，某个作为父亲的男人所具有的个体化的"父性"这一关系实体。这就会产生一个巨大的本体论集合。奥卡姆是最早对这一做法提出明确批评的逻辑学家。他说："人们对于关系做出的习惯性论述有许多是不恰当的，有些甚至是错误的。然而，一些普通的表达在它们意向的意义上是真的，比如，'这个父亲由于父性而是一个父亲'，'这个儿子由于子性而是一个儿子'，'这个相似的东西由于相似性而是相似的'，等等。在这样表达的情况下，不必要创造任何对象，以此而使一个父亲是父亲，使一个儿子是儿子，使一个相似的东西是相似的。也没有必要在下面这样的表述中使（承诺的）对象增多：'这根柱子是因为右边性而在右边，上帝是因为创造性而创造，因为善性而是善的，因为正义性而是正义的，因为力量而是强大的，一种偶性由于固有性而固有，一个主体由于主体性而是主体，这个合适的东西由于合适性而是合适的，吐火怪兽由于无的性质而什么都不是，某个盲人由于盲性而是盲的，身体由于可移动性而是移动的，以及无数这样的其他例子。'"[1]

奥卡姆的意思是，不能因为说上述这样的命题就增加或者创造新的存在物，即承诺这样的对象的真实存在，这既是不恰当的，也是错误的。它认为正确的语义应该是这样的，例如"这个父亲由于父性而是一个父

---

[1] ［英］奥卡姆：《逻辑大全》，王路译，商务印书馆2006年版，第158页。

亲"应该被理解为"这个父亲是一个父亲，因为他生了一个儿子"，相应地，"这个儿子由于子性而是一个儿子"应该被理解为："这个儿子是一个儿子，因为他被生出来。"① 在后一种语义解释下，除了父亲、儿子自身，没有任何其他的关系实体（例如父性、子性或父子性），而此类关系实体正是基于古典方法的实在论语义学所做的本体论承诺。

但是那些坚持两种语义学融合的现代逻辑史家（例如克里马，本人持同样的看法）则认为，古典方法所做的上述承诺应该被明确认为仅仅限于本体论，而不是语义学中的相应承诺。因此，"就本体论承诺问题而言，奥卡姆以及后来的唯名论者（对实在论语义学）所做的这种或者类似的指责是很不公平的"②。因为实在论如果仅就其基于古典方法的语义分析以及语义框架而言，无须对上述神秘的抽象实体的存在做出承诺，或者它可以通过某种逻辑策略消除之。例如，它可以把这些内涵词项所意谓的东西（significata），等同于它们在命题中所指代的东西（supposita），或者等同于它们所指代的东西的形式。例如，使"父亲"这个关系词项意谓一个男人与其子女之间的父子关系，等同于意谓一个男人具有与其子女相关联的个体化的父亲的属性（即个体化的父性：individualizedfatherhood），从而间接地意谓一个具体的男人。事实上，很多基于古典方法的逻辑学家，都选择把关系仅仅看作他们的本体论的基础，即事物之间之所以如此这般关联的属性。

但是对于实在论语义学的上述争议在基于现代方法的逻辑学家（基本上都是唯名论者）那里并不存在，他们既无须在其本体论中，也无须在其语义学中做上述本体论承诺。正如我们前面分析过的，在现代方法的语义下，由某个关系范畴词表示的关系实体，与由这个关系范畴词表示的绝对实体是相同的还是不同的，这个问题根本就不会出现。例如"父亲"这个词不是被解释为表示关系的实体，而是解释为"与其子女相关联的（作为父亲的）男人"，后者不过是"父亲"这个内涵词项意谓的内涵概念，即想象那个与其子女相关联的男人的心灵行为，而无须意谓父性这一关系实体，也无须意谓个体化的父性。对于包含内涵词项的

---

① ［英］奥卡姆：《逻辑大全》，王路译，商务印书馆2006年版，第158—159页。
② G. Klima, *John Buridan*, New York: Oxford University Press, 2009, p.59.

命题来说同样如此。例如"荷马是盲的"这个命题,首先命题中的助范畴词不意谓心灵之外的事物,只是在心灵中改变意谓对象的方式,因此,"盲的(人)"[等于"没有视力的(人)"]与"有视力的(人)"意谓的对象是相同的,但前者以否定的方式意谓后者意谓的对象。其次,当主词"荷马"与谓词"盲的(人)"具有联合指代,或主词"荷马"与谓词"有视力的(人)"不具有联合指代,这个命题就是真的。在这种语义解释下,既没有内涵词项意谓的抽象实体,也没有命题所意谓的复合实体。

再如,按照古典方法,"圆"在本体论上应该承诺圆的东西固有的圆性,在语义学上,"圆"直接意谓实际或潜在的圆的东西,间接意谓它们具有的圆性。而按照现代方法,首先把"圆"名词定义为"平面上到定点的距离相等的所有点"(假设这是对"圆"这个词的正确的名词定义。按照唯名论语义学,一个词项是内涵词项,当且仅当它有名词定义——参阅词项区分章节)。这个表达式中的所有词项或者属于表达量这个范畴的绝对词项(在唯名论看来,与性质不同的是,量可以有与实体类似的真实存在),或者属于与这些绝对词项相关的关系词项。换言之,这个表达式的词项或者附属于绝对概念,通过它,我们绝对地想象量,或者附属于内涵概念,通过它,我们想象相互之间关联的量。这样,"圆"这个词也不需要解释为意谓或隐含量之外的任何东西。因此,通过名词定义我们成功地实现了"本体上的削减",这意味着这个词的语义并不需要假定任何新的实体。也就是说,对于内涵词可能带来的潜在的本体,布里丹等唯名论逻辑学家可以通过名词定义,即通过句法结构解释内涵词所附属的复合概念结构去消解它,这些定义已经成为实现他们的本体论方案的强大的逻辑工具。[①]

第二节 形式化的唯名论语义学——NLS 系统

唯名论语义学显然没有现代逻辑那样的庞大而系统的完整语义系统,但这并不妨碍我们对它进行形式化处理。因为唯名论逻辑学家已经有了

---

① 参阅 G. Klima, *John Buridan*, New York: Oxford University Press, 2009, pp. 61–62。

明确的逻辑形式概念，他们以自然语言阐述的逻辑理念以及理论在诸多方面与现代逻辑有着异曲同工之妙，我们在前面各章节已经反复讨论这一问题。用形式化方法对唯名论语义学进行合理的现代重建，既可以表明唯名论与实在论的区别，又可以表明唯名论语义学是如何可以通过纯粹自然逻辑的方式，恰当地表达现代逻辑量词理论。本书仅仅给出了唯名论语义学（以布里丹为例）的形式框架，并在关键问题上同时加入实在论语义学的不同处理范式。本节内容实际上是对上一节以自然语言形式描述的逻辑理论（包括词项区分、词项属性、命题意谓等）所做的形式化处理，并没有人为增加中世纪逻辑所没有的东西。我们将首先讨论唯名论的形式句法概念，这是我们对它进行形式化处理的语法依据，然后讨论如何建构 NLS 语义系统。

一　编制化方法：中世纪的形式句法概念

自然逻辑直观地说就是以自然语言作为理论描述工具与思维模式的逻辑理论，主要表现为自然语言命题与推理。这种命题与推理在现代逻辑中可以通过完全形式化的方法而实现，而在中世纪，主要是以编制化的拉丁句法而实现，克里马教授称之为"编制化方法"（regimentational approach）。[①] 简单地说，就是把任意的拉丁语句子，编制成一种标准化的逻辑句法，如同我们把英语、汉语或者任意自然语言表达的句子，转换为标准的直言命题（主词—联词—谓词的语序）或者复合命题（简单命题—联结词—简单命题的语序）。

逻辑规则需要通过语言表达出来，即使人类的自然语言存在巨大的差异性，它仍然具有某种相同特征，使得通用逻辑规则适用于任何语言，这就是逻辑学之所以能建立起来以及关于逻辑学的普遍理念，它同样被中世纪逻辑学家所普遍认同。也就是说，逻辑规则基于自然语言，但不依赖于某种特定的自然语言。古代或中世纪逻辑学家是使用自然语言去表达这样的思想，而现代逻辑通过建构人工语言，表达由不同自然语言所表达的相同概念体系。我们首先要讨论的就是中世纪逻辑学家所创造的基于纯粹拉丁语、具有与现代逻辑人工语言功能类似的形式句法概念

---

① G. Klima, *John Buridan*, New York: Oxford University Press, 2009, p.128.

体系。虽然布里丹并没有明确提出形式句法概念，但他通过编制化方法而得到的标准（拉丁语）命题可以视为中世纪对命题的"形式化"，从中体现中世纪逻辑的形式句法概念，而我们也无须做太多分析就可以直接对这些经过编制的句子做现代形式处理。

根据布里丹，每一个简单明确的拉丁语命题（他主要讨论直言命题，这也是中世纪逻辑的特征）都可以通过编制而变成标准的"主词—联词—谓词"形式。他在其《逻辑大全》的第一章就详细阐述了这一问题。在把命题划分为直言命题与假言命题，并认为主词与谓词是直言命题的主要部分（principal part）之后，布里丹指出："'一个人跑'（A man runs），其中'人'这个名字是主词，动词'跑'是谓词。关于这一点，我们应该注意，正如作者（亚里士多德）立即指出的，严格来说，动词不是谓词，动词或者是连接谓词与主词的联词，或者本身就是联词与谓词的结合体。对于动词'是'而言，如果它出现在（主词与谓词之外）第三个相邻的（tertium adiacens）位置，它就是联词，跟随它的就是谓词。但是，当我说'一个人是'（A man is），这个句子在中世纪也被视为命题）时，动词'是'出现在第二个相邻的（secundum adiacens）位置；但是这样一来，就像任何其他动词一样，它意谓自身就是联词与谓词（的结合体），或是作为命题主要部分的谓词。因此，为了使主语，谓词和联词更加明确，这样的动词就必须被分析为作为第三个相邻位置的动词'is'，并且被分析为该动词的分词，只要该命题是直言的（deinesse）和现在时的（de praesenti）命题，例如，'一个人跑'（A man runs）将被分析为'一个人是在跑的'（A man is running），同样地，'一个人是'（A man is）将被分析为'一个人是一个存在'（A man is a being）。"①

让我们分析在表述命题的自然语言为拉丁语的情况下，布里丹如何按照上述思路处理命题。例如，拉丁语命题"Homo videt asinum"（英文"A man sees a donkey"，中文"一个人看到一头驴"），按照布里丹的思路，可被编制为标准的"主词—联词—谓词"结构拉丁语句法"Homo est videns asinum"（英文"A man is someone seeing a donkey"，中文"一

---

① John Buridan, *Summulae de Dialectica*, p. 23.

个人是看到一头驴的某个人"),整个谓词就是"videns asinum"(看到一头驴的某个人),其中的动词"看见"仅意谓其谓词中的分词部分。① 这符合前述的动词不是谓词的观念。正是在这样的编制规则下,布里丹对"Homo est"所做的处理才是可理解的,动词"est"意谓相应的分词(拉丁文"ens",英文"being",中文"存在")和联词的结合体,从而这个句子就需要被分析为"Homo estens"[A man is a being,一个人是一个存在(物)]。后者就是标准的"主词—联词—谓词"结构。这里也可以看出,即使布里丹,也只讨论了直言命题,而没有关系命题的概念。因为在现代逻辑中,"一个人看到一头驴"是一个关系命题,其中"看到"就是表示关系的谓词,对这个命题的语义分析无须"是"这一联词的介入。唯名论者之所以没有以现代逻辑的方式讨论关系命题,也与他们不承认关系词项本身的本体论属性相关;实际上按照中世纪的语义处理方式,现代逻辑对这一命题的语义处理无疑隐含了对关系谓词的本体论承诺,虽然现代逻辑可以说它们的这一承诺是在其语义框架内,而无关事物本身。

上述句法编制方法实际上可能存在一些困难。例如,"I smoke"在日常语言中表达的是"I am a smoker",但按照布里丹的方法,似乎应该是"I am smoking",而根据他的联合指代理论,应该更准确地表达为"I am someone smoking",这等值于"I am(identical with)someone smoking"。② 当然,对这类命题的形式化在现代逻辑中也存在同样的困难。这说明了自然语言的丰富性与标准逻辑命题的单调性或者简单性。为此,布里丹提出了四个问题,从中反映了句法编制的复杂性与不精确性:"但这样一来就会产生一些问题。第一个问题涉及的是这样的联词意谓什么。第二个问题是,联词是不是直言命题的主要部分。第三个问题是诸如'那个正在讲课和争论的人是硕士或者学士'(The one lecturing and disputing is a master or a bachelor)这样的命题是直言命题还是假言命题;因为它有两个主词和两个谓词,看起来就是假言的(中世纪对假言命题的定义与现代逻辑不完全相同,现代逻辑称为假言命题、联言命题与选言命题的一

---

① 参阅 John Buridan, *Summulae de Dialectica*, p. 23, note 44。
② 参阅 G. Klima, *John Buridan*, New York:Oxford University Press, 2009, p. 123; p. 300, note 7, 8。

切复合命题，在中世纪都统称假言命题）。第四个问题与第三个问题类似，即关于'一个白的人是有色的'（A man who is white is colored）这样的命题，因为它有两个主词、两个谓词和两个联词，并且看起来等值于'一个人是有色的，他是白的人'（A man is colored, who is white），这显然是假言的，所以原命题看起来也是假言命题。"①

对于第一个问题，布里丹是这样回答的："对于第一个问题，我们应该这样回答：一个说出来的命题必须意谓一个心灵命题，正如我们前面所说的那样。然而，一个心灵命题涉及概念的组合（complexio conceptuum），因此它在心灵中预设了一些简单概念，再把一个复合概念添加给这些简单概念，通过这一复合概念，理智可以肯定或否认其中一个（预设的简单）概念。因此，那些预设的概念是心灵命题的主词和谓词，并且它们被称为心灵命题的质料，因为它们是基于命题的一般形式而预设的，正如质料是由命题生成（过程中）的实体性形式预设的一样。很明显，说出来的命题的主词与谓词在心灵中意谓心灵命题的主词与谓词。联词'是'意谓肯定的复合概念，而联词'不是'意谓否定的复合概念；但理智不能形成那种复合概念，除非它已经成为主词与谓词，因为没有谓词与主词，就不可能有谓词与主词的组合（complexio）。这就是当亚里士多德说'是'意谓某种组合时，如果没有这些组成部分，这种组合也是无法理解的含义。"②

布里丹的意思是，所有说出来的命题（按照现代语言学家的说法，句子结构反映了一个命题的表层结构）都意谓一个相应的心灵命题（反映了这个命题的深层结构，也就是概念结构）；并且根据指代理论与唯名论语义学，心灵命题其实就是一个复合概念。这一复合概念是这样形成的：作为说出来的命题的质料（即说出来的主词与谓词），首先在心灵中意谓作为心灵词项的主词与谓词，它们都附属于简单概念，而说出来的联词"是"或"不是"仅仅意谓心灵中作为主词与谓词的简单概念的组合，由它们形成一个复合概念。命题的意谓就是通过这一复合概念去意谓心灵之外事物之间的组合，即最终联合意谓某个或者某些具体事物。

---

① John Buridan, *Summulae de Dialectica*, p. 23.
② John Buridan, *Summulae de Dialectica*, p. 24.

例如说出来的命题"人是动物",通过"是"在心灵中意谓的概念组合,把"人"与"动物"这两个心灵中的简单概念结合起来,形成复合概念"作为动物的人",并最终意谓每个(作为动物的)人。但是有时,说出的命题并没有明确的"是"或"不是"这种联词,或者说是省略了联词(例如前述的"一个人跑""我抽烟"),但在这种情况下,这一说出的命题所对应的心灵命题仍然是在心灵中通过添加表达这些联词的概念,并把主词与谓词对应的简单概念组合在一起而形成的。因此,无论说出的命题有没有联词,心灵命题都会有联词的概念。基于这一原理,为了精确地分析每个直言命题的语义,就需要把它们转换为"主词—联词(是或不是)—谓词"这种规范的句法形式。这不仅是为了理解命题语义的方便,也是直言命题自身的本质形式。这一解释的合理性还可以通过布里丹对第二个问题的回答而得到加强。

"对于第二个问题,我们应该回答说,联词确实是命题的主要部分,因为如果没有联词,就不会有直言命题;也因为联词可以与主词和谓词的形式相比较,而形式也是复合体(即命题)的主要部分。因此正确地说,命题包括主词、谓词与联词,这些都是作为命题的主要部分。"[1] 布里丹的意思是,联词的功能就是使主词与谓词组合在一起形成命题,它本身就是形式的;并且与主词和谓词的形式是命题形式的一部分类似,联词也是命题形式的一部分,且都是命题的主要部分。

布里丹对第二个问题的回答是他对第三个问题回答的基础。他说:"对于第三个问题,我们应该回答说,那个命题('那个正在讲课和争论的人是硕士或者学士')是直言命题;它不包含两个直言命题,因为它只有一个联词;并且没有多个主词,也没有多个谓词,因为整个短语'那个正在讲课和争论的人'只是一个单一的主词……虽然是合取的,而整个短语'硕士或者学士'同样也是一个单一的谓词,虽然是析取的。"[2]

也就是说,尽管布里丹最终把一个命题规范化为"主词—联词—谓词"的标准形式,但这丝毫不影响命题主词与谓词本身的复杂结构或形式,自然语言本身就是比较复杂的,即使是一个附属于简单概念的简单

---

[1] John Buridan, *Summulae de Dialectica*, p. 24.
[2] John Buridan, *Summulae de Dialectica*, p. 24.

词项，其句法结构也可能变幻无穷。例如在英语中，"A man who is white is colored"与"A white man is colored"在句法上不相同，但在语义上完全等值。这就是我们在现代逻辑中常说的，表达同一形式命题的句子可以是不同的。

基于此，布里丹回答了第四个问题："对于第四个问题，我们应该回答这里（A man who is white is colored）只有一个谓词，即'colored'，它通过联词（is）的介入谓述主词，即谓述整个短语'man who is white'，而'who is white'这个短语的功能只是确定主词'man'。这个例子与'A man is colored, who is white'并不相似，因为后者有两个单独的谓词，它们分别谓述两个主词，并且其余部分不包含一个可以通过其中某个联词的介入来施行谓述的谓词。虽然这些（命题）是等价的，但如果我们添加一个全称符号（every），它们就不是等值的。（例如）为了说明每个白的人跑以及还有很多人没有跑（Every white man runs and there are many others who do not run），那么'Every man who is white runs'这个命题就是正确的，它等值于'Every white man runs'；但是，'Every man, who is white, runs'这个命题是假的，因为它等值于'Every man runs and he is white'。"① 后者显然与"Every man who is white runs"和"Every white man runs"都不等值，因此不符合原意。

布里丹的上述分析说明了一个问题，句子的句法转换与命题的形式转换并非一一对应，把一个用自然语言表达的命题的句法转换为另一种形式，在某种情况下看似与原命题没有区别，并且语义上看起来也是等值的，但如果把这种句法转换普遍化或者规则化，则可能在某种情况下（例如添加不同量词）发生语义分歧甚至错误。

我们把上述所讨论的部分例子还原为拉丁文（同时给出英语、汉语对比），并给出编制化的标准句法结构，以反映句法与语义之间的不对等（mismatch）。②

（1）Homo qui est albus estcoloratus.

（2）A man who is white is colored.

---

① John Buridan, *Summulae de Dialectica*, pp. 24 – 25.
② 参阅 G. Klima, *John Buridan*, New York：Oxford University Press, 2009, pp. 126 – 132。

（3）一个白的人是有色的。

（4）Homo est coloratus qui est albus.

（5）A man, who is white, is colored.

（6）一个人，他是白的，他是有色的。

（7）Omnis homo qui est albus currit. ↔（7'）Omnis homo albus currit.

（8）Every man who is white runs/is running. ↔（8'）Every white man runs/is running.

（9）每个是白的人在跑。↔（9'）每个白的人在跑。

（10）Omnis homo currit qui est albus. ↔（10'）Omnis homo currit et illeest albus.

（11）Every man, who is white, runs/is running. ↔（11'）Every man runs/is running, and he is white.

（12）每个人，他是白的，他在跑。↔（12'）每个人在跑，并且他是白的。

在上述命题（7）与（10）是未编制的句子，（7'）与（10'）是编制后的命题，两者分别都是等值的（用符号↔表示）。其余命题是用于对照的英语、汉语译文（唯名论语义学通常把"A man runs"分析为"A man is running"，但是在句法表述上不做严格区分，我们在前面已经讨论了这一问题），以便我们更直观地理解。

可以看到，（1）与（4）的句法结构不一样，但是在语义上完全等值，即两个命题在逻辑上具有相同的真值。但是当我们分别以类似于（1）与（4）的句法结构，去构造命题（7）与（10）时，就可以看出相同句法结构并不总是语义等值，并且只有分别把句子编制为标准的句法结构（7'）与（10'），才可以清晰地反映出两者在语义上的不等值。（7）与（10）的不等值可以通过对（7'）与（10'）的直接形式化而充分体现：

（7'）Omnis homo albus currit.

形式化为：对每个个体事物 x 而言，如果 x 是人，并且 x 是白的，那么 x 在跑。可以符号化为：

$\forall x (Mx \wedge Wx \rightarrow Rx)$

（10'）Omnis homo currit et ille est albus.

形式化为：对每个个体事物 x 而言，如果 x 是人，那么 x 是白的，并且 x 在跑。可以符号化为：

∀x（Mx→Wx∧Rx）

两者的语义差别是明显的。

需要注意的是，上述形式化是完全按照经典现代逻辑的语义概念，"人"与"在跑"都是表示类的，这是现代逻辑对谓词的定义。但是在布里丹的逻辑中，并没有"类"这一概念的存在，他也无须承诺其本体论存在，世界上存在的只有个体事物，他在指代理论中详细阐述了这一点。所以，当我们用现代逻辑符号去表达布里丹的语义学时，必须明确区分两者的区别。这种区别可以通过我们接下来讨论的 NLS 系统充分体现出来。

二　NLS 系统

由于中世纪语义学都是使用自然语言，我们把唯名论语义学（以布里丹为例）系统称为自然逻辑系统（Natural Logic System，NLS）。[①] 与现代逻辑基于完全符号语言的纯形式化系统不同，NLS 系统只是以形式语言，对基于自然语言的语义系统进行"更具有自然性质的"形式化，或者更简单地说，NLS 就是对自然语言推理系统的形式语言重组。此外，由于自然语言的开放性与具有无限更新变化的可能性，对于 NLS 这样的系统，也不可能具有像现代逻辑形式系统那样的元逻辑性质，比如可靠性、一致性与完全性。因此，我们显然也无法像讨论现代逻辑那样，在 NLS 中讨论其元逻辑性质。

通过对唯名论语义学合理的现代重建，[②] 一方面表明它与实在论的区

[①] "自然逻辑"这一概念在中外逻辑学界已经广为人知，但建立较为完整的自然逻辑语义系统（NLS）乃由笔者首创。

[②] 对唯名论语义学进行现代重建这一想法由 Gyula Klima 教授在《奥卡姆与布里丹的唯名论语义学：一种"理性重建"》［G. Klima, "The nominalist semantics of Ockham and Buridan: A 'rational reconstruction'", in M. Gabbay, J. Woods (ed.), *Handbook of the History of Logic* (Vol. 2): *Mediaeval and Renaissance Logic*, Amsterdam: Elsevier, 2008, pp. 389–431］一文中首次提出，但 Klima 教授仅仅给出了一个粗略的设想。笔者在访学美国 Fordham 大学期间，与 Klima 教授就中世纪两种语义学的现代重建技术细节进行过多次深入探讨，并发表论文《中世纪两种语义学及其现代重建》（载《浙江大学学报》人文社会科学版，2014 年第 4 期）。本书在此基础上，结合前述章节所讨论的中世纪逻辑理论，再次进行了大幅度的改建与扩充，特别是修正了其中一些前后不完全一致之处，形成了从自然语言模式到形式重建模式的较为完整的唯名论语义系统。在此感谢 Klima 教授与《浙江大学学报》。

别，一般而言，实在论语义学可以通过对形式化的唯名论语义学稍加修改即可实现，比如扩大个体域，使其存在物集合不局限于单个存在的事物，等等。另一方面表明唯名论语义学是如何可以恰当地与现代谓词逻辑接轨，或者说，唯名论语义学是如何以一种自然逻辑的方式，与现代符号逻辑语义学部分同步。

唯名论不承认普遍的事物，其语义学的个体域都是单个存在的单个实体，这是唯名论中唯一需要做出本体论承诺的东西。NLS 无须对其语言中包括谓词在内一切表达词项不同意谓方式的符号做出本体论承诺，因为它们仅仅是一种心灵行为，这一行为在语义上的实施就是以一种副词化的方式（包括否定、肯定、隐含等方式）去意谓单个的具体事物。基于此，NLS 系统建构如下：

A. NLS 的语法。包括如下四个部分：

1. 初始符号（即 NLS 的语言）

（1）个体变元：x_i（例如 x，y，z，x_1，y_1，z_1，…）。代表任意的个体事物。

（2）个体常元：a_i（例如 a，b，c，a_1，b_1，c_1，…）。代表具体的个体事物。

（3）绝对谓词：F_n（例如 F，F_1，F_2，…）。代表绝对词项意谓多个个体事物的心灵行为（概念），例如 F（x）表示 x 是 F 所意谓的诸多个体事物中的一个。

（4）内涵谓词：R_n（例如 R，R_1，R_2，…）。代表内涵词项意谓某个个体事物，以及它与其他个体事物具有相关性的心灵行为（概念）。唯名论讨论的内涵词项主要是关系词项，例如 R（x，y），代表 x 是 R 所意谓的诸多个体事物中的一个，但是与 y 具有相关性。

绝对谓词与内涵谓词不在符号的名字上做区分，统称为谓词，记作 P。所不同的是，当谓词指代的是一个事物时［例如 P（x）］，说明 P 是普遍的绝对词项，当谓词指代的是多个事物时［例如 P（x，y）］，说明 P 是普遍的内涵词项。

（5）原子命题：p_i（例如 p，q，r，p_1，q_1，r_1，…）。代表不包含量词的直言命题的统称。

（6）量词：∀；∃。量词是唯名论副词化处理词项的指代的符号。

（7）连接词：¬；∧；∨；→。与现代逻辑的语义一致。

（8）功能符号：()；,；.。即括号，逗号与表示约束变元的小圆点，用以表达一些特定意义的功能性符号。

以上是 NLS 的全部初始符号，其他符号的引入需要额外定义。

这些符号大多是参考现代逻辑对它们的定义，而设定的相应自然语言的缩写。其中谓词 F_n 代表的是普遍词项所附属的普遍概念，这些概念不像现代逻辑那样表达的是类，它们只是一种心灵行为，表达的是普遍词项可以通过这种心灵行为一次性地或者普遍地意谓诸多个体事物。唯名论语义学无须额外假定它们的本体论存在。

2. 变元的定义

（1）简单变元：不受任何量词限制的个体变元，在 NLS 中通常代表的是不定命题或者单称命题的主词。在现代逻辑中称为自由变元。

（2）约束变元：受量词限制的变元。NLS 通过在约束变元后面附加小圆点的方式，把它同简单变元区分开来。x.P（x）是约束变元的一般形式，它表明凡约束变元都会出现在量词辖域内的谓词（不区分绝对谓词与内涵谓词）所意谓的个体事物的范围（变程）之内。根据限制约束变元的量词（通称 Q）是全称量词（∀）还是存在量词（∃），Qx.P（x）可以具体分为∀x.P（x）与∃x.P（x）两种。

3. 项的形成规则

NLS 的项是指代表命题中词项（包含个体词项与普遍词项）所意谓的个体对象的符号或者符号串，它们是初始符号中的个体符号或者它们的组合。以 t_1，t_2，…，t_n 表示任意项，具体地说：

（1）任意简单变元是项，简称简单变项。

（2）任意个体常元是项，简称个体常项。

（3）任意约束变元是项。分两种情况：

①绝对约束变项：如果 x 是简单变元，F_n 是绝对谓词，那么 Qx.F_n（x）是绝对约束变项。这一变项是 NLS 对包含绝对谓词的约束变项的形式化。由于 NLS 的绝对谓词是通过它所附属于心灵中的概念，去指代具有相同属性的不确定的单个实体，因此这一变项表示，x 是 F_n 绝对意谓的某单个的具体事物。

②内涵约束变项：如果 x 是简单变元，t_1，t_2，…，t_n 是项，R_n 是内涵谓词，那么 Qx. R_n（x，t_1，t_2，…，t_n）是内涵变项，其中 n≥2。这一变项是 NLS 对包含内涵谓词的约束变项的形式化。它表示，x 是 R_n 最终意谓的某单个的具体事物，t_1，t_2，…，t_n 是 R_n 内涵意谓（或称隐含）的东西，并且 t_1，t_2，…，t_n 与 x 具有某种相关性；但是 R_n 本身并不指代某种关系，"关系"并非唯名论语义学中的本体论存在，只是一种副词化的指代方式。

（4）其他都不是项。

4. 公式的形成规则（公式集记作 F）

唯名论逻辑所讨论的主要公式是直言命题公式，我们也把由直言命题公式组成的复合命题公式加入 NLS 之中。

（1）如果 t_1，t_2 是简单变项或者常项，那么（$t_1 = t_2$）是公式，此为不含量词的直言命题的一般形式。

（2）如果 t_1，t_2 是简单变项，P 是谓词（不区分 P 是绝对谓词还是内涵谓词），Q 是量词，那么（Qt_1. P（t_1））（Qt_2. P（t_2））（$t_1 = t_2$）是公式。此为含有量词的直言命题的一般形式。

（3）如果 A，B 是公式，那么¬A，A∧B，A∨B，A→B 是公式。其中 A∧B，A∨B，A→B 所代表的命题在中世纪统称为假言命题。

（4）其他都不是公式。

NLS 的语义学首先是命题的真值赋值理论。一个命题的真假乃基于其中的词项是否具有联合指代，即命题中各词项的指代共同指向一个单个实体。以下就是 NLS 的语义学。

B. NLS 的语义

1. NLS 的（意谓）模型

NLS 模型是一个代数结构，由一个非空域和公式中符号到该域的映射构成：

（1）非空域 D，D 的元素都是个体事物；

（2）意谓功能（signification function，SGT）：从个体常项、简单变项、约束变项到非空域 D 的映射，指定每一个体常项、简单变项、约束变项为 D 中的一个元素。

（3）时间集合 T，T 中的元素为所有可能的时间，以 t 表示任意某个时间，显然 $t \in T$。这是用于考察 D 的元素在 t 时刻的存在与否。唯名论语义学所讨论的一切东西都必须基于真实的存在，它首先要求词项与命题指号（token）必须存在：或者以写出来的文本指号的方式存在，或者以说出来的话语指号的方式而存在，亦即所谓指号词与指号句；当这些指号消失，所对应的词项就不存在，包括这些词项的命题则无法确定真假；此外，它还要求在一个真命题中，任何词项所指代的具体事物必须存在。

（4）t 时刻的存在物集合称 $E(t)$，$E(t)$ 的元素是在 t 时刻的所有个体存在物，因而实际上也是 D 的元素，即 $E(t) \subset D$。

2. 指代（NLS 的真值赋值）

NLS 命题的真值通过指代实现。指代是一个词项在命题中所代表的东西，这些东西包括外在世界的具体事物（也就是这个词项的意谓之物）、这个词项本身，以及这个词项在心灵中所附属的概念，分别称为人称指代、实质指代与简单指代。由于中世纪逻辑主要考察词项的人称指代，并视人称指代为词项的默认指代，因此，NLS 这里考察的指代也仅限于人称指代。基于此，NLS 的指代功能（supposition function，SUP）与意谓功能直接相关，也就是说，词项在命题中指代的东西实际上就是这个词所意谓的东西。具体地说，SUP 是从公式中的个体常项、简单变项、约束变项到非空域 D 的映射，指定每一个体常项、简单变项、约束变项为 D 中的一个元素；当命题中各词项的指代满足，且各词项具有联合指代，命题为真，否则为假。引入两个缩写符号 1 与 0，分别表示命题中词项的指代满足或者不满足，以及各词项有或者没有联合指代，并使得命题为真或者为假。

（1）$SUP(a)(t) = 1$，如果 $SUP(a)(t) = SGT(a) \in E(t)$；否则 $SUP(a)(t) = 0$。此为命题中个体常项的指代，其意思是：如果某个命题中的个体常项 a 在 t 时刻的指代物等于它在 t 时刻的意谓物，并且这一指代物和意谓物是 t 时刻的存在物，那么这一指代就是满足的，否则就是不满足的。$SUP(a)(t) = SGT(a)$ 这一语义定义严格说明了词项的指代等于其意谓，以下类似，不再一一附加说明。

（2）$SUP(x)(t) = 1$，如果 $SUP(x)(t) \in E(t)$；否则 $SUP(x)(t) = 0$。此为命题中简单变项的指代。

(3) $SUP(\forall x.F_n(x))(t) = 1$，如果对于每个个体 u，$u \in RSUP$(x)(t)，$SUP(x/u)(t) = 1$，否则 $SUP(\forall x.F_n(x))(t) = 0$。其中 $RSUP$(x)(t)是指 x 在 t 时刻的变程，即谓词 F_n 绝对指代的所有个体事物，且 $SUP(x/u)(t)$ 是 F_n 的指代中，个体变项 x 的指代被 u 所替换。此为命题中全称约束绝对变项的指代。

(4) $SUP(\exists x.F_n(x))(t) = 1$，如果对于至少一个个体 u，$u \in RSUP$(x)(t)，$SUP(x/u)(t) = 1$，否则 $SUP(\exists x.F_n(x))(t) = 0$。此为命题中存在约束绝对变项的指代。

(5) $SUP(\forall x.R_n(x,t_1,t_2,\cdots,t_n))(t) = 1$，如果 $SUP(t_1)(t)$，$SUP(t_2)(t)$，$\cdots$，$SUP(t_n)(t) \in E(t)$，并且对于每个个体 u，$u \in RSUP$(x)(t)，$SUP(x/u,t_1,t_2,\cdots,t_n)(t) = 1$，否则 $SUP(\forall x.R_n(x,t_1,t_2,\cdots,t_n))(t) = 0$。其中 $RSUP$(x)(t)是指 x 在 t 时刻的变程，即谓词 R_n 最终指代的所有个体事物，且 $SUP(x/u,t_1,t_2,\cdots,t_n)(t)$ 是 R_n 的最终指代中，个体变项 x 的指代被 u 所替换。此为命题中全称约束内涵变项的指代。

(6) $SUP(\exists x.R_n(x,t_1,t_2,\cdots,t_n))(t) = 1$，如果 $SUP(t_1)(t)$，$SUP(t_2)(t)$，$\cdots$，$SUP(t_n)(t) \in E(t)$，并且对于至少一个个体 u，$u \in RSUP$(x)(t)，$SUP(x/u,t_1,t_2,\cdots,t_n)(t) = 1$，否则 $SUP(\exists x.R_n(x,t_1,t_2,\cdots,t_n))(t) = 0$。此为命题中存在约束内涵变项的指代。

(7) 如果 t_1，t_2 是简单变项或者个体常项，那么：$SUP(t_1 = t_2)(t) = 1$，如果 $SUP(t_1)(t) = SUP(t_2)(t) \in E(t)$，否则 $SUP(t_1 = t_2)(t) = 0$（肯定命题），但是 $SUP(t_1 \neq t_2)(t) = 1$（否定命题）。此为不含量词的直言命题的一般联合指代。

(8) 如果 t_1，t_2 是简单变项，那么：$SUP((Qt_1.P(t_1))(Qt_2.P(t_2))(t_1 = t_2))(t) = 1$，如果 $SUP((Qt_1.P(t_1)))(t) = 1$，$SUP((Qt_2.P(t_2)))(t) = 1$，并且 $SUP(t_1)(t) = SUP(t_2)(t) \in E(t)$，否则 $SUP((Qt_1.P(t_1))(Qt_2.P(t_2))(t_1 = t_2))(t) = 0$。此为含有量词的直言命题的一般联合指代。

设 A 与 B 是任意的直言命题，那么复合命题：

(9) $SUP(\neg A)(t) = 1$，如果 $SUP(A)(t) = 0$，否则 $SUP(\neg$

A）（t）=0。此为否定命题的联合指代。

（10）SUP（A∧B）（t）=1，如果 SUP（A）（t）=1 且 SUP（B）（t）=1，否则 SUP（A∧B）（t）=0。此为联言命题的联合指代。

（11）SUP（A∨B）（t）=1，如果 SUP（A）（t）=1 或 SUP（B）（t）=1，否则 SUP（A∨B）（t）=0。此为选言命题的指代。

（12）SUP（A→B）（t）=1，如果若 SUP（B）（t）=0，则 SUP（A）（t）=0，否则 SUP（A→B）（t）=0（即如果 SUP（A）（t）=1 且 SUP（B）（t）=0））。此为假言命题的指代。但在布里丹的推论理论中，严格地说，这一命题的成立除了需要满足上述条件之外，还需要满足其对推论的定义：推论的有效性不仅要建立在命题真假的基础上，还要建立在构成推论（假言命题）的相关简单命题之意谓方式的基础之上，也就是说，不仅要求前后件各自所意谓的事物就是它们所意谓的那样，而且需要无论命题以什么方式意谓，后件都能以与前件同样的意谓方式，保证其意谓的对象都是它所意谓的那样。如果借用诺瓦斯的解释，就是：

一个推论"A，因而 B"是有效的（因而所对应的假言命题 A→B 是真的），当且仅当至少存在一个可能世界 w_i，A∈［w_i］并且 B∈［w_i］，并且不可能 w_j‖–A，而 w_j‖–/B。（参阅本书中世纪推论理论章节）但附加的这种情况主要适用于当假言命题中出现了不可解命题时，唯名论在讨论假言命题真假时，一般也不选取不可解命题作为前件或者后件。因此，在 NLS 系统中，我们也不讨论这种情况，仅仅讨论前后件指代的满足与否（因而前后件的真与假）如何影响整个假言命题的真假。

C. 直言命题的 NLS 形式化及其语义分析

以下命题的形式化是基于唯名论的联合指代理论：一个真的直言命题的主词与谓词的指代物相同，但肯定命题以肯定的方式指代其相同的指代物，否定命题以否定的方式指代其相同的指代物；或者（在不考虑量词的情况下）当直言命题的主词与谓词的指代物相同时，肯定命题为真，否定命题为假，主词与谓词的指代物不相同时，肯定命题为假，否定命题为真。这些命题最能体现唯名论语义学的特征，其中某些命题典型地反映唯名论与实在论语义学的区别与关联。

（1）每个人是动物（Every man is animal）。如前所述，符号化为：（∀x. M（x））（∃y. A（y））（x. = y.）。去掉某些括号缩写为：（∀

x. Mx）（∃y. Ay）（x. = y.），下同。约束变元 y 之所以是特称的，是因为根据指代规则，肯定命题的谓词都是不周延的。其语义如下：

SUP（∀x. Mx）（∃y. Ay）（x. = y.）（t）= 1，如果对每个个体 u_1，$u_1 \in RSUP$（x）（t），以及至少一个个体 u_2，$u_2 \in RSUP$（y）（t），u_1 与 u_2 的指代物相同，且都是 t 时刻存在的，即 SUP（u_1）（t）= SUP（u_2）（t）$\in E$（t），则命题有联合指代，命题为真。这是布里丹的语义分析。奥卡姆有着类似的分析方法，例如，"马是哺乳动物"这一命题被分析为：这一写下的命题首先意谓相应的心灵命题，当且仅当"马"这一概念的指代之物包含于"哺乳动物"这一概念的指代之物之中，命题才是真的。区别在于布里丹有明确的联合指代理论。

（2）每个人不是动物（Every man is not animal）。符号化为：

（∀x. Mx）（∀y. Ay）（x. ≠y.）。

约束变元 y 之所以是全称的，是因为根据指代规则，否定命题的谓词都是周延的。其语义如下：

SUP（∀x. Mx）（∀y. Ay）（x. ≠y.）（t）= 1，如果对每个个体 u_1，$u_1 \in RSUP$（x）（t），都不存在一个个体 u_2，$u_2 \in RSUP$（y）（t），使得 u_1 与 u_2 的指代物相同，也就是说，主词与谓词没有任何联合指代，但这些指代物都是存在的（这是唯名论语义学的预设，如果指代物不存在，则命题无法判定其真假），则命题为真。

（3）有些人是动物（Some man is animal）。符号化为：

（∃x. Mx）（∃y. Ay）（x. = y.）

其语义如下：

SUP（∃x. Mx）（∃y. Ay）（x. = y.）（t）= 1，如果对于至少一个个体 u_1，$u_1 \in RSUP$（x）（t），以及至少一个个体 u_2，$u_2 \in RSUP$（y）（t），u_1 与 u_2 的指代物相同，且都是 t 时刻存在的，即 SUP（u_1）（t）= SUP（u_2）（t）$\in E$（t），则命题有联合指代，命题为真。

（4）有些人不是动物（Some man is not animal）。符号化为：

（∃x. Mx）（∀y. Ay）（x. ≠y.）

其语义如下：

SUP（∃x. Mx）（∀y. Ay）（x. = y.）（t）= 1，如果至少存在一个个

体 u_1，$u_1 \in RSUP$（x）（t），对所有个体 u_2，$u_2 \in RSUP$（y）（t），u_1 与 u_2 的指代物不相同，但都在 t 时刻存在，则命题为真。

以上（1）—（4）分别是主词与谓词相同的四个传统直言命题（A，E，I，O）的唯名论语义分析。

（5）荷马是盲的（Homer is blind），符号化为：

（∃y. Fy）（a = y.），其中 a 指代荷马，（y. Fy）指代具体的盲人。

其语义如下：

SUP（∃y. Fy）（a = y.）（t）= 1，如果对于至少一个个体变元 u_1，$u_1 \in RSUP$（y）（t），u_1 与 a 的指代物相同，且都是 t 时刻存在的，即 SUP（u_1）（t）= SUP（a_1）（t）$\in E$（t），则命题有联合指代，命题为真。

而对于实在论来说，正确的符号化应该是：B（a）。其语义意义是：这一命题是真的，需要荷马（a）的存在，以及荷马盲性（blindness，缩写为 B）的存在。与唯名论的区别在于，实在论强调作为性质事物（quality-things）的"盲性"的实在性，即从语义上看，还需要断定作为谓词的概念的真实存在，而谓词在唯名论那里仅仅是思考个体事物的方式，产生作为变项的变程，无须预设其本体论存在。

（6）亚里士多德是柏拉图的学生（Aristotle is Plato's student），符号化为：

（∃y. S（y，b））（a = y.），其中 a 指代亚里士多德。y. S（y，b）表示 y 是 S（学生）最终意谓的东西（实际上是一个具体的人）；b 是 S 隐含的东西，y 与 b 具有某种相关性，即虽然 S 最终意谓的是 y 这个人，但是 y 与那些师从于柏拉图的人（b），即柏拉图的学生相关，通过 y 这个人，人们可以设想其作为柏拉图学生的身份，但并不需要这种身份的本体论存在。这一命题的完整语义就是：当亚里士多德与师从于柏拉图的某个人具有联合指代时，这个命题为真。当然，还需要唯名论语义学的普遍预设，即当说出或者写下一个现在时命题，命题中所有词项指代的所有个体事物（例如这里的亚里士多德、柏拉图等）都必须是当下存在的。

对这一命题的解读可以非常清楚地看出唯名论与实在论语义学的区别。对于前者来说，谓词"学生"仅仅指代（师从另一个人的）人；而对于实在论，"学生"指代的是一种关系事物（relation-things），因此，正确的符号化应该是：S（a, b），表示亚里士多德与柏拉图的师生关系，或者亚里士多德具有与柏拉图相关的学生身份（student-hood in respect of Plato）。

三 NLS 系统与现代逻辑形式化语义系统的区别

首先，唯名论语义系统 NLS 从根本上看还是基于句法结构的。从现代逻辑对形式化的理解看，NLS 系统与其说是形式化的，还不如说是编制化的，它只是对以指代理论为核心的命题语义进行形式的编制处理。但从上述分析可以看出，这种语义解释确实比较贴近于人们以自然语言为媒介的日常思维，因此对于建构自然逻辑语义学，具有较强的可操作性，可以把逻辑语义学这一看起来十分深奥复杂的理论划归为简单自然的东西，从而实现亚里士多德逻辑的初衷——思维的工具以及实践科学。这就不难理解，为什么唯名论语义学从中世纪晚期开始就一直处于主导地位。事实上，相对于实在论语义学，唯名论语义学似乎也更加合理，是更适合于自然逻辑的语义理论。

现代逻辑形式化的语义学则完全撇开命题的自然语言属性，仅仅考虑基于不同自然语言的命题所表达的纯粹语义特征，这使得现代逻辑具有 NLS 所不具有的精确性、严格性与系统性。这些优点也对比出了 NLS 明显的缺陷，即语义和语法的模棱两可与随意性。具体地说，现代逻辑要求对形式语义的解释规则以及形式语法中公式的处理都必须基于严格的数学方法，但这种方法永远也不能与基于自然语言的语义系统一一对应。这种分歧在语法上表现得最为明显，NLS 受制于自然语言的多变性、丰富性与复杂性，因而基于数学方法的语法定义无法覆盖自然语言中语法或者句法的所有可能构造。而在现代逻辑的人工语言中，我们有一套明确有效的构造规则，可以制定适用于该语言下所有可能的合式公式的逻辑法则，而不必担心像 NLS 那样，不管如何制定规则都难以用公式表达一切可能的命题。

NLS 的这一缺陷不仅在同一自然语言下存在，更在不同自然语言下存在；对于逻辑语法而言，虽然存在较大争议，但英语、汉语等自然语言相比较于拉丁语似乎有着更大的不可确定性。中世纪逻辑学家实际上已经意识到了这一问题，特别是在讨论不可解命题中，他们认识到自然语言对于逻辑理论普遍性的威胁。但奥卡姆与布里丹等逻辑学家持乐观态度，提出了普遍心灵语言结构的概念。也就是说，即使人类语言存在巨大的差异性，它仍然具有某种相同特征，使得通用逻辑规则适用于任何语言。这些规则基于自然语言，但不依赖于某种特定的自然语言。

无论如何，NLS 正是在试图通过使用一些现代逻辑的工具，甚至现代逻辑的理念，尽可能去克服其固有的不确定性的理念下而建立起来的语义系统。实际上，至少目前看来，以自然语言加上适当形式化处理的方式尽可能匹配现代逻辑语义学的只有唯名论语义学。从上述唯名论语义学的形式重建可知，它至少能够以自然语言的方式，最大限度地表达现代逻辑最核心的多量词理论。

其次，基于自然语言的唯名论（而不是实在论）语义学可以消除实在论乃至现代逻辑中的很多不必要的本体论承诺。现代逻辑似乎包含着比实在论语义学更大的本体论承诺，更不必说唯名论语义学。其根本原因在于使用符号语言的现代逻辑实际上是建立在集合论的基础之上，它必须假定集合的实际存在，虽然从本体论上看，逻辑（主要是初等逻辑）是中立的。正如蒯因所说，初等逻辑提供了识别一个理论的本体论承诺的技术和方法，但它本身并没有做出特殊的本体论承诺。但集合论则不是中立的，因为集合论中的约束变元可以作用于类变元或集合变元，这样，集合论就在本体论上承诺了类或集合的存在。[①] 就是说，虽然存在争议（例如有人认为，现代逻辑语义理论不需要事实承诺，因为其所有承诺都被限制于语义范围之内），但当现代逻辑学家建构一种语义理论时，在其所使用的人工的元语言中，已经承诺集合的本体论存在。例如"所有人是动物"这一命题，在对作为谓词的普遍词项"人"与"动物"的语义分析中，实际上就是对集合或类的承诺："人"这个集合真包含于"动物"这个集合之中。虽然在现代逻辑中，集合是否存在并不对逻辑理论的演绎及其应用构成根本性的威胁。然而，基于纯粹自然语言的唯名论语义学并不需要这样的承诺，却可以基本实现现代逻辑的语义功能。

---

① 参阅江怡《论蒯因的逻辑斯蒂主义》，《哲学动态》2005 年第 3 期。

第 七 章

中世纪神学研究中的逻辑

中世纪最伟大的神学家大多是逻辑学家。神学与逻辑的第一次完美结合开始于中世纪过渡时期的波爱修斯,此后各阶段的主要神学家继承了波爱修斯理性神学的传统,对诸多基督教信仰教义和神学问题进行了深入的逻辑分析或证明。本章将首先讨论中世纪神学中关于逻辑学地位的争议,然后讨论波爱修斯对三位一体、上帝的预知的解释;阿尔琴及其学生对上帝话语的意谓的解释;安瑟伦对上帝存在的本体论证明;以及托马斯·阿奎那对上帝存在的范畴逻辑证明,从而体现古代逻辑理论在中世纪神学研究中的具体应用与影响。

第一节 逻辑在神学研究中的地位之争

古罗马是一个崇尚逻辑的时期。即使被称为信仰神学大师的奥古斯丁,也在其神学研究中使用了不少逻辑术语,甚至有过专门的逻辑论文。而在波爱修斯的时代,逻辑学是否可以应用于神学讨论与研究,并没有引起什么争议。教父哲学在古罗马大量使用逻辑(特别是亚里士多德的逻辑)似乎是顺理成章的事情。主要原因在于波爱修斯是古罗马神学家中少数几位精通逻辑的人,此外,神学研究仍然处在教父学阶段,关于教义的争议或者论战并没有中世纪那么热烈。从波爱修斯、卡西奥多鲁斯、伊西多尔,再到阿尔琴,持续近300年所倡导的逻辑学逐渐成为中世纪神学论证的重要工具。然而自阿尔琴之后,是否可以运用论辩术探讨神学问题骤然引起广泛的争议。特别是从11世纪开始,这一问题甚至成为神学讨论之前的必修课。这一方面是由于自波爱修斯之后古代逻辑的逐渐衰落，另一方面是由于中世纪早期信仰神学占据上风。这对于逻辑学的发展是不利的，因为"只有当神学家把论辩术（即逻辑，中世纪特别是早期不对这两个术语做严格区分。——引者注）用作解惑、求知的工具时，逻辑学的使用才能成为一种风尚"①，才能发展逻辑学。这种情况在11世纪末至12世纪发生了变化，阿伯拉尔对逻辑学的极力鼓吹对于逻辑学在神学中的地位以及逻辑学本身的发展起到了不可估量的作用。基于此，哲学史家认为，12世纪才是经院哲学的真正开端。

一 论辩术与反论辩术的最初较量

论辩术与反论辩术的最初较量开始于加罗林文化复兴晚期。主要集中于奥里拉克的吉尔伯特（Gerbert of Aurillac，约940—1003）与奥托二世（Otto II，973—983在位，是吉尔伯特的学生）宫廷的教师奥特里克（Otric）之间的论战。传统的看法是，这一时期关于论辩术作用与地位的论战，并不属于加罗林文化复兴时期的学术现象，而是中世纪经院哲学开始阶段的特有现象。我并不完全认同，而是主张，这一时期关于论辩术的争论虽然在时间上稍晚于历史所定义的加罗林文化复兴时期（Carolingian Era，指自751年至10世纪统治法兰克王国的王朝），但依然是后者热烈而开放的学术讨论（包括讨论的内容与方法）的继续，阿尔琴和他的学生们此前就讨论过类似的问题。这一时期经院哲学还没有完全形成，学术研究与11世纪末至12世纪开始的经院哲学的系统研究情形迥然不同，基本上是延续加罗林文化复兴时期的模式，即对论辩术的内容以及它在知识领域的地位展开论战。

奥里拉克的吉尔伯特是一位僧侣，可能出生于法国中部奥维尔涅（Auvergne）的山陵地区。② 972年至991年在兰斯（Rheims）天主教学校任教，讲授数学与逻辑。999年，当选为罗马教皇，改称西尔维斯特二世（Pope Sylvester II）。他是一位伟大的学术扶植者，所处时代最有学问的人。人们难以理解他的思想，只好把他想象为巫师或者认为他与魔鬼有

---

① 赵敦华：《基督教哲学1500年》，人民出版社1994年版，第226页。
② 关于吉尔伯特的出生地和他的父母，史料均未有确切记载。人们因此认为吉尔伯特的出身低微。

某种协约。于是产生了关于吉尔伯特的种种传奇。比较确信的看法是，他是从阿拉伯科学家那里学习了关于"四艺"的知识。他对数学的一项特殊贡献是重新提倡使用算盘，并亲自制作了一种具有 27 个档的算盘供教学使用。他还翻译了一些阿拉伯的科学著作，其中介绍了印度的阿拉伯数字。

吉尔伯特精通逻辑学，研究过西塞罗、马里乌斯·维克多里努斯、波爱修斯的著作。人们认为他是波爱修斯之后、阿伯拉尔之前最伟大的逻辑学家。他的学生兰斯的里切尔（Richer of Reims）详细介绍了他在兰斯的逻辑教学："他按照如下著作顺序研习与讲授逻辑学，并用清晰的语言揭示它们表述的意思。首先，他以波菲利的《亚里士多德〈范畴篇〉导论》（他使用的是演说家维克努力努的译本）为逻辑学的导论，然后他根据波爱修斯的注释解释了这本书。接下来，他阐述了亚里士多德关于'范畴'的著作，揭示其中令人困惑的问题。他非常巧妙地展示了关于'范畴'的这些问题如何在《解释篇》中被处理。然后他还让他的学生了解'论题'，即论证的'场所'（locus）——['locus'这一拉丁术语原义为'地点''场所'，由西塞罗从希腊文翻译成拉丁文，并在波爱修斯对亚里士多德六部著作的某个注释中得到解释。西塞罗在注释亚里士多德《论题篇》时，对于什么是 locus 有形象的说明：如果我们能够找出并标明藏匿东西的地点，那么找到被藏匿起来的东西就比较容易；同样，如果我们希望跟踪任何一种论证，我们必须知道它的合适论题（locos），'论题'就是亚里士多德给这些地点所起的名字，我们可以由此引出论证。——引者注]。他预见到了什么是对修辞学教师的进步有用的东西，同时他也对四部《论论题区分》、两部论直言三段论、三部论假言三段论、一部论定义以及一部论区分的著作进行了有用的讲解与提炼。"[①] 这已经涵盖了古代逻辑理论的全部，与波爱修斯所研究的逻辑学说完全一致。

吉尔伯特不仅亲自讲授数学与逻辑，他在任教皇期间，还主张扩建教会学校，进行自由艺术训练，主张逻辑是探求真理的途径。吉尔伯特

---

① Richer, Historiarum Libri, IV, in M. Gabbay, J. Woods (ed.), *Handbook of the History of Logic* (Vol. 2): *Mediaeval and Renaissance Logic*, Amsterdam: Elsevier, 2008, p. 40.

的工作对罗马乃至欧洲的学术发展起到一定的推动作用，他所创立的传统一直保持到 13 世纪，对中世纪逻辑与其他科学的复苏产生了积极影响。

980 年 9 月，吉尔伯特与奥托二世宫廷的教师奥特里克在拉文那展开了一场关于知识的划分（"Classifying Knowledge Controversy"）的著名论战。这是中世纪关于逻辑学地位的讨论中一件很有意义的事。实际上，关于知识的划分是一个古老的话题。亚里士多德和斯多亚学派各自给出了不同的回答。后者认为，哲学是关于人和神的知识的总汇，由三部分组成：物理学、伦理学和逻辑学。逻辑学不仅是一种工具，更是一门知识。亚里士多德则主张逻辑学仅仅是一门工具，但一切科学离不开逻辑。吉尔伯特与奥托二世之间的争论实质上主要是关于逻辑学的作用和地位问题。奥特里克主张斯多亚学派的观点，他质问吉尔伯特，是否存在世俗知识的总汇；如果存在，这些不同知识何以能够统一。吉尔伯特采纳亚里士多德对知识的划分，他根据波爱修斯关于波菲利《亚里士多德〈范畴篇〉导论》第一篇注释的思想，指出哲学就是一切世俗知识的总汇："哲学是一个属，实践科学与理论科学是哲学的种。我把那些分散的、应用于民间的知识称为实践的。另一方面，不必奇怪我把物理学（关于自然的科学）、数学（关于理解的科学）和神学（关于领悟的科学）称为理论科学。"[①] 而这些不同知识之所以能统一，就是由于逻辑，可以通过逻辑达到哲学的统一。奥特里克反问，既然逻辑学甚至不能给一个专名下定义，怎么能够由它去统一如此多的学问，适用于一切事物？[②] 这确实是一个问题，因为从亚里士多德一直到中世纪早期，主要讨论的是属加种差定义，这种定义方式无法对专名下定义，而神学中处处都需要有专名的定义。

吉尔伯特没有马上回答，但他随后写了一篇名为"论有理性与使用理性"（De Rationali et RationeUti/On Being Rational and Reasoning）的论文，对奥特里克的问题做出了回答。该论文主要是关于如何定义一个概

[①] 转引自 R. M. McInerny, *A History of Western Philosophy*: *Philosophy from St. Augustine to Ockham*（Vol. 2），Part 2, Chapter 3. Indiana：University of Notre Dame Press, 1971, p. 563。

[②] 参阅赵敦华《基督教哲学 1500 年》，人民出版社 1994 年版，第 227 页。

念的。因为根据亚里士多德的定义规则，定义的谓词（定义项）是（外延上）大于至少等于主词（被定义项）的。但在"人是有理性的动物"这一定义中，有理性的动物包括那些有理性并且使用理性的人，以及有理性而不使用理性的人。"使用理性"这一词项大于"有理性"这一词项。因为前者既包括一种能力，又包括这种能力的使用，显然更适合于作为定义"人"的谓词。而后者仅仅意谓着一种能力。既然某些人一生都未使用理性，那么"有理性的动物"的外延就小于"人"的外延，"人是有理性的动物"这一定义就是不合适的。

　　吉尔伯特解释说，关键是要区分"有理性"（rationali）与"使用理性"（rationeuti）。这显然是受到了波爱修斯的影响。后者在讨论自由艺术时指出，拥有理性是一回事，应用理性是另一回事，放弃使用我们思想中的理性能力，就意味着失去了这种能力。但吉尔伯特不完全同意波爱修斯的看法，在他看来，"有理性的人"是属概念，"使用理性的人"是种概念，种概念包含于属概念。一个有理性的人也可能一生都不使用理性，但这并不影响对人的定义，即"人是有理性的动物"这一定义同样可以适用于那些不使用理性的人。正如从"苏格拉底在坐着"（但某些人并没坐着）可以推出"人是能坐着的"，同样地，从"某些人在使用理性"（但有些人没有使用理性），可以推出"人是使用理性的"。因此，没有必要在定义中再引入"使用理性"这一词项。因为"使用理性"仅仅是一种偶性，而"有理性"才是人的本质属性，是人同其他动物的种差。这一种差足以把人同其他动物区分开来。下定义就是把一事物的本质属性列出来，而具有同样本质属性的东西的偶性之不同是很自然的事。应该把诸如"使用理性""在坐着"这样的偶性从定义中剔除。

　　吉尔伯特进一步指出，那些以偶性或个别现象为由，认为逻辑不能给专名下定义的看法是错误的。即使专名无法仅仅通过逻辑下定义，我们也不能借此否认逻辑的普遍适用性，逻辑毫无疑问是一切知识赖以统一的基础。由此观之，吉尔伯特是强烈的论辩术的支持者。

　　吉尔伯特与奥特里克之间的争论可以看作论辩术与反论辩术之间论战的最初较量。这场争论意义重大，它涉及哲学同世俗知识之间的关系，哲学同逻辑之间的关系，进而神学与逻辑之间的关系。

二 圣餐引发的逻辑地位之争

吉尔伯特与奥特里克论战之后不久，夏特尔学者、昂热（Angers）副主教图尔的贝伦加尔（Berengar of Tours，约999—1088）与坎特伯雷大主教兰弗朗克（Lanfranc，约1010—1089）之间也展开了一场关于圣餐（the Eucharist）性质的争论，本质上还是论辩术与反论辩术之争。

很多哲学史家认为，贝伦加尔对中世纪神学的最大贡献就是把逻辑学带进了神学讨论。他认为，逻辑不仅可以应用于解释一般事物，也可以用于解释神圣事物。理性是上帝天赋给人的，正因为如此，人才是唯一按上帝形象的被造之物。因此，理性应被应用于一切地方；在探讨真理的时候，理性不知要比权威高出多少倍，理性才是真正的主人与裁判。[①] 他所说的理性主要是指逻辑。针对基督徒认为圣餐中的面包与酒就是耶稣基督的身体与血，贝伦加尔在其《论圣餐》一文中指出，对于这一问题的理解就必须借助于逻辑：面包与酒并不会因为神父在祭献中的话而发生本质的变化，但可以改变其意谓功能，也就是说，面包与酒变成了意谓基督的身体与血的符号，因此，两者的等同只是在意谓上等同，而不是实质上的等同，否则如果面包与酒本质上发生了变化，则它们就不再能实现这一意谓的功能。这一思想不仅在亚里士多德《范畴篇》和古罗马逻辑中有过类似的讨论，而且在中世纪词项逻辑中被发展为语词只是概念的符号，可以因为附属于不同的概念而最终意谓不同的东西，所不同的是，贝伦加尔这里说的是一个事物作为事物符号代表另一种事物，而逻辑学家把它变成了一个语词作为概念符号意谓不同的东西。

兰弗朗克则完全不同意贝伦加尔的观点，他指责贝伦加尔用逻辑与理性解决一切问题，彻底背离与抛弃了传统。虽然他并不完全反对应用逻辑，但在讨论圣餐问题时，他为了显示不同意贝伦加尔的观点，甚至都不愿意使用亚里士多德《范畴篇》和波菲利《导论》中的逻辑术语。相反，为了更清楚地反驳兰弗朗克，贝伦加尔试图使用亚里士多德的术语转述兰弗朗克的观点，并写了《为反对兰弗朗克而做的批复》（Rescriptum contra Lanfrannum）。他说，兰弗朗克想要坚持的是，尽管圣餐中使用

[①] 参阅赵敦华《基督教哲学1500年》，人民出版社1994年版，第228页。

的面包成为基督的身体时，作为一种物质和各种性质的基体被破坏了，但它仍然是存在的，因为它的性质仍然存在。贝伦加尔指出，如果将兰弗朗克的立场置于严格的亚里士多德术语中，则其理论无法得到满足。因为根据性质附着于基体的道理，基体的改变必然引起性质的改变，不可能出现面包的基体（或实质）已经转变为基督的身体而保持着原来的形状、颜色等性质不变。① 贝伦加尔的观点不仅显示他对于亚里士多德在《范畴篇》中表述的相关思想相当熟悉，而且显示了他已经接近了亚里士多德在对《解释篇》中关于实体与偶性之间关系的论述（但与阿伯拉尔以及其他 12 世纪的逻辑学家的观点并不一致），虽然后者在当时并没有流传开来。

兰弗朗克强调神学必须凌驾于逻辑之上，主张逻辑应服从于神学。指责贝伦加尔在不适当的时候与不适当的地方，不适当地使用了逻辑，看不到圣餐仪式中实质转化的神秘性，但他没有或者没能指出后者逻辑应用中的错误所在，他只是引用权威言论表明实质转化论无可置疑，一切与之相矛盾的结论都必然是错误的，这就是反逻辑的"逻辑"。因此，他们之间的争论与其说是坚持逻辑与反对逻辑的争论，还不如说是理性与权威之间的争论。②

三 哲学是神学的婢女

如果说兰弗朗克只是逻辑与理性的温和反对者，那么彼得·达米安（Pierre Damien，1007—1072）则是 11 世纪逻辑的彻底反对者。他坚持哲学与神学的不相容，表现在他那句名言："哲学应当像婢女服侍主人那样为神圣的经典服务"这句话后来被改成了更为简洁的"哲学是神学的婢女"（Philosophia Ancilla Theologiae），③ 但产生了极其消极的影响，例如，中世纪之后人们更多重视对神学的研究，而忽视对中世纪哲学与逻辑的研究，认为这些东西在神学的压制下少有新意，甚至在当今时代也成为某些无知的人贬低中世纪逻辑的借口。

---

① 参阅赵敦华《基督教哲学 1500 年》，人民出版社 1994 年版，第 229 页。
② 参阅赵敦华《基督教哲学 1500 年》，人民出版社 1994 年版，第 229—230 页。
③ 转引自赵敦华《基督教哲学 1500 年》，人民出版社 1994 年版，第 230 页。

达米安所谓哲学，并非我们通常所理解的哲学这一门学科，而是包括所有七门自由艺术在内的世俗学问。与其他反逻辑的神学家一样，达米安并非不懂逻辑，相反，他在其神学著作《论神的全能》（De Divina Omnipotentia）中，对于模态的讨论比所有此前的中世纪神学家都详细，显示出他不仅精通亚里士多德在《解释篇》中关于模态的理论，而且也对波爱修斯的《解释篇》第二篇注释以及对假言三段论和论题的讨论十分熟悉。然而他却认为，与哲学和其他学科相比，逻辑甚至连为神学服务的资格都没有。他说，第一个逻辑和语法教师是引诱夏娃犯罪的蛇，因为逻辑所使用的人类语言包含着误导信仰的因素，逻辑规则不能用于描述与解释上帝的行为。这从他讨论上帝全能的一个例子即可看出。

古罗马拉丁教父圣杰罗姆（St. Jerome，约349—420）曾讨论过上帝的全能，认为上帝并非能够做任何事情，例如，他不能使一个失去童贞的女人物理地恢复贞操，也就是说，全能的上帝也不能改变已经发生了的过去的事情或者事物，不能使一个已经失去童贞的女人从来没有失去过童贞，不能使已经成为废墟的古罗马城从来没有存在过。达米安否定了这种看法，认为在某种意义上上帝完全可以改变过去了的东西。

但他并不只是简单地断定这一极端的观点，而是认为一件事情已经发生而上帝去改变它在逻辑上可以是一致的。他首先区分了这样的情况：就"事物本身的可变本性"而言（例如，今天我可能会或可能不会看到我的朋友），未来是可变的（ad utrumlibet），但如果就话语的结果（consequentiam disserendi）而言，它们可能是不变的。"根据话语的结果"是指这种情况，例如，"如果将会下雨，那么将会下雨就是必然的。因此，如果将会下雨，那么将不会下雨就是完全不可能的"①。也就是说，当"将会下雨"这句话被断定了，那么结果必然是将会下雨，即将会下雨就是必然的。

但达米安认为，这种必然不是真正的必然。他的意思是，从（1）"如果将会下雨，那么将会下雨，这是必然的"，推不出（2）"如果将会下雨，那么必然将会下雨"。这并没有错误，但他没用确定的逻辑工具来

---

① 参阅 Pierre Damien, *Lettre sur la Toute-Puissance Divine*（*De divina omnipotentia*），A. Cantin（trans. and notes），Paris：Cerf，1972，pp. 412 – 414。

区分模态算子的约束范围,只有口头上或文字上的模糊的区分。① 如果没有相关的模态逻辑理论,那么将(1)与(2)等同起来是完全可能的。实际上,这里需要的模态理论在古代和中世纪都已有之。例如,亚里士多德就明确区分了两种必然性:"存在的东西当其存在时,必然存在,不存在的东西当其不存在时,必然不存在。但是并非所有发生的事情或不发生的事情都是必然的。存在的东西当其存在时就必然存在,并不等于说,所有事情的发生都是必然的。关于不存在的东西也是如此。"② 而中世纪模态逻辑所区分的分离的模态与组合的模态,或者命题模态与现实的模态也可以用于解决此类问题。无论如何,达米安还是正确地指出了决定论的错误逻辑论证,提出了这样一种观点:未来只是将要发生的事情,并不意味着未来不可变。

与此类似,达米安认为关于过去的事情,"根据话语的顺序,不管是什么,如果是过去已经发生过的,都不可能没有发生过"③。但仅仅是基于话语的顺序(即只有当一件事情发生了之后,才会说"这件事已经发生了"之类的话),才认为过去的事件是不可变的。但就事物本身的可变性而言,正如未来事件仍然是可变一样,过去的事件也可变的。然而,这种论证忽略了这样一个事实,即关于未来的事件与关于过去的事件在是否具有决定性或可变性上并不完全相同甚至区别很大。因为仅仅根据"话语的结果"或者"话语的顺序",过去的事件也比将来事件更具有必然性。对未来的某些事情可以说"它可能会发生,也可能不会",并且不会产生矛盾;但是对于过去发生的事件,"它可能已经发生过或者可能没有发生过"只有基于认知经验上的无知或者不确定才是有意义的,否则,如果事情已经发生过,就不能说它没有发生,因为事实就是事实,不管你怎么说。

---

① 参阅 J. Marenbon, "The Latin Tradition of Logic to 1100", in M. Gabbay, J. Woods (ed.), *Handbook of the History of Logic* (Vol. 2): *Mediaeval and Renaissance Logic*, Amsterdam: Elsevier, 2008, p. 46。

② [古希腊]亚里士多德:《解释篇》,19a24—26,《亚里士多德全集》第一卷,苗力田主编,中国人民大学出版社1990年版,第60页。

③ Pierre Damien, *Lettre sur la Toute-Puissance Divine* (*De divina omnipotentia*), A. Cantin (trans. and notes), Paris: Cerf, 1972, p. 414.

达米安没有就这个非常明显的具体问题做进一步的说明，而是直接抬出了波爱修斯在《哲学的安慰》第五卷中关于上帝的超时间论，认为上帝与时间的关系与处在时间中的我们与时间的关系是不同的："很明显，全能的上帝在其永恒智慧的宝库中拥有所有的时间，因此没有任何东西将来到他那里，也没有任何东西可以通过一瞬间的时间而越过他。因此，在他那雄伟的不可言喻的城堡中保持着永恒性，他在其简单的一瞥中就凝视了所有事物的生成，使得过去的事物永远不会从他身边经过，未来的事物也不会是随之而来的东西。"① 这似乎成了反逻辑的神学家的一贯做法，当无法正面反驳时，直接引出大师或者权威的论断，笼统地提出自己的主张，而无视逻辑上的错误。

实际上，达米安并没有完全理解波爱修斯的这个著名论断。波爱修斯是用上帝的超时间性证明：尽管上帝"预知"了世俗中的一切，但世间所有未来事件都不是预定的，而是在时间中由人们的自由意志决定是否要实施这些事件。波爱修斯的证明当然是没有任何问题的（我们随后会有专门研究）。但是波爱修斯并没有借此证明上帝可以改变世间已经发生过的事件，从而得出已经发生的事件可以变成没有发生过的事件这种荒唐论断。达米安没有具体的论证（这种论证显然是不可能的）上帝如何改变过去的事件，而只是笼统地说，上帝的"能力固定于永恒之中，所以无论他能够做什么，他同时总能做到。……如果上帝能够做任何事情的能力与上帝一样是永恒的，那么上帝就可以使那些已经做过的事情不存在"②。

达米安的话只有这样理解才是没有矛盾的：上帝对所有事情都有权力，但这并不涉及他改变过去发生的事情，因为没有任何事情对他来说是过去的，所有事情都是在他的永恒现在中呈现在他面前。但是，如果上帝要改变过去的事件——例如使得去年8月某一天没有下雨，或者让某个人在牛津大学学习——那么也只能说这一改变了的发生过的事实也

---

① Pierre Damien, *Lettre sur la Toute-Puissance Divine* (*De divina omnipotentia*), A. Cantin (trans. and notes), Paris: Cerf, 1972, p. 418.

② Pierre Damien, *Lettre sur la Toute-Puissance Divine* (*De divina omnipotentia*), A. Cantin (trans. and notes), Paris: Cerf, 1972, p. 478.

是上帝在其永恒现在中所带来的。上帝可以"取消"过去的事件，因为这对他来说是现在，因此实际上也就不是什么取消"过去"的事件，而只是实现这种可能性的一个选择。而对于生活在时间中的人来说，我们无法改变已经发生的事情。①

无论这些懂得逻辑与语法的神学家如何反对在神学讨论中应用逻辑，基于逻辑而形成的理性神学终究成为中世纪的主流神学；即使那些反对把逻辑应用于神学领域的人，也经常是通过逻辑方法而反对逻辑，只不过是错误地使用逻辑。

四 阿伯拉尔对逻辑学的坚定护卫

彼得·阿伯拉尔是中世纪早期（11—12世纪）最杰出的思想家，"就12世纪的新时代范围来说，他是第一个伟大的新时代的知识分子，第一个教授"②。也是中世纪第一个真正称得上是伟大逻辑学家的神学家，他的丰富的逻辑思想已如前述，笔者将在此讨论他崇尚与捍卫逻辑的历程。

阿伯拉尔喜欢论辩。为了掌握论辩术，年轻时就前往巴黎，向当时最有名望且以博学著称的教师香普的威廉（William of Champeaux，约1070—1122）学习。但很快就与之发生激烈冲突，阿伯拉尔被迫离开巴黎。几年之后，他又回到巴黎，找到了威廉。阿伯拉尔这次运用巧妙的论证，迫使威廉放弃自己的观点。后去了拉昂，师从当时最著名的神学家拉昂的安瑟伦（Anselm of Laon，? —1117），专攻了一个时期的神学，但很快他就发现安瑟伦不过是像所有其他的神学家那样徒有虚名：他站在巨大声望的阴影里，像田野中间一棵华丽的橡树，我领教过以后，就不再在他的学校里浪费时间了。③

阿伯拉尔于是离开了这位神学家。他建立自己的学校，向学生传授

---

① 参阅 S. Knuuttila, *Modalities in Medieval Philosophy*, London: Routledge, 1993, pp. 63 - 67。

② [法] 雅克·勒戈夫：《中世纪的知识分子》，张弘译，商务印书馆1996年版，第31页。

③ 参阅 [法] 雅克·勒戈夫《中世纪的知识分子》，张弘译，商务印书馆1996年版，第32—33页。

自己的思想，成为巴黎一名享有极大声誉的教师。特别是建立了理解而后信仰的世界观，指出一切教义的可靠性都必须借助于论辩术，也就是逻辑。尽管论辩术与反论辩术之争已经持续了近200年，但是在阿伯拉尔生活的年代，逻辑仍然没有取得应有的地位。为此，阿伯拉尔写了一系列著作，以说明逻辑的重要性。其中《论辩术》是一篇纯粹的逻辑著作，阿伯拉尔也因此被称为中世纪第一位真正的逻辑学家。而写于1121至1122年的《是与非》是他最有名的著作。① 这是一本以逻辑说明神学论题的著作，书中列举了156个神学论题，每个论题都有是与否（即肯定与否定）两种意见，并且都具有同样的权威性，因为它们都来自教会认可的使徒或教父。

对于这类具有同样权威性的是与否的问题，应该如何保持一致？阿伯拉尔认为，这就要依靠论辩术。他说："在同一问题有各种论断的情况之下，为确定哪些具有预期的规则的力量，哪些是宽容的让步，哪些是对完善的劝勉，不懈的讨论是必要的，以便我们可以在权威们的不同的意图中找到解决矛盾的办法。如果规则出了问题，那么就要问：这一规则是普遍的还是个别的？……对规则运用的时机和理由作出区分也是必要的，因为通常在一定时间里被允许的东西在另一时间里被禁止，按严格标准的一般要求有时也会有例外的松动。这些都是在运用教义、教规时特别需要加以区分的要点。如果我们能够确定同一语词在不同著者使用中有不同的意义，那么，争论一般是容易解决的。细心的读者将会试用这些方法去解决圣徒著作中的矛盾。但如果发生矛盾过于明显而无法以论辩消除的情况，那么权威意见必须比较，使其中更好地被验证并更多地被确证的意见保持优先地位。"② 很明显，阿伯拉尔十分强调论辩规则和语词在不同语境下的语义区分，只有在逻辑无法解决的情况下，才求助于权威。后者其实仅仅是阿伯拉尔的一种妥协的策略，实际上在他的眼里，没有问题是不能通过论辩术解决的。反过来，权威的意见也只

---

① 拉丁文评论版为：Peter Abelard, *Sic et Non: A Critical Edition* (English and Latin edition), Blanche B. Boyer and R. McKeon (ed.), Chicago: The University of Chicago Press, 1978。
② ［法］阿伯拉尔：《是与非》，载赵敦华《基督教哲学1500年》，人民出版社1994年版，第258页。

有通过论辩术才能保持其可靠性。阿伯拉尔如此重视理性与论辩术，开创了中世纪早期关于论辩术论争的高潮。

在对信仰与理性关系的理解上，阿伯拉尔针对坎特伯雷的圣安瑟伦"信仰而后理解"的观点，提出了"理解而后信仰"的立场。他说，在教会的教父们的无数著作中有不少表面上的矛盾甚至难解之处。我们崇拜他们的权威不应该使自己追求真理的努力停滞不前。教父们会有错误是毫无疑问的。即使是彼得，使徒中的名人，也曾陷入错误中。因此，读所有这一类著作都要有充分的自由进行批判，而没有不加怀疑地接受的义务，否则一切研究的道路都要被阻塞，后人用以讨论语法和叙述中难题的优秀的智慧就要被剥夺。在学问上最好的解决问题的方法就是经常质疑。由于质疑，我们就验证，由于验证，我们就获得真理。① 这就是说，我们只有从质疑教父们的权威出发，依据理性和论辩进行研究，最后才能达到真理。阿伯拉尔强调，在通往真理的道路上，理解语言是关键环节。他说："……语词若不被理解就是无意义的。若不首先理解（语词），则没有任何东西能被理解。"② 阿伯拉尔的意思是，任何信仰或者别的真理都要通过语词表达，如果语词不被理解，那么信仰以及一切真理就不可能被理解。因此，对语词的理解是通往真理的必由之路。而对语言的理解就必须借助于论辩术。

阿伯拉尔的论辩术就是逻辑学，即讨论问题的一种独立于任何权威的纯形式的方法。他认为，除《圣经》外，论辩术是通向真理的唯一道路；逻辑学是一门神圣的"基督教科学"。他的《是与否》就是运用这种逻辑方法考察信仰合理性的典范著作。虽然教会曾下达禁令，反对用论辩术讨论基督教教义。但是，阿伯拉尔的逻辑方法由于其纯形式的性质，归根到底有利于为教会服务。因此，到了13世纪初期，经院哲学家们又开始全面地运用阿伯拉尔的逻辑方法，来讨论天主教的正统教义。如果说早期经院哲学的内容是由安瑟伦提出的，那么它的研究和讨论问题的

---

① 参阅周一良、吴于廑主编《世界通史资料选辑》（中古部分），商务印书馆1964年版，第215—217页。
② ［法］阿伯拉尔：《是与否》，载赵敦华《基督教哲学1500年》，人民出版社1994年版，第258页。

方法，则是由阿伯拉尔规定的。从这个意义上，很多学者视安瑟伦与阿伯拉尔同为经院哲学的创始人。

阿伯拉尔这种先理性而后信仰的世界观，一方面是对爱里根纳（Johannes Scotus Eriugena，约815—877）理性原则的进一步发挥，另一方面也开创了近代以笛卡尔为代表的法国批判精神的先河。关于这一点，恩格斯曾给予了高度的评价：阿伯拉尔的"主要东西——不是理论本身，而是对教会权威的抵抗。不是像安瑟伦那样'信仰而后理解'，而是'理解而后信仰'；对盲目的信仰进行永不松懈的斗争"[①]。

阿伯拉尔之后，中世纪逻辑发生了翻天覆地的变化，逻辑学开始脱离所有其他学科而独立地发展起来，很多伟大的逻辑学家甚至都不是神学家。

第二节 基于逻辑证明的基督论与三一论

让我们回到波爱修斯时代。如前所述，从理性神学的发展史以及经院哲学研究方法的角度看，波爱修斯无疑可以称为"经院哲学的第一人"。

512—523年，精通亚里士多德范畴逻辑和斯多亚学派命题逻辑的波爱修斯写了五篇论述基督教基本教义的神学论文：一，《三位一体是一个上帝而不是三个上帝》；二，《圣父、圣子、圣灵是否从实体上指称上帝》；三，《实体如何因存在而善》；四，《论天主教的信仰》；五，《反尤提克斯派和内斯托留派》。波爱修斯在这些论文中，第一次应用亚里士多德主义的形式逻辑理论为基督教神学服务。充分证明了以三位一体为核心的基督教正统教义，开创了中世纪理性神学的先河。他也因此被称为奥古斯丁之后最伟大的拉丁教父。

波爱修斯对基督教义最具有逻辑性的证明包括对基督本性与位格的证明，对三位一体（三一论）的证明，对自由意志论的证明，等等。这些证明有的是直接根据亚里士多德的逻辑理论，有些同时使用了斯多亚学派的命题逻辑方法。

[①] 《马克思恩格斯论艺术》第2卷，人民文学出版社1966年版，第75页。

一 波爱修斯再论三位一体的原因

三位一体（或三一论）是基督教的基本教义。波爱修斯之前，特尔图良（Tertullian，145—220）和奥古斯丁等古代拉丁教父已对三一论进行了充分的论述，并且已在教会那里形成了确定无疑的信经。那么，波爱修斯何以再次去论证三位一体问题？其原因有二。

一是波爱修斯十分崇尚理性，他曾多次表示要尽可能凭借完全的理解达到基督教信仰的真理。他认为，《圣经》只是一般地表述了三位一体的基本思想，而早期教父则仅仅是以信仰的方式重申了《圣经》的教义，最多就是像奥古斯丁那样以类似于隐喻或者比喻的修辞手法论述三位一体，例如把三位一体比作爱的体验、爱者与被爱的对象，人的存在、认知和意愿，心灵、自知和自爱，记忆、理解和意志，认为这些东西可以用来解释三位一体（参阅奥古斯丁《论三位一体》，第 11 章，第 1 节）。波爱修斯认为，这并没有真正论证三位何以为一体，因此就不可能真正驳倒各种异端邪说，必须借助逻辑与理性对包括三位一体在内的神学问题进行重新阐释。

二是与当时复杂的历史背景有关。381 年 5 月至 8 月的第一次君士坦丁堡宗教大会（Council of Constantinople I）确立三位一体学说之后，基督论成为争论的焦点。从 428 年内斯托留派争论到 451 年卡尔西顿公会的召开，是一个发生危机的时期，也是基督论发展的重要转折点。此前提出的各种基督论受到了挑战和考验，神学家试图寻求更为满意的解释。[1] 内斯托留（Nestorius，约 381—451）和尤提克斯（Eutyches，约 375—454）便是其中两位较有影响的神学家。

内斯托留坚持基督二性二位说。认为道成肉身的基督虽具有神性与人性两种本性，但二者并没有结合，而是各自独立，保持完整性，不改变也不混合，因而基督具有双重位格。尤提克斯既不同意内斯托留的基督二性二位论，也不同意正统教会的基督一位二性论，而是提出了基督一位一性论，认为结合前基督确有神、人两种本性，但结合

---

[1] 参阅王晓朝《教父学研究：文化视野下的教父哲学》，河北大学出版社 2003 年版，第 189 页。

后只有神性一种本性，其人性已融入神性之中，因而被称为一性论。但内斯托留和尤提克斯的基督论并没有获得更多支持，并分别在431年的以弗所（Ephesus）和451年的卡尔西顿（Chalcedon）公会议上被判为异端。

尽管卡尔西顿公会议明确定义了正统的基督论，但争吵并未结束。东方教会认为，卡尔西顿教义只是"披上一层薄薄的伪装的内斯托留主义"。[①] 与此同时，内斯托留派和尤提克斯派信徒却在东方不断地抢占信仰地盘，并有着发展壮大的趋势。482年，拜占庭皇帝芝诺（Zeno）出于政治和教会统一的考虑，签发了赫诺提肯谕旨（Henotikon）。该谕旨由君士坦丁堡主教阿卡西乌（Acacius）起草，企图调和基督一性论与卡尔西顿教义。尽管赫诺提肯谕旨反对卡尔西顿公会议对基督一性论的指责，因而赢得了一些东部教会权威的支持，但未能吸引住极端的基督一性论者，反而由于它过分屈服于亚历山大里亚派的权威，蔑视并取消卡尔西顿公会议所规定的教义，因而遭到了罗马教皇菲力克斯三世（Felix Ⅲ）的斥责，后者认定阿卡西乌为异端。但阿卡西乌予以坚决还击，从而导致了从484年开始的长达25年的东西方教会分裂。

在东西方教会分裂时期，东部教会做出了种种努力，企图缓解双方的紧张气氛。512年，住在黑海西岸的一些颇有影响的主教出于希望教会统一的考虑，写信给罗马教皇西马库斯（Pope Symmachus），申明了他们对卡尔西顿公会议精神的忠诚，宣布承认耶稣基督不但包含神、人两种本性，而且始终以这两种本性的方式存在，同时也提到了由于这种忠诚所带来的尤提克斯派对他们连续不断的攻击，后者承认基督具有神、人二性，但仅以神性的方式存在。这些东方主教遂请求教皇颁布通谕，确认他们的信义，并予以保护。教皇为此召集了一次会议，包括副主祭约翰、波爱修斯及其岳父西马库斯在内的罗马教士、元老院议员悉数参加。会上虽对基督的身份问题进行了热烈的讨论，但教皇并未对东方主教的提案作出评判，只是安慰他们要立场坚定。

时任罗马执政官的波爱修斯"没有发现任何人真正触及到了问题的

---

① 穆尔：《基督教简史》，郭舜平等译，商务印书馆1981年版，第86页。

实质，更不必说去解决这一问题"①，即使是教内权威人士也显得鲁莽无知，在讨论这一问题时往往思想非常混乱。波爱修斯因此认为，仅仅根据《圣经》或以往教父们的著作去论证基督的身份，并不能澄清人们思想中的混乱，过去长期争论而无结果就是证明。因此，必须借助于逻辑和理性的方法，去解释以基督身份为核心的三位一体问题，以使人们发自内心地信仰正统教义。虽然波爱修斯一开始对基督的身份问题并不十分熟悉，在经过长时间的思考后，终于写出了他的第一篇极富影响的神学论文《反尤提克斯派和内斯托留派》，建立起了其正统的基督论。

二 对基督论的逻辑证明

"三一论在教父思想中的发展和应用首先是出于解释耶稣身份的需要。"② 因此基督的身份和地位（即基督论）是三位一体学说的核心内容之一。波爱修斯在反尤提克斯和内斯托留的过程中表达了其正统的基督论思想。他认为，既然在这些自相矛盾的异端教派的全部问题中，争论的实质是基督的本性与位格问题，那么，就必须首先定义"本性"（natura）与"位格"（persona）等概念。

波爱修斯首先定义了"本性"。认为本性具有多样性，但真正的本性来自事物的特殊属性。据此，可把本性定义为："本性是赋予一切事物以形式的种差。"③ 这一定义源于亚里士多德所说的事物之间的差别完全在于其形式，而非其基质。

他接着定义了"位格"，认为对基督论的正确解释必须基于本性与位格之间的差别，排除各种基督论异端也必须首先承认本性与位格并非一一对应，即并非每一本性都对应于一个位格。首先，位格不存在于偶性之中，而只存在于实体之中。其次，并非所有实体都有位格。实体可分为有形体的和无形体的。有形体的实体可分为有生命的和无生命的，有

---

① Boethius, *Contra Eutychen* (The Loeb Classical Library, 74), H. F. Stewart, E. K. Rand, and S. J. Tester (trans.), Boston: Harvard University Press, 1973, p. 75. 后续引用该著仅注明书名与页码。

② 王晓朝：《教父学研究：文化视野下的教父哲学》，河北大学出版社 2003 年版，第 161 页。

③ Boethius, *Contra Eutychen*, p. 81.

生命的实体可分为有感觉的和无感觉的，有感觉的实体又可以进一步分为有理性的和没有理性的；而无形体的实体也有有理性与没有理性之分。位格不存在于无生命的实体，没有人会认为石头有什么位格。在有生命的实体中，无感觉的东西也没有位格；而在有感觉的实体中，那些单有感觉而无理性的东西也没有位格，只有那些既有感觉又有理性的实体，例如人，才有位格。同时，无形体的实体中的有些有理性的实体（例如上帝等）也具有位格。有理性的实体中，有些是共相，例如人，有些是单个实体，例如柏拉图。而位格只指称单个或特殊的实体，不可能指称共相。因此，只有有理性的单个实体才有位格。波爱修斯最后得出结论："位格是具有理性本性的单个实体。"[1] 这样的单个实体也是一个独立的、不依赖于其他事物而存在的实体，只有上帝、天使、单个人才具有位格。这样，波爱修斯就通过对位格的定义，把上帝和人联系起来，为他随后解释基督的人性与神性做好了准备。

他首先反驳了内斯托留的基督双重位格论，认为基督只有一个位格："内斯托留断定基督有双重位格，这一错误乃是由于他认为位格可以指称每一本性。因为按照这一假定，如果认为基督有双重本性，就同样会断定他有双重位格。"[2] 波爱修斯这一结论的得出是基于对本性与位格的分析，而内斯托留的错误也是由于把本性等同于位格。毫无疑问，波爱修斯不否认内斯托留的基督具有神人二性之说，但问题是，他要证明基督只有一个位格，即只有一个基督。于是他根据斯多亚学派的逻辑方法，做了如下推论：或者基督的神性与人性结合成单一的位格，或者基督确有神的位格（神格）与人的位格（人格），但两种位格结合成一个位格。

如果是第二种情况，即基督具有神、人两种位格，那么，或者这两种位格结合成一个实体，或者承认有两个实体，即两个基督。前者实质上不可能，因为已证位格是单个的实体，而单个实体的"结合"只能是"并置"（by juxtaposition）或如亚里士多德所说的"捆绑"（《形而上学》，1042b，17）。这种结合不能产生任何统一的东西，而只能是神的位格与人的位格继续并存着，其结果是使基督归于无。因为"那些不是一

---

[1] Boethius, *Contra Eutychen*, p. 85.
[2] Boethius, *Contra Eutychen*, p. 93.

的东西根本上就不可能存在（这一思想同样来自亚里士多德，并被中世纪布里丹继承——引者注），存在与统一体是可以互换的概念，是一的东西就是存在的东西。"① 若基督不是一，就是说基督不存在，就是绝对的无。因此，如果基督存在，则就是绝对的一。若认为他有双重位格，就是承认有两个基督，波爱修斯认为只有疯子才会这么想。这样后者也不可能。因此，第二种情况，即基督有神、人双重位格是不可能的。

那么，就只剩下第一种情况，即基督的神性与人性结合成一个位格。波爱修斯认为，第一种情况是唯一正确的："天主教伟大而史无前例的（信仰之一就是）承认基督作为神的本性必须伴随着与神完全不同的人的本性一起而来，并且通过两种不同本性的结合而形成单一的位格。"② 内斯托留说基督的神性与人性保持其特有的位格，对此，波爱修斯反驳说，若存在着这两种位格，那么，基督中将没有神性与人性的结合，基督也永远不会表现出神性。因为"对任何人来说，只要他的特有的位格存在着，就没有神性与他的实体相结合，无论他多么优秀"③。换句话说，之所以神性与具有人性的基督的实体相结合，是因为基督未曾具有与众不同的特有的独立的作为人性的位格。而若神性与人性之别导致神格与人格的分立，则"人类就不曾被拯救，基督之降生也没有带给我们救赎"④。因此，若不承认基督的神性与人性结合成单一的位格，将会导致非常荒唐、亵渎的结论。

波爱修斯接下来通过反尤提克斯，证明了基督不仅具有神性与人性，而且始终以完全的神性和完全的人性两种形式存在。这一点十分重要，否则就会认为基督只是人，或者只是神，或者有时为人，有时为神。这都不是正统基督论。

与内斯托留相比，尤提克斯则走向了相反的极端。后者主张，我们非但不要以为基督有双重位格，甚至也不能认为基督有双重本性，因为其人性在与神性相结合后，人性就已完全融入神性之中而不复存在，基

---

① Boethius, *Contra Eutychen*, p. 96.
② Boethius, *Contra Eutychen*, p. 97.
③ Boethius, *Contra Eutychen*, p. 97.
④ Boethius, *Contra Eutychen*, p. 99.

督实际上只以神性一种本性的方式存在。也就是说，神性人性未结合之前基督有两种本性，结合之后就只有一种本性（神性）了。

为了证明尤提克斯的荒谬和思想混乱，波爱修斯构造了一系列二难推理，以证明：基督是降生于玛利亚，并以此获得人性，而道成肉身以及复活后，基督仍有人性与神性双重本性，但并没有合二为一。

波爱修斯通过反证法证明，耶稣基督的人性与神性结合形成单一神性的所有可能情况都是不可能：

（1）如果基督人性与神性结合发生在基督降生时，那么必然是：或者基督的肉身原本不是来自玛利亚，而是在此前通过其他途径而获得，这种人性肉身先前与神性实体相分离，通过从玛利亚的降生这一中间环节而结合成单一的神性；或者基督从玛利亚那里获得肉身，当从玛利亚那里降生时，神性便与人性相结合而使其人性融入神性之中，显现出单一的神性。无论哪种情况，基督从玛利亚降生后就没有人性。如果这样，基督就不能拯救人类，其受难也就毫无意义，并且，若降生后至复活前基督只有神性，则他何以会受难？因此，基督降生时不可能发生神性与人性的结合。

（2）如果神性与人性之结合发生在基督复活时，则同样面临着或者基督从玛利亚获得肉身，或者不从玛利亚获得肉身。若其肉身不是来自玛利亚，那么可问，复活前基督是以一种怎样的人的状态出现？他是不是真正的人的身体？波爱修斯说，除了人类的第一个祖先直接来自神之外，所有的人都是来自另一个人的肉身。我们断定耶稣基督具有人性，就要承认他也同样来自另一个肉身。同时，基督的肉身也不可能来自玛利亚之外的人。因为耶稣是上帝派来拯救人类的，而且由于为人类带来死亡的是女人，因而上帝让耶稣通过玛利亚那里获得肉身（基督教明确她只是个普通人，只是很虔诚，所以上帝拣选了她作为耶稣降生的载体）。这就证明了，如果耶稣基督之神性与人性的结合发生在他复活时，则他的肉身也必来自玛利亚，而来自玛利亚的肉身必然具有完整的人性。

因此，耶稣基督有与我们一样的身体，具有完全的人性，而不是尤提克斯所说的人性消失在神性之中。

波爱修斯继续证明，基督的人性始终以独立的方式与其神性一起存在，而不是尤提克斯所谓人性与神性结合而形成单一的神性。

他首先指出，如果确如尤提克斯所说，人性与神性可以结合，那么，这种结合只能以三种方式进行，即"或者神性转化为人性，或者人性转化为神性，或者二者混合并且都发生变化，使得各自实体都不保有其自身的形式"①。波爱修斯证明了这三种情况都是不可能的。

（1）神性与人性之间不可能相互转化。

首先，神性本质上不可变、不动情，而人性是本质上易变和易动情的。

其次，人性（有形体）与神性（无形体）之间的相互转化也是从逻辑上推不出来的。因为"没有一个有形体可以转化为无形体，也没有一个无形体可以转化为有形体，并且无形体之间也不会互换其特有形式；只有那些具有同一物质基质的事物，才可能互换和转变其形式，而在这些事物中，也并非所有的都能做这种转换，只有那些可以作用于另一事物并且同时可以被另一事物所作用的事物，才能互换和转变其形式"②。显然，有形体的肉体与无形体的上帝不具有共同的物质基质，后者根本上就没有任何物质基质，因此，他们之间不可能相互转化。而无形体的灵魂与上帝之间也没有共同的物质基质；更何况上帝只是作用于其他事物的实体，而不可能是被其他事物所作用的实体，因此，人的灵魂与上帝之间也不可能相互转化。既然人的肉体与灵魂都不可能转化为神性，那就更谈不上人性可以转化为神性。

（2）如果尤提克斯承认人性与神性不可以相互转化，那么，他的意思只能是，基督原有的人性与神性通过构成它的要素的改变和消失而成为单一本性，如同蜜与水相混合后，双方都不再继续保有其原来的性质，而是通过与对方的结合并向对方转化而产生第三种事物——蜜水，并且不以原来的蜜或水的方式而存在。

波爱修斯认为，这种结合同样需要人性与神性具有共同的物质基质（质料），并且人性的性质向神性的性质转化，神性的性质向人性的性质转化。而已证基督的人性与神性不能向对方转化，二者有着本质的区别，不可以混合。因此，基督的人性与神性不可能像蜜与水一样结合成第三

---

① Boethius, *Contra Eutychen*, p. 109.
② Boethius, *Contra Eutychen*, p. 109.

种实体。

总之，关于基督的本性与位格，只有四种可能性：或者如内斯托留所说的二性二位，或者如尤提克斯所主张的一性一位，或者如天主教所信仰的二性一位，或者一性二位。波爱修斯认为，不可能会有人认为基督是一性二位的，除非他是一个疯子。而已证内斯托留的二性二位说和尤提克斯的一性论主张都是荒谬和错误的。因此，只有天主教所信仰的基督有双重本性但只有一个位格（人格），才是唯一正确的真理。

三　基于关系范畴意义理论的三一论

波爱修斯拒绝使用奥古斯丁那种比喻的方式（语词的隐喻或者借喻在中世纪被认为是不恰当的指代），也不愿意仅仅援引《圣经》或以往教父们的经典，而是应用亚里士多德关于关系范畴的意义理论，去证明三位一体是一个上帝，而不是三个上帝。

他认为，三位一体的根本问题是圣父、圣子、圣灵是本质同一的，还是互有区别的，这就需要首先考察事物是本质上相同还是不同的区分标准。他引入亚里士多德在《形而上学》（第七卷与第八卷）中提出的形式因：形式是指事物的相似性特征，即种或属或类。例如，一张木桌子，木头就是质料，形式就是桌子的形状或者样式，即所有（不论何种质料的）桌子共同具有的相似性，它赋予木头以桌子的本质。因此，一事物之所以成为该事物，不是因为质料，而是因为其特有的形式：凡形式相同的事物就是本质相同的事物，就是同一（类）事物；甚至形式也是事物赖以存在的依据，没有形式，它们就不会存在。

波爱修斯认为只有两种形式：一种形式与偶性、质料相联系，是偶性、质料存在的基质，称为形象（imago），实际上就是种或属，即一般的共相。另一种形式是没有任何质料的形式，它不存在于任何质料、偶性等有形体之中，也不可能成为任何东西的基质，这就是纯形式。只有上帝才是具有纯形式的实体。

作为一般的共相的形式都是由其组成部分所构成，是可以分割的，因为它是由"这个"形式和"那个"形式共同构成的。① 具有纯形式的上帝不是由这个和那个构成，他的存在不依赖于任何别的东西。纯形式是不可分割的，无所谓这个上帝与那个上帝之分，因为多元性必须基于差异性，而"上帝没有任何偶性，没有任何质料，因而不存在偶性和质料上的差别，没有由于偶性而带来的多样性，也就没有数量（的多少）"②。所以"没有多元性的地方就只有统一性。……这样，圣父、圣子、圣灵的统一体就合理地建立起来了"③。

关于一与多，波爱修斯认为，当人们谈到"数"时，有两种方式，一种是仅仅用于计数，另一种存在于可数事物之中。当说圣父是上帝、圣子是上帝、圣灵是上帝时，并不是在对上帝进行计数，即并不是述说三个上帝，也不是认为有三个上帝，而只是三次提到了上帝。如同我们说"太阳、太阳、太阳"时，并不意味着三个太阳，而只是就同一太阳说了三次。

波爱修斯援引了亚里士多德的十大范畴："当任何人用这些范畴去断言上帝时，则能被这些范畴所断言的一切都发生了变化。"④ 十大范畴可以分为两类。一类是从事物本身，即事物是什么的角度去断言事物；一类是从事物所处的环境去断言事物。前者如实体、性质、数量等范畴，这些范畴可以仅仅与其所断言的对象相结合，而产生关于这类范畴的论断。后者如关系、何地、何时、所处、所有、活动、遭受等范畴，它们都不是从实质的意义上去断言事物，也不能仅仅从其所断言的对象自身而产生关于这类范畴的论断。例如，表达关系的范畴去断言一个事物时，必须有处在相互关系中的其他事物的同时介入。按照亚里士多德的话，就是"一切相对的东西，如果正确地加以定义，必都有一

---

① 参阅 Boethius, *De Trinitate* (The Loeb Classical Library, 74), H. F. Stewart, E. K. Rand, and S. J. Tester (trans.), Boston: Harvard University Press, 1973, p. 11。

② Boethius, *De Trinitate* (The Loeb Classical Library, 74), H. F. Stewart, E. K. Rand, and S. J. Tester (trans.), Boston: Harvard University Press, 1973, p. 13。

③ Boethius, *De Trinitate* (The Loeb Classical Library, 74), H. F. Stewart, E. K. Rand, and S. J. Tester (trans.), Boston: Harvard University Press, 1973, p. 29。

④ Boethius, *De Trinitate* (The Loeb Classical Library, 74), H. F. Stewart, E. K. Rand, and S. J. Tester (trans.), Boston: Harvard University Press, 1973, p. 17。

个相关者"①。

在导入一系列引理之后，波爱修斯转向了最终的证明。首先论述了如何判定一个范畴到底是从关系上，还是从实体上去述说（指称）上帝：只有那些既可以单个地指称圣父、圣子、圣灵之一，又可以整体地指称圣父、圣子、圣灵全体的范畴，才是从实体上指称上帝的；而那些仅可以单个地指称圣父、圣子、圣灵之一，但不可以整体地指称圣父、圣子、圣灵全体的范畴，仅能从关系上指称上帝。

作为比较，波爱修斯讨论了从实体上指称上帝的两个范畴，即"真理"与"全能"。因为既可以说圣父是真理，圣子是真理，圣灵是真理，又可以同时说作为圣父、圣子、圣灵三位一体的上帝是真理；而"全能"这一范畴也可以类似地使用，因此，它们都是从实体上指称上帝。但圣父、圣子、圣灵这三个范畴都只能单独地指称圣父、圣子、圣灵之一，而不能整体地指称圣父、圣子、圣灵全体。因为"'圣父'这一名字是不能转用于圣子和圣灵的。同样，圣子也只是单独地接受'圣子'这一名字。圣灵也不与圣父、圣子相同。由此可知，圣父、圣子、圣灵都不是从实体上，而是以其他的方式指称上帝"②。即从关系上指称上帝。

由于使用指称关系的范畴去断言事物时，不可以单独使用这些范畴，需要有处在相互关系上的其他范畴的同时介入，并且"相关者都是互相依存，……同时获得存在，……彼此相消"③ 的。因此，当说圣父是上帝时，同时也要说圣子是上帝、圣灵是上帝，反之亦然。圣父、圣子、圣灵这三个位格从不单独存在或行动，任何一方的存在即同时意味着其他两方的存在，任何一方的消失即意味着其他两方的消失。同时，"三位一体"是由表达关系的范畴，即圣父、圣子、圣灵这三个位格所导出来的，因而，三位一体也只是表达关系的范畴，而不是表达实体的范畴；或者

---

① ［古希腊］亚里士多德：《范畴篇 解释篇》，7a22，方书春译，商务印书馆1986年版，第26页。

② Boethius, *Utrum Pater et Filius* (The Loeb Classical Library, 74), H. F. Stewart, E. K. Rand, and S. J. Tester (trans.), Boston: Harvard University Press, 1973, p. 35.

③ ［古希腊］亚里士多德：《范畴篇 解释篇》，7a10—20，方书春译，商务印书馆1986年版，第27页。

说"三位一体也不是从实体上指称上帝"①。因为如果三位一体是从实体上指称上帝，或者说三位一体在实体上就是上帝，那么，我们就可以说，圣父是三位一体、圣子是三位一体、圣灵是三位一体，这显然是荒谬的。

总之，圣父、圣子、圣灵并非三个不同的实体，作为实体的上帝只有一个，而这唯一的上帝被处在相互关系中的圣父、圣子、圣灵共同指称（拥有），即圣父、圣子、圣灵实质上是同一实体，它们表示同一实体的三个方面与该实体的关系。虽然这与第一次君士坦丁堡宗教大会对"三位一体"的解释与确定本质上没有区别，但是波爱修斯是基于亚里士多德的逻辑得出最终结论的，而亚氏在当时同样有着权威的地位，因此，其结论更加令人信服。

第三节　必然模态与上帝的预知

上帝预知一切与人具有自由意志都是基督教的重要教义。然而，这两者是否具有一致性是自基督教产生以来一个十分难解的问题。古代神学家基本上只能从思辨或信仰的角度论说这一问题。波爱修斯第一次应用关于必然的模态逻辑对这一问题进行了论证。他的模态逻辑理论来自亚里士多德和斯多亚学派，主要关注关于将来事件模态命题的解释，并在此基础上首次对上帝的预知与人的自由意志的一致性进行了逻辑论证。

一　上帝的预知与人的自由意志的奥古斯丁式解释

根据基督教的一般教义，全能的上帝无所不知。由此可以必然得出，人类过去、现在和未来的一切行为，包括善行和恶行，无一不处在上帝的监视之中，就是说，上帝知道我们过去和现在，并且预知我们的未来。但基督教同时认为，人类的一切犯罪和恶行并非出于必然，并非由于上帝，而是由于自己自由选择的结果，罪恶的原因在于意志，人们应当对自己的所作所为负责。上帝的预知与人的自由意志之间的这种矛盾，是基督教产生以来一直困扰人们的问题，以至有些信徒不得不相信，上帝

---

① Boethius, *Utrum Pater et Filius* (The Loeb Classical Library, 74), H. F. Stewart, E. K. Rand, and S. J. Tester (trans.), Boston: Harvard University Press, 1973, p.37.

与人建立关系时，在人未作选择前并不预先知道人的选择；或者上帝虽然知道某些未来的事，如复临，千禧年，地球的光复，等等。但是对谁会得救，却毫无所知。他们以为，上帝若知道从永恒到永恒中所发生的每一件事，上帝与人之间的互动关系就会遭受危险。还有人认为，上帝若从起初知道末后，就必厌烦。奥古斯丁是较早重视这一问题并著书去解决的拉丁教父。他在《论自由意志》（*On Free Choice of the Will*）一书中，解释了埃弗底乌斯（Evodius）在该问题上的困惑，是波爱修斯之前对上帝的预知与人的自由意志的一致性论证最有说服力的神学家。

埃弗底乌斯向奥古斯丁倾诉了一直深深地困扰他的问题：上帝能够预知未来的所有事件，但人们的犯罪却并非出于必然，这怎么可能？[1] 埃弗底乌斯的困惑是当然的，因为从逻辑上看，如果上帝能够预知我们的未来，那么，我们未来所做的一切都只是在印证上帝的预知，人们在现世中只有完全依照上帝的旨意行事，不能有任何改变，不能有任何与上帝的预知相悖的行为，否则，或者上帝的预知就是不正确的，或者我们就是在否定上帝的预知，就是否定上帝，那就永远也不能得救。因此就必须承认人类没有自由意志："若上帝预知头一个人会犯罪——凡与我同意上帝预知一切未来之事的人，都必须承认这一点——我不说，上帝不应当创造他，因为上帝造他是善的，也不说，他的罪使上帝处于不利地位，因为上帝造他是善的。决不如此，在创造他上，上帝彰显了他的仁爱，在惩罚他上，上帝彰显了他的公义，在拯救他上，上帝彰显了他的怜悯。所以我不说，上帝不应当创造人。但我要说，上帝既已预知到人们会犯罪，其所预知的事就成为必然的了。这种必然性既然似乎是如此的不可避免，那么人们怎么会有自由意志？"[2] 但如果人们的确没有自由意志，那么，人们的犯罪就不是意志自由选择的结果，而是一种注定了的和不可避免的必然。

针对埃弗底乌斯的问题，奥古斯丁指出，首先，并非任何被预知了

---

[1] 参阅 Augustine, *On Free Choice of the Will*, T. Williams (trans.), Indianapolis/Cambridge: Hackett Publishing Company, 1993, p. 122。

[2] Augustine, *On Free Choice of the Will*, T. Williams (trans.), Indianapolis/Cambridge: Hackett Publishing Company, 1993, p. 122.

的事件都是发生于必然。因为如果认为上帝已经预知的一切之发生都不是出于意志而是出于必然，那么就可必然得出，上帝做他准备做的事情（显然上帝预知了他将要做的事）也是出于必然，而不是出于意志。

其次，某些被预知了的事的确是出于必然，而非我们的意志。例如"我们变老了，是由于必然，而不是由于我们自己的意志；我们生病，是由于必然，而不是由于我们自己的意志；我们将死，是由于必然，而不是由于我们自己的意志；其他如此类推"①。就是说，这些事是我们所预知的，它们也的确要必然发生，但即使是这样的事，其发生也不是由于我们预知到了。

再次，上帝虽然预知我们决定将要做什么事，但这并不是说，我们不能使用我们的意志。因为谁也不敢说，我们决定做什么事，不是由我们自己的意志。"上帝预知你将来必有幸福，但并不抹煞你有幸福的意志。同样，若你在将来有一个邪恶的意志，这意志也并不因上帝的预知而不是你自己的意志。"② 能够凭自己的意志自由决定做某事与只能完全按照上帝的预知去行事，是有区别的："上帝若已预知我将要做什么，我就必须按照他所预知的去决定做什么，因为凡事都不能有悖于他的预知而发生；那么我要你明白，我们这样说，便是眼瞎了。如果这是必然的，我就得承认我决定做某事，乃是出于必然，而不是出于我的意志。那是多么愚不可及！在按照上帝的预知而毫无人的意志参与所发生的事，和那些合乎上帝所预知的意志所发生的事之间，难道没有分别吗？"③ 就是说，那些只能完全按照上帝的预知而发生的事当然是必然的，不可能还掺杂着什么自由选择；但世俗世界的很多事，都在上帝的预知之中，却是由我们自由决定去做的，只不过我们的决定恰好也在上帝的预知之中，而上帝并不干预我们的选择和决定的自由。奥古斯丁指出，那些以上帝的预知去否定人的自由意志者，实质上是以必然为借口，企图抹煞自由

---

① Augustine, *On Free Choice of the Will*, T. Williams (trans.), Indianapolis/Cambridge：Hackett Publishing Company, 1993, p. 126.

② Augustine, *On Free Choice of the Will*, T. Williams (trans.), Indianapolis/Cambridge：Hackett Publishing Company, 1993, p. 126.

③ Augustine, *On Free Choice of the Will*, T. Williams (trans.), Indianapolis/Cambridge：Hackett Publishing Company, 1993, pp. 126 – 127.

意志。如果认为人们是必然决定或选择做某事,那实质上就没有什么决定或选择了。再者,如果一件事不在我们的能力范围之内,那么,我们对它就不是自由的;反之,若在我们能力之内,就是自由的。人们既然能够决定或选择去做某事,说明这种决定或选择在我们的能力之内,为我们所控制,因此,它就是自由的,即我们的意志是自由的。

最后,奥古斯丁总结了他对上帝的预知与人的自由意志的关系的看法。他说,我们并不否认上帝预知一切未来,而我们也按照我们自己的决定去行事。既然上帝预知了我们的意志,他所预知的意志就必然存在。换言之,我们将来要运用这种意志,因为上帝预知了我们将要如此;而意志若不在我们的能力之内,就不能称其为意志。所以上帝也预知了我们对意志的控制能力。但我们的能力并不因上帝的预知而被剥夺,反而更确切地拥有这种能力,因为其预知不可能错误的上帝,已经预知我将拥有它。[1]

应该指出,对于人的自由意志,奥古斯丁早期和后期的观点是不同的(但并不能认为就是对立的)。《论自由意志》是奥古斯丁最早的著作之一,写于388年。该著旨在反摩尼教,论证人类作恶的根源。他说:"如果人没有意志的自由选择,那么,怎能有惩恶扬善以维持公道的善产生出来呢?一种行为除非是有意而为之,否则就不算是罪恶或善行。如果人没有自由意志,惩罚和奖赏就不能说是公道的了。但是惩罚和奖赏,都必须是公道的,因为它来自上帝的善。所以上帝给人以自由意志。"[2] 由此可知,奥古斯丁论证人有自由意志仅仅为了证明人们应该为自己的恶行负责,因为恶行是人们有意而为之。上帝曾赋予了人们自由选择的权利,并且并不干预他们的自由选择,他们原本可以选择从善,却最终去作恶了。因此,恶的根源在于人类自身,而不是上帝;"我们切不可因罪恶是通过人的自由意志而发生,便认为上帝赋予人以自由意志,是为

---

[1] 参阅 Augustine, *On Free Choice of the Will*, T. Williams (trans.), Indianapolis/Cambridge: Hackett Publishing Company, 1993, pp. 127 – 128。

[2] Augustine, *On Free Choice of the Will*, T. Williams (trans.), Indianapolis/Cambridge: Hackett Publishing Company, 1993, pp. 64 – 65。

了让他犯罪。"① 既然善恶都是由于自身而起，因此，上帝对人们的赏善罚恶就是公正的。

但奥古斯丁晚年思想发生了很大变化，可以说基本否定了人有自由意志，其直接原因在于反佩拉纠派异端。后者主张，人可以通过自己的自由选择弃恶从善，无须上帝的恩典而获得拯救。奥古斯丁指出，"原罪"之后所有人都已被罪恶玷污，成为罪人，根本没有自由选择的权利，只能老老实实依靠上帝的恩典获得拯救。离开上帝而企图靠自己行为而获救，即使是行善也是无济于事的。他说："他们能够靠自己的善行获救吗？自然不能。人既已死亡（指人已失去善的本性，没有自由选择的权利——引者注），那么，除了从灭亡中被救出来以外，他还能行什么善？他能够由意志自行决定行善吗？我再说不能。事实上，正因为人用自由意志作恶，才使自己和自由意志一起毁灭。一个人自然是在当他还活着的时候自杀；当他已经自杀而死，自然不能自己恢复生命。同样，一个人既已用自由意志犯罪，为罪恶所征服，他就丧失了意志的自由"②。

奥古斯丁的这种"自由意志论"不能给期待一个完美宗教归宿的世俗的人们带来半点希望。尽管他并没有说上帝会干预人们选择具体的善行，但由于人们的善行对于自己的最终获救没有任何积极意义，所以，即使人们仍然能够不受干扰地从善，也是无济于事的。奥古斯丁一再强调，只有依靠上帝的恩典，人们才能获救。但事实上，人只有最终获救了，才算真正获得了上帝的恩典，并恢复自由意志。更重要的是，人没有恩典，便不能行善，人并非因行善而获恩典，相反，人们每一善的思想和行为都是恩典作用的结果。根据奥古斯丁的预定论，每一个人在出生之前，上帝就预先对他们的命运作了预定，被上帝选中的人将获得永生，未被选中者将永远处于生死循环和罪恶的渊薮之中。而上帝的预先拣选是与个人的自由意志和选择完全无关的决定论和宿命，甚至人们的理性都无法追问其根据。由于排除了自由意志在拯救中的作用，善功被

---

① Augustine, *On Free Choice of the Will*, T. Williams (trans.), Indianapolis/Cambridge: Hackett Publishing Company, 1993, p. 64.

② ［古罗马］奥古斯丁：《教义手册》，第 30 章。转引自赵敦华《基督教哲学 1500 年》，人民出版社 1994 年版，第 170 页。

置于次要地位，信仰却被突显出来，因为对于那种个人意志无能为力的决定论和宿命，只能寄托于信仰。然而单纯的信仰永远只是惶恐的心灵对外在决定论的一种忐忑不安的诚服和期待，这种外在的决定论是超自由意志的，超理性的。① 因此，奥古斯丁实质上否定了亚当之后世俗世界中一切自由意志的存在。

尽管有的学者仍然坚持认为奥古斯丁承认人有自由意志，但那也仅仅是去做某种生活中具体事情的自由，而这并不是神学家或世俗的信徒对人是否有自由意志所关注的问题，因为问题的关键是，人是否有选择自己命运或归宿的自由。从这个意义上看，即使奥古斯丁后来对于人的自由意志的观点没有发生变化，我们也不能认为他承认"人"有自由意志。这样，奥古斯丁所谓上帝的预知与人的自由意志的一致性就失去了意义。这大概也是包括波爱修斯在内的后世的神学家竭尽全力重新论证这一问题的原因之一。而波爱修斯的出发点也正是证明人们可以不受上帝预知的支配（并非完全抛开上帝，而是要同时依靠上帝的恩典），自由选择弃恶扬善，达到对自身的拯救，对上帝的复归。因此，人们的命运掌握在自己的手中，想要何种命运由自己把握！对于世俗的圣徒来说，这是一个多么富有激励性的结论！

奥古斯丁对于上帝预知与人的自由意志的说教式论证对于理性神学家来说并没有什么吸引力。这一任务自然地落到了那些精通逻辑的拉丁教父身上，波爱修斯就是第一位从逻辑的角度论证这一问题的拉丁教父。

二 波爱修斯证明的逻辑基础——模态逻辑

波爱修斯用于证明上帝预知与人的自由意志的一致性的逻辑基础是模态逻辑。这一理论主要来自亚里士多德。柏拉图、普罗提诺（Plotinus，204/5—270）、斯多亚学派等古代哲学家都主张，必然就是不可改变的事实，不可能就是从来不会实现，可能则是至少有时成为现实。这是古代逻辑关于模态词的主流定义，被当代逻辑学家称为统计学意义上的或者频率解释的模态词。亚里士多德基本赞同上述观点，认为模态词是用来

---

① 参阅王晓朝《神秘与理性的交融：基督教神秘主义探源》，杭州大学出版社1998年版，第247页。

区分事物的类型或描述事件发生的状态。这一解释意味着事情是否实现成为可能是否真实的一般标准。他把可能当作潜能，而潜能是运动或变化的本原。这是把可能性建立在潜能的基础之上，即可能就是一种潜能，等待着在现在或将来的某个时刻实现。

亚里士多德还讨论了必然。他说："说存在的东西当它存在时必然存在，与说凡存在的东西的存在都是必然的，这两种说法是有区别的。"① 也就是说，当某一事物存在时，它就是必然的，但并不意味着这一事物的发生就是必然的，否则就不存在偶然事件。亚里士多德的分析实质上涉及了两种必然性，前者为逻辑的必然性，反映的是命题之间的必然推导关系，也就是中世纪达米安所说的"话语的结果（或推论）"，后者为形而上学的必然性，是一种关于事实的必然。并非任何关于事实的东西都是必然的，只有那些涉及本质的不变的关联（比如种和属）才是严格意义上的必然，否则只是暂时的必然性。

基于此，亚里士多德特别分析了关于将来事件的模态命题的真假。他说："关于过去或现在所发生事情的命题，无论是肯定的还是否定的，必然或者是真实的，或者是虚假的。……但关于将来事件的单称命题则有所不同。因为，如果所有的肯定命题以及否定命题或者真实，或者虚假，……那么就不会有什么东西是偶然的或碰巧发生的，而且将来也不会有。"② 按照亚里士多德的意思，如果所有关于将来事件的单称命题（因为关于将来事件的全称命题或特称命题大多是关于某种规律的命题，这类命题多数可以在将来事件发生之前就能判断其真假）也是或者真或者假，那么，就不存在偶然或碰巧发生的事件，一切事件的发生都是出自必然，都是事先确定了的。例如，"苏格拉底明天将会坐着"这一关于将来事件的命题，如果必然是真的，那么，苏格拉底明天就注定只能坐着，而不能站着；如果这一命题必然为假，那么苏格拉底明天就注定只能站着，而不能坐着。这意味着苏格拉底无力决定自己的行为，意味着

---

① ［古希腊］亚里士多德：《范畴篇 解释篇》，19a25—27，方书春译，商务印书馆1986年版，第66页。

② ［古希腊］亚里士多德：《解释篇》，18a29—18b9，《亚里士多德全集》第一卷，苗力田主编，中国人民大学出版社1990年版，第57—58页。

他没有自由意志。但这是不可能的，因为"考虑和行为两者就其对于将来的事件而言，乃是能起作用的"①。并非所有的事件都必然地存在或必然地发生，而是存在偶然性或可能性，存在选择的余地。② 他举例说，一场海战在明天发生或者不发生，这是必然的。但这场海战在明天并非必然会发生，也并非必然不会发生。人们一致认为，对关于将来事件的命题的真假的分析，是亚里士多德逻辑学最富有哲学成果的部分之一。③

关于将来事件的模态命题的真假不仅是纯逻辑问题，而且是形而上学问题。这一问题激起了后世哲学家的深入研究，特别是对以波爱修斯为核心的中世纪神学家论证上帝的预知与人的自由意志的一致性产生了深远的影响。

中世纪早期的思想家通过波爱修斯的著作而熟知古代关于模态词的概念。波爱修斯的模态逻辑思想开始于对亚里士多德模态逻辑的辩护，他根据亚里士多德的观点把可能同样理解为潜能，并被中世纪早期的思想家接受。在波爱修斯看来，潜能就是真实的能力或趋势，其结果或者发生或者没有发生。有些潜能一定会实现，有些潜能没有变成现实，称为潜在地存在。必然实现的潜能不存在相反，不必然的潜能不排斥相反的潜能。

波爱修斯对必然性与可能性的另一解释是，模态词可以认为是表达事件发生频率的工具。他的意思是说，那些一直存在的东西就是必然存在的，那些从来不存在的东西就是不可能的，而可能被解释为至少在某些时候是现实的。与亚里士多德一样，波爱修斯经常视试图建立命题的话语为不确定的语句：同一语句可以在不同场合说出，有时真有时假，视具体语境而定。如果对某一事件的描述实际上同时也发生了，那么，它就是一个真语句，在这种情况下，就是必然为真，而无论是否已经把该语句说出来。如果与某一说出的语句相关的事件永远都不会发生，那

---

① ［古希腊］亚里士多德：《范畴篇 解释篇》，19a7，方书春译，商务印书馆1986年版，第65页。
② 参阅［古希腊］亚里士多德《范畴篇 解释篇》，19a10—20，方书春译，商务印书馆1986年版，第66页。
③ 参阅 J. Marenbon, *Early Medieval Philosophy* (480 - 1150): *An Introduction*, London: Routledge & Kegan Paul, 1983, p.23。

么，该语句就永远是假的，也就是不可能。一个语句是可能的，当且仅当这个语句所描述的事件并非永远不发生。这种对模态词的统计学意思上的解释同时被阿莫纽斯注释亚里士多德的《解释篇》时所援引，阿莫纽斯对亚氏著作的注释所引用的资料部分来自波爱修斯。

波爱修斯在注释亚氏《解释篇》第9章时说，由于不能认为：

（1）"p 和¬p 在 t 时刻都真是可能的"，因此，必须否定以下命题：

（2）"在 t 时刻 p 真并且¬p 可能真"，对命题（2）的否定等值于：

（3）"如果 p 在 t 时刻真，那么 p 在 t 时刻真是必然的。"[①]

命题（2）在古典哲学中通常是被否定的，其否定命题即命题（3）被波爱修斯视作公理。命题（3）显示出关于暂时的必然性是如何在古典思想中被理解的：必然就是既成事实，只要某一事件发生过，就是必然的，关于这一事件的命题就是必然真，无论这一命题是否被说出。波爱修斯认为，关于 P 的暂时的必然性可以从对暂时确定的事件或论断转换为暂时不确定的相对的事件。这是波爱修斯对亚里士多德关于暂时必然性与严格必然性区别的一种解释。

上述命题系列同时显示出波爱修斯对必然事件的理解：当某一事件在某一时刻发生了，则该事件就是必然事件，但并不意味着在该时刻之前，这一事件就注定在该时刻发生。亚里士多德也曾这样认为。波爱修斯正是基于此去论证上帝的预知与人的自由意志的一致性。

关于将来偶然性事件的命题，波爱修斯承认它们具有二值性。但这种命题不同于关于过去或现在事件的命题，前者不遵循任一肯定或否定的命题或者确定为真，或者确定为假的原则。只要那些使一个命题成为真的条件还没有确定下来，该命题就不确定为真。波爱修斯的解释看起来模棱两可，其大意是，不确定为真的命题有时可能或真或假。承认关于将来偶然性事件命题的二值性是中世纪的标准观点，但亚里士多德是否承认这类命题的二值性是有争议的。

针对有人从亚里士多德的两个前提"如果所有关于将来事件的互相矛盾的命题或者真实或者虚假，那么，就不存在偶然事件，就意味着人

[①] 参阅 Boethius, On de Interpretatione (Second Commentary), 241, in M. Frede, G. Striker (ed.), *Rationality in Greek Thought*, Oxford: Oxford University Press, 1996, p. 301。

没有选择的自由"与"未来事件取决于人的意志和行为",推出"关于将来事件的互相矛盾的命题并非或者真或者假"(假言推理的否定后件式),即这两个命题都是既不真,又不假。波爱修斯认为,斯多亚学派就是这样推论的,但他们是错误的。① 因为"亚里士多德并没有说,关于将来事件的互相矛盾的命题都是既不真又不假的,而是说它们之间必然有一个是真的或假的,但并非像关于过去和现在的命题那样"②。也就是说,关于将来事件的两个互相矛盾的命题虽然必然一真一假,但它们中的任何一个都并非确定无疑真或者确定无疑假,只有关于过去和现在的命题才这样。这种不确定性不是由于人类的无知造成的,而是这类命题的一种特征。因此,亚里士多德实际上是说,像"必然性"这类对其断定对象十分确定的模态词,根本不适合定义关于未来事件的命题的真值,而只适合定义过去的事物或现在的事物,因为后者就是我们所看到的这个样子。从波爱修斯对《解释篇》的注释可知,他也是持这一观点的。

应该看到,尽管波爱修斯正确地发现了斯多亚学派推理错误的实质在于错误地理解了亚里士多德上述命题的本义,但他没有指出精通命题逻辑的斯多亚学派所构造的推理本身是没有问题的。其实造成这一后果的正是亚里士多德本人。虽然亚氏认为"如果所有关于将来事件的互相矛盾的命题或者真实或者虚假（p∨¬p）,那么,就不存在偶然事件,就意味着人没有选择的自由",即"如果所有关于将来事件的互相矛盾的命题或者必然真实或者必然虚假（□p∨□¬p）,那么,就不存在偶然事件,就意味着人没有选择的自由",但他在多个场合直接使用前者,或用"如果所有关于将来事件的互相矛盾的命题必然或者真实或者虚假（□（p∨¬p））,那么,就不存在偶然事件,就意味着人没有选择的自由"去表达后者。这三个命题虽不等值,但第二个命题很容易想当然地被认为是等值的,许多对亚氏的误解正是因此造成的。亚里士多德并没有从逻辑上严格说明它们的区别,而在语言形式的使用上又不精确或不

---

① 参阅 J. Marenbon, *Early Medieval Philosophy* (480 – 1150): *An Introduction*, London: Routledge & Kegan Paul, 1983, p.34。

② Boethius, On de Interpretatione (Second Commentary), 208, I – II, in M. Frede, G. Striker (ed.), *Rationality in Greek Thought*, Oxford: Oxford University Press, 1996, p.283。

一贯。因此，虽然他的意思很清楚，但也很难保证人们不会从字面上去理解它。这就给后人留下了继续争论关于将来事件的单称命题的逻辑性质的理由和空间。

亚里士多德没有想到，他对关于将来事件模态命题性质的提及，不仅引起古代思想家的激烈讨论，而且在中世纪，更是与基督教教义联系起来，成为神学家很难回避并且必须解决的问题。

这一问题是，如果一切命题（特别是关于将来事件的命题）都或者必然真或者必然假，那么，"必然"就控制着一切，人们的一切行动早已安排在必然的命运之中，没有任何自由意志。对于信仰上帝的基督徒来说，由于全能的上帝能预知世间将来的一切，上帝就是真理，因此，上帝预知世间将来事件的命题必然为真，这些被预知的事件就是必然要发生。因此，人们的一切行动早已被上帝的预知安排好了，完全失去了选择的自由。

对于命定论者来说，这当然不是问题。例如，在斯多亚学派那里，世间的一切都被绝对必然性所支配，所谓偶然，不过是无知的代名词，所谓自由，不过是动物式的本能。因此，关于将来事件的命题与关于现在或过去事件的命题没有区别。但如果是一个自由意志论者，就会尽力否定"一切命题都是或者必然真或者必然假的"，逍遥学派就是这样去做的。

主张上帝预知一切但人同样有自由意志的拉丁教父波爱修斯也试图去研究这一问题。他的研究从定义偶然事件开始，因为偶然事件存在与否关系到人是否有自由意志。

亚里士多德和西塞罗（Cicero，前106—前43）对偶然事件的定义对波爱修斯产生了很大的影响。但后者继承和发挥了亚里士多德的思想，而批判了西塞罗的定义。

亚里士多德在《形而上学》和《物理学》中都对偶然事件（或偶然性）进行了分析。他说，首先，"一个东西被称为偶性（或偶然性——引者注），（是指它）既非出于必然，也非经常发生"①。他举例说，一个人

---

① ［古希腊］亚里士多德：《形而上学》，1025a14—15，《亚里士多德全集》第七卷，苗力田主编，中国人民大学出版社1993年版，第143页。

掘园种菜却发现了宝藏，对于掘园者来说，宝藏的发现就是偶性或机遇。这种既非必然又非经常发生的事件，我们就说它们是"由于偶然性"，并称为偶然事件。

西塞罗也承认偶然事件的存在，但把它定义为"由某种隐藏原因引起的事件"①。他说，如同某一天我们很偶然地发现日食或月食便认为它们的发生是偶然的，实质上它们却是某种必然原因的产物，人们认为它们是偶然事件只是因为不知道其原因。西塞罗实质上是按以下方式定义的：既然理性所知的一切事物都是由固定原因引起，那么，它们的产生就不可能是偶然性的，但可以断定那些理性不能发现其原因的事物是由偶然性而起。因此，由偶然性引起的事件就是由隐藏原因引起的事件。②

波爱修斯认为西塞罗的定义是把偶然事件诉诸人们的知识和信仰，而不是诉诸事物本身。因为如果某人知道某事件发生的原因，就不会认为它是偶然的；反之，就会认为是偶然的。同一事件既是偶然的，又不是偶然的，这显然是不令人信服的。波爱修斯给出了自己对于偶然的看法。他首先否定了绝对的偶然："如果确有人把偶然事件定义为由某一随机运动而非由任何一连串的原因引起，那么，我敢断定偶然事件就会什么也不是，并且我认为，（在这种情况下）除了指称它自身外，没有任何意义，仅仅是一个声音而已。因为在一个上帝把一切事物纳入其统领之下的世界里，何处才是这种随机性的藏身之地？"③ 这就是说，凡事都有原因，在上帝的世界里，没有无根无由的随机性，没有绝对的偶然事件。然而现实世界确实存在所谓偶然事件或随机事件，只有理解了事件的偶然性或随机性的真正含义，才能解决这表面性的矛盾。

波爱修斯认为："人们按照某个既定的目标去做某个事件，却发生了另一事件，（这一事件的发生）因为与既定的意图不一致而称为偶然事

---

① 转引自 Boethius, *In Ciceronis Topica*, E. Stump (trans.), Ithaca, NY: Cornell University Press, 1988, p. 161。

② 参阅 Boethius, *In Ciceronis Topica*, E. Stump (trans.), Ithaca, NY: Cornell University Press, 1988, p. 161。

③ Boethius, *The Consolation of Philosophy* (The Loeb Classical Library, 74), H. F. Stewart, E. K. Rand, and S. J. Tester (trans.), Boston: Harvard University Press, 1973, p. 387. 后续引用该著仅注明书名与页码。

件。"① 但他不满足于这一亚里士多德式的定义，认为掘园种菜却发现了宝藏同样是有原因的，即曾有人藏宝于此，并且碰巧有人在这里挖掘。他根据天命论指出，之所以认为偶然事件是非预期事件，是因为人们不能像上帝那样，同时看到整个世界的因果链，不知道所有事件的发生都是因为天命这一共同原因，都是天命把它们放在合适的地点，让它们在合适的时间发生。因此，偶然事件实质上是由必然性（即天命）与偶然性（即导致某事件的直接动因）一起控制着，但必然性起决定性的作用。这一论辩充分体现在他对上帝预知与人的自由意志一致性的解释上。

三 波爱修斯对上帝预知与人的自由意志一致性的终极论证

在《解释篇》的第二篇注释中，波爱修斯基本上是从纯逻辑的角度研究模态命题的。按照他的理解，上帝预知与人的自由意志的一致性问题，已经超出了纯逻辑的范围，或者说，这是由模态逻辑所引发的一个问题，却不能仅仅在模态逻辑范围内解决。因此，他在其神学著作《哲学的安慰》中，着手研究了上帝预知与人的自由意志的一致性。这一证明过程既是逻辑的，又是思辨的。所谓思辨性，也就是说，需要借助于一些新引入的定义或者假设。

上帝的预知与人的自由意志之间是否具有一致性，实际上可以分解为三个问题：人是否具有自由意志？上帝是否真的可以预知一切？上帝预知一切与人具有意志的自由是否可以同时成立？这三个问题的重要性与决定性是相同的。波爱修斯于是分五步证明了两者的一致性。

1. 人具有自由意志

首先，波爱修斯证明了人具有自由意志。他说，如果一个事物具有理智，那么它就具有意志的自由，因为理智表现在判断力，知道什么是自己所希望得到的，因而就会去追求；知道什么是自己不想要的，因而就会舍弃。也就是说，具有愿意做什么或不愿意做什么的自由。显然，所有人都有理智本性，因此，所有人都有自由意志。并且由于存在偶然事件，因而人的自由意志就有可能在将来发生的事件中充当角色，也就是充当自我意志的角色。

---

① Boethius, *The Consolation of Philosophy*, p. 387.

其次，自由意志具有不同等级。"神圣实体拥有最具智慧的判断力，永不枯萎的意志力，并且具有得到所希望的一切的能力。而当人们的心灵不断默祷上帝时，他们就会更加自由；当他们堕落为被肉体控制时，就会少一些自由；当他们的心灵完全被世俗的手脚束缚住时，就只有最少的自由。而当他们沉迷于恶中时，就只能成为（天命）的永远的奴隶，而失去了原本属于自己的理智（因而也失去了意志的自由）。"[1] 按照这一理解，意志的自由度与理智相关，越具有理智的东西越自由。上帝具有最高的理智，因为他能在仅仅一瞥中，看到黑暗和光明中所发生的一切，看到世间现在、过去和将来所发生的一切。[2] 因此上帝具有绝对的自由意志。尽管处在世俗中的人没有绝对的自由意志，但人的灵魂越远离肉体的欲望，越摒弃世俗的伪善和邪恶，越与上帝的心灵相感应，就越自由；而当人们信仰上帝并获得了完全的神性，使自己的心灵从世俗世界升华到天国时，他就具有像上帝一样的最大的意志自由。

最后，可以从相反的方向证明人不能没有自由意志。因为如果人类没有自由意志，那么人类的一切行为，无论善行或恶行，都不是出于人的自由意志，即都不是人类有意而为之，或者说，都是某种必然性使之如此，人们也就不应对自己的行为负责任，因而，任何对他们的奖赏或惩罚都是不公正的。而由于一切都是由于天命的必然性而起，因而，甚至恶也和善一样，是由于天命使然。这样，整个世界就无所谓善，无所谓恶，就是一个善恶不分、赏罚不辨、杂乱无章的混合体。如果人类的确没有自由意志，那么，人的自我意志就没有任何作用。既然一切行为都是被先定了的，那么，人们对上帝的期望和祷告就没有任何意义，因为无论怎样的期望，怎样的祷告，都不能改变人们所处的现状。由于期望和祷告是人类与上帝进行交流的唯一途径，因此，人类实际上就断绝了与上帝的联系，永远也不能回到他的起点，就被上帝的世界彻底地遗弃，也就永远不能得救。这样的人生就会毫无意义。而上帝也就不能通过天命把整个世界统辖起来。

---

[1] Boethius, *The Consolation of Philosophy*, pp. 391–393.
[2] 参阅 Boethius, *The Consolation of Philosophy*, pp. 393–395。

2. 上帝能够预知一切

波爱修斯首先是根据基督教教义而说明上帝可以预知世间的一切：按照基督教的一般教义，上帝能在仅仅一瞥中看到世间过去、现在所发生的一切，甚至也预先看到了将来要发生的一切，这就意味着上帝能预知世间所发生的一切事件。

3. 从字面上看，上帝预知一切与人具有自由意志不可同时成立

波爱修斯认为，如果认为未来的一切都是预料之中的事，就是否定人的自由意志；如果承认人有自由意志，就是否定神能预知一切。因为如果所有的事件都是预先知道的，那么这些事件就会按照预知的秩序而发生；如果这样，这种秩序就是被神的预知所决定了的。如果这些事件发生的秩序是被预先决定了的，那么这些事件发生的原因也是被预先决定了的；因为除非有一个前在的动因，否则任何事件都不会发生。如果这些事件的原因有着不变的秩序，并且决定了所有事件的发生，那么一切事件的发生都是命中注定的。若果真如此，就没有什么东西需要依赖我们，也就没有诸如自由意志之类的东西。反之，如果任何事件的发生能够与上帝的预知背道而驰，那么上帝的预知就不再是关于未来事件的确定无疑的知识，而只是不确定的没有必然性的意见，这对于信仰上帝的人来说是极不虔敬的。[1]

4. 上帝的预知与人的自由意志的矛盾来自人的错误认知

波爱修斯指出，尽管单独考察人的意志和上帝的预知必然会得出，人的意志是自由的，上帝也一定能预知一切，但当把两个问题连在一起时，却出现了令人不可思议的矛盾和对立。从上帝的本性来看，这种矛盾与对立是不应该并且不可能存在的，相反，上帝的预知与人的自由意志必定是和谐一致的。因此，矛盾必定是由于人类的误解所引起的。尽管波爱修斯承认人的理智不可能完全认识上帝的知识，但他还是在人的理性范围之内，从逻辑的观点出发，分析了产生这种矛盾的认识论根源：人们把许多只属于人类领域的知识强加到神的世界，就上帝的预知与人的自由意志之间的矛盾而言，实质上就是把对世俗世界概念"预知"的理解应用于对上帝"预知"的理解，把上帝的预知当成世俗世界的预知，

---

[1] 参阅 Boethius, *The Consolation of Philosophy*, p. 395。

这本身就是犯了逻辑错误（按照中世纪的说法，这就是在词项的意谓与指代上犯了逻辑错误）。因此，必须首先分析人的认知同上帝的认知之间的差别。

自然界有四种认识形式：感觉，想象，理智，智慧。"感觉只能于物质中察觉物质的形状，想象可以离开物质而认识它的形状；而理智则超越于这两者，凭借对共相的思考，可以认识存在于每一单个个体中的特有形式本身。智慧的眼光则放得更高；因为它超越了对一个事物的全部关注过程，仅凭意志的一瞥便能看到纯形式本身。"① 但并非任何东西都能同时拥有这四种认识能力，因为它们具有不同的层次，代表不同的认识水平，按感觉、想象、理智和智慧的先后顺序依次上升，从低级进到高级。但是，"较高层次的理解力包含较低层次的理解力，而较低层次的理解力则不能上升为较高层次的理解力。感觉不能认识物质之外的任何东西，想象不能认识普遍的特有的形式，理智不能认识纯形式；而智慧则是自上而下俯瞰世界，并通过理解纯形式，把一切隶属于纯形式的事物区分开来，而他理解纯形式的方式不被任何别的东西所知晓。智慧知晓理智所认识的共相，想象所认识的形状，以及感觉到的物质，但他不使用理智、想象和感觉，而是仅凭灵机一动就可认清事物的全体"②。

既然任何认识都是由认知者做出，因而认知者的本性决定了他的认知能力，决定了他所能认识的对象的广度和深度。例如，感觉作为一种最低层次的认识能力，它属于那些不善行动的生物，想象则为那些善于奔跑和觅食的四足动物所具有，理智是属于人类的一种认识能力，智慧则是一种最高形式的认识能力，它仅属于上帝。因此，感觉、想象和理智本质上都无法认识上帝的知识的真实面目。

然而，人们却总想用自己的理智去理解上帝的预知，这就极有可能带来对上帝预知的曲解。人们之所以认识不到自己对上帝的理解可能是错误的，是因为"每个人都认为他所认识的一切事物是根据这些事物本身的能力和本性而被认识。而情况并非如此，实质上人们认识事物不是

---

① Boethius, *The Consolation of Philosophy*, p. 411.
② Boethius, *The Consolation of Philosophy*, pp. 411–413.

根据事物本身的能力，而是根据认知者的能力"①。因此，人们了解上帝时，也只能是根据自身的认知能力。因而，尽管人们总以为他们对上帝的了解就是上帝自身的样子，但实质上未必是，世俗世界对预知这类概念的理解仅仅具有人类理智领域的认识内涵，它未必符合最高层次的上帝预知的本性。

波爱修斯最后劝诫人们，尽管我们不能完全理解上帝世界的知识，但仍然要把自己的心灵从世俗世界中超脱出来，不要满足于理智、想象和感觉所能理解的东西，而要向上帝的智慧提升，以尽量接近他的知识，使得我们最终能在理性上类似于上帝。这就是波爱修斯去讨论所有关于上帝的问题的认识论基础，也是他所做的假设，即假设人类可以在理智上接近上帝。

5. 上帝的预知与人的自由意志的一致性的终极证明

波爱修斯首先分析了与上帝预知密切相关的上帝的永恒性问题。他是这样定义什么是"永恒"的："与处在时间中的事物明显不同的是，永恒（eternity）是全部、同时、完整地拥有无尽的生活。因为时间中的事物进行于现在，开始于过去，发展向未来，（因而）它们不可能同时拥有生活的全部过程，因为未来尚未把握，而过去已经过去。一天一天的生活只不过是流动变迁的时刻。因此，时间中的一切东西，尽管如亚里士多德所说，没有开端和结束，并且它的生命在无限的时间中延展，但都不能称之为真正的永恒。因为它们不能同时充分了解和拥有生活的全部过程，尽管也是无限的，但是未来尚未把握，而过去已经过去。而同时包含和拥有无限生活的全部过程的东西，既不缺少未来的任何东西，也不缺少过去已经流逝的任何东西，它所拥有的就是永恒，并且流逝着的无限的时间对它来说都是永不改变的现在（eternal present）。"②

针对人们有时会说时间中某些无限的事物也具有永恒性，波爱修斯指出："尽管这些时间中无限的事物也以其无限的运动竭力模仿（着重号为引者所加）上帝永恒现在的不动的生活，但不能与之等同，它们在不动与动之间沉浮，在单纯的现在、未来与过去的无限延伸中摇摆；由于

---

① Boethius, *The Consolation of Philosophy*, pp. 409–411.
② Boethius, *The Consolation of Philosophy*, p. 423.

它们不能同时拥有其生活的全部过程，正是从这个意义上讲，它从未得以终止。它们通过将自身束缚于稍纵即逝的现在——一种披着与永恒现在极为相似的外衣的现在，竭力去模仿它们看起来不能完全表达的东西，并假定它所触及的一切事物都是这样。但既然这些时间中的事物不可能成为永恒，它们就抓住无限的时间之旅，并通过这一方式以及不断地延续其生命来把握它们不能在同一瞬间拥有的生活的全部。因此，如果我们要给这两种情况各取一个名字，那么，按照柏拉图的说法，上帝是永恒的（eternal，指超越时间的永恒——引者注），世界则是永存的（perpetual，指处在时间中的无限延续——引者注）。"①

针对超时间的上帝无所谓过去、现在和未来，只有永恒的"现在"，波爱修斯结合对"现在"的语法意义，进一步解释了上帝的"现在"与我们的"现在"的不同："（有人）说上帝'永远是'（ever is）时，意味着一个统一的整体，如同他在一切过去是，在一切现在是——尽管这是一种可能——并且在一切将来是。根据哲学家（指亚里士多德）的观点，我们可以这样来断定天国和其他不朽的事物，但对上帝就不能这么说了。因为当说上帝'永远是'时，只是由于'永远'（ever）对他而言就是一个表示一般现在时的概念。我们的'现在'与神的'现在'有着根本性的区别：我们的'现在'意味着一个变动的时间和变动的永恒，而上帝的'现在'是停滞的、不动的和不可变动的，是永恒。"②

以上就是波爱修斯对上帝永恒性的完整定义。这一定义是基督教哲学史上迄今为止明确把上帝的永恒性定义为超时间性的最详细最深刻的定义。但应该看到，波爱修斯并没有证明上帝为什么是超时间性的，在他看来，这似乎是无须证明的最初的真理。后者就是我们所说波爱修斯的论证所依据的那些定义与假设，这决定了其论证同时也是思辨的。

波爱修斯接下来从上帝的超时间性推出了上帝预知的超时间性：既然"上帝具有永恒性和'永远现在'的本性，他的知识也超越于一切流逝的时间，存在于其自身的永恒现在之中，并且包含无限的未来和过去，那么上帝就可以仅仅根据他的知识而观察和理解一切事物，好像它们都

---

① Boethius, *The Consolation of Philosophy*, pp. 425-427.
② Boethius, *The Consolation of Philosophy*, pp. 21-23.

发生在现在一样。因此，人们不应把上帝的知识看作对未来的预知，更确切地说，应把它们当作是关于永恒现在的瞬间的知识。上帝的知识不是预知，而是天启。如同我们站在高处看低处的事物一样，上帝是站在世界的最高峰观察一切事物"①。

既然上帝的知识具有超时间的永恒性，因此，上帝就能预知世间的一切，包括人的一切行动。但这是否意味着一切事件都是必然要发生的，即不存在偶然事件，人们没有选择的自由？并非如此！说上帝预知的一切都是必然要发生的，仅仅是因为上帝是超时间性的，因而他在其"永恒现在"中看到了一切（我们所谓上帝"预知"一切，其实就是用世俗的语言表达上帝"看到"了一切）事件的发生，既然上帝看到了该事件的发生，因此，其发生就是必然的。这正如亚里士多德所说的"存在的东西当其存在时，必然存在，不存在的东西当其不存在时，必然不存在"②。他的意思是，一个事物的存在之所以称为必然，只是因为它已存在而不会同时又不存在，是就其已经存在而言是必然的；一个事物的不存在之所以称为必然，也只是因为它不存在而不会同时又存在，是就其已经不存在而言是必然的。

但是上帝看到了世间未来事件的发生，因而这些事件必然会发生，不等于说对这些事物本身而言，其发生（的原因）就是必然的，也不等于上帝的看到迫使这些事件必然要发生。这同样印证了亚里士多德的另外两句话："存在的东西当其存在时就必然存在，并不等于说，所有事情（自身）的发生都是必然的。关于不存在的东西也是如此。"③"并非所有的事件都必然地存在或必然地发生，而是存在偶然性。"④

总之，世间存在凭自由意志所发生的偶然事件，虽然对于上帝而言，它们是必然的，因为他看到了这些偶然事件的发生。但如果按这些事件

---

① Boethius, *The Consolation of Philosophy*, p. 427.
② ［古希腊］亚里士多德：《解释篇》，19a22—23，《亚里士多德全集》第一卷，苗力田主编，中国人民大学出版社1990年版，第60页。
③ ［古希腊］亚里士多德：《解释篇》，19a24—26，《亚里士多德全集》第一卷，苗力田主编，中国人民大学出版社1990年版，第60页。
④ ［古希腊］亚里士多德：《解释篇》，19a17—19，《亚里士多德全集》第一卷，苗力田主编，中国人民大学出版社1990年版，第60页。

的本性，则不会受到由于上帝看到了它们的发生而带来的那种特定的必然性的束缚，它们都是自由选择的结果，都是偶然的，上帝不会干预或规定其发生过程。同样，上帝虽在其永恒现在中预知了人的一切行动，但如同事物都是自由选择的结果一样，人也具有自由选择其行为的意志。这样，波爱修斯就从上帝的超时间性出发，借助于模态逻辑，历史上第一次雄辩地证明了上帝的预知与人的自由意志的一致性。

亚里士多德和波爱修斯所论述的这两种必然性被中世纪神学家广泛地引用。例如安瑟伦说："并非有一个结果必然性（consequent necessity），就有一个先在必然性（antecedent necessity），我们可以说'宇宙运转是必然的，因为它的确是运转的'，但不可同样说'你在说话，因为有一种必然性在驱使你说话'。这种结果的必然性通过不同时态以这种方式发生：那些过去存在的东西必然已经过去，那些现在存在的东西必然是过去将要发生的东西，一切将要存在的东西必然将要存在。"①

四　基于超时间性的上帝预知理论的历史影响及其面临的挑战

波爱修斯对上帝预知与人的自由意志一致性的证明在神学领域与逻辑学领域都产生了深远的影响。他的观点也被称为"上帝超时间论"。这一理论得到了中世纪早期神学家的广泛支持，然而，却在中世纪晚期和当代基督教哲学中面临着巨大的挑战。我们首先考察这一理论的历史沿革，然后分析它所面临的挑战。

1. 上帝超时间论的历史沿革

关于这一问题，可以一直追溯到罗马时代。斯多亚学派率先试图去解决这一问题。而西塞罗则首先论证了上帝的预知与人的自由意志不可能是一致的。犹太人和穆斯林也参与了讨论。但对上帝的知识和能力以及它们与人的自由意志的关系作系统探讨的则是基督教神学家，至少从奥利金（Origen，185—254）时代就已开始。奥古斯丁第一次明确地指出上帝是超时间性的。而波爱修斯与安瑟伦、托马斯·阿奎那一起被称为中世纪"上帝永恒论（指超时间论——引者注）传

---

① Anselm, Why God Became Man, Book 2, 17, in B. Davies, G. R. Evans（ed.）, *Anselm of Canterbury*, *The Major Works*, Oxford: Oxford University Press, 1998, p. 346.

统的三大支柱"①。

奥古斯丁首先论述了上帝的超时间性和永恒现在性。他说："你（上帝）也不在时间中超越时间，否则你就不能超越一切时间了，你是在永永现在的永恒高峰上超越一切过去，也超越一切将来，因为将来的，来到后即成为过去；'你永不改变，你的岁月没有穷尽'。"② "……你的日子即是永恒。"③ 因此，对上帝来说，无所谓过去和将来，时间的一切流程都是永恒的现在，时间中发生的一切都能在其永恒的现在中知道。

波爱修斯深受奥古斯丁的影响，被称为中世纪奥古斯丁主义的最有影响的继承者。如前所述，他对上帝超时间论做了至今仍然是最详细最深刻的定义，认为只有上帝才超越于时间之外并具有这种永恒性。

安瑟伦是经院哲学诞生时期坚持上帝超时间论的最著名的思想家。他认为上帝超时间论的思想是由波爱修斯最后建立起来的。在其著作《宣讲》（*Proslogion*）中，安瑟伦讲了一段非常著名的话，描述了上帝的超时间性："你不属于昨天，也不属于明天，但你的确是昨天，又是今天和明天；实际上你既不存在于昨天，也不存在于今天和明天，因为你身处时间之外，而昨天、今天、明天则完全是处在时间之中。尽管没有你万物将无以存在，然而你并非处在时空之中，而是万物都处在你之中；无物能包容你，而你却能包容万物。"④ 既然上帝是超时空的、永恒的，因此，对他来说，无所谓昨天、今天、明天，无所谓此地、彼地，时空中所发生的一切对他来说都是"同时的和同地的"。安瑟伦以此为基础，论证了上帝的预知与人的自由意志的和谐。⑤ 其方法与波爱修斯并没有什么区别。

托马斯·阿奎那也讨论了上帝的超时间性，他的观点同样类似于波

---

① W. Hasker, *God, Time, and Knowledge*, Ithaca, NY: Cornell University Press, 1989, p. 146.
② [古罗马] 奥古斯丁：《忏悔录》，周士良译，商务印书馆1963年版，第241页。
③ [古罗马] 奥古斯丁：《忏悔录》，周士良译，商务印书馆1963年版，第266页。
④ Anselm, Proslogion, 19, in B. Davies, G. R. Evans (ed.), *Anselm of Canterbury, The Major Works*, Oxford: Oxford University Press, 1998, p. 98.
⑤ 参阅 Anselm, De Concordia (The Compatibility of God's Foreknowledge, Predestination, and Grace with Human Freedom), in B. Davies, G. R. Evans (ed.), *Anselm of Canterbury, The Major Works*, Oxford: Oxford University Press, 1998, pp. 435–474.

爱修斯:"上帝完全超越于时间的流逝,如同站在永恒性的最高处。而永恒对他来说都是同一时刻。在上帝的一瞥中,时间的全部流程归于永恒的(现在),所以,在他的一瞥中,他看到了时间全部流程中发生的一切;而上帝是在每一事物的当下看它们,相对于上帝的视野,无所谓未来的事物。未来仅仅存在于事物原因的序列中——尽管上帝确实看到了这一序列。上帝完全是以一种永恒的方式看每一事物在任何时候的那个样子,正如人们看苏格拉底坐下时,是看他坐下本身,而不是看他坐下的原因。"[1] 阿奎那在此提出了一个重要的思想,即对上帝来说,无所谓"过程"。还做了一个生动的比喻:我们没法看到走在我们身后的行人,因为我们身处队列之中;而站在高峰顶上俯瞰整条路的上帝,却能在一瞬间看清走在路上的全部行人。

中世纪神学家认为上帝具有超时间性的原因在于证明上帝能预知世间的一切,并且上帝的预知与人的自由意志是不矛盾的。阿奎那同意波爱修斯的观点,并进一步指出,任何事件的发生对上帝来说实质上都是"过去"的事,上帝的知识实质上是关于"已经"发生了的事的知识,上帝预知了某事件与该事件的发生实质上是类似于事件前后相继的两个独立事件。因此,就事物本身而言,在它未发生之前,仍可选择不发生。因此,人有自我选择的权利和自由。

从奥古斯丁到阿奎那,上帝超时间论是基督教神学家在上帝永恒性问题上的主流思想。但他们在论证方法上还是有所区别的。奥古斯丁的证明还是一如既往的教义式,没有使用具体的逻辑术语与逻辑方法,而波爱修斯、安瑟伦与托马斯·阿奎那的论证则充分体现了模态逻辑的作用。阿奎那之后,神学家们虽继续研究这一问题,但大多数都不承认上帝的超时间性,如司各脱、奥卡姆和莫里那(Luis de Molina,1535—1600)等。

2. 对上帝超时间论的诘难

司各脱、奥卡姆等人不承认上帝的超时间性标志着人们反对这一理

---

[1] Thomas Aquinas, *Commentary on Aristotle's Peri Hermeneias*, book 1, lesson 14, 20. Jean T. Oesterle (trans.). Milwaukee: Marquette University Press, 1962. 在线电子书参阅 https://isidore.co/aquinas/english/PeriHermeneias.htm#1。

论的开始。尽管16、17世纪似乎在新教神学中重新掀起了一股倡导上帝超时间论的高潮,但并未对新教神学产生多大的影响。相反,自此以后,反对者越来越多。"……19和20世纪对这一问题的研究几乎没有增加什么。"① 特别是20世纪,基督教神学家充分应用逻辑工具和分析哲学的方法对上帝超时间的永恒性提出异议和诘难。本书将分析并驳斥其中几种主要的反对意见。

（1）上帝不可能同时拥有过去、现在和将来

当代许多神学家认为,说上帝是永恒的,就是指上帝无始无终,他一直存在着,并将永远存在,即前述的上帝是永存的。而认为上帝同时拥有过去、现在和将来这本身就是矛盾的,因为既然有过去、现在和将来之分,就意味着不是同时的。安东尼·肯尼（A. Kenny）认为,过去、现在和将来不可能是同时发生的,否则,他在这张纸上写文章与当年罗马大火时尼禄②仍在宫中碌碌无为就是同时发生的,而这显然是不可能的。③

肯尼实质上是用世俗的时间观念去定义上帝的永恒性,在这种定义下,过去、现在和将来事件无论是逻辑上还是事实上当然不可能同时发生。但如果上帝真的是像波爱修斯所说的那样,那么对上帝来说,肯尼先生在这张纸上写文章与当年罗马大火时尼禄仍在宫中碌碌无为就是同时发生的,因为他们都发生在上帝的永恒现在中。

还有一些神学家（如P. Helm）认为,若我们承认上帝是超越于时间之外,就不能认为上帝现在存在,也不能认为上帝在1066年存在,也就不能说上帝在某时刻之前之后存在,依此类推,就不能说上帝在任何时刻存在,这等于说上帝不存在,或者没有上帝。这种推论其实还是用人的时间观念去断言上帝。因为对上帝超时间论来说,世间的现在、1066年及其前后或者任何其他时刻都是永恒的现在。

另一非常有名的反驳来自普里奥（A. Prior）,并被克里兹曼（N. Kretzmann）、科伯恩、沃尔特斯托夫（N. Wolterstorff）、克里尔

---

① A. Kenny, *The God of the Philosophers*, Oxford: Oxford University Press, 1979, p. 8.
② 尼禄（Nero）,罗马帝国皇帝,54—68年在位。
③ 参阅 A. Kenny, *The God of the Philosophers*, Oxford: Oxford University Press, 1979, p. 38.

(R. A. Creel)等人所发展，似乎形成了一个反对派。他们认为，如果承认上帝以及他的知识是超时间的，那么就有许多处在时间中的事实是他所不知道的，就会推出他不是全能的。例如，上帝不知道现在是几点。因为如果上帝知道现在是十点四十五分，那么六分钟之后，他就应该知道是十点五十一分。再如，上帝不知道1960年在曼彻斯特举行的那场足球决赛早已结束，因为如果他知道，就是承认这场决赛发生在2000年12月27日之前。这样一来，上帝就是变化的，因为"认识变化的事物要求认知者的注意力必须始终跟随该事物的变化"[1]。这同时意味着认知者也发生了变化。但上帝超时间论者认为上帝是不变的。如果认为上帝不知道这些事实，就是承认他不是全能的，这同样与上帝超时间论者的观点矛盾。

笔者认为，上述论证同样是错误的。根据基督教基本教义，上帝是世界的创造者，也是世界的维护者，直接或间接地创造了一切事物，并使它们存在于世俗世界，而且每一事物都有一个从产生、发展到灭亡的过程。同样，上帝也创造了时间，并赋予时间在世俗世界中的延展规律（按照上帝超时间论，时间只存在于世俗世界，上帝所处的世界是不存在时间的，上帝超越于时间之外）。因此，上帝当然知道他所创造的一切事物及其在各个阶段的变化，如1960年在曼彻斯特举行的那场决赛，以及它在2000年12月27日已经成为过去。也当然知道时间及其延展的各个阶段，如某一时刻是几点几分等。因为一切事物的各个阶段以及时间延展的各个阶段都同时显现在上帝的永恒现在之中。

诚然，对人或世间的其他认知者来说，知道了其他事物的变化同时就意味着自身的变化，但对上帝来说，情况就完全不一样。如前所述，上帝在其不变的永恒现在之中，看到了一切事物从产生、发展到消亡的全部变化过程，看到了时间在各个阶段的流逝，而他自己则处在永恒现在中，是永远不变和不可变的。

当然，从这些反对意见也可以看出，波爱修斯以及其他神学家所定义或者假设的上帝的超时间性，以及对超时间性的那些解释是他们所有论证成立的必要条件，也是我们反驳这些反对意见的根据。

---

[1] R. A. Creel, *Divine Impassibility*, Cambridge: Cambridge University Press, 1986, p. 88.

（2）上帝是超时间的与上帝是自由的以及人具有自由意志是不一致的

上帝超时间论者认为，人虽具有自由意志，但人并非完全自由的。因为人的行动在很大程度上是由其思想状况、所受到的教育以及环境因素决定的，而这些因素相当一部分在他出生之前很久就已经由上帝创造的世界的状况决定了；而且上帝创造人或其他事物时，同时赋予了他们易疲劳、饥饿的特质，这些因素大大影响了人的自由选择。因此，即使表面看来，人的某些活动是自由选择的结果，人也绝无完全的自由意志。上帝则完全不同。因为世界的一切包括时间都是他创造的，上帝不会受其所创造物的影响而使其行动受到限制，全能的上帝具有完全自由的意志，是绝对自由的。这就是说，他的一切行动都是有意而为之，没有一种力量、规律、世界的某种状态抑或其他原因在任何程度上以任何方式使上帝产生做某事或不做某事的意愿，他仅仅是根据自己的选择而为之，他自身即其一切行动的原因。

反对者认为，如果承认上帝的超时间性，而这一理论由此推出上帝的不变性或不可变性，那么，上帝要么永远创造，要么永远不创造，则他就不是自由的。这一反驳表面看来似有道理，然而，如果从上帝超时间论者的本意出发，仍可证明该反驳是无效的。

诚然，若承认上帝的超时间性，则必然可推出他的不变性。奥古斯丁、波爱修斯和阿奎那等著名神学家也都认为上帝是不变的，并且是不可变的。波爱修斯说，由于上帝处在"永恒现在"中，而"上帝的'现在'是永恒的、不变的和不可变的，意味着永恒性"[1]，因此上帝本身也是不变和不可变的。阿奎那指出："永恒性确实只有上帝才具有，因为永恒性意味着不可改变性，……上帝是完全不可改变的。"[2] 因为如果上帝有变，则意味着他必然处在时间之中——因为一切变化都只能在时间中进行，并且时间中的一切都是变化的和可变的；而上帝是超时间的。这

---

[1] Boethius, *De Trinitate* (The Loeb Classical Library, 74), H. F. Stewart, E. K. Rand, and S. J. Tester (trans.), Boston: Harvard University Press, 1973, p. 23.

[2] Thomas Aquinas, Summa Theologica, Part 1, Question 10, Third Article, in A. C. Pegis (ed.), *Basic Writings of Saint Thomas Aquinas*, Vol. 1. Indianapolis: Hackett Publishing Company, 1997, p. 77. 后续引用该著仅注明书名与页码。

一思想可以在古希腊找到渊源。亚里士多德在其《物理学》中就表达过类似"任何事物是运动和变化的，当且仅当它是处在时间之中"的思想。特别是对坚持上帝具有超时间的永恒性的新柏拉图主义者来说，变化着的事物要比不变的事物低一等，上帝是宇宙的最高等级，因而是绝对不变和不可变的；同时，变化着的事物都不是完美的，它们随时都会失去过去拥有的一切，而上帝是尽善尽美的，因而是不变和不可变的。

上帝的不变和不可变意味着他的意志的不变和不可变。上帝超时间论的反对者认为，如果上帝不变，则他只能做其所愿意做的事。既然上帝愿意创造（这是基督教一神论者都认同的），由于他不变，则他只能永远创造，而不能选择不创造；退一步说，如果上帝不愿意创造，则他也只能选择永远不创造。总之，上帝没有选择创造或不创造的自由，他要么永远创造，要么永远不创造。然而，这种反驳是不正确的：上帝愿意创造，根据其不变性，只能推出他永远不变地愿意创造，而不愿意不创造，却并不能推出他只能永远地创造；如果上帝不愿意创造，也只能推出他永远不变地不愿意创造，却并不能推出他只能永远地不创造。正如阿奎那所说："按照上帝的永恒性，承认上帝愿意做他所做的事，不能推出他必然会去做该事，除非凭想象。"① 上帝有愿意或不愿意创造的自由，但他选择了愿意创造，这是他自由选择的结果，上帝仍有创造或不创造的自由，例如他选择创造善，而选择不创造恶。

许多神学家认为，承认上帝的超时间性因而不变性与《圣经》所述的上帝的可变性是矛盾的。卢卡斯（J. R. Lucas）认为，所有经典都表明上帝是变化的："上帝既关心又理解世界，……干预世事，行动，言语，聆听祈祷者的声音，且有时改变其意愿。"② "上帝的变化并非很自然地被排除在《圣经》之外，而按照关于上帝本质的哲学的解释，《圣经》恰恰把上帝理解为可变的。"③ 著名分析神学家斯文伯恩（R. Swinburne）则认为，"作为犹太教、伊斯兰教和基督教共同根基的《旧约》中的上帝，一直处在与人的互相影响之中。当人们祈祷时，上帝因此而受感动。上帝

---

① Thomas Aquinas, *Summa Theologica*, p. 199.
② J. R. Lucas, *The Future*, Oxford: Oxford University Press, 1989, p. 214.
③ J. R. Lucas, *The Future*, Oxford: Oxford University Press, 1989, p. 215.

的行动通常并非事先就已预定。我们必须进一步作这样的理解：如果上帝没有任何变化，他不会一会想到这，一会想到那，他的思想将会永远一样。……而《旧约》并不认为上帝是这样"①。

但《圣经》中类似的描述是否就证明上帝是变化的？上帝超时间论的辩护者做了否定的回答。例如阿奎那，他并不否认《圣经》确实把上帝描述为处在变化之中和处在时间之中，甚至在《反异教大全》和《神学大全》中，他还援引了《雅各书》中关于上帝变化的论述："亲近和后退意味着运动，但《圣经》却把它应用于上帝：你们亲近上帝，上帝就必亲近你们（《雅各书》，4：8——引者注）。"② "过去、现在、将来在永恒性中是不存在的，正如我们所说，永恒性是同时拥有（时间）的全部。但《圣经》在谈论上帝时，所使用的词却有过去、现在和将来时态。"③

但阿奎那的真正意思是：《圣经》把描述运动的词应用于上帝或使用过去、现在和将来时态的动词谈论上帝并不能必然地推出上帝是可变的和处在时间之中的。他认为，《圣经》同时也谈到了上帝的不变，例如，"因我耶和华是不改变的，所以你们雅各之子没有灭亡"④。所以，不能完全凭《圣经》中的表面文字去理解其教义。他认为，理解《圣经》有两种方式，如果《圣经》告诉我们所不知道的或与我们所知道的并非不相容的教义，我们可以对之作文字上的理解；反之，则要从表面文字所隐含或隐喻的意义上去理解——《圣经》中的很多描述都是以这种方式出现的。例如，《圣经》告诉我们上帝呼吸，但显然此处不能把它理解为像人一样地呼吸。再如，《圣经》把动词的各种时态应用于上帝，不是说上帝有从过去到将来的变化，而是因为其永恒性包含了时间的各个阶段。更重要的是，阿奎那并不是把《圣经》当作僵死的教条。他认为要把《圣经》当作时代的经典，应用最新的材料去理解它，并不断增添新的内容。总之，要按我们所知道的去理解它。

尽管《圣经》中谈到了上帝的变化，但阿奎那认为我们有理由否定

---

① R. Swinburne, *The Coherence of Theism*, Oxford: Oxford University Press, 1977, p. 214.
② Thomas Aquinas, *Summa Theologica*, p. 70.
③ Thomas Aquinas, *Summa Theologica*, p. 76.
④ 《圣经·玛拉基书》, 3：6。

上帝有变，正如尽管《圣经》中谈到了上帝呼吸，我们仍有理由否定上帝有嘴和鼻子一样。我们既要尊重《圣经》所传递的真理，又要信仰那些尽管与《圣经》不同的真理。

至于反对者从上帝预知一切推出人没有选择的自由，从根本上讲，仍是因为他们否定上帝的超时间性。其原因已如前述。

（3）认为上帝是超时间的则难以解释上帝的创造等行为

斯文伯恩认为，超越时间的东西不能创造，乃至不能有任何行动。他说："如果我们说 P 创造 x，我们就可以很理智地问 P 何时创造 x；如果我们说 P 惩罚 x，我们也可以很理智地问 P 何时惩罚 x。……如果 P 在 t 时刻创造 x，则 x 必然或者与 P 的创造行为同时发生，或者紧接 P 的创造行为之后而发生。如果 P 在 t 时刻宽恕 Q 做了事件 x，则 Q 做事件 x 必然在 t 时刻之前。如果 P 在 t 时刻警告 Q 不要做事件 x，同时 Q 也有一个遵从 P 的警告的机会，那么，t 时刻之后必然有另一段时间，在该时间中，Q 遵从 P 的警告。等等。因此，表面看来，上帝不在某时间之前或之后（按照人类的时间标准）创造、宽恕、惩罚、警告等假定就是矛盾的。"[1]

派克（N. Pike）则从另一个角度驳斥了上帝的超时间性。他认为，当我们说上帝创造什么事物或维持某物而使之处于某状态时，那些我们用来描述上帝这些行为的动词本身就意味着这些事物是具有暂时性的，并且上帝的创造和维持行为也是具有暂时性的，也就是处在时间之中和具有先后次序的。[2]

以上两种观点均具有代表性，但并没有真正驳倒了上帝的超时间性。当说 P 创造、惩罚 x 或说 P 宽恕、警告 Q 时，如果 P 指的是处在时间中的实体，我们当然可以提斯文伯恩同样的问题。但如果 P 指的是上帝，则情况就完全不同了。承认上帝超时间性者认为，对上帝来说，无所谓 t 时刻，也无所谓 t 时刻之前或之后的某个时刻。对"时刻"的界定，纯粹是人们按照世俗世界的时间标准的一种人为规定。如果真要问上帝何时创造某物，回答是在其永恒的现在中，在其"永恒的现在"中，上帝

---

[1] R. Swinburne, *The Coherence of Theism*, Oxford: Oxford University Press, 1977, p. 221.
[2] 参阅 N. Pike, "God and Timelessness", in B. Davies, *An Introduction to the Philosophy of Religion*, Oxford: Oxford University Press, 1993, p. 144。

不仅创造了万事万物，还创造了时间本身。至于《圣经》中所谓上帝第一天创造了什么，第二天创造了什么，……，第六天创造了什么，那也是人们按照世俗的时间标准对上帝创造行为的一种假定的解释。退一步说，当我们说某事物在星期日产生，并且它的产生是由于上帝带来的，或者说某人在星期日受到了惩罚，并且他所受到的惩罚是由于上帝带来的，这是否意味着上帝在星期日也经历了创造该事物或惩罚这个人的过程呢？当然不是。这仅仅意味着这两个事件的发生乃上帝的原因。说上帝创造万物，并且某事物必然会在某一时刻 t 出现，与说某事物在 t 时刻出现，并且它的出现是因为上帝是两个不同的问题。斯文伯恩正是混淆了这两个问题。因此，对于上帝来说，我们就不能说他在某一时刻 t 创造了某事物，或者他在某一时刻 t 惩罚、宽恕、警告某人。

至于派克，他认为上帝创造一切事物都意味着他的创造性活动与所创造的事物一样，都是暂时性的，这也是错误的。如前所述，上帝创造的一切都是暂时性的和或然性的，但上帝的创造行动并不是暂时性的，即并不是处在时间之中的，上帝是在其"永恒现在"中创造一切，对他来说，一切创造物都是在一瞬间完成的，根本不需要"过程"；对上帝来说无所谓"过程"，所谓过程，仅是世俗时间中的先后顺序。

（4）认为上帝是超时间的与承认上帝是一个人格相悖

卢卡斯在其著作《论空间和时间》中指出："如果像某些神学家所宣称的上帝是处在时间之外，则就是否认上帝是人格。"[1] 按照派克的解释，如果上帝被认为是超越时间的，则就意味着他没有任何变化，就不能认为上帝是生活着和行动着的人格。[2] 扬森（G. Jantzen）也认为，"活生生的上帝不可能是静止的。生命意味着变化，因之，生命也意味着暂时性"[3]。即上帝不会是超越时间的永恒。蒂利希（P. Tillich）和巴特（K. Barth）也表达了类似的观点。蒂利希说："如果我们认为上帝是有生

---

[1] J. R. Lucas, "A Treatise on Space and Time", in B. Davies, *An Introduction to the Philosophy of Religion*, Oxford: Oxford University Press, 1993, p. 200.

[2] 参阅 N. Pike, "God and Timelessness", in B. Davies, *An Introduction to the Philosophy of Religion*, Oxford: Oxford University Press, 1993, p. 144。

[3] A. Richardson, J. Bowden (ed.), *A New Dictionary of Christian Theology*, London: SCM Press, 1983, p. 573.

命的，我们就应确信，他具有暂时性，并因此而与时间具有某种联系。"①
而科伯恩（R. C. Coburn）的观点则更具代表性，他认为，一个超时间的实体不能记忆，没有期望，不能对其他事物作出反应，不能思考和决定，不能有意地去做某件事，总之，就不能是一个真正的人格。② 神学家哈特肖恩（C. Hartshorne）、摩尔特曼（J. Moltmann）、索伯里诺（J. Sobrino）等则认为，若承认上帝是超时间的，则他就是不动的，就不会受到其他事物的影响，因而其自由就不会受到限制（因为不自由的本质是行动受到了其他事物的限制），就不曾经历过苦难（因为苦难就是自由受到了极大的限制），因而就不能有爱（因为爱总与经历苦难连在一起），这与上帝与我们同甘共苦是矛盾的，也就不能认为上帝是一个人格。

但以上论述是否驳倒了上帝是超时间的呢？回答是否定的。首先，上帝是一个人格并非《圣经》的经典教义，坚持上帝具有超时间性者也不一定要坚持上帝是一个活生生的人格，因为这与上帝是三位一体的信仰并不一致，也不是后者的基本要求。人的本质和人性是最容易引起困惑的，若认为上帝具有与人类似的人性或人格，则同样可以对上帝的本质产生困惑，把上帝比作人实质上违反了关于上帝的最基本教义，也为不信仰上帝的人留下了空子。这显然是信仰上帝的人们所不愿意看到的。其次，即使可以相信上帝确实是一个人格，也不一定要承认上帝具有像人一样的可变性、能回忆和期望等性质。扬森假定没有一种不变的存在物具有生命，但信仰上帝超时间性者普遍承认上帝是一切变化之源，而他自己则不会由任何事物引起变化，也就是不变的。说上帝生活着和行动着，就是说他不断地推动他所创造物的运动和变化。再次，上帝当然不必具有像人一样的记忆和期望；正因为上帝是超时间的，因而对他来说，就无所谓回忆与期望，上帝是在其永恒的现在中直接观察一切事物及其变化。最后，也是最重要的，对于人来说，确实存在具有爱心的人一般都有过苦难经历，而且真正的爱往往要为所爱者做出牺牲，即要承

---

① P. Tillich, *Systematic Theology*, Vol. 1. Chicago: The University of Chicago Press, 1953, p. 305.

② 参阅 Robert C. Coburn, "Professor Malcolm on God", in *Australasian Journal of Philosophy*, Vol. 41, 1963, p. 155。

受最大的苦难。但正由于上帝是超时间的，他确实是不变的，不会受到其他事物的影响，因而他的自由也不会受到任何限制，他是绝对自由和完美无缺的，因此，上帝不曾经历苦难，否则，他就是脆弱的、不完美的和易受挫折的。但这并不意味着上帝没有爱，因为爱并不见得与经历苦难、因而与自由受到限制衍生在一起。实际上，爱只有在施爱者的自由不受任何限制时才可充分施与；上帝的自由不受任何限制，因而他有无限的完全的爱。正如托马斯·阿奎那所指出的，上帝爱一切存在的事物，是至爱。上帝的至爱表现在他赋予任何事物以善。由此观之，上帝的超时间性和不动性不仅不能证明他没有爱，反而是他至爱的根本原因。

总之，古代和中世纪的神学家用上帝超时间论证明了上帝的全知全能、上帝的预知与人的自由意志的和谐等一系列神学问题，这符合基督教对上帝永恒性的基本要求。基督教哲学史表明，承认上帝的超时间性是证明上帝的预知与人的自由意志一致性的最重要前提，而如果否定上帝的超时间性，就等于否定上帝的预知与人的自由意志的一致性，就等于否定人有自由意志。例如，如果主张上帝是永存的（上帝"永存论"），那么他必然处在时间之中，则或者上帝不能预知时间中未来发生的事件，这样一来，上帝就不能预知一切；或者上帝能预知人们未来的行为，这样一来，人就没有自由选择的可能。因此，上帝超时间论有着严密的论证体系，一切与之相悖的关于上帝永恒性的理论，在解释上述重要神学问题时，都会遭遇到种种不可克服的困难，最终也难以保证其理论体系本身的一致性。

第四节　上帝造物的逻辑

虽然波爱修斯大力倡导逻辑，特别逻辑在神学研究中的作用，但波爱修斯（特别是其后的伊西多尔）之后的200多年，欧洲大陆文化凋零，只有在西北隅的爱尔兰尚有一息文化生气，[1] 由此带动了所谓加罗林文化复兴。法兰克王国的宫廷教师阿尔琴及其学生就是加罗林文化复兴开始时期逻辑学以及语法学的主要代表人物。他们也属于中世纪较早把逻辑

---

[1] 参阅赵敦华《基督教哲学1500年》，人民出版社1994年版，第206页。

与神学、哲学结合起来的学者，例如，他们运用逻辑方法讨论了"存在""潜在""意念"等问题，显示出经院哲学的论辩风格。由于他们的工作而使得论辩术与反论辩术之争早在加罗林文化复兴时期晚期就已经开始。本节讨论阿尔琴和他的学生对上帝话语意谓的解释。

一　阿尔琴论上帝话语的意谓

阿尔琴首先讨论了逻辑学在神学研究中的地位。他崇尚奥古斯丁，并坚定地把《论十范畴》看作奥古斯丁本人的著作，虽然现在很多哲学史家认为这部著作属于4世纪一位信奉注释家提米斯修斯的拉丁学者。正是由于阿尔琴的这一坚持，中世纪的神学家也一直把它当作奥古斯丁的著作，成为他们证明亚氏著作及其逻辑理论可以用于神学证明的重要依据和资料来源，也是神学学生学习亚里士多德逻辑学的极好的入门著作。

阿尔琴于802年写了一篇名为"论三位一体的信仰"（De Fide Sanctae Trinitatis）的论文，附在一封信中敬献给查理曼大帝，表示希望通过他的论文，达到如下愿望："（我将）说服那些较少遵从您最高尚的意愿去学习论辩术规则的人转而学习论辩术，（因为）在奥古斯丁的《论三位一体》中，这些论辩规则被他看作比其他任何东西都更具有必要性，关于三位一体的那些最深刻的问题只有基于对范畴的精细解释才能得到解释。"[1]

阿尔琴在引用奥古斯丁在《论三位一体》（第二部第五章）中关于亚里士多德的范畴理论是否可适用于上帝的话语时指出，恰当地说，只有第一种范畴，即实体，可用于关于上帝的讨论。因为十大范畴提供了对可感世界中所有事物的全面分类，它们是理解上帝与他的创造物之间区别的完美工具。而学习自由艺术，特别是包括逻辑、语法在内的三科，可以为基督徒的智慧提供理论基础。而逻辑学更应充当特殊的教义作用；一旦我们认识到范畴的中心地位，那么关于信仰的核心奥秘就会因为这

---

[1] J. Marenbon, "The Latin Tradition of Logic to 1100", in M. Gabbay, J. Woods (ed.), *Handbook of the History of Logic* (Vol. 2): *Mediaeval and Renaissance Logic*, Amsterdam: Elsevier, 2008, p. 23.

些范畴理论的参与而得以澄清。① 阿尔琴所谓关于范畴的理论，实际上包括亚里士多德在《范畴篇》与《解释篇》中所讨论的那些逻辑理论。

阿尔琴把他的这些理念用于对神学问题的研究。基督教创立之后，人们不得不去面对《圣经》中的一些疑难语句。阿尔琴首先对《创世记》中上帝造物进行了解释。《圣经·创世记》说："神说：'要有光'，就有了光。神看光是好的，就把光暗分开了。神称光为昼，称暗为夜。有晚上，有早晨，这是头一日。"② 字面上，上帝先说某物，而后才有某物。而问题是，在上帝创造光和暗之前，世界上没有任何事物存在，那么他的话语"光"和"暗"是什么意思？或者意谓什么？

这其实是一个重要的问题，它涉及上帝创世或者创造万物是否符合逻辑。在阿尔琴的时代，并没有中世纪那样的指代理论，没有对于语词或者话语的意谓与指代问题的专门的讨论，人们关于语词的存在及其所表达的意义完全来自亚里士多德及其注释者。

亚里士多德在《解释篇》中的如下论述与话语的意谓有关："名词是因约定俗成而具有某种意义的与时间无关的声音。"③ "名词的意义通过约定俗成而来，声音本身并非名词，只是在它作为一种符号时才能成为名词，例如，野兽发出的那种含混不清的声音虽然具有一定意义，但这种声音并不是名词。"④ "说出来的声音（话语）是心灵经验的符号，写出来的记号（语词）是说出来的声音的符号。正如写出来的记号并非对于所有人都是相同的，说出来的声音也并非对所有人都相同。但是这些声音所标志的东西——即心灵经验（affections of the soul）——对所有人都是相同的，并且由这些心灵经验所表现的类似的对象——即实际的事

---

① 参阅 J. Marenbon, "The Latin Tradition of Logic to 1100", in M. Gabbay, J. Woods（ed.）, Handbook of the History of Logic（Vol. 2）：Mediaeval and Renaissance Logic, Amsterdam：Elsevier, 2008, p. 23。
② 《圣经·创世记》, 1：3—5。
③ ［古希腊］亚里士多德：《解释篇》16a19—20，《亚里士多德全集》第一卷，苗力田主编，中国人民大学出版社1990年版，第49页。
④ ［古希腊］亚里士多德：《解释篇》16a26—29，《亚里士多德全集》第一卷，苗力田主编，中国人民大学出版社1990年版，第50页。

物——对所有人也都是相同的。"① 从这些论述可以推出,在亚里士多德看来,话语与语词都只是符号,其中语词是话语的符号,话语是心灵经验(即概念)的符号,而心灵经验不过是体现心灵之外实际的事物的相似性,因此,话语也必须与心灵之外的实际事物建立关联。并且只有话语最终(被约定俗成地)指称心灵经验之外的某个或者某些事物,它才具有意义,这些事物就是话语意谓的对象。这也是中世纪关于语词意谓的标准解释:语词首先意谓概念(心灵经验),通过概念最终意谓事物。

阿尔琴对亚里士多德的这些论述是非常熟悉的,他也只能从亚氏关于范畴的逻辑理论去讨论这个问题。在其《论语法》一文中,阿尔琴指出,"名词就是由于习惯而有意义的声音,它没有时间性,对名词的定义就是给出名词的意谓(意义)"②。他又说,一个语词就是一个声音,并且每一名字指称一个事物,这是语词的全部意义,此外没有其他意义。但如果这样,又该怎么解释上帝通过话语创造世界?就是说,在事物还没有被创造出来之前,上帝的话语又怎么能以及如何能指称具体事物呢?因为上帝的话语显然也是话语,并且诸如"光""暗"这些话语也是名词,而人们不能像那些信仰主义者那样简单地说,上帝的世界不是人类理性可及,也不是人类语言可以一般解释的。此前波爱修斯已经就最后这个问题做了充分的讨论,认为上帝的世界也必须是符合逻辑的。而波爱修斯的著作在阿尔琴时代依然流行,这对后者产生了影响。

阿尔琴承认上帝的话语与人类的话语并不完全相同。他认为,上帝的话语虽然不能认为是像世俗的人们发出的声音,但也不可以因此而认为,某些特殊的话语或者名词(例如上帝的"光""暗"等)不具有指称某物的功能却依然存在,依然有意义。对于上帝的话语来说,虽然我们不能像对人类话语那样应用亚里士多德的意义理论去分析,但实际上亚氏的理论并没有因为分析上帝的话语而失效。他说,事物的创造分为两个阶段,在它们被创造出来之前,存在于上帝的话语之中,是一种纯

---

① Aristotle, *Peri hermeneias*, 16a, 3-8, in Aristotle's *Categories and De Interpretatione*, J. L. Ackrill (trans. with notes and glossary), Oxford Univsersity Press, 1963, p. 43.

② Alcuin, *De Grammatica*, in Shimizu Tetsuro, *Alcuin's Theory of Signification and System of Philosophy*, in *Didascalia*, Vol. 2, 1996, p. 4.

形式（primordial forms）；① 当上帝说出这些事物的名字时，各种事物就从纯形式中被创造出来。在具体解释《创世记》1：3—5时，阿尔琴说，上帝的说话就意味着创造，说什么就是意味着创造什么，某物在上帝说它的一瞬间就被创造出来了。②

就是说，阿尔琴实际上承认上帝通过话语创造世界与话语的一般指称并没有矛盾，上帝的话语同样是有指称的，否则也是没有意义的。世界被创造出来之前，上帝的话语指称纯形式，它存在于上帝之中，与上帝合一（这些纯形式如伟大、至善、至圣洁、全能、全知、全在）；世界被创造出来之后，上帝的话语指称世俗的具体事物，这些具体事物不过是分有了纯形式。他还引用了《约翰福音》中的话，来说明一切都是通过上帝而创造："万物是借着他造的；凡被造的，没有一样不是借着他造的。生命在他里头，这生命就是人的光。"③

阿尔琴对"上帝的话语"的解释与基督教传统并不完全一致（后者根本不需要纯形式这样的形而上学概念，同时上帝不仅通过话语创造世界，而且以话语管理世界、审判罪恶、拯救人类等），却与柏拉图的"原相论"与"分有说"一致。借用波爱修斯的上帝超时间论（实际上继承了柏拉图的原相论）可以部分（至少就上帝通过话语创造世界的某些方面而言）调和阿尔琴与基督教传统之间的分歧，从而使两者基本保持一致：世俗中的事物在被创造出来之前，以纯形式的方式存在于上帝之中，当上帝说出相关的话语之后，这些事物就在世俗世界中被创造出来。因此，上帝的话语意谓的是事物的纯形式和在世俗世界即将产生的事物。对于处在世俗世界中的我们来说，事物从纯形式到具体化，需要一个过程，但对上帝来说，由于他超越于时间，所以他的话语所指称的纯形式和具体的事物，并没有先后之分，都是永恒"现在"。

---

① 参阅 Shimizu Tetsuro, "Alcuin's Theory of Signification and System of Philosophy", in *Didascalia*, Vol. 2, 1996, p. 13。

② 参阅 Shimizu Tetsuro, "Alcuin's Theory of Signification and System of Philosophy", in *Didascalia*, Vol. 2, 1996, pp. 13 – 14。

③《圣经·约翰福音》, 1：3—4。

二　弗雷德基修斯论语词"无"

"无"或"无物"（nihilo/nothing）是一个非常特别的名字，对该问题的讨论成为一个古老而时尚的哲学与逻辑问题。亚里士多德曾拒绝对该问题的讨论。然而，加罗林文化复兴时期对这一问题非常感兴趣，从语法与逻辑双重角度对之进行了深入的研究。我们可以从他们对这一问题的研究，管窥这一时期的语词意义理论。

针对广泛争议的上帝是否从"无"中创造万物（creatio ex nihilo），阿尔琴的一位很有影响力的学生、图尔的弗雷德基修斯（Fredegisus de Tours,? —834）于790年前后，写了一篇论文《论无（物）与黑暗》（*De Nihilo et Tenebris*），其中讨论了"无""空""黑暗"这些《创世记》中出现的名字（"起初，神创造天地。地是空虚混沌，渊面黑暗"——《圣经·创世记》，1:1—2）的意义，以及它们是否指称真实的事物。

他特别证明了"无物"也是一个名字（nomen），这一拉丁术语在不同语境下既可以译为名字，也可以译为名词，并没有本质区别），也意谓某物。他的详细论证过程可以整理如下（[ ]中的内容部分根据弗雷德基修斯本人的解释，部分是笔者根据各命题之间的逻辑关系而加注的）：①

（1）每一名字（例如"人""石头""木头"）都意谓某个确定事物，因此，每一个名字都是有确定意义的名字。
　　　　　　　　　　　　[基于亚里士多德和波爱修斯对名词或名字的定义]
（2）"无物"也是一个名字。　　　　　　　　　[根据语法学家的观点]
（2′）因此，"无物"也是一个有确定意义的名字。[根据(1)(2)]
（3）每一名字都意谓某个确定事物。　　　　　　　　　　[(1)]
（3′）因此，"无物"也意谓某个确定事物。　[根据(1)(2)(3)]

---

① 原文：(1) Omne nomen finitum aliquid significat, ut homo, lapis, lignum; haec enimut dicta fuerint, simul res, quas significant, intelligimus. Quippe hominis nomen, praeter differentiam aliquam positum, universalitatem hominum designat; lapis et lignum suam similiter generalitatem complectantur. (2) Igitur nihil, si modo nomen est, ut grammatici asserunt, finitum nomen est. (3) Omne autem nomen finitum aliquid significat, (4) Ipsum vero aliquid finitum, ut non sit aliquid, impossibile est. (5) Impossibile est ut nihil, quod finitum est, non sit aliquid, (6) ac per hoc esse probabile est。转引自 Shimizu Tetsuro, "Alcuin's Theory of Signification and System of Philosophy", in *Didascalia*, Vol. 2, 1996, pp. 14 – 15。

(3″)"无物"这一名字意谓的是无物，因此，被"无物"这一名字意谓的无物也是一个确定的事物。　　　　　　［根据（3′）］

（4）一个确定的事物不是某物是不可能的。　　　　　［公理①］

（5）因此，被证明是某个确定事物的无物却并非作为某个事物（而存在），这是不可能的。　　　　　　　　　　　［根据（3′）（4）］

（6）因此，无物也是作为某个事物（而存在的）。　　［根据（5）］

弗雷德基修斯的这一论证及其结论引起了很大的争议，并且并没有被广泛地接受。但在我看来，弗雷德基修斯的推理如果仅从逻辑有效性看是没有问题的，然其最后的结论——无物（nothing）也是作为某个事物（something to be）而存在——至少从字面上看是违反逻辑的，因为无物与存在的某物本身就是逻辑上的相互矛盾关系。显然，这里的问题是如何理解弗雷德基修斯论证过程所依赖的第一前提"每一名字都指称某个确定事物，因此，每一个名字都是有确定意义的名字"。只有理解了这一前提，才能理解最后的结论，并且只有证明了这一前提是真的，才能解释结论也是真的，从而断定他的论证是有效的。这既需要借助弗雷德基修斯本人的解释，也需要借助于他的这一思想与他的老师阿尔琴以及当时的普遍看法之间的关联性。

我认为，对弗雷德基修斯的观点可以做如下解释：

首先，如果这样解释他的第一前提，则上述证明不仅形式上有效，而且前提和结论都是真的：意义仅仅存在于名字和事物之间的关联，并且每一个名字都有一个与之相对应的事物，而名字的意义就是它意谓这一确定的事物。即使是"无物"这一名字也有它意谓的事物。当说被某个名字意谓的某物是存在的，并不等于说某物就是作为现实世界中的实体（这种情况称为名字的外延）而存在，它可能只存在于某个可能世界，甚至可能只是某个被想象的东西。在后一种情况下，我们可以认为这个名字表示的是一个虚概念，比如古代与中世纪哲学中经常出现的"吐火怪兽"（chimera）这个名字，其意谓的吐火怪兽并非实存的，波爱修斯甚至认为关于吐火怪兽的观念都是虚假的，但"吐火怪兽"这个名字依然有其意谓的东西，不管这个东西以何种方式存在。这恰恰是阿尔琴对名

---

① 此注释是根据弗雷德基修斯的意思而添加的。

字的定义中所包含的,也是亚里士多德和波爱修斯所主张的,并且这种解释可能也不会遭到弗雷德基修斯的反对。

其次,我们仍然需要问,弗雷德基修斯这里讨论的"无物"或者"空虚"究竟是什么?他所谓"无物"所意谓的"确定的事物"究竟是什么?首先可以确定的是,"无物"是上帝创世论中的术语,当时有"上帝从'无'中创造世界"的说法。再结合阿尔琴对上帝话语的意谓的解释,可以认为弗氏所谓无物并非等同于世俗世界中的虚无,即绝对的无,而是上帝世界中的某物,即上帝世界中作为万物之源的东西。上帝从无物中创造世界,但无物同时也是最初的、首要的被造物之一。从弗氏之后的论证中可以看出,这种解释是比较贴合其本意的。

需要指出的是,当弗氏说命题(2)是根据语法学家的观点列出的真命题时,这里的语法学家是指普里西安,后者是从纯粹语法学的角度,认为每个记号都是一个名字,不考虑这个名字是否有现实世界中真实的意谓。但是亚里士多德或波爱修斯等逻辑学家肯定不会认为"无物"可以看作一个名字,亚氏甚至都没有把"非人"这种表示负概念的符号作为名字。

因此,弗雷德基修斯的上述论证同时也表明他综合了逻辑学家(论辩家)和语法学家对名字的定义,以建立对无物存在的本体论证明。

"黑暗"这个词是弗氏在该文中所讨论的另一个名字。他认为"黑暗"意谓夜,或者说,"黑暗"是对夜的命名或者称呼(在中世纪逻辑中,命名或者称呼都是针对已经存在并且当下仍然存在的事物)。但他仅仅提到已经被创造出来的事物的命名或者称呼。基于此,他说:"造物者把名字强加于他所创造的事物,……他没有创造任何没有称呼(appellation)的事物,也没有制定(institute)任何(没有意谓对象的)称呼,除非这个称呼的主体(事物)已经存在。"[①] 这就是说,弗雷德基修斯尽管承认在上帝那里,所有名字或者称呼都是有意谓的,但他似乎不认为名字意谓的是还没有被创造出来的事物,或者还不存在的事物。那么按照这一推论,"无"是对什么事物的命名?

[①] 转引自 Shimizu Tetsuro, "Alcuin's Theory of Signification and System of Philosophy", in *Didascalia*, Vol. 2, 1996, p. 15。

此外，弗雷德基修斯不接受把上帝的话语当作一种声音，以及上帝通过话语而创造事物的观点。因为当他证明无物也是某物时，他似乎是把无物理解成神圣的实体，即存在于上帝那里的特殊的实体，世界正是从这个实体而不是从话语中被创造出来。因此，上帝并不是从我们所理解的"无"（即绝对的虚空，或者如某些学者所理解的真空）中创造世界，也不是通过话语而创造世界。

这样问题就比较清楚，"上帝从无中创造世界"这句教义式的论断在弗雷德基修斯那里又回到了古希腊关于世界起源的本体论。他认为，无物就是神圣的实体，上帝从无物中创造万物（creatio ex nihilo/creation out of nothing），其过程是：从无物中直接产生的是水、火、土、气四种元素，然后是光，天使以及人类灵魂。然后，弗氏比较了这"第一存在物"（无物）与由此而产生的事物之间的差别：与后者不同，"'无物'是伟大而辉煌的（praeclarum）"。也就是说，比任何东西都伟大，都辉煌，因为它是第一存在物，其他事物只是从它而生。伟大，辉煌只适合于上帝。这种观点与阿尔琴非常相似，也就是说，弗雷德基修斯的"无物"非常类似于阿尔琴所说的纯形式。

由此可知，弗雷德基修斯并没有接受基督教关于上帝造物的正统观点。后者认为，第一，没有一个物质的实体可以作为事物的本原；第二，上帝的话语才是万物的本原。由于弗氏认为无物是万物的本原，也是一个确定的事物，因为，他没有承认第一句话，当然，也就不会承认第二句话。

三 加罗林文化时期的语言逻辑与奥古斯丁主义传统的矛盾性与一致性

纵观加罗林文化复兴时期的逻辑史，我们可以看到，逻辑学、语言学的发展是随着基督教对逻辑、语言的应用和教义研究的需要而发展的。因此，逻辑学与语言学的理论一般都迎合了基督教教义的解释，特别是与那些权威的教父或神学家的观点一致。

然而，阿尔琴的语言逻辑是基于亚里士多德的范畴理论。他认为语词只是有声音的符号，语词的功能就是指称亚氏的十个范畴所处理的事物，这也是语词的全部意义所在。这样的语言逻辑理论表面看来与奥古斯丁主义传统相矛盾。因为根据后者，心灵概念就是语词，并且与上帝的话语相应；上帝通过说出这些话语而创造世界。

但从菲洛（Philo of Alexandria，约前20—50）开始，古代著作的注释家们就把上帝创世论同柏拉图的《蒂迈欧篇》联系在一起，把柏拉图所谓世界被创造之前神的理念中的原相（primordial ideas in God's mind）与基督教中上帝的话语等同起来。因此，虽然阿尔琴及其追随者没有完全接受基督教关于上帝通过话语创造的传统理论，但由于他坚持柏拉图的原相论，又把世俗世界的话语同上帝的话语区别开来，这样阿尔琴就可以既坚持他自己的语言逻辑，又不用担心与奥古斯丁主义的传统产生矛盾。也就是说，语言逻辑独立于基督教教义，这种语言逻辑不能简单或者直接应用于上帝的语言，但当解释基督教创世论时，仍然可以借助于柏拉图主义的原相论去解释，即把上帝的语言当作一个特殊的东西——神圣世界中的无物（或纯形式），上帝就是从无物中创造世界；这样的无物就是奥古斯丁主义传统中的上帝的语言。因此两者本质上是一致的。在这一点上，弗雷德基修斯与阿尔琴同出一辙。

从波爱修斯、普里西安到弗雷德基修斯以语词意谓为核心的语言逻辑，决定了中世纪开始时期的语言逻辑状态，甚至持续到加罗林王朝结束后相当一段时期，以至12世纪前半叶的阿伯拉尔也坚持这样的观点，直到被安瑟伦所批判。

第五节　上帝存在本体论证明中的逻辑问题

关于上帝的存在有多种论证方式，本体论证明就是其中最有影响的论证方式之一。这种理论认为，从上帝的性质是一种完全的存在这一定义，可以得出上帝存在的结论。波爱修斯首先做了类似于本体论的证明。安瑟伦是中世纪这一证明的代表性神学家。近代笛卡尔也以类似的方式证明了上帝的存在。但是本体论证明面临诸多问题而广受质疑。本节首先讨论这种证明，然后分析近代哲学家伽森狄、康德以及现代逻辑对它的质疑。

一 波爱修斯类似于本体论的证明

波爱修斯之前，较少有神学家明确地从理性或逻辑的角度证明上帝的存在。因为对虔诚的基督徒来言，认为上帝是不存在的，或者怀疑上帝是不存在的，都是不可思议的；上帝的存在是显然的，这是基督教一切信仰的最根本立足点。但波爱修斯认为，一切基督教教义都是经得起逻辑论证的，也只有得到逻辑证明才能加强人们对它的信仰。正如我们前面所讨论的，尽管波爱修斯的教父学说在基本观点上与奥古斯丁主义并无二致，但他更加强调理性的作用，强调逻辑对于理解神学思想的重要意义。

如果我们考察安瑟伦关于上帝存在的本体论证明，可以发现波爱修斯的共相学说实际上就是这一证明的大前提的逻辑依据，这一大前提就是"所有被设想为无与伦比的伟大的东西不仅存在于人们的心中，而且也存在于现实之中"，而波爱修斯的共相学说可以推出这一命题。

波爱修斯指出，所有真实的观念都是不仅存在于人们的心中，也存在于现实之中；真实的观念是对事物的摹本，只有按照事物而构成的观念才是真实的观念，而那些仅凭理智或者想象，把为自然所不容许连接的东西组合连接起来的观念就是虚假的，例如，将马与人连接起来的半人半马的怪物（centaur）的观念就是典型的虚假观念。只有虚假的观念才可以没有现实中的真实存在。[1] 所谓真实的观念，一是指这种观念真实地存在于人们的心中或思想中，二是指这种观念所关于的事物（而不是观念本身）必须在现实中真实存在，而真实的观念就是关于这些真实存在的事物的观念。关于上帝的观念被称为最完满的、最高的观念，这种观念就绝不是虚假的观念，而是真实的观念。因此，关于上帝的观念不能仅仅存在于心中，同时，在现实之中也必须有这一观念所关于的东西，即上帝本身。据此，安瑟伦上帝存在的本体论证明就可以通过波爱修斯的共相学说而得到支持。

---

[1] Boethius, The Second Edition of the Commentaries on the Isagoge of Porphyry, in R. Mckeon (ed., and trans.) *Selections From Medieval Philosophers* (I): *Agustine to Albert the Great*, New York: Charles Scribner's Sons, 1929, pp. 90 – 95.

需要注意的是，在基督教正统教义中，从来没有把上帝作为最高的共相。有人把柏拉图哲学中最高的共相（原相）直接化作上帝，认为最高的共相必须存在，否则作为分有最高共相的一切事物都将不存在，正如没有上帝，一切事物都将不存在一样，这种观点是错误的，当然也不符合正统。波爱修斯，甚至托马斯·阿奎那在对上帝存在的证明中都从来没有过这种证明方式，波爱修斯甚至认为，属在数量上是多而不是一，是多而不是一的东西不可能是终极的东西，一定会有另外一个（更高层次的）属凌驾于其上，且这一过程是没有穷尽的，因此，也不存在终极的、最高的、单纯的属。此外，也绝不可把柏拉图所谓"神"（或真理）等同于基督教的上帝，虽然他在《蒂迈欧篇》中对神的描述非常类似于上帝。

与共相论相比，波爱修斯在其至善论中对上帝作为实体的讨论，更加接近于安瑟伦对上帝存在的本体论证明。因为他通过至善论推出了上帝的存在：至善或真正的幸福的存在不仅是我们的理性所能够推出的观念，而且它还不能仅仅是人们心中想象的观念，必须是真实存在的实体，它就是上帝。至善论是上帝存在本体论证明的另一逻辑依据。至善的存在就是上帝的存在，至善的推出过程就是上帝存在的证明过程。正是从这个意义上，我认为波爱修斯的至善论是上帝存在本体论证明的前导。

波爱修斯详细证明了何以真正的幸福或至善就在上帝那里，至善就是上帝本身。

首先，这个世界存在着真正的幸福和最高的善。尽管（世间）所有的善都是不完满的，但不能认为就没有真正的善，恰恰相反，这正说明至善的存在。因为"任何被称为不完满的东西之所以是不完满的，是因为某种完满性的东西的失去。因此，如果任何一类事物看起来是不完满的，那么，就一定有一种具有那种类型的完满的事物；因为如果没有这种完满的事物，我们甚至都不能想象那种所谓的不完满的事物将如何存在"[1]。也就是说，不完满与完满，不完全与完全，不完善与完善，总是相比较而存在的，没有后者就没有前者。同样，既然有短暂的不完满的幸福，那么就必然有永恒的完满的幸福；既然有不完满的虚伪的善，就

---

[1] Boethius, *The Consolation of Philosophy*, p. 275.

必然有完满的真正的善。完满的幸福和真正的善是"最高的自足，最高的权力，最高的尊严，最高的荣誉和最大的快乐"①。

其次，至善只存在于上帝之中。"作为一切之源的上帝是善的，这已被所有人思想中的共同观念所印证；因为既然可以想象无物比上帝更好，谁还能怀疑那无物比其更好的东西不是善的？但理性告诉我们，上帝既然是善的，就能够十分清楚地表明至善也存在于上帝之中。因为除非他确实这样，否则他就不是一切事物的来源；就会存在着他物，具有至善并且优于他，在时间上早于他，比他更古老。然而，很清楚一切完满的东西都比相对不完满的东西更早。因此，我们的推论不可能无限向前，我们必须承认，最高的上帝具有最高的和最完满的善；由于我们已证至善是真正的幸福；因此，真正的幸福一定存在于最高的上帝之中。"② 这样，波爱修斯就从上帝是善的又是最好的，推出上帝的善也是最高的善；并且只有上帝的善才是最高的善，即至善只存在于上帝之中，真正的幸福只存在于上帝之中；人们只能从上帝那里得到至善和真正的幸福，此外别无他途。

最后，上帝本身就是至善，即至善并不是上帝的一种属性，而是与上帝本身就是同一并合为一体的。他说，我们不能认为在上帝之外还存在着一个所谓至善的实体，并且上帝是从其身外分有这一实体而善，因为一个赋予某物以善的事物必然要优于得到善的事物，就是说，上帝分有的这一至善要优于上帝本身，这就与上帝是最好的相矛盾。我们也不能认为尽管至善原本就存在于上帝那里，但至善的本性与上帝的本性有着区别，即至善与上帝并不是同一的，因为本性区别于至善的东西并不是至善的，这与上帝是至善的是矛盾的。上帝是一切事物的本原，而没有一种事物的本性优于其本原。因此，"可以根据最真实的推理得出结论，上帝作为一切事物共同的本原，同时也从实体上（in its substance）是最高的善"③。这就是说，至善就是上帝本身，这种至善同时也是实体。而由于至善也是最高的或真正的幸福，因此，真正的幸福也是上帝本身。

---

① Boethius, *The Consolation of Philosophy*, p. 283.
② Boethius, *The Consolation of Philosophy*, p. 277.
③ Boethius, *The Consolation of Philosophy*, p. 279.

至善、最高的幸福与上帝是完全同一的，他们是同一实体。他们与"最高的自足，最高的权力，最高的尊严，最高的荣誉和最大的快乐"也是同一的，因为后者并不是至善或最高的幸福的组成部分，而是其中任何一个都是至善或真正的幸福本身，否则就会有多个至善。同时，至善、真正的幸福，以及最高的自足、最高的权力、最高的尊严、最高的荣誉和最大的快乐也只有在上帝那里才是完全统一的。

波爱修斯的证明过程有两点值得特别关注。首先，他反复强调至善、最高的幸福本身也是实体，而不仅仅是一种观念，这一结论虽然源于柏拉图，但通过明确的逻辑证明得出至善本身是实体是从波爱修斯开始的，并对安瑟伦产生了直接的影响。其次，他认为如果任何一类事物看起来是不完满的，那么，就一定存在着一种具有那种类型的完满的事物；人们之所以能够想象并最终发现世俗的财富、权力、尊严、荣誉、快乐等的不完满和缺憾，正是因为具有完满无缺的无比伟大的至善的存在，并且成为所有人的追求目标。波爱修斯也通过这种方法，证明了上帝的存在，因为至善与上帝是同一的，至善的存在等于上帝的存在。同时，一切实体中一定有最完满的实体，它是万物的本原，这就是上帝。这种证明方式，开创了中世纪用理性去论证上帝存在的先河，不仅是安瑟伦本体论证明的前导，甚至也是托马斯·阿奎那对上帝存在证明的前导，后者的证明也是沿着这一思路进行的。

二　安瑟伦对上帝存在的本体论证明的两种方式

可以认为，上帝存在本体论证明的经典表述形式（主要是从逻辑技术角度看）是由安瑟伦首先提出来的。

安瑟伦原是意大利人，曾任英国诺曼底的贝克修道院院长，坎特伯雷的大主教。他是早期实在论的著名代表，也被某些西方哲学史家看作"最后一位教父和第一位经院哲学家"（这取决于对于经院哲学和中世纪的定义，也有人认为波爱修斯才是第一位经院哲学家）。在宗教哲学观念上，安瑟伦继承了柏拉图的理念论和奥古斯丁的上帝观。就理性与信仰的关系而言，他认为信仰高于理性，即理性的思考必须符合信仰的原则。因此，信仰在先，理解在后。安瑟伦有这样一段名言："我绝不是理解了才能信仰，而是信仰了才能理解。因为我相信：除非我信仰了，我决不会理解。"但是安瑟伦同时也是一位逻辑学家，他认为关于上帝存在以及其他属性的问题及其论证，必须在逻辑背景下才能给出恰当的回答，得到恰当的理解，逻辑因而成为他的神学论证工具，虽然对于信仰来说只是起辅助或者强化作用。安瑟伦关于上帝存在的本体论论证就是在这一宗教哲学和逻辑观念下进行的。

安瑟伦的本体论论证主要见于其最著名的著作《宣讲篇》的第二章至第四章。这一论证始于每个人心中的上帝的观念。安瑟伦指出，尽管《圣经》中的"愚顽人"（the Fool）在心中说"没有上帝"（《圣经·诗篇》，14：1："愚顽人心里说，没有神"），但这种说法本身便证明他心中也有上帝的观念，因为他理解他所说（听到）的东西，而他所理解的东西在他心中，即使他不理解上帝是真实存在的。而上帝就是"无法设想比他更伟大的东西"（something-than-which-nothing-greater-can-be-thought），① 这种上帝的概念（观念）便是安瑟伦本体论论证的出发点或逻辑前提。但是按照他关于"论题"的理论（安瑟伦关于"论题"的逻辑理论基本都来自波爱修斯，特别是后者对西塞罗《论题篇》的注释），一个论证不可能只是一个词项，即使是一个类似于"无法设想比他更伟大的那一位存在者"这样的复合词项，其本身也不可能构成一个证明。基于此，他以类似于标准第一格 AAA 式三段论的方式，给出了本体论证明的第一种方式：

（大前提）所有被设想为无与伦比的伟大的东西不仅存在于人们的心中，而且也存在于现实之中；

（小前提）上帝是一个被设想为无与伦比的伟大的东西；

（结论）上帝不仅存在于人们的心中，而且也存在于现实之中。

上述三段论式论证要成立，关键是大前提必须成立，这一前提相当于一个"论题"。安瑟伦通过论述了上帝作为"心灵中的存在"与作为"现实中的存在"的关系论证了大前提：

"很显然，被设想为无与伦比的东西不能仅仅在心中存在。因为假使它仅仅在心中存在，那么被设想为在实际上也存在的东西就更加伟大了。

---

① Anselm, Proslogion, 2, in B. Davies, G. R. Evans (ed.), *Anselm of Canterbury, The Major Works*, Oxford: Oxford University Press, 1998, p. 87.

所以，如果说被设想为无与伦比的东西仅在心中存在，那么，被设想为无与伦比的东西与被设想为可与伦比的东西就是相同的了。但这根本不可能。因此，某一被设想为无与伦比的东西毫无疑问既存在于心中，也存在于现实之中。"①

这一论述有几个关键词：无与伦比，最伟大，并非仅仅存在于心中；与它们相比较的词就是可与伦比，更伟大，仅仅存在于心中。它们之间的逻辑关系是：上帝是被设想为无与伦比的最伟大的东西，因而，这样的东西并非仅仅存在于人们的心中，这是一切论证的前提，并且被安瑟伦假定为事实，因为即使反对上帝的人心中也已经设想了这样的东西。否则，假如一个东西仅仅存在于人们的心中，那就意味着人们可以设想出一个既存在于人们的心中又存在于现实中的东西，也就意味着上帝并非无与伦比，而是可与伦比，即有东西比它更伟大，因而上帝并非最伟大。这就与最初那个被认为是事实的假设矛盾。因此，只要人们心中有一个无与伦比的东西的观念，那么从逻辑上讲，这一无与伦比的东西就必然既存在于心中又存在于现实中，它就是上帝。

反对安瑟伦这一论证的人可以从两个方面来质疑，一是人们心中是否真的都设想了一个无与伦比的最伟大的东西；二是既存在于心中又存在于现实中的东西，是否一定比仅仅存在于心中，而不存在于现实中的东西更加伟大。如果不能至少质疑其中之一，那么就必须承认安瑟伦的证明是没有问题的。

在《宣讲篇》第三章，安瑟伦提出了本体论证明的第二种形式。这一形式不仅要论证上帝的存在性，而且要进一步确证上帝存在之必然性："上帝的存在，是那么真实无疑，所以甚至不能设想它不存在。因为某一个可以被设想为存在的东西既然不能被设想为不存在，那么，它就比那种（可以被设想为存在，同时也）可以设想为不存在的东西更为伟大。所以，如果那个不可设想的无与伦比的伟大东西可以被设想为不存在，那就等于说'不可设想的无与伦比的伟大东西'和'不可设想的无与伦比的伟大东西'是不相同的，这显然是荒谬的说法。因此，有一个不可

---

① Anselm, Proslogion, 2, in B. Davies, G. R. Evans (ed.), *Anselm of Canterbury, The Major Works*, Oxford: Oxford University Press, 1998, pp. 87 - 88.

设想的无与伦比的伟大东西真实存在着，以至于不能被设想为不存在。这个东西就是你，圣主啊，我的上帝。"[1] "如果一个人能设想有一个比你更好的存在者，那就是把造物者抬高到造物主之上并要裁判造物主了，这是极端荒谬的。实际上，除了你以外的所有其他存在者都可以设想为不存在，只有你，你的存在才是比其他存在更为真实的、更高的存在。"[2]

安瑟伦的这两段论述极具逻辑性。假定最伟大的存在物的确不能设想为不存在，我们借助于一些逻辑概念分析他的论证。首先，偶然存在物与必然存在物有着根本的不同，任何偶然的东西都既可能存在，也可能不存在，或者说，既可以设想为存在，也可以设想为不存在。其次，必然存在物必然是必然存在的，若说必然存在物不存在，这本身就是逻辑上的自相矛盾。安瑟伦的推论实际上就是基于上述逻辑概念，虽然他没有明确说出来，但他的结论可以通过这样一个演绎推理得到：一个必然存在物（也就是安瑟伦的"不能设想它不存在的存在物"）是不可能不存在的，也是不可能被想象成不存在的，因此它必然存在。否则，它就不是不能设想为不存在的存在物。这一论证可以在如下方面被质疑：一是不能设想为不存在的存在物，是否等于实际的必然存在物，二是是否不可以设想为不存在的东西，比可以设想为不存在的东西更伟大，即必然的东西是否比只是可能的东西更伟大。

安瑟伦证明了无与伦比的东西（即上帝）在现实中是存在的，但他没有明确提到这种观念是关于某实体的观念。在《独白篇》中，他说，从某种意义上看，上帝不是实体，因为他不包含偶性，也没有种差，因而既不是单个实体，也不是普遍实体，因为单个实体意味着与其他实体分享本质，普遍实体意味着可以被分为多个实体，但上帝都不具有这样的性质。但从另一个意义上说，上帝也可以正确地被称为单个的精神实体。因为上帝可以被认为是一种与所有实体截然不同的本质（essence，也有人把这个词译为本体或实质），但是由于我们通常将一个事物的本质

---

[1] Anselm, Proslogion, 3, in B. Davies, G. R. Evans (ed.), *Anselm of Canterbury*, *The Major Works*, Oxford: Oxford University Press, 1998, p. 88.

[2] Anselm, Proslogion, 3, in B. Davies, G. R. Evans (ed.), *Anselm of Canterbury*, *The Major Works*, Oxford: Oxford University Press, 1998, p. 88.

称为实体,在这个意义上,上帝就是一种实体。既然上帝没有也不可能有构成部分,他就不能被分割,在这个意义上他就是单个的(individual)。并且我们知道没有一种本质比精神与身体更有价值,在后两者中,精神比身体更有价值,所以上帝就可以称为精神实体。①

"上帝是一个本质"这一表达来自奥古斯丁。安瑟伦不仅继承了奥古斯丁的思想,也继承了波爱修斯的思想。因此他所谓上帝观念的真实性,并非指这种观念本身作为实体在现实中的存在,而是像波爱修斯所说的那样,指这种真实的观念有着现实中的原型,是关于真实存在的上帝(无论被称为"实质"还是"实体",抑或"精神实体")的观念:既然人们心中有这样一个无与伦比的最伟大的观念,那么这种观念一定是关于一个无与伦比的、最伟大的,甚至不能假定为不存在的真实存在的东西的观念,这个东西就是上帝。

有人认为安瑟伦从"不能设想比之更伟大的东西"的观念推导出"能被设想的最伟大的东西"的存在,并把它直接等同于基督教的上帝,这是"信仰而后寻求理解"的绝好写照。② 还有人认为,本体论证明的实质就在于,从关于上帝的思维或概念中直接推出上帝的客观实在,将思维等同于存在。③ 这些评价本身大致是没有问题的,但需要说得更清楚的是,安瑟伦并非从观念直接推出实体,更不是把关于上帝的观念的存在,直接等同于上帝这个实体的真实存在,或者把思维直接等同于存在,而仅仅是从观念的真实性,推出观念原型的真实性,其中借助的就是波爱修斯对于真实观念的定义。

但毫无疑问,安瑟伦的神学与"理解而后信仰"的所谓真正理性神学还是有区别的。虽然也被称为理性神学家,但安瑟伦坚持的仍然是奥古斯丁的路线,即先信仰而后理解。他的本体论证明也是以"上帝存在"这一毋庸置疑的基本信仰作为前提的,对于根本不信仰上帝的无神论者是缺乏说服力的。因为他们心中可能根本没有上帝的观念,即使有如安

---

① 参阅 Anselm, Monologion, 26-27, in B. Davies, G. R. Evans (ed.), *Anselm of Canterbury*, *The Major Works*, Oxford: Oxford University Press, 1998, pp. 42-43。
② 参阅赵敦华《基督教哲学1500年》,人民出版社1994年版,第242页。
③ 参阅赵林《从上帝存在的本体论证明看思维与存在的同一性问题》,《哲学研究》2006年第4期。

瑟伦所说的那种上帝的观念（心中没有上帝的人也有上帝的观念者），也可能至少没有上帝是最完满的最伟大的存在物这样的观念。

安瑟伦的本体论论证一提出来，便遭到了不少经院哲学家的批评。这种批评主要是针对安瑟伦的证明方法，而不是质疑"上帝存在"的结论。其中最有名的一位批评者是安瑟伦的同时代人、来自法国马牟节的僧侣高尼罗（Gaunilo of Marmoutiers）。高尼罗在一篇名为《就安瑟伦〈宣讲〉的论辩为愚人辩》（*Pro Insipiente*）的文章中，与安瑟伦进行了激烈的辩论。结果，高尼罗的这篇文章几乎与安瑟伦的《宣讲篇》齐名。

高尼罗质疑了安瑟伦的本体论证明。他说，理解一样东西并非等于承认它是真实存在的。高尼罗的这一断定有两层递进的意思。一是说我们可以理解一样东西，但未必承认它是真实存在的。一如任何一个画家在作画之前，在他的心中已经有了关于画的图像或观念，但这只是画家的一种理解，是其艺术的一部分，并不代表画的真实存在；一般说来，当有人告诉我们世界上有一个不可设想的无与伦比的伟大的东西，对此我们是可以理解，可以认可的。但这仅仅说明我们有理解力，可以理解这一观念，并且我们认可的可能仅仅是心中可以有这样能被我们理解的观念，但它未必在现实中存在。所以说，即使世界上真有一个可以设想的、最伟大或最完善的存在者——上帝，他也未必就是一个真实的存在者。更有甚者，我们可以理解一样东西，讨论一样东西，但理解和讨论它的目的甚至可能是怀疑或者否定这个东西的真实存在，即为了证明它实际上是不存在的。①

高尼罗还用一个生动形象的比喻来印证他对安瑟伦本体论证明的尖锐批评。在他看来，安瑟伦所论证的那位上帝就好像是传说中的一个仙岛。这座海上的仙岛没有人烟，却有无穷无尽的宝藏。假如有人告诉我，世上真的存在这么诱人的一座仙岛，我不难理解他的意思。但难以接受的是他的下一步推论：既然这个仙岛比其他一切地方都更美好或更完善，你就必须承认，它不仅在心中是无比美好的，而且在现实中也是必然存

---

① 参阅 Gaunilo of Marmoutiers, Pro Insipiente (On Behalf of the Fool), 5, in B. Davies, G. R. Evans (ed.), *Anselm of Canterbury*, *The Major Works*, Oxford: Oxford University Press, 1998, p. 108.

在的。反之，如果你还在怀疑它的真实存在，那么这座早已存在于你心中、早已被你所理解的仙岛就不会是最美好、最完善的了。对于以上推论，他是这样反唇相讥的：如果我说，有人说服我这样的仙岛是确定无疑地真实存在，那么，我或者认为他是开玩笑，或者我们两人之间不知道应该把谁看作更傻的傻瓜才好——如果我同意他的推理，我就是傻瓜；如果他认为已经毫无疑义地证明了这样的海岛的存在，那他就是更傻的傻瓜。否则，他就应当首先表明，这个被假定的仙岛就像一个确定无疑地存在于某个地方的东西一样存在，而不是作为不真实的东西或者不确定的东西存在于我的心中。①

高尼罗还用"我存在"与"上帝存在"的类比推理证明，观念内容本身不能保证观念对象的真实存在。他说："然而，说上帝不能被设想为不存在的，还不如说上帝是不能被理解为不存在的，或者不能被理解为能够不存在。因为严格地说，不真实的东西是不能被理解的，虽然它们也可以像愚人设想上帝不存在那样被设想。我确切地知道我是存在的，但我同时也知道我可以不存在。并且我毫无疑问地理解那最高存在者——上帝——是存在和不可能不存在的。既然我确定无疑地知道我的确存在，那么，我不知道我是否能够认为自己是不存在的。如果能够，那么，我为什么不能（同样地）认为其他我也确定无疑地知道其存在的东西（比如上帝的存在——引者注）是不存在的呢？如果我不能够，那么它（上帝不能被认为是不存在的）就不是上帝区别于其他一切的特征。"②

这段话的意思是说，假如我怀疑自己不存在，我就可以同样地怀疑上帝不存在；假如我不能怀疑我不存在，那么安瑟伦对上帝存在的证明方法就不可能仅仅适用于证明上帝的存在，也同样可以用来证明我的存在。这样一来，证明上帝的存在与证明我的存在以及其他任何东西的存

---

① 参阅 Gaunilo of Marmoutiers, Pro Insipiente (On Behalf of the Fool), 5, in B. Davies, G. R. Evans (ed.), *Anselm of Canterbury, The Major Works*, Oxford: Oxford University Press, 1998, p. 109。

② Gaunilo of Marmoutiers, Pro Insipiente (On Behalf of the Fool), 5, in B. Davies, G. R. Evans (ed.), *Anselm of Canterbury, The Major Works*, Oxford: Oxford University Press, 1998, p. 110。

在就没有区别了。那么安瑟伦口口声声强调上帝与其他东西的不同（这甚至是他证明上帝存在的根本依据）就失去意义了，甚至可以说，安瑟伦证明上帝存在的方法就归为无效。

需要说明的是，高尼罗身为僧侣，显然不是无神论者。他对安瑟伦的反驳不是为了否定后者的结论，而仅仅是质疑证明过程中的逻辑破绽。有人甚至认为，在某种意义上，高尼罗只是用简单生动的话语与故事，使安瑟伦的抽象理论引起大家的关注，这样他的目的就达到了：这些问题难吗？如果不难，你就知道为什么信仰上帝是合情合理的；如果难，那么就不要煞费苦心地去证明，信仰即可。这就是奥古斯丁主义的本色：信仰高于理性。但客观上，高尼罗的强硬言词对本体论证明的经典形式也确实构成了重大威胁，促使后人意识到安瑟伦本体论论证的不完满性，从而转向更严谨、更深入的认识论思考。可以说，本体论论证的第二阶段就是在这种思考的基础上开始的。

三　笛卡尔对上帝存在的本体论证明

一般认为，本体论论证的第二阶段始于勒内·笛卡尔（Rene Descartes，1596—1650）。他的理想是建立一个无所不包的知识体系——实践哲学。笛卡尔的实践哲学主要由三部分组成：形而上学、物理学和其他各门具体科学。而关于上帝存在的本体论论证即其形而上学的重要组成部分。笛卡尔虽然不属于中世纪哲学家，但是他的本体论证明与安瑟伦有着极大的相似性，这也是本书讨论他的这一理论的原因，以此显示安瑟伦本体论证明的历史影响，以及后人对其理论以及证明方法的修正。

笛卡尔在哲学方法论上所推崇的是"普遍怀疑的原则"。在形而上学学说中，他根据这一原则首先提出了"哲学研究的第一原理"，继而又推出了关于上帝存在的本体论论证。因此，这第一原理也就成了把握笛卡尔本体论论证的一个关键环节或逻辑前提。

在笛卡尔看来，世界上的一切均是可怀疑的，但唯有一件事情是毋庸置疑的，即"我在怀疑（其他事物的真实性）"① 这一事实本身是不容怀疑的。我在怀疑意味着我也在思想，因此我在思想就是千真万确的，

---

① ［法］笛卡尔：《谈谈方法》，王太庆译，商务印书馆2000年版，第27页。

那么，正在怀疑或思想的"我"也必定是"十分明显、十分确定的存在。"① 这就是"我思故我在"②的哲学和逻辑含义。"我思故我在"遂成为笛卡尔"哲学研究第一原理"，或者说哲学研究的第一命题，相当于一个庞大的逻辑演算系统的初始定理或者公理。

笛卡尔从这一命题出发推出了一系列的哲学命题，我们仅讨论他对上帝存在的本体论证明，这是"我思故我在"最重要的推论之一。

笛卡尔指出，当我对我所怀疑的东西进行思考的时候，我清清楚楚地意识到"我的存在"是不完满的，因为认识与怀疑相比是一种更大的完满。这就是说，在我的心中还有一个比"我"更完满的实体的观念。那么，这种观念是从哪儿来的呢？不言而喻，它不可能来自虚无，因为这是一种逻辑上的不可能性，不能无中生有，不能凭空捏造出这个观念。同时它也不可能产生于我的思想，因为我的思想正在怀疑，是不完满的，而完满的东西绝不可能依赖于不完满的存在者。此外，它也不可能来自外物，因为外物已经在我的怀疑之中。"那就只能说：把这个观念放到我心里来的是一个实际上比我更完满的东西，它本身具有我所能想到的一切完满，也就是说，干脆一句话，它就是神。"③ 也就是说，这个具有我所能想到的一切完满属性的"本性"就是大家所信仰的上帝。

对于这一证明，笛卡尔还补充了一点，以加强论证。他说："既然我知道自己缺乏某一些完满，那我们就不是单独存在的是者，必定要有另外一个更完满的是者作为我的依靠，作为我所具有的一切的来源。"④ 他的意思是，任何不完满的东西（例如"我"）都不是单独的存在，必然要有一个更完满的东西与之相关，以此类推，最终必然有一个最完满的东西。不完满的东西只是因为分有了完满但没有全部占有完满而变得不完满或者缺乏完满性。这个更完满以及最完满的东西都不可能是"我"自己，因为一个东西不可能既完满又不完满。因此，这一最完满的东西就

---

① [法] 笛卡尔：《谈谈方法》，王太庆译，商务印书馆 2000 年版，第 27 页。
② 王太庆把"我思故我在"译为"我想，所以我是"，用词不同，所表达的语义并没有区别。参阅笛卡尔《谈谈方法》，王太庆译，商务印书馆 2000 年版，第 27 页（注释 1）。
③ [法] 笛卡尔：《谈谈方法》，王太庆译，商务印书馆 2000 年版，第 29 页。
④ [法] 笛卡尔：《谈谈方法》，王太庆译，商务印书馆 2000 年版，第 29 页。

是"永恒无限，万古不移，全知全能的上帝"①，并且他的完满是自身的完满，不依赖于任何其他东西。

笛卡尔的上述本体论证明（细致地说应该是两种，既基本证明与补充证明）可以按照逻辑演算的方式，概括与总结成统一的、缜密的证明体系：

（1）我有一个清楚明白的"我"的观念，并且"我"是比较不完满的存在者；

（2）我的心中还有一个比"我"更完满的存在者的观念。

（3）把比"我"更完满的存在者的观念放在我心中的，必然也是一个比我更完满的存在者。

（4）比较不完满的存在者不能是比较完满的存在者的原因和依靠，因此，存在比较不完满的存在者，就存在比较完满的存在者。

（5）以此类推，必然有最完满的存在者，作为所有比较不完满和比较完满的存在者的原因与依靠，但他自己不依靠任何别的东西。

（6）只有上帝才是自身就具有永恒无限、万古不移、全知全能的最完满性的存在者，并且只有上帝才能把最完满的存在者的观念放在我的心中。

（7）因此，上帝存在。

由此可知，笛卡尔对上帝存在的本体论证明与安瑟伦的证明本质上是一致的，"它是根据一个有限实体（自我）不可能是一个无限实体的观念的原因这一原则，推出一个无限实体的观念只能来自于一个无限实体本身（即上帝）这一结论。但是，这个证明仍然是从一种信仰的或独断的定义——'上帝是一个无限的实体'——出发的，就此而言，它与安瑟伦的证明并无实质性的差别"②。同时，笛卡尔从不完满的自己推出不完满的自己所依赖的靠山，即完满的上帝，这在逻辑上又类似于阿奎那的证明方式。

笛卡尔本体论证明还有一个显著特点，当他从一个存在者具有最完

---

① ［法］笛卡尔：《谈谈方法》，王太庆译，商务印书馆2000年版，第29页。
② 赵林：《从上帝存在的本体论证明看思维与存在的同一性问题》，《哲学研究》2006年第4期。

满性这一性质（本质），推出具有这一性质的东西的存在，说明他认为存在与上帝的本质是不可分的："既然习惯于在其他一切事物中把存在和本质分开，我很容易相信上帝的存在是可以同他的本质分得开的，这样就能够把上帝领会为不是现实存在的。虽然如此，可是仔细想一想，我就明显地看出上帝的存在不能同他的本质分开，这和一个直线三角形的本质之不能同它的三角之和等于二直角分开，或一座山的观念之不能同一个谷的观念分开一样。因此，领会一个上帝（也就是说，领会一个至上完满的存在体）而他竟缺少存在性（也就是说，他竟缺少某种完满性），这和领会一座山而没有谷是同样不妥当的。"①

笛卡尔的这段话有两层意思。一方面，既然上帝是指一种最完满的存在者，那么，上帝自然具有"存在"这一属性；如果缺少了这种属性就会有损于上帝的最高完满性。同时，"必然的存在性在上帝那里真正是一种最狭窄意义上的特征，因为它仅仅适合于上帝自己，只有在上帝身上它才成为本质的一部分"②。这就是说，当且仅当一个东西是上帝才具有本质与存在性的统一。另一方面，从逻辑上看，"存在"实际上被笛卡尔看作一个谓词，分析地包含在"必然的存在者"（即上帝）的概念之中，正如三个角内在地包含在"三角形"的概念之中一样。一个三角形若无上述属性，便不是三角形；同样，上帝若不真实存在，也绝不会是上帝。

这里，笛卡尔把对上帝存在的证明类比几何学的证明。因为在他看来，这两种证明本质上都是一样的："当你说证明上帝的存在性同证明一切直角三角形三角之和等于二直角不一样的时候，你大大地错了；因为在两种情况下，道理都是一样的……"③ 所谓道理一样，就是说有关上帝存在的证明如同任何几何学证明一样具有确定性。这两种证明的区别仅仅在于："在证明上帝的存在性上要比证明直角三角形三角之和等于二直角的论证简单得多，也明显得多。"④ 因为就三角形的证明来说，我们不

---

① ［法］笛卡尔：《第一哲学沉思集》，庞景仁译，商务印书馆 1996 年版，第 69—70 页。
② ［法］笛卡尔：《第一哲学沉思集》，庞景仁译，商务印书馆 1996 年版，第 381 页。
③ ［法］笛卡尔：《第一哲学沉思集》，庞景仁译，商务印书馆 1996 年版，第 382 页。
④ ［法］笛卡尔：《第一哲学沉思集》，庞景仁译，商务印书馆 1996 年版，第 382 页。

能推出任何三角形的存在，即使假定了一个三角形，它的三个角必须等于两直角，但是并没有因此发现任何东西使我确知世界上有三角形；但就上帝的证明来说，我们却能推出上帝的必然存在，因为存在性是上帝的一个本质属性。

然而，笛卡尔通过证明三角形必然具有三个角或者三角之和等于二直角，类推上帝必然具有存在性，虽然他也指出了两者还是存在区别（证明的难易性与明显性），但这两点正是后来康德质疑本体论证明的切入点。

四 伽森狄对本体论证明的批判

与笛卡尔同时代的皮埃尔·伽森狄（Pierro Gazzendi，1592—1655）也讨论了上帝存在的本体论证明。

伽森狄是17世纪上半叶法国的唯物主义哲学家，但坚持与笛卡尔相反的哲学路线。伽森狄在其代表作《对笛卡尔〈沉思〉的诘难》中，基于素朴唯物主义的立场，从方法论、本体论、认识论等诸多方面，对笛卡尔的形而上学学说进行了全面的批评，其中也包括对其上帝存在本体论证明的批评。他们之间在该问题上的论争不仅在当时的哲学界引起了极大的反响，而且对后世也产生了深远的影响。

根据伽森狄的看法，笛卡尔仅仅抓住人们心中具有完满的上帝观念，并从这一观念出发，论证上帝的必然存在。但这种论证是很难成立的。

首先，就认识的根据而言，是先有事物的存在，后才有关于该事物的观念。任何观念都是存在于我们理智之外的事物作用于我们感官的结果。因此，"你并不是观念的实在性的原因；观念的实在性的原因是被观念所表象的事物本身"[①]。因此，任何事物均应首先存在，我们才能谈论某某事物具有何种属性，譬如，是否具备完满性。事实上，不存在的事物既没有完满性，也没有不完满性。而存在的事物，它除去存在性之外还有许多完满性，它并不把存在性当作特殊的完满性，不把它当作完满性之一，而仅仅把它当作一种形式或一种现实。有了它，事物本身和它

---

① ［法］伽森狄：《对笛卡尔〈沉思〉的诘难》，庞景仁译，商务印书馆1963年版，第36页。

的一些完满性就存在，没有它，就既没有事物，也没有它的那些完满性。因而一方面不能说存在性在一个事物里面是一种完满性，另一方面，假如一个事物缺少存在性，也不能说它不完满，或缺少某种完满性，只能说它没有，或者说它什么都不是。这就是为什么在你列举三角形的完满性时，你并不把存在性包括进去，也不由之而得出结论说三角形存在，同样，在你列举上帝的完满性时，你也不应该把存在性包括进去以便由之而得出结论说上帝存在。①

这段话的意思是说，事物只有先存在，然后我们才有关于它的一些观念。绝不可相反，从观念中推出它的存在。观念中也推不出完满性。因为只有先存在才有关于它的观念，如果它本身就不存在，那么就无所谓完满不完满，因为不存在的事物既没有完满性，也没有不完满性。事物的存在性不是什么完满性，即使存在性是一种完满性，也不是什么特别的完满性，只是事物的一种形式罢了。因此，笛卡尔从上帝的观念是完满的，推出上帝是存在的，或者说从上帝具有完满性推出上帝的存在性，都是不恰当的。

其次，关于上帝的观念与关于一般事物的观念并没有什么不同。人们通常关于上帝的观念，比如完满性、全知、全能、至善等，实际上也并非天赋的观念，而是后天获得的。伽森狄的这一观点也印证了基督教徒所谓对上帝的"见证"。他明确指出：我们习惯于加到上帝身上的所有这些高尚的完满性似乎都是从我们平常用以称赞我们自己的一些东西里抽出来的，比如持续、能力、知识、善、幸福，等等，我们把这些都尽可能地加以扩大之后，说上帝是永恒的、全能的、全知的、至善的、完全幸福的，等等。② 既然是先有上帝的存在（姑且不论是否有上帝，这个问题在这里似乎没那么重要），后才有关于上帝的一切观念，那么，就不能从关于上帝的观念推出上帝的存在以及其他本质。他是这样说的：关于你接着说的上帝的观念，我请你告诉我，既然你还不确知他是否存在，

---

① ［法］伽森狄：《对笛卡尔〈沉思〉的诘难》，庞景仁译，商务印书馆1963年版，第67页。
② ［法］伽森狄：《对笛卡尔〈沉思〉的诘难》，庞景仁译，商务印书馆1963年版，第32页。

你怎么知道他通过他的观念向我们表象为一个永恒的、无限的、全能的、万物之创造者（……）的东西呢？你为你自己所造成的这个观念难道不是来自你以前对他的认识，即他就是不止一次地被人在这些属性之下介绍给你的吗？①

由此可见，伽森狄对笛卡尔上帝存在本体论证明的批评，表面上是围绕着认识来源问题展开的，实际上还是本体论的问题。如果按照中世纪的哲学术语，我认为这种反驳实际上可以划归为唯名论与实在论两大阵容的争论，即争论这样两个问题：

（1）存在与观念到底谁先谁后？

（2）观念的东西是否具有本体论存在？

因此，伽森狄对笛卡尔本体论证明的反驳，本质上不是对其证明过程或者证明方式的反驳，而是对其本体论基础的反驳，甚至就是从根本上否定其本体论。

伽森狄是科学家，古希腊原子主义的复活者，持一种唯物主义立场。唯物主义立场接近于唯名论立场，因此，这其实就是唯名论对实在论的反驳。但是笔者认为，这样的反驳对于上帝存在本体论证明这一具体例子而言，意义不大。因为后者的证明都是建立在其实在论本体论基础之上，这些神学家都属于实在论者或者类似于实在论者，他们坚信上帝的存在，同时坚信任何真实的观念都有其真实存在的实体来源，这就是为什么从观念的存在可以推出实体的存在。虽然我们可以认为实体存在物在先，而关于它们的真实观念在后，但是一旦观念与实体都已经存在，在具体证明中，就不存在谁先谁后的问题，或者说，从观念反推实体并非违反逻辑。而且，本体论证明从来就没有假定上帝在先，还是关于上帝的观念在先，只有《圣经》创世论说世界由上帝创造，而后就是人们在世界已经存在的前提下的各种教义研究。正如一个逻辑演算系统，我们是先设定或者假定一些公理，然后在此基础上推出定理。但一旦系统已经形成，我们当然可以以定理反推公理，甚至以定理作为公理，这里不存在因果倒置或者循环论证的问题。

---

① ［法］伽森狄：《对笛卡尔〈沉思〉的诘难》，庞景仁译，商务印书馆1963年版，第32页。

总之，对本体论证明的反驳一般需要直接针对其证明过程中的漏洞，如果只是简单或者直接推翻其实在论本体论基础，那些基于实在论本体论去证明上帝存在的神学家（安瑟伦、笛卡尔等）完全可以不予理睬。

五　康德对本体论证明的质疑

对本体论证明最深刻的质疑与批判来自德国哲学家伊曼努尔·康德（Immanuel Kant，1724—1804）。实际上，"本体论证明"这一名称就是来自康德。应该指出，虽然康德生活在莱布尼兹之后，也写过一些逻辑学的著作（比如《逻辑学讲义》），但他不是传统意义上的现代逻辑学家——自莱布尼兹开创数理逻辑之后，只有那些涉足数理逻辑领域，或者至少使用逻辑技术和术语讨论问题的思想家才能称得上真正意义上的现代逻辑学家。因此，与以前的哲学家一样，康德对本体论证明的批判不可避免地带有思辨色彩。

《纯粹理性批判》是康德的代表作。在该著中，康德将全部知识划分为三大类：数学、自然科学和形而上学。他把对上帝存在的本体论证明划归为形而上学问题，并在该著的第二篇"先验辩证论"中，专门辟有一节，讨论关于上帝存在之本体论证明的不可能性。

康德对本体论证明的批判是从批判笛卡尔开始的。由于笛卡尔的证明不过是对安瑟伦的证明做了精确化或技术化的处理，两者本质上一致，因此，康德对笛卡尔的批判可以看作他对一般本体论证明的批判。

如前所述，笛卡尔证明上帝的存在主要基于两点：一方面，作为最完满的实体的上帝必然具有"存在"这一属性，另一方面，存在作为一个谓词，分析地包含在绝对"必然的存在者"上帝的概念之中。康德的批判正是针对这两个基本论据展开的。

首先，诸如"绝对必然的存在物"的观念（即上帝的观念）实际上属于纯粹理性的观念（概念），一个纯粹理性的观念的客观实在性是不能仅凭理性从概念中分析出来的。然而，过去对上帝存在的证明就是这样进行的。人们在纯粹理性的领域反复地证明上帝是否存在，关注这一证明过程本身是否有效，却没有意识到这种证明还需要很多其他条件，需要有相关的知识作为依据，否则证明就是不可靠的，甚至都无法开始。

也就是说，本体论证明之所以不成立，关键在于混淆了"逻辑的必然性"与"现实的必然性"。如果我们事先预设的是一个关于实存的"绝对必然的存在物"的观念，那么我们当然可以说它必然包含着存在；比如我们如果事先给出了一个三角形，那么它必然实际地存在着三个角。但如果预设的仅仅是一个关于可能不存在的事物的观念，那么它又如何包含着实际的存在呢？他说："设定一个三角形却又取消它的三个角，这是矛盾的；但把三角形连同其三个角一起取消，这没有任何矛盾。一个绝对必然的存在者的概念也正是同样的情况。如果你取消它的存在，你也就把该物本身连同其一切谓词都取消了；这样一来，哪里还会产生矛盾呢？"①

康德的意思是，本体论证明就是要证明一个"必然的存在者"（上帝）的实存，但它却预先设定了一个实存的"必然的存在者"，然后再从这个"必然的存在者"中分析出"存在"这一谓词。这种做法就是因果倒置，把有待证明的结论当作了证明的前提。②

其次，笛卡尔把"存在"定义为"属性"或"谓词"。康德认为他混淆了"逻辑的谓词"与"实在的谓词"。因此，他希望通过严格定义"存在"这一基本概念，去终结由笛卡尔的证明所引起的这场旷日持久的争论。康德于是缜密地分析了"存在"作为"逻辑的谓词"和"实在的谓词"之间的根本区别。

他说，当我们说"某物存在"时，首先要清楚这是一个分析判断还是综合判断。如果它是一个分析判断，此时"存在"是作为"逻辑的谓词"，那么谓词"存在"（有些现代逻辑学家翻译为"是"）与主词之间的联系固然是必然的，但是它只是一个判断的系词"是"（sein）③。那么当说"上帝存在"时，就完全等于说"上帝是"，进而完全等于"上帝"本身。就是说，这里的"存在"并没有给主词"上帝"增加任何东西，

---

① ［德］康德：《纯粹理性批判》，邓晓芒译，人民出版社2004年版，第473页。
② 参阅赵林《从上帝存在的本体论证明看思维与存在的同一性问题》，《哲学研究》2006年第4期。
③ 关于哲学中德文"Sein"或英文"Being"在现代汉语中如何翻译历来争议很大，国内有些现代逻辑研究者主张翻译为"是"（以王路为代表），但从习惯上看，多数人还是主张翻译为"存在"。实际上，很多形而上学术语都存在如何翻译问题。笔者以为，用怎样的中文去翻译并不重要，关键是理解原文所表达的本义，并考虑到汉语的使用习惯。本书在用语上根据不同语境，有时使用"是"，有时使用"存在"。

它仅仅是在主词后面加了一个术语"是"。这种联系仅仅是自身的规定，用逻辑语言说就是同语反复。"上帝"仍然是一个纯粹理性概念，无法把它与实际的存在连接起来。

如果"某物存在"是一个综合判断，此时"存在"是作为"实在的谓词"，那么谓词"存在"就与主词"某物"之间没有什么必然的联系，即它不是必然地包含在主词之中；而要判断某物是否存在，必须通过经验才能够确定。也就是说，它可能存在，也可能不存在，"某物存在"这一判断若是假的也未必导致矛盾。同理，若"上帝存在"是一个综合判断，那么它也是需要通过经验才能确定其真假，在纯粹理性领域不可能得到证明。

总之，如果"存在"是一个"逻辑的谓词"，它就只是主词的同语反复；如果"存在"是一个"实在的谓词"，它就不能仅仅通过理性思辨从主词必然地推导出来。或者可以这样说，笛卡尔以及以前的一切本体论证明实际上就是这样进行的：对上帝存在的证明过程是分析的、纯粹理性的，本来只能得出分析的结论，但实际却得出了综合的、基于经验的结论。康德举了一个通俗的例子来说明这一问题：一百个实在的"泰拉"（Taler，德国钱币）和一百个思想中的"泰拉"相比，并不多出分文。但对于"我"的财产状况来说，二者的影响却是大不相同的。前者是实实在在的一百个"泰拉"，而那思想中的一百个"泰拉"只是一个概念，对改善"我"的财产状况没有丝毫意义。同样的道理，"在对一个最高存在者的存有从概念来进行的这个如此有名的（笛卡尔派的）本体论证明那里，一切力气和劳动都白费了，而一个人想要从单纯理念中丰富自己的见解，这正如一个商人为了改善他的境况而想给他的库存现金添上几个零以增加他的财产一样不可能"①。

当然，如果有人想借用中世纪逻辑反驳康德对本体论证明的第一种反驳，即他所谓"上帝存在"等于"上帝是"，但不能为"上帝"带来新的东西，也许他可以应用布里丹关于命题的标准化语义分析理论。在后者看来，命题"Homo est"（Amanis）的动词"est"意谓相应的分词（拉丁文"ens"，英文"being"），因此，这个句子就需要被分析为"Homo estens"（A man is a being）（参阅第六章）。同理，"Godis"作为一个

---

① ［德］康德：《纯粹理性批判》，邓晓芒译，人民出版社2004年版，第478页。

形式与之相同的命题，其语义上等值于"Godisabeing"，这样，也许不能说"is"没有为主词"上帝"带来任何新的东西。

六 现代逻辑对"上帝存在"这一表达式的否定

康德的反驳至少还把"存在"当作一个谓词。但是，经典现代逻辑则根本否认"存在"可以作为谓词（在某些现代逻辑分支中，例如弗协调逻辑，"存在"也可以作为某种特殊的谓词），认为存在只是一个量词，一切把存在当作谓词的论证都是无效的。

在现代分析哲学中，第一个对"上帝存在"的本体论证明提出批评的大概是弗雷格。[①] 后者批判本体论证明的关键逻辑基础是：只有谓词才可以作用于个体对象，表明个体对象所具有的性质；"存在"不是一个谓词，不能作用于一个个体对象；它只是量词，表面上与个体词连接，似乎是作用于个体对象，但实际上断定的是谓词所应用的范围，即个体域中哪些个体具有谓词所断定的性质。下面我们从谓词逻辑的角度详细分析这个问题。

根据经典现代逻辑的解释，谓词表达性质（或者关系），概念与谓词同义，谓词都是概念，概念也永远都是谓词，无论它出现在句子的主语位置还是谓语位置。例如，"哲学家是思想家"这个句子中，"哲学家"和"思想家"都是概念，分别出现在主语和谓语的位置。但现代逻辑把这句话分析为："对任一个体 x 而言，如果 x 具有哲学家的性质，那么 x 具有思想家的性质。"同时，个体词永远是主词，无论它出现在句子的主语位置还是谓语位置。例如"柏拉图早于亚里士多德"这个句子，"柏拉图"和"亚里士多德"都是主词，并且是专名。

基于此，我们分析弗雷格对本体论证明的反驳：

首先，存在不是谓词。我们实际上不能说某个个体是存在的，因为这样的表达不符合逻辑语法，其最直接的后果是可能导致自相矛盾。比如，如果我们说某个体是存在的，那么我们也可以同时说这一个体是不

[①] 王路根据弗雷格的思想，从现代逻辑的角度批判了上帝存在的本体论证明。参阅王路《理性与智慧》（"如何理解'存在'"），上海三联书店2000年版，第167—168页。本节的部分分析参阅了该著。

存在的。其逻辑表述就是：存在一个个体 x，x 是不存在的。我们可以把这一公式解释为："存在一个名叫亚里士多德的人，他是不存在的。"或"存在一个个体上帝，上帝是不存在的"。而这种表述不是从另外的途径强加的，而是把"存在"当作谓词所必然出现的表述。正如罗素在其摹状词理论中所断定的那样，诸如"亚里士多德存在""苏格拉底存在"这样的表达式是不符合语法规则的。

实际上，即使我们日常思维中也说"某物存在"，"存在"看似谓词，表达一种性质，但也很明显地意识到，这与说"某物是红色的"之类有着显著的不同，后者很直接地表达了某物具有红色的性质。

其次，"存在"只是量词，称为存在量词（现代逻辑符号表示为"∃"），它仅仅表示一个个体域适用于谓词的范围。当我们在一个句子中说存在 x 时，意思是 x 所在的这个论域（个体域）不是空的，即意味着这个个体域中的至少一个变元具有某种性质。至于这个性质是什么，需要另说，但是肯定不是"存在"。

根据这一理论以及前述的"存在"不是谓词的理论，当我们断定了存在某个个体 x 具有某种性质 F 时，就是断定具有 F 这一性质的个体不是空的。存在量词所断定的总是某种性质（或者关系）的适用范围。正是从这个意义上，现代逻辑认为，"存在"尽管表面上作用的是个体域，但实际上所作用的不是个体，而是谓词（性质），是对谓词的限定说明，即对谓词适用范围的限定。

因此，即使我们可以说"存在上帝"，也需要进一步说明，上帝具有何种性质，而不是像本体论证明者那样，说上帝是存在的，因为存在根本不是某种性质，它不能做谓词。

最后，量词约束的只能是个体变项，而不能是个体常项。在这个意义上，我们实际上都不能说"存在上帝"，因为上帝显然是个体常项。

从逻辑上看，我们唯一能说的只有以下两种方式。例如：

（1）存在某物，它是逻辑学家。这等于说有些人是逻辑学家。

（2）不存在某物，它是无始无终的。这等于说没有一个东西是无始无终的。

虽然在不精确的日常语言中，我们也常说"上帝是存在的"，或者"存在上帝"，但是这完全等同于"上帝"本身，没有为之增加任何东西，正如康德所说的那样。按照罗素的理论，这样的表述是不完整的，需另加补充，即至少要补充上帝具有何种性质。至于上帝究竟具有何种性质，那完全是另外的问题。

总之，在经典现代逻辑看来，不论"上帝是存在的"或者"上帝存在"之证明是否成立，这样的表达首先就是违反逻辑语法的。

七　当代分析哲学对本体论证明的辩护

现代分析哲学中，也有为上帝存在本体论证明进行谨慎辩护的，其中比较有影响的来自美国当代分析哲学家诺曼·马尔科姆（Norman Malcolm，1911—1990）教授基于现代模态逻辑的讨论。他在论述必然性的逻辑意义以及存在命题的多样性的基础上，重新阐释了安瑟伦为上帝存在所进行的本体论证明。[①]

按照马尔科姆的看法，安瑟伦的证明中实际上包含着两个不同的逻辑论据。第一，一位在逻辑上不可能不存在的存在者，较之那些在逻辑上可能不存在的存在者无疑"更伟大"。因此，一位不可设想比他更伟大的存在者，在逻辑上必定是不可能不存在的存在者。第二，"上帝"就是一位不可设想比他更伟大的存在者。

马尔科姆指出，首先应当注意，安瑟伦在第二个论据（即小前提：上帝是一个被设想为无与伦比的伟大的东西）中所用的"上帝"一词有其独特用法，即赋予了该词一种更通俗化的含义——一位不可设想比他更伟大的存在者。而这种用法正是安瑟伦本体论论证的长处和独特所在，它使得下列诸命题在逻辑上所表现出来的真理性更加确定无疑，且成为"上帝是一位不可设想比他更伟大的存在者"的逻辑后承："上帝是最伟大的存在者""上帝是最完满的存在者""上帝是最高的存在者""上帝是全能的存在者"，等等。关于第一个论据（即被设想为无与伦比的东西不能仅仅在心中存在，因为假使它仅仅在心中存在，那么被设想为在实际上也存在的东西就更加伟大了），马尔科姆认为，其中最费解的地方就是"更伟大的"（greater）一词的用法。从表面上看，该词的意思就是指

[①] 参阅 Norman Malcolm, "Anselm's Ontological Arguments", in *Philosophical Review*, Vol. 69, 1960, pp. 41–62。

"更高的""更好的""更完满的",可实际上后面这些词同样也是不易正确理解的。这就要求研究者进一步分析其原本用法。

马尔科姆的分析从安瑟伦本体论证的基本原则入手。他首先强调,我反对把"存在"看作一种完善性,并把它视为安瑟伦本体论证明的一个依据。因为安瑟伦本人在论证过程中所主张的并不是说"存在"是一种完满性,而是说"不存在之逻辑上的不可能"是一种完满性,换句话说,所谓完满性是指"必然存在"是一种完满性(注意马尔科姆的阐释是如何针对伽森狄的,后者反驳安瑟伦说:事物的存在性不是什么完满性,即使存在性是一种完满性,也不是什么特别的完满性,只是事物的一种形式罢了)。他的本体论论证第一种形式所运用的原则是,存在的事物较之不存在的更伟大。而第二种形式所运用的是另一个不同的原则,按照安瑟伦的说法就是,某一个可以被设想为存在的东西既然不能被设想为不存在,那么,它就比那种可以被设想为存在,同时也可以设想为不存在的东西更为伟大。概括而言就是,必然存在的事物较之并非必然存在的事物(即偶然存在的事物)更伟大。

安瑟伦的第二个原则实际上是一种逻辑语义论证。其过程已如前述:任何偶然的东西都既可能存在,也可能不存在,或者说,既可以设想为存在,也可以设想为不存在;但必然存在物是必然存在的,若说必然存在物不存在,这本身就是逻辑上的自相矛盾。

马尔科姆进一步指出,虽然"存在"不是一个逻辑谓词,但这并不妨碍"必然存在"作为上帝的属性。对于"存在命题"的意义应具体分析。若把"存在"简单理解为那些偶然存在的事物的属性,经典本体论论证当然难以成立;但是,将"必然存在"视为上帝的本质属性,这并没有错。其实,安瑟伦已经证明,"上帝是必然存在的"与"上帝是全能的"这类命题一样,具有"同一先验根底"。因此,认为关于存在的所有判断具有相同的意义,这是不对的。正如论述主题是多样的,关于存在的命题也是多种多样的。

马尔科姆认为,安瑟伦第二个原则想要强调的是:上帝是自存的、无限的、永恒的,唯其如此,他才是必然存在的,才是更伟大的。也正是在上述意义上,安瑟伦才保留并使用了"更伟大的""更完满的""更好的""更高的"等词的日常语义。因此,马尔科姆建议通过修正下列传统说法来重新理解安瑟伦本体论论证的逻辑本义：与其说"全能"是上帝的一种特性，不如说"必然全能"才是上帝的特性；与其说"全知"是上帝的一种特性，不如说"必然全知"才是上帝的特性；同样的道理，与其说"存在"是上帝的特性，不如说"必然存在"才是上帝的一种基本属性。

马尔科姆对上帝必然存在的论述可以这样表示：上帝具有无限的属性，他的存在与我们的存在是有区别的。表现在我们的存在具有对其他存在（比如我们的父母的存在）的依存性，而上帝是自存的，不依赖于任何他物而存在。一个无限的存在物的存在或者在逻辑上是必然的，或者在逻辑上是不可能的。一个无限的存在物或者存在于可能世界W，或者不存在于可能世界W，此外没有其他可能性。如果它不存在于可能世界W，那么它的不存在就不能通过可能世界W中的任何具有因果性的关于偶然的属性而得到解释；即可能世界W中没有任何关于偶然的属性可以解释为什么这一存在物不存在。也就是说，如果一个无限的存在物存在于某一可能世界W之中，那么它就存在于任何可能世界之中。马尔科姆的论述可以通过以下公式序列表示出来（其中谓词P表示"无限的""完满的"等属性）：

（1）$\exists x P(x) \to \Box \exists x P(x)$——无限的完满的存在物的存在是必然的；

（2）$\neg \Box \exists x P(x) \to \Box \neg \Box \exists x P(x)$——如果无限的完满的存在物不必然存在，那么这种不必然存在也是必然的；

（3）$\Box \neg \Box \exists x P(x) \to \Box \neg \exists x P(x)$——命题（1）之后件必然假，推出前件必然假［命题（1）之否定后件的模态推理］；

（4）$\Box \exists x P(x) \vee \Box \neg \exists x P(x)$——一个无限的完满的存在物的存在或者是必然的，或者是不可能的［由命题（2）和（3）根据假言三段论和蕴析律推出］；

（5）$\neg \Box \neg \exists x P(x)$——无限存在物的存在并非不可能的；

（6）$\Box \exists x P(x)$——无限存在物的存在是必然的［由命题（4）和（5）根据选言推理得出］。

但笔者认为马尔科姆的论证是存在一些问题的。从逻辑上看，问题主要出在推演中的命题（1）和命题（4）。

首先，命题（1）的前件是否成立，即是否存在一个无限的完满的存在物。如果某一存在物是无限的完满的存在物，那么这一存在物就是一个独特的个体，而不仅仅是一种逻辑上的可能存在物，这一点在传统上一直是这么认为的。然而，单从逻辑上看，命题的前件并不一定成立，具有无限性和完满性的东西完全可以不存在。而这正是马尔科姆的论证所隐含的附加前提，即在个体的无限性、完满性与个体的独特性之间建立的一种等价关系。

其次，命题（4）是否穷尽了所有的可能性。该命题是关于无限存在物的存在性。马尔科姆仅仅阐述了两种可能性，即或者必然存在，或者不可能存在（即必然不存在）。这是需要严格论证的，但他并没有论证。他宣称一个无限存在物 B 存在于某一可能世界 W，也就是说，B 在可能世界 W 的存在是永恒的（eternal）或持续的（everlasting），但这并不能推出 B 的存在就是必然的，即在一切逻辑的可能世界中都是存在的。要证明这一点，必须首先证明关于偶然的无限存在物的概念是自相矛盾的。类似地，他认为一个无限存在物 B 不存在于可能世界 W 意味着 B 在可能世界 W 永远不存在，也就是说，命题"B 在可能世界 W 不存在"是永真的，但这也不能推出 B 的不存在就是必然的，即 B 在任何逻辑的可能世界中都不存在，或者 B 的存在在逻辑上是不可能的。实际上，有很多的事物在此可能世界中不存在，而在彼可能世界中存在，比如"吐火怪兽"（chimera）。因此，命题（4）是一个没有得到证明的命题。实际上，这也正是安瑟伦论证存在的问题。后者不承认上帝不可能存在，这是显而易见的，因此，上帝的存在就是必然的，即在任何可能世界中都是存在的。这是安瑟伦证明的最终目的，而不是证明的前提。因此，如果把这一命题作为证明上帝必然存在的前提，这样的证明就是循环论证。马尔科姆的辩护也就归于无效。

八　本体论证明的宗旨

除了关注本体论证明的有效性之外，我们更应该看到，中世纪神学家证明上帝的存在（无论本体论证明还是其他方式的证明）的宗旨在于使信仰理性化，这关系到基督教信仰的根基，并关系到对其他教义（比如三位一体、基督论等）的理性思考。这样的思考基本是在基督教信仰内部进行的，也就是说，证明的前提是信仰，结论也是信仰，不过是用一种理性的方式把这一信仰过程联系起来，从而建构一个从信仰到信仰的思维进程。不管这样的证明是否成立，我们都不认为，理性证明基督教教义主要就是为了吸引异教徒，或者是为了增强人们的信仰，因为没有人会根据某个教义是否得到严格证明而决定其对信仰的取舍。因此，有人认为即使本体论证明是成功的也不能为那些不信仰基督的人带来更多的吸引力，而证明的失败则对信仰基督的人来说是一种威胁，这种说法是存在问题的。

同时坚持理性思维以及坚定信仰的这种态度，一般认为来自波爱修斯。甚至那些否定本体论证明的神学家也是出于同样的目的：中世纪只有虔诚的基督徒才参与这一问题的讨论，因为对他们来说，只有在信仰上帝存在的基础上，才会有这一问题。因此，他们否定的不是证明的结论，也不是证明的出发点和其宗教目的，仅仅是对证明过程及其有效性进行质疑。从逻辑上看，即使本体论证明彻底无效，也不等于否定了证明的出发点或结论。而任何否定其出发点或者结论或者对其本体论根基的反驳都是没有意义的。

基于此，现当代哲学家虽然继续探讨这一问题，但大多数人所思考的主题已经发生了变化。他们关注的焦点已经不在于上帝是否存在，甚至都不是是否有充足的根据证明上帝的存在，也就是说，不在于这个问题本身，而在于由此所导出的其他问题。在哲学和神学领域，人们所关心的是由本体论证明所引起的哲学或形而上学问题；而在逻辑领域，学者们所做的主要是如何把逻辑概念与技术精确地应用于解决形而上学问题，从而充分发挥逻辑作为工具的作用。例如，勒夫陶（Leftow）[1]、马特修斯（Matthews）[2]、劳维（Lowe）[3]、奥皮（Oppy）[4] 和梅杜尔

---

[1] B. Leftow, "The Ontological Argument", in W. Wainwright (ed.), *The Oxford Handbook of Philosophy of Religion*, Oxford: Oxford University Press, 2005, pp. 80 – 115.

[2] G. Matthews, "The Ontological Argument", in W. Mann (ed.), *The Blackwell Guide to the Philosophy of Religion*, Oxford: Blackwell, 2005, pp. 81 – 102.

[3] E. Lowe, "The Ontological Argument", in P. Copan and C. Meister (ed.), *The Routledge Companion to Philosophy of Religion* (2nd edition), London: Routledge, 2013, pp. 391 – 400.

[4] G. Oppy, "The Ontological Argument", in Donald M. Borchert (ed.), *Philosophy: Religion*, New York: Macmillan Reference USA, 2017, pp. 51 – 64.

（Maydole）① 等以本体论证明纲要、指南或百科全书方式的讨论；艾维里特（Everitt）②、索贝尔（Sobel）③ 与奥皮④等基于现代哲学逻辑的宗教福音书式的讨论；杜姆布鲁斯基（Dombrowski）⑤ 结合现代模态逻辑的讨论；等等，这是一种合理的转向。可以预见，关于本体论证明的讨论还将以各种方式继续。

第六节　阿奎那对上帝存在的范畴论证明

上帝存在本体论证明之后不久，托马斯·阿奎那就开始了上帝存在的另一经典证明模式，这一证明源于他对安瑟伦本体论证明有效性的否定。学界从不同角度为阿奎那的证明方式定义了多种名字，例如后验论或后天证明，经验论证明，因果证明，溯因证明，等等。

一　阿奎那上帝存在证明的逻辑基础

托马斯·阿奎那是中世纪繁荣时期最杰出的经院哲学家，也是一位逻辑学家，有人称赞他是"中世纪的亚里士多德"。虽然与同一时期以及其后的中世纪逻辑学家相比，他所写的一些短小的逻辑论文（例如论谬误、论模态命题）与对亚里士多德逻辑著作的注释基本没有提出什么新的东西，但他十分重视对逻辑问题的研究，力图把亚里士多德的逻辑与哲学同基督教义结合起来。由于阿奎那的巨大影响，他的这一态度与理念对于逻辑学在中世纪的发展，以及神学讨论的进一步理性化都起到了重要作用。

阿奎那首先讨论了他对于上帝存在证明的逻辑基础，并以此说明为什么本体论证明是无效的。他的讨论从反驳流行已久的"双重真理论"

---

① R. Maydole, "The Ontological Argument", in W. Craig and J. Moreland (ed.), *The Blackwell Companion to Natural Theology*, Oxford: Blackwell, 2009, pp. 553–592.
② N. Everitt, *The Non-Existence of God*, Oxford: Blackwell, 2004.
③ J. Sobel, *Logic and Theism*, Cambridge: Cambridge University Press, 2004.
④ G. Oppy, *Arguing about Gods*, Cambridge: Cambridge University Press, 2006.
⑤ D. Dombrowski, *Rethinking the Ontological Argument: A Neoclassical Theistic Response*, Cambridge: Cambridge University Press, 2006.

开始。

以阿维森纳（Avicenna，980—1037）和阿威罗伊（Averroes，1126—1198）为代表的阿拉伯哲学家首创了"双重真理论"，即基于理性和逻辑的哲学真理，基于信仰和天启的神学真理。在他们看来，哲学与宗教，理性与信仰是两个相对独立的领域，它们可能一致，也可能不一致。在哲学看来是真理的东西，在宗教看来可能是谬误，反之亦然。因此，两者之间存在一个能否调和或共存的问题。

针对这一问题，阿奎那指出："（当）我说关于神圣事物的双重真理（twofold truth of divine things）时，不是说上帝本身有双重真理，因为他是单一、简单的真理，而是从我们的知识的角度看，就它与神圣真理具有多种相关性（而言，具有双重真理）。"① 因此确切地说，实际上无所谓"双重真理"，而应该是认识真理的双重规则，或者说通往真理的两条路，即理性探索之路与信仰之路。人们的理性思维（或逻辑思维）或者哲学思维通过受造物不断上升到认识上帝。信仰之路则相反，它是人们通过上帝的启示（或对上帝的信仰）去认识上帝。前者是上升（ascent）的方式，后者是下降（descent）的方式，但就认识上帝而言，两者是相同的（不过阿奎那认为前者是不完美之路）。② 无论是由超越理性而获得的信仰，还是通过理性而获得对上帝的认识，不过是殊途同归。我们不能认为根据不同的认识方法得出的真理就是两种不同的真理。

更深入地说，"我们必须在心里牢记有两种类型的科学，有些科学靠理性的自然之光所认知的原理而进行，如算术、几何以及类似的科学……神圣教义也是科学，因为它是靠更高科学（即关于上帝与福音的科学）所认知的原理而进行的科学。因此，正如音乐权威地接受数学家所教的原理一样，神圣科学接受上帝揭示的原理"③。因此，判断一门学问或者一个思想体系是不是真理，是不是科学，不在于其中的命题是信

---

① Thomas Aquinas, Summa Contra Gentiles, I, 9. 拉丁文、英文对照在线电子书参阅 https：//dhspriory.org/thomas/ContraGentiles1.htm#9。

② 参阅 Thomas Aquinas, Summa Contra Gentiles, Ⅳ, 1. 拉丁文、英文对照在线电子书参阅 https：//d2wldr9tsuuj1b.cloudfront.net/15471/documents/2016/10/St.%20Thomas%20Aquinas-The%20Summa%20Contra%20Gentiles.pdf。

③ Thomas Aquinas, *Summa Theologica*, p. 7.

仰的还是理性的，而在于它是不是一个科学的演绎系统。

阿奎那根据亚里士多德的推理论和证明论解释了什么是科学。所谓科学，就是从第一原则而演绎的推理系统。教理神学（以信仰和天启认识神学道理）和自然神学（以人的自然理性认识神学道理）都使用演绎推理，它们之间的分歧仅在于自然神学用理性发现并证明演绎的前提，教理神学因天启而信仰演绎的前提。它们是否科学就看演绎的过程是否正确，是否合乎逻辑。作为一个逻辑学家，阿奎那对亚里士多德的演绎逻辑十分熟悉，因此，他所谓演绎过程的科学性不是一个抽象的概念，而是可以通过精确的逻辑分析作出判定的。

他进一步把演绎证明分为先天（a priori）的演绎证明和后天（a posteriori）的演绎证明。他说："必须承认，证明可以通过两种方式进行：一种是根据原因进行的证明，称为'因为什么的证明'（propter quid），并且这是一种绝对先天的证明。另一种是根据结果进行的证明，称为'既然如此'（quia）的证明；这就是根据仅仅相对于我们来说是后天的东西的证明。当结果比原因更让我们熟知，我们就可以从结果去进一步认识其原因。因此只要结果更为我们熟知，那么从每个结果出发，就能证明存在它的真正原因；因为任何结果依赖于它的原因，所以，只要结果存在，原因就必然在结果之前存在。"①

阿奎那所谓从结果到原因的推理，相当于逻辑学中的溯因推理。他认为，任何对上帝存在的证明都应该是演绎证明，并且是后天的演绎证明，即通过他所带来的结果的演绎证明。因此，安瑟伦基于先天演绎的本体论证明是无效的。因为"既然有人认为上帝就是一个形体，那么也许并非任何一个听到'上帝'这个词的人，都理解这个词所意谓的是一个不能设想比之更伟大的东西。然而，即使假设人人都理解通过'上帝'这个词意谓的是一个不能设想比之更伟大的东西，也不能由此推出他就理解这一名字所意谓的东西是实际存在的，而仅仅能够推出它存在于心灵之中。但除非我们承认现实中有一个不能想象比之更伟大的东西，否则我们就不能证明它必定在现实中存在；而那些否认上帝存在的人恰恰

---

① Thomas Aquinas, *Summa Theologica*, pp. 20 – 21.

不承认这一点"①。

按照阿奎那的意思，安瑟伦的证明归根到底是一种循环论证：证明的结论是一个不能想象比之更伟大的东西（上帝）存在于现实之中；然而若不事先假设它的真实存在，那么就不能让人们按照设定的"一个不能设想比之更伟大的东西"的意思来理解"上帝"这个词，因为那些否认上帝存在的人并不认为上帝是真实存在的。因此，从最高存在者即上帝的观念出发，先天地证明上帝存在是不可能的。这也正是康德反对本体论证明的理由。

但是上帝是否存在以及如何存在的问题是基督教的最基本问题，也是神学家首先需要解决的问题。而安瑟伦的本体论证明漏洞百出，这极可能导致更加严重的问题，比如人们对理性思考信仰的怀疑。阿奎那正确地认识到了这一点，因此，他需要继续对上帝存在进行论证。他说，诸如"一个不能想象比之更伟大的存在者"这样的表述，以及"上帝存在"这样的命题都并非自明的，因为"一种东西是自明的，只能通过两种方式：一种是与我们无关而本身就是自明的，一种是与我们相关而自明的。一个命题是自明的，乃因为其谓词包含在主词的本质中，例如'人是动物'这一命题，动物就是包含在人的本质之中。因此，如果大家都熟知（这一命题的）谓词和主词的本质是什么，那么这一命题对大家都是自明的；这一点在证明的第一原理那里是很清楚的，第一原理所涉及的是一些没有人不熟知的普遍概念，诸如存在和非存在，整体和部分等。但是，如果一些人并不熟知谓词和主词的本质是什么，那么命题虽然就其自身而言是自明的，但对那些不知道这一命题的主词与谓词的意义的人来说，它就不是自明的。所以，结果就会像波爱修斯所说的，存在一些关于心灵的概念，仅仅对有学问的人来说才是普遍的和自明的，比如无形体的实体不存在于某个地方。因此我要说，'上帝存在'这一命题就其自身来自明的，因为正如我将在后面指出的，上帝等于它自身的存在，因此，这一命题的谓词与主词同义。但因为现在我们并不知道上帝的本质，这一命题对我们来说就不是自明的，而这一命题就必须通过我们更加熟知的东西（虽然就其本质而言更不熟知）而得到证明，也即

---

① Thomas Aquinas, *Summa Theologica*, p. 20.

通过上帝（所带来）的结果而得到证明"①。

阿奎那的意思很清楚，除了像"人是动物"这种包含着属种关系的命题是自明之外，一切命题都不是自明的。换句话说，对所有人来说，只有形式的自明，而没有实质的自明；而"上帝存在"就是实质的自明。"上帝存在"与"人是动物"这两个命题有着根本区别。然而，"上帝的存在，虽然对我们而言不是自明的，但是，根据我们所熟知的他（所带来）的那些结果却是可证明的"②。不能因为本体论证明的失败就断定上帝存在的不可证，关键是如何建立科学论证的演绎系统，以获得科学的认知。阿奎那决定自己来解决这一问题。他的证明不是对安瑟伦的证明进行修修补补，而是完全以一种全新的方式论述上帝的存在。由于他的证明是基于几个被亚里士多德反复提及的范畴（运动、潜能、现实、作用因、动力因、目的因、必然性、属、种、性质等）及其意义，因此，本书称托马斯·阿奎那的证明为对上帝存在的"范畴论证明"。

二 阿奎那对上帝存在的五种证明

既然先天的证明是不可行的，因此，我们只能通过结果，即通过上帝的创造物来证明上帝的存在，这也就是所谓后天证明。同时这样的证明显然也是可以实现的，因为虽然上帝超越一切可感事物以及我们的感觉，但是他创造的结果却是我们可以感觉的事物，我们可借此追溯证明上帝的存在。阿奎那于是构造了上帝存在的五种证明：

（1）把上帝追溯为第一推动者的证明；
（2）把上帝追溯为第一动力因的证明；
（3）把上帝追溯为必然存在者的证明；
（4）把上帝追溯为事物的存在以及其他性质的最高等级的证明；
（5）把上帝追溯为事物最高指挥者的证明。

阿奎那给出了这五种证明的逻辑过程："当我们从某个结果证明其原因的存在时，通过该结果取代其原因的定义而证明原因的存在。关于上帝问题的证明尤其如此，因为为了证明任何东西的存在，必须把其名字

---

① Thomas Aquinas, *Summa Theologica*, p. 19.
② Thomas Aquinas, *Summa Theologica*, p. 21.

的意义作为中间词（middle term），而不是把它的本质作为中间词，因为关于它的本质的问题可以推出关于它的存在的问题。我将在后面根据上帝带来的结果而给出上帝的各种（其他）名字（例如，第一推动者，第一作用因等）。这样，为了从其结果证明上帝的存在，我就需要把这些名字的意义作为中间词。"① 简单地说，阿奎那证明上帝存在的逻辑过程就是（以第一种证明为例）：事物运动（结果）—存在第一推动者（中间词就是"第一推动者"，第一推动者也是上帝这一名字的意义之一，但不是上帝的本质）—存在上帝（原因）；其他四种证明也与此类似。

以下是关于阿奎那五种证明的详细分析：

第一，把上帝追溯为第一推动者的证明。也就是阿奎那所说的"从事物的运动或变化方面论证"。他认为，在世界上，有些事物是在运动着，这在我们的感觉上是明白的，也是确切的。凡事物运动，总是受其他事物的推动；但是，一件事物如果没有被推向一处的潜能性，也是不可能运动的。运动不外是事物从潜能性转为现实性。但任何事物，除了受某一现实事物的影响，绝不能从潜能性变为现实性。他举例说，比如用火烧柴，使柴发生变化，这就是以现实的热使潜在的热变为现实的热。然而，正如现实的热不能同时是潜在的热，而只可以作为潜在的冷一样，任何事物不可能在同一方面、同一方向上既是推动的，又是被推动的（虽然它们可以在不同方面并存）。因此，凡是被推动的事物，都必然是被另一事物所推动，而后者也必然是被其他事物所推动。但这种方式不可能无限地进行下去，否则就没有第一个推动者；若没有第一推动者，也就没有第二、第三推动者。因为第一推动者是其后的第二推动者产生的原因，如此依次推动下去。所以，我们必须追溯到一个不被任何事物推动的第一推动者。"每个人都知道这个第一推动者就是上帝。"②

第二，把上帝追溯为第一作用因的证明，即"从作用因的性质来讨论上帝的存在"。在现象世界中，我们发现有一个作用因的秩序，但是我们没有发现任何事物是其自身的作用因，而这也是不可能的。作用因也不可能追溯到无限，因为一切作用因都遵循一定秩序：第一个作用因，

---

① Thomas Aquinas, *Summa Theologica*, p. 21.
② Thomas Aquinas, *Summa Theologica*, p. 22.

是中间作用因的原因；而中间作用因，无论是一个还是多个，都是最后作用因的原因。如果没有原因，也就没有结果。因此，如果将作用因无限地追溯下去，那么在作用因序列中，就没有第一个作用因，那就会没有中间的作用因，从而也没有最终的结果。但这显然不符合实际。因此，"承认有一个最初的作用因，这是必然的。这个最初的作用因，大家都称为上帝"①。

第三，把上帝追溯为必然存在者的证明，也就是"从可能和必然性来论证上帝的存在"。阿奎那指出，自然界中的事物，都是处在产生和消亡的过程中，所以它们既存在，又不存在。也就是说，任何处在这一过程中的事物都不可能永远存在。因为如果一事物终将会不存在，那么总有一个时刻它会不存在。但如果所有的事物都像这样终将会不存在，那么过去就根本不该有任何事物的存在。如果过去没有事物存在，现在也就没有任何事物存在：因为事物只有凭借某种存在的东西，才会产生。因此，要使事物的存在变得可能，必须有某些事物作为必然的事物而存在。而每一必然的事物，其必然性有的是由于其他事物所引起，有的则不是。但要把由其他事物引起必然性的事物追溯到无限，正如上述作用因的情形一样，也是不可能的。"因此我们不能不承认有某一事物，它自身就具有其必然性，而不是从另一个事物那里获得其必然性，并且，它还使其他事物获得它们的必然性。这一事物，所有人都说它是上帝。"②

第四，把上帝追溯为事物的存在以及其他性质的最高等级的证明，即"从事物中发现的真实性的等级论证上帝的存在"。一切事物，它们的善、真实、尊贵以及其他类似的性质，存在着多与少。但对于各不相同的事物来说，只是就它们在不同程度上接近某种最具有这种存在的事物而言才能说多和少。例如，更多地接近最热的事物就有更多的热。因此，一定有某种最真、最善、最崇高的事物。由此可以推论，一定有一种最完全的存在。但是，在某一物类中最具有某种确定性的东西，也就是这个物类中的一切事物的原因。例如火，那是热的最高体，也是一切热的事物的原因。"所以，必然存在有某种东西，它对于所有的存在者来说，

---

① Thomas Aquinas, *Summa Theologica*, p. 22.
② Thomas Aquinas, *Summa Theologica*, p. 22.

都是其存在、善以及任何其他完善性的原因；我们称之为上帝。"①

然而，我们不能认为阿奎那的这一证明类似于把某单个具体事物的存在上升到最高的属。有人认为，根据阿奎那的这一证明方式，还应该有一种类似的证明，即从上帝的具体创造物上升到所有创造物的最高的属或者"最高的共相"，这显然是错误的。从逻辑的角度看，首先，属只是普遍概念，它不是任何单个个体，而只是一种性质或者关系。其次，也不存在最高的共相，或者最高的属，所谓最高的属只是相对的，只是某个论域或者领域中的最高的属。阿奎纳没有从具体被造物的存在到最高属的存在的证明，他认为"上帝是对于所有存在而言的第一存在，是任何属之外的东西"②，他的证明只是把事物的存在追溯到同类事物的最高级别，比如最热的火等。否则，如果他采取把事物追溯到最高属的证明方法，那么上帝作为最高的属，就只能是一种性质或者关系，而不是有理性本性的单个实体。作为精通逻辑学的神学家，阿奎那不可能犯这种低级错误。

第五，把上帝追溯为事物最高指挥者的证明，即"从世界的秩序（或目的因）来论证上帝的存在"。我们看到：那些不具有知识的事物，例如自然物体，总为着一个目标而活动；并且它们总是或者几乎总是以同样的方式活动，以期达到最好的结果。因此，它们谋求自己的目标并不是偶然的，而是有计划的。但是，一个无知者除非受某一个有知识和智慧的存在者的指挥，比如箭受射箭者指挥一样，否则它们就不能达到自己的目标。"所以，必定有一个具有智慧的存在者，一切自然之物都由它指导着去追求自己的目标。这个存在者，我们称为上帝。"③

三 范畴论证明的逻辑统一性与历史影响

阿奎那证明上帝存在的途径虽然不同，却表现出一个逻辑统一的线索。

首先，它们都是从具体的可确认的感性现实出发，使得结论的得出

---

① Thomas Aquinas, *Summa Theologica*, p. 22.
② Thomas Aquinas, *Summa Theologica*, p. 33.
③ Thomas Aquinas, *Summa Theologica*, p. 23.

非常符合人们的经验与直觉而易于接受，由此也在本质上与所有那些以内部经验为出发点的奥古斯丁式证明区别开来。

其次，它们都在逻辑上首先运用了因果律，运用了溯因（abduction）推理。溯因推理类似于假言推理的肯定后件式，这种推理逻辑结构简单，人们无须接受较多的专门逻辑训练即可理解。设 a 表示原因，b 表示结果，则 a 蕴涵 b，并且允许"a 蕴涵 b"的前件 a，可以从作为结论的后件 b 推出。用公式表示就是：

a $\subset$ b

b⎯⎯⎯

a

这相当于一个科学假说的验证过程。即以假说的基本观念和一些既有知识作为原因（a），由此引申出关于经验与事实的结果（b），通过证明或者说明 b 的存在，证实 a 这一假说为真或可能为真。

但阿奎那也发现了这种推理存在一些问题，也就是同一个原因可能产生很多结果，因此，证明了若干结果的存在，并不能获得关于原因的完整性质的知识。他说："由于结果与原因是不成比例的（指结果多于原因——引者注），因此，无法获得关于原因的完整认知。但是从每个结果都可以证明其原因是存在的，因此我们可以从上帝带来的结果证明他的存在；虽然从这些证明我们不能完美地理解上帝因其本质而存在（He is in His essence）。"[1]

当认为"从每个结果都可以证明其原因是存在的"，说明阿奎那关于上帝存在的证明并不只有溯因推理，而且附加了必然性的演绎推理。这种推理就是必要条件假言推理，其逻辑结构是：

只有上帝是作为原因而存在的，才会产生如此这般的结果，

<u>经验或者事实说明这些结果都是存在的，并且必然是有原因的，</u>

因此，上帝必然是存在的。

再次，所有五种途径都以一个按等级制的方式建构的世界为前提条件，以至于只要在世俗世界中以经验的方式确认一种现实，就足以从它出发，凭借相应的剖析必然地达到通往认知上帝的道路。

---

[1] Thomas Aquinas, *Summa Theologica*, p. 21.

最后，这五种证明方式都是首先以哲学的方式确立一个最高的原因或者存在，即"第一推动者""第一原因""一切事物的必然性原因""最完善的原因""最高的智慧"，然后把它们神化，直接与超越现象世界的上帝等同起来。在阿奎那看来，只有当我们借助于某种世界之上的存在者和活动者来解释这个世界的存在和活动时，我们才能完整无遗地理解这个世界。

虽然阿奎那是通过逻辑演绎去证明上帝的存在，从这个意义上看，好像上帝的存在不是其自身向我们显示出来的，而是由逻辑演绎证明出来的。然而，与逻辑上对一般规律的证明不同，对于一般逻辑规律来说，在人们还没有证明出来之前是未知的，不确定的，但在托马斯的证明中，实际上在证明之前，他已经确立了一个按等级制方式建构的世界，而其后续证明只不过是把他此前的确立过程展现出来。也就是说，这一推演过程即使失败，上帝的必然存在依然是不容置疑的。并且，由于这种证明是一种后验的证明，是以世俗世界中我们所熟知的事物为依据，并把现实事物作为我们通往认知上帝的出发点，使我们能够在现实的具体事物中直接领会、洞见上帝的存在，因此，相比较于安瑟伦的本体论证明，阿奎那对上帝存在的证明对基督徒甚至异教徒显然更具吸引力，使他们可以借助自身感觉、朴素的经验、直觉甚至所谓生活见证而理解上帝。这种方式也是波爱修斯所证明的通往认知上帝之路，也许正是波爱修斯所倡导的基督教神学理性化的目的之一。

通过上帝存在的范畴论证明，阿奎那也由此完成了对亚里士多德哲学的改造。即借助亚里士多德哲学确认了基督教的上帝，或者说，借助亚里士多德的范畴逻辑理论证明了基督教的上帝的存在，从而使亚里士多德的哲学不再威胁基督教的信仰，也使基督教的神学表现为一种具有哲理的思想体系。[1] 并由此推动了逻辑学的发展，特别是对于中世纪语词的意义理论以及模态逻辑产生了重要影响。

安瑟伦和托马斯·阿奎那对上帝存在的证明是中世纪哲学和信仰领域的大事。从思维方式角度看，它从根本上显示了哲学与宗教、理性与

---

[1] 参阅李秋零《经院哲学的繁荣：托马斯·阿奎那》，哲学在线（中国人民大学主办），网址：http://www.philosophyol.com/dept/westphilo/middle/200310/443.html。

信仰之间的冲突与融合。从文明史角度看，它显示了希腊文明与基督教文明之间的冲突与融合。①

对上帝存在以及其他基督教教义的证明使基督教信仰走上了理性化的道路，因之，波爱修斯（或者安瑟伦）被称为理性神学的先驱，而阿奎那被称为理性神学的集大成者，代表了理性神学的最高峰。从思维和学术研究角度看，它极大地丰富了哲学和逻辑本身，特别是开拓了中世纪逻辑研究的新领域。所以这一问题在今天仍然值得我们深切关注。

---

① 参阅黄裕生《如何理解上帝：从证明到相遇——从托马斯到别尔嘉耶夫》，《浙江学刊》1999 年第 6 期。

参考文献

说明：
1. 所列文献仅为本书直接引用或参考过的，不代表本书研究范围内的全部书目。
2. 按作者（第一作者）姓氏的字典顺序排列。

一 原始文献

［古罗马］奥古斯丁：《忏悔录》，周士良译，商务印书馆1963年版。

［古罗马］奥古斯丁：《论自由意志：奥古斯丁对话录二篇》，成官泯译，上海人民出版社2010年版。

［英］奥卡姆：《逻辑大全》，王路译，商务印书馆2006年版。

［古希腊］柏拉图：《柏拉图全集》（1—4卷），王晓朝译，人民出版社2003年版。

北京大学哲学系外国哲学史教研室编译：《古希腊罗马哲学》，商务印书馆2021年版。

北京大学哲学系外国哲学史教研室编译：《西方哲学原著选读》（上册），商务印书馆1981年版。

［法］笛卡尔：《第一哲学沉思集》，庞景仁译，商务印书馆1996年版。

［法］笛卡尔：《谈谈方法》，王太庆译，商务印书馆2000年版。

［德］弗雷格：《论涵义和指称》，载涂纪亮主编《语言哲学名著选辑》（英美部分），生活·读书·新知三联书店1988年版。

［法］伽森狄：《对笛卡尔〈沉思〉的诘难》，庞景仁译，商务印书馆1963年版。

［德］康德：《纯粹理性批判》，邓晓芒译，人民出版社2004年版。

［英］罗素:《逻辑与知识》,苑莉均译,商务印书馆1996年版。

［英］罗素:《人类的知识:其范围与限度》,张金言译,商务印书馆1997年版。

［英］罗素:《我的哲学的发展》,温锡增译,商务印书馆1996年版。

《马克思恩格斯论艺术》第2卷,人民文学出版社1966年版。

［古希腊］亚里士多德:《范畴篇,解释篇》,方书春译,商务印书馆1986年版。

［古希腊］亚里士多德:《亚里士多德全集》第一卷,苗力田主编,中国人民大学出版社1990年版。

［古希腊］亚里士多德:《亚里士多德全集》第七卷,苗力田主编,中国人民大学出版社1993年版。

Abelard, P., Logica "Ingredientibus", in P. V. Spade (trans.), *Five Texts on the Mediaeval Problem of Universals: Porphyry, Boethius, Abelard, Duns Scotus, Ockham.* Indianapolis: Hackett Publishing Company, Inc, 1994.

Abelard, P., On Universals, in F. E. Baird, W. Kaufmann (ed.), *Philosophic Classics* (second edition), Vol. II: *Medieval Philosophy.* New Jersy: Prentice Hall, 1997.

Abelard, P., *Sic et Non: A Critical Edition* (English and Latin edtion), B. Boyer, R. McKeon (ed.). Chicago: The University of Chicago Press, 1978.

Abelard, P., The Glosses of Peter Abailard on Porphyry, in R. Mckeon (ed., and trans.), *Selections From Medieval Philosophers* (I): *Agustine to Albert the Great*, New York: Charles Scribner's Sons, 1929.

Anselm, De Concordia, in B. Davies, G. R. Evans (ed.), *Anselm of Canterbury, The Major Works*, Oxford: Oxford University Press, 1998.

Anselm, De Grammatico, in B. Davies, G. R. Evans (ed.), *Anselm of Canterbury, The Major Works*, Oxford: Oxford University Press, 1998.

Anselm, Monologion, in B. Davies, G. R. Evans (ed.), *Anselm of Canterbury, The Major Works*, Oxford: Oxford University Press, 1998.

Anselm, On the Fall of the Devil, in B. Davies, G. R. Evans (ed.), *Anselm* of Canterbury, *The Major Works*, Oxford: Oxford University Press, 1998.

Anselm, Proslogion, in B. Davies, G. R. Evans (ed.), *Anselm of Canterbury, The Major Works*, Oxford: Oxford University Press, 1998.

Anselm, Why God Became Man, in B. Davies, G. R. Evans (ed.), *Anselm of Canterbury, The Major Works*, Oxford: Oxford University Press, 1998.

Apuleius, Peri Hermeneias, in D. Londey, C. Johanson, *Philosophia Antiqua 47: The Logic of Apuleius* (Including a Complete Latin Text and English Translation of the Peri Hermeneias of Apuleius of Madaura). Leiden: Brill, 1987.

Aquinas, T., *Commentary on Aristotle's Peri Hermeneias*, book 1, 2. J. T. Oesterle (trans.). Milwaukee: Marquette University Press, 1962. 在线电子书见 https://isidore.co/aquinas/english/PeriHermeneias.htm#1"。

Aquinas, T., Summa Contra Gentiles, Ⅲ, in Pegis, A. C. (ed.), *Basic Writings of Saint Thomas Aquinas*, Vol. Ⅱ. Indianapolis: Hackett Publishing Company, 1997.

Aquinas, T., Summa Contra Gentiles, I. 拉丁文、英文对照在线电子书见 https://dhspriory.org/thomas/ContraGentiles1。

Aquinas, T., Summa Theologica, Part I, in A. C. Pegis (ed.), *Basic Writings of Saint Thomas Aquinas*, Vol. I. Indianapolis: Hackett Publishing Company, 1997.

Aquinas, T., Summa Theologica, Part Ⅱ, in A. C. Pegis (ed.), *Basic Writings of Saint Thomas Aquinas*, Vol. Ⅱ. New York: Random House, INC., 1945.

Aristotle, *Categories and De Interpretatione*, J. L. Ackrill (trans. with notes and glossary), Oxford: Oxford Univsersity Press, 1963.

Aristotle, Metaphysics, in J. Barnes (ed.), *The Complete Works of Aristotle*. New Jersey: Princeton University Press, 1991.

Aristotle, *The Works of Aristotle*, Vol. 1. W. D. Ross (ed.). Oxford: Oxford University Press, 1928.

Augustine, On Dialectic, J. Marchand (trans.), Chicago: University of Illinois Press, 1994.

Augustine, *On Free Choice of the Will*, T. Williams (trans.), Indianapolis/Cambridge: Hackett Publishing Company, 1993.

Augustine, *The City of God* (Two Volumes), A New Translation by H. Bettenson with an Introduction by J. O'Meara. China Social Science Publishing House, 1999.

Boethius, De Divisione, in N. Kretzmann, E. Stump (ed.), *The Cambridge Translations of Medieval Philosophical Texts* (Vol. I): *Logic and the Philosophy of Language*, Cambridge: Cambridge University Press, 1989.

Boethius, De Institutione Arithmetica, in M. Masi (translation with introduction and notes), *Boethian Number Theory*, Amsterdam: B. V. Rodopi, 1983.

Boethius, De Topicis Differentiis, E. Stump (trans.), Ithaca and London: Cornell University Press, 1988.

Boethius, *In Ciceronis Topica*, E. Stump (trans.), Ithaca and London: Cornell University Press, 1978.

Boethius, *Second Commentary on the Periherme*, 在线拉丁文原版电子书见 http://www.logicmuseum.com/wiki/Authors/Boethius/Periherm/。

Boethius, *The Consolation of Philosophy* (The Loeb Classical Library, 74), H. F. Stewart, E. K. Rand, and S. J. Tester (trans.), Boston: Harvard University Press, 1973.

Boethius, The Second Commentary to the Isagoge (onuniversal), in P. V. Spade (trans.), *Five Texts on the Mediaeval Problem of Universals: Porphyry, Boethius, Abelard, Duns Scotus, Ockham*. Indianapolis: Hackett Publishing Company, Inc, 1994.

Boethius, The Second Edition of the Commentaries on the Isagoge of Porphyry, in R. Mckeon (ed., and trans.), *Selections From Medieval Philosophers* (I): *Agustine to Albert the Great*, New York: Charles Scribner's Sons, 1929.

Boethius, *The Theological Tractates* (The Loeb Classical Library, 74), H. F. Stewart, E. K. Rand, and S. J. Tester (trans.), Boston: Harvard University Press, 1973.

Bradwardine, T., *Insolubilia*, S. Read (trans.), in *Dallas Medieval Texts and Translations*, Leuven: Peeters, 2010.

Buridan, J., Quaestiones de Anima, Ⅲ, in J. A. Zupko, *John Buridan's Philosophy of Mind: An Edition and Translation of Book Ⅲ of His 'Questions on Aristotle's De Anima'* (Third Redaction), Cornell University: Doctoral Dissertation, 1989.

Buridan, J., Quaestiones in Porphyrii Isagogen, in *Przeglad Tomistyczny*, Vol. 2, 1986.

Buridan, J., *Summulae de Dialectica*, An Annotated Translation with a Philosophical Introduction by G. Klima, New Haven: Yale University Press, 2001.

Buridan, J., *Tractatus de Consequentiis*, S. Read (trans.). New York: Fordham University Press, 2015.

Buridan, J., Tractatus de Differentia Universalis ad Individuum, in *Przeglad Tomistyczny*, Vol. 3, 1987.

Burley, W., *On the Purity of the Art of Logic: The Shorter and the Longer Treatises*, P. V. Spade (trans.), New Haven: Yale University Press, 2000.

Capella, M., *Martianus Capella and the Seven Liberal Arts* (Vol. 1): *The Quadrivium of Martianus Capella: Latin Traditions in the Mathematical Sciences*, W. H. Stahl, R. Johnson, and E. L. Burge (trans.), New York: Columbia University Press, 1992.

Capella, M., *Martianus Capella and the Seven Liberal Arts* (Vol. 2): *The Marriage of Philology and Mercury*, W. H. Stahl, R. Johnson, and E. L. Burge (trans.), New York: Columbia University Press, 1992.

Damien, P., *Lettre sur la Toute-Puissance Divine (De divina omnipotentia)*, A. Cantin (trans. and notes), Paris: Cerf, 1972.

Empiricus, S., *Against the Logicians*, R. Bett (trans. and ed.), Cambridge: Cambridge University Press, 2005.

Gaunilo of Marmoutiers, Pro Insipiente (On Behalf of the Fool), in B. Davies, G. R. Evans (ed.), *Anselm of Canterbury, The Major Works*.

Oxford: Oxford University Press, 1998.

Kripke, S., "Outline of a theory of truth", in *Journal of Philosophy*, Vol. 72, 1975.

Lambert of Auxerre, *Logica, or Summa Lamberti*, T. S. Maloney (trans.), Indiana: University of Notre Dame Press, 2015.

Mill, J. S., *A System of Logic*. 在线电子书见 https://max.book118.com/html/2017/0509/105432977.shtm。

Neckam, A., *On the Natures of Thing*, T. Wright (ed.), London: Longman, Green, 1967.

Paul of Venice, *Logica Magna: Part II, Fascicule 6: Tractatus de Veritate et Falsistate Propositionis et Tractatus de Significato Propositionis*, F. Punta (ed.), M. Adams (trans.), Oxford: Oxford University Press, 1978.

Pauli Veneti, *Logica Magna, Secunda Pars: Capitula de Conditionali et de Rationali*, G. E. Hughes (edited with an English translation and notes), Oxford: Oxford University Press, 1990.

Peter of Spain, *Syncategoreumata*, first critical edition with an Introduction and Indexes by L. M. de Rijk, and with an English Translation by Spruyt, J. Leiden: Brill, 1992.

Peter of Spain, *Tractatus called afterwards Summule Logicales*, first critical edition from the manuscripts, with an Introduction by L. M. de Rijk. Assen: Van Gorcum & Co., 1972.

Porphyry, *Introduction to Aristotle's Categories (Isagoge)*, J. Barnes (trans. with a Commentary). Oxford: Oxford University Press, 2003.

Porphyry, *On Aristotle's Categories*. S. K. Strange (trans.), Ithaca and London: Ithaca and London: Cornell University Press, 1992.

Priscian, *Institutiones Grammaticae*, Vol. I. 在线拉丁文原版电子书见 https://archive.org/details/PriscianiInstitutionum GrammaticarumLibri。

Strawson, P. F., Meaning and Truth (1966), reprinted in Strawson, *Logico-Linguistic Paper*. London: Routledge, 2017.

Strawson, P. F., "On Referring", in *Mind*, Vol. 59, 1950.

Tarski, A., "The Semantic Conception of Truth", in *Philosophy and Phenom-*

enological Research, Vol. 4, 1944.

William of Ockham, *Commentary on the Sentences of Peter Lombard*（仅论共相部分的英译），in P. V. Spade (trans.), *Five Texts on the Mediaeval Problem of Universals: Porphyry, Boethius, Abelard, Duns Scotus, Ockham*. Indianapolis: Hackett Publishing Company, Inc, 1994。

William of Ockham, *Summa Logicae*（Ⅰ，Ⅱ，Ⅲ）. 拉丁文版（部分文本为拉丁文与英文对照版）在线电子书见：http://www.logicmuseum.com/wiki/Authors/Ockham/Summa_Logicae/。

William of Ockham, Summa Logicae, in G. Gál, S. Brown (ed.), *Opera philosophica* I, St. Bonaventure, NY: The Franciscan Institute, 1974.

William of Sherwood, *Introduction to Logic*, N. Kretzmann (trans. with an introduction and notes), Minneapolis: University of Minnesota Press, 1966.

William of Sherwood, *Introductiones in Logicam*, M. Grabmann (ed.). München: Verlag der Bayerischen Akademie der Wissenschaften, 1937.

William of Sherwood, *Treatise on Syncategorematic Words*, N. Kretzmann (trans. with an introduction and notes), Minneapolis: University of Minnesota Press, 1968.

二 二次文献

［美］A. 弗里曼特勒：《信仰的时代》，程志民等译，光明日报出版社1989年版。

［美］A. S. 麦格雷迪编：《中世纪哲学》（英文版），生活·读书·新知三联书店2006年版。

［苏联］波波夫、斯佳日金：《逻辑思想发展史——从古希腊罗马到文艺复兴时期》，宋文坚、李金山译，上海译文出版社1984年版。

陈波：《逻辑哲学》，北京大学出版社2005年版。

［美］G. 克里马：《基于逻辑分析的本体论化简以及心理语言的初始词汇》，胡龙彪译，《世界哲学》2012年第4期。

［美］G. 克里马：《奎因、怀曼与布里丹：本体论约定的三种方法》，胡龙彪译，《世界哲学》2012年第3期。

［美］G. 克里马：《中世纪逻辑及其当代意义（上）主持人手记》，胡龙

彪译,《世界哲学》2012 年第 3 期。
胡龙彪、黄华新:《逻辑学教程》(第三版),浙江大学出版社 2014 年版。
胡龙彪:《拉丁教父波爱修斯》,商务印书馆 2006 年版。
胡龙彪:《论奥卡姆关于心灵语言指代的困难及可能的解决方法》,《湖南科技大学学报》(社会科学版) 2009 年第 6 期。
胡龙彪:《论布里丹的有效推论思想》,《世界哲学》2012 年第 3 期。
胡龙彪:《说谎者悖论的自然破解:基于布里丹的语义封闭逻辑》,《浙江大学学报》(人文社会科学版) 2013 年第 3 期。
胡龙彪:《中世纪两种语义学及其现代重建》,《浙江大学学报》(人文社会科学版) 2014 年第 4 期。
胡龙彪:《中世纪逻辑、语言与意义理论》,光明日报出版社 2009 年版。
江怡:《论蒯因的逻辑斯蒂主义》,《哲学动态》2005 年第 3 期。
[加拿大] 克劳迪·帕那西奥:《奥卡姆心灵语言理论中的直觉行为语义学》,胡龙彪译,《浙江大学学报》(人文社会科学版) 2016 年第 3 期。
李秋零:《经院哲学的繁荣:托马斯·阿奎那》,哲学在线(中国人民大学主办),网址:http: //www.philosophyol.com/dept/westphilo/middle/200310/443.html。
[波兰] 卢卡西维茨:《亚里士多德的三段论》,李真、李先焜译,商务印书馆 1981 年版。
[英] 罗斯:《亚里士多德》,王路译,商务印书馆 1997 年版。
马玉珂:《西方逻辑史》,中国人民大学出版社 1985 年版。
[美] 欧文·M. 柯匹、卡尔·科恩:《逻辑学导论》(第 11 版),张建军、潘天群等译,中国人民大学出版社 2007 年版。
宋文坚主编:《逻辑学》,人民出版社 1998 年版。
[英] W. C. 丹皮尔:《科学史及其与哲学和宗教的关系》(上册),李珩译,商务印书馆 1989 年版。
汪子嵩等:《希腊哲学史》(2),人民出版社 1993 年版。
王路:《巴门尼德思想研究》,《哲学门》第 1 卷,2000 年第 1 册。
王路:《弗雷格思想研究》,社会科学文献出版社 1996 年版。
王路:《理性与智慧》,上海三联书店 2000 年版。
王路:《逻辑的观念》,商务印书馆 2000 年版。

王晓朝:《教父学研究:文化视野下的教父哲学》,河北大学出版社 2003 年版。

王晓朝:《神秘与理性的交融:基督教神秘主义探源》,杭州大学出版社 1998 年版。

[英]威廉·涅尔、玛莎·涅尔:《逻辑学的发展》,张家龙、洪汉鼎译,商务印书馆 1985 年版。

吴家国等:《普通逻辑》,上海人民出版社 1993 年版。

徐友渔等:《语言与哲学:当代英美与德法哲学传统比较研究》,生活·读书·新知三联书店 1996 年版。

[法]雅克·勒戈夫:《中世纪的知识分子》,张弘译,商务印书馆 1996 年版。

张建军:《回归自然语言的语义学悖论——当代西方逻辑悖论研究主潮探析》,《哲学研究》1997 年第 5 期。

张祥龙:《塔尔斯基对于"真理"的定义及其意义》,《外国哲学》第 8 辑,商务印书馆 1986 年版。

张燕京:《真与意义——达米特的语言哲学》,河北大学出版社 2011 年版。

赵敦华:《基督教哲学 1500 年》,人民出版社 1994 年版。

赵林:《从上帝存在的本体论证明看思维与存在的同一性问题》,《哲学研究》2006 年第 4 期。

周一良、吴于廑主编:《世界通史资料选辑》(中古部分),商务印书馆 1964 年版。

Ashworth, E. J., *Language and Logic in the Post-Medieval Period*, Dordrecht: D. Reidel Publishing Company, 1974.

Bobzien, S., "Stoic Logic: Syllogistic", in B. Inwood (ed.), *The Cambridge Companion to the Stoics*, Cambridge: Cambridge University Press, 2003.

Bochenski, I. M., *A History of Formal Logic* I, Thomas (trans. and ed.), Indiana: University of Notre Dame Press, 1961.

Brower, J., Gilfoy, K. (ed.), *The Cambridge Companion to Abelard*, Cambridge: Cambridge University Press, 2004.

Campenhausen, H. V., *The Fathers of Latin Church*, London: A&C Black, 1964.

Chadwick, H., *Boethius: the Consolation of Music, Logic, Theology, and Philosophy*, Oxford: Oxford University Press, 1981.

Coburn, R. C., "Professor Malcolm on God", in *Australasian Journal of Philosophy*, Vol. 41, 1963.

Courcelle, P., *Late Latin Writers and Their Greek Source*, Boston: Harvard University Press, 1969.

Creel, R. A., *Divine Impassibility*, Cambridge: Cambridge University Press, 1986.

Davies, B. (ed.), *An Introduction to the Philosophy of Religion*, Oxford: Oxford University Press, 1993.

Dombrowski, D., *Rethinking the Ontological Argument: A Neoclassical Theistic Response*, Cambridge: Cambridge University Press, 2006.

Dumitriu, A., *History of Logic* (English edition), Vol. 1. Kent: Abacus Press, 1977.

Eliade, M. (ed.), *The Encyclopedia of Religion*, Vol. 2. New York: Macmillan, 1987.

Everitt, N., *The Non-Existence of God*, Oxford: Blackwell, 2004.

Fortenbaugh, W., Huby, P., Sharples, R., and Gutas, D. (ed. and trans.), *Theophrastus of Eresus: Sources for His Life, Writings, Thought and Influence*, in *Philosophia Antiqua: A Series of Studies on Ancient Philosophy*, Vol. 54. Leiden: Brill, 1992.

Frede, M., Striker, G. (ed.), *Rationality in Greek Thought*, Oxford: Oxford University Press, 1996.

Friedman, R. L., Ebbesen, S. (ed.), *John Buridan and Beyond: Topics in the Language Sciences*, 1300 – 1700, Copenhagen: The Royal Danish Academy of Sciences and Letters, 2004.

Fuhrmann, M., Gruber, J. (ed.), *Boethius*, Darmstadt: Wissenschaftliche Buchgesell-schaft, 1984.

Gabbay, M., Woods, J. (ed.), *Handbook of the History of Logic* (Vol. 2):

Mediaeval and Renaissance Logic, Amsterdam: Elsevier, 2008.

Gibson, G. (ed.), *Boethius, His Life, Thought and Influence*, Oxford: Basil Blackwell Publisher Limited, 1981.

Glanzberg, M., "The Liar in context", in *Philosophical Studies: An International Journal for Philosophy in the Analytic Tradition*, Vol. 103, Springer, 2001.

Green-Pedersen, N. J., *The Tradition of the Topics in the Middle Ages*, Munich: Philosophia Verlag, 1984.

Hasker, W., *God, Time, and Knowledge*, Ithaca and London: Cornell University Press, 1989.

Kenny, A., *The God of the Philosophers*, Oxford: Oxford University Press, 1979.

King, P., *Abailard and the Problem of Universals in the Twelfth Century*, Ph. D. Dissertation, Philosophy Department, Princeton University, 1982.

King, P., "Consequence as Inference: Mediaeval Proof Theory 1300 – 1350", in M. Yrjönsuuri (ed.), *Medieval Formal Logic: Obligations, Insolubles, and Consequences*, Dordrecht: Kluwer Academic Press, 2001.

Klima, G., Allhoff, F., Vaidya, A. J. (ed.), *Medieval Philosophy: Essential Readings with Commentary*, Oxford: Blackwell, 2007.

Klima, G., *John Buridan*, New York: Oxford University Press, 2009.

Klima, G., "On Being and Essence in St. Thomas Aquinas's Metaphysics and Philosophy of Science", in *Publications of Luther-Agricola Society Series* (Helsinki), B19, 1987.

Klima, G., "Two Summulae, Two Ways of Doing Logic: Peter of Spain's 'Realism' and John Buridan's 'Nominalism'", in M. Cameron, J. Marenbon (ed.), *Methods and Methodologies: Aristotelian Logic East and West, 500 – 1500*, Leiden: Brill, 2011.

Knuuttila, S., *Modalities in Medieval Philosophy*, London: Routledge, 1993.

Kretzmann, N., Kenny, A., Pinborg, J. (ed.), *The Cambridge History of Later Medieval Philosophy*, Cambridge: Cambridge University Press, 1982.

Kretzmann, N., Stump, E. (ed.), *The Cambridge Translations of Medieval Philosophical Texts* (Vol.1): *Logic and the Philosophy of Language*, Cambridge: Cambridge University Press, 1989.

Laertius, D., *Lives of the Eminent Philosophers*, Vol. I, II. R. D. Hicks (trans.), A Loeb Classical Library edition, firstpublished 1925. 在线电子书见 https://en.wikisource.org/wiki/Lives_of_the_Eminent_Philosophers。

Lagerlund, H., *Modal Syllogistics in the Middle Ages*, Leiden: Brill, 2000.

Lucas, J. R., *The Future*, Oxford: Oxford University Press, 1989.

Malcolm, N., "Anselm's Ontological Arguments", in *Philosophical Review*, Vol. 69, 1960.

Malpass, A., Marfori, M. A. (ed), *The History of Philosophical and Formal Logic: From Aristotle to Tarski*, London: Bloomsbury Publishing Plc, 2017.

Marenbon, J. (ed.), *The Cambridge Companion to Boethius*, Cambridge: Cambridge University Press, 2009.

Marenbon, J., *Early Medieval Philosophy* (480-1150): *An Introduction*, London: Routledge & Kegan Paul, 1983.

Martin, C. J., "Formal consequence in Scotus and Ockham: towards an account of Scotus' logic", in O. Boulnois, E. Karger, J. L. Solre, and G. Sondag (ed.), 1302: *Duns Scot à Paris* 1302-2002, Turnout: Brepols, 2005.

McInerny, R. M., *A History of Western Philosophy: Philosophy from St. Augustine to Ockham* (Vol. 2), Indiana: University of Notre Dame Press, 1971.

McInerny, R., *Boethius and Aquinas*, Washington D. C.: The Catholic University of America Press, 1990.

Minio-Paluello, L. (ed.), *Twelfth Century Logic: Texts and Studies*, II. Rome: Edizioni di Storia e Leteratura, 1958.

Normore, C. G., "Material Supposition and the Mental Language of Ockham's Summa Logicae", in *Topoi*, Vol. 16, 1997.

Normore, C. G., "The Necessity in Deduction: Cartesian Inference and Its

Medieval Background", in *Synthese*, Vol. 96, 1993.

Novaes, C. D., *Formalizing Medieval Logical Theories: Suppositio, Consequentiae and Obligationes*, Springer, 2007.

Novaes, C. D., "Ockham's Supposition Theory as a Forerunner of Computational Semantics", 1st GPMR Workshop on Logic & Semantics: Medieval Logic and Modern Applied Logic (Bonn, 2007) 在线电子书见: http://staff.science.uva.nl/~dutilh/articles/paper%20Bonn.pdf。

Oppy, G., *Arguing about Gods*, Cambridge: Cambridge University Press, 2006.

Panaccio, C., "Restrictionism: A Medieval Approach Revisited", in S. Rahman, T. Tulenheimo, E. Gonet (ed.), *Unity, Truth and Liar: The Modern Relevance of Medieval Solutions to the Liar Paradox*, Springer, 2008.

Pike, N., "God and Timelessness", in B. Davies, *An Introduction to the Philosophy of Religion*, Oxford: Oxford University Press, 1993.

Read, S., "Plural Signification and the Liar Paradox", in *Philosophical Studies*, Vol. 145, 2009.

Read, S., "The Liar Paradox from John Buridan Back to Thomas Bradwardine", in *Vivarium*, Vol. 40, 2002.

Richardson, A., Bowden, J. (ed.), *A New Dictionary of Christian Theology*, London: SCM Press, 1983.

Shapiro, S., "Logical Consequence: Models and Modality", in M. Schirn (ed.), *The Philosophy of Mathematics Today*, Oxford: Clarendon Press, 1998.

Shimizu Tetsuro, "Alcuin's Theory of Signification and System of Philosophy", in *Didascalia*, Vol. 2, 1996.

Sobel, J., *Logic and Theism*, Cambridge: Cambridge University Press, 2004.

Spade, P. V., "Five Early Theories in the Mediaeval Insolubilia-Literature", in *Vivarium*, Vol. 25, 1987.

Spade, P. V., "Insolubilia and Bradwardine's Theory of Signification", in *Medioevo*, Vol. 7, 1981.

Spade, P. V., *Lies, Language and Logic in the Later Middle Ages*（Ⅳ）. London: Variorum Reprints, 1988.

Spade, P. V., "Synonymy and Equivocation in Ockham's Mental Language", in *Journal of the History of Philosophy*, Vol. 18, 1980.

Spade, P. V., *Thoughts, Words and Things: An Introduction to Late Medieval Logic and Semantic Theory*. 2002 edition 在线电子书见 https://scholarworks. iu. edu/dspace/bitstream/handle/2022/18939/Thoughts%2c%20Words%20and%20Things1_2. pdf? sequence = 1&isAllowed = y。

Spade, P. V., Wilson, G. A. (ed.), *Medieval & Renaissance Texts & Studies*, Vol. 41. New York: Center for Medieval and Early Renaissance Studies, 1986.

Sullivan, W. M., *Apuleian Logic: The Nature, Sources and Influences of Apuleius' Peri Hermeneias*, Amsterdam: North-Holland Publishing Co., 1967.

Swinburne, R., *The Coherence of Theism*, Oxford: Oxford University Press, 1977.

Teresa, M., Fumagalli, B., *The Logic of Abelard*, Dordrecht: D. Reidel Publishing Company, 1969.

Thijssen, J., Zupko, J. A. (ed.), *The Metaphysics and Natural Philosophy of Buridan*, Leiden: Brill, 2001.

Tillich, P., *Systematic Theology*, Chicago: The University of Chicago Press, 1953.

Wippel, J. F. (ed.), *Studies in Medieval Philosophy* (Vol. 17), Washington D. C.: The Catholic University of America Press, 1987.

Zupko, J. A. (ed.), *John Buridan's Philosophy of Mind: An Edition and Translation of Book Ⅲ of his 'Questions on Aristotle's De Anima'* (Third Redaction), Michigan: University Microfilms International, 1990.

人名、术语索引

A

阿伯拉尔　5，6，10，16，37，112，119，122，123，132，134—139，150，152，217，218，327，329，338—346，352，357，364，378，380，419，423，464，465，469，473—476，526

阿尔琴　14，49，74，116—120，463，464，517—526

阿莫纽斯　32，38，83，103，113，495

阿普列乌斯　58，61，63—65，76，78，79，102，103，111，338

阿威罗伊　113，114，351，555

阿维森纳　555

阿伊的彼得　258，308

爱里根纳　476

安得罗尼库斯　82

安瑟伦　14，75，112，120，132，148—154，463，473，475，476，506—508，526—528，530—537，539，544，549—552，554，556—558，563，564

奥古斯丁　61，73—76，148，149，257，463，476，477，484，487—492，506—508，511，518，525—527，530，534，537，562

奥卡姆　5，6，10，11，122，124，125，130，132—134，140—143，146—149，151—157，162，165，169，170，176，177，191，199，201，202，216，217，230，231，233—253，255，257—261，265，272，283—285，307，322，328，347，352—368，370，373—375，378，379，415，419，427，438，439，442，443，459，462，508

奥里拉克的吉尔伯特　464

B

巴尔沙姆的亚当　280，281

巴拉　81

巴门尼德　21—23，26，28，131

巴特　515

柏拉图　28，32，33，43，50，

69—73，76，82，83，97，101，116，122，123，128—131，137，148，167，222，257，284，289，295—298，306，316，360，377，380，395，409，434，438，460，461，480，492，504，512，521，526，528，530，547

柏力　5，10，199—201，221，230—233，282，287，328，352，353，368—374，419

悖论　3—6，8，9，13，16，27，56，258，276—281，283—285，287，288，295，297—299，301，303—306，309—313，316—324

被定义项　92，124，177—188，190，467

本体论　5，12，14，19，25，26，48，85，93，95，97，121，122，130—132，134—136，138，139，162，169—171，210，211，216，217，233，236，264，289，375，387，391，392，432—434，436—439，441—444，447，452—455，460，462，463，524—528，530—532，534，535，537—539，541，543—554，556—558，563

本性　14，74，90，102，106，108，109，135，137，140，155，175，229，342，344，346，470，476—484，491，499，501—504，506，529，538，561

本质定义　42，148，174，175，179—189，349

比林汉　423

编制　4，12，13，445—447，450，451，461

变格　98，99，118，119

波爱修斯　5—7，10，14，16，31，33，38，43，44，50，60，62，65，68，69，72—76，79，81—88，90—113，115—120，130—132，149，150，176，191，202，212，215，220，241，257，289，327，329—336，338，342，343，345，347，349，350，352，357，378，419，463，465—467，470，472，476—488，492，494—499，501，503，504，506—511，517，520—524，526—531，534，553，557，563，564

波菲利　7，36，38，43，44，61，69—73，81，82，84，85，88，93，111，115，121，122，126，129—131，135，136，215，241，465，466，468

波菲利树　71—73，241

波加拉的保罗　422，423

波瓦捷的吉尔伯特　36，38

不可解命题　4，8，9，38，56，199，220，272，273，276，280—285，287—289，293—295，

297，298，300—311，316—318，322—324，352，353，375，378，389，391，426，458，461

布拉德沃丁　8，9，285—289，292，293，304，308，316，322

布兰得　82

布里丹　4—6，8—13，23，33，35—38，43，49，52，117，121—130，132，134，140，142—144，148，151，156—165，167—169，171，176—189，197，199，202—211，216，217，219，222，223，226，233，234，236，238，245，253—260，264，267，272—274，285，287—305，308，310，311，314—317，320，323，328，329，352，357，371，374—416，418—420，423，424，427—432，435，438—442，444—450，452，458，459，462，481，546

CH

查理曼大帝　116，117，518

场所　465

超时间　472，504—517，521

称呼　7，125，139，154，164—166，186，187，213，214，218—221，223，224，262—264，348，354，407，408，524

抽象的名　146，147

纯形式　87，119，452，475，484，485，502，521，525，526

C

词项逻辑　4，6—8，16，23，38，41，52，53，55，76，81，84，85，145，176，201，212，274，344，345，370，393，468

词项属性　7，8，10，38，77，115，139，154，192，199，201，212—214，220，222，258，260—264，266，270，271，274，275，327，345，348，354，368，432，445

D

达米安　469—472，493

单称词项　7，115，120—123，125—130，134—137，139，165，177，179，190，226，228，231，289，433，434，436，437

单称命题　45，102，105，107，241，244，364，365，454，493，497

当下的推论　347，348，354，380

德奥弗拉斯特　53，55，56，66，105，109，329

德摩根定律　360，361

笛卡尔　14，424，476，526，537—546

第奥多鲁斯　4，56，108，330

第欧根尼·拉尔修　22，31，56，

82

蒂利希 515

定义项 92，124，177—188，190，217，467

端项 235，238，245，246

对当 44，46—48，52，64，65，76，78，79，100—105，110，191，384，393，394，395，398，414

对象语言 4，294，313，316，318，373

多义 17，19，76，85，136，196，214，218，239，248—253，255，262，307

E

恩皮里可 56，330

二难推理 27，280，482

F

法弗舍姆的西蒙 10，351

范畴词 7，10，25，38，44，47，49，66，75，77，86，99，115，120，150，158，165，168，169，171，174，175，190—192，194—208，210—212，235，262，266，267，271，274，279，290，291，294，373，379，387，392，425，435，436，440，441，443

菲洛 56，108，109，526

分解 76，87，122，123，160，161，167，220，349，499

分离的模态 199，344，364，365，367，397，400，471

分析哲学 14，509，547，549

弗兰德的罗伯特 423

弗雷德基修斯 14，49，209，522—526

弗雷格 3，8，216，252，255，256，258，260，264—269，290，341，393，407，547

符合论 8，9，45，46，278—281，284，285，288，294—297，299，301，303，316，376，386，387，391，392，435，436

复合词项 7，42，115，126，127，158—162，167，168，187，231，232，372，433，435，436，440，531

复合定义 180

复合概念 42，158—164，166，171，180—182，188，205，206，210，444，448，449

复合命题 13，53，57，102，111，308，332，364，377，378，393，409，415，424，435，436，445，448，455，457

副词化 12，432，437—439，441，442，453，455

G

伽森狄 14，526，541—543，550

盖伦　61，66，67

高尔吉亚　22—26，209

高尼罗　535—537

格列高利　258

个体变元　453，454，460

公式　12，13，34，292，309，310，314，315，333，384，387，397，436，441，455，456，461，548，551，562

共相　3，38，43，44，50，69—71，81，93，96，97，99—101，130—133，135，139，226，232，234，261，264，434，480，484，502，527，528，561

怪论　11，357，360，379，383，392，416，427

诡辩　10，26—28，37，50，198，199，201，206—208，210，216，295，317，322，328，351，378，383，386，388，391

H

哈特肖恩　516

合取　200，247，279，280，360，361，410，449

赫兰德的约翰　423

划分　1—3，5，7，36，38，45，50，69—72，76，84—93，101，102，109，115，168，177，195，203，216，224，230，233，237，241，245，248，260，274，318，348，354，357，422，437，446，466，544

换位　46，49，76，104，124，177，180，182—188，190，355—357，362，365，366，395，398，400，401，403，405，426

换质　23，25，46，76，104，208，209，393，396—397

换质位　104，393，395，396

J

基尔沃比　35，346，347，423

集合　87，96，121，135，138，169，226，231，233，241，322，442，453，455，456，462

假言命题　9，13，27，53，54，68，81，102，111，180，182，326，327，329—336，338，339，341，343，355，362，378，418，424，426，446—448，455，458

假言三段论　9，10，38，55，67，73，76，79，84，111，326，329，333—338，343，351，402，465，470，551

间接格　119，147，151，152，154，156，158，188

简单变元　13，454，455

简单词项　7，42，115，158—162，167，168，178，179，181，182，187，236，372，435，440，449

简单的推论　347，354，380
简单概念　42，158—163，180—182，188，210，448，449
简单指代　139，142—144，213，214，219，223，226，229，231—234，236—241，243，244，248，250，252，255，258，264，358，407，433，456
教父学　463，527
经院哲学　14，81，464，475，476，507，518，530，535，554
旧逻辑　7，8，36，38，41，82，84，212
句法　4，10，12，13，20，53，146，158，162，171，181，212，238，244，259，266，271，277，279，280，294，300，301，304，326，436，444—447，449—451，461
具体的名　146，147，262
绝对词项　7，115，145，147—149，152—156，162，166—168，171，176，182，183，185—188，219，434，444，453
君士坦丁堡宗教大会　477，487

K

卡培拉　61，76—81，103，116，333，335，338
卡西奥多鲁斯　117，463
康德　14，526，541，544—547，549，557
科伯恩　509，516
科普勒斯顿神父　30
克雷蒙那的杰拉德　113
克里尔　509
克里马　170，209，267，275，324，392，413，435，439，443，445
克里普克　5，9，276，307，311，319—323
克里西普　56，57，60，66，330，333，335
克里兹曼　509
克林塞斯　56
奎因　209，210
扩张　7，11，37，66，129，130，154，164，166，197，206—208，210，213，214，219—224，264，268，350，365—367，396，398—401，405，406，408，410—413，417，418，428

L

拉姆塞　315
拉尼的兰伯特　10，217，327
拉文汉　423
莱布尼兹　317，544
兰弗朗克　468，469
联合指代　208，210，211，233，245，266—268，283，289，291—

295，297—300，302，303，315，317，371，375，386，387，389，392—394，396，399，401，402，441，442，444，447，455—460

联结　7，31，56，60，66，68，79，162，166，186，191，200—202，206，213，214，218，220，221，223，224，235，330，340，363，373，377，379，397，403，421，445

联言　55，79，81，180，182，201，330，360，361，364，370，402，403，417，418，424，447，458

量词　13，25，48，104，194，200，235，274，285，325，373，394，418，436，445，450，453—455，457，458，462，547，548

卢卡斯　512，515

卢卡西维茨　30，53，60

卢纳的威廉　113

伦理学　31，34，144，466

论辩术　14，22，33，61，75，112，116，117，217，327，338，345，463，464，467，468，473—475，518

论证力　7，37，38

罗斯　50，83

罗素　3，8，9，129，130，256，258，260，267—274，284，311—313，319，320，323，548，549

逻辑观　6，16，17，28，31，33，39

洛色林　132

M

马丁　225，341

马尔科姆　549—552

迈金雷　82

麦加拉学派　4，8，55，56，108，277，329，330

描述定义　155，180，181，184，189，190

名词定义　119，147，148，151，155，156，158，162—164，166，167，171，173，177—183，187，188，205，444

命名　7，52，88，98，119，136—139，149—153，213，215，217—219，223，224，264，524

命题宣言　196，340，341，397

摹状词　8，122，127—130，262，264，267—270，273，548

模态标准　11，427，428

模态命题　11，49，107，109，110，135，154，197，199，329，343，344，348，349，358，364—368，393，397，398，400，401，413—415，424，487，493，494，497，499，554

模态三段论　9，11，326，329，351，364，367，374，409—411
摩尔特曼　516
莫比克的威廉　113，114
穆勒　8，258，260—266

N

内涵　7，13，43，44，72，93，115，145—149，151—155，157，158，162—171，176，177，182—188，219，220，235，241，262—264，272，407，408，433—437，442—444，453—455，457，503
内斯托留　476—481，484
内在中介　354—357
尼卡姆　281，282
诺摩尔　424
诺瓦斯　11，238，428—430，458

O

欧布利德　8，56，277，278
欧塞尔的兰伯特　139，217，221，222，260
欧提勒士　26
偶然　47，49，107，108，132，172，192，193，197，198，201，222，228—230，327，329，330，332，333，346—350，359，366—368，381，397，398，400，410，411，413，421，426，431，434，493—499，505，506，533，550—552，561
偶然的指代　228，229
偶性　50，67，69，70，76，85，86，88—90，99—101，106，107，119，120，122，140，141，146，147，155，168—170，172，176，183—185，189，200，351，400，436，442，467，469，479，484，485，497，498，533

P

帕那西奥　124，257
排中律　268，279，280，310，415
派克　514，515
普遍词项　7，115，120—122，124，126，129，130，134—143，153，164，165，180，190，218，219，226，228，229，231—233，244，246，255，262，264，377，433—439，441，442，454，462
普里奥　509
普罗克洛　83
普罗泰戈拉　22，26
普罗提诺　68，69，492

Q

歧义　75，122—124，127，128，214，215，218，237，249—256，278，433
恰当的指代　230
强加　4，119，122—125，127—

130，135—137，143，144，160—163，180—182，203，216，239，290，433，501，524，548

全称命题　45，46，79，102，104，105，107，195，246，348，355，356，358，362，364，374，393，405，493

R

人称指代　123，139，142—144，154，165，182，199，213，219，223，226，227，229—231，233—241，243—246，248—250，252—256，258，270，274，290，292，314，357，370，373，407，433，456

人性　44，97，101，140，434，438，441，477，478，480—483，516

日常语言学派　270，274，275

S

萨克森的阿尔伯特　11，219，221，259，260，328，329，419

萨里斯堡的约翰　112

三科　16，33，76，518

三位一体　14，43，74，87，120，463，476，477，479，484，486，487，516，518，552

SH

舍伍德的威廉　5，10，176，192，199，201，210，213，219，220，224，225，227，228，230，231，233，237，252，253，327，347，354

神性　477，478，480—483，500

圣餐　468—469

圣杰罗姆　470

时态　66，218，224，307，350，364，367，377，398，408，506，513

实在论　5，6，12，43，131—133，138—140，148，162，204，210，216，226，236，264，266，350，375，391，432—443，445，452，453，458，460—462，530，543，544

实质推论　10，11，33，328，348，350，351，356，357，360，372，378—380，419—424，426，431

实质指代　122，123，129，143，144，163，181，182，204，213，223—225，228，230，233—240，248—250，252—256，258，290，292，314，358，373，407，433，456

殊相　43，99—101

属性　7，8，10，23，35，36，38，42，50，69，70，76，77，85，

86，88—91，98—100，107，115，121，122，128—130，134，138，139，141，146，147，152—154，157，161，164，165，167—170，172—174，176—180，183，185—187，190，192，196，197，199，201，203，212—214，217—224，232，241，243，244，248，256—258，260—264，266，268，270，271，274，275，293，304，323，324，327，342，344，345，348，350，351，354，357，368，397，432，435，443，445，447，454，461，467，479，529，531，538，540，541，543—545，550，551

斯文伯恩　512，514，515

四艺　76，465

苏格拉底　22，42，71，101，105，121—125，127—131，133，135，137—139，153，156，166，167，180，192，197，199，204，206，215，219，222，223，227，228，240，244，247，248，281，283，284，287，289，291，295—298，302，305—309，332，341，342，344，348，354—357，360—364，369—373，377，380，392，395，399，406—409，433，467，493，508，548

索伯里诺　516

S

司各脱　132，268，269，356，419，420，424，508

斯蒂波　56

斯多亚学派　4，6，10，14，16，30—32，53，55—60，62—68，75，76，79，81，105，108，109，112，327，329，330，333—335，466，476，480，487，492，496，497，506

斯科特　113，114

斯培德　258，286

斯特劳森　3，8，258，270—275，321

斯特罗德　422，423

T

塔尔斯基　5，9，284，303，311，313—320，323

特称命题　45，46，79，102，104，105，214，229，348，358，374，393，405，493

特尔图良　477

提米斯修斯　38，75，113，518

替换标准　11，423，427，428

条件句　9，56，326，329，341，402

图尔的贝伦加尔　468

图尔的弗雷德基修斯　522

推理力　341

推论　7—11，23，24，29，33，

35, 36, 38, 60, 106, 108, 111, 112, 115, 129, 146, 166, 167, 192, 194, 199, 201, 208, 209, 212, 213, 221, 260, 283, 287, 289, 297, 299, 300, 305—308, 326—348, 350—363, 365—375, 377—403, 405—431, 458, 480, 493, 496, 509, 524, 529, 533, 535, 536, 538, 560

托马斯·阿奎那　14, 43, 53, 75, 112, 132, 348, 438, 463, 506—508, 517, 528, 530, 554, 558, 563

W

外延　70, 72, 152, 154, 165, 168, 177, 188, 190, 220, 229, 235, 241, 407, 408, 442, 467, 523

外在中介　354—356

威克利夫　304, 305

威尼斯的保罗　9, 11, 305, 314, 322, 329, 420, 422, 425

威尼斯的詹姆斯　113, 114

唯名论　5, 6, 12, 13, 39, 43, 97, 120, 131—133, 138—140, 142, 147, 151, 153, 157, 162, 165, 169—171, 196, 204, 209—211, 216, 221, 233, 236, 264, 266, 289, 292, 329, 350, 354, 374, 375, 385, 387, 391, 392, 396, 432—441, 443—445, 447, 448, 451—456, 458—462, 543

唯物主义　541, 543

维克多里努斯　61, 73, 74, 81, 84, 111, 176, 465

位格　14, 73, 101, 102, 476, 477, 479—481, 484, 486

谓词　12, 25, 36, 44, 48—50, 70, 85, 88, 89, 102—104, 106, 107, 130, 133, 134, 139, 144, 149, 166, 168, 176, 179, 183—185, 187, 191, 192, 194—201, 203—205, 207, 208, 214, 218—221, 225—227, 229, 237—239, 242—247, 252, 253, 265, 268, 269, 273, 279, 282—284, 292, 294, 300, 318—322, 344, 348, 349, 351, 366, 367, 371—373, 377, 379, 393, 395—399, 402, 403, 406—408, 413, 441, 442, 444—450, 452—455, 457—460, 462, 467, 540, 544—548, 550, 551, 557

谓述　41, 42, 77, 128, 133—136, 140—142, 146, 149, 153, 177, 178, 181, 185—187, 195, 199, 218, 230, 232, 242—245, 340, 348, 364, 373, 403, 433, 450

沃尔特斯托夫 509

物理学 17, 31, 34, 189, 351, 466, 497, 512, 537

X

西班牙的彼得 5, 6, 10, 12, 33, 39, 52, 132, 139, 140, 192, 210, 219, 221, 224, 227, 228, 230, 231, 327, 347, 348, 432, 434, 436, 439

西里亚努 83, 105

西马库斯 478

西姆普里修斯 58, 113

西塞罗 28, 38, 60—63, 73, 76, 77, 79, 81, 84, 85, 87, 111, 333, 335, 338, 419, 465, 497, 498, 506, 531

析取 200, 245, 246, 347, 360—362, 418, 449

夏皮罗 11, 428

先行词 222, 223

限制 7, 66, 69, 118, 130, 166, 178, 184, 188, 189, 213, 214, 221, 223, 224, 229, 234, 246—249, 262, 268, 282—285, 311, 312, 319, 322, 348, 367, 396, 398, 401, 406, 407, 411, 423, 454, 462, 511, 516, 517

香普的威廉 473

逍遥学派 30, 32, 64, 66, 67, 70, 75, 81, 330, 497

心灵行为 134, 142, 143, 162, 171, 203, 205, 218, 236, 251, 264, 289, 439, 443, 453, 454

心灵意向 133, 134, 140, 142, 144, 153, 202, 234, 236—238, 240, 241, 243, 244, 249, 250, 256, 264

心灵语言 141, 233, 248—258, 260, 261, 462

新逻辑 7, 8, 36, 38, 192, 212

形而上学 14, 34, 35, 41, 42, 45, 47, 49, 50, 68, 69, 72, 83, 85, 101, 112—114, 127, 172, 176, 180, 186, 187, 232, 261, 264, 270, 304, 316, 344, 346, 350, 375, 386, 480, 484, 493, 494, 497, 521, 537, 541, 544, 553

形式推论 10, 11, 33, 192, 199, 328, 345, 350, 351, 353, 355—360, 363, 374, 378—380, 396, 402, 403, 415, 417, 419, 420, 422—424, 426, 428, 431

修辞 22, 29, 31—33, 41, 62, 64, 73, 76, 80, 81, 84, 116, 176, 465, 477

选言 55, 79, 81, 94, 201, 330, 332, 333, 335, 337, 360, 361, 364, 370, 402, 403, 418, 424, 447, 458, 551

选言推论 360,361,403,418

Y

亚里士多德 1,2,4,6—8,10,14,16,19,21,22,28—32,34—53,56,58,60—62,64—71,73—75,81—85,88,91—93,97—99,101—103,105,107,108,111,112,115,116,118—121,127,128,130—136,143—146,148—150,159,167,168,172—178,180,186—192,194,195,198,203,212—215,222,224,227,231,232,242,243,254,257,278,285,293,294,309—311,316,323,327,329,330,333,338,341,342,344—346,348,349,351—353,357,359,364,372,386,387,393,402,403,409,411,418,419,434—436,438,446,448,460,461,463,465—471,476,479—481,484,485,487,492—497,499,503—506,512,518—520,522,524,525,547,548,554,556,558,563

亚里士多德学派 30,32,105,329,330,346

亚历山大 28,61,67,68,104—106,113,281,478

演绎 30,50,279,280,287,314,334,462,533,556,558,562,563

扬布利科 82

扬森 515,516

伊壁门尼德斯 277,278

伊西多尔 117,463,517

意谓的行为 242,243,373

隐含 84,146,148,149,154,163,165,167—169,171,178,180,184—187,206,208,210,220,346,361,362,408,435,444,447,453,455,460,513,552

尤德慕 66,105

尤提克斯 102,476—479,481—484

有效性 7,9,11,18,20,28,37,38,52,60,65,135,213,221,272,301,304,311,322,326—328,334,341,342,348,350,352,354—357,370,375,377,379—392,398,412,419—421,423,424,427—429,458,523,552—554

语法 4,7,12—14,33,41—43,73,76,77,88,98,99,101,112,115—121,126,

130、135、145、146、149—151、158、161、164、188、191、192、194、216、218、232、253、257、278、281、282、431、445、453、461、470、473、475、504、517、518、520、522、524、547—549

语境 8、10、11、41、66、126、143、153、165、166、202、210、217、219、220、224、226—229、233、238—240、242、249、251—254、259、260、264、266、269—274、291、294、296、300—304、323、326、407、428、430、431、433、474、494、522

语力 290、341

语义 3、6—13、75、120、121、123、124、128、130、132、134、139、140、142、146—148、150、151、155、156、161、162、165、166、169—171、181、192、194、195、197、202、204、208、209、211—214、216、217、220、221、224、233、237、238、241、245、248、252、255、258—260、264、266—270、272、274—276、278、279、283—290、292、297—300、302—304、315、317—321、323、327、329、350、354、358、372、375、381、384、385、387、391—394、399—401、405、408、418、428—445、447—456、458—462、474、546、547、550

语义封闭 9、279、288、297、299、300、317—319、323、384、387

预设 23、183、184、220、260、263、267—270、272—274、393、448、459、460、545

预知 14、49、110、124、129、179、463、472、487—490、492、494、495、497、499、501—508、514、517

元语言 4、294、313、316、318—320、373、462

原因定义 180、184、188、189

原因命题 363

约安尼斯 113

约束变元 13、454、459、462

蕴涵 9、11、56、60、148、273、274、286—289、292—300、302、303、308、313—317、323、327、330、331、333、339—344、346、357、360、363—365、369、375、386、392、401、416、417、419、427、430、562

ZH

真值间隙 5,307,320—323
芝诺 56,478
执行的行为 242,243,373
直言命题 9,12,13,46—49,53,54,58,59,65,68,78,79,102—104,106,166,180,182,194,199,222,245,266,308,326,334,344,355,357,362—366,376,384,393—395,397,398,400,401,409—413,424,426,445—447,449,453,455,457,458,460
直言三段论 9,11,54,59,67,76,79,84,102,103,105,106,326,334,338,343,363,364,374,402,405,406,408,409,465
指称 3,7,8,17,19,44,48,49,51,52,72,77,86,88,89,92,98,99,119,120,123—125,129,130,136,148,164,168,202,212,219—221,224,241,258—275,278—280,282—285,295,298,299,307,311—313,319,324,382,385,389—391,396,476,480,486,487,498,520—523,525
指号 125,260,272,289—291,299,301—303,305,354,376,381,382,384,385,389—392,456
指示代词 121,122,126,127,129,153,191,228,364,366,433
至善 521,528—530,542
质料 7,10,35,36,38,86,87,141,148,156,157,166,188,189,224,225,237,327,345,346,348—351,355,379,394,402,448,483—485
智者学派 22,26—28
中间词 559
种差 42,62,69,70,76,77,85,87—93,101,102,107,141,167,172,174—176,183,184,186,188,189,233,466,467,479,533
周延 49,142,194,200,201,210,223,227,245—248,371,373,377,379,395,406,407,409,441,459
主词 12,44,45,48,70,103,104,106,107,126,139,142—144,149,154,166,168,179,187,190,194—201,203—208,214,219—222,225—230,232—235,237—247,252—256,264,267,268,271—274,279,283,284,292,294,296,300,318,344,348,349,351,357,358,

364，366，367，371，377，379，
393—403，406—408，413，441，
442，444—450，454，458—460，
467，545—547，557

助范畴词　7，10，25，38，44，
47，49，66，77，86，115，158，
190—192，194—212，235，262，
266，267，271，279，290，291，
294，327，373，379，402，403，
435，436，440，441，444

专名　8，121—127，129，130，
135，156，175，180，192，217，
218，228，262—267，269，364，
366，433，466，467，547

Z

自然的指代　228，229

自然逻辑　4，5，12，13，270，
274，303，323—325，431，445，
452，453，461

自然语言　2—5，12，13，20，
250—252，254，256，257，259，
260，265，274，297，299，303，
310，313，316，319，322—325，
391，392，445—447，449，450，
452，454，461，462

自由变元　454

自由艺术　16，76，111，116，
465，467，470，518

自由意志　14，49，110，472，476，
487—492，494，495，497，499—
501，503，505—508，511，517

组合的模态　344，364，365，367，
397，471

后　　记

　　算起来这是我的第三部研究古代和中世纪逻辑的著作。第一部是2006年由商务印书馆出版的《拉丁教父波爱修斯》，其中对波爱修斯逻辑的研究是该著的核心部分之一。第二部是2009年由光明日报出版社出版的《中世纪逻辑、语言与意义理论》，这是对中世纪逻辑的导论或者概要式研究。本书则是对中世纪逻辑理论全方位的深度研究，基本涵盖了中世纪逻辑最主要的理论，特别是讨论了它们与现代逻辑的关系。

　　2018年6月，在北京大学举办了中世纪哲学传统的多样性会议暨中世纪哲学专业委员会成立大会，我有幸被邀请参加。会上包括我在内的多位学者就中世纪逻辑问题做了发言。这标志着中国学界的中世纪逻辑研究除了属于传统的逻辑史研究论题，也被正式纳入了中世纪哲学专业学会的研究论题，从而与欧美同类研究同步。

　　中世纪逻辑是逻辑学研究的薄弱环节，当今时代做中世纪逻辑研究不是一件容易的事，国内外都是如此。一来专业的研究期刊或平台不够丰富，成果发表面临一定困难，但主要原因还是研究本身，困难在于原始文献不足。虽然近20年来这种情况已经大为改观，不断有从各种渠道发掘出来的"新的"文献，也有相当一部分文献从各种古代语言翻译成英文、法文、德文、中文等现代语言，但是相对于中世纪浩如烟海的文库，这些新增加的文献依然只是沧海一粟。本书写作历经7年多的时间，其中至少两年时间基本都是在不断收集、整理、翻译各种文献，其过程异常艰辛。虽然本书所列出的原始文献不足100部，但这只是在书稿中最后被直接引用的，实际所阅读、参考的原始文献远远超出这个数字；更多时候，为了找出某位逻辑学家哪怕只言片语的原文，都必须通过大量的书目间接查找。这样做虽然特别费时，但结果是积极的，一方面使我对中世纪逻辑学家之间的相互关联有了新的认识，另一方面也对古今中外逻辑史家对古代或中世纪逻辑的研究情况愈加熟悉。

在本书写作前后各阶段，有很多值得我特别感谢的人。首先要感谢的是美国福特汉姆大学（Fordham University）久拉·克里马（Gyula Klima）教授，他是我在纽约访学时的合作教授，更像是一位导师，要求极其严格。他对亚里士多德、托马斯·阿奎那以及约翰·布里丹等哲学家的研究对我的思考产生了深刻而全方位的影响，并与我以及加拿大蒙特利尔魁北克大学（Université du Québec à Montréal）克劳迪·帕那西奥（Claude Panaccio）教授一起，在中国多家学术期刊发表了反映中世纪逻辑最新研究的系列论文，以实际行动支持中国学者对西方中世纪逻辑的研究。

清华大学王路教授很早就建议我做中世纪逻辑研究，特别是奥卡姆与布里丹的逻辑。他初步指出了两位逻辑学家的重要性与代表性，我同意他的看法，这也是本书把这两位逻辑学家作为重点研究对象的原因。王路教授对奥卡姆《逻辑大全》（部分）的中文译本也为本书的研究提供了便利，衷心感谢王老师。

感谢我的博士导师王晓朝教授，本书与教父学相关内容的研究离不开王老师对我的指导。也感谢我的同事、同门师弟陈越骅教授，遇到与中世纪神学相关的疑难问题，我第一个想起的就是去向他讨教。感谢中世纪哲学研究学会的同行，学会微信群里的讨论使我学到不少东西。

河北大学张燕京教授从头至尾支持我的写作。作为现代逻辑特别是日常语言学派研究专家，张老师对本书及我此前的相关著作亦给予了较高评价，甚至邀请我就相关内容给他的学生讲一讲，我称之为"谬赞"，但显然是对我很好的鼓励与鞭策。感谢张老师如兄长般的关爱。

我的学生薛磊（课题组主要成员）在他的硕士论文《语义悖论消解方案探析》中，讨论了中世纪不可解命题的相关理论，因此他有条件帮助我整理部分文献。在读博士生于翔曾与我就中世纪指代理论与现代指称理论的关系展开对话，这对我的一些想法颇有启示。中世纪逻辑亦是我给学生讲课的重要内容，师生课堂内外的讨论也激发了我对某些重要问题的更深思考。硕士生孔健威校对了本书的初稿。在此一并感谢我的学生们。

这部著作的全部图片、表格，特别是一些较复杂的结构图，都是我的大学生儿子胡若天帮助制作或编辑的，计算机技术方面的问题我都是请教于他。

感谢国家社科基金。没有基金的支持，这部著作是不可能完成的。近年来关于中世纪逻辑研究的立项非常少，本书议题能幸运入选，并在项目结项中获评五个"优秀"的全优评价，必须感谢国家社科基金评委们对本成果的充分肯定，以及对中世纪逻辑研究的大力支持。

感谢浙江大学社会科学研究院的老师们。在与本书相关的课题申报、项目评审、结项与出版等方面，他们都给予了我细致的关怀和指导，这是完成本书的必要保证。

感谢浙江大学哲学学院。学院领导，特别是王俊教授，对著作给予了充分肯定与高度评价，并建议将本书纳入浙江大学一流骨干基础学科建设支持计划（哲学）的资助对象。

感谢中国社会科学出版社。尤其要感谢责任编辑朱华彬先生，朱先生以其敏锐、独到的学术眼光，对著作中的某些表达提出了不少建设性的意见，本书毫无疑问也是作者与编辑合作的结晶。

胡龙彪

2022 年 6 月 11 日于杭州